Barth/Trispel • Porsche 906

PORSCHE 906

Jürgen Barth /
Ulrich Trispel

Die komplette Dokumentation
Entwicklung, Evolution, Rennen, Fahrzeughistorie

Motor
buch
Verlag

Einbandgestaltung: Luis Dos Santos

Titelbild: Archiv Porsche

Bildnachweis: siehe Seite 447

Eine Haftung des Autors oder des Verlages und seiner Beauftragten für Personen-, Sach- und Vermögensschäden ist ausgeschlossen.

ISBN: 978-3-613-02961-3

1. Auflage 2008

Sie finden uns im Internet unter www.motorbuch-verlag.de

Lektorat: Martin Gollnick
Innengestaltung: Anita Ament
Druck und Bindung: Graspo CZ 76302 Zlin
Printed in Czech Republic

Inhalt

Einleitung 8

Die Entwicklung des 906 10

Technische Details und Technische Daten 66

Homologationsblatt und Betriebsanleitung 82

Ersatzteilkatalog 103

Rundschreiben 110

Die Rennsaison 1966 119

Die Rennsaison 1967 128

Rennsaison 1968 und Folgejahre 131

Die Fahrer 132

Die Erfolge 138

Die Fahrzeuge im Detail 176

906 001 bis 906 012 177

906 016 bis 906 162 214

906-Publikationen 438

906-Nachbauten 446

Bildnachweis und Dank 447

Noch schöner als am Tag der Auslieferung: 906 159 nach der Restaurierung.

Einleitung

Wie schon so oft, spielen die Entscheidungen der FIA auch beim Porsche 906 eine ausschlaggebende Rolle in der Entwicklung von Porsche-Rennwagen: Der Entschluss der FIA Sportkommission (CSI) im Dezember 1964, eine neue Klasse für die in kleiner Stückzahl von 50 Exemplaren zu bauenden GTS (Grand Tourisme Sport) Wagen auszuschreiben. In einem Schreiben vom 14. Dezember 1964 teilt der damalige deutsche Vertreter in dieser FIA Kommission, ein Oberingenieur Schmitz, Huschke von Hahnstein die Rahmenbedingungen dieses neuen Reglements mit.

Zwar war schon geplant, den 904 in einer zweiten Serie aufzulegen, ihn aber diesmal mit dem neuen Sechszylinder-Motor des 901 auszurüsten. Dies war auch schon den vielen 904-Kunden im Mai 1964 von Huschke von Hahnstein in einem Schreiben mitgeteilt worden. Doch die nun beschlossene Reduzierung der Homologationsstückzahl auf jetzt nur noch 50 Wagen, die in zwölf Monaten gebaut sein mussten, war ein weiterer Anstoß, eine völlige Neukonstruktion zu wagen, zumal der erfolgreiche Typ 904 in Bezug auf Steifigkeit nicht das Optimum darstellte.

Mit dem Eintritt von Ferdinand Piëch in die Versuchs- und Rennabteilung 1964 als Versuchsingenieur und ab 1966 als Versuchsleiter gab es nur eine Entscheidung: Einen völlig neuen Rennwagen zu entwickeln.

Am 29. August 1965 tauchte beim Europa-Bergmeisterschaftslauf in Ollon Villars erstmals ein von der Porsche-Rennabteilung entwickelter und gebauter Bergspyder mit einem Stahlgitterrohrrahmen (906 010) auf. Bei der Firma Lotus in England wurden unter der Vermittlung von Porsche-Werksfahrer Gerhard Mitter leichte Formel-1-Radträger und Aufhängteile gekauft und in den neuen Wagen eingebaut.

Das jetzt steifere Fahrzeug war auf Anhieb besser als der bisherige, auf dem 904 basierende Spyder und auch besser als der normale 904 in Coupé-Ausführung. Obwohl Gerhardt Mitter bei diesem Rennen hinter Scarfiotti nur den zweiten Platz belegte, konnte er doch ein gutes Potenzial an dem neuen Konzept entdecken.

Mitter verlor auf Scarfiotti in den zwei Einzelläufen 2,5 Sekunden, womit der Europa-Bergmeister-Titel 1965 dem Italiener auf Ferrari nicht mehr zu nehmen war. Beim Gaisbergrennen am 19. September 1965 trat Mitter mit einem weiter modifizierten Bergspyder an. Ohne Öl wog der auch »Contergan« genannte Wagen nur noch 488 Kilo, und der Achtzylinder-Motor (TYP 771) brachte es auf 250 PS. Nebel, Regen und Schnee verhinderten den direkten Vergleich zwischen dem Ferrari Dino V6 von Ludovico Scarfiotti und dem »Lotus Porsche«. Dieser Spyder gilt als Basiswagen für die 906- und auch 910-Modelle.

Zu Beginn der Saison 1966 wollte man die neue Serie des Typs 906 auflegen. Um Kosten zu sparen und weil noch genügend 904-Teile vorhanden waren, erhielt der 906 praktisch das gleiche Fahrwerk wie sein Vorläufer, der 904 GTS.

Bei dem nur knapp ein Meter hohen Coupé war ein neuer Stahl-Gitterrohrrahmen das tragende Element, auf dem die Kunststoff-Karosserie aufgesetzt war. Der in Mittelmotorlage eingebaute, luftgekühlte Sechszylinder-Boxer-Motor aus dem 911 leistete anfänglich knapp über 200 PS, damit lag die Spitzengeschwindigkeit bei zirka 280 km/h.

Privatfahrer konnten den »Carrera 6« genannten Sportwagen für 45.000 DM ab Werk erwerben. Dieses für einen Rennwagen günstige Angebot ließ dann auch die Produktionszahlen dieses Typs in ungeahnte Höhen schnellen. Bereits wenige Wochen nach dem Bekanntwerden der 906-Offerte war die vorgesehene 50er-Serie verkauft. Aufgrund der noch weiter vorliegenden Bestellungen fertigte Porsche noch einmal 15 Fahrzeuge. Insgesamt gab es 52 Orginal-Carrera-6, neun Prototypen mit einem Einspritz-Sechszylinder und zwei Wagen mit einem 2,2-Liter-Achtzylinder-Motor.

Der 906 debütierte mit Erfolg: Noch nicht als Sportwagen homologiert, startete ein Wagen unter Herbert Linge und Hans Herrmann in der Prototypen-Kategorie bei den 24 Stunden von Daytona in Amerika. Sieger dieses Rennens wurden drei Ford-MkII-Prototypen vor einem Ferrari 365 PT und einem weiteren Ford. Alle diese Wagen hatten einen großvolumigen Motor eingebaut. Sechster in der Gesamtwertung und erster in der 2-Liter-Prototypenklasse wurde mit 623 gefahrenen Runden das Porsche-Team. Im ersten größeren europäischen Rennen, der zum fünfzigsten Mal ausgefahrenen Targa Florio auf der 72 km langen Strecke in der Madoni von Sizilien, traf Ferrari direkt auf Porsche. Vom Werk wurden sechs Carrera 6 bereitgestellt – fünf vom Werk selbst eingesetzt und zwei Privatteams mit den Italienern Capuano/Latteri und Maglioli/Bourillot. Zwei der Prototypen-906 hatten den Sechszylinder mit einer mechanischen Einspritzung eingebaut. Diese Version leistete zirka 15 PS mehr als die serienmäßige Vergaser-Ausführung. Im fünften Wagen installierte man einen Achtzylinder Typ 771 mit 2,2 Litern Hubraum, der damit im 906 seine Rennpremiere erlebte.

Sieger nach 7 Std., 16 Min., 32 sec. und einem Durchschnitt von

98,961 km/h wurden Herbert Müller und Willy Mairess auf dem serienmäßigen 906 mit Sechszylinder-Vergaser-Motor vor dem Ferrari Dino von Guichet/Baghetti und einem weiteren serienmäßigen 906, gefahren von Pucci und Arena. Die drei Prototypen fielen durch Unfälle aus.

Für die 24 Stunden von Le Mans wurden fünf Carrera 6 vom Werk vorbereitet, zwei davon mit Sechszylinder-Vergaser-Motoren in der Sportwagen-Klasse. Die anderen drei Wagen hatten Einspritzmotoren mit 220 PS bei 8200 U/min und brachten neben dem Leistungsplus auch ein besseres Drehmoment im unteren Drehzahlbereich mit. Zusätzlich hatte man den 906 einen Langheckansatz verpasst, der trotz des geringfügig höheren Gewichts (ca. 710 kg) gut 15 km/h mehr Spitzengeschwindigkeit brachte. Vier der fünf Carrera 6 kamen ins Ziel und belegten die Plätze 4 bis 7, gewannen die hochdotierte Index-Wertung und auch noch die Sportwagen-Kategorie.

Beim letzten Rennen der Saison 1966 experimentierte man mit dem 906-Langheck-Wagen. Da auch die Versuche mit Alu-Bremszangen und Beryllium-Bremsscheiben positiv verliefen, ließ man zu Testzwecken drei Langheck-Wagen in Hockenheim mit dieser Ausrüstung im Rennen antreten, die dieses auch klar gewannen.

Die Bilanz dieser ersten Saison mit dem neuen Typ 906 konnte sich sehen lassen. So wurde bei den WM-Läufen von Sebring, der Targa Florio, Nürburgring und Le Mans mit 32 Punkten der begehrte Challenge Mondial de Vitesse & D'Endurance 1966 vor Ferrari und Ford gewonnen. Auch die Sportwagen-Weltmeisterschaft der Division II bis 2000 ccm konnte vor Alfa Romeo gewonnen werden. Und die Internationale Trophäe für Sportprototypen bis 2 Liter ging ebenfalls an Porsche.

Da es aber im Motorsport kein Ausruhen gab, wurde schon für die Saison 1967 vom Werk ein neuer, nochmals verbesserter 906-Nachfolger aufgelegt, der Porsche Typ 910.

Die Privatfahrer aber vertrauten auch in den folgenden Saisons weiterhin auf den 906 und erzielten weit über 2000 Erfolge weltweit.

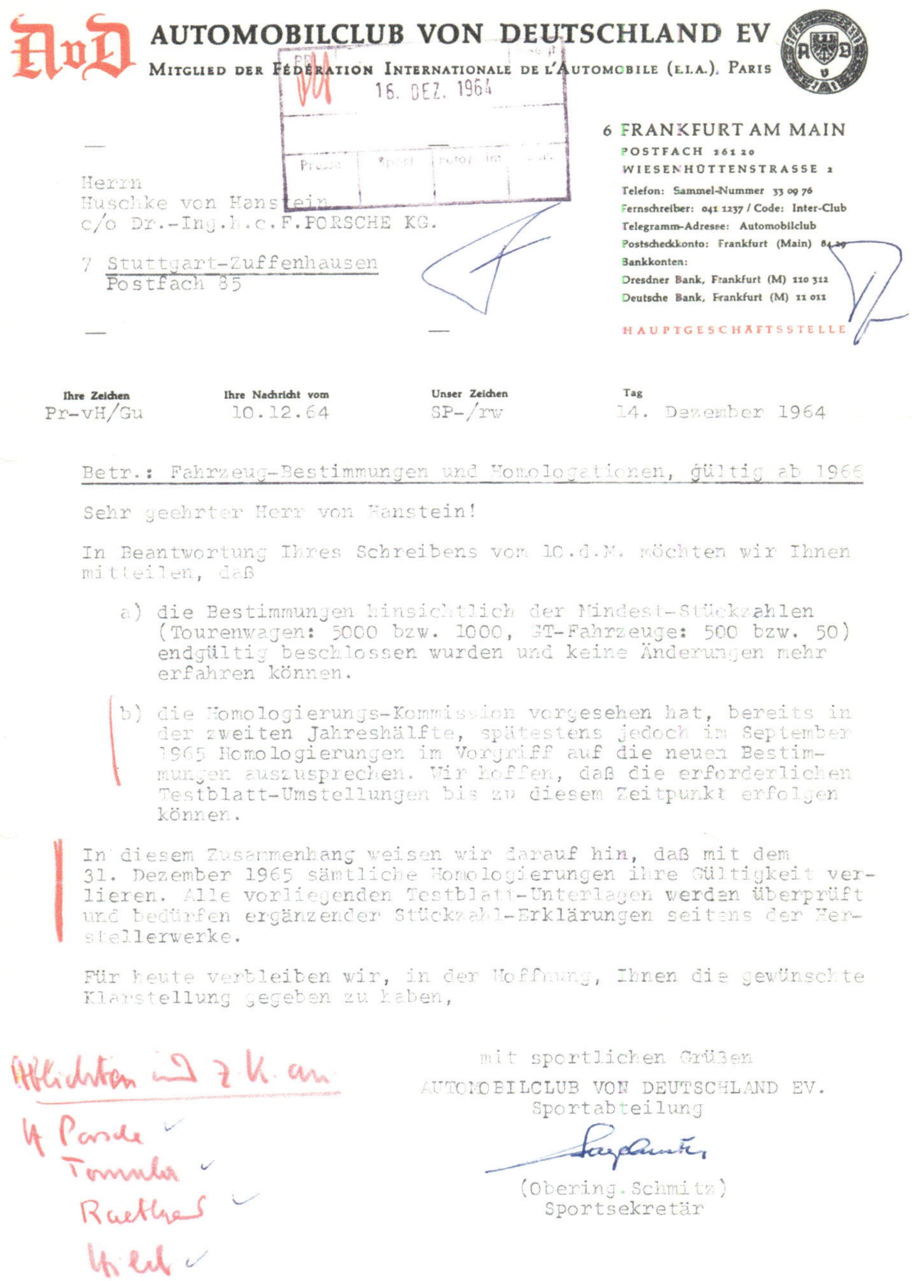
AvD AUTOMOBILCLUB VON DEUTSCHLAND EV
Mitglied der Fédération Internationale de l'Automobile (F.I.A.), Paris

16. DEZ. 1964

6 FRANKFURT AM MAIN
POSTFACH 26120
WIESENHÜTTENSTRASSE 2
Telefon: Sammel-Nummer 33 09 76
Fernschreiber: 041 1237 / Code: Inter-Club
Telegramm-Adresse: Automobilclub
Postscheckkonto: Frankfurt (Main) 84 29
Bankkonten:
Dresdner Bank, Frankfurt (M) 110 312
Deutsche Bank, Frankfurt (M) 11 011
HAUPTGESCHÄFTSSTELLE

Herrn
Huschke von Hanstein
c/o Dr.-Ing.h.c.F.PORSCHE KG.
7 Stuttgart-Zuffenhausen
Postfach 85

Ihre Zeichen	Ihre Nachricht vom	Unser Zeichen	Tag
Pr-vH/Gu	10.12.64	SP-/rw	14. Dezember 1964

Betr.: Fahrzeug-Bestimmungen und Homologationen, gültig ab 1966

Sehr geehrter Herr von Hanstein!

In Beantwortung Ihres Schreibens vom 10.d.M. möchten wir Ihnen mitteilen, daß

a) die Bestimmungen hinsichtlich der Mindest-Stückzahlen (Tourenwagen: 5000 bzw. 1000, GT-Fahrzeuge: 500 bzw. 50) endgültig beschlossen wurden und keine Änderungen mehr erfahren können.

b) die Homologierungs-Kommission vorgesehen hat, bereits in der zweiten Jahreshälfte, spätestens jedoch im September 1965 Homologierungen im Vorgriff auf die neuen Bestimmungen auszusprechen. Wir hoffen, daß die erforderlichen Testblatt-Umstellungen bis zu diesem Zeitpunkt erfolgen können.

In diesem Zusammenhang weisen wir darauf hin, daß mit dem 31. Dezember 1965 sämtliche Homologierungen ihre Gültigkeit verlieren. Alle vorliegenden Testblatt-Unterlagen werden überprüft und bedürfen ergänzender Stückzahl-Erklärungen seitens der Herstellerwerke.

Für heute verbleiben wir, in der Hoffnung, Ihnen die gewünschte Klarstellung gegeben zu haben,

mit sportlichen Grüßen
AUTOMOBILCLUB VON DEUTSCHLAND EV.
Sportabteilung

(Obering. Schmitz)
Sportsekretär

Die Rahmenbedingungen des neuen FIA-Reglements

Die Entwicklung des 906

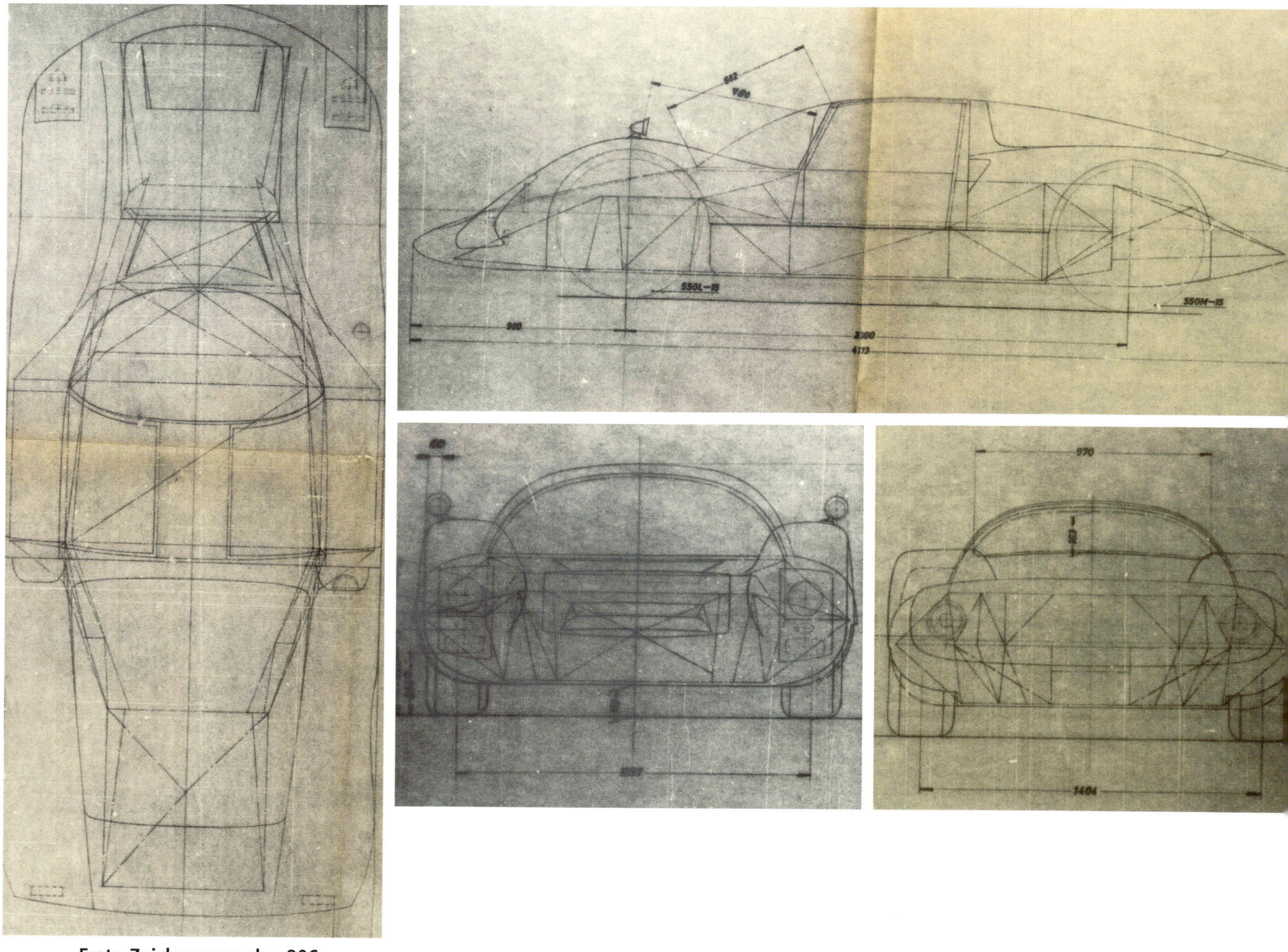

Erste Zeichnungen des 906.

Nach den Erfahrungen aus den Renneinsätzen mit den 904 Spydern und auch mit dem ersten Gitterrohrrahmen »Contergan« Spyder in der Europabergmeisterschaft 1965 stand fest, dass der neue Rennsportwagen von Porsche, der nach den von der FIA ab 1966 gültigen Homologations-Vorschriften gebaut werden sollte, aus einem Stahlgitterrohrrahmen aufgebaut werden sollte.
Schon mit dem 906 003 Spyder, der noch auf dem Kastenrahmen des Typs 904 aufgebaut war, wurden erste Windkanalversuche unternommen, die verschiedene Karosserieformen zeigten. Eine davon erinnert schon sehr stark an den zukünftigen neuen 906.
Bei der Entwicklung stand fest, dass der neue »Sechser«, wie er von den Mechanikern schon bezeichnet wurde, um einiges besser sein musste als sein Vorgänger, der 904.
In der Geschäftsleitungs-Notiz Nr. 35/64.41 wurde die Verkaufsbezeichnung des Fahrzeugs 906 GTS festgelegt: Am 21. 12. 1964 informiert der damalige Technische Leiter der Entwicklung und des Versuchs, Herr Tomala, alle maßgeblichen Stellen im Hause darüber, wie die Typenbezeichnung des neuen Rennwagens von Porsche heißt.

Hausmitteilung TL-Mr/gk vom 21. 12. 1964

An Abteilung siehe Verteiler Herrn Albrecht
Herrn Beil
Herrn Komenda
Herrn Mezger AV
Herrn Reimspieß
Herrn Rombold
Herrn Schröder
Herrn Soukup
Herrn Benner
Herrn Herzog
ZPL
Bezeichnung Typ 906

Laut Geschäftsleitungs-Beschluss (GL Notiz Nr. 35/64.41) ist die Verkaufsbezeichnung des Fahrzeugs 906 auf GTS 6 festgelegt. Für die interne Abwicklung bleibt nach wie vor die Typ Nr. 906 gültig, jedoch für das Coupé mit dem Zusatz /1 (906/1).
Weiter beabsichtigte Varianten werden entsprechend unterteilt.

Gezeichnet Morr
(Assistent des Herrn Tomala)

Dass diese Notiz kurz vor dem Weihnachtsurlaub 1964 geschrieben wurde, zeigt mal wieder, dass bei den Porscheingenieuren keine Minute verloren wird.
Im Glauben daran, dass mit Absicht auch ein gewisser Denkprozess in Gang gesetzt wird. Denn die Feiertage eigneten sich hervorragend dazu, gute Ideen für diesen neuen Rennwagen zu entwickeln.
Am 19. 1. 1965 findet eine weitere wichtige Vorbesprechung zum Thema 906 statt.

Erste Versuche im Windkanal.

<u>Aktennotiz</u> Verteiler: alle Anwesenden
VL (Verkaufsleitung)
H. Schilling
VF 2x (Fahrversuch)

Anwesend waren die Herren Dr. Ferry Porsche, Tomala, Ferdinand Piech, Wilhelm Hild, Helmut Bott, und zeitweise die Herren Peter Porsche, Schröder, Ruoff, Albrecht, Mezger KB, Mezger AV, Beil, Eyb, Hetmann, Spannagel.

Ziel der Besprechung:
A) Festlegung der Serienausführung Karosse 906, damit Lieferumfang Heinkel kalkuliert werden kann.
B) Offene Punkte Motor – Getriebe – Fahrgestell, Beanstandungen Dauerlauf Monza.

<u>Grundsätzliches:</u>
Die vorgesehene Stückzahl für Typ 906 beträgt:
»Vorserie« 14 Stück (Bemerkung des Autors. Diese Zahl wurde per Hand auf 10 Stück geändert)
»Serie« 60 Stück

Die Beschaffung der Teile für Typ 906 soll durch Herrn Schilling nach Absprache mit Herrn Kirn erfolgen. Wareneingang jedoch Werk II.

Der Prototyp 2 soll bei Heinkel auf den neuesten Stand gebracht und als Kalkulationsbasis verwendet werden.

A) Serienausführung Karosse:

A1) Vergaserluft durch Hutze wie vorgesehen.
A2) Gebläselufteintritt wie vom Versuch vorgeschlagen (Einlauftrichter)
A3) Ölbehälter mit Entlüftungsraum und Ablassschraube
A4) Zusatzkraftstoffbehälter wie für 904/65 nachträglich vorsehen (Catch-Tank) (Kurvenfahrt!).
A5) Verbesserte Verriegelung vorderer Deckel.
A6) Scheinwerferabdeckung mit Nieten (wie vorgesehen)
A7) Luftführung für Bremsenkühlung, wie vom Versuch festzulegen (VA + HA).
A8) Befestigung des Bremsflüssigkeitsbehälter so, dass Bremse bei Beschädigung des Kotflügels noch funktionsfähig bleibt.
A9) Die auf dem Typ 906 zu verwendenden Rennreifen müssen unter Berücksichtigung der derzeitigen Karosserieform ausgewählt werden (keine Karossenänderung)
A10) Herr Schröder arbeitet eine Checkliste aus, welche bei der Karosseriekontrolle als Leitfaden für die Abnahme gilt.
In diese Liste soll unter anderem aufgenommen werden:
Kontrolle vordere Deckelverriegelung
Kontrolle Scheibenwischerbefestigung
Kontrolle Innenspiegelbefestigung
Kontrolle Befestigung Scheinwerferabdeckung.

B) <u>Offene Punkte:</u>

<u>Motor und Kupplung</u>

B1) Stückliste auf neuesten Stand bringen.
B2) Kurbelgehäuse aus Elektron, Legierung evtl. RZ 5, je nach Erfahrungen mit Vorseriengehäusen.
B3) Ölabstreifer vorsehen.
B4) Kurbelgehäusebearbeitung im Betrieb in einem Durchgang. Preis und Termin der Werkzeuge durch Herrn Beil. Gehäuse-Endtermin Mitte Juli.
B5) Kipphebelausführung nach Abschluss der Versuche
B6) Verteilergehäuse aus Silumin, da Elektrongehäuse nicht erprobt.
B7) Schwungradverzahnung wie Serie, Anlasser Leichtmetall. Stückliste berichtigen.
B8) Drehzahlmesser mechanisch mit Schleppzeiger.
B9) Zündverteiler Marelli: Weiterentwicklung (Bestellung von 5 Mustern).
B10) Kupplung Fichtel & Sachs M 215 S, Rückholfeder mit 4+3 Nieten.
Pulsversuche bei Fichtel & Sachs. Je nach Ergebnis (14 Tage) evtl. Nieten warmgeschlagen oder Schrauben.
Für ersten Werkseinsatz evtl. Häussermann-Porsche-Kupplung.
B11) Hebelübersetzung nach Wunsch der Werksfahrer steifer.

<u>Getriebe</u>

B12) Getriebegehäuse Serie 906 aus Elektron.
B13) Entlüfter mit Zusatzrohr.
B14) Synchronisierung wie 904.
B15) Für Werkseinsatz vorbereiten:
6 Radsätze ohne Sperre
3 Satz Le Mans 6 Zylinder
3 Satz Le Mans 8 Zylinder
B16) Schaltkulisse für Werkswagen untersuchen.

<u>Fahrgestell</u>

B17) Geänderte vordere Lenker (Auswuchtgewichte) (Handschriftlich ist hier 5½ Felge vermerkt)
B18) Feder vorne 904.343.101.05, Feder hinten 904.333.10.05
B19) Gummihohlfeder an Vorder- und Hinterachse dreiteilig statt bisher vierteilig.
B20) Stabilisatorquerschnitt an Vorder- und Hinterachse in Stückliste offen lassen.
B21) Lenkgetriebe mit verbesserter Ritzellagerung und geschliffener Zahnstange, wie mit ZF besprochen.
B22) Lenkungskupplung 65 Shore Guibo progressiv (Form 911).
B23) Für Bremse 906 noch keine Lieferzusage von Teves. Herr Schilling soll klären, evtl. Nachgriff GL (Bemerkung vom Autor: Hier muss sich Dr. Porsche selbst kümmern)
Vorgesehen: vorn MS-Sattel (Kolben 48 mm ∅)
Hinten M-Sattel (Le Mans, Kolben 35 mm ∅)
Hauptbremszylinder 20,64 mm ∅
Bremsbelag Ferodo DS 11
B24) Leichtmetallbremse noch nicht erprobt, Teile

voraussichtlich April 1965.
B25) Stoßdämpfer nach Abschluss der Versuche mit Bilstein und Koni:
Bessere Dämpfer 70 Satz
Ersatzfabrikat 30 Satz
Stückliste Fabrikat offen lassen.

B26) Felgen 5½" Leichtmetall, weitere Größen homologieren (Anmerkung vom Autor: 6" und 7" ist handschriftlich beigefügt.)
B27) Reifen: Ganze Serie mit Rennreifen. Ausführung wird geklärt zwischen Versuch und Firma Dunlop. Evtl. Besprechung Dir. Krämer, Herr Stumme, Herr Tomala.

Gezeichnet: (Bott)
VF/Bo-kf 20. 1. 1965

Schon drei Tage nach dieser Besprechung wurde eine Abordnung der Firma Dunlop bei Porsche in Zuffenhausen empfangen. Das Thema: Bereifung der Serienausführung des Carrera 6.
Das Problem war, dass sich Dunlop bisher geweigert hatte, Rennreifen für den Bau von Serienfahrzeugen zu liefern. Also wurde von Porsche versucht, dieses Problem vom Tisch zu bekommen. Bei dieser Besprechung war auch Dr. Porsche neben den Herren Tomala und Bott von Porsche dabei. Her Brodt, damaliger Dunlop-Rennchef aus Deutschland, war bemüht, Porsche, wo es ging, zu helfen und sagte auch am Ende zu, dieses Thema mit seinen englischen Dunlop-Kollegen zu klären. Man einigte sich darauf, der Firma Dunlop eine Liste aller Kunden zu übermitteln, die einen 906 kaufen. Wenn Dunlop diesem Weg zustimmte, würde auch ein Terminplan an Dunlop geschickt werden, wann die einzelnen Sätze in der Fertigung benötigt würden.
Die endgültige Ausführung der Reifen wurde noch offen gelassen, da noch die weiteren Versuche im Frühjahr abgewartet werden sollten.
Die Kundendienstabteilung von Porsche wurde angewiesen, zusammen mit Dunlop eine Anweisung für die Carrera-6-Kunden zu erarbeiten, welche der Betriebsanleitung beigelegt werden sollte, wie ein solcher Rennreifen zu behandeln ist.
Das größte Problem stellte sich für die in die USA gehenden Wagen dar, da der Verkauf von Porsche bisher nicht in der Lage war, eine definitive Kundenliste aufzustellen, da in den USA das Problem der Produkthaftung bestand.
Um auch die zu erwartenden Stückzahlen anzusprechen, wurde mit voraussichtlich 50 Wagen gerechnet, wobei ca. 10 davon in die USA gehen würden.
Am 29. Januar schreibt Herr Falk vom Fahrversuch eine Aktennotiz über die Reifenbestückung des 906. Er schlägt vor, dass, wenn es Dunlop möglich ist, die bisherigen Rennreifen mit der alten Abmessung, jedoch mit der neuen Gummimischung herzustellen, der Typ 906 bevorzugt vorn mit 5.50 L 15 normal und hinten mit 5.50 L 15 breit auszurüsten, beide auf 5½" -Felge.
Die endgültigen Reifen und auch die Felgenfrage für die Serie 906 kann erst dann endgültig festgelegt werden, wenn im März 1965 die ersten Versuchsreifen R 7 D 12 zur Erprobung der Platzverhältnisse über dem Federweg und Einschlagwinkel zur Verfügung stehen. Bekannt ist, dass bei bisher gemachten Platzstudien im 904 eine Verwendung der neuen Rennreifen auf 6- bzw. 7"-Felgen nur bei Karosserie- bzw. Radlaufänderungen möglich ist.
Dass aber auch eine andere Karosserieform im Gespräch war, zeigt die Tatsache, dass bei der Besprechung am 11. 2. 1965 bei Porsche mit der Firma Heinkel über einen 906 Roadster gesprochen wurde, der auf dem bekannten Bergwagen, dem »Contergan« Spyder basieren sollte.
Ein Überlegungsfaktor bei dieser Studie war auch der Grund, dass ein Spyder schneller und einfacher in der Karosserie gebaut werden kann, sodass ein Anlieferungsplan der Firma Heinkel bis zu drei Karossen pro Woche vorsah. Von diesem Spyder hatte Heinkel bisher schon 6 Rahmen geliefert, von denen 4 Fahrzeuge für den Einsatz in 1965 aufgebaut werden sollten.
Auch wurde klar, dass man unbedingt am 1. Januar 1966 die 50 Wagen fertig haben wollte, und das hieß für Heinkel, dass die letzte Karosse bis spätestens Ende November angeliefert sein musste.
Bis zu Beginn eventueller Werkzeug- und Vorrichtungsänderungen bei der Firma Heinkel mussten jedoch die konstruktiven Unterlagen für die Rahmenteile fertig sein. Speziell die Ausleger am Rahmen vorn und hinten mussten geklärt werden, denn diese sollten auf jeden Fall aus dem Werkstoff ST 37 gefertigt werden.
Auch sollten bald die Form des Armaturenbretts und die Instrumente festgelegt werden. Eventuell wäre es erforderlich, die Schalttafel aus Leichtmetall zu fertigen und diese nur oben und seitlich abzukanten.
Bei jeglicher Planung wurde aber von Heinkel eingebracht, dass für die Kunstharzteile, die ja auch sehr dünnwandig gefertigt werden sollten, eine Aushärtungszeit von 14 Tagen benötigt wurde.
Die wichtigste Frage wurde auch am Ende dieser Besprechung noch angesprochen, welche Typenbezeichnung eine solche offene Variante bekommen sollte. Dass diese Spyder-Variante schon 12 Tage später eine Typenbezeichnung hatte, war auf die Problematik der Sportgesetze zuschreiben.
In der Aktennotiz der Besprechung am 23. 2. 1965 ist zu lesen:

Anwesende:		*Verteiler:*
Herr Tomala	*Herr Eyb*	*Herrn Porsche*
Herr Piech	*Herr Hetmann*	*Herrn Zirpins*
Herr Bott	*Herr Schröder*	*GLS*
Herr Schilling	*Herr Morr*	*ZPL*

Betrifft: Typ 906/03

In der Besprechung sollte der Entwicklungsstand des Typs 906/03 (Roadster) festgestellt werden. Und die noch offenen Fragen geklärt werden.

Die Schwierigkeiten bei der Festlegung des Konzeptes sind die nicht exakt definierten neuen Bestimmungen der CSI. Angeblich werden diese erst bis Anfang April zu erwarten sein. Da bis zu diesem Zeitpunkt nicht abgewartet werden kann, sind in Anlehnung an die bisherigen Bestimmungen und ersten Veröffentlichungen über das neue Reglement die nachstehend angeführten Arbeiten raschest möglich durchzuziehen.

1. Anzustrebender Homologationstermin 1. 1. 1966
   Dazu ist der Fertigungsbeginn
   Bei 2 Fahrzeugen pro Woche der 1. 7. 1965
   Bei 5 Fahrzeugen pro Woche der 23. 8. 1965
   d. h., zu diesem Zeitpunkten müsste die Karosserien von Heinkel angeliefert sein.

2. Fertigung
   Die Fahrzeuge werden einschließlich Motoren von der Abteilung Produktion gefertigt. Die Verrechnung erfolgt auf dem Hauptauftrag H 22.

3. Zu klärende Punkte

   1. Kofferraum

   Die bisherige Vorschrift, dass ein bis zu 20 Liter großer Normkoffer (Maße wie bis jetzt) untergebracht werden muss, scheint nicht geändert zu sein.

   2. Reifen und Räder

   Unter der Voraussetzung, dass am Fahrzeug zwei verschiedene Größen verwendet werden können, stehen vier Größen zur Auswahl:

5.50 x 15 Normal	– Ausführung auf 6"-Felge
5.50 x 15 M	– Ausführung auf 7"-Felge
6.00 x 15	auf 6"-Felge
6.00 x 15	auf 7"-Felge

   Es wurde folgende Ausrüstung beschlossen:

   Vorne Reifen 5.50 L 15 / R7 / D12 auf Felge
   6.00 x 15
   Hinten Reifen 5.50 M 15 / R7 / D12 auf Felge
   7.00 x 15
   Reserverad wie vorne.

   Als Zukunftsentwicklung ist die 13" Größe anzustreben. Da von Dunlop auf diesem Gebiet für Formel 1 Wagen z. B. eine sehr aufwendige Entwicklung betrieben wird.

   3. Fußhebelwerk

   Pedalverstellung und Pedalerie wie Typ 904

   4. Lenkung

   Lenkrad muss tiefer gelegt werden. Höhe gibt Herr Bott an. Dazu ist eine Lenkbetätigung im Gelenk zu verkürzen. Herr Eyb untersucht, ob die mögliche Kürzung ausreicht. Ebenfalls soll untersucht werden, ob die Lenkkupplung nicht vom Lenkgetriebe weg vor das Doppelgelenk gesetzt werden kann. Lenkradverstellung wie Typ 904.

   5. Stoßdämpfer

   Einstellung kann erst nach Fahrversuchen angegeben werden. Fabrikat (Bilstein oder Koni) ebenfalls.

   6. Stabilisator

   Alle Teile, bis auf den Drehstab selbst, können freigegeben werden. Der Drehstab kann erst anhand von Fahrversuchen festgelegt werden.

   7. Federn

   Angabe der Federn ebenfalls erst anhand von Ergebnissen aus Fahrversuchen.

   8. Bremse

   Vorne MS, hinten M-Sattel

   9. Antriebswellen

   Nadella – Welle wie 904

   10. Motor

Schwierigkeiten bestehen nur noch bei der Kupplung (Druckplatte verbiegt sich)
Mitnehmerscheibe (mit geklebten Belägen), für Serienausführung mit Torsionsdämpfer, ist bereits freigegeben. Eventuell ist eine geringe Änderung am Schwungrad erforderlich, jedoch können die Schwungräder aus Serien – Teilen gefertigt werden. Über die Möglichkeiten, die Druckplatte zu verbessern, verhandelt Herr Spannangel mit Fichtel & Sachs (Ergebnis bis zum 1. 3. 1965)

11. Elektrische Anlage

Klärung, wie typisierungsgerechte Beleuchtungseinrichtung und Entstörung ausgeführt werden soll, muss noch erfolgen (siehe auch weiter hinten)

12. Aufbau

Öffnungen für Bremse-Belüftung hinten so groß als möglich. Untersuchung, ob Bügel-Verkleidung etwas bringt (Attrappe für Windkanal). Windkanal-Messung zur Untersuchung der Belüftung und einer Abreißkante. Da Sitze fest eingebaut sind (wie 904), müssen sie zur Versteifung des Aufbaus herangezogen werden. Die Bestellung der Scheiben soll bis zum bekannt werden des genauen Reglements (April) zurückgehalten werden.

13. Instrumente

Klärung ob Tachometer notwendig ist und ob ein Gerät als Handmuster in der Stückzahl 60 von VDO gefertigt werden kann.

4. Typisierung / Homologierung

Nachdem die Bestimmungen sich vom eigentlichen GT-Wagen in Richtung Sport-Wagen geändert haben, jedoch in den Einzelheiten nicht festliegen, sind folgende Punkte zu klären:

1. *Ist eine Typisierung des Typs notwendig, oder kann eine Einzelabnahme durchgeführt werden?*
2. *Kann eine Einzelabnahme des Fahrzeugs im Ausland durchgeführt werden?*

Die Klärung des Punktes 1 ist wichtig im Hinblick auf die Instrumentation, den Einbau eines Lenkschlosses, einer Heizung, eines entsprechenden Abgas-Schalldämpfers, sowie auf die Entstörung der elektrischen Anlagen. Klärung TL.

5. Prototypen-Fertigung

Die Prototypen-Fertigung ist forciert durchzuführen. Das Fahrzeug soll sehr schnell photographiert werden, damit man die Interessenten für dieses Fahrzeug bereits sehr früh ansprechen kann.
Für 1966 ist eine strömungsgünstigere Karosserie vorzubereiten.

Technische Leitung
25. 2. 1965
Morr

Die am 7. und 8. Juli in Weissach auf der Kreisbahn gefahrenen Reifenversuche sollen nun endgültig klären, welche Dunlop-Reifen für den Typ 906 zur Verwendung kommen sollen.
Die Versuche werden von Herbert Linge und Peter Falk mit dem Bergspyder-Achtzylinder 906 007 gefahren, der schon am Rossfeld und am Norisring zum Einsatz kam.
Als Federabstimmung war eingebaut:
Vorn: gelb/grün progressiv ohne Ring
Hinten: gelb/blau progressiv ohne Ring
Als Dämpferabstimmung war eingebaut:
Vorn: Bilstein, Zugstufe um 20 % weicher als Serie
Hinten: Bilstein Serie
Stabilisatoren vorn 15 mm ∅ und hinten 14 mm ∅
Lenkungskupplung: 80 Shore linear
Lenkerlager: vorn und hinten Nadellager
Radstellung: wie Serie 904, vorn -35' Sturz, hinten -1°50' Sturz
Der erste Versuch wurde mit Dunlop-Rennreifen von Herbert Linge im 190-m-Kreis gefahren:
vorn 5.50 L 15 R7 Green Spot auf der 6"-Felge mit 1,6 atü
hinten 5.50 M 15 R7 Green Spot auf der 7"-Felge mit 2,0 atü

20,22
19,96
19,90
19,86
19,84
19,76
19,85
19,34
19,50

19,60
19,62

Beim nächsten Versuch wurde mit denselben Abmessungen und Einstellungen, jedoch mit Dunlop Yellow Spot gefahren.
Hier sahen die Zeiten auf dem 190-m-Kreis folgendermaßen aus:

19,50
19,44
19,29
19,38
19,24
18,96
18,92
18,96

Die Anmerkungen von Herbert Linge sind klar, die Yellow Spots lassen sich wesentlich schneller fahren, wobei ein gleichmäßiger Drift möglich ist. Dagegen sind die Green-Spot-Reifen wesentlich eckiger zu fahren und beim Ausbrechen schwerer unter Kontrolle zu halten. Weiter geht es mit einer Kombination aus beiden, so wurden jetzt vorn die Yellow Spots und hinten die Green Spots montiert, immer in denselben Abmessungen wie bei den Tests vorher und auch mit demselben Luftdrücken.
Die Zeiten sprechen für sich:

19,46
19,58
19,80
Auch Linges Kommentar zu dieser Bestückung ist vernichtend. Der Wagen lässt sich sogar noch schlechter fahren, als wenn einheitlich Green Spot montiert wären. Er meint, diese Kombination geht absolut nicht, da noch ruckartiges Ausbrechen das Fahren erschwert.
Nach diesem Versuch ging es mit neuen Firestone-Reifen mit folgenden Größen weiter.
Vorn: 5.00/9.10-15 auf 6"-Felge mit 1,6 atü
Hinten: 5.50/9.80-15 auf 9"-Felge mit 2,0 atü
Gefahren wurde auch weiterhin auf dem 190-m-Kreis, um einen guten Vergleich zu haben.

20,20
20,24
20,22
20,46

Da mit diesen Reifen das Fahrverhalten stark untersteuernd war, wurde vorn der Luftdruck auf 1,8 atü erhöht.

19,92
20,52
20,46

Aber auch das brachte keine Besserung des sehr starken Untersteuerns. Also wurde mit der Ablassung des Luftdrucks hinten versucht, eine Änderung zu erzeugen.

19,74
20,12

Mit dieser letzten Maßnahme wurde zwar das Fahrverhalten etwas besser, aber immer noch ist es untersteuernd, und im allgemeinen Vergleich meint Herbert, die Firestone lassen sich wie die Dunlop Yellow Spots fahren.
Beim nächsten Versuch werden die etwas breiteren Dunlop Racing mit folgenden Größen gefahren:
Vorn: 5.50 M 15 / R7 auf 7"-Felge 1,4 atü
Hinten: 6.00 M 15 / R7 auf 9"-Felge 1,8 atü

19,62
20,18
20,20
20,42

Auch diese haben das starke Untersteuern. Um hier eine Besserung zu bringen, wurde der Luftdruck auf 1,6 atü vorn erhöht.

19,78
20,00
20,20
19,82
19,84

Und der Wagen ist noch immer am Untersteuern. Hier gibt es dann die Bemerkung, dass im Gegensatz zu den Nürburgring-Versuchen, wo sich eine Luftdruckänderung sehr stark im Fahrverhalten bemerkbar macht, in Weissach immer wieder festgestellt wird, dass sich Luftdruckänderungen nur sehr geringfügig auswirken.
Dann stieg auch Peter Falk ein und legte mit dieser Bereifung folgende Zeiten an:

19,88
19,66
19,62
19,58
19,62

Dann wurde der Wagen in den Sturzwerten an der Vorder- und Hinterachse auf 0° geändert. In der Zwischenzeit hatte es geregnet, und

die Fahrbahn hatte feuchte Stellen, was jedoch Peter Falk nicht davon abhielt, die Versuche weiter zu fahren.
Jetzt kam wieder dieselbe Bestückung wie schon vorher zum Einsatz, und die Zeiten waren die folgenden:

20,52
20,28
20,20
19,72
19,84

Mit dieser Einstellung wurde es besser, der Wagen untersteuerte nicht mehr so stark und konnte auch gleichmäßig im Drift gehalten werden. Das kurvenäußere Hinterrad steht nach Augenmaß beim Fahren auf ca. 30' bis 1° positiv, das kurvenäußere Vorderrad etwa auf 0° Sturz.
Dann fing es an zu regnen, was jedoch unsere Fahrer nicht davon abhielt, weiter ihre Versuche zu fahren. So probierte Peter Falk mit der schmalen Dunlop Bestückung auch einen höheren Luftdruck hinten (2,0 atü) aus und fuhr folgende Zeiten:

20,20
20,14
20.98
20,50
20,38
20,12
20,20
20,08

Danach ging es weiter wieder mit der breiteren Dunlop Yellow Spot und 1,6 / 1,8 atü, immer noch bei einer gleichmäßig nassen Fahrbahn:

19,10
19,08

Und sein Resümee war eindeutig. Mit den großen Reifen hinten lässt sich das Fahrzeug bei Nässe besser fahren als mit 5.50 M 15 hinten. Der Drift ist gleichmäßiger und gut kontrollierbar.

Danach gab es den üblichen Rückversuch mit den Dunlop Green Spot, der erwartungsgemäß niederschmetternd ausfiel. »Wesentlich schlechter als mit Yellow Spot. Wagen untersteuernd. Ruckartiges Ausbrechen.«
In der Zusammenfassung ist zu lesen, dass der Yellow Spot im Trockenen um 0,4 bis 0,7 sec schneller ist als der Green Spot. Bei Nässe ist der Yellow Spot um 1,6 sec schneller als der Green Spot. Und die Unterschiede bei der Größe zeigen ganz klar, dass der 6.00 M 15 1,0 sec schneller ist als der 5.50 M 15.
Am 27 Juli war es nun soweit, Ferdinand Piech berief eine Besprechung ein, die die Festlegung der Konstruktion des Fahrgestells des neuen Typs 906 zum Thema hatte. Im Protokoll wurde folgendes festgehalten:

Anwesend: Herr Piech
Herr Bott
Herr Hild
Herr Falk
Herr Spannagel zeitweise
Herr Mimler zeitweise
Herr Linge
Herr Hetmann
Herr Eyb
Herr Stotz
Herr Hofmann
Herr Reitter
Herr Mezger

Räder und Reifen:
Vorne Lochscheibenrad 7 K x 15, Zeichnung 906 361 010 00
Felge Leichtmetall mit Stahlschüssel Reifen 5.50 M- 15
Hinten Lochscheibenrad 9 K x 15, Felge Leichtmetall mit Stahlschüssel nach Kronprinz-Zeichnung 6990.36 Reifen 6.00 M-15
Reserverad wie Vorderrad

Vorderachse:
Kinematische Ausmittlung bleibt wie Typ 904. Radlagerung und Achsschenkel gleich 904. Oberer Querlenker abgeändert gegenüber 904 durch Lagerung in Schwenklagern statt Flanblock, Sturzeinstellung wie 904 durch verschiebbares Kugelgelenk.
Unterer Querlenker wie 904 mit Abänderung der Schwenklager statt Flanblock.
Oberes Kugelgelenk einstellbar (wenn in der nötigen Zeit lieferbar).
Unteres Kugelgelenk wie 904.
Einstellung des Nachlaufes durch Beilegen von Scheiben vor bzw. hinter die Schwenklager ± 6 mm an oberem oder (und) unterem Querlenker.
Sämtliche Schwenklager sollen durch Gummimanschetten abgedichtet werden.
Stoßdämpfer in Schwenklagern oben und unten gelagert, mit Gummistulpen abgedichtet.
Federn werden nach Gewichtsrechnung in verschiedenen Auslegungen für Versuchszwecke von Herrn Mezger festgelegt. Auswahl der endgültigen Federn am Versuchswagen.

Stabilisator: Stärke 14 bis 17 mm in angehobener Lage mit verstellbarer Anlenkung. Lagerung des Stabilisators in Delerin.

Lenkung:
Lage zur Vorderachse wie 904. Lenksäule durchgehend, Verstellung der Befestigung wie für 906 vorgesehen. Lage und Durchmesser des Lenkrades wird in Versuchs-Sitzattrappe bis 1. 8. 1965 festgelegt.

Bremsen:
Vorne Leichtmetall-Festsattel Sk 48 KN möglichst geschmiedet. Es ist jedoch erst festzustellen, ob geschmiedete Ausführung termingerecht bereitgestellt werden kann. Hinten Mk 35 RN möglichst Leichtmetallguss. Es ist jedoch zu prüfen ob aus Termingründen nicht der Grauguss-Sattel verwendet werden muss. Ebenso muss geprüft werden, ob in den hinteren Bremssattel ein 38 mm ∅ Kolben untergebracht werden kann.
Hauptbremszylinder: Es soll der Parallel-Hauptbremszylinder mit verstellbaren Waagebalken der Firma Gerling genommen werden. Herr Spannagel besorgt kurzfristig die nötigen Unterlagen.

Fußhebelwerk:
Gegenüber 904 in nicht verstellbarer Ausführung. Lage des Fußhebelwerkes wird in Sitzattrappe bis 1. 8. 1965 festgelegt.

Hinterachse:
Lenkerlager am Radträger in kombiniertem Nadellager statt Flanblock. Lenkerlager am Rahmen Unibal. Obere Lenkerstange länger als 904, jedoch ohne Veränderung der Kinematik. Stabilisator höher gelegt als 904, jedoch in verstellbarer Anlenkung. Lagerung des Stabis in Delrin-Buchsen. Stoßdämpfer mit Schwenklager (wie vorne). Federn werden nach Gewichtsrechnung in verschiedenen Auslegungen für Versuchszwecke von Herrn Mezger festgelegt. Auswahl der endgültigen Federn am Versuchswagen.

Handhebelwerk:
Schaltung wie 904 (evtl. Korrektur der Lage nach Sitzattrappe möglich).
Handbremse wie 904.

Motor-/Getriebelagerung:
wie 904 bzw. 906

Rahmen:
Nach Festlegung der Rahmenform im Maßstab 1:2,5 Fertigung des 1:1 Rahmens nach Angaben von Herrn Mezger.

Freigaben:
Sämtliche Freigaben der Fahrwerksteile müssen von Herrn Piech gegengezeichnet werden, bevor sie in unsere Zeichnungskontrolle zur Weiterleitung gehen. Diese Unterschrift gilt dann als Serienfreigabe.

Stuttgart Zuffenhausen, den 28. Juli 1965
KBF-Eyb/Ack

Gezeichnet: F. Piech Eyb

Das ist meiner Meinung nach der wirkliche Startpunkt der 906 Serie gewesen. Interessant ist hierbei, dass Ferdinand Piech seine Vorstellung zu 100 % umsetzt und die totale Kontrolle behält: jegliche Ausführung ist nur noch mit seiner Unterschrift möglich. Damit übernimmt er die volle Verantwortung, dadurch wird aber der zeitliche Ablauf enorm beschleunigt, was bei einem Rennwagen unentbehrlich ist. Außerdem muss man sagen, dass er auch dazu fähig war, dieses Risiko selbst zu tragen, denn für mich ist er genauso ein Genie wie schon Professor Porsche das war.

Die Rennreifen von Dunlop veranlassten die Versuchsabteilung immer wieder zu Vergleichsfahrten, um herauszufinden, wo die Entwicklung der von Dunlop gelieferten Reifen hinging. Außerdem war es noch wichtig, wie sich die Reifen bei den unterschiedlichen Bedingungen verhielten. Ideal dazu war immer noch die Weissacher Kreisbahn, die ganz eindeutige und vergleichbare Resultate aufzeichnete.

So wurde am 28. Oktober und am 5. November mit dem 906 010, dem 13"-Bergwagen, die bis dato schnellste Zeit dort gefahren.

Die damalige Bestzeit von 17,86 sec auf dem 190-m-Kreis wurden mit alten Dunlop R7 Yellow Spot unmittelbar nach der Fertigstellung des Wagens für den Europa-Bergmeisterschaftslauf in Ollon-Villars gefahren.

Bei diesen neuen Fahrten am 28. November konnte Peter Falk, der nicht nur Versuchsingenieur war, sondern auch ein exzellenter, schneller Fahrer, eine neue Bestzeit von 17,60 sec markieren. Eine Woche später ging es sogar noch schneller, und eine neue Rekordmarke wurde mit 17,52 sec für den 190-m-Kreis gesetzt.

Das Resultat im Gesamten ist aber schon aufschlussreich, denn der alte Dunlop R 6 erzielte bei gleicher Stabilisatoreinstellung immerhin 0,02 sec schnellere Zeiten als der neue R 7 Reifen. Bei geänderter Stabieinstellung konnte sogar eine um 0,14 sec schnellere Zeit mit dem alten R 6 gefahren werden.

Bei einer extrem (20 mm) weicheren Stabieinstellung jedoch zeigte sich der neue R 7 gegenüber dem R 6 um 0,28 sec schneller. Die neueren Reifen haben anscheinend einen größeren Schräglaufwinkel, sind aber insgesamt exakter zu fahren, was am Ende die Zeitverbesserung ausmacht.

Eine Alarmmitteilung kam am 11. November 1965 von Herrn Falk, der mit Herrn Raubald gesprochen hatte, wobei dieser wiederum meinte, dass die ONS als deutsche Abnahmebehörde für den Automobilsport nur Wagen freigibt, die auch der Straßenverkehrsordnung entsprechen. Und hier meinte Herr Raubald, dass der Typ 906 in folgenden Punkten von der StVZO abweicht:

- Kein Tacho und Wegstreckezähler
- Keine Heizung
- Keine typisierten Scheinwerfer
- Wahrscheinlich nicht ausreichend waren der Scheibenwischer-Winkel und die Rückspiegel-Sichtwinkel
- Keine Diebstahlsicherung
- Türen nicht abschließbar

Gleichzeitig wurde aber auch Huschke von Hanstein befragt, der die ONS sehr gut kannte, und dieser war der Meinung, dass es kein Problem sei, den 906 in seiner angedachten Form auch ohne diese Punkte zu homologieren.

Trotz dieser Aussage wurden Szenarios in der Versuchsabteilung entworfen, wie einige der Punkte mit einfachen Mitteln erfüllt werden können (siehe Fotos auf Seite 24).

Am 24. November 1965 verfasste Helmut Bott als Leiter Fahrversuch eine vertrauliche Aktennotiz, gerichtet an die Herren Piech und Falk, mit den Anweisungen für den Renneinsatz in Le Mans mit dem 906 und der Entwicklung des Bergrennwagens 1966.

Für Le Mans 1966 sollten vorrausichtlich 6 Fahrzeuge eingesetzt werden (3 x 6-Zyl.-Einspritzmotoren und 3 x Vergasermotoren). Für die Targa Florio sollten 4 Fahrzeuge zum Einsatz kommen (1 x 6-Zylinder-Einspritzmotor, 2 x 6-Zylinder-Vergasermotoren und 1 x 8-Zyl.-Vergasermotor).

Als spezielle Punkte wurden aufgelistet:

1. *Radabdeckkappen mit Innenloch für Belüftung und »Schnellverschluss«. Hier gab es Unterlagen aus Windkanalversuchen des Herrn Cantz.*
2. *Beleuchtung für die rechte Türunterseite aus Plexiglas, Reflektor eventuell zweiteilig.*
3. *Breitstrahler Jodlampen*
4. *Türöffnung für Le-Mans-Start, eventuell abnehmbares Lenkrad.*
5. *Schnellverschlüsse für Heck. Verkleidung am Tankstutzen, sodass während des Haubenöffnens und -schließens getankt werden kann.*
6. *Verlängertes Heck (spitz zulaufend, anliegende Strömung). Dies sollte von Herrn Endrich angefertigt werden.*
7. *Geänderte Heckpartie hinten verbreitert, so dass Strömung bis zum Abriss-Querschnitt sauber anliegt.*
8. *Windkanal-Termin besorgen und dort Versuche mit Bugflügel einstellbar zur Erhöhung des Anpressdruckes der Vorderräder. Heckklappe über Fahrgastraum, dadurch Ablösung über die ganze hintere Fahrzeugpartie und Antrieb an der Hinterachse. Bedienung vom Fahrersitz aus.*
9. *Um eine andere Vorderpartie zu bekommen, Anwendung eines Oberflächen-Kühlers.*
10. *Termin mit DFL nach 3. 12. 1965 zur Besprechung über Anwendung von Spoilern, Klappen, Vorflügeln, Ruder für Seitenkräfte. Termin durch Herrn Bott.*
11. *Theoretische Untersuchungen über Rahmen-Bauarten: Kunststoff, Aluminium-Blech, Rohrrahmen.*

Im Vortraining Le Mans kurzzeitig Versuch mit verlängertem Heck, Radkappen, Nummern-Beleuchtung. Übrige Versuche Hockenheim.

Gez. Helmut Bott 24. 11. 1965

Das waren ziemlich klare, aber auch extrem fortschrittliche Ideen die Herr Bott da zu Papier brachte. Da er ein hochgradiger Ingenieur mit vielen aerodynamischen Ideen war, sind einige der angesprochenen Vorschläge schon interessant. Was mich immer bei ihm fasziniert hat, ist sein klares Bild von Dingen, die es bis dahin noch nicht gab. So wurden viele der aufgezeigten Ideen von ihm schon in Le Mans 1966 verwirklicht.

Am 3. 12. 1965 wurden die ersten Versuchs-Fahrzeuge des neuen Porsche 906 fertiggestellt, und erste Gewichtsmessungen ergaben für den Wagen 906 016 folgende Gewichte (bei vollgetanktem Wagen und mit einem Fahrer von 75 kg):

Vorne links	166 kg	vorne rechts	159 kg	Summe	325 kg
Hinten links	215 kg	hinten rechts	214 kg	Summe	429 kg
				Gesamt	754 kg

Bei dieser Auslegung hatte der Wagen eine Bodenfreiheit von 105 bis 110 mm, was wiederum wichtig war, da z. B. bei der Abnahme in Le Mans über einen Block, der 800 x 800 mm breit und 100 mm hoch war, gefahren werden musste und dabei kein Teil des Unterbodens oder der Aufhängung daran streifen durfte.

Am 14. Dezember 1965 wurde zu einer Vorbesprechung im Versuch geladen, die der Vorbreitung der eigentlichen Serienfertigung dienen sollte.

Anwesend:

Anwesend:	*PL*	*Herr P. Porsche*	*VL*	*Herr Piech*
		Herr Lehmann		*Herr Bemsel*
		Herr Cikerle	*VF*	*Herr Bott*
	ZAV	*Herr Auwärter*		*Herr Falk*
	FL	*Herr Beil*	*VE*	*Herr Schilling*
	AV	*Herr Mezger*	*VA*	*Herr Weyersberg*
		KBG		*Herr Banhart*
		VA		*Herr Tengler (zeitweise)*

1 Karosserie

1.1 Im Versuch wird zur Zeit der zweite Carrera 6 (906 017) montiert. Die Produktionsleitung stellt ein bis zwei Mann zur Mitmontage bzw. Montagestudien an Versuch ab.

1.2 Die Karosserieanlieferung an die Serie erfolgt analog des Typs 904, d. h. lackiert mit kompletter elektrischer Anlage, jedoch ohne Instrumente. Die Anlieferung der ersten Karosse erfolgt Ende nächster Woche. Zwei weiter Karossen werden zwischen Weihnachten und Neujahr angeliefert. Ab 12. 1. 1966 soll täglich eine Karosse angeliefert werden.

1.3 Wegen Änderung des Fernthermometer-Einbaues setzt sich VF schnellstmöglichst mit dem Studio und KB direkt in Verbindung.

1.4 Lufteintritt für Bremsenbelüftung. Die Serie läuft mit dem vorgesehenen Lufteintritt an. Der vergrößerte Lufteintritt soll evtl. nachträglich in die Serie einlaufen.

2 Motor

2.1 Wegen der noch offen stehenden Unterlagen für Ölentlüfter, Entlüfterschläuche und Bodenschale für Vergaser setzt sich Herr Weyersberg direkt mit dem KB und VE in Verbindung.

2.2 Herr Weyersberg nennt bis Ende dieser Woche die Termine für den Eingang der noch fehlenden Motorteile.

2.3 Die Auspuffkrümmer sind satzweise zu kennzeichnen und dürfen nur satzweise montiert werden.

2.4 Lüfterrad. Vom KB ist in Zusammenarbeit mit dem Versuch schnellstmöglich mit der Fa. Bosch zu klären, inwieweit ein Abdrehen der inneren Lüftungsschaufeln die Lichtmaschinentemperatur beeinflusst, damit die Lüftungsschaufeln abgedreht werden können.

3 Getriebe

3.1 In der Serie wird als Erst-Ausrüstung nur die Nürburgring-Übersetzung eingebaut.

4 Fahrgestell

4.1 Das Fahrgestell mit Federn und Stoßdämpfern ist freigegeben.

5 Reifen

5.1 Die am Lager befindlichen Reifen
für vorne Dunlop 5.50 L 15 R7 Green Spot
für hinten Dunlop 5.50 M 15 R7 Green Spot
sind beim Serienanlauf aufzubrauchen. Nach Aufbrauch dieser Reifen dürfen nur noch für vorne Dunlop 5.50 L 15 R7 Yellow Spot
für hinten Dunlop 5.50 M 15 R7 Yellow Spot
montiert werden.

6 Serienteile

6.1 Teile aus der Serie 911, die für die Serie 906 benötigt werden, werden durch Herrn Banhart aus der Serie 911 ausgefasst.

Die nächste Besprechung soll nachdem der erste Carrera 6 in der Serie montiert ist stattfinden.

VL Bem/kn 14. Dezember 1965 gez. Bemsel

Dass die Porsche-Techniker vor nichts zurückschrecken, war schon ausreichend bekannt. Damit keine Zeit verloren wurde, erfolgte der erste Fahrversuch mit dem ersten Wagen der neuen 50er-Serie auf dem VW-Prüfgelände. Dass am 20. und 21. November dort oben in Norddeutschland bei Hannover um diese Zeit das Wetter nicht immer so einwandfrei ist, zeigte sich schon am ersten Tag, denn anfangs war die Strecke vereist, und stellenweise gab es auch Schneeglätte. Später kamen noch starke Schneefälle hinzu und es gab sogar hohen Schnee.
Bei diesen Verhältnissen bewegten Helmut Bott, Herbert Linge, Ralf Hannes, Rolf Wütherich und Peter Falk den 906 016 immerhin über 1111 km! Die fünf Unerschrockenen fuhren ohne Heizung und sogar mit Winterreifen und Spikes – mit einem Rennwagen! Gefahren wurde auf der Stoßdämpferstrecke, im Pflanzgarten, auf der Steilstrecke, über den Sprunghügel und die Asphaltfladen. Also ein rich-

tiger Rüttel- und Härtetest für das neue Auto. Die Durchschnittsgeschwindigkeit lag zwischen 50 und 70 km/h, je nach Straßenzustand. Als Reifen wurden Dunlop R7 Yellow Spot oder Dunlop 165 HR 15 SP CB 57 mit Spikes oder auch Metzeler 5.60 – 15 MSE verwendet.

Der Benzinverbrauch lag bei 25 l / 100 km und der Ölverbrauch bei 1 l / 1000 km.

Logischerweise gab es einen Haufen von Beanstandungen nach dieser mörderischen Fahrt:

1 *Bei Temperaturen unter + 5°C muss das Motoröl angewärmt werden, da das bei tiefen Temperaturen sehr zähe Rennöl nicht schnell genug vom Öltank durch die Rahmenrohre und Schläuche zum Motor fliest.*
2 *Kupplung löste nicht aus: provisorische Abhilfe durch verlängertes Druckstück zum Schlepphebel. Bei Kupplungsbetätigung weicht das Querrohr hinter den Sitzen, an dem das hintere Gegenlager der Kupplungsseilhülle befestigt ist, nach hinten aus dadurch Wegverlust. Kupplungsbetätigung ging zeitweise sehr schwer, Ursache: Fressen des Kupplungspedals auf seiner Achse.*
3 *Schlechte Zugänglichkeit zum Kupplungsumlenkhebel am Getriebe und Schaltstangen-Anschluss. Es sollte versucht werden, ob der Heckboden demontierbar zu gestalten ist.*
4 *Bei Motordrehzahlen über 3000 U/min wird durch den Gebläse-Unterdruck die Fahrerraum-Rückwand ca. 40 mm nach hinten gezogen, der Einlaufschacht des Gebläse wölbt sich nach vorne, beides bewirkt eine Verengung des Gebläseluft-Ansaugquerschnittes.*
5 *Die Bremse hatte anfangs großen Leerweg, nach mehrmaliger Entlüftung etwas besser. Wahrscheinlich waren die Bremsbeläge (DS 11) noch nicht eingelaufen, da infolge der glatten Straßenverhältnisse keine große Bremswirkung verlangt wurde*
6 *Handbremsseile weisen zwischen Radlauf und Rad zu wenig freie Länge auf, sie werden beim Einfedern stark abgebogen und scheuern sich am Durchtritt durch den Radlauf auf.*
7 *Drehzahlmesser ausgefallen, da Eingangswelle im Gerät festgefressen.*
8 *Deckgläser des Drehzahlmessers und Ölthermometers spiegeln bei Tag, dadurch schlechte Erkennbarkeit der Ziffern und Zeiger. Bei Nacht gut. Besser wären mattiertes Glas und weiße Ziffern und Zeiger auf schwarzem Grund.*
9 *Das serienmäßige 904 Lenkrad ist zu groß. Infolge niedriger Lenkkräfte reicht ein Lenkrad mit 330 mm ∅ aus, dadurch werden auch der Einstieg sowie die Sicht besser.*
10 *Vorderrad-Kotflügel stören stark bei Kurven mit Radius kleiner als 40 m.*
11 *Tankkontrolllicht Deckglas (gelb) bei Tag zu hell, man sieht nicht ob das Licht brennt.*
12 *Das Tankkontrolllicht brennt zu früh, man kann mit brennendem Licht noch ca. 100 km fahren, genügen würden 25 km, entsprechende ca. 8 Ltr. ,besser als ein Kontrolllicht wäre ein Reservehahn oder beides.*
13 *Der Abblendschalter ist zu unhandlich, man muss viel zu lange danach suchen.*
14 *Die Auswuchtgewichte an den Rädern lösen sich, es müssen geklebte Gewichte verwendet werden.*
15 *Karosserieausschnitte für Achswellen und Längs- und Querlenker zu klein.*
16 *Der Fahrersitz wirkt auf Dauer ermüdend, da er nicht der idealen Sitzlage des Fahrers angepasst ist.*
17 *Das Fahren mit Sturzhelm ist nur für kleine Fahrer möglich. Bei großen Fahrern stößt der Helm dauernd an das linke Dachlängsrohr.*
18 *Die Türhaltefedern sind zu schwach. Außerdem sollte die Fahrertür viel weiter aufgehen, um den Einstieg (Le-Mans-Start) zu erleichtern.*
19 *Tankinhalt 108 Liter. Restbenzin nach völligem Leerfahren 2,5 Liter pro Tank. Der Motor bleibt ohne vorheriges Stottern stehen. Dieser Nachteil könnte durch einen Reservehahn behoben werden.*
20 *Der Filz unter den Tankhaltebändern löst sich bei Nässe auf, besser wäre Gummi oder Kunststoff-Unterlage.*
21 *PVC-Entlüfterschläuche für die Benzintanks längen sich und knicken beim Warmwerden, beim Erkalten bleibt der Knick, besser wären Gummischläuche.*
22 *Die unlackierten Alu-Tanks korrodieren stark durch Salzwasser.*
23 *Der Verriegelungshebel der Lenksäulenverstellung sollte nach vorne stehen, nicht nach links (Verletzungsgefahr).*
24 *Die Heckverriegelung sollte ohne Werkzeug zu betätigen sein.*

Der Rahmen und die Fahrgestellteile des Wagens wurden in Abständen von 250 km sowie am Ende der Fahrt auf Risse untersucht. Da hierbei nichts festgestellt werden konnte, wurde der Wagen im Interesse weiterer Fahrversuche nicht zerlegt. Außerdem wird von Peter Falk berichtet, dass er alle Beanstandungen mündlich und schriftlich an die zuständigen Konstrukteure weitergeleitet hat.

So kam es, dass die Ergebnisse sofort umgesetzt wurden. Kurz bevor alle in die Weihnachtsferien gingen, wurde die Sitzschale nochmals geändert, da bei Versuchsfahrten mit verschieden großen Fahrern Beanstandungen in Bezug auf die Sicht und auch den Seitenhalt geäußert wurden.

Mit der neuen Sitzschale konnten auch kleine Fahrer noch gute Sicht auf die Fahrbahn haben und große auch noch genügend Kopffreiheit, und trotzdem wurde noch guter seitlicher Halt erzielt.
Auch wurde sofort in Bezug auf die positiven Ergebnisse mit der hinteren erhöhten Abrisskante reagiert, sodass alle Serienwagen diese erhalten sollten. Auch wurde ein zusätzliches Loch unter dem Getriebe eingeführt, dank dessen das Einstellen der Schaltgabeln und auch das Ablassen des Getriebeöls ohne Abbau dieser Verkleidung erfolgen konnten.
Parallel zu den Testfahrten, die in Wolfsburg am 20./21. November bei VW stattfanden, wurden mit dem zweiten fertigen Versuchswagen 906 017 im großen Stuttgarter Windkanal der Technischen Hochschule die ersten Versuche mit einem Originalfahrzeug durchgeführt. Hierbei wurde zusätzlich die Wirkungsweise verschiedener Spoiler an Bug und Heck sowie deren Einfluss auf den c_W-Wert gemessen. Die Ergebnisse waren äußerst interessant und auch richtungsweisend für die weitere Entwicklung der eigentlich noch am Anfang stehenden Aerodynamik des Fahrzeugs. So stellte sich nach den Messungen zunächst als wichtigstes Ergebnis heraus, dass das fertige Originalfahrzeug beim c_W-Wert um 50 % schlechter abschnitt als das 1:5-Modell.
Im Einzelnen wurden folgende Versuche durchgeführt, wobei die Schattenfläche für alle Messungen 1,325 m² betrug.

1 *Wagen wie für die Serie geplant mit 80 mm hohem Heckspoiler*
$c_W = 0,346$
Vorne leichter Auftrieb, hinten starker Abtrieb

2 *Fahrzeug mit Heckspoiler und seitlichen Bugspoilern*
$c_W = 0,351$
Vorne leichter Auftrieb, hinten geringerer Abtrieb als bei 1
Bei dieser Messung wurde auch eine Sechskomponenten Messung durchgeführt.

3 *Fahrzeug mit Heckspoiler und mittleren Bugspoiler*
$c_W = 0,342$
Vorne leichter Auftrieb, aber weniger als ohne Spoiler, hinten Abtrieb in der Stärke wie 1 + 2

4 *Fahrzeug ohne Heck und Bugspoiler (geplante Serie)*
$c_W = 0,357$ (Modell = 0,235)
Vorne leichter Auftrieb, hinten starker Auftrieb (ca. 25 kp).
Auch in diesem Zustand wurde eine Sechskomponentenmessung durchgeführt, hierbei wurde eine größere Instabilität des Fahrzeugs festgestellt als bei der Messung 2.

5 *Fahrzeug ohne Heck und Bugspoiler, jedoch mit gewölbten Scheiben auf den Felgen.*
$c_W = 0,342$

6 *Fahrzeug ohne Heck und Bugspoiler mit gewölbten Scheiben auf den Felgen, sämtliche Belüftungsöffnungen (Ölkühler, Bremsen, Kiemen am Heck) geschlossen und die Türfugen überklebt.*
$c_W = 0,315$

7 *Wie 6, jedoch mit Heckspoiler 80 mm*
$c_W = 0,308$
In diesem Zustand (7) wurden dann auch noch Unterdruckmessungen bei Anströmgeschwindigkeiten von 112 und 150 km/h vorgenommen. Die Messstellen befanden sich dabei im vorderen Radkasten, am Eintritt für die Belüftung der hinteren Bremse und des Getriebes (siehe Skizze). Eine weitere Messstelle war im hinteren Radkasten, die vierte am Abreißquerschnitt im Hinterwagen (siehe Skizze). Verschiedene weitere Messstellen fanden sich auf der Heckspoiler-Oberfläche (siehe Skizze), eine letzte im Motorraum über dem Getriebe. Diese Messungen gaben Aufschluss über den Unter bzw. Überdruck in den einzelnen Messzonen.

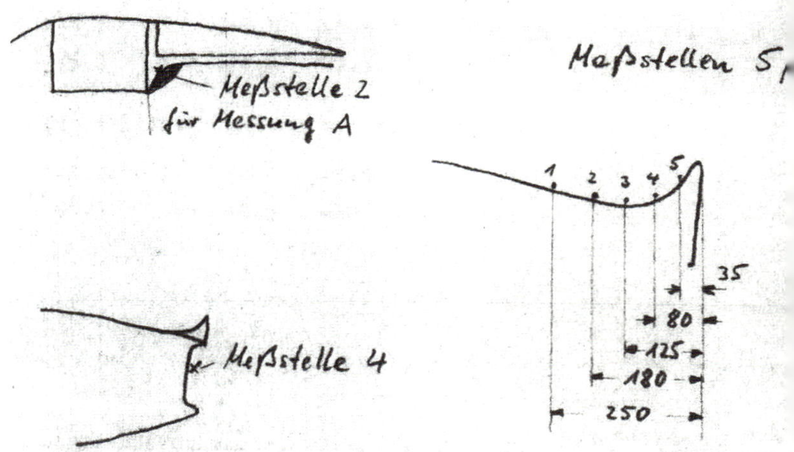

Skizze zur Positionierung der Messstellen für die Windkanalversuche.

Da sich diese ersten Messungen als so aufschlussreich herausstellten, wurde sofort auch ein Termin im Wiener Windkanal gebucht. Dieser sollte vom 1. bis 5. Februar 1966 stattfinden. Hier sollte hauptsächlich ein Vergleich der Messwerte mit denen aus dem Stuttgarter Windkanal herbeigeführt werden.

Geplant waren c_W-Wert- und Sechskomponentenmessungen mit einem 911, aber auch mit einem Serienwagen der 906-Serie und mit dem Versuchs-906, der aber vorher schon vorbereitet wurde, um die Auswirkungen weiterer Änderungen zu messen. Im Einzelnen ging es dabei um folgende Änderungen:

Die Einläufe für die vordere und hintere Bremsenkühlung sollten mehr abgerundet werden.

Die vorderen Kotflügel sollten tiefergesetzt und auch abgerundet sowie die Radausschnitte ebenfalls mit größeren Übergangsradien bei dem Übergang Radkasten zu den Seitenteilen versehen werden.

Außerdem wurden auch abschraubbare Änderungen vorbereitet: Bug mit tieferliegendem Staupunkt, ein verlängertes Heckteil, vorgezogene Kühlerabdeckung, eine »Aufpolsterung« hinter den vorderen Kotflügeln, ein Schacht zur Kotflügeloberfläche für die Entlüftung der vorderen Radkästen, gewölbte Radscheiben, verschiedene Rückspiegel, verschieden hohe hintere Heckspoiler und auch Bugspoiler in verschiedenen Formen.

Bei weiteren Testfahrten am 30. 12. 1965 in Hockenheim mit dem 906 017 (blau) traten weitere Probleme auf. Trotz mehrtägiger Einpassungsarbeiten und trotz gesicherter Verriegelung flog die rechte Tür bei ca. 230 km/h weg! Hier bat Herr Falk die Konstruktion um eine Versteifung des Fensterrahmens oder um eine zusätzliche Verriegelung der Türen z. B. durch Gummihalter am Übergang von Scheibe zur Tür.

Kurze Zeit später verlor der Wagen das komplette Heckteil bei ca. 200 km/h, und das trotz einwandfreier Verriegelung. Herr Falk verwies logischerweise auf die 24 Stunden von Le Mans, bei denen sowieso eine zusätzliche Halterung durch Gummihalter oder Lederriemen verlangt wird.

Auch wird der Heckboden über den Auspufftüten schon nach kurzer Fahrstrecke durch Hitzeeinwirkung braun. Was schon beim 904 mit Sechszylinder-Motor zu späterem Ausbröckeln des Kunststoffes führte. Hier sollte man ein Hitzeabstrahlungsschild als Abhilfe bei der Serie vorsehen.

Auch haben die neuen, nach Zeichnung hergestellten Tanks ein Problem, denn sie fassen zu viel Benzin. So wurden bei der ersten Füllung 110 Liter eingefüllt, wobei ja nur 100 Liter nach Reglement erlaubt sind. Beim späteren Nachtanken gingen immer noch 108 Liter rein. Hier ist natürlich Achtung geboten, denn bei Rennen wie in Sebring, bei der Targa und auch in Le Mans wird der Tankinhalt meistens nachgemessen. Man sollte doch vielleicht bei einem Tank durch Versetzen einer Endwand und Anbringen einer Blende den Tankinhalt um 10 Liter verkleinern.

Nach diesen Erfahrungen stellte Peter Falk am 4. 1. 1966 eine Zusammenstellung über die groben Einstellwerte des Fahrgestells her, sodass alle betroffenen Abteilungen darüber informiert waren, wie in der Zukunft die Fahrzeuge einzustellen waren:

Federn + Dämpfer

Vorderfedern	*906 343 101 05*	
Hinterachsfedern	*906 333 101 02*	
Farbkennzeichnung	*blau-rot-blau*	
Farbkennzeichnung	*blau-grün-blau*	

Die Federn werden so eingebaut, dass ihre engen Windungen oben sind.

Vordere Dämpfer	*906 343 051 01*	*Fabrikat Bilstein*
Hintere Dämpfer	*906 333 051 01*	*Fabrikat Bilstein*

Die Stoßdämpfer werden umgekehrt eingebaut, d. h. Kolbenstange nach unten.
Vorne und hinten werden je zwei Abstandsringe 904 343 107 00 zwischen Feder und Federteller am Dämpferkörper eingebaut. Unter den aufgeschraubten Köpfen der Bilstein-Dämpfer muss vorne und hinten die Scheibe 906 343 519 00 gelegt werden.

Radstellungen

Zum Einstellen der Räder ist der leere Wagen mit 150 kg zu belasten. Die Ballastsäcke sind gleichzeitig rechts und links auf den Sitzen (insgesamt 70 kg) sowie auf den Einstiegschwellern (insgesamt 80 kg) zu verteilen. Anschließend muss der Wagen einige Meter vor- und zurückgeschoben werden, damit sich die Achsen auf die Belastung einstellen.

a. Vorderachse

Sturz: *-40' ±5'*

Vorspur: *+10' pro Rad, gedrückt; rechts und links muss die Spurstange gleich sein.*
Vorspur bei völlig eingefederten Zustand messen und auf der Messkarte eintragen.

Nachlauf: *7° ±5', Differenzwinkel bei 20° Einschlag: 1° ±10'*

b. Hinterachse

Sturz: *-2° ±10' (Eine Umdrehung am Gelenk des*

oberen oder unteren Querlenkers entspricht 17,5')

Vorspur: +10' pro Rad
Vorspur bei völlig eingefederten Zustand messen und auf der Messkarte eintragen. Bei Einstellen der Vorspur ist darauf zu achten, dass die Unibalgelenke im Achsträger nicht verspannt werden. Oberer und unterer Längslenker müssen sich von Hand drehen lassen.

Stabilisatoren

Die Klemmstücke der Stabilisatorgehänge werden vorne und hinten 40 mm vom Ende des Stabilisators festgezogen (Mitte Klemmstück bis Ende Stabilisator -40 mm). Es ist darauf zu achten, dass die Stabilisatorgehänge spannungsfrei eingehängt werden; diese Spannungsfreiheit ist wichtiger als gleiche Länge der Zugstangen rechts und links.

Reifendruck

Für die Probefahrten sind folgende Reifendrücke vorgesehen: vorn 1,8 atü, hinten 2,0 atü.

Am 10. 1. 1966 gab es eine weitere Versuchsfahrt mit dem Carrera 6 (906 017). Der Grund war eine Bestätigung der Werte der Fahrwerkseinstellungen und der Erhalt einer nötigen Freigabe dieser Werte. Der Wagen war vorn mit fast neuen Dunlop R 7 Yellow Spot 5.50 L 15 Felge 7" x 15 ausgerüstet, Reifendruck 2,0 atü. Hinten wurden Dunlop R 7 Yellow Spot 5.50 M 15 Felge 9" x 15 mit einem Reifendruck von 2,2 atü aufgezogen. Der Test wurde in Weissach auf dem 190-m-Kreis gefahren.

1 Rd. 20,22 Fahrzeug läst sich sehr gut fahren, gutmütig beim Ausbrechen, neutrales Fahrverhalten.
2 Rd. 19,58
3 Rd. 19,32
4 Rd. 19,18 Nach der letzten gestoppten Runde fing der Motor an zu klappern und das Öldruckkontrolllicht leuchtete auf.
5 Rd. 18,96
6 Rd. 18,80
7 Rd. 18,80 Eine Nachprüfung auf der Querschnittszeichnung des Öltanks ergab, dass bei dieser hohen Querbeschleunigung in Linkskurven der Ölspiegel im Tank so schräg steht (ca. 50–55°), dass der Absaugstutzen Luft ansaugt. Nach Rücksprache mit der Konstruktion (Herrn Schröder) wurde das Siebrohr am Öltankabgang so geändert, dass selbst bei extremer Kurvenfahrt theoretisch der Ölspiegel nicht mehr Absauglöcher im Siebrohr erreichen kann. Eine praktische Erprobung ist aber erst bei besseren Wetterverhältnissen möglich. Das neue Siebrohr wird aber ab sofort bei allen Fahrzeugen eingeplant.
8 Rd. 18,62

Die Versuche fanden bei trockener Fahrbahn statt; Lufttemperatur ca. -10°. Fahrer: Peter Falk.
Es ist zu erwarten, dass mit angefahrenen Reifen bzw. mit den neuen R-7-Reifen sowie nach geringfügigen Luftdruck- und Stabilisatorverstellungen eine Rundenzeit von ca. 18,20 sec. zu erreichen ist.
Bisherige Bestzeiten:
904 serienmäßig mit Reifen R 7 Yellow Spot 18,86 sec.
904 Spyder mit Reifen R 7 Yellow Spot 17,84 sec.
13"-Bergwagen mit Reifen R 7 neues Profil, Yellow Spot 17,52 sec.

Zwei Tage später, am 12. Januar, wurden in der Versuchsabteilung Tankversuche mit zwei aus Stahlblech gefertigten Behältern in der Waschhalle im Werk 1 mit Hilfe eines Feuerwehrschlauchs und Wasser durchgeführt.
Erster Versuch:
Der Hahn war am Hydrant so eingestellt, dass 100 l Wasser in 34 sec. durchflossen (entsprechen der Tankfüllung). Die Behälter waren je mit einer Belüftungsöffnung von 10 mm ∅ versehen, die Zeit zum Auftanken betrug 33,8 sec. Der Einfüllstutzen war wie von der Konstruktion festgelegt.
Zweiter Versuch:
Der Hahn am Hydrant wurde mehr geöffnet, Durchflussmenge 100 l in 16,5 sec. Behälter links und rechts mit je einer Belüftungsöffnung von 16 mm ∅ am hinteren Tankboden. Zeit zum Auffüllen: 17 sec. Einfüllstutzen wurde nach Versuchsvorschlägen abgeändert. Jetzige Zeichnungsnummer 906 201 021 04. Die ganze Wassermenge konnte bei dieser Stutzenausführung aufgenommen werden.
Bei den ersten Fahrversuchen hat sich jedoch gezeigt, dass die Tankentlüftung (siehe Fotos Seite 23) nicht in Ordnung war. Bei schnellen Kurvenfahrten stieg der Kraftstoff bis zum Schlauchende an, daraufhin wurde die Entlüftung so abgeändert, wie es die Skizze auf der nächsten Seite zeigt.

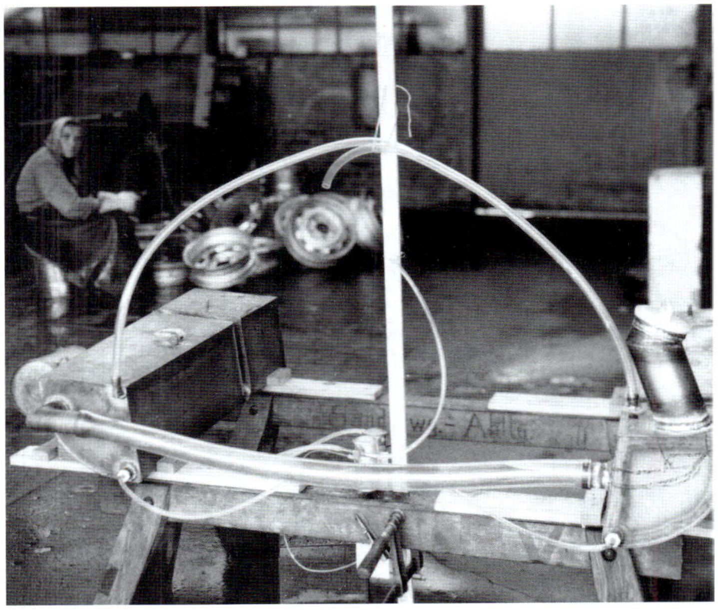

Diese Tankentlüftung war für schnelle Kurvenfahrten nicht geeignet.

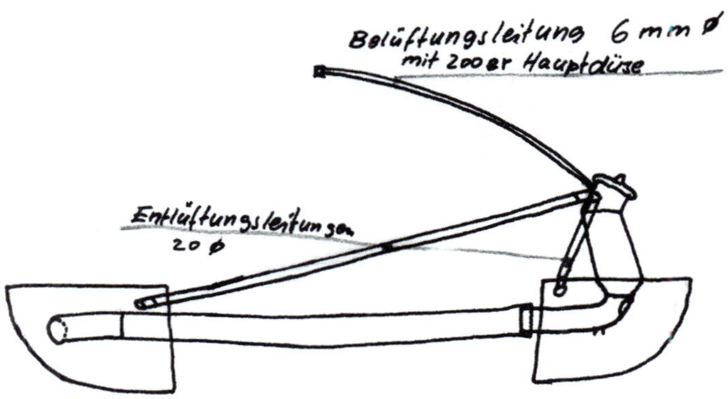

Abgeänderte Tankentlüftung.

Die Abteilung Kundendienst erhielt am 18. 1. 1966 die Unterlagen für die Typisierung des 906 für die Straßenzulassung. Dabei wurden folgende Daten für den Typ 906 festgelegt:

Motorleistung nach DIN		*210 PS bei 8000 U/min*
Hubraum	*tatsächlich*	*1991 ccm*
	nach Steuerformel	*1976,83 ccm*
Sitzplätze		*2*
Leergewicht nach DIN		*655 kg**
zulässiges Gesamtgewicht		*1050 kg*
zulässige Vorderachslast		*550 kg*
zulässige Hinterachslast		*650 kg*
Fahrzeugart		*Hinterradantrieb*
Räderzahl		*4*
Zahl der angetriebenen Achsen		*1*
Radstand		*2300 mm*
Mindestgröße der Bereifung	*vorn*	*5.50 L-15*
	hinten	*5.50 M-15*
Höchstgeschwindigkeit		*280 km/h*
** Leergewicht von Fahrzeug 906 016*		*652,5 kg*
Leergewicht von Fahrzeug 906 017		*656,0 kg*
Leergewicht von Fahrzeug 906 111		*656,5 kg*
Mittelwert		*655 kg*
Homologationsgewicht		*-1,6 kg Wagenheber*
		-1,8 kg Werkzeug
		-77 kg 100 Liter Sprit
		= 575 kg

Dass einige der nötigen Erfordernisse für die Straßenzulassung mit ungewöhnlichen Mitteln erreicht wurden, zeigen die Fotos auf der folgenden Seite.

Nach den 24 Stunden von Daytona/Florida am 5. und 6. Februar gab es den folgenden Versuchsbericht, den damals Herr Bott als Versuchsleiter selbst abgefasst hat.

Einsatzwagen:

1 x Carrera 6 = Fahrgestell Nr. 906 017, Motor Nr. 906 017
Fahrer: Herrmann/Linge
1 x 904 GTS = Fahrgestell Nr. 904 005, Motor Nr. P-99 151
Fahrer: Mitter/Buzzetta
1 x 904 GTS = Fahrgestell Nr. 904 091, Motor Nr. P-99 158
Fahrer: Klass/Schütz

Diebstahlsicherung (906 017 vor Daytona an 21. 1. 1966).

Funkentstörung mit Alufolie in der Heckhaube.

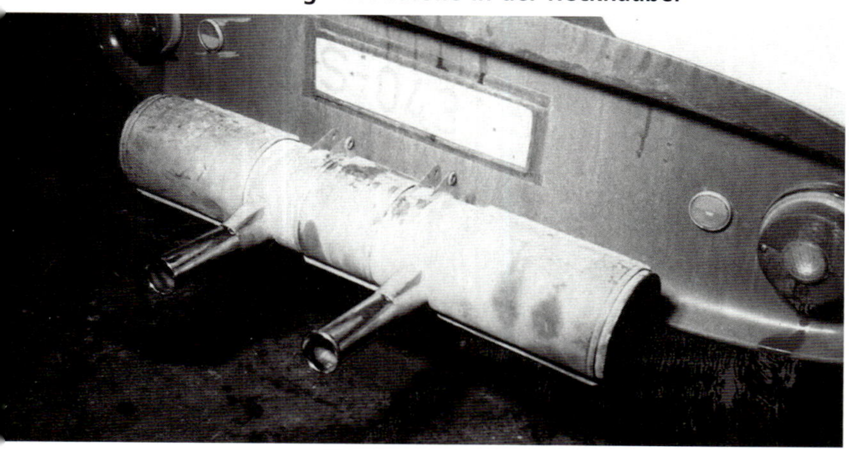

Der Auspuff wurde einfach hinten angesetzt.

Ergebnis:

Gesamtklassement:	*6. Platz Carrera 6*	*(Herrmann/Linge)*
	7. Platz 904 GTS	*(Mitter/Buzzetta)*
	8. Platz 904 GTS	*(Klass/Schütz)*
Prototypen bis 2000 ccm:	*1. Platz Carrera 6*	*(Herrmann/Linge)*
Sportwagen Gesamtklassement:	*1. Platz 904 GTS*	*(Mitter/Buzzetta)*
	2. Platz 904 GTS	*(Klass/Schütz)*

Der Carrera 6 konnte in diesem Rennen noch nicht als Sportwagen fahren, da die Homologierung erst im April 1966 erfolgen kann, nachdem mindestens die 50 Fahrzeuge hergestellt wurden.

Einzelergebnisse:

Rundenzahl innerhalb von 24 Std.:

Carrera 6	*= 623, schnellste Runde 2,07"*	*Herrmann/Linge*
904 GTS	*= 610, schnellste Runde 2,11"*	*Mitter/Buzzetta*
904 GTS	*= 606, schnellste Runde 2,11"*	*Klass/Schütz*

Durchschnittsgeschwindigkeiten:

Carrera 6	*= 160,0*	*Herrmann/Linge*
904 GTS	*= 157,0*	*Mitter/Buzzetta*
904 GTS	*= 156,5*	*Klass/Schütz*

Kraftstoffverbrauch:

Carrera 6	*= 3800 km, 25,1 Ltr./100 km*	*Herrmann/Linge*
904 GTS	*= 3720 km, 25,2 Ltr./100 km*	*Mitter/Buzzetta*
904 GTS	*= 3710 km, 25,6 Ltr./100 km*	*Klass/Schütz*

Änderungen an den Fahrzeugen während des Trainings:

Carrera 6 (Herrmann/Linge)

Schaltstange leichtgängig gemacht, Beifahrersitz steht an Schaltung an, Sitzpolster mit dritter Lage versehen, ganze Sitzfläche mit 20 mm Schaumgummi belegt, Wagenheberstütze nachgearbeitet, Räder streifen an der Karosse.
Im Training ermittelter Reifendruck: 2,0/2,15 atü kalt

Gewichte:	*Vorn links*	*258 lbs.*
	Vorn rechts	*292 lbs.*
	Hinten links	*397 lbs.*
	Hinten rechts	*410 lbs.*
	Gesamt:	*1357 lbs.*

Die unterschiedlichen Radlasten sind auf ungleich hohe Aufstandsflächen zurückzuführen.

904 GTS (Mitter/Buzzetta)

An beiden hinteren Stoßdämpfern Vulkollan-Puffer und zwei 8 mm Gummiringe unterlegt.
Karosse war hinten rechts durchgescheuert, wurde geflickt.
Bolzen für Heckhaube nacharbeiten.
Im Training ermittelter Reifendruck: 2,0/2,25 atü kalt.

904 GTS (Klass/Schütz)

Rückwärtsgang lässt sich schwer schalten. Batterie zu schwach, Spiegelfuß vom Innenspiegel abändern.
Im Training ermittelter Reifendruck: 2,0/2,2 atü kalt.

Gewichte:	*Vorne links*	*337 lbs.*
	Vorne rechts	*340 lbs.*
	Hinten links	*406 lbs.*
	Hinten rechts	*456 lbs.*
	Gesamt	*1539 lbs.*

Durchschnittliche Rundenzeiten pro Fahrer:

Hans Herrmann	*2'16,6"*
Herbert Linge	*2'16,6"*
Bobby Klass	*2'18,0"*
Gerhard Mitter	*2'18,2"*
Jo Buzzetta	*2'20,1"*
Udo Schütz	*2'21,5"*

Für die mittleren Rundenzeiten gab es noch einmal einen extra Bericht.
Nach dem Training wurden die Verbrauchs- und auch die Verschleißwerte hochgerechnet:

Kraftstoffverbrauch :

Carrera 6 (Herrmann)	*110 km – 27 Ltr.*	*= 24,6 Ltr./100 km*
904 GTS (Mitter)	*48,96 km – 12,3 Ltr.*	*= 25,0 Ltr./100 km*
904 GTS (Klass)	*80 km – 20 Ltr.*	*= 25,0 Ltr./100 km*

Die gefahrenen km vor dem Rennen jedes einzelnen Wagens setzen sich folgendermaßen zusammen:

	Carrera 6 (Herrmann)	*904 GTS (Mitter)*	*904 GTS (Klass)*
2.2.1966	*110*	*49*	*80*
2.2.1966 Nacht	*31*	*43*	*37*
3.2.1966	*43*	*–*	*–*
3.2.1966 Nacht	*25*	*49*	*37*
4.2.1966	*110*	*86*	*86*
Gesamt	*319*	*227*	*240*

Kraftstoffeinfüllmengen vor dem Rennen:

2.2.1966	*26,5*	*12,0*	*20,0*
3.2.1966	*11,0*	*13,6*	*10,0*
4.2.1966	*49,5*	*32,5*	*24,5*
Gesamt	*87,0*	*58,0*	*54,5*

Verbrauch
27,3 Ltr./100 km — 25,6 Ltr./100 km — 23,0 Ltr./100 km

Tankinhalt
98,5 Ltr. — 111 Ltr. — 110 Ltr.

Km bis zum Tanken
330 — 380 — 330

Schnellste Trainingsrunde

	Carrera 6	*904 GTS*	*904 GTS*
	2'07,6"	*2'13,4"*	*2'15,2"*
Tankzeichen nach	*54 Runden*	*61 Runden*	*63 Runden*
Bremsbelägewechsel	*300 km*	*210 km*	*220 km*
Muss Rundenzeit	*2'15"*	*2'22"*	*2'22"*
Km Zahl	*3830*	*3720*	*3720*
Reifenverbrauch	*Bei allen Fahrzeugen*		
	Vorderachse ca. 2000 km pro Reifen		
	Hinterachse ca. 1850 km pro Reifen		
Zeit bis zum Tanken	*2 Std.*	*2 Std. 25 min.*	*2 Std. 31 min.*

Diese Zusammenstellung war die eingeschlagene Strategie des Porsche-Teams unter der Leitung von Herrn Bott bei den 24 Stunden von Daytona 1966.
Nach dem Training sollten dann noch folgende Arbeiten bei den Fahrzeugen, aber auch in den Boxen durchgeführt werden:

1. Tankanlage — Gestell, Anzeige Flüssigkeitstand, Tankzeit ermitteln Einteilung.
2. Schlagschrauber — Zeit ermitteln, Anzugs- und Lösemoment.
3. LKW — Boxengenehmigung einholen.
4. Plastikhüllen — für Verteiler vorbereiten gegen Nässe.

Nachdem Daytona gelaufen wahr, Mitte Februar, genau genommen am 18. 2. 1966, schreibt Huschke von Hanstein eine böse Hausmitteilung an die Abteilung VKL, Herrn Raether in Kopie, und die Herren Piech, Peter Porsche, Ed Peter und Peter Falk. Mit folgendem Wortlaut:

Wenn ich richtig unterrichtet bin, sind für unsere in Sebring einzusetzenden Werkswagen Übersetzungen festgelegt, die in der Carrera-6-Serie nicht existieren. Unsere amerikanischen Kunden erhalten die Wagen also praktisch für ihr erstes Rennen völlig falsch übersetzt.
Sollte nicht doch eine Koordinationsmöglichkeit bestehen? Entweder einmal unsere Standard-Übersetzungen für die wirklichen Rennstrecken auszulegen und zum anderen, wenn dies nicht möglich wäre, da man ja die Fahrleistungen etc. nicht genau vorher kennt, doch zu mindest dafür zu sorgen, dass neue Kundenwagen, die ja unser Renommee bei einem so wichtigen Rennen wie Sebring in Amerika vertreten, von Haus aus so ausgestattet werden, wie wir es für unsere Autos für richtig halten.
Die Peinlichkeit der Situation, in Sebring zu stehen, wenn die Kunden merken, dass ihre Autos falsch und unsere richtig übersetzt sind und wir ihnen dann nicht helfen können, und den Schaden, den dies für unser Renommee darstellt, kann nur der ermessen, der es selbst schon erlebt hat.
Vielleicht besteht auch jetzt noch die Möglichkeit, insbesondere bei den noch nicht fertiggestellten Wagen, die für Sebring geeignete Übersetzung einzubauen.

Dass die Stimmung zwischen Rennleiter Huschke von Hanstein und Ferdinand Piech, dem Leiter des Versuchs, nicht immer die beste war, zeigt diese Mitteilung nur zu gut.
Gerhard Härle von der Presse/Sport-Abteilung musste am 23. 2. die vom Versuch geänderte Scheinwerfer-Kombination, so wie sie in Daytona an den Werkswagen gefahren werden sollte, beim deutschen Automobil-Club abklären, da diese Anordnung mit 2 Rundscheinwerfern untereinander ja nicht homologiert war. Dass diese Änderung auch noch eine verbesserte Bremsbelüftung beinhaltete, ließ das Reglement glücklicherweise zu.
Ebenfalls Mitte Februar wurden weitere Windkanalmessungen im Institut für Kraftfahrwesen der TH Stuttgart mit dem Typ 906 (906 016) durchgeführt. Am Versuchswagen wurde gegenüber den Serien-Carrera-6 folgendes abgeändert:
Die beiden vorderen und hinteren Kotflügel wurden tiefergesetzt, die Radauschnitte verkleinert sowie die Übergänge vom Radhaus zur Karosserie-Außenhaut abgerundet. Durch diese Änderungen an der Außenkontur am Wagen 906 016 konnte die Schattenfläche auf F = 1,318 m² gegenüber der Serie F = 1,325 m² verkleinert werden.
Es sollte vor allem die Wirkungsweise verschiedener Bug- und Heckspoiler sowie Bug- und Heckverlängerung und deren Einfluss auf den Auftrieb und den c_W-Wert gemessen werden. Die Messergebnisse im Einzelnen:

Der c_W-Wert des serienmäßigen Carrera 6 beträgt
$c_W = 0,346$

1.) *Wagen im Auslieferungszustand mit 2 Stück Talbot Rückspiegeln (Serie) ohne Heckspoiler*
$c_W = 0,340$

2.) *Wagen im Anlieferungszustand, jedoch ohne Außenspiegel*
$c_W = 0,334$

3.) *Wagen im Anlieferungszustand, jedoch mit 2 Carrera-2-Außenspiegeln*
$c_W = 0,340$

4.) *Wagen im Anlieferungszustand mit Serien-Heckspoiler 80 mm hoch*
$c_W = 0,322$
Auftrieb vorn ca. 36 kp, Abtrieb hinten ca. 30 kp bei V = 250 km/h

5.) *Wagen mit Heckspoiler 80 mm hoch, Ölkühler Lufteintritt und Luftaustritt zugeklebt und verkleidet*
$c_W = 0,322$

6.) *Wagen mit Heckspoiler 140 mm hoch (Bild 2)*
$c_W = 0,370$

7.) *Wagen mit Heckspoiler 200 mm hoch (Bild 3)*
$c_W = 0,383$

8.) *Wagen mit Bugspoiler (Bild 4) und Heckspoiler 140 mm hoch*
$c_W = 0,383$

9.) *Wagen mit Bugspoiler und Heckspoiler 80 mm hoch*
$c_W = 0,340$

10.) *Wagen mit verlängertem Bugteil mit Öffnung für Bremsbelüftung vorne, ohne Spoiler (Bild 5)*
$c_W = 0,340$

11.) *Wagen mit verlängertem Bugteil, Öffnung für Bremsbelüftung vorne offen und verlängertes Heckteil (Bild 6 + 7)*
$c_W = 0,306$

12.) *Wagen mit verlängertem Bugteil und verlängertem Heckteil mit Spoiler 80 mm hoch*
$c_w = 0{,}328$

13.) *Wagen mit verlängertem Bugteil und vorderen Spoiler und verlängertem Heckteil mit Spoiler 80 mm hoch (Bild 8)*
$c_w = 0{,}340$

14.) *Wagen mit verlängertem Bugteil ohne Spoiler vorn, Öffnung für Bremsbelüftung zu und verlängertem Heckteil ohne Spoiler (vergl. Punkt 11)*
$c_w = 0{,}306$

15.) *wie 14.), jedoch mit Radscheiben an den Vorder- und Hinterrädern (Bild 9)*
$c_w = 0{,}290$

16.) *Wagen mit verlängertem Bugteil wie Ford GT-P und Radscheiben, Auftrieb vorne viel höher als ohne Bugverlängerung (Bild 10 + 11)*
$c_w = 0{,}306$

17.) *Wagen in Anlieferungszustand, jedoch ohne Heckspoiler, mit Radscheiben an den Vorder- und Hinterrädern*
$c_w = 0{,}318$

18.) *Wie 17.), jedoch ohne Radscheiben vorn*
$c_w = 0{,}322$

19.) *Wie 17.), jedoch Radscheiben vorne 20 mm nach außen gesetzt (Bild 12 + 13)*
$c_w = 0{,}322$

20.) *Wagen in Anlieferungszustand, mit Heckspoiler 80 mm hoch und laufendem Motor (5000 U/min)*
$c_w = 0{,}322$

21.) *Wagen in Anlieferungszustand mit Heckspoiler 70 mm hoch*
$c_w = 0{,}321$

22.) *Wie 21.), jedoch Heckspoiler 60 mm hoch*
$c_w = 0{,}315$
Auftrieb vorne ca. 36 kp, Abtrieb hinten ca. 18 kp bei V = 250 km/h.

23.) *wie 21.), jedoch Heckspoiler 50 mm hoch*
$c_w = 0{,}315$

Bilder zu Versuchsbericht J 1202/J 26, 1. Teilbericht

Bild 1
Ölkühler-Öffnungen verkleidet, Heckspoiler 80 mm

Bild 2
Heckspoiler 110 mm

Bild 3
Heckspoiler 200 mm

Bild 4
Wagen mit Bugspoiler und Heckspoiler 140mm

Bild 4

Bild 5
Verlängertes Bugteil Bremsbelüftung offen

Bild 6
Verlängertes Bugteil

Bild 7
Verlängertes Heckteil

Bild 7

Bild 10
Verlängertes Bugtei
(Ford GT-P)
und Radscheiben

Bild 11

Bild 12
Radscheiben vorne 20 mm nach außen ge setzt

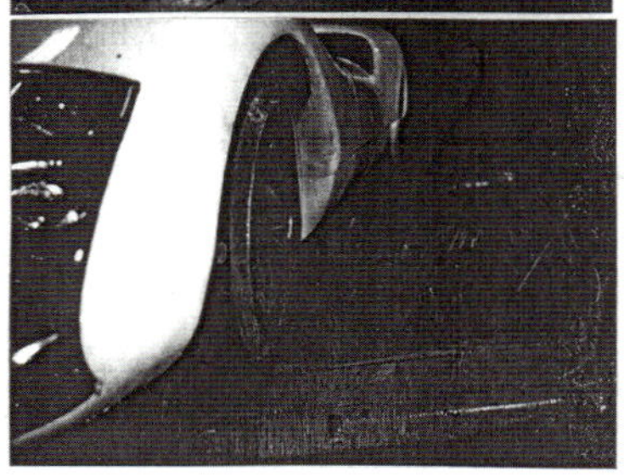

Bild 13

Bild 8
Verlängertes Bugteil mit Spoilern

Bild 8

Bild 9
Verlängertes Heckteil mit Radscheiben

Nachdem im Frühjahr 1966 auch das Wetter besser wurde und die Einsatzwagen aus Daytona wieder in Stuttgart waren, konnten auch weitere Testfahrten angesetzt werden. So ging es am 28. 3. nach Hockenheim, um mit dem 906 017 (Daytona-Wagen) den neuen Sechszylinder-Einspritzmotor zu testen.
Das Fahrzeug war nach Daytona fahrgestellmäßig überholt worden, alle Einstellwerte blieben serienmäßig, die Getriebeübersetzung jedoch war schon für das Targa-Florio-Vortraining eingestellt, die aber leider etwas zu kurz war für Hockenheim.
Als Motor war der Sechszylinder mit der Intern-Nr. 8 eingebaut.
Das Wetter spielte mit, denn es war trocken, sonnig, und das Barometer stand auf 780 mm Hg. Die Außentemperatur betrug 7 °C und die relative Luftfeuchtigkeit 70 %.
Herbert Linge fuhr die verschieden Test mit der neuen mechanischen Einspritzpumpe von Bosch. Dieser Test diente dazu, die richtige Einstellung der Einspritzpumpe zu finden.

So wurde auf dem Industriekurs zuerst mit der Kurvenscheibe 1 gefahren:
1'50,5
1'47,6
1'45,6
1'44,3
1'45,3
1'43,2
Der Kommentar von Herbert Linge liest sich wie folgt: Anfahren nur mit hoher Drehzahl möglich bzw. mit Anreicherung. Motor läuft bei Teillast einwandfrei, sowohl in schnellen als auch in langsamen Kurven, er nimmt Volllast bei einer Drehzahl über 3500 U/min sofort und ohne Verzögerung an. Auch beim Zwischengasgeben konnte kein Verschlucken bzw. Stottern festgestellt werden.
Der Benzinverbrauch für 3 Runden lag bei 4,75 Ltr.
Dann wurde auf dem kleinen Motodromkurs gefahren:
43,0
44,2
44,0
44,6
43,6
43,2
43,1
42,7
Und hierzu sagte dann Herbert Linge aus, dass unter 3000 U/min der Motor stotterte, ab 3000 U/min gab es bei langsamen Gasgeben auch kein Stottern mehr, aber erst ab 3500 U/min war ein schnelles Vollgasgeben möglich.
Aber, was ganz wichtig war, auch bei extremen Fahrzuständen wie in Spitzkehren hing der Motor dank der Einspritzung einwandfrei am Gas, was bei den Vergasermotoren ja nicht immer gegeben war.
Der Benzinverbrauch lag hier für 5 Runden bei 2,1 Litern.
Als nächster Versuch wurde dann die Kurvenscheibe Nr. 2 in der Einspritzpumpe ausprobiert. Bei dieser Kurvenscheibe ist die Einspritzmenge im untersten Drehzahlbereich etwas größer als bei Kurvenscheibe Nr. 1.
Das Barometer zeigte 759 mm Hg, die Außentemperatur betrug 14 °C bei einer relativen Luftfeuchtigkeit von 60 %. Es fing wieder mit dem Industriekurs an:
1'48,2
1'45,8
1'46,0
1'46,5
Der Motor lief jetzt im unteren Drehzahlbereich besser, im oberen war ebenfalls eine Besserung zu spüren, auch das Anfahren ging besser, wobei das Kerzenbild nach dem Abstellen unter Volllast etwas zu hell war.
Der Benzinverbrauch lag hier bei 4,80 für 3 Rd. Also ein klein wenig mehr als beim ersten Versuch.

Auf dem kleinen Motodromkurs stellte sich jetzt folgendes Bild dar:
42,7
43,0
42,5
Hier erkennt man sofort, dass der Motor im unteren Drehzahlbereich eine bessere Leistung hat. Der Benzinverbrauch war hier auch leicht auf 2,3 Liter für 5 Runden erhöht.
Als nächster Versuch wurde auch wieder mit der Kurvenscheibe 2 gefahren, aber zusätzlich wurde die Einspritzmenge um ca. 3 mm³ erhöht. Dann ging es wieder auf den Industriekurs:
1'45,3
1'44,2
Das Kerzenbild war dabei immer noch zu hell. Wobei die Leistung und das Ansprechverhalten sich nicht änderten mit der Ausnahme des Anfahrens mit höheren Drehzahlen, das etwas schlechter war.
Mit dieser Lösung ging der Verbrauch jetzt auf 5,10 Liter für 3 Runden hoch.
Die nächste Versuchseinstellung war ein Umbau auf die Vergaserversion.
Das Barometer zeigte 757 mm Hg, die Außentemperatur betrug jetzt 17 °C bei einer relativen Luftfeuchtigkeit von 47 %. Industriekurs:
1'46,6
1'45,2
Die Zeiten am Industriekurs sind nicht exakt mit den Zeiten mit der Einspritzpumpe zu vergleichen, da der 5. Gang etwas zu kurz war.
Der Motor aber, jetzt mit Vergasern, stottert etwas bei Schlängelkurven und er verschluckt sich beim schnellen Gasgeben.
Auch der Verbrauch ist extrem hoch, für 3 Runden jetzt 5,45 Liter.
Kleiner Motodromkurs:
42,6
42,6
42,5
43,1
43,4
Hier gibt es in Spitzkehren Stottern und unter Teillast in langen Kurven keinen runden Lauf des Motors, wobei aber die Leistung generell gut ist.
Der Verbrauch liegt bei 2,34 Liter für 5 Runden.
Das Resümee dieser Versuchsfahrt liest sich wie folgt:

Die Umstellung auf Einspritzpumpe stellt etwa im gleichen Maße eine Verbesserung gegenüber den Weber-Vergasern dar, wie die Umstellung von Solex- auf Weber-Vergaser.
Es ist anzunehmen, dass auf holprigen Straßenoberflächen (Targa Florio) die Vorteile der Einspritzanlage noch mehr zur Geltung kommen als auf dem glatten Hockenheim-Kurs.

Benzinverbräuche in %

	Industriekurs	*Kleiner Motodromkurs*
Vergaser	*100 %*	*100 %*
Einspritzpumpe mit Kurvenscheibe 1	*87 %*	*90 %*
Einspritzpumpe mit Kurvenscheibe 2	*88 %*	*94 %*
Einspritzpumpe mit Kurvenscheibe 2 und erhöhter Einspritzmenge	*93,4 %*	*wurde nicht gefahren*

Eine Woche später stand wieder Hockenheim auf dem Versuchsplan, diesmal wurde aber nicht mit dem 906 gefahren, sondern es wurden zwei Porsche 911 verwendet, um generelle Bremsbelags- und Kupplungsbelagsversuche zu fahren, die später auch dem Typ 906 zugutekamen.
Dabei sollte speziell der Belagverschleiß an den belüfteten Bremsscheiben mit verschiedenen Belägen sowie die Kupplungen unter gleichen Dauerbedingungen erprobt werden. Beide Wagen hatten Schwungräder mit Bronzespritzschicht und beide Mitnehmerscheiben mit einem Textar 50 S 17 Belag.
Die Druckplatte bei einem der beiden Fahrzeuge war aus Alu mit Bronzespritzschicht, das andere hatte eine Druckplatte aus Sphäro-Guss mit Bronzespritzschicht eingebaut.
Der vorgegebene Ablauf der Versuchsfahrten sah folgendermaßen aus: die Wagen wurden im Intervall von 200 km auf Höchstgeschwindigkeit und mit den Bremspunkten so nah als möglich an die jeweiligen Kurven gefahren. Die Strecke wurde so ausgewählt, dass man pro Runde an einer simulierten Spitzkehre einmal in den ersten Gang schalten musste.
Die Ergebnisse dieser Tests brachten folgende Erkenntnisse:

Es wurden als Bremsbeläge der Textar TP 22, der Textar Versuchsbelag 1431G und der Ferodo DS 11 gefahren. Die Laufleistungen der einzelnen Beläge betrugen:

Textar TP 22	*Versuchsbelag Textar 1431 G*	*Ferodo DS 11*
1000 km nass	*1000 km nass*	
800 km trocken	*1800 km trocken*	*600 km trocken*

Bei allen Belägen wurde jeweils der höchste Verschleiß eines Belages für die Gesamtlaufzeit bei 10 mm Belagsdicke zu Grunde gelegt, was dann folgende km-Leistungen bringt:

3350 km nass	*1300 km nass*	
2050 km trocken	*1920 km trocken*	*1280 km trocken*

Auch zeigte eine Bremsscheibe Rissbildung nach einer Laufzeit von nur 500 km bei Verwendung des TB 22, wobei sich dann später herausstellte, dass hier ein Gussfehler vorlag, da die Wandstärke anstelle 5 mm nur 2 mm betrug.
Interessant sind die Aussagen der vier Fahrer (Wallrabenstein/Steckkönig/Koop/Wütherich) zu den einzelnen Belägen:

Textar TP 22
Lange Pedalwege, einmal Pumpen notwendig, gute Bremswirkung, an der Blockiergrenze gehen manchmal unregelmäßig einzelne Räder auf Block, teilweise auch hinten rechts. Alle Beläge zeigen starke Hitzerisse, kein Fading.

Textar 1431G
Sehr gute Bremswirkung, gut dosierbar, kein unregelmäßiges Blockieren. Bei Blockierbremse überbremst vorne. Pedalwege zu lang, einmal Pumpen notwendig. Im Gesamten bester Belag. Quietscht manchmal leicht beim Einbremsen. Keine Hitzerisse.

Ferodo DS 11
Kürzere Pedalwege als TP 22 und 1431 G, hoher Fußdruck, schlechte Verzögerung, Bremspunkte früher, bei zunehmender Temperatur erhöhter Fußdruck, schlechtere Wirkung, höherer Verschleiß. Schlechtester Belag. Keine Hitzerisse an allen Belägen sichtbar.

Auch gab es nach diesen Fahrten keine Probleme mit den Kupplungen, wobei beide Lösungen nach dieser Distanz kaum Verschleiß zeigten.

Rolf Wütherich war ja nicht nur ein sehr guter Motorenmechaniker, sondern auch ein guter Versuchsfahrer (zwar gab's so ab und zu mal einen Unfall, aber das gehörte beim Rolf einfach dazu, der nach seinem Unfall mit James Dean, den er als Beifahrer im 550 Spyder überlebte, leicht stotterte). Aber nicht genug, jetzt musste er im Auftrage von Herrn Piech vertraulich untersuchen, wo man am 906 speziell für die Werkswagen noch Gewicht einsparen konnte. Wobei aber die Zuverlässigkeit und die Sicherheit für die Fahrer nicht da-

runter leiden sollten. Also machte sich Rolf Wüterich ans Werk.
Als erstes wog Rolf die fertigen Rahmen, angefangen beim 906 107, bis hin zum 906 130, und schon hier stellte sich heraus, dass der leichteste 52,3 kg und der schwerste 54,25 kg wog. Ähnliches zeigte sich beim Unterboden, dessen Gewicht zwischen 9,8 kg und 11,8 kg schwankte. So ging es mit den Gewichtsmessungen weiter. Es wurden fast alle Serienteile gewogen (Teile pro Wagen) und mit dem dafür vorgesehenen Material umgerechnet. Als Umrechnungsfaktor für die einzelnen vorgesehenen Materialien wurden folgende Gewichte verwendet:

Stahl	7,86	Titan	4,5	Beryllium	1,85
Grauguss	7,25	Alu	2,7	Electron	1,8

Mit diesen Umrechnungsfaktoren wurden dann 76 Serienteile erleichtert, davon 32 in Titan/Alu bzw. Dural 25, in Beryllium 2, in Elektron 5, und in Polyester 1 Teil = 65 Teile. Die übrigen Teile werden aus dünnerem Alu-Blech 1,2 mm statt 1,5 mm hergestellt, sowie Ölschläuche ohne Metallumhüllung und Aluverschraubung.
Nach intensiver Arbeit konnte er am 30. 3. 1966 seinen fertigen Versuchsbericht präsentieren, der immerhin feststellte, dass alleine bei den ungefederten Massen an den vorderen Radaufhängungen 10,973 kg und an der Hinterachse 10,237 kg Einsparungspotential bestanden. Wobei die gesamte Rechnung dieser Erleichterungsaktion 40,784 kg erbrachte.
Hier einige Beispiele dieser Berechnung:

Gewicht Serie	Gewicht	Gewicht Alu	Gewicht Beryllium	Erleichtert Titan
Bremsscheibe				
9,300 kg		2,380 kg		-6,920 kg
Achsschenkel				
3,630 kg			2,080 kg	-1,550 kg
Bremskolben 48 ∅				
0,756 kg	0,260 kg			-0,496 kg
Radbolzen				
0,560 kg			0,320 kg	-0,240 kg
Sechskantmutter M 8				
0,050 kg			0,028 kg	-0,022 kg
Haltestift				
0,084 kg	0,029 kg			-0,055 kg

Wie extrem dabei vorgegangen wurde, zeigt die Umstellung der Materialien speziell bei Schrauben und Muttern, aber wie sagt man so schön: viel Kleinkram macht auch einen Ratzen.
Diese erarbeiteten Vorgaben wurden danach sehr schnell umgesetzt, denn am 7. 4. 1966 schreibt Rolf Wütherich eine Aktennotiz an die Herren Piech, Falk und Hild mit folgendem Wortlaut:

Betr. Erleichterungen – Stand 7. 4. 1966

Durch eigenes Ermessen wurden die Teile in beiliegendem Bericht qualifiziert durch Rotstift (L = Langstrecken, B = Bergrennen und V = Versuch, d. h. zu riskant ohne Vorversuche einzusetzen). Es ist erstaunlich, wie viele Teile unter »L« verwendet werden können.
In der Erleichterungsspalte ist von Herrn Hild Auskunft gegeben worden, was bestellt und bis wann etwas und was überhaupt noch nicht bestellt oder in Auftrag gegeben wurde (deutlich ersichtlich durch grünes Kreuz). Über diese Teile müsste Herr Hild den Auftrag bekommen, dass dies auch dann tatsächlich geschieht. Mehrere Teilzeichnungen wurden besorgt und liegen im Büro von Herrn Hild. Wunder Punkt bei den Bestellungen sind DIN-Schrauben aus Titan.
In der beiliegenden Explosionszeichnung sieht man das Einzelgewicht der Serien-Carrera-Karosserieteile. Laut Herrn Weiss beginnt ab dem 12. 4. 1966 in Rastatt der Bau von 3 leichten Wagen für Werkseinsätze. Er wird die speziellen Erleichterungen im einzelnen Herrn Schröder, KB, per Telefon durchgeben. Herr Schröder rechnet komplett, einschließlich der Windschutz- und Heckscheiben ca. 10,0 kg.
Herr Macho, VA (Karosserie), hat bereits je 1 Scheibe beim Lieferanten bestellt. Windschutzscheibe 5 mm statt 7 mm, Heckscheibenverkleidung aus 2 mm Plexiglas.
Diese Teile werden gegen 15. 4. 1966 fertig und es müsste dann geklärt werden, ob es ohne Schwierigkeiten geht und sofort nachbestellt werden kann.
Herr Schirmacher, VFK, Sachbearbeiter Elektrik, überarbeitet die komplette elektrische Anlage. Er wird seine Ergebnisse gesondert mitteilen. Herr Schäffer überarbeitet den Motor – Herr Reich, KB, überarbeitet sämtliche Getriebeübersetzungsräder durch Einstiche und Bohren, er ist damit gegen den 20. 4. 1966 fertig, dann müssten die gängigsten Räder sofort bei Getrag bestellt werden.

Stuttgart Zuffenhausen den 7.4. 1966 gez. Rolf Wüterich VF

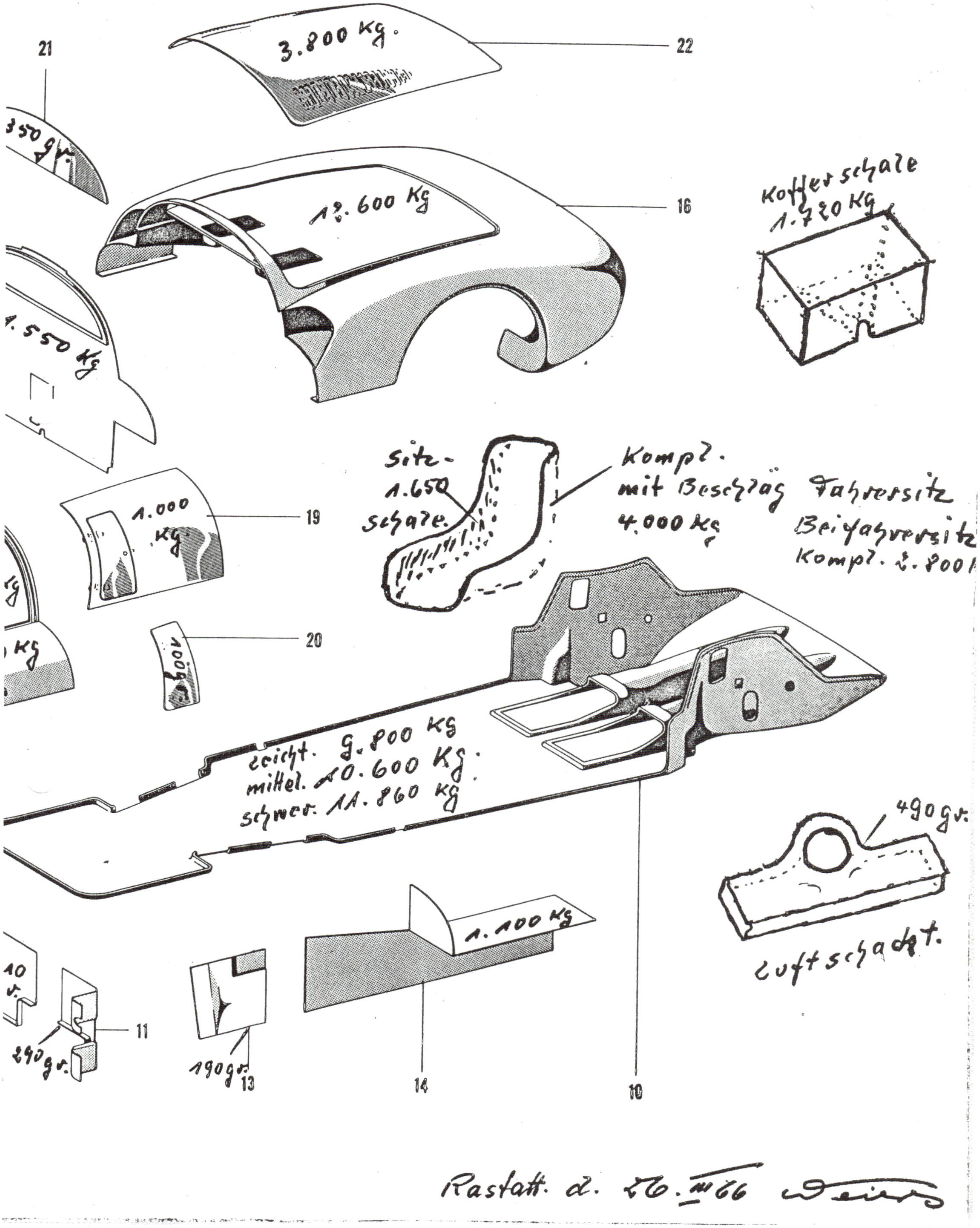
21
22
3.800 Kg.
350 gr.
16
12.600 Kg
Kofferschale
1.720 Kg
1.550 Kg
Sitz-
1.650
schale.
Kompl.
mit Beschläg
4.000 Kg
Fahrersitz
Beifahrersitz
19
1.000 Kg.
20
leicht. 9.800 Kg
mittel. 10.600 Kg.
schwer. 11.860 Kg
490 gr.
Luftschacht.
1.100 Kg
11
240 gr.
190 gr.
13
14
10
Rastatt d. 26.III.66

Nr.	Farbe	Rohrrahmen angeliefert	Rohrrahmen Gewicht	Gewicht der Karosserie (ohne Elektro-Instalation) vor dem Lackieren	Gewicht der Karosserie (ohne Elektro-Instalation) nach dem Lackieren	Karosserie vollst. Gewicht		Karosserie vollst. abgeliefert	Bemerkung
101	irischgrün 6606	52.400 kg	Kar. Boden	Rohb. Bugteil	Heck-Kompl.	Innen verkl.	Rück-wand	Elektr. Anlage	Gesamt-Gewicht
102	weiß	53.600	11.380	11.900	17.850	1.850	1.250	13.500	163.400
103	·	53.800	11.550	11.450	17.800	1.900	1.280	13.500	163.700
104	·	53.520	11.480	12.150	17.400	2.100	1.290	"	162.000
105	·	53.720	10.900	12.200	17.700	1.850	1.280	"	161.250
106	·	53.610	10.750	11.750	17.200	1.710	1.810	"	159.850
107	·	54.250	10.450	11.850	17.850	1.950	1.810	"	162.000
108	·	53.200	10.400	11.200	17.700	1.880	1.270	"	158.350
109	·	53.250	10.380	10.150	17.400	1.740	1.280	"	158.700
110	·	53.900	10.900	10.340	17.600	1.810	1.460	"	157.885
111	·	53.600	10.650	9.800	17.450	1.420	1.170	12.150	156.800 Werkswagen
112	·	53.800	10.600	9.900	17.840	1.350	1.860	12.100	156.700 Werkswagen
113	·	53.800	10.700	11.000	17.850	1.820	1.310	13.600	159.400
114	·	53.750	10.900	10.950	17.350	1.780	1.420	13.500	159.500
115		54.000	10.850	10.450	17.460	1.850	1.210	13.500	159.650
116	·	53.000	10.400	10.320	17.900	1.920	1.840	13.400	160.430
117	·	54.000	10.200	11.000	17.250	1.640	1.470	13.500	159.000
118	weiß	53.000	11.800	10.850	17.800	1.670	1.410	13.550	159.850

Nr.	Farbe	Rohrrahmen angeliefert	Rohrrahmen Gewicht	Gewicht der Karosserie (ohne Elektro-Instalation) vor dem Lackieren	Gewicht der Karosserie (ohne Elektro-Instalation) nach dem Lackieren	Karosserie vollst. Gewicht		Karosserie vollst. abgeliefert		Bemerkung
119	weiß	53.950	Kar. Boden	Bugt. m. Dach	Heck-Kompl.	Innen verkl. Li.	re.	Rückwand		159.500
120	·	52.600	11.450	12.480	17.950	1.880	1.250	1.250	13.500	159.550
121	·	53.200	10.950	11.950	17.790	1.900	1.280	1.280	13.500	159.450
122	·	52.500	10.700	12.150	17.785	1.780	1.250	1.270	"	159.350
123	·	53.100	10.850	11.880	17.900	1.790	1.310	1.220	"	160.150
124		52.900	10.250	11.750	17.750	1.780	1.720	1.520	"	160.100
125	weiß	53.380	10.450	12.225	17.745	1.740	1.460	1.470	"	159.750
126		52.300	11.150	11.800	17.710	1.770	1.310	1.390	"	157.850
127		53.100	10.800	12.150	17.730	1.680	1.480	1.410	"	154.600
128	weiß	52.550	9.840	10.050	16.250	1.700	1.740	1.520	13.100	149.750 Werkswagen
129		53.280	10.150	10.400	17.100	1.680	1.450	1.490	13.500	156.100
130		53.000	11.260	11.000	17.350	1.720	1.220	1.570	"	157.200
131		53.800	10.640	11.500	17.800	1.630	1.310	1.470	"	156.050
132		53.480	11.320	11.800	17.900	1.710	1.420	1.310	"	157.350
133		53.450	10.980	12.320	17.850	1.910	1.660	1.330	"	163.700
134		53.600	11.150	11.700	17.780	1.820	1.360	1.350	"	162.000
135		53.350	11.280	11.400	17.150	1.790	1.490	1.420	"	161.250
136		53.150	12.450	10.880	17.100	1.710	1.500	1.470	"	159.800

Nr.	Farbe	Rohrrahmen angeliefert	Rohrrahmen Gewicht	Gewicht der Karosserie (ohne Elektro-Instalation) vor dem Lackieren	Gewicht der Karosserie (ohne Elektro-Instalation) nach dem Lackieren	Karosserie vollst. Gewicht	Karosserie vollst. abgeliefert	Bemerkung
137	weiß	53.250	Boden 10.400	Rohbau Bugteil – 10.500	Heck-Kompl. 17.020	Innen verkleidung	Rückw.	156.080 Werkswagen
138		53.500	11.400	11.850	17.860			162.000
139		53.500	11.060	12.250	17.820			166.000
140		53.750	11.300	11.470	17.730			162.500
141		53.500	11.540	11.380	17.950			163.000
142		53.600	11.420	11.950	17.230			161.000
143		53.600	11.200	11.250	17.460			159.000
144		53.700	11.150	11.850	17.390			
145		53.150	11.300	12.100	17.720			
146		53.250	11.400	11.780	17.710			
147		53.000	11.200	11.640	17.840			
148		53.200	11.200	11.730	17.920			
149		53.500	11.250	11.710	17.570			
150		53.250	11.200	11.320	17.830			
151								
152								
153								
154								

Messung von Einzelteil-Gewichten beim 906.

Neue Testfahrten gab es vom 13. bis 15. April auf dem Nürburgring. Als Versuchsaufgabe galt es, den Carrera 6 mit verschiedenen Stoßdämpfern und Reifen abzustimmen. Als Fahrer stand Hans Herrmann zur Verfügung und als Versuchswagen der 906 111, der serienmäßig eingestellt war. Gefahren wurde auf der Südschleife bei nur 5 °C Außentemperatur.

Versuchstand 1:
Serien-Bilsteindämpfer, Reifen Dunlop R 7 Yellow Spot, 1,8/2,0 atü
Die Strecke war aber noch feucht und es war nebelig.
Folgende Zeiten wurden gefahren:
2'55,5
2'53,2
2'47,4
2'44,6
2'43,2
2'40,4
2'37,6
2'34,4
Hans Hetrrmann fand die Straßenlage sehr gut, es gab kein Nachschwingen, kein Rubbeln, das Fahrverhalten war neutral, wobei auch auf holprigen Verbindungswegen immer noch ein guter Komfort gegeben war. Die Bremse war sehr angenehm im Fußdruck mit guter Wirkung, wobei der Belag ein gewisses Einlauffading hatte. Auch fand er die Getriebeübersetzung für die Südschleife als gut, denn im 4. Gang kommt er auf Drehzahlen von 8000 bis 8200 U/min.
Etwas später ist die Strecke fast nebelfrei und es hat nur noch einzelne feuchte Stellen.
Die Zeiten zeigen auch diese Verbesserung:
2'31,8
2'28,3
2'27,3

Versuchsstand 2:
Konidämfer (Stahl), Zug und Druckstufe von außen einstellbar aufrecht stehend eingebaut, vorne 1 Ring, hinten 2 Ringe unter der Feder.
In der Zwischenzeit war die Strecke wieder nass und auch der Nebel war stärker geworden, was sich sofort natürlich auch auf die Zeiten niederlegte.
2'52,1
2'48,4
2'48,6
2'49,8
Der Kommentar von Hans war folgender: Fahrzeug fühlt sich vorn und auch hinten ruppiger an. Die Lenkung ist unruhig und stößig. Der Wagen springt, und speziell die Hinterräder drehen mehr durch als mit den Bilstein-Dämpfern.

Versuchstand 3:
Danach gab es einen Rückversuch mit den Bilstein-Dämpfern auf nasser Straße.
3'00,6
2'58,1
2'55,5
2'57,5
2'52,3
Obwohl die Zeiten durchweg langsamer waren, da die Strecke wesentlich nasser war als bei dem Versuchstand 2, zeigte sich Hans überzeugt, dass die Bilstein-Dämpfer viel ruhiger sind als die Koni, es gibt kein Durchdrehen der Hinterräder mehr. Die Bilstein-Dämpfer wirken insgesamt geschmeidiger als die Koni-Dämpfer.

Versuchstand 4:
Hier wurden Koni-Dämpfer mit mehr sinusförmigen Anstieg eingebaut. Im Zug und Druck wurden diese auf weich gestellt. Die Südschleife konnte nicht gefahren werden, da sie verölt war. Aber auch auf der Nordschleife gab es keine Zeiten, da starker Nebel diese Testfahrt behinderte. Wobei Hans trotzdem fuhr und feststellen konnte, dass der Wagen jetzt zu weich war und dadurch schaukelte und auch schwamm. Am nächsten Tag konnte dann dieser Versuchstand auf der wieder freien Südschleife, die auch nebelfrei war und nur feuchte Stellen aufwies, gefahren werden.
2'45,2
2'38,2
2'35,6
Trotz dieser besseren Zeiten war der Kommentar der folgende: Lenkung unruhig und der Wagen schwingt hinten nach. Daraufhin wurde die Zugstufe hinten 6/8 angezogen.
2'31,6
Es gab daraufhin kein Nachschwingen mehr, aber vorn blieb der Wagen sehr unruhig. Daraufhin wurde auch vorn die Zugstufe auf 6/8 angezogen.
2'28,1
2'26,5
Damit wurden die Lenkungsunruhen etwas besser, wobei der Wagen hinten immer noch gefühlsmäßig zu weich war. Die Zugstufe wurde jetzt hinten noch mal 2/8 angezogen (insgesamt also auf 8/8).
2'27,2
2'25,8
Jetzt war es zu viel des guten, da Hans meinte, jetzt ist er zu hart, da der Wagen nach Bodenwellen springt und die Lenkung immer noch unruhig ist. Jetzt wurde die Zugstufe hinten wieder auf 6/8 gebracht.
2'28,2
Damit war es hinten gut, aber vorn die Lenkung immer noch unruhig. So, jetzt wurde an der Druckstufe angefangen, und zwar vorn mit 3 Rasten härter.
2'25,0
2'24,0
Und siehe da: Die Lenkungsunruhen waren weg und Hans Hermann meinte, dass diese Einstellung sehr gut ist. Daraufhin wurde die Druckstufe nochmals 2 Rasten angezogen.
2'26,0
Und die Meinung war: Kein Unterschied zu vorher.
Anschließend wurden die Dunlop CR 70 Red Spot aufgezogen, vorn 5.50 M 15 mit 1,8 atü und hinten 5.50 M 15 mit 2,0 atü Luftruck.
Die Südschleife wies immer noch feuchte Stellen auf, und Hans Hermanns Meinung war, dass die Reifen generell härter sind als die R 7, aber auch griffiger, und er sich sicher ist, dass dieser Reifen schneller zu fahren ist, wenn die Dämpfereinstellung stimmt.
Darauf wurde die Druckstufe vorn um 2 Rasten gelöst und hinten um 3 Rasten angezogen, und auch die Reifen von den Vorversuchen (R 7) wurden aufgezogen. Nach einer Runde mit 2'56,5 musste der Versuch wegen starken Schneefalls und auch noch vereister Strecke abgebrochen werden.
Am nächsten Tag, so gegen Mittag, ging es wieder mit den Witterungsverhältnissen, sodass wieder gefahren werden konnte. Zu Einstellung vom Vortag, die unverändert blieb, wurden nur neue Dunlop R 7 Green Spot aufgezogen. Auf der nassen Strecke bei Regen kamen auch noch einige Pfützen hinzu.
3'17,5
3'12,5
3'14,0
3'12,8
Der Wagen schwamm stark an den Pfützen auf, und es gab ein frühes Wegrutschen in den Kurven.
Jetzt wurden neue Dunlop R 7 White Spot aufgezogen. Immer noch war die Strecke nass, aber der starke Regen hatte nachgelassen und auch die Pfützen waren weniger geworden.
3'04,7
2'58,2
2'55,6
2'53,2
2'51,4
2'51,4
Dieser Reifen fuhr sich weicher und hatte auch besseren Grip in den Kurven. Ein sofortiger Rückversuch mit den Dunlop R 7 Green Spot erbrachte folgende Ergebnisse.
2'57,7
2'55,2
Also war der Dunlop White Spot bei diesen Verhältnissen um 4 sec. schneller.
Als nächstes wurden Dunlop R 7 Yellow Spot montiert, aber mit einer Profilhöhe von nur 3–3,5 mm, die Strecke war weiterhin nass, leichter Regen und einige Pfützen.

2'57,0
2'57,2
Durch die geringe Profiltiefe dieses Satzes waren diese Reifen schlechter als die Green Spot.
Als Rückversuch wurden jetzt nochmals die Bilstein-Dämpfer eingebaut.
2'54,4
2'52,5
2'50,4
Und es kam ganz klar heraus, dass die Bilstein-Dämpfer besser waren als die von Koni, da sie weicher und geschmeidiger wirken, obwohl sie eine härtere Einstellung haben.
Um jetzt auch einen direkten Vergleich mit den besten Reifen zu haben, wurden die Dunlop R 7 White Spot aufgezogen, da auch die Streckenverhältnisse absolut vergleichbar waren.
2'48,4
2'47,7
2'48,2
Was also einen direkten Vergleich zu Gunsten des Bilstein mit 3,5 sec auf nasser Straße ergab.
Damit konnte man diese Versuchsfahrt trotz der schlechten Wetterbedingungen als Erfolg werten, immerhin wurden insgesamt 600 km zurückgelegt und 176 Liter Benzin verbraucht, was einen Durchschnitt von 29,3 Liter auf 100 km ergab. Auch der Ölverbrauch lag bei nur einem Liter auf dieser Distanz.
Bei den Bremsbelägen wurde ein Verschleiß von 2,5 mm auf 600 km gemessen, was hochgerechnet auf 1000 km 4,2 mm Verschleiß mit dem Textar 1431G bedeuten würde.
So hatte man zwar die Reifensituation nach diesen Versuchen im Nassen einigermaßen herausgefunden, aber es waren immer noch keine richtigen Vergleiche im Trockenen gefahren. Schon 4 Tage nach dem Nürburgring war das Wetter besser, und Hans Hermann musste sich für weitere Reifentests in Hockenheim einfinden.
Gefahren wurde mit dem 906 111 (dem Einsatzwagen der 12 Stunden von Sebring), wie schon am Ring. Eingebaut war auch weiterhin der Motor mit der Nummer 908 018, auch behielt das Getriebe die selbe Übersetzung bei.
Als Strecke gab es den Industriekurs in Hockenheim, der ja schon aus früheren Versuchen bekannt ist. Auch wurde jeder Versuch immer mit vollem Tank gefahren.

Versuch 1:
Dunlop R 7 White Spot Reifen vorn 5.50 L 15 auf 7'-Felge mit 2,0 atü und hinten 5.50 M 15 auf einer 9'-Felge mit 2,2 atü Luftdruck bei kaltem Reifen.
1'45,0
1'45,0
1'43,5
1'43,0
1'42,1
1'41,2
Aussage von Hans Hermann ist, dass für ihn der White Spot viel besser zu fahren ist als der Red Spot.

Versuch 2:
Dunlop R 7 Green Spot Reifen vorn 5.50 L 15 auf 7'-Felge mit 2,0 atü und hinten 5.50 M 15 auf einer 9'-Felge mit 2,2 atü Luftdruck bei kaltem Reifen.
1'45,3
1'44,0
1'43,1
1'43,0
1'42,8
1'42,7
1'42,6
Nach Meinung von Hans driften die Green Spots früher als die White Spot, sind aber trotzdem gut kontrollierbar.

Versuch 3:
Dunlop CR 70 Red Spot Reifen vorn 5.50 M 15 auf 7'-Felge mit 2,0 atü und hinten 5.50 M 15 auf einer 9'-Felge mit 2,2 atü Luftdruck bei kaltem Reifen.
1'56,0
1'46,5
1'43,6
1'43,1
1'42,8
1'42,0
Der Kommentar: Red Spot Reifen bei leicht feuchter Straße haben keinen guten Kontakt durch die Lenkung. Bei trockener Straße ist der Reifen gut, besser als der Green Spot, auch ist er kurvenwilliger, aber als Resümee immer noch nicht so gut wie der White Spot. Also wusste man nun auch, wo man bei trockenen Verhältnissen stand.

Für die Targa Florio, die am 8. Mai auf Sizilien stattfand, sollte auch mit zwei 906 mit dem Typ 771 Achtzylinder-Motor gefahren werden. Da dazu vorher einige Informationen nötig waren, sollten im Auftrage von Herrn Bott mit den zwei vorgesehen 906 (906 141 und 906 142) Basisversuche speziell im Blick auf nachfolgend genannte Komponenten durchgeführt werden. Gemessen werden sollte bei beiden Fahrzeugen: Ansaugluft (Vergasereinlauf) und auch Vergasereinstellung. Auch mussten Fäden am Gebläseeintritt angebracht werden, um zu kontrollieren, ob dort eine gute Strömung vorhanden ist. Ferner mussten die Temperaturen von Motor und Getriebe im Detail gemessen werden. So wurde am 19. 4. 1966 mit dem 906 141 und am 21. 4. 1966 mit dem 906 142 gefahren
Beim 906 142 am 21. April war der Motor Typ 771 (2,0 Ltr.) mit der Nummer 06 mit einem Halset-Schwingungsdämpfer in der Ausfüh-

rung C eingebaut. Und der Zylinderkopf hatte einen Einlasskanal von 36 mm ∅. Die Vergaser waren Weber 44 IDF 2 mit einem Lufttrichter von 42 mm ∅, einer 215er-Hauptdüse und einer 170er-Luftkorrekturdüse.
Die Getriebe-Übersetzung war schon die der Targa Florio mit den folgenden Gangrädern:

1. Gang	14/37
2. Gang	17/34
3. Gang	20/31
4. Gang	23/29
5. Gang	27/24
K/T	7/31

Bei den Reifen wurden Dunlop Racing R 7 Green Spot
Vorne: 5.50 L 15 auf 7'-Felgen mit 2,0 atü kalt
Hinten: 5.50 M 15 auf 9'-Felge mit 2,2 atü kalt aufgezogen
Das Wetter, natürlich in dieser Jahreszeit mit nur +6,5 bis +9,0 °C immer noch kalt, war wenigstens trocken. Gefahren wurde wie immer der Industriekurs mit einer Länge von 5,46 km, und als Fahrer stand Peter Nöcker bereit. Als erstes wurden die Temperaturmessungen gefahren. Der Wagen befand sich im normalen Karosseriezustand wie die Serie 906 und die Außentemperatur betrug +6,5 °C.

V km/h	Vergaser- und Gebläse-Temp.	Motorraumtemp.
70	12 °C	26 °C
100	10 °C	26 °C
150	09 °C	25 °C

Danach wurden die Unterdruckmessungen begonnen. Es wurde immer das Mittel aus zwei Messungen mit der serienmäßigen Heckverkleidung des 906 gefahren.

V km/h	P st./mm WS unter Heckverkleidung	P st/mm WS im Motorraum
70	-14	-2
100	-19	-4
150	-36	-12

Als nächstes wurde die Unterdruckmessung im Stand durchgeführt, auch wieder mit der Serien-Heckhaube des 906.

U/min	P st/mm WS unter Heckverkleidung	P st/mm WS im Motorraum
2.000	0	0
4.000	-7	0
6.000	-21	0
7.000	-25	0

Dann wurden an der Heckverkleidung links und rechts an den Lufteinlässen zusätzliche 5 Kiemen ausgeschnitten und wieder im Stand gemessen.

U/min	P st/mm WS unter Heckverkleidung	P st/mm WS im Motorraum
2.000	0	0
4.000	-4	0
6.000	-10	0
7.000	-12	0

Dann wurde der Test, jedoch mit einer Kieme wieder zugeklebt, im Fahren gemessen.

V km/h	P st/mm WS unter Heckverkleidung	P st/mm WS im Motorraum
70	-15	-2
100	-26	-6
150	-41	-12

Dann wurde auch der 5. Kiemen freigelegt und wieder gemessen.

V km/h	P st/mm WS unter Heckverkleidung	P st/mm WS im Motorraum
70	-17	-1
100	-23	-5
150	-40	-13

Als nächstes wurden dann die Webervergaser auf 42 IDF 2 mit Lufttrichter 40 mm ∅, Hauptdüse 205 und Luftkorrekturdüse 290 eingebaut. Außerdem wurde eine Öffnung hinten an der Heckverkleidung von ca. 350 mm ∅ angebracht.

V km/h	P st/mm WS unter Heckverkleidung	P st/mm WS im Motorraum
70	-12	-1
100	-19	-4
150	-37	-12

Dann wurde die neu angebrachte Öffnung hinten geschlossen.

V km/h	P st/mm WS unter Heckverkleidung	P st/mm WS im Motorraum
70	-17	-2
100	-22	-5
150	-36	-11

Nach diesen Temperatur- und Unterdruckversuchen wurden verschiedene Spoilervarianten erprobt, zunächst jedoch das Fahrzeug in absoluter Serienkarosse 906.

1'57,0
1'55,0
1'53,0
1'52,8
1'51,9
1'50,3
1'48,7
1'47,8

Dann wurde ein Bugspoiler angebaut.

1'47,7
1'45,6
1'47,0
1'46,5
1'45,4
1'45,6
1'44,7

Dann wurden wieder die 5 Kiemen geöffnet, die an der Haube angebracht wurden.

1'46,0
1'45,0
1'44,5
1'45,5

Dann wurde es extrem und völlig ohne Heckverkleidung gefahren.

1'55,6

Insgesamt gab es 55 Runden, was einer Distanz von 300,3 km entspricht. Der Benzinverbrauch mit dem Achtzylinder-Motor lag bei 33,3 Ltr. / 100 km, und es wurden immerhin nach 40 Runden 2 Liter Öl nachgefüllt.
Man hatte auch einen ganz serienmäßigen 906 (906 108) zum Vergleich dabei, und dieser erreichte folgende Rundenzeiten.

1'48,0
1'48,0
1'47,8
1'47,0
1'47,4
1'46,7

Als Resümee war der 906 mit dem Achtzylinder um 2,2 sec pro Runde schneller als der normale 906.
Eine Woche später, am Freitag, dem 29. April, wurde wiederum in Hockenheim ein Einfahr-Test aller Motoren, die in der Targa Florio eingesetzt werden sollten, durchgeführt. Dazu wurden alle Motoren in demselben Fahrzeug (906) erprobt. Da mussten die Mechaniker hart arbeiten, denn insgesamt 5 Motoren wurden eingefahren.
2 Stück 2,2 Achtzylinder Typ 771 (Motor Nr. 11 ca. 258 PS und Motor Nr. 13 ca. 255 PS)
2 Stück 2,0 Sechszylinder Typ 901/20 mit Einspritzpumpe
1 Stück 2,0 Sechszylinder Typ 901/20 mit Weber-Vergaser wie in der Serie
Dabei wurden auch Zeiten genommen und mit der Targa-Florio-Übersetzung 1.45,0 mit dem Sechszylinder und 1'39,5 als schnellstes mit dem Achtzylinder gefahren. Wobei die Targa-Übersetzung absolut nicht passte, denn mit den für Hockenheim richtigen Gängen fuhr der Vergaser-906 immerhin 1'41,5. Auf dem zweiten Achtzylinder-Motor mit der Nr. 13 wurden auch verschiedene Weber-Vergaser, mal mit 42er-Lufttrichter und dann mit 44er-Lufttrichter gefahren, wobei aber leider der Motor mit einem Lagerschaden (1 Lager schwungradseitig) ausfiel. Schon beim Einbau hatte der Motor nur 0,2–0,4 Öldruck aufgebaut, der Grund dafür war ein falsch gebohrter Überdruck-Kolben, da dieser oval war und das Öl dadurch seitlich am Kolben vorbeilaufen konnte. Da der Motor im Stand einige Minuten mit wenig Öldruck lief, wurden dadurch wahrscheinlich schon die Lager in Mitleidenschaft gezogen.
Der andere Achtzylinder-Motor mit der Nr. 11 zeigte ein Schütteln, sodass man kurzerhand den Schwingungsdämpfer aus dem kaputten Motor einbaute. Nachdem kein anderer 2,2-Liter-Achtzylinder mehr vorhanden war, wurde in den 906 für die Scuderia Filipinetti kurzerhand ein Sechszylinder-Vergasermotor eingebaut, der anscheinend auch noch richtig gut ging, denn Willy Mairesse und Herbert Müller gewannen am Wochenende darauf die Targa Florio. Das war wieder ein prächtiger Erfolg für das Porsche-Werk, schon der sechste Sieg bei dem zum 15. Mal stattfindenden Rennen, an dem Porsche erst 10 Mal teilgenommen hatte. Dennoch betrachtete der Rennleiter Huschke von Hanstein das Rennen mit einem lachenden und einem weinenden Auge. Den Sieg holte nämlich keiner der vier offiziellen Werkswagen, sondern eben der besagte Carrera 6 (906 128) des privaten Rennstalls Filipinetti aus der Schweiz. Sie gewannen mit genau achteinhalb Minuten Vorsprung vor dem einzigen übriggebliebenen Werks-Ferrari unter Guichet/Baghetti und dem letzten Werks-Porsche mit den Sizilianern Baron Pucci / Arena.
Auf dem schwierigen, kurvenreichen, 72 Kilometer langen Bergkurs, der zehnmal zu durchfahren war, herrschten für die schnellen Wagen ungünstige Bedingungen, da sich Regenschauer und Sonnenschein ständig ablösten. Die Italiener Vaccarella/Bandini mit dem schnellsten Ferrari führten bis zur »Halbzeit« sicher, rutschten aber in der sechsten Runde aus einer Kurve. Zwar brachten sie ihr leicht beschä-

digtes Fahrzeug noch einmal in Gang, doch in Runde sieben kam das endgültige Aus. Nicht besser erging es dem Achtzylinder-Porsche von Günter Klass und Colin Davis, der nach dem Missgeschick der Italiener die Spitze übernommen hatte. Er flog im achten Durchgang von der Bahn. Eine Runde zuvor war es dem Werks-Porsche von Bonnier/Mitter, die zur Hälfte auf dem 5. Platz gelegen hatten, genauso ergangen. Das gleiche Schicksal erlitten auch die Stuttgarter Hans Herrmann und Dieter Glemser. Der zur gefürchteten Konkurrenz zählende Ferrari von Scarfiotti/Parkes fiel in Runde sechs wegen Getriebeschaden aus.

Der Rennbericht, oder besser Versuchsbericht mit der Nr. J 1269, den Peter Falk nach seiner Rückkehr von Sizilien schreibt, zeigt den Ablauf der Targa Florio nicht nur aus der Sicht eines Technikers, sondern auch aus der eines kühlen Analytikers, der schon wieder das nächste Jahr bei der Targa im Auge hat:

Ergebnis:
Der Wagen 906 128 konnte unter den Fahrern Mairesse und Müller das Gesamtklassement der Targa Florio 1966 und gleichzeitig als Sieger der Sportwagenklasse bis 2 Ltr. gewinnen.
Dritter in der Gesamtwertung und gleichzeitig zweiter in der Sportwagenklasse wurde der Wagen 906 141 unter Pucci/Arena.
Die beiden als Prototypen laufenden 6 Zylinder Einspritzer 906 111 unter Herrmann/Glemser und 906 143 unter Mitter/Bonnier fielen durch Unfälle aus.
Der erstmals eingesetzte 2,2 Ltr. 8 Zylinder 906 142 unter Klass/Davis schied durch einen Bruch der Hinterradaufhängung aus.

Fahrzeuge:

906 128
Fahrgestell serienmäßig
Karosserie serienmäßig, mit Bugspoiler
Bremsbelüftung direkt mit flexiblen Schläuchen
Bremsbeläge Textar 1431 G
Getriebeübersetzung: 15/36, 18/34, 20/31, 23/28, 27/25, K/T 7/31
Motor 6 Zyl. Vergaser, int. Nr. 22
Fahrer: Mairesse/Müller

906 141
Fahrgestell serienmäßig
Karosserie serienmäßig, mit Bugspoiler
Bremsbelüftung direkt mit flexiblen Schläuchen
Bremsbeläge Textar 1431 G
Getriebeübersetzung: 15/36, 18/34, 20/31, 23/28, 27/25, K/T 7/31
Motor 6 Zyl. Vergaser, int. Nr. 19
Fahrer: Pucci/Arena

906 111
Fahrgestell serienmäßig
Karosserie serienmäßig, mit Bugspoiler
Bremsbelüftung direkt mit flexiblen Schläuchen
Bremsbeläge Textar 1431 G
Getriebeübersetzung: 15/36, 18/34, 20/31, 23/29, 27/25, K/T 7/31
Motor 6 Zyl. Einspritzer, int. Nr. 20
Fahrer: Herrmann/Glemser

906 143
Fahrgestell serienmäßig
Karosserie serienmäßig, mit Bugspoiler
Bremsbelüftung direkt mit flexiblen Schläuchen
Bremsbeläge Textar 1431 G
Getriebeübersetzung: 15/36, 18/34, 20/31, 23/29, 27/25, K/T 7/31
Motor 6 Zyl. Vergaser, int. Nr. 16
Fahrer: Mitter/Bonnier

906 142
Fahrgestell serienmäßig
Karosserie serienmäßig, mit Bugspoiler
Bremsbelüftung direkt mit flexiblen Schläuchen
Bremsbeläge Textar 1431 G
Getriebeübersetzung: 15/36, 18/34, 20/31, 23/28, 27/24, K/T 7/31
Motor 8 Zyl. 2,2 Ltr. Vergaser, int. Nr. 13
Fahrer: Klass/Davis

Weitere Einstelldaten siehe Anlage.

Als Trainingswagen wurden eingesetzt:

906 107 mit 6 Zyl. Einspritzmotor int. Nr. 08, sonstige Ausrüstung wie 906 141.
906 001, 904 mit 6 Zyl. Vergasermotor int. Nr. 07

Die Ergebnisse der Trainingstage

Alle Fahrer hatten Gelegenheit, auf beiden Trainingswagen auf unabgesperrter Strecke zu trainieren.
Dabei wurden für den für uns interessanten Wagen 906 017 folgende Verbrauchs- und Verschleißwerte ermittelt.

Bremsbelagverschleiß Textar 1431 G (wildes Training, trocken)
Vorn 2,6 mm/1000 km, hinten 2,1 mm/1000 km

Reifenverschleiß (wildes Training trocken)
Dunlop R 7 white spot,

bezogen auf 1000 km	*HL*	*HR*	*VL*	*VR*
Durchschnitt	*4,4*	*3,8*	*1,6*	*1,8*
Maximal	*6,4*	*5,2*	*1,6*	*2,0*

Benzinverbrauch (wildes Training, trocken)
3 Runden = 215 km, 80 Ltr. = 37 Ltr/100 km

Schäden, die an den Trainingswagen aufgetreten sind

906 017: Achswelle gebrochen (Rohrwelle) an der Schweißnaht Rohr/Gabelstück. Die Welle hatte 24 Stunden Daytona, Versuchsfahrten und das Vortraining Targa im April hinter sich.

Zweimal Gewaltbruch der hinteren Querlenker nach Unfall.

Querrohr unter dem Getriebe gerissen.

906 001: Achswelle gebrochen (Vollwelle) am Gabelstück des Schwenkgelenkes.

Sonstige Schäden und Mängel

Bei der Fahrt zurück von der Abnahme brach am Wagen 906 128 die linke Stoßdämpferstange. Ursache hierfür war ein festgefressenes Schwenklager am Stoßdämpfer.

Die Batterie im Wagen 906 143 war leer, eine Ersatzbatterie ebenfalls.

Die serienmäßigen 906-Wagenheber aus Aluminiumrohr sind zu schwach. Beim Aufbocken auf unebener oder etwas weicher Unterlage (aufgeweichte Asphaltstraße) knickt der Heber ein und bricht.

Offizielles Training (trocken)

Zum offiziellen Training, bei dem jeder Fahrer mit seinem Einsatzwagen 1 Runde fuhr, waren die Fahrzeuge mit folgenden Reifen bestückt:

906 141	*R 7 Green Spot*
906 128	*R 7 Green Spot*
906 142	*R 7 Green Spot*
906 111	*R 7 Yellow Spot*
906 143	*R 7 White Spot*

alle jeweils 5.50 L 15 / 5.50 M 15 1,8/2,0 atü

Folgende Zeiten wurden erzielt:

906 128	*Mairesse*	*42' 45"*	*Müller*	*40' 54"*
906 143	*Mitter*	*39' 32"*	*Bonnier*	*40' 25"*
906 142	*Davis*	*41' 50"*	*Klass*	*39' 05"*
906 111	*Herrmann*	*42' 12"*	*Glemser*	*41' 05"*
906 141	*keine Trainingsrunde (Wasser im Tank)*			
Ferrari 330 P 3	*Vaccarella*	*39' 07"*	*Bandini*	*40' 20"*
Ferrari Dino	*Scarfiotti*	*39' 10"*	*Parkes*	*Unfall*

Max. Drehzahlen = 6 Zyl. 8400 U/min
8 Zyl. 8400 U/min im 5. Gang auf der Geraden.

Benzinverbrauch

906 128 C6V 2 Runden = 144 km 45,0 Ltr. = 31,3 Ltr./100 km
906 143 C6E 2 Runden = 144 km 54,0 Ltr. = 37,9 Ltr./100 km
906 142 C8V 2 Runden = 144 km 65,2 Ltr. = 45,3 Ltr./100 km
906 111 C6E 2 Runden = 144 km 57,0 Ltr. = 39,6 Ltr./100 km

Reifenverschleiß (trocken)

		Durchschnitt 2 Runden	*pro 1000 km*	*maximal 2 Runden*	*pro 1000 km*
906 111	*VL*	*0,1*	*0,7*	*0,1*	*0,7*
Yellow Spot	*HL*	*0,6*	*4,2*	*1,0*	*7,0*
Herrmann/Glemser					
906 143	*VL*	*0,5*	*3,5*	*0,7*	*4,9*
White Spot	*HL*	*0,8*	*5,6*	*1,7*	*11,8*
Mitter/Bonnier					
906 142	*VL*	*0,5*	*3,5*	*0,7*	*4,9*
Green Spot	*HL*	*0,9*	*6,3*	*1,6*	*11,1*

Die Green Spot Reifen von Klass zeigten starke Ausbröckelungen (»Erosion«) und Schnitte, die Yellow Spot Reifen von

Herrmann wiesen ein ähnliches Bild auf, aber wesentlich harmloser, die White Spot Reifen von Mitter sahen einwandfrei aus. Da es am Tag vor dem Rennen dauernd regnete und es am Renntag morgens nach Regen aussah, wurden folgende Reifendispositionen getroffen:

906 128	C6V	R 7 White Spot	906 143	C6E	R 7 White Spot
906 111	C6E	R 7 White Spot	906 142	C6E	R 7 Yellow Spot
906 141	C6V	R 7 Green Spot	alle mit 1,8/2,0 atü		

Auf Grund der Trainingsergebnisse wurde folgender Fahrplan festgelegt:

<u>906 142 8 Zyl. Klass/Davis</u>

4 Runden Klass	Tanken bei km 38 in der 3. Runde 40 Ltr. Tanken und Fahrerwechsel nach der 4. Runde. Wenn trocken, hinten Reifenwechsel.
3 Runden Davis	Tanken und Fahrerwechsel nach der 7. Runde. Wenn 1.–7. Runde nass, Reifenwechsel hinten.
3 Runden Klass	bis Ziel.

<u>906 143 C6E Mitter/Bonnier</u>

3 Runden Mitter	Tanken und Fahrerwechsel nach 3. Runde.
4 Runden Bonnier	Tanken bei km 38 in der 5. Runde 30 Ltr. Tanken und Fahrerwechsel nach der 7. Runde. Wenn trocken, Reifenwechsel hinten.
3 Runden Mitter	bis Ziel.

<u>906 111 C6E Herrmann/Glemser</u>

3 Runden Herrmann	Tanken und Fahrerwechsel nach der 3. Runde.
3 Runden Glemser	Tanken und Fahrerwechsel nach 6. Runde. Wenn trocken, Reifenwechsel hinten.
4 Runden Herrmann	Tanken bei km 38 in der 9. Runde 30 Ltr.

<u>906 141 C6V</u> <u>Pucci/Arena</u>

3 Runden Arena	Tanken und Fahrerwechsel nach der 3. Runde
3 Runden Pucci	Tanken und Fahrerwechsel nach der 6. Runde.
4 Runden Arena	Tanken bei km 38 in der 8. Runde 30 Ltr.

<u>906 128 C6V Mairesse/Müller</u>

3 Runden Mairesse	Tanken und Fahrerwechsel nach 3. Runde.
4 Runden Müller	Tanken bei km 38 in der 6. Runde. Tanken und Fahrerwechsel nach der 7. Runde. Wenn trocken, Reifenwechsel hinten.
3 Runden Mairesse	bis Ziel.

Rennverlauf:

Stand nach der ersten Runde:

1	Vaccarella	
2	Mitter	-5 sec
3	Scarfiotti	-34 sec hinter Mitter
4	Mairesse	-8 sec hinter Scarfiotti
5	Klass	-2sec hinter Mairesse

Stand nach der zweiten Runde:

1	Mitter	
2	Vaccarella	-19 sec
3	Klass	-66 sec hinter Vaccarella
4	Scarfiotti	-6 sec hinter Klass
5	Mairesse	-15 sec hinter Scarfiotti

Stand nach der 3. Runde (nach dem Tanken beim Wegfahren). Im Laufe der 3. Runde beginnender Regen.

1	Mitter	
2	Vaccarella	-12 sec
3	Klass	-61 sec hinter Vaccarella (Zwischengetankt bei km 38)
4	Scarfiotti	-10 sec hinter Klass
5	Mairesse	-19 sec hinter Scarfiotti

Stand nach der 4. Runde (starker Regen, Hagel)

1	Klass	
2	Bandini (Vaccarella)	-97 sec
3	Parkes (Scarfiotti)	-95 sec hinter Bandini
4	Bonnier (Mitter)	-9 sec hinter Parkes
5	Müller (Mairesse)	-59 sec hinter Bonnier

Stand nach der 5. Runde (nass)

1	Bandini	
2	Parkes	-78 sec
3	Davis	-39 sec hinter Parkes
4	Müller	-16 sec hinter Davis
5	Bonnier	-63 sec hinter Müller

In der 6 Runde rutschte Glemser mit 906 111 infolge durch den Regen über die Straße gespülten Gerölls von der Strecke

und blieb mit abgerissener Hinterradaufhängung liegen. Ebenso Parkes mit dem Werks-Ferrari-Dino.
Da Bonnier und Davis sehr langsam fuhren, wurden beide nach Ende der 6. Runde zum Fahrerwechsel hereingeholt.
Stand nach der 6. Runde:

1	Klass	
2	Mitter	-106 sec
3	Bandini	-27 sec hinter Mitter
4	Müller	-51 sec hinter Bandini

Beim Beginn der 7. Runde lag Mitter nach absoluten Durchlaufzeit gesehen 5 sec hinter Klass. Beim Versuch Mitters Klass in der 7. Runde zu überholen, kam Mitter von der Strecke ab und bleib mit abgerissener Vorder- und Hinterradaufhängung liegen. Ebenfalls in der 7. Runde schied Bandini durch Unfall aus.

Stand nach der 7. Runde (teils trocken, teils nass)

1	Klass	
2	Mairesse	-3 Min 14 sec
3	Guichet (Baghetti)	
	(Werks Ferrari Dino)	-6 Min. 06 sec. hinter Mairesse
4	Pucci (Arena)	-6 Min 15 sec. hinter Guichet

Nach der 7. Runde wurden beim Wagen Klass (906 142) die Hinterräder gewechselt. Die Reifen waren vollkommen glatt. Beim Wagen Mairesse (906 128) wurden die Hinterräder nach der 7. Runde kontrolliert, aber nicht gewechselt.

In der 8. Runde blieb Klass mit gebrochener Hinterradaufhängung liegen. Ursache hierfür ist wahrscheinlich eine schlechte Schweißnaht am unteren Querlenker, es ist jedoch möglich, dass Klass irgendwo angestoßen ist, wodurch der Lenker angerissen sein kann.
Stand nach der 8. Runde (fast trocken)

1	Mairesse	
2	Guichet	-7 Min. 38 sec.
3	Arena	-8 Min. 06 sec. hinter Guichet

Stand nach der 9. Runde:

1	Mairesse	
2	Guichet	-13 Min. 03 sec.
3	Arena	-9 Min. 03 sec. hinter Guichet

Endklassement:

1	Mairesse / Müller	Carrera 6
2	Guichet / Baghetti	Ferrari Dino
		-8 Min. 30 sec. hinter Mairesse
3	Arena / Pucci	Carrera 6
		-9 Min. 06 sec. hinter Guichet

Benzinverbrauch (teils trocken, teils nass)

906 128	C 6 Vergaser	34,0 Ltr./100 km
906 141	C 6 Vergaser	31,5 Ltr./100 km
906 111	C 6 Einspritzer	37,0 Ltr. / 100 km
906 143	C 6 Einspritzer	35,5 Ltr. / 100 km
906 142	C 8 Vergaser	39,5 Ltr. / 100 km;

Ölverbrauch ca. 2 Ltr./100 km

Bremsbelagverschleiß (teils trocken, teils nass)

906 128	C 6 V	2,0 mm / 100 km
906 143	C 6 E	1,8 mm / 100 km
906 142	C 8 V	5,0 mm / 100 km

Reifenverschleiß (teils trocken, teils nass)

		Durchschnitt pro 1000 km	Maximal pro 1000 km
906 128	C 6 V white	3,5	5,1
906 141	C 6 V green	2,5	3,7
906 143	C 6 E white	4,7	7,3
906 142	C 8 V yellow	6,0	10,0

Schnellste Runden:

906 141	Arena	42'30"	trocken
	Pucci	48'18"	nass
906 128	Mairesee	41'23"	trocken
	Müller	46'10"	nass
906 111	Herrmann	42'55'	trocken
	Glemser	45'34'	nass
906 142	Klass	41'02'	trocken
	Davis	48'00"	nass
906 143	Mitter	40'19"	trocken
	Bonnier	47'00"	nass
Ferrari P 3	Vaccarella	40'45"	trocken
	Bandini	46'30'	nass
Ferrari Dino	Scarfiotti	41'18'	trocken
	Parkes	46'23'	nass

Hiermit endete dieser Bericht von der Targa Florio 1966.
Erstaunlich ist aber schon die Tatsache, dass Gerhard Mitter schneller war als der Lokalmatador Nino Vaccarella im Trockenen und Dieter Glemser im Regen, der sehr gute Zeiten fuhr.
Auch Günter Klass hat seine Hinterräder in seinem Stint völlig heruntergefahren. Nachdem bei der Targa nicht alle Fahrzeuge auf einmal starten, hilft natürlich diese Aufstellung, den Rennverlauf auf der über 70 km langen Rennstrecke auch hinterher noch nachzuvollziehen.

Die normalen Versuche gehen permanent weiter.
Rolf Wütherich ist nicht nur auf der Suche nach Gewichtseinsparung, sondern leitet am 25. Mai einen Versuch, der den Bremsweg beim Carrera 6 mit Bremsen an der Blockiergrenze mit verschiedenen Reifentypen herausfinden soll.
Als Versuchswagen wurde der 906 108 in der Serienausführung verwendet. Als Fahrer wurde Herbert Linge nach Hockenheim geschickt. Das Wetter war schön, trocken und warm. Der Versuch sollte in zwei verschiedenen Geschwindigkeiten durchgeführt werden. Als erstes bei 80 km/h im 2. Gang bei 5100 U/min und dann bei 180 km/h im 4. Gang bei 6900 U/min.
Am Fahrzeug wurde extra ein Schießapparat angebaut, der bei jedem Bremsen eine Markierung auf den Asphalt schoss, danach wurde die Distanz mit dem Peiseler-Rad gemessen. Da auch dieser Versuch wie immer unter Zeitmangel stattfand, wurde die Bremse während dieser Messreihe nicht verändert, weshalb die Werte nicht als optimal zu bewerten sind.

1. Messung mit Dunlop R 7 Green Spot

Geschwindigkeit	Bremsweg	Verzögerung	Beurteilung
80 km/h	21,9 m	11,2 m/sec^2	überbremst hinten
80 km/h	20,3 m	12,1 m/sec^2	überbremst hinten
180 km/h	118,3 m	10,5 m/sec^2	überbremst hinten
180 km/h	111,1 m	11,2 m/sec^2	überbremst hinten

2. Messung mit Dunlop R 7 White Spot

Geschwindigkeit	Bremsweg	Verzögerung	Beurteilung
80 km/h	21,9 m	11,2 m/sec^2	überbremst hinten
80 km/h	20,9 m	11,7 m/sec^2	überbremst hinten
180 km/h	92,4 m	13,5 m/sec^2	gleichmäßig
180 km/h	86,2 m	14,4 m/sec^2	gleichmäßig

3. Messung mit Dunlop CR 70 Red Spot

Geschwindigkeit	Bremsweg	Verzögerung	Beurteilung
80 km/h	22,8 m	10,8 m/sec^2	überbremst hinten stark
80 km/h	21,1 m	11,7 m/sec^2	überbremst hinten stark
180 km/h	111,1 m	11,2 m/sec^2	überbremst hinten leicht
180 km/h	116,2 m	10,7 m/sec^2	überbremst hinten leicht

4. Messung mit Conti-Renner

Geschwindigkeit	Bremsweg	Verzögerung	Beurteilung
80 km/h	32,1 m	7,92 m/sec^2	
80 km/h	26,2 m	9,46 m/sec^2	überbremst vorn stark
180 km/h	127,2 m	9,80 m/sec^2	geringerer Fußdruck,
180 km/h	115,5 m	10,8 m/sec^2	wie alle Dunlop Typen

Zusammenfassung:
Beim Conti-Renner ist der genaue Rollradius noch nicht bekannt, sodass die Ergebnisse nicht vergleichbar sind, mit Gewöhnung an Fußdruck und Abstimmung der Bremse sind bestimmt gleiche Werte wie Dunlop Green und Red Spot zu erreichen. Deutlich besser und von Seiten des Fahrers spürbar sind die White Spot Reifen, wobei bei 180 km/h kürzere Bremswege bis zu 25 m erreicht wurden.
Anschließend wurden die Conti-Renner mit den Dunlop Green Spot R 7 auf einem kurzen Ringstück des Motodroms verglichen. Mit Conti untersteuert der Wagen stark, wischt kontrollierbar früher in Kurven, doch seitenstabil in Wechselkurven, komfortabler als der R 7. Reifen benötigt sehr lange Einfahrzeit, bis er auf ganzer Fläche tragen würde. Aufstandsfläche zu schmal, vorne viel schmäler als hinten durch Felgenbreite. Mit dem Dunlop lagen die Rundenzeiten um 40 sec. Damit erzielte dieser Reifen um 1,4 sec. bessere Werte als mit dem Conti-Renner.
Da aber an dem Presse-Carrera-6 das Getriebe vollkommen defekt ist, Herausspringen der Gänge und das fahrgestellseitig nicht korrigiert bzw. umgestellt wurde, sind diese Werte nur Anhaltspunkte für zukünftige, zu wiederholende Versuche.

Rolf Wütherich, der immer noch auf der Suche nach Gewichtseinsparungen ist, veröffentlichte am 11. Mai 1966 einen Zwischenbericht über die Erfahrungen, die er mit den Beryllium-Bremsscheiben mit verschiedenen Oberflächenbehandlungen gemacht hat.

1 Versuchszweck:
Die in den USA über die Firma Teves gelieferten Beryllium-Bremsscheiben sind an den Bremsflächen nach dem Canigan-Verfahren vernickelt. Während die ersten 2 Musterscheiben (Lieferdatum Herbst 1965) sowohl im Fahrzeug 904 bei Nürburgringversuchen als auch im Straßen-Dauerlauf über ca. 15.000 km mit verschiedenen Bremsbelagsorten gehalten haben, blättert bei den neu gelieferten Bremsscheiben für den Einsatz 1966 die Nickelschicht schon bei verhältnismäßig geringen Beanspruchungen ab.

Es sollten auf dem Hockenheim-Kurs (5,460 km Länge) Beryllium-Bremsscheiben mit verschiedenen Oberflächenbehandlungen auf einem 904 im rennmäßigen Einsatz erprobt werden.
Zum Einsatz kamen Beryllium-Scheiben Molybdän aufgespritzt (Fa. Bosch), verchromt (Fa. Mahle) und Canigan-vernickelt (Original USA).

2 Versuchswagen:
Porsche GTS 904 Fg. Nr. 904 101, Motor 587/3
Hauptbremszylinder 20,64 mm ∅
Vorderachse Alu-S-Sattelbremse Teves
Hinterachse Alu-M-Sattelbremse Teves

Bereifung: vorne 5.50 L Dunlop R 7 yellow spot
(Felgen 5,50 K x 15)
Hinten 5.50 M Dunlop R 7 yellow spot
(Felgen 6 K x 15)

Gesamtgewicht + Öl + 10 Ltr. Benzin = 712 kg

Fahrer: Rolf Wütherich

3 Versuchsdurchführung:

Erste Ausführung:
Vorderachse Molybdän-behandelte Beryllium-Scheiben
Hinterachse verchromte Beryllium-Scheiben

Fünf Runden eingefahren mit Textar TP 22 Belägen und mittlerer Geschwindigkeit. Anschließend Kontrolle der Scheiben, wobei sich beim Einfahren die Molybdän-Schicht der vorderen rechten Scheibe innen bereits in größeren Teilen gelöst hat.
Weitere Molybdän-Teile kann man leicht mit dem Fingernagel lösen. Linke vordere Scheibe beidseitig schön glatt.
Hinterachse Chromschicht sauber angefahren, keine Beanstandungen.

Zweite Ausführung:
Vorderachse Canigan-vernickelt, Original USA
Hinterachse Chrom-Berylium-Scheiben von Ausführung 1

Einfahren mit TP 22 wie Ausführung 1
Nach 5 Runden löste sich bereits die Canigan-Nickelschicht an beiden vorderen Scheiben an dem Außen-∅ der Scheiben ringsherum vollständig ab.
Hinterachse verchromt unverändert gut, leichte Riefenbildung.
Beim Einfahren war die Straße stark nass.

Dritte Ausführung:
Vorderachse Grauguss-Scheiben Serie 904
Hinterachse Bosch verchromte Beryllium-Scheiben von Ausführung 1 und 2

Es wurden sofort für Rennen geeignete Beläge Textar 1431G eingebaut und auf volle Leistung gefahren.
Distanz 67 Runden à 5,460 km = 365,82 in 2 Std. 05 mit einem Durchschnitt von 176 km/h.
Schnellste Runde 1.47,6, die mittleren Rundenzeiten waren 1.49,0 bis 1.51,0 bei abtrocknender Strecke. Stellenweise leichter Regen.
Die verchromten Beryllium-Scheiben (Hinterachse) sahen nach ca. 400 Hockenheim-km zufriedenstellend aus, bei einer Scheibe hatte es den Anschein, dass die Chromschicht durchgebremst wäre. Eine Untersuchung im VP ergab, dass es sich nur um eine Schmutzschicht handelt und noch genügend Chrom auf den Scheibenflächen ist.

4. Zusammenfassung

Für Versuche mit Beryllium-Scheiben ist die verchromte Ausführung (Mahle) die beste geeignete Oberflächenbehandlung, die zu erfolgversprechenden Ergebnissen für Rennen gebracht werden könnte. Weitere Beryllium-Scheiben, besonders für Vorderachse, werden verchromt und die Versuche müssen fortgesetzt werden.

Gez. VVF/Wütherich den 11. 5. 1966

Und auch die Windkanalversuche in der Technischen Hochschule in Stuttgart gingen weiter. Mit einem 906 108 in Original-Ausführung wurden die Auftriebsverhältnisse und der Anstellwinkel ermittelt.
Dazu wurde der Wagen auf die Messbühne gestellt, unter die beiden rechten Räder wurde eine Teflon-Unterlage gelegt, zwischen Teflon und Messbühne wurde Fett gestrichen, um die Sturz- und Spuränderungen über den Federweg zu ermöglichen. An dem Radausschnitt vorn und hinten wurde, jeweils in der Mitte der Achse, ein mit einer Skala versehener Blechwinkel montiert.
Gemessen wurde mit einem Theodolit.
Der Wagen wurde auch auf der Messbühne nicht festgespannt, sondern nur mit dem ersten Gang und mit der Handbremse blockiert.
Das Wagengewicht betrug 608 kg + Fahrer, und beide Kraftstoffbehälter waren voll Benzin.
Das Ergebnis zeigte folgende Werte:

Wagen 906 Serie mit Bugspoiler			
V/A = 230 km/h	Abtrieb Vorderachse	= 90 kp	
	Auftrieb Hinterachse	= 50 kp	
	Anstellwinkel	= -1°	
Wagen 906 Serie jedoch ohne Bugspoiler			
V/A = 230 km/h	Auftrieb Vorderachse	= 44 kp	
	Auftrieb Hinterachse	= 2 kp	
	Anstellwinkel	= 0,4°	
Wagen 906 Serie ohne Ersatzrad mit 25 kg auf der Hinterachse			
V/A = 230 km/h	Auftrieb Vorderachse	= 64 kp	
	Abtrieb Hinterachse	= 6 kp	
	Anstellwinkel	= siehe Diagramm	
Wagen 906 Serie ohne Ersatzrad mit 25 kg auf der Hinterachse und ohne Heckspoiler			
V/A = 230 km/h	Auftrieb Vorderachse	= 14 kp	
	Auftrieb Hinterachse	= 110 kp	
	Anstellwinkel	= siehe Diagramm	
Wagen 906 Serie ohne Ersatzrad mit 25 kg auf der Hinterachse und ohne Heckspoiler und ohne Bugspoiler.			
V/A = 230 km/h	Auftrieb Vorderachse	= 122 kp	
	Abtrieb Hinterachse	= 6 kp	
	Anstellwinkel	= 0,86°	
Wagen 906 Serie jedoch mit Heckspoiler 50 mm hoch			
V/A = 230 km/h	Auftrieb Vorderachse	= 29 kp	
	Auftrieb Hinterachse	= 34 kp	
	Anstellwinkel	= 0,01°	

Diese gemessenen Werte zeigen eindeutig, dass ein Bugspoiler und ein Heckspoiler für die Zukunft eine große Rolle in der Aerodynamik der Rennwagen spielen würde.
Einige Tage später wird für die nächsten Rennen von Peter Falk festgelegt, welche Fahrzeuge beziehungsweise Typen eingesetzt werden. So wird entschieden, dass am 5. 6. 66 auf dem Nürburgring folgende Wagen gefahren werden sollen:

906 128	(Östereichwagen, Targa-Sieger)	als Carrera 6 Einspritzer
906 154	(I. Einsatzwagen)	als Carrera 6 Einspritzer
906 141	(ursprünglicher 8 Zyl.)	als Carrera 6 Einspritzer
906 142	(Klass Wagen Targa)	als Carrera 6 Achtzylinder 2,2 Ltr.
906 108	(Pressewagen)	für Reifenversuche und als Trainingswagen Carrera 6, aber mit Transistorzündung.

Für den Europa-Bergmeisterschaftslauf am 12. 6. 66 am Rossfeld:

906 010	(Ollon-Villars-Wagen 13")	als 8 Zylinder 2,0 Ltr.
906 142	(Klass-Wagen Targa)	als Carrera 6 Achtzylinder 2,0 Ltr.
906 108	(Pressewagen)	als Carrera 6 Serie

Und dann noch für den Einsatz in Le Mans am 19. 6. 1966:

906 151	(Le Mans mit Spezialkarosserie)	als Carrera 6 Einspritzer
906 152	(Le Mans mit Spezialkarosserie)	als Carrera 6 Einspritzer
906 153	(Le Mans mit Spezialkarosserie)	als Carrera 6 Einspritzer
906 112	(Monza-Wagen Davis)	als Carrera 6 Serie
906 143	(Unfallwagen Mitter Targa)	als Carrera 6 Serie

Am 3. 6. 1966 wurden dann auch noch Wankwinkel-Versuche durchgeführt. Und zwar gab es eine Änderung in der Radaufhängung vorn, und man wollte ermitteln, wie diese sich auf die Querbeschleunigung und auf den Vorderradeinschlagwinkel auswirkt.
Dazu wurde beim 906 108 (serienmäßig), der im 190-m-Kreis stationär mit verschiedenen Geschwindigkeiten fahren musste, mit dem Teleobjektiv möglichst genaue Fotos geschossen, damit man so feststellen konnte, wie groß der Radeinschlagswinkel war, der zusätzlich mit am Lenkrad angebrachten Markierungen ermittelt werden konnte. (Anmerkung: Man muss bedenken, dass es damals keinerlei elektronische Hilfen so wie heute gab, sodass die Mechaniker und Ing. sich teilweise ungewöhnliche Methoden einfallen lassen mussten, um zu den angestrebten Auswertungen zu kommen.)
Auch wurde am 10. 6. 1966 eine Studie bei dem Sachbearbeiter in der Berechnungsabteilung, Herrn Schmidt, in Auftrag gegeben, vorauszuberechnen, welche Zeit »Bergspyder 13"« am Rossfeld voraussichtlich fahren wird. Die Berechnung erfolgte mit Hilfe eines Rechenprogramms für die elektronische Rechenanlage IBM 1620.
Zur Bestimmung der Fahrzeit stand eine Ausschnittsvergrößerung im Maßstab 1:5000 aus einer photogrammetrischen Auswertung der Rossfeld-Höhenstraße zur Verfügung. In diese Vergrößerung wurde die voraussichtliche Ideallinie eingezeichnet und aus den Höhenlini-

en die Steigung errechnet Die Überhöhung der Kurven wurde mangels Angaben geschätzt. Im daraus errechneten Geschwindigkeits-Weg-Diagramm mit allen Kurvenradien und Steigungen waren zusätzlich auch noch die jeweiligen Schaltpunkte und Kurvengeschwindigkeiten mit der vermutlichen Motordrehzahl eingetragen.
Daraus ergab sich ein Vergleich zum Jahr 1965, wo die schnellste Zeit mit dem Porsche Spyder 8 (Fahrer Gerhard Mitter) bei 3 min. 07,4 sec lag. So wurde mit dieser erstmals durchgeführten Berechnung mit elektronischen Hilfsmitteln eine vermutliche Bestzeit 1966 von 3 min. 01 sec prognostiziert. (Und wirklich fuhr Gerhard Mitter am 12. Juni 1966 am Rossfeld in seinem zweiten Lauf am Renntag eine Zeit von 3 min. 00,43 sec.)

Bei weiteren Versuchsfahrten in Hockenheim sollte untersucht werden, wie stark sich der Carrera 6 unter Wirkung von Beschleun gung und Aerodynamikkräften anstellt. Dieses Verhalten nennt man auch Nicken.
Dazu wurde der Wagen 906 141 auf geradliniger, ebener Fahrbahn bei Vollbremsung bzw. Beschleunigung in verschiedenen Gängen fotografiert. Zum Vergleich gab es noch ein Bild vom stehenden Fahrzeug.
Der Wagen war ein Serien-906, jedoch mit Bugspoiler. Der Tank war halb voll und es war die Nürburgring-Übersetzung eingebaut. Das Wetter in Hockenheim war trocken bei 25 °C.
Nach der Auswertung sämtlicher Fotos wurden folgende Ergebnisse erzielt:

Anstellwinkel:

Vollbremsung 1 -1°45’
Vollbremsung 2 -1°50’

Beschleunigung 1. Gang	+1°10' bei einer Geschwindigkeit von 100 km/h
Beschleunigung 1. Gang	+1°35' bei einer Geschwindigkeit von 80 km/h
Beschleunigung 3. Gang	+ 45' bei einer Geschwindigkeit von 150 km/h
Beschleunigung 5. Gang	+ 10' bei einer Geschwindigkeit von 230 km/h

Zusätzlich wurde auch mit einem 906-Langheck-Wagen (906 151) das gleiche gemacht:

Erster Augenblick des Bremsens -2°20'
Volle Fahrt -1°

Auf den Fotos lässt sich sehr gut erkennen, was da passiert. Dieses Nicken musste in der Zukunft reduziert werden, aber wie?

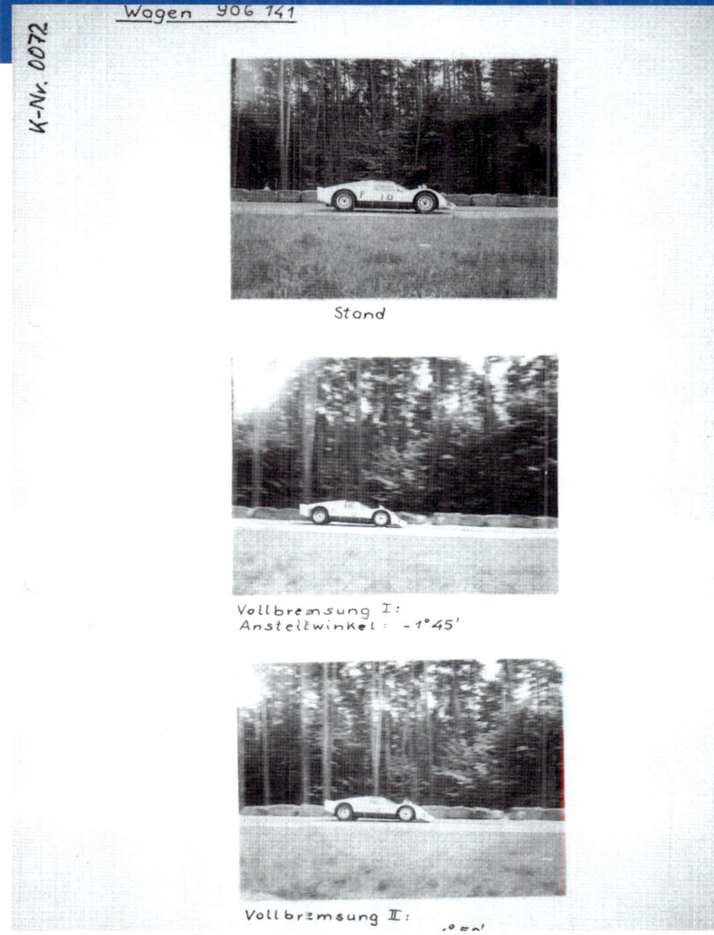

Foto-Dokumentation des Nickverhaltens.

Dass auch bei einem Besuch von Mitarbeitern der Fa. Motorola am 7. Juni 1966 das Gewicht der Lichtmaschinen eine Rolle spielte, zeigt auch hier das dauerhafte Bestreben, besser, leichter und damit schneller zu werden.
So wurden bei den 1000 km auf dem Nürburgring zwei dieser erleichterten Lichtmaschinen eingesetzt. Eine davon jedoch wurde durch ein Missverständnis falsch angeschlossen und konnte nicht gefahren werden, die andere jedoch funktionierte einwandfrei und erzielte eine Leistung von 29 A bei 14 Volt = 406 Watt ab 7000 U/min. Bei beiden handelte es sich um ein Aluminiumgehäuse von Motorola. Hier wurde von Porsche angeboten, ein Elektrongehäuse zu gießen, welches das Gewicht nochmals von jetzt 2,890 kp auf dann nur noch 2,700 kp drücken würde. In dieser Ausführung wurden dann 20 Drehstromlichtmaschinen bestellt, die in allen 906-Werkswagen außer in Le Mans eingesetzt werden sollen. Motorola sollte aber auch versuchen, für die Zukunft eine Maschine für Langstreckenrennen zu bauen, die 45 A bei 14 V = 630 Watt Leistung ab 7000 U/min abgibt. Auch wurde bei diesem Meeting festgelegt, dass ab sofort nur noch mit elektronischen Reglern (ohne mechanische Teile) gefahren wird.

Am 24. Juni 1966 machte sich Herr Falk schon Gedanken über Verbesserungen einer erweiterten Serie der Carrera 6, die sich folgender maßen las:

- Sitzhöhe nach neuem Reglement
- Versteifter Fahrersitz
- Beifahrersitzkante am Schalthebel abgeschrägt
- Sitzverstellung mit Federstift
- Befestigungspunkte für Anschnallgurte
- Seitenfensterverriegelung mit Handgriff
- Große Düse für Scheibenbelüftung, 50 mm-Schläuche vom Staupunkt
- Luftaustritts-Schlitze am Dach
- Zusätzliche Türverriegelung
- Türschlösser zum besseren Öffnen von außen
- Führungsrohre der Flügeltüren versteifen
- Türaussteller verbessern
- Scheiben eingefärbt
- Öltank-Wärmeschutz zum Fahrgastraum
- Wärmeabdichtung vom Motorraum zum Fahrgastraum (Tankschächte)
- Heckteil mit zusätzlicher Skispannersicherung
- Kofferraum aus Polyester
- Vordere Spoiler als Kunststoffhohlkörper aufgeschraubt
- Bessere Bughaubenbefestigung
- Gebohrte Bremsscheiben
- Umgreifende Direktbelüftung der Bremsscheiben
- Schnellwechselvorrichtung für Bremsbeläge
- Hinteres Rahmenquerrohr versteift
- Sämtliche Uniballgelenke aus hochfestem Stahl (Hochleistungstype X)
- Lenkungskupplung am Lenkgetriebe
- 360 mm ∅ – Lenkrad (Bitter)
- Öltankstutzen 60 mm ∅ aus der Karosserie herausragend
- Benzintankstutzen weiter nach vorne geneigt zum besseren Nachtanken
- Öldruckmanometer
- Motometer – Ölthermometer
- Ölkühler höher, oder Karosseriekante hinter Ölkühler absenken
- Doppel-Rundscheinwerfer

Weitere Änderungen, die aber nur bei einem Bau von 50 Wagen homologiert werden können oder wenn die Wagen als Prototypen laufen:

- Einspritzmotor 14"-Räder
- Vorn angeschlagene Türen wie am 13"-Wagen

Wenn man sich das genau durchliest, erkennt man schon den Nachfolger des Carrera 6 den Typ 910.

Dann gab es weitere Versuchsfahrten mit verschiedenen Reifen und Stoßdämpfern mit Carrera 6 auf der Südschleife des Nürburgrings vom 31. 5. bis 3. 6. 1966

Fahrzeug: 906 108, Pressewagen, serienmäßig
Motor: Sechszylinder Vergaser
Strecke: trocken
Fahrer: Hans Herrmann

1.) Reifen: Dunlop R7 Green Spot, 5.50 L-15 / 5.50 M-15, 1,8/2,0 atü
Zeiten:
2'33,2"
2'32,6"
2'30,6"
2'27,1"
2'26,5"
2'26,2"
2'26,3"

2.) Reifen: Dunlop R7 White Spot, 5.50 L-15 / 5.50 M-15, 1,8 / 2,0 atü
Zeiten:
2'27,1"
2'25,0"
2'25,3"
2'23,9"
Reifen wirkt satter, hält besser in den Kurven, etwas größerer Schwimmwinkel, problemlos.

3.) Reifen: Dunlop R7 Yellow Spot, 5.50 L-15 / 5.50 M-15, 1,8 / 2,0 atü
Zeiten:
2'28,1"
2'25,6"
2'26,2"
2'25,2"

4.) Reifen: Dunlop R7 Yellow Spot, 5.50 M-15 / 6.00 M-15, 1,8 / 2,0 atü
Zeiten:
2'28,7"
2'25,6"
2'23,7"
2'32,2"
2'24,0"
Wagen leicht untersteuernd, Lenkung unruhig, in den Kurven schneller zu fahren.

5.) Reifen: Goodyear 5.25 / 9.50-15 vorn, 5.50 / 9.75-15 hinten, 1,8 / 2,0 atü
Zeiten:
2'26,8"
2'24,0"
2'25,0"
2'24,1"
Leicht übersteuernd, Lenkung spricht sofort an, Wagen lässt sich sehr präzise lenken, großer Schwimmwinkel, ungefährlich.

6.) Reifen: Firestone Super Sport GP 5.00/9.10-15 vorn, 5,40/9.80-15 hinten, 1,8 / 2,0 atü
Reifen wirkt sehr schwammig, der Wagen geht abwechselnd hinten und vorne unkontrollierbar weg, Kurven lassen sich nur eckig fahren. Es war unmöglich, auf Zeit zu fahren.

7.) Reifen: Dunlop CR 70 Red Spot, 5.50 M-15 / 5.50 M-15, 1.8 / 2,0 atü
Zeiten:
2'26,5"
2'24,4"
2'24,7"
2,24,8"
Wagen ganz leicht übersteuernd, exakt zu fahren; Reifen wirkt sehr hart.

8.) Reifen: Dunlop R7 Red Spot, 5.50 M-15 / 5.50 M-15, 1,8 / 2,0 atü
Zeiten:
2'26,7"
2'25,2"
2'26,6"
Fahrverhalten wie mit CR 70 Red Spot.

9.) Reifen: Dunlop R7 Green Spot 5,50 L-15 / 5.50 M-15, 1,8 / 2,0 atü
Rückversuch zu 1A
Zeiten:
2'27,0"
2'25,9"
2'25,7"
Der Wagen braucht mit diesen Reifen mehr Straße als mit dem CR 70 Reifen. Das Lenkverhalten ist nicht so exakt.

10.) Rückversuch mit dem Goodyear-Reifen (wie Punkt 5)
Zeiten:
2'25,8"
2'23,8"
2'23,4"
2'22,5"
Die Übersteuertendenz, wie sie unter Punkt 5 beanstandet wurde, wurde durch andere Stabilisatoreinstellung neutralisiert. Das Fahrverhalten mit diesem Reifen ist sehr ausgeglichen, der Wagen lässt sich trotz großen Schwimmwinkels sehr exakt fahren, da die Lenkung sehr scharf reagiert.

11.) Reifen: Dunlop R7 Green Spot, 5.50 L-15 / 5,50 M-15, 1,8 / 2,0 atü
Gleiche Einstellung wie unter 9.), jedoch statt Nadella-Wellen jetzt mit Giubogelenken.
Zeiten:
2'28,6"
2'27,5"
2'28,0"
2'26,2"
Fahrzeug lässt sich in Kurven elastischer fahren, langsameres Ausbrechen bei plötzlichem Gasgeben.

12.) Reifen: Dunlop R7 Green Spot, 5.50 M-15 / 5.50 M-15, 1,8/2,0 atü
Mit Giubogelenken.
Zeiten:
2'27,4"
2'25,5"
2'25,3"

Fahrzeug übersteuert etwas mehr, ist aber gefühlsmäßig schneller in den Kurven; Lenkung unruhiger.

13.) Wie 12.), aber anstelle der serienmäßigen Bilstein-Dämpfer jetzt Monroe-Dämpfer.
Zeiten:
2'29,1"
2'27,2"
<u>2''26,3"</u>
2'27,2"
2'26,7"
Dämpfer auf Anhieb sehr gut, weich, komfortabel, geschmeidig. Aus Zeitmangel konnten keine anderen Dämpfereinstellungen mehr gefahren werden.

Der Wagen wurde bei diesen Versuchen ohne Bugspoiler und ohne direkte Bremsbelüftung an Vorder- und Hinterachse gefahren. Als Bremsbeläge wurden Textar-Beläge 1431 G verwendet.

Getriebeübersetzung: 14/37
18/34
21/31
23/28
27/25 (Nordschleifen Übersetzung)

Motor war mit Transistor-Zündung und Motorola-Lichtmaschine ausgerüstet. Der Wagen lief anschließend noch das 1000-km-Rennen. An Zündung und Lichtmaschine traten keine Schäden auf.

Stuttgart Zuffenhausen den 15. 7. 1966 VFV/Fa-lw gez. Peter Falk

Für die Einsätze in der zweiten Hälfte des Jahres wurden dann am 23. 6. 1966 folgende Fahrzeuge von Herrn Bott festgelegt:

<u>Carrera 6 Planung zweite Hälfte 1966</u>

Einsatz Hockenheim vorrausichtlich 3 Prototypen lang
Fg. Nr. 906 151, 906 152, 906 153, alle mit Einspritzmotoren

Voraussichtlicher Einsatz Bridgehampton 3 Prototypen kurz
Fg. Nr. 906 155, 906 143, 906 154, alle mit Einspritzmotoren

Fahrzeug für Versuche und Training
Fg. Nr. 906 141, Vergaser, wenn möglich Einspritzmotor

Zu verkaufen oder für Pressezwecke:
Fg. Nr. 906 108 ehemaliger Pressewagen, eingesetzt als Versuchsfahrzeug und beim 1000-km-Rennen Nürburgring. Beschädigung rechter vordere Kotflügel, sonst fahrbereit. (handschriftliche Anmerkung von Peter Falk: Ist am 23. 6. 66 zur Karosserie-Reparatur überstellt)
Fg. Nr. 906 017 Einsatzwagen Daytona (blau), spätere Verwendung als Trainingswagen Targa Florio, mit Rahmenbruch. Fahrzeug ohne Motor.
Fg. Nr. 906 016 Erster Vorläufer für Le Mans, Prototyp mit abgerundeten Kotflügeln, als Serienwagen nicht verwendbar, ohne Motor, sonst ohne Schäden.
(Außerdem scheint auch der 906 155 nach der handschriftlichen Notiz von Peter Falk abgegeben worden zu sein.)

Zum Verschrotten wurden folgende Wagen gemeldet:
Fg. Nr. 906 112 Unfallwagen Mitter Spa (wobei wiederum handschriftlich diese Notiz ausgestrichen und mit dem Vermerk »Alteisen« versehen wurde, was auch immer das heißen soll)
Fg. Nr. 906 154 Glemser Wagen Nürburgring, Fahrgestellteile werden soweit möglich weiter verwendet, Karosse und Rahmen kann unter Umständen im beschädigten Zustand verkauft werden. (Die handschriftliche Anmerkung von Peter Falk ist, dass vermutlich Michel Weber diesen Unfallwagen übernommen hat.)
Fg. Nr. 906 111 Glemser Wagen Targa Florio, Fahrwerksteile werden verwertet. Karosserieteile und Rahmen, unfallbeschädigt, können verwertet oder verkauft werden.

Für die restlichen Werkswagen des Typs 906 wurden noch folgende Änderungen in der zweiten Jahreshälfte 1966 durchgeführt:
1. *Fahrersitz mit Gurt versteifen und abändern auf die Kontur wie »Mittersitz«.*
2. *Fahrersitz mit Schaumgummi nach Angaben auspolstern und Sitzverstellung m. Feder.*
3. *Beifahrersitz vorn enger machen (wegen Schalthebel).*

4. *Öffnung unter Umlenkhebel an Schaltung vergrößern.*
5. *Am Seitenausstell-Fenster Verriegelung abändern wie an den Sebring-Wagen.*
6. *SNAPVENT-Belüftung in beide Ausstellfenster einbauen.*
7. *Notverriegelung an beiden Türen anbringen, wie an den Sebring-Wagen.*
8. *Am Türverschluss Nasen anlöten zum besseren Öffnen der Türe (beide Seiten).*
9. *Führungsrohre an beiden Türen versteifen.*
10. *Bremsscheiben bohren.*
11. *Umgreifende Bremsbelüftung vorn und hinten montieren.*
12. *Lufteintritt am Heckteil innen abdichten.*
13. *Fangseil an Heckteil anbringen.*
14. *Halterung für Wagenheber wie an vorhergehenden Werkswagen anbringen.*
15. *Verlängerungsrohr für Wagenheber mit Federspangen im Kofferraum befestigen.*
16. *Kofferraum aus Polyester-Material einbauen.*
17. *Öltankstutzen auf 60 mm ∅ vergrößern.*
18. *Plombiermöglichkeit am Öl- und Kraftstofftank anbringen.*
19. *Öldruckmanometer einbauen.*
20. *Abblend-Relais mit Lichthupe einbauen.*
21. *Abblend-Schalter an Lenkrad verlegen (wie b. Typ 904).*
22. *Drehzahlmesser eichen.*
23. *Zusatzschalter für Abblendlicht anbringen.*
24. *Ölfernthermometer für Getriebeöl einbauen.*
25. *Schacht für Temperatur- und Drehzahlmesser weiß lackieren.*
26. *Zusatz-Relais für Fernlicht einbauen.*
27. *Leichten Ölfilter einbauen mit Doppelstutzen aus Alu.*
28. *Leichten Ölkühler montieren, ebenfalls mit Doppelstutzen aus Alu.*
29. *Luftlöcher an Ölentlüftungsbehälter verschließen und Schlauch ins Freie leiten.*
30. *Unummantelte Ölschläuche einbauen.*
31. *Kraftstofftank-Entlüftungsschlauch mit 200er-Vergaserdüse verschließen.*
32. *Heckteil mit Gummizug links und rechts sichern.*
33. *Wagenheberaufnahmen markieren.*
34. *Kupplungsseil und Gaszug einfetten.*
35. *Stoßdämpfer mit Alu-Federtellern versehen.*
36. *Tank und vorderen Deckel mit Kennfarbe lackieren (s.oben.)*
37. *Feuerlöscher einbauen.*
38. *Scheiben einfärben.*
39. *Wagen optisch vermessen.*
40. *Vorderradlager mit grünem Heißlagerfett versehen.*
41. *Schnellwechselvorrichtungen für Bremsbeläge einbauen.*

Am 27. Juli 1966 wird der Serienauftrag der Herstellung von 50 Sportwagen des Typs Carrera 6 abgeschlossen.
Weitere Arbeiten, die hauptsächlich der Weiterentwicklung von serienmäßigen Carrera 6 dienen, werden unter dem Auftrag J 1202, J 26 ab sofort ausgeführt.

Auch auf der Motorenseite wird nach der ersten Saisonhälfte Resümee gezogen.

Renneinsatz am Rossfeld:

Einsatzmotoren:
Fg. Nr. 906 142 Motor Typ 771 V Motor Nr. Int. 12
Fg. Nr. 906 101 Motor Typ 771 V Motor Nr. Int. 10
Trainingsmotoren:
keine
Motorausfälle:
keine
Mängel während des Trainings:
Motor Int. 12 lahm, mit Vergaser HD 185 keine Besserung, für Rennen Vergaser HD 190, da HD 185 schon zu warm.
Mängel während des Rennens:
Lahmer Motor
Zustand der Motoren nach der Demontage:
Motor wurde teilweise zerlegt, Kolben, Zylinder gewechselt (leichte Druckstellen), Ventile eingeschliffen.
Eingebaute Versuchsteile für Weiterentwicklung
Beide Motoren mit Schwingungsdämpfern
Motoraufbau:
Nach Stückliste Typ 771 mit Schwingungsdämpfer
Int. Nr. 10 Zündkerze X 270 P 21 Platin
Int. Nr. 12 Zündkerze 290 T 17 Silber
Leistung und Einstelldaten:
Vergasereinstellung: Vergaser 42 IDF, Lufttrichter 40, HD 190, LKD 190
Untersuchungsbefund nach der Demontage:
Weil Motor Int. Nr. 12 als sehr lahm bezeichnet wurde, wurde er teildemontiert. Dabei wurden im Kolben und Zylinder 1 leichte Druckstellen festgestellt. Kolben und Zylinder wurden erneuert, die Ventile wurden neu eingeschliffen. Der Motor wurde neu gebremst und hatte eine zufriedenstellende, jedoch nicht besonders gute Leistung.

Renneinsatz Großer Preis von Spa:

Einsatzmotoren:
Fg. Nr. 906 112 Motor Typ 901/20 E Motor Nr. Int. 4025
Fg. Nr. 906 137 Motor Typ 901/20 V Motor Nr. 906 143
(Wagen von Porsche Salzburg

Trainingsmotoren:
keine
Motorausfälle:
keine
Mängel während des Trainings:
An Wagen 906 112 Zündspule defekt, sonst keine weiteren Beanstandungen
Mängel während des Rennens:
keine
Zustand der Motoren nach der Demontage:
einwandfrei
Eingebaute Versuchsteile für Weiterentwicklung:
keine
Motoraufbau:
Nach Stückliste Typ 901/20, jedoch Motor Int. Nr. 4025 mit Bosch 6 Stempelpumpe, Einspritzung, Porsche Kupplungs-System Häusermann
Leistung und Einstelldaten:
Motor Int. Nr. 4025 wurde nur als Vergasermotor gebremst und für den Renneinsatz Spa auf Einspritzung umgebaut, jedoch nicht mehr gebremst. Motor Nr. 906 143 wurde in der Serie aufgebaut, es liegen keine Leistungsdaten vor.
Untersuchungsbefund nach der Demontage:
Beide Motoren wurden nicht zerlegt, da sie relativ kurzfristig im Einsatz waren.

Renneinsatz Mont Ventoux:

Einsatzmotoren:

Fg. Nr. 906 010	Motor Typ 771 V	Motor Nr. Int. 10
Fg. Nr. 906 142	Motor Typ 771 V	Motor Nr. Int. 12

Trainingsmotoren:
keine
Ersatzmotoren:
Als Ersatz Motor Typ 771 Int. Nr. 06
Motorausfälle:
keine
Mängel während des Trainings:
keine
Mängel während des Rennens:
keine
Zustand der Motoren nach der Demontage:
Motoren wurden nicht zerlegt.
Eingebaute Versuchsteile für Weiterentwicklung:
Schwingungsdämpfer
Motoraufbau:
Nach Stückliste Typ 771, Porsche Kupplungs-System Häusermann 215 ∅, Zündkerzen X 270 P 21 Platin, nach Stückliste, jedoch mit Schwingungsdämpfer.
Leistung und Einstelldaten:
Die Leistungskurve Int. 12 mit Schwingungsdämpfer ausgezeichnet. Die Leistungskurve von Motor Int. Nr. 10 ist jedoch ohne Schwingungsdämpfer gebremst und hat dadurch den bekannten Leistungseinbruch bei 7.600 U/min.
Vergasereinstellung während des Rennens: Vergaser 42 IDF, Lufttrichter 40, HD 180, LKD 190, gleich bei beiden Motoren.
Untersuchungsbefund nach der Demontage:
Beide Motoren wurden nicht demontiert

Am 1 September 1966 wurden die nachstehend aufgeführten Werkswagen vom Typ Carrera 6 der Gebrauchtwagenabteilung zum Verkauf übergeben:

Fahrgestell-Nr. 906 142 (S-XR 47)
Carrera 6 Serie, Wagen hat etwas tiefer gesetzte vordere Kotflügel, gelaufen als 8-Zylinder.
Zustand des Wagens: Gut.
Motor: Ohne Motor, wird von Abteilung VMV nachgeliefert.
Getriebe: Typ 906 Nr. 906 144, neu, wird mitgeliefert.
Übersetzung: 14/37, 18/32, 21/30, 25/27, 27/25, 7/31.
Fahrgestell: Serienzustand.
Reifen: Dunlop Racing R 7.
Karosse: Sehr guter Zustand, Heckteil muss auf Carrera 6 Lufteinlässe geändert werden, vordere Kotflügel müssen höher gesetzt werden, falls das Fahrzeug als Seriensportwagen verwendet wird.
Laufzeit: Ca. 2.000 km.

Fahrgestell-Nr. 906 143 (S-XR 48)
Motor: Ohne Motor, wird von Abteilung VMV nachgeliefert.
Zustand des Wagens: Sehr gut, Fahrgestell wurde nach einem Unfall überholt.
Getriebe: Typ 906 Nr. 906 143, neu, wird mitgeliefert.
Übersetzung: 14/37, 18/32, 21/30, 25/27, 27/25, 7/31.
Fahrgestell: Serienzustand.
Reifen: Dunlop Racing R 7.
Karosse: Sehr gut, Carrera 6 Serie.
Laufzeit: Ca. 5.000 km.

Fahrgestell-Nr. 906 155 (S-XR 763)
Zustand des Wagens: Sehr gut, neuwertig.
Motor: Ohne Motor, wird von Abteilung VMV nachgeliefert.
Getriebe: Typ 906 Nr. 906 125, neu, wird mitgeliefert.
Übersetzung: 12/34, 18/34, 21/31, 23/28, 25/26, 7/31.
Fahrgestell: Serienzustand.
Reifen: Dunlop Racing R 7.
Karosse: Neuwertig.
Laufzeit: Ca. 4.000 km.

Fahrgestell.-Nr. 906 016
Zustand des Wagens: Erster Wagen vom Typ 906, Fahrgestell muss überholt werden.
Fahrgestell: Serienmäßig.
Motor: Ohne Motor, wird von Abteilung VMV nachgeliefert.
Getriebe: Typ 906 Nr. 906 153, neu, wird mitgeliefert.
Übersetzung: 14/37, 18/32, 22/29, 26/26, 28/23, 7/31.
Karosse: Muss instandgesetzt werden, Wagen hat langes Le Mans Heck, sowie längeres Bugteil und tiefergesetzte Kotflügel.
Reifen: Dunlop Racing R 7.
Laufzeit: Ca. 1.500 km.

Fahrgestell-Nr. 906 017
Zustand des Wagens: Fahrgestell muss überholt werden, Querrohr unter dem Getriebe gebrochen, Fahrgestell sonst serienmäßig.
Motor: Ohne Motor, wird von Abteilung VMV nachgeliefert.
Getriebe: Typ 906 Nr. 906 154, neu, wird mitgeliefert.
Übersetzung: 14/37, 18/32, 22/29, 26/26, 28/23, 7/31.
Karosse: Leichte Karosserieschäden, müssen instandgesetzt werden.
Laufzeit: Ca. 5.000 km.

Fahrgestell Nr.: 906 151 (S-XR 762)
Carrera 6 mit verlängertem Heckteil (Le Mans) und abgeändertem Bugteil.
Gelaufen: 24 Stunden Le Mans und Hockenheim (5.156 km).
Zustand des Wagens: Sehr gut.
Motor: Ohne Motor, wird von Abteilung VMV nachgeliefert.
Getriebe: Typ 906 Nr. 906 008.
Übersetzung: T. T. 7/31, 14/37, 18/32, 21/30, 25/27, 27/25.
Fahrgestell: Serienmäßig.
Reifen: Dunlop Racing R 7.
Karosse: Guter Zustand.

Fahrgestell Nr. 906 152 (S-XR 760)
Carrera 6 mit verlängertem Heckteil (Le Mans) und abgeändertem Bugteil.
Gelaufen: 24 Stunden Le Mans und Hockenheim (5.140 km).
Zustand des Wagens: Sehr gut.
Motor: Ohne Motor, wird von Abteilung VMV nachgeliefert.
Getriebe: Typ 806 Nr. 906 152.
Übersetzung: T. T. 7/31, 14/37, 18/32, 22/29, 26/26, 28/23.
Fahrgestell: Serienmäßig.
Reifen: Dunlop Racing R 7.
Karosse: Guter Zustand.

Fahrgestell Nr. 906 153 (S-XR 761)
Carrera 6 mit verlängertem Heckteil (Le Mans) und abgeändertem Bugteil.
Gelaufen: 24 Stunden Le Mans und 500 km Hockenheim (5.175 km).
Zustand des Wagens: Sehr gut.
Motor: Ohne Motor, wird von VMV nachgeliefert.
Getriebe: Typ 906 Nr. 906 002.
Übersetzung: T. T. 7/31, 14/37, 18/32, 22/29, 26/26, 28/23.
Fahrgestell: Serienmäßig.
Reifen: Dunlop Racing R 7.
Karosse: Guter Zustand.

Die Aerodynamikversuche gehen permanent weiter, so wurden Anfang September 1966 weitere Versuche in Hockenheim durchgeführt.

Aufgabe:
An einem Fahrzeug Typ 906 sollte versucht werden, durch Anbringung verstellbarer Klappen an Bug- und Heckoberseite Abtriebskräfte zur Erzielung höherer Kurvengeschwindigkeiten zu erzeugen.

Kurzergebnis:
Die Klappe an der Bugoberseite brachte nicht den gewünschten Erfolg. Bei angestellter vorderer Klappe war das Fahrzeug auf der Geraden geringfügig langsamer und erreichte praktisch die gleichen Kurvengeschwindigkeiten.
Bei angestellter hinterer Klappe war das Fahrzeug auf der Geraden langsamer, erreichte hingegen höhere Kurvengeschwindigkeiten. Wurden beide Klappen angestellt, so trat der negative Einfluss der vorderen Klappe, verstärkt durch den Einfluss der hinteren Klappe (positive Anstellung des Wagens), stark in Erscheinung, sodass das Fahrzeug sowohl in der Kurve als auch auf der Geraden langsamer war.

Versuchsaufbau:
An einem serienmäßigen Carrera 6, Fg-Nr. 906 141, wurden zwei um je eine Achse an der Karosserie drehbare Klappen angebracht (Fläche einer Klappe 0,2 m^2, max. Anstellwinkel gegenüber der Karosseriefläche ca. 30°).

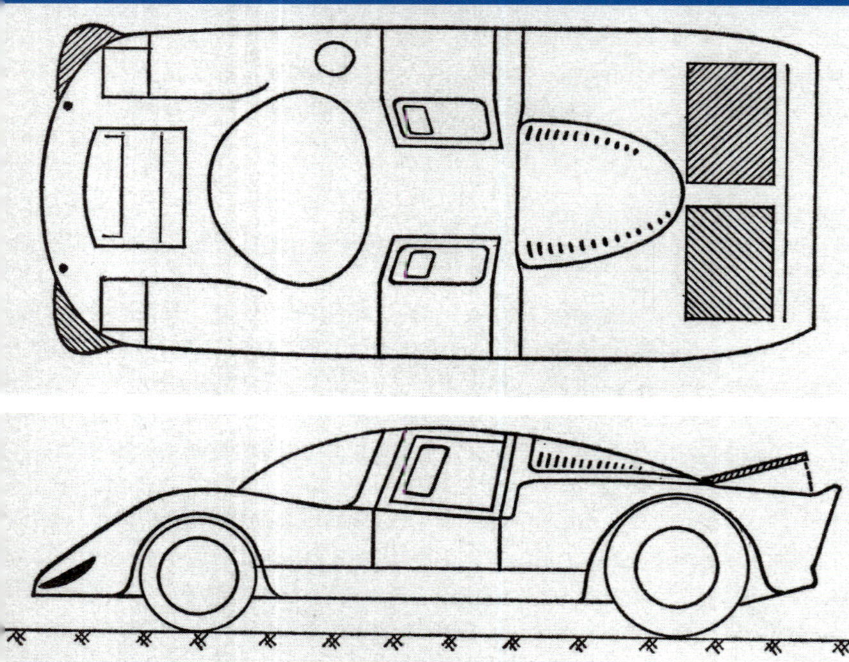

Zeichnung der Klappen.

Die Verstellung erfolgte mittels Seilzug und Handbremshebel von der Fahrerkabine aus. Die Klappen konnten unabhängig voneinander betätigt werden.

Durchführung und Einzelergebnisse:

Fahrzeug: 906 141 (serienmäßig)
Reifen: Dunlop 5.50 M-15, R 7, mark II yellow
6,00 M-15, R7, mark II yellow
Reifendruck: 1,8 / 2,0
Witterung: trocken, 25 °C
Fahrer: H. Herrmann
Strecke: Grand-Prix-Kurs, Motodrom Hockenheim (siehe beiliegenden Streckenplan)

Gestoppt wurden die gefahrenen Zeiten für die Runden und einzelne Streckenabschnitte.

Runde:	Marken	1 — 1 (siehe Streckenplan)
Ostkurve:		2 — 3
Motodrom:		4 — 5
Schleife:		5 — 4

Eine bestimmte Klappeneinstellung wurde während der ganzen Runde beibehalten. Um über die Anstellung des Wagens bei hochgestellten Klappen etwas aussagen zu können, wurde das Fahrzeug in voller Fahrt auf der Geraden fotografiert.
Folgende Zeiten wurden gefahren (die eingeklammerten Werte können nicht gezählt werden, da während dessen der Fahrer die Klappen verstellte und dabei das Gas wegnahm).

Runde	Ostkurve	Motodrom		Schleife
beide Klappen unten	2'14,5"	10,4«	46,1«	1'27,5«
	2'13,0"	10,3«	45,8«	1'26,9«
	2'12,2"	10,2«	45,6«	1'26,4«
	2'11,6"	10,29	45,1«	1'26,0«
	2'11,3"	10,0«	(45,6«)	1'26,2«
Mittel	2'12,5"	10,2«	45,6«	1'26,6«
Bestzeit	2,11,3"	10,0'	45,1«	1'26,0«
vordere Klappe angestellt	(2'17,1")	10,2"	45,3"	(1'31,5")
	2'12,8"	10,21"	45.7"	1'27,5"
	2'12,1"	10,0"	45,1"	1'26,4"
	2'11,5"	10,1"	(46,5")	1'26,4"
Mittel	2'12,1"	10,1"	45,4"	1'26,8"
Bestzeit	2'11,5"	10,0"	45,1"	1'26,4"
hintere Klappe angestellt	(2'14,41	10,2"	44,9"	(1'27,9")
	2'11,0"	9,8"	45,1"	1'26,1"
	2'10,8"	9,8"	45,0"	1'25,7"
	2'11,2"	9,8	(46,2")	1'26,2"
Mittel	2'11,0"	9,9"	45,0"	1'26,0"
Bestzeit	2'10,8"	9,8"	44,9"	1'25,7"
beide Klappen angestellt	(2'14,6")	10,2"	45,0"	(1'28,4")
	2'11,7"	10,1"	45,5"	1'26,7"
	2'12.0"	10,0"	44,9"	1'26,5"
	2'11,8"	10,1"	(46,0")	1'26,9"
Mittel	2'11,8"	10,1"	45,1"	1'26,7"
Bestzeit	2'11,7"	10,0"	44,9"	1'26,5"
beide Klappen unten	(2'14,0")	10,0"	45,1"	(1'28,0")
	2'10,1"	9,9"	44,9"	1'25,0"
	2'10,1"	9,9"	45,4"	1'25,2"
	2'11,1"	10,0"	44,9"	1'26,5"
Mittel	2'10,4"	9,95"	45,1"	1'25,3"
Bestzeit	2'10,1"	9,9"	44,9"	1'25,0"

Interessant sind die Zeiten für die Ostkurve, die Geschwindigkeiten bis ca. 150 km/h erlaubt, sodass die Wirkung der Klappen in Erscheinung tritt. Mit angestellter hinterer Klappe werden hier eindeutig größere Geschwindigkeiten erreicht. Dagegen unterscheiden sich die Zeiten für die engen Kurven im Motodrom bei angestellten und nicht angestellten Klappen praktisch nicht. Wie zu erwarten war, haben die Klappen bei niedrigen Geschwindigkeiten keine Wirkung.
Eindeutig ergibt sich die Luftwiderstandserhöhung besonders durch

die angestellte vordere Klappe, die sich in den längeren Zeiten für die Runde und Schleife niederschlägt.
Auf den Bildern erkennt man die positive Anstellung des Wagens bei einer Geschwindigkeit von ca. 230 km/h, besonders bei hochgestellter vorderer Klappe. Offensichtlich ändert diese die gesamte Fahrzeugumströmung derart, dass sich resultierend Auftrieb an der Vorderachse ergibt, obwohl die Klappe selbst Abtrieb erzeugt.

Dieser nun folgende Bericht stellt die Fortsetzung des vorhergehenden Versuchs dar und wurde ebenfalls am 10. Oktober in Hockenheim gefahren.

<u>Kurzergebnis:</u>
Die Klappen erwiesen sich als stark bremsend. Die Kurvengeschwindigkeit konnte bei Ausstellung aller 4 Klappen geringfügig erhöht werden; auch lag das Fahrzeug dann satt und ruhig in der Kurve.
Bei Ausstellung der vorderen Klappen zeigte das Fahrzeug eine starke Übersteuertendenz, bei Ausstellung der hinteren Klappen eine starke Untersteuertendenz.
Die zusätzliche Belastung der kurveninneren bzw. kurvenäußeren Räder durch Anstellung der Klappen dieser Seite wirkte sich gleichartig aus: geringfügig höhere Kurvengeschwindigkeit, ruhige Lage des Fahrzeugs in der Kurve (kein einseitiges Ablaufen auf der Geraden).

<u>Versuchsaufbau:</u>
In Abwandlung des vorherigen Versuchsaufbaus wurden nicht 2, sondern 4 Klappen (je 2 auf einer Seite) am Fahrzeug 906 141 angebracht, die wiederum unabhängig vom Fahrer zu betätigen waren. Auch wurden die vorderen Klappen an die Wagenunterseite verlegt, wo sie um einen Drehpunkt am Rahmen ausgeschwenkt werden konnten. Damit war ihre Wirkungsweise gleich der am Carrera 6 verwendeten Bugspoiler.
Fläche einer Heckklappe 0,19 m^2, max. Anstellwinkel 30° gegenüber Karosseriefläche. Fläche eines Bugspoilers: Stummel ca. 0,019 m^2, Anstellwinkel zur Horizontalen ca. 22°. Ganz ausgestellt ca. 0,047 m^2.

<u>Durchführung und Einzelergebnisse:</u>

Fahrzeug:	906 141 (Serienmäßig)
Reifen:	Dunlop 5.50 M-15, R 7, Mark II, gelb
	6.00 M-15, R 7. Mark II, gelb
Reifendruck:	2,2 / 2,4
Witterung:	trocken, 25 °C
Fahrer:	H. Herrmann
Strecke:	Grand-Prix-Kurs, Motodrom Hockenheim

Gestoppt wurden die gefahrenen Zeiten für die Runden und einzelnen Streckenabschnitte. Eine bestimmte Klappenstellung wurde während der ganzen Runde beibehalten. Folgende Zeiten wurden gefahren:

	Runde	Ostkurve	Motodrom	Schleife	max. Drehzahl auf der Geraden
Alle Klappen eingezogen. Schlitze für die Bugspoiler an der Karosserie verklebt.					
Mittel	2'13,1"	10,3"	46,8"	1'26,3"	7.800
Bestzeit	2'11,8"	10,1"	45,8"	1'25,3"	
Vorne Stummel, hinten angestellt.					
Mittel	2'15,8"	10,3"	46,0"	1'29,8"	7.100
Bestzeit	2'14,9"	10,2"	45,5"	1'29,3"	stark untersteuernd
Vorne ganz ausgefahren, hinten eingezogen.					
Mittel	2'14,4"	10,8"	46,1"	1'28,6"	7.600
Bestzeit.	2'13,5"	10,4"	46,0"	1'27,4"	stark übersteuernd
Vorne und hinten, ganz ausgefahren.					
Mittel:	2'16,5"	10,5"	46,3"	1'30,3"	7.000
Bestzeit:	2'15,7"	10,1"	46,1"	1'29,8"	sehr gute Kurvenlage
Klappen auf der rechten, Seite ausgefahren					
Mittel:	2'15,5"	10,2"	46,0"	1'29,5"	
Bestzeit:	2'14,4"	10,1"	45,8"	1'28,6"	gute Kurvenlage
Klappen auf der linken, Seite ausgefahren					
Mittel	2'14,9"	10,2"	45,8"	1'29,8"	
Bestzeit:	2'14,5"	10,1"	45,5"	1'28,9"	gute Kurvenlage

Die vorderen Spoiler erhöhen den Luftwiderstand des Fahrzeugs weit weniger als die hinteren Klappen. Die starke Verschlechterung des c_W-Wertes durch die angestellten hinteren Klappen ist auf den größeren Abreißquerschnitt zurückzuführen.
Zur Bestimmung der Radfederwege wurden an den oberen Lenkern der Vorderachse mit Farbstreifen versehene Stäbchen angebracht, die durch eine kleine Bohrung aus der Karosserie herausragten. Damit ergeben sich folgende Werte bei einer Geschwindigkeit von ca. 230 km/h:

Ohne Spoiler:	Vorderachse 10 mm ausgefedert, entsprechend einer Entlastung von insgesamt ca. 30 kp.
Vorne Stummel, Heckklappen angestellt:	Vorderachse 20 mm ausgefedert, Entlastung von ca. 60 kp.
Bugspoiler ausgefahren, Heckklappen unten:	Vorderachse 30 mm eingefedert, zusätzliche Gesamtbelastung der Vorderachse ca. 100 kp.

Zur Bestimmung der Anstellung wurde das Fahrzeug bei einer Geschwindigkeit von ca. 230 km/h von der Seite fotografiert.

Ohne Spoiler	+10'
Vorne Stummel, hinten eingezogen	-30'
Vorne ausgefahren, hinten eingezogen	-1,5°
Vorne Stummel, hinten ausgefahren	+1°
Alle ausgefahren	+30'

Zur Verdeutlichung der Steuertendenz des Fahrzeugs wurden auf dem Prüffeld Weissach die Lenkradeinschlagwinkel mit einer Gradscheibe auf dem Lenkrad und einem fahrzeugfesten Zeiger in Abhängigkeit von der Kurvengeschwindigkeit bei Anstellung der verschiedenen Klappen aufgenommen (Werte siehe Diagramm).
Man erkennt die starke Untersteuerneigung bei angestellten hinteren Klappen und die Übersteuerneigung bei ausgefahrenen vorderen Spoilern. Bei Anstellung aller Klappen erweist sich das Fahrzeug ebenfalls als Untersteuerer, was jedoch im Fahrgefühl kaum in Erscheinung tritt, da es in diesem Fall »wie auf Schienen« fährt.
Die ausgeprägte unterschiedliche Steuertendenz ist erstaunlich, denn eine so starke Wirkung der Klappen bei einer Kurvengeschwindigkeit von ca. 120 km/h, wie sie am 190-m-Kreis erreicht wird, ist nicht ohne weiteres zu erwarten.
An den farbigen Stäbchen konnten bei der Fahrt auf dem 190-m-Kreis folgende Radfederwege abgelesen werden:

Querbeschleunigung (m/sec²)	Einfederung kurvenäußeres Rad (mm)	Ausfederung kurveninneres Rad (mm)
6,7	10	20
9,25	15	30
10,3	25	35

Bei voller Fahrt auf demselben Kreis wurden bei Anstellung der verschiedenen Klappen folgende Zeiten erreicht:

Fahrer: Peter Falk

Ohne Spoiler	18,84"
	19,00"
Hintere Klappen angestellt	18,88"
	18,90"
Vordere Spoiler ausgefahren	18,74"
	18,70"
Alle Klappen angestellt	18,66"
	18,68"
Klappen der kurvenäußeren Seite angestellt	18,80"
	18,78"
Klappen der kurveninneren Seite angestellt	18,66"
	18,76"

Hier zeigt sich, dass die zusätzliche Belastung der kurveninneren Räder höhere Kurvengeschwindigkeiten zulässt, die durch zusätzliche Belastung aller 4 Räder gering erhöht werden kann. Die zusätzliche Belastung der kurvenäußeren Räder bringt nur minimal höhere Geschwindigkeit.
Ein deutlich untersteuerndes Fahrzeug schneidet im Vergleich zum übersteuernden schlecht ab.
Im Fahrzeug 906 141 war an der Rückseite der Fahrerkabine seitlich im Gebläseluftschacht ein kleiner, verstellbarer Drehschieber montiert, über den das Gebläse Luft aus der Fahrerkabine absaugte. Das Öffnen dieses Drehschiebers war während des Fahrens nicht nötig, da die Belüftung des Fahrerraums infolge der zusätzlichen Schlitze für die Bugspoiler völlig ausreichte, doch wurde ein Wollfaden in die Schieberöffnung hineingebogen. Der Geräuschpegel war subjektiv bei geöffnetem Schieber im Fahrerraum nicht höher.
Ebenfalls mit dem Fahrzeug 906 141 wurden im Motodrom von Hockenheim Versuche mit einem Oberflächenölkühler gefahren. Die Bugabdeckplatte wurde dazu herausgenommen und an ihrer Stelle der Oberflächenkühler montiert.
Nach 6 Runden (ca. 15 min) Grand-Prix-Kurs (Warmfahren des Motors nicht gerechnet) ergab sich mit dem Oberflächenkühler eine Öltemperatur von 110 °C, während nach gleicher Fahrzeit mit dem serienmäßigen Ölkühler 75 °C erreicht wurden. Eine Verbesserung oder Verschlechterung des c_W-Wertes konnte aufgrund der Rundenzeiten bzw. der maximalen Drehzahlen nicht festgestellt werden.
Dass diese Versuche einiges an Erkenntnissen über die Aerodynamik und deren Zusammenhang mit dem Fahrverhalten eines Rennwagens erbrachten, zeigen eindeutig die herausgefahrenen Zeiten. Wie schon des Öfteren erwähnt, waren Herr Piëch und Herr Bott exzellente Techniker, die stets versuchten, noch weiter in nicht erforschte Gebiete vorzustoßen. So war es auch klar, dass nach den Versuchen in Hockenheim und in Weissach alles noch einmal im Windkanal der TH Stuttgart gemessen wurde, um auch hiermit noch einmal die Bestätigung der Fortschritte zu erhalten.

Der am 8. 11. 1966 geschriebene Bericht von Helmut Flegl liest sich folgendermaßen:

1 Im großen Windkanal der TH Stuttgart sollten Luftwiderstand und Auftriebsverhältnisse des Carrera 6 »Klappenwagen« bei verschiedenen Klappeneinstellungen und eines Carrera 6 lang bestimmt werden.

2 Die im Fahrbetrieb gefundenen Werte wie Anstellung und Luftwiderstand bei verschiedenen Klappenstellungen wurden im Windkanal bestätigt.
Der c_W-Wert des Carrera 6 lang wurde mit $c_W = 0{,}326$ ermittelt.

3 Um wirklichkeitsnahe Messwerte zu erhalten, wurden die Fahrzeuge nicht in Konstruktionslage blockiert, sondern zunächst die Anstellung infolge der Luftkräfte ermittelt.
Unter die beiden rechten Räder wurde eine mit Fett bestrichene Teflon-Unterlage gelegt, um Spurveränderungen während des Federns der Räder zu ermöglichen. Dabei waren Federn und Stoßdämpfer montiert. Gewicht des »Fahrers« 72 kp.
An je einem an der Karosserie, jeweils Achsmitte, angebrachten Millimeterpapierstreifen konnten die Radfederwege mit einem Theodoliten abgelesen werden.
Zur eigentlichen Messung wurden die Räder in der Stellung blockiert, die sich bei der Anströmgeschwindigkeit von VA = 250 km/h ergab.

I) Fahrzeug 906 141 (Klappenwagen)
Federn: Vorn blau-rot-blau
Hinten: blau-grün-blau
Reifen: Vorn: Dunlop 5.50 M-15 R7 Mark II gelb
Hinten: Dunlop 6.00 M-15 R7 Mark II gelb
Bremsbelüftung über Hutzen und Schläuche. Ölkühlerbelüftungsöffnung offen. Fahrerraumbelüftung über Öffnungen am Bug und Schläuche; Dachentlüftung. 2 Talbot Spiegel. Federwege und Anstellwinkel bei versch. Klappenstellungen siehe Diagramme 1, 2, 3, und 5. Der c_W-Wert des serienmäßigen Carrera 6 mit Heckspoiler beträgt $c_W = 0{,}346$.

a) Hintere Klappen eingefahren; Bugspoiler demontiert und Schlitze verklebt
Anstellwinkel -10'
$c_W = 0{,}354$
Die montierten Heckklappen beeinträchtigen die Wirkung des Heckspoilers und vergrößern den Abreißquerschnitt.

b) wie a) mit Oberflächenkühler
$c_W = 0{,}354$

c) Heckklappen angestellt, Schlitze für Bugspoiler verklebt
Anstellwinkel + 1°10'
$c_W = 0{,}464$

d) Bugspoiler ausgefahren, Heckspoiler eingefahren
Anstellwinkel -1°25'
$c_W = 0{,}383$

e) alle Klappen ausgefahren
Anstellwinkel +10'
$c_W = 0{,}487$

f) Klappen auf der rechten oder linken Seite oder überkreuz angestellt
Anstellwinkel -10'
$c_W = 0{,}426$

II) Fahrzeug 906 151 (Carrera 6 Langheck)
Federn: Vorn blau-rot-blau
Hinten blau-grün-blau
Reifen: Vorn Dunlop 5.50 L 15,R7,Mark II, gelb
Hinten Dunlop 5.50 M 15,R7,Mark II, gelb
Bremsbelüftung über Hutzen und Schläuche. Ölkühlerbelüftungsöffnung offen. Fahrerraumbelüftung über Öffnungen am Bug; Schläuche und Düsen; Bohrungen im Dach. 2 Sebring-Spiegel, Mach 1.
Federwege und Anstellwinkel s. Diagramme 4 u. 6.

a) 2 Heckspoilerbleche, kleine Bugspoiler
Anstellwinkel -25'
$c_W = 0{,}326$

b) 2 Heckspoilerbleche, große Bugspoiler
Anstellwinkel -1°
$c_W = 0{,}326$

Der an einem Carrera 6 Langheck gemessene Wert cW = 0,306 konnte mit diesem Fahrzeug nicht reproduziert werden, da erstens der Abreißquerschnitt größer als der damalige war und zweitens die Wagenunterseite nicht verkleidet war. Mit demselben Fahrzeug wurden auch Messungen mit laufendem Motor mit und ohne Kühlluftumlenkung gemacht.
Motordrehzahl entsprechend Fahrgeschwindigkeit im 5. Gang.
Ohne Luftumlenkung, ohne laufenden Motor $c_W = 0{,}326$
Ohne Luftumlenkung, mit laufendem Motor $c_W = 0{,}334$
Mit Luftumlenkung ohne laufenden Motor $c_W = 0{,}325$
Mit Luftumlenkung mit laufenden Motor $c_W = 0{,}326$
Am Wagen 906 141 wurde der Luftdurchsatz durch die Fahrerkabine mit Hilfe einer Hitzdrahtsonde bestimmt.
Messstellen: Luftaustrittsöffnung der Belüftungsschläuche.
Durchmesser der Schläuche 55–60 mm, Seitenfenster angelegt und verriegelt.
Öffnungen der Drehschieber in den Seitenfenstern nach hinten gedreht.

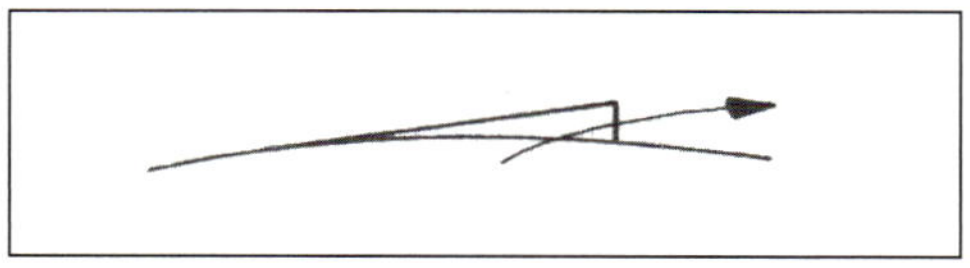

Luftdurchsatz siehe Diagramm 7.
Durch Extrapolation findet man näherungsweise:
Luftdurchsatz 0,2–0,3 m^3/sec bei 250 km/h.

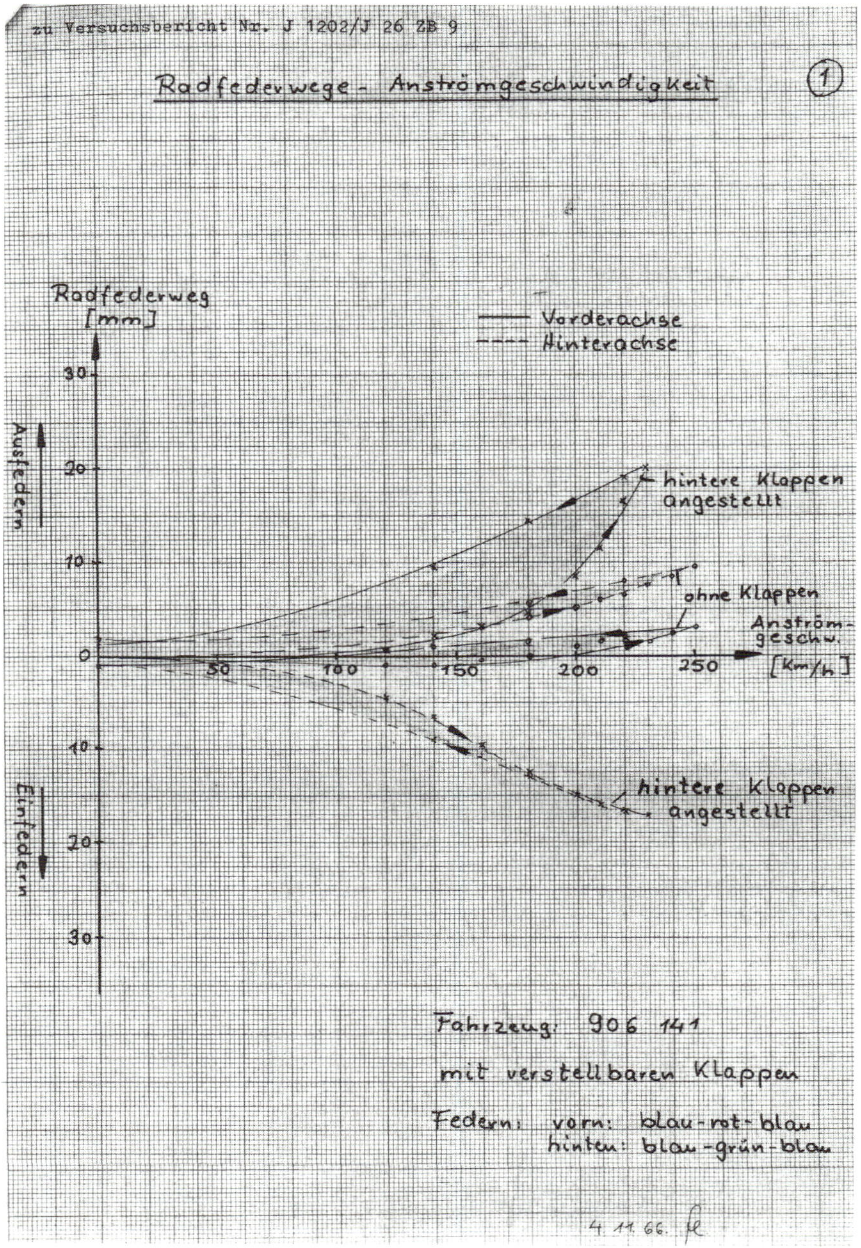

Diagramm 1.

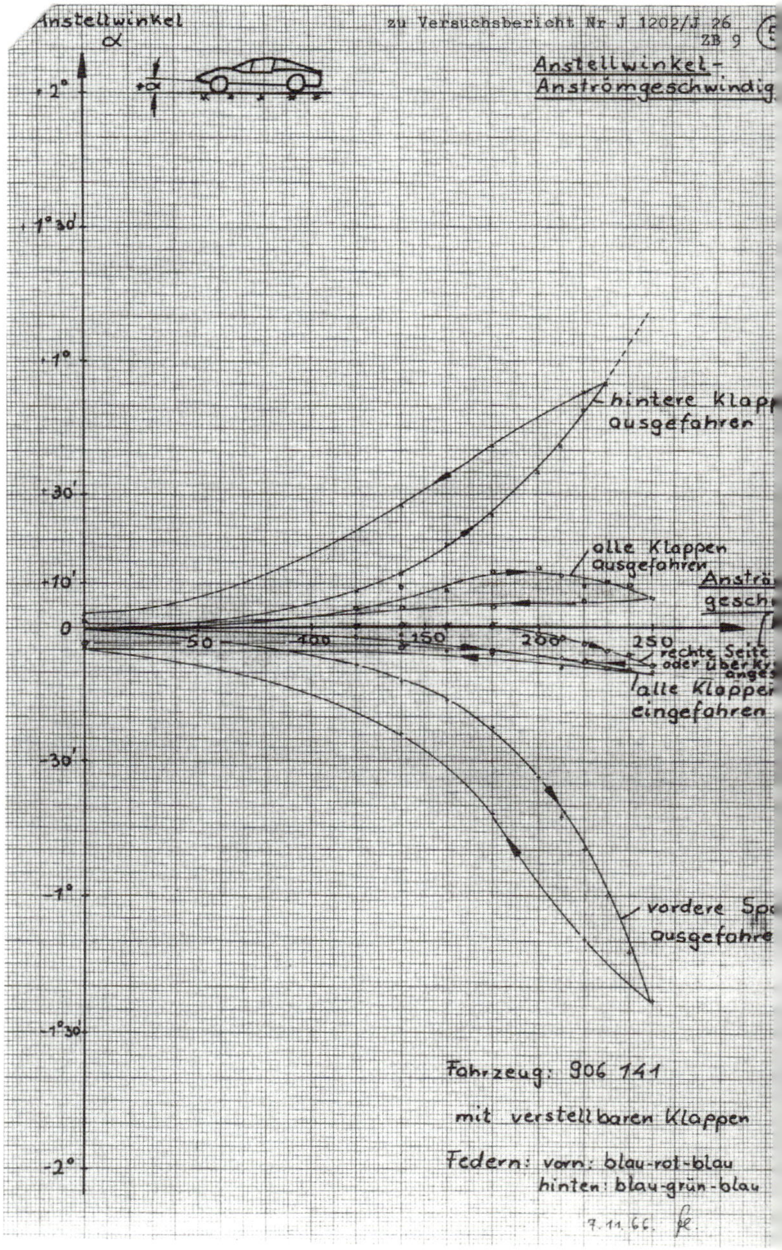

Diagramm 5.

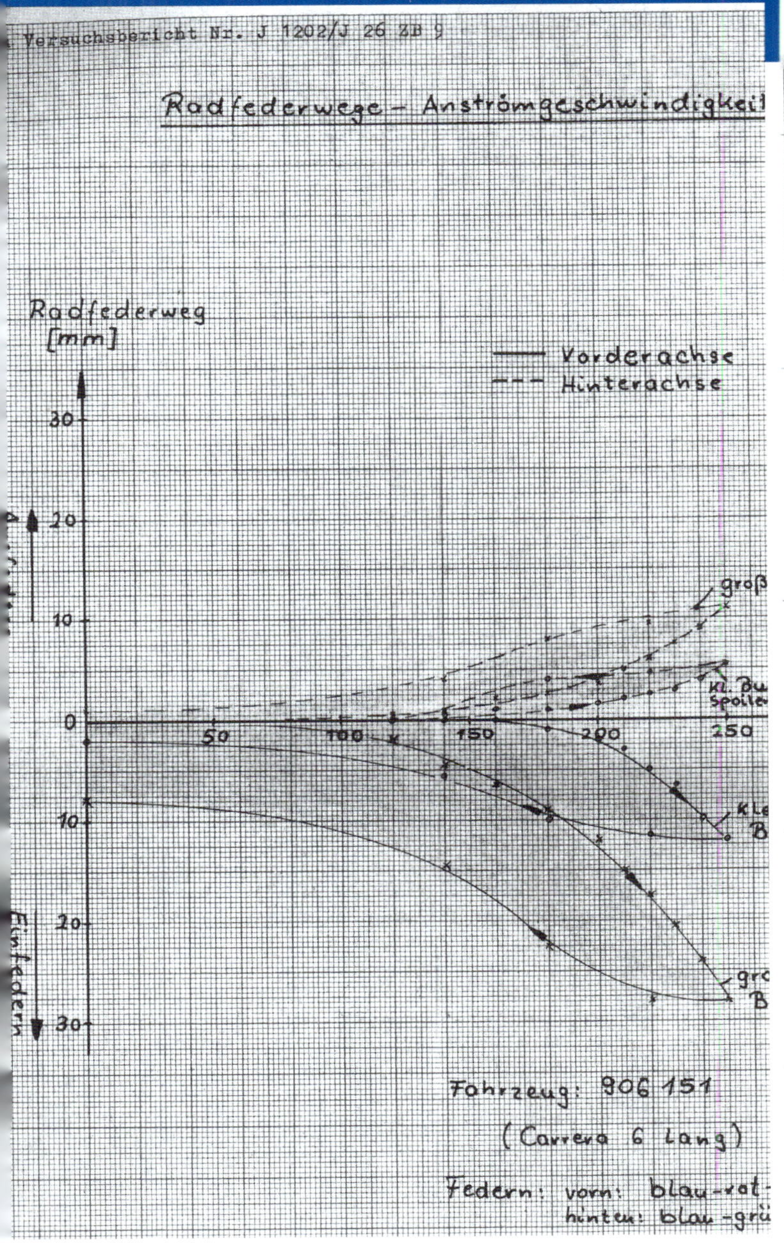

Diagramm 4.

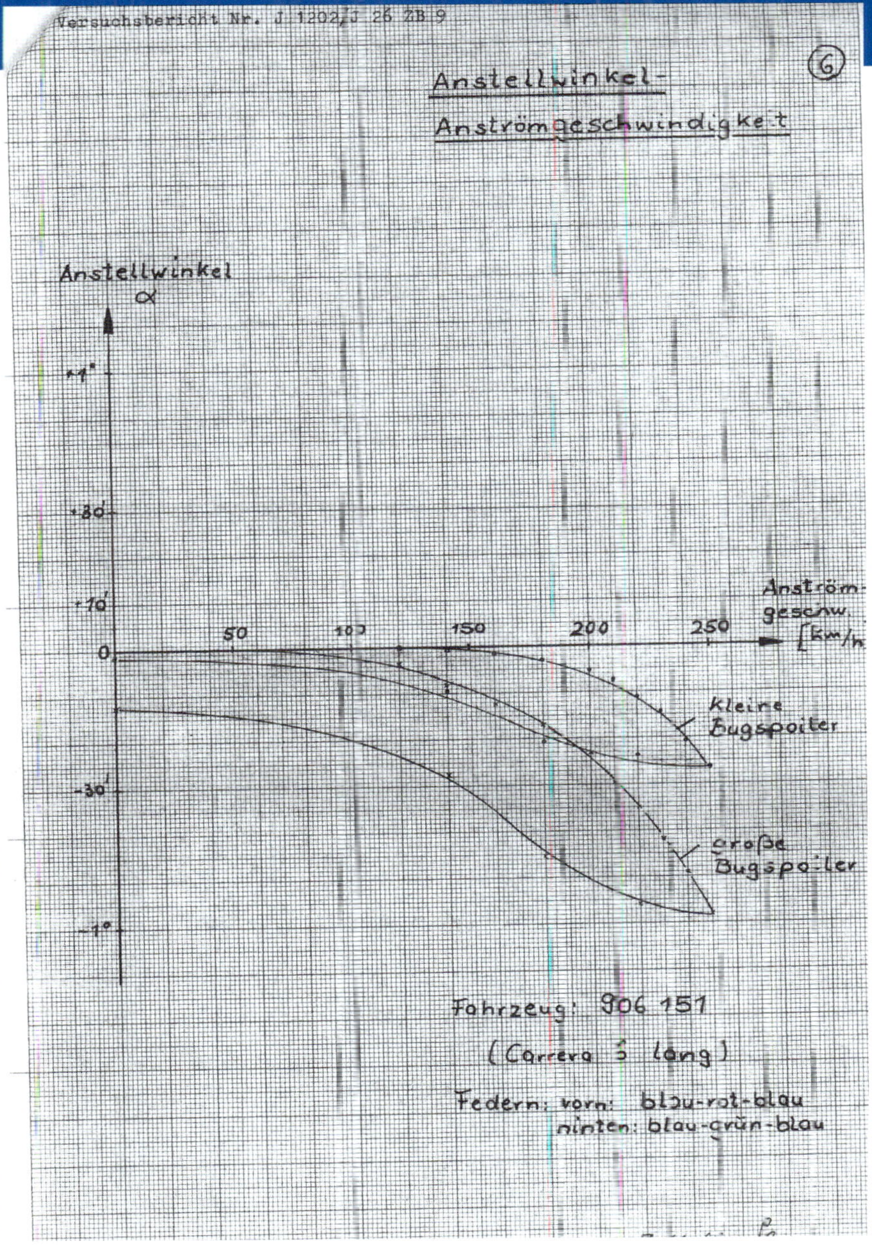

Diagramm 6.

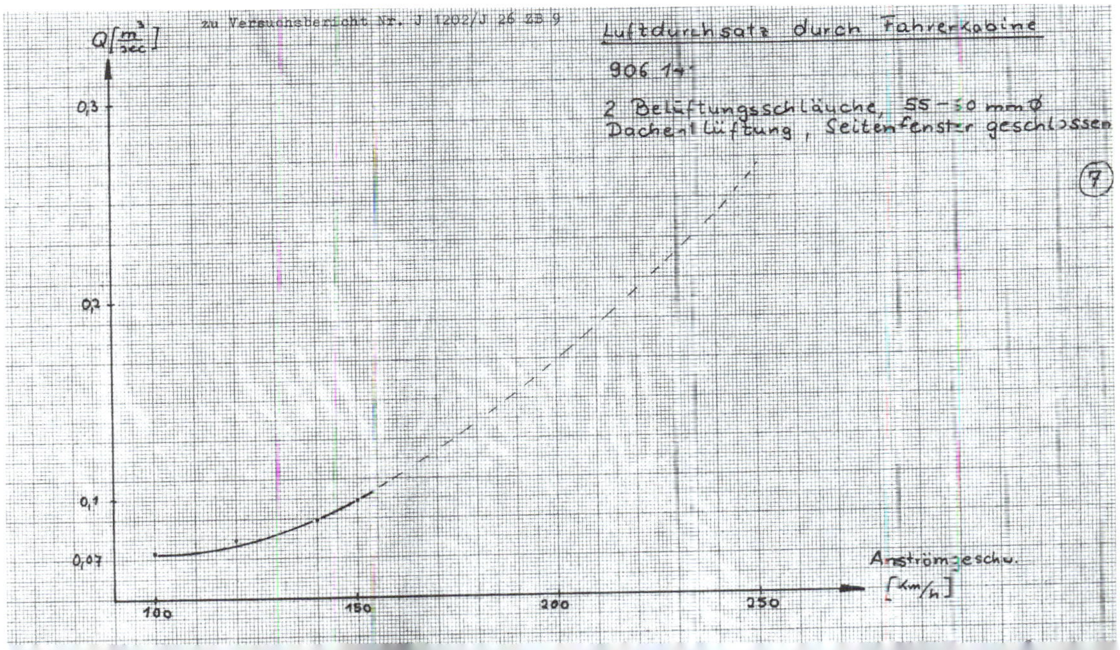

Diagramm 7.

Das Forschen ging weiter, und so wurden dann auch im Dezember 1966 an der TH Karlsruhe Rennreifenversuche durchgeführt.

1.) Am Reifenprüfstand der TH Karlsruhe sollten Versuche mit Rennreifen zur Ermittlung der Sturzseitenkräfte und Reifenkennlinien durchgeführt werden.
2.) Die Reifen haben durchweg das Seitenkraftmaximum bei einem Schräglaufwinkel von 5–6°. Die Haftwerte in Querrichtung betragen μ = 1,15–1,30
Die Umfangskraftmaxima treten bei einem Schlupf von ca. 7 % auf.
Die Haftwerte in Längsrichtung betragen im Mittel μ = 1,15
Die maximal übertragbaren Umfangskräfte hängen nur wenig vom Sturz ab, unterscheiden sich jedoch beim Bremsen und Antreiben.
Bezüglich der Sturzseitenkraft in Abhängigkeit von der Umfangskraft verhalten sich Dunlop-Reifen wie konventionelle, Firestone-Reifen wie Gürtelreifen.
Die Sturzseitenkraft nimmt erheblich mit dem Sturz zu. Bei einem Sturz von 3° beträgt sie (Umfangskraft = 0) für Radlast 200 kp ca. 40 kp, für Radlast 250 kp ca. 55 kp. Selbst für maximale Umfangskräfte sind bei Sturz noch Sturzseitenkräfte von 15–30 kp vorhanden.
Daraus folgt: Das Fahrwerk ist im Optimalfall so auszulegen, dass auch bei der in der Kurve auftretenden Querneigung noch negativer Sturz vorhanden ist, jedoch keinesfalls positiver Sturz gegenüber der Fahrbahn.
Für die Versuche wurden Felgen mit Spezialschüsseln mit einer Einpresstiefe von 50 mm für den Reifenprüfstand der TH Karlsruhe angefertigt. Der Prüfstand hat eine Innentrommel mit einem Laufbahndurchmesser von 3,80 m.
Die Diagramme wurden von einem x-y-Schreiber direkt geschrieben, wobei die interessierenden Kräfte über Biegeringe und Dehnungsmessstreifen ermittelt wurden.

Prüfgeschwindigkeit: 60 km/h
Reifendruck: konstant
Belag: trittfester Schmirgel, Korngröße unbekannt
Bei den Diagrammen 1–36 handelt es sich um Originalschriebe des x-y-Schreibers.
Durch Umzeichnen wurden die Diagramme 37–50 gefunden.

Folgende Reifen wurden untersucht:

Dunlop 5.50 L – 15 R7 Mark II gelb
Auf Felge: 7 K x 15
Luftdruck: 2,0 atü konstant
Laufflächenbreite: 132 mm
Profiltiefe 100 % in Mittel: 4,5 mm
Shorehärte im Mittel: 65° Sh

Firestone 5.00 / 9.10-15
Auf Felge: 7 K x 15
Luftruck: 2,0 atü konstant
Laufflächenbreite: 154 mm
Profiltiefe 100 % in Mittel: 5,4 mm
Shorehärte im Mittel: 65° Sh

Dunlop 5.50 M – 15 R7 Mark II gelb (als Reifen B bezeichnet)
Auf Felge: 7 K x 15
Luftruck: 2,0 atü konstant
Laufflächenbreite: 166 mm
Profiltiefe 100 % in Mittel: 4,9 mm
Shorehärte im Mittel: 65° Sh

Als Vergleich dazu:
Dunlop 5.50 M – 15 R7 Mark II gelb (als Reifen C bezeichnet)
Auf Felge: 7 K x 15
Luftruck: 2,0 atü konstant
Laufflächenbreite: 132 mm
Profiltiefe 100 % in Mittel: 4,9 mm
Shorehärte im Mittel: 65° Sh

Dunlop 5.50 L – 15 R7 Mark II gelb (als Reifen A bezeichnet)
Auf Felge: 9 K x 15
Luftruck: 2,3 atü konstant
Laufflächenbreite: 166 mm
Profiltiefe 100 % in Mittel: 4,9 mm
Shorehärte im Mittel: 63° Sh

Firestone 5.40/9.80-15
Auf Felge: 9 K x 15
Luftruck: 2,3 atü konstant
Laufflächenbreite: 170 mm
Profiltiefe 100 % in Mittel: 5,3 mm
Shorehärte im Mittel: 65° Sh

Goodyear 5.50-15 Nylon ER 12
Auf Felge: 9 K x 15
Luftruck: 2,3 atü konstant
Laufflächenbreite: 153 mm
Profiltiefe 100 % in Mittel: 5,2 mm
Shorehärte im Mittel: 62° Sh

Bei diesem Reifen handelt es sich um einen Prototyp, der als Regenreifen gedacht ist.
Wegen der eingeengten Platzverhältnisse durch die breiten Reifen mussten die Räder außermittig montiert werden, wodurch die Rückstellmomentanzeigen in den Gough-Diagrammen 5, 10, 15, 21, 26, 31 und 36 verfälscht sind.
Dadurch war es auch nicht möglich, 6" oder mehr breite Reifen zu untersuchen.
Die Werte der Gough-Diagramme sind mit Vorsicht zu verwenden, da die Verschneidung der breiten Rennreifen bei Schräglauf mit der Innentrommel angenähert ein Teil eines Drehhyperboloids darstellt, wodurch die Druckverteilung im Latsch und die Latschform nicht ganz der Wirklichkeit entsprechen.
Das Streuband zweier gleicher Reifen aus derselben Serie ist in den Diagrammen 37, 41, 43, 45, 47 und 48 eingezeichnet.
Besondere Beachtung ist den Diagrammen 41–44 zu schenken, die zeigen, wie erheblich die Sturzseitenkräfte sind und wie wichtig die Auslegung der Radaufhängung auf den negativen Sturz bezüglich der Fahrbahn ist, um eine optimale Aufnahme der Querbeschleunigung zu erreichen.
Im Vergleich dazu ist die Einbuße an übertragbarer Umfangskraft durch Stürzen der Räder gering.
Das Seitenkraftmaximum tritt bei einem Schräglaufwinkel von 5–6° auf. Handelsübliche Normalreifen benötigen dazu einen Schräglaufwinkel von 8–12°.
Der Rollwiderstand der Rennreifen ist dadurch bei Kurvenfahrt wesentlich geringer. Jedoch bedingen diese Reifen damit ein anderes Fahrverhalten der damit ausgerüsteten Fahrzeuge.
Der Verschleiß der Reifen war gering (siehe Diagramm 50), da die Messungen nur kurze Zeit dauerten. Dementsprechend konnte auch nur eine Temperaturerhöhung von ca. 2 °C festgestellt werden.
Ein größerer Verschleiß der Firestone-Reifen gegenüber den Dunlop-Reifen konnte festgestellt werden.

Mit diesen Versuchen war praktisch die Entwicklung des Porsche Typ 906 im Dezember 1966 abgeschlossen. Die Rennabteilung und der Versuch konzentrierten sich ab sofort nur noch auf den Nachfolger des 906, den Porsche Typ 910 und auch schon den Typ 907.
Mit einer Ausnahme, denn im Februar 1969 wurde der Wagen 906 141 nochmals einer Versuchsreihe unterzogen. Es ging um den Bau und die Untersuchung einer Vorderachse mit einer Nachlaufänderung in einem Fahrzeug der Serie 906.
Der Gedanke dabei war folgender:
Bei Einstellung der Stabilisatoren auf neutrales Fahrverhalten am großen Kreis untersteuern die Fahrzeuge an den kleinen Kreisen. Erwünscht ist jedoch Übersteuern, zumindest am 40-m-Kreis.
Da der Vorderradeinschlagwinkel (neutrales Fahrverhalten) an kleinen Kreisen größer ist als an großen, entsteht bei großem Nachlauf durch den großen Radeinschlag an kleinen Kreisen eine merkliche negative Sturzänderung am kurvenäußeren Vorderrad, daraus folgend höhere Querbeschleunigungsaufnahmevermögen an der Vorderachse und damit Übersteuern.
Großer Nachlauf entsteht bei einer Achse mit Nachlaufänderung durch Einfedern des Rades.
Mit der eingebauten Vorderachse wurde die gewünschte Veränderung des Kurvenverhaltens nicht erreicht, da der mit dieser Achse verbundene Anti-Dive-Effekt das kurvenäußere Vorderrad an den Kreisen nicht entsprechend einfedern ließ.
Als Versuchswagen diente der 906 141, der außer der neuen Vorderachsvariante serienmäßig war, jedoch nicht über einen Bugspoiler verfügte.

Die Stabilisatoren: Vorn 16 mm ∅ bei Einstellung 0 und hinten 15 mm ∅ Einstellung 0
Federn: vorne blau-rot-blau 0 Ringe mit 0-teiligem 911 Gummi, hinten blau-grün-blau mit 3 Ringen und 3-teiligem 911 Gummi.
Reifen: Dunlop R 7 Mark I gelb vorn 5.50 M 15 hinten 6.00 M 15, 1,8/2,0 atü.
Gewicht: Tank voll, mit Fahrer (75kp), mit Messgeräten für Radfederwegmessung

Links vorn	*175 kp*		
Rechts vorn	*195 kp*	*Gesamt 370 kp*	
Links hinten	*228 kp*		
Rechts hinten	*235 kp*	*Gesamt 463 kp*	*Gesamt 833 kp*

Einstellwerte:	*Vorderachse*	*Sturz*	*-2°*
		Vorspur	*0*
		Nachlauf	*7°*
			13° (Fahrzeug an Vorderachse 40 mm tiefer gesetzt)
	Hinterachse	*Sturz*	*-3°*
		Vorspur	*10' pro Rad*

Um die übrigen Grundmerkmale des Fahrzeugs nicht zu verändern, wurde bei der Auslegung der Vorderachse darauf geachtet, dass sich die Charakteristiken
Sturzänderung -Radfederweg
Vorspuränderung -Radfederweg
Spurweitenänderung -Radfederweg
gegenüber der Serienachse nicht verändern, was mit geringen Abweichungen auch gelang.

Vorderachse ausgefedert Bild 1
Vorderachse eingefedert Bild 2

Strecke: 40-, 60-, 190-m-Kreis in Weissach; Wetter: trocken, ca. 15 °C; Fahrer: Peter Falk.

Zunächst wurden die Versuche mit der serienmäßigen Höheneinstellung gefahren (ca. 120 mm Bodenfreiheit), d. h. Nachlaufgrundeinstellung 7° gefahren.
Es wurde folgendes festgestellt:
Schon bei mittlerer Abbremsung federte die Vorderachse bis zu den Anschlägen aus.
Dies erklärt sich aus dem mit der konstruierten Achse zusammenhängenden Anti-Dive Effekt, der hier offensichtlich überaus stark auftrat.
Bei Befahren der Kreise, besonders bei denen mit 40 und 60 Meter Durchmesser, nahmen die Lenkkräfte bei zunehmender Querbeschleunigung ab, d. h. die Lenkung hatte das Bestreben, stärker einzulenken. Ließ man das Lenkrad in diesem Falle los, schlug die Lenkung von alleine bis auf Anschlag ein.
Besonders am Kreis mit 40 Meter Durchmesser konnte man beobachten, dass das rechte Vorderrad bei Erhöhung der Geschwindigkeit nicht einfederte. Der Effekt der Umkehrung des Lenkmoments mit größerem Radeinschlag kann bei der Achse mit einem Nachlauf weniger als ca. 2–3° eintreten. In diesem Fall müsste das kurvenäußere Vorderrad mit zunehmender Querbeschleunigung ausfedern, was durchaus der Fall sein kann, wie man aus folgender Überlegung erkennt:
Die Seitenkraft hat am eingeschlagenen Rad eine Komponente in Fahrzeuglängsrichtung, was einer Bremskraft gleich kommt.
Wie oben schon gesagt, federte die Vorderachse schon bei mittleren Bremskräften auf Grund des starken Anti-Dive Effekts voll aus. Im Fall der Kurvenfahrt genügte offensichtlich die Komponente der Seitenkraft, dass kurvenäußere Vorderrad ausfedern zu lassen, an den kleinen Kreisen um so mehr, da hier der Radeinschlag um so größer ist.
Für die weiteren Versuche wurde die Vorderachse um 40 mm tiefer gesetzt, sodass sich
a) der Nachlauf in Normalstellung auf 13° erhöhte
b) der Anti-Dive Effekt stark verringerte.
Zudem wurde an allen Rädern über den Lenker der Radaufhängung gesteuerte Potentiometer angebracht, um die Radfederwege messen zu können.
Der Effekt des »Hineinfallens in den Kreis« trat bei der tiefer gesetzten Achse nicht mehr auf.
Die Radfederwegmessung bestätigte dann obige Vermutungen (Diagramme 3, 4, und 5):
Das kurvenäußere Vorderrad federte relativ wenig ein, und zwar bei einer Querbeschleunigung von 10 m/sec²
am 190-Meter-Kreis 20 mm,
am 60-Meter-Kreis 17 mm,
am 40-Meter-Kreis 12 mm.
D. h. mit abnehmendem Kreisdurchmesser immer weniger, wodurch der Nachlauf mit abnehmendem Kreisdurchmesser auch geringer wird, entgegengesetzt dem gewünschten Verhalten.
Diagramm 6 zeigt schließlich, dass die gewünschte Veränderung des Kurvenverhaltens an den Kreisen mit verschiedenen Durchmessern nicht erreicht wurde, da die Zunahme des Lenkradeinschlagwinkels am 40-Meter-Kreis bei höherer Querbeschleunigung wesentlich stärker ist als am 190-Meter-Kreis, also die bekannt stärkere Untersteuertendenz in engen Kurven.
Auf Grund der mit diesem Fahrzeug gemachten Erfahrungen wird vermutet, dass mit einer Achse mit Nachlaufänderung die gewünschte Beeinflussung des Kurvenverhaltens nicht erreicht werden kann, da der mit dieser Achse verbundene Anti-Dive Effekt unerwünschte Folgen hat.
Möglicherweise bringt eine Achse mit sehr großem Nachlaufwinkel und üblicher Nachlaufstrecke (wegen der Lenkkräfte) den gewünschten Erfolg.

Dass die Entwicklung immer breiterer Reifen später auch eine mögliche Verringerung der Sturzwerte mit sich brachte, wurde in den folgenden Jahren deutlich, sodass die hier gemachten Versuche schon für die Zukunft eine gute Erkenntnis brachten.

906 155: Frisch restauriert im Einsatz bei einem historischen Rennen.

Einladend:
906 155.

Cockpit von
906 134.

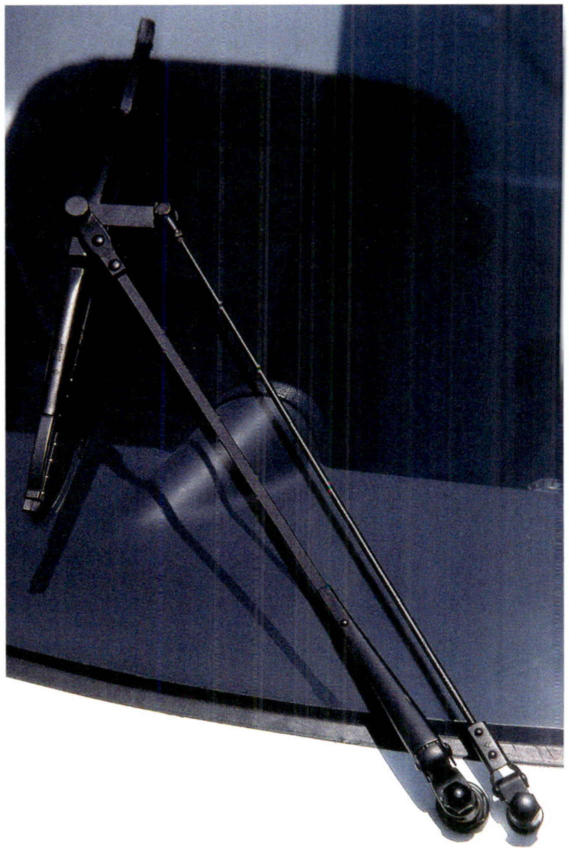

Tankeinfüllstutzen von 906 134.

Oben Seitenfenster und Wischer, unten Teilansicht des Motors von 906 120.

Technische Details und Technische Daten

Motor

Abgeleitet aus dem luftgekühlten Sechszylinder-Serienmotor des 911 S Typ 911/01 entstand der Rennmotor für den Porsche 906, der Typ 911/20. Auf den ersten Blick sieht man nicht sehr viele Unterschiede zum Serienmotor aus dem 911. Zu den Änderungen gehört beispielsweise, dass aus Gewichtsgründen ein Kurbelgehäuse aus einer Magnesiumlegierung (Elektron) anstelle der Aluminiumlegierung eingebaut wurde.

Es wird jedoch weiterhin die serienmäßige, achtfach gelagerte Kurbelwelle verwendet, die in 28 mm breiten Lagern läuft. Auch die Pleuellager besitzen dieselbe Breite der Gleitlager, und alle Lager besitzen den Durchmesser von 57 mm. Die Schwungscheibe ist erleichtert worden, ihr Gewicht beträgt nur noch 3,5 kg gegenüber der Serienschwungscheibe, die ein Gewicht von 6,0 kg aufweist. Die Zwischenwelle ist ebenfalls durch Zusatzbohrungen erleichtert worden. Die Pleuel sind 130 mm lang, geschmiedet und aus Titan gefertigt. Sie wiegen nur noch 400 g (ohne Schrauben) gegenüber 550 g der Serienstahlpleuel.

Die Mahle-Kolben sind geschmiedet und aus Leichtmetall, wiegen 465 g pro Stück und haben zwei Kompressionsringe und einen Ölabstreifring. Der Kolbenbolzendurchmesser beträgt 22 mm. Die mit Luftrippen versehenen Zylinder sind aus Leichtmetall mit einer hartverchromten Lauffläche, die zusätzlich noch randiert ist (kleine Vertiefungen in der Lauffläche zur besseren Schmierung).

Die Zylinderköpfe sind aus einer warmfesten Aluminiumlegierung gefertigt und durch viel Handarbeit für den Rennmotor geeignet gemacht. In die kugelförmigen Brennräume münden größere Ventile (Einlass 45 mm und Auslass 39 mm) mit einem Schaftdurchmesser von 9 mm und zwei ineinanderliegenden Schraubenfedern (Serie 911: Einlass 39 mm, Auslass 35 mm) sowie zwei Zündkerzenöffnungen von 12 mm Durchmesser. Der Ventilwinkel beträgt 59°. Die Einlasskanäle sind ebenfalls von 32 mm auf 38 mm gewachsen.

Die sechs Einzelzylinderköpfe sind jeweils in einer Dreier-Paarung mit dem Leichtmetall- Nockenwellengehäuse verschraubt, in dem die dreifach gelagerte Nockenwelle aus weichnitriertem Hartguss wie auch schon im Serien-911 läuft. Jedoch besitzt die Carrera-6-Nockenwelle andere Steuerzeiten (Einlass öffnet bei 104° vor OT; Einlass schließt bei 104° nach UT; Auslass öffnet bei 100° vor UT; Auslass schließt bei 80° nach OT). Die Spreizung beträgt 190° Kurbelwellenwinkel und die Einlassnocken haben einen Hub von 12,1 mm und die Auslassnocken von 10,5 mm.

Einteilige, aus Einsatzstahl gefertigte Kipphebel, die am Gleitschuh hartverchromt sind und keine Einstellschrauben haben, betätigen die Ventile über austauschbare Einstellkappen. Die Gewichtsersparnis pro Kipphebel beträgt 65 g (Serie 911: 125 g).

Die Gemischaufbereitung erfolgt über zwei Weber-Dreifach-Fallstromvergaser vom Typ 46 IDA 3C-3 C1 mit Lufttrichtern von 42 mm, die auf Ansaugrohren mit einem Durchmesser von 38 mm sitzen.

Das Gesamtgewicht des Motors des 906 beträgt damit 130 kg gegenüber den 184 kg des Serienmotors des Strassen-911.

Die Leistungswerte bei den 3-Stunden-Einlauftests sollten folgende Werte erreichen:

Bei 5.000 U/min	mindest. 125 PS
Bei 6.200 U/min	mindest. 170 PS
Bei 7.000 U/min	mindest. 190 PS
Bei 8.200 U/min	mindest. 220 PS

Einspritzmotor eingebaut.

Sechszylinder-Boxermotor.

Vergasermotor eingebaut.

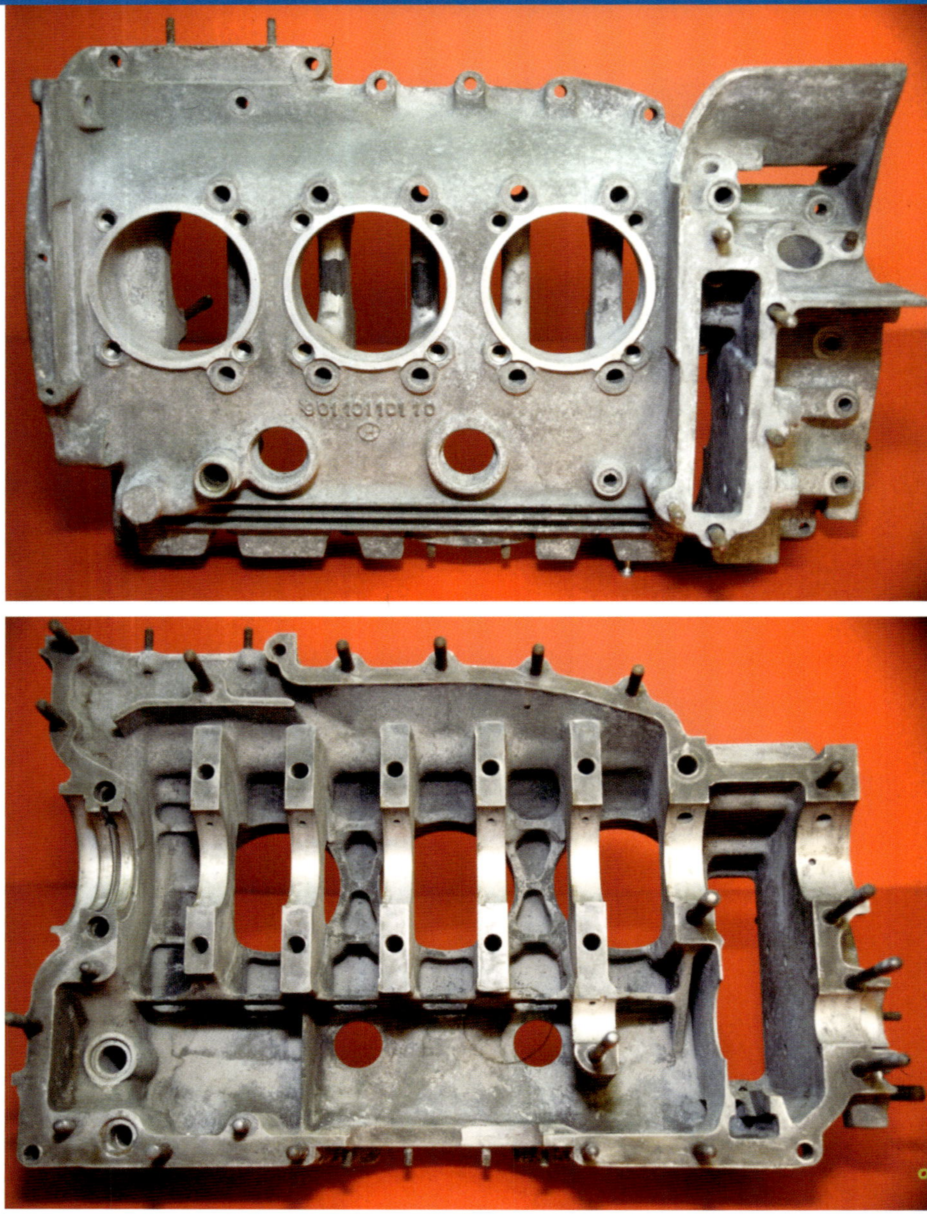

Aluminium-Kurbelgehäuse des 906.

Kolben (465 g) und Leichtmetallzylinder-buchse mit Kühlrippen.

Geschmiedete Stahl-Kurbel-welle.

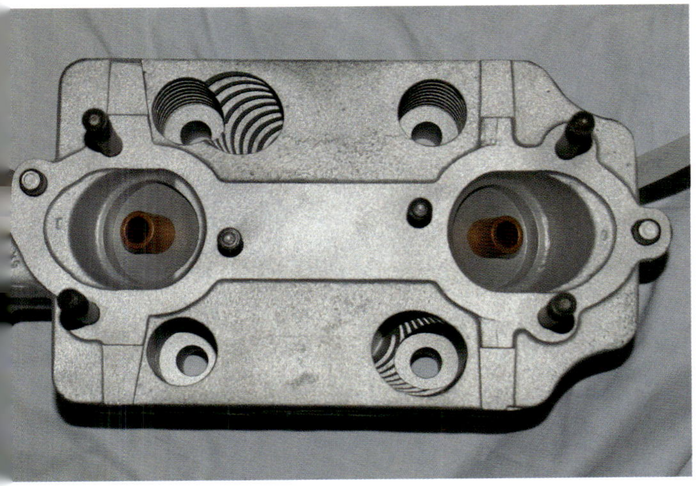

Aluminium-Zylinderköpfe.

Nockenwellengehäuse mit Nockenwelle und den Kipphebeln.

Extra erleichterte Zwischenwelle.

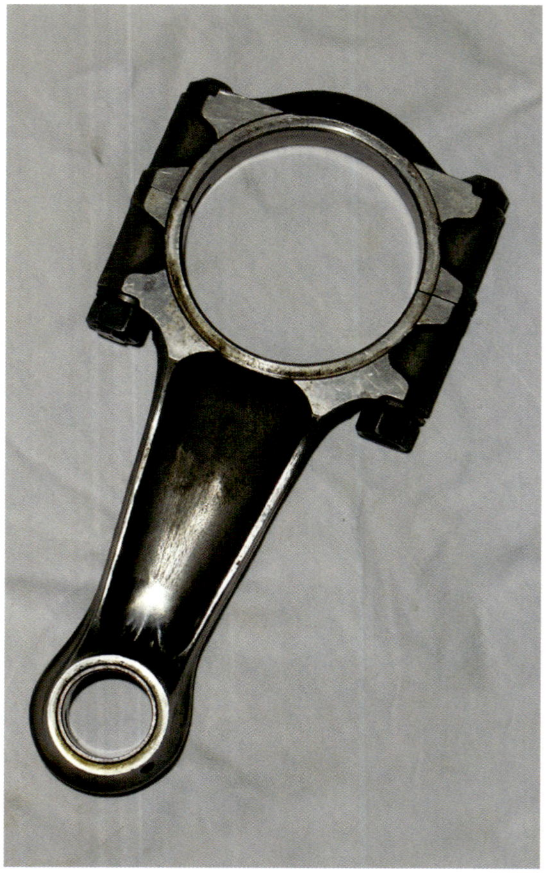

Titan-Pleuel mit einem
Gewicht von 400 g.

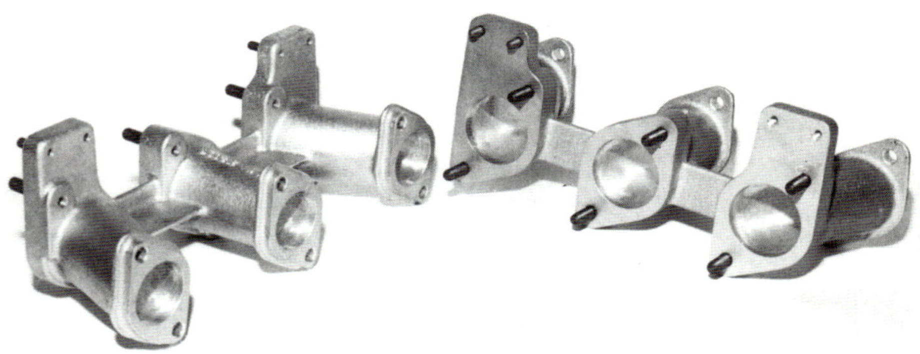

Weber-Dreifach-Fallstromvergaser 46 IDA 3C-3C1
und dazugehörige Ansaugrohre.

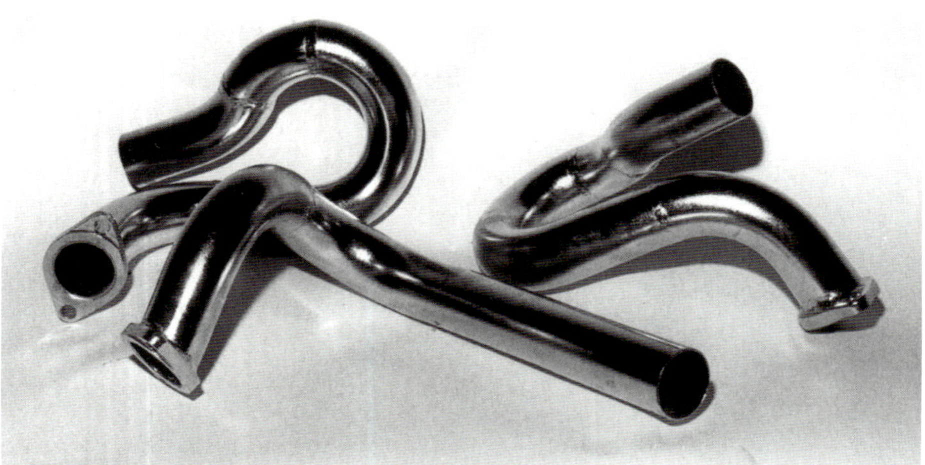

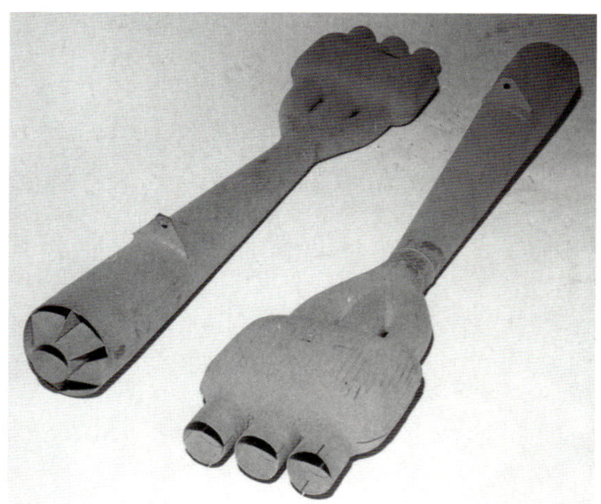

Einzelauspuffkrümmer und Endrohre mit kleinem Schalldämpfer.

Rahmen

Ein Gitterrohrrahmen war nichts Neues für die Techniker von Porsche. Unter der Führung von Ferdinand Piëch entstand für den 906 ein aufwendiger Gitterrohrrahmen – im Gegensatz zu seinem Vorgängermodell 904, das aus fertigungstechnischen Gründen noch mit einem Stahlkastenrahmen ausgestattet war.
Der Gitterrohrrahmen aus Qualitätsstahl DIN 2391 ST 35 mit den Abmessungen 14 x 1 / 10 x 1 / 20 x 1 / 25 x 1 / 30 x 1 und 30 x 1,5 mm wurde auf einer Rahmenrichtbank gebaut. Für die Herstellung eines jeden Rahmens war ein Zeitaufwand von zirka 80 Stunden erforderlich, denn die Rohre wurden einzeln zugeschnitten und verschweißt. Insgesamt wurden etwa 30 m Rohr dafür verwendet. Der fertige Rahmen wog nur zirka 53 kg. Und er wurde nach Fertigstellung mit Luftruck und Motoröl SAE10 mit 12 atü auf Dichtheit abgedrückt.
Für die Aufnahme der Radaufhängung mit Federn und den dazugehörigen Stoßdämpfern wurden an den Knotenpunkten speziell vorgefertigte Flacheisen eingeschweißt und zusätzlich mit Verstärkungsblechen versehen. Diese Maßnahmen wurden aufgrund von Erfahrungen ergriffen, die man aus dem Einsatz des Bergspyder 906 010 schon 1965 gewonnen hatte. So war auch der 906-Rahmen von Anfang an steif und unanfällig gegen eventuelle Risse durch hohe Beanspruchung.

Gitterrohrrahmen aus Qualitätsstahl.

Karosserie und Ausrüstung

Noch konsequenter als schon im 904 und auch um vieles leichter wurden die Karosserie und der Innenraum des 906 entwickelt. Die aus 77 Teilen bestehende, aus GFK gefertigte Kunststoffkarosserie wurde nur an bestimmten Stellen mit dem Rohrahmen verklebt. Dieses Verkleben bestand im Prinzip darin, das Kunststoffbahnen einerseits mit der Karosserie und andererseits mit dem Rahmen verbunden wurden.
Nur noch die Tanks, die sich links und rechts unterhalb der Türen befanden, waren aus Aluminium gefertigt. Diese zwei Tanks waren mit einer Verbindungs-Leitung aus Kunststoff versehen, sodass, wenn die Befüllung des Tanks auf der rechten Seite erfolgte, gleichzeitig auch der Tank auf der linken Seite gefüllt wurde (siehe dazu Seite 23 über die Befüllungsversuche).
Das in Mattschwarz als Teil der Karosserie gefertigte Armaturenbrett hatte nur noch zwei Instrumente: Den Drehzahlmesser von VDO, der bis 10.000 U/min reichte und in den kein roter Bereich eingezeichnet war, und eine Temperaturanzeige für das Motoröl. Zusätzlich wurden in den Drehzahlmesser links die rote Öldruck-Kontrollleuchte und rechts die blaue Fernlichtkontrolllampe eingebaut. Die gelbe Lichtmaschinen- und die weiße Benzinreserveleuchte waren rechts vom Drehzahlmesser am Armaturenbrett angebracht. Ebenso fand man dort den Zündschlüssel, der nicht herausnehmbar und zur Gewichtserleichterung gelocht war, und den schon vom 904 bekannten Scheibenreinigungs- und Wischerdrehschalter mit der Gummiblase.
Das mit Leder überzogen Drei-Speichen-Lenkrad konnte in der Längsrichtung durch einen Schnellklemm-Mechanismus verschoben

werden. Auch horizontal war eine Verstellung möglich, diese musste aber fest eingebaut werden. Die Pedalarie hingegen war nicht mehr verstellbar, wie das bei den ersten Wagen des Typs 904 noch möglich war. Die eigentlichen Pedale und deren Peripherie jedoch waren mit denen des 904 identisch.
Obwohl der 906 auch eine Straßenzulassung besaß (siehe Seite xxx des Kapitels der Entwicklung), wurde keine Heizung angeboten. Da müssen einige Fahrer und auch deren Beifahrer bei kühlen Rennveranstaltungen heftig gefroren haben. Dass darüber hinaus auch die schwachen Türdichtungen keinem Regenwasser standhielten, war schon aus den Erfahrungen mit den früheren Rennfahrzeugen bekannt.
Die Sitze bestanden aus Kunststoff und stellten kleine Schalen dar, die sich auf einer Rohrschiebeverbindung, die auf den Stahlrahmen geschraubt war, in Längsrichtung verschieben ließen. Bezogen waren diese Sitze mit einem roten Dralonstoff.
Der Schalthebel und die Handbremse waren auf eine spezielle Konsole montiert, die mit dem Rohrahmen verschweißt war. Diese Teile waren abgeänderte Serienteile des 911 oder 356. Speziell der Schalthebel war gewöhnungsbedürftig, denn wenn die Schaltstange, die unter dem Motor zum Getriebe führte, nicht exakt eingestellt war, fand man als Fahrer nicht die richtigen Gänge. Das Gangschema hatte den ersten Gang, wie bei Fünfgang-Sportgetrieben üblich, unten links auf der Ebene des Rückwärtsgangs. Die übrigen Gänge folgten dem normalen H-Schema.
Bei der Verglasung bestand nur die Windschutzscheibe aus Verbundglas, alle anderen waren aus Plexiglas. Die Türscheiben waren fest mit der Tür verbunden und hatten je nur ein kleines aufstellbares Dreieck, ebenfalls aus Plexiglas, zur Belüftung eingebaut.
Es gab zwei Heckfenster, eines direkt hinter dem Fahrer in die Fahrgastrückwand integriert, und dann noch die aerodynamische Plexiglasabdeckung über dem Motor, deren Ansaugluftschlitze wie Haifischkiemen aussahen.
Wie auch schon im Typ 904 gab es den Einzel-Teleskop-Scheibenwischer mit Parallelogramm-Anordnung, der von SWF hergestellt und schon seit dem Typ 718 Coupe mit dem Achtzylinder-Motor und dem »Dreikantschaber« verwendet wurde. Auch hier hatte der Beifahrer bei Rallyes einen schlechten Platz, denn bis auf seine Seite reichte der Scheibenwischer nicht.
Die Türen und deren Öffnungsmechanismus waren eines der größten Probleme beim Typ 906. Der leichte Stahlrahmen der mit GFK überzogenen Türen wurde nur durch zwei rundgebogene Rohrführungen an den Verbindungsrohren des Daches geführt. Damit die Tür beim Ein- bzw. Aussteigen geöffnet blieb, gab es neben diesen Rundenführungsrohren einen Teleskop-Aufsteller, der sich, aus Aluminium gefertigt, bei falscher Bedienung sehr schnell verbog. Eigentliche Türschlösser hatte der 906 keine, nur einen kleinen, rechteckigen Druckverschluss, der innen mit einem Haken an einer kleinen angeschraubten Lasche die gesamte Tür in ihrer Position hielt.

Die aus einem Teil bestehende Heckhaube wurde nach hinten aufgeklappt und von einem einfachen Drahtseil daran gehindert, ganz nach hinten zu fallen. Im geschlossenen Zustand wurde die Haube mit je einem Götze-Skischuhhalter, der an der Karosserie hinter den Türen angebracht war, mit Hilfe einer einfachen Lasche gehalten.
Der vom FIA-Reglement geforderte Kofferraum, der eine Mindestabmessung von 60 x 40 x 20 cm haben musste, befand sich unter der Heckhaube als separates Teil über dem Getriebe, gehalten nur von den Rohren des Rahmens.
Unter der vorderen kleinen Haube, die mit kleinen Drehlaschen gehalten wurde, gab es nur noch Platz für einen Wagenheber oder Bordwerkzeug und das Reserverad.

Farben

Mit dem 906 ging auch die Tradition der Motorsportfarben zu Ende, denn das Silbermetallic wurde nicht mehr verarbeitet. Als Serienfarbe gab es nur noch das Grand-Prix-Weiß. Der Kunde konnte zwar, wenn er wollte, eine andere Farbe bekommen, jedoch wurden von den 906 nur zwei in Irischgrün (Farb-Nr. 6406) und zwei in Rot (Farb-Nr. 6407) gefertigt.

Vorder- und Hinterachse

Die Radaufhängung des 906 wurde nahezu unverändert vom Typ 904 übernommen. An der Vorderachse finden sich zwei Dreieckslenker. Der obere Lenker trägt zusätzlich die obere Aufnahme des Radträgers, aus diesem Grund wurden zusätzliche Verstärkungsbleche angeschweißt.
Der untere Lenker wurde aus einem Ovalrohr und einem etwas dünneren Querrohr gefertigt. Die Aufnahme des Radträgers, der in einem Nylon-Schwingungsdämpfer gelagert ist, liegt vorn. Die Aufnahme am Rahmen erfolgt durch Silentblöcke der Fa. Boge auf einer Achse mit 14 mm Durchmesser. Die Anordnung am Rahmen weist eine Anstellung zur Fahrzeugachse auf, um das Eintauchen beim Bremsen zu verhindern (Anti-Dive). Die Form des vorderen Radträgers ist identisch mit dem des Typs 904. Der Lenkhebel wurde am geschmiedeten Stahl-Radträger, in den auch die Bremssattel-Aufnahme integriert war, angeschraubt.
Der 16-mm-Stahlstabilisator vorn ist in Gummi gelagert und mittels zweier Aufnahmen am Rahmen festgeschraubt. An der Aufhängungsseite wurde er am unteren Dreieckslenker mit Kugelköpfen befestigt.

Die hintere Aufhängung glich ebenfalls der des 904. Sie besteht aus einem sehr hoch liegendem Radträger, einem kurzen oberen Dreieckslenker sowie unten aus einem kurzen, einfachen Lenker und zusätzlich einem längeren Längslenker. Von oben gesehen liegt auch hier der Drehpunkt nicht in der Achse des Wagens, um ein Eintauchen beim Gasgeben und beim Bremsen zu verhindern. Diese komplexe Anordnung der Drehachsen innerhalb der Aufhängung wurde nötig, um eine gute Radführung zu erzielen – die Grundlage für die gute Straßenlage des 906. Auch der aus Aluminiumsandguss gefertigte Radträger ähnlich dem des 904 wurde im unteren Bereich mit einem Dreiecks- und einem Längslenker ausgestattet, der wie vorn auf einer 14 mm Achse sitzt.
Der 15 mm starke Stahlstabilisator ist oben auf der Motor/Getriebe-Quertraverse des Rahmens angeschraubt, in Gummi gelagert und mit zwei Befestigungspunkten versehen.
Die doppelt wirkenden hydraulischen Teleskopstoßdämpfer, die auch gleichzeitig die Stahl-Schraubenfedern aufnehmen, stammen ausnahmslos von Koni und waren progressiv einstellbar. An der Vorderachse waren sie am unteren Dreieckslenker und am Rahmenknoten über der Lenkung befestigt. An der Hinterachse fiel diese Einheit bedeutend länger aus und stand dadurch fast senkrecht. Als unterer Befestigungspunkt wurde der Radträger, als obere Befestigung die Motor/Getriebe-Quertravese am Knotenpunkt benutzt.

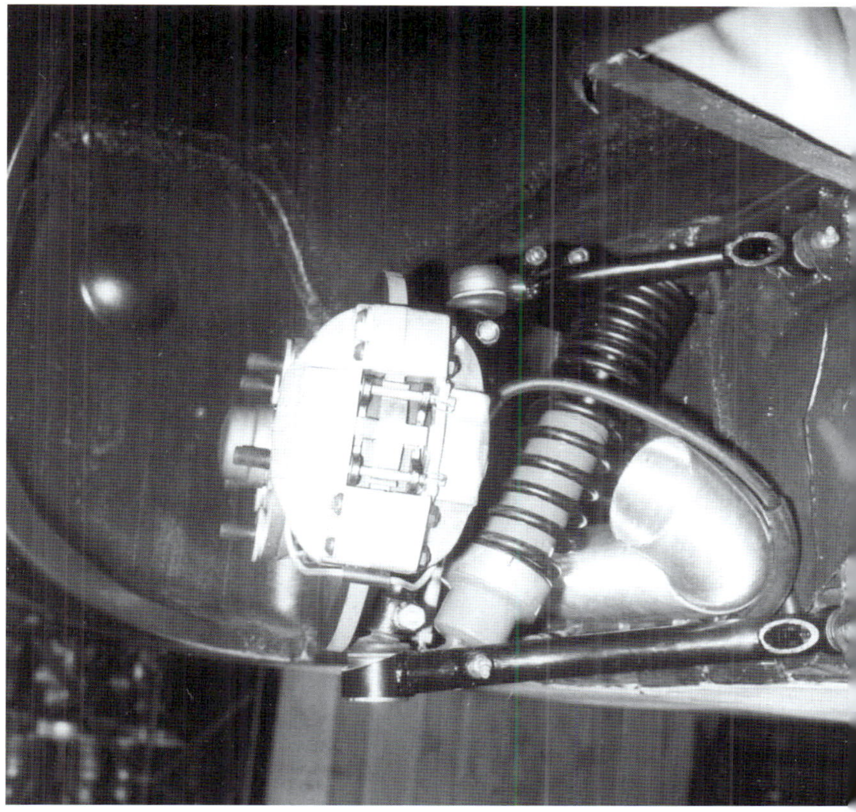

Hinterachse eingebaut.

Vorderachse eingebaut.

Getriebe

Das Getriebe entstand unter der Projektbezeichnung 822 und war eigentlich für den Achtzylindermotor Typ 771 gedacht. Entwickelt als 901/902-Getriebe, erhält es für die ersten Prototypen die Bezeichnung 904, später, bei Anlauf der Serie, wurde daraus 904/0. Dieses Getriebe war bereits vom (901) 911 bekannt und stellt auch die Basis für den 906 dar.
Entgegen der Anordnung im (901) 911 wurde das Getriebe im 906 umgedreht montiert. Das Aluminiumsandgussgehäuse bestand aus dem Hauptgehäuse, einer Zwischenplatte und einem Getriebedeckel. An der Kupplungsglocke wurden die Befestigungen für die Aufnahme am Rahmen angebracht. Diese aus Stahl bestehenden Halter, die auf der Rahmentraverse auf Silentblöcken ruhten, wurden mit drei Stehbolzen link und rechts am Getriebe befestigt.
Ein weiterer Unterschied zum Getriebe im 911 war die Schaltung, die nicht über den hinteren Deckel erfolgte, sondern unten aus einer kleinen Öffnung mit einer kurzen Schaltstange in die Schaltgabeln im Getriebe eingriff. Eine weitere Schaltstange verlief unterhalb des Motors und endete im Schaltbock im Fahrgastraum. Es gibt noch einen äußeren Unterschied: Bei dieser Getriebeausführung wurden noch zusätzlich laterale Kühlrippen im Sandguss vorgesehen, um die bei den Testfahrten mit den Prototypen des 904 festgestellten hohen Öltemperaturen abzufangen. Als Kupplung diente eine Einscheiben-Trockenkupplung von Sachs mit organischen Kupplungsbelägen, die jedoch mit der federgedämpften Mitnehmerscheibe vernietet waren.
Ausgerüstet mit einem ZF-Lamellen-Sperrdifferenzial, konnten neben drei verschiedenen Kegel- und Tellerrädern (7 : 31 / 6 : 29 / 6 : 32) auch 32 verschiedene Gangradpaarungen verwendet werden. Um es den Kunden einfacher zu machen, wurden für verschiedene Strecken Übersetzungsvarianten vorgeschlagen:

Standardübersetzung: 906/0

1. Gang	14/37 (B)
2. Gang	18/32 (GA)
3. Gang	22/29 (M)
4. Gang	26/26 (T)
5. Gang	28/23 (Y)

Bergübersetzung: 906/1

1. Gang	12/34 (AA)
2. Gang	17/34 (E)
3. Gang	20/31 (I)
4. Gang	22/29 (M)
5. Gang	23/28 (O)

Flugplatzübersetzung: 906/2

1. Gang	12/34 (AA)
2. Gang	18/34 (F)
3. Gang	21/31 (J)
4. Gang	23/28 (O)
5. Gang	25/26 (S)

Übersetzung für schnelle Rennen: 906/3

1. Gang	15/36 (C)
2. Gang	20/32 (HA)
3. Gang	23/28 (O)
4. Gang	26/26 (T)
5. Gang	28/23 (Y)

Nürburgringübersetzung: 906/4

1. Gang	14/37 (B)
2. Gang	18/32 (GA)
3. Gang	21/30 (K)
4. Gang	25/27 (R)
5. Gang	27/25 (V)

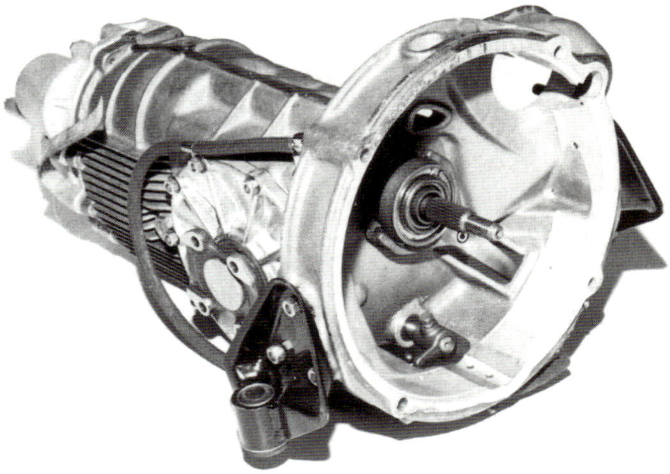

Porsche-Fünfgang-Getriebe für den 906.

Bremsen, Felgen und Reifen

Bremsen

Im 906 wurden die vorderen und hinteren Bremsscheiben des 911 mit kleinen Unterschieden eingesetzt. Die vorderen Scheiben hatten einen Durchmesser von 282 mm und eine Stärke von 12,7 mm. Die in Dunlop-Lizenz hergestellte Bremszange saß hinter der Achsmitte und hatte einen Druckzylinder mit 48 mm Durchmesser. Die Brems-

fläche pro Rad betrug mit 62 mm langen und 42 mm breiten Belägen 7925 mm².
Die hinteren Schreiben hatten einen Durchmesser von 288 mm und eine Stärke von 10 mm. Sie umschließen eine kleine Trommelbremse für die Handbremse mit 180 mm Trommel-Innendurchmesser. Die Bremsfläche pro Rad betrug mit 56 mm langen und 38 mm breiten Belägen 5050 mm², auch hier wurde einschließlich Innereien und Handbremse alles vom 911 übernommen. Die Bremszange lag vor der hinteren Achsmitte und wurde von einem Druckzylinder mit 35 mm Durchmesser gesteuert.
Die zwei Hauptbremszylinder haben serienmäßig einen Wagebalken.

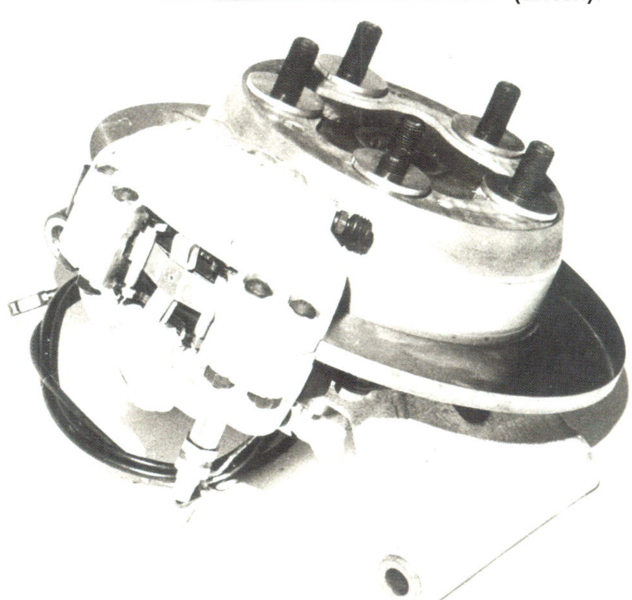

Vorder- (links) und Hinterradbremse (unten).

Felgen

Die im Design vom 356C und 911 abstammenden Lochscheibenräder wurden wie die Serienfelgen von der Firma Kronprinz (KPZ) in Solingen hergestellt. Der sich aus der anderen Bauweise ergebende Unterschied zu der Serienfelge war jedoch enorm: Der Felgenstern bestand aus Serienstahl, das Felgenbett dagegen wurde aus Aluminium gefertigt und mit dem Felgenstern vernietet. Die vorderen Felgen hatten 5,5 J x 15 (Gewicht 6,5 kg) und hinten 6,0 K x 15 (Gewicht 6,5 kg), später wurden vorn auch die 6,0 J x 15 verwendet und hinten 7,0 K x 15 (Gewicht 7,2 kg) mit 10 mm dicken Distanzscheiben.

Reifen

Alle Fahrzeuge wurden serienmäßig mit Dunlop-Racing-Reifen vorn 5,50 L x 15 und hinten 5.50 M x 15 ausgeliefert, später wurden aufgrund der Verwendung der breiteren Felgen vorn und hinten meist Dunlop-Racing-Reifen der Größen vorn 5.50 M 15 R7 und hinten 6.00 M 15 R7 gefahren.

Lenkung

Die Lenkung des 906 war eine Zahnstangenlenkung der Firma ZF in Friedrichshafen am Bodensee. Das Alugehäuse der Lenkung wurde an zwei Punkten an dem Rohrrahmen mit vier Bolzen befestigt.
Die Übersetzung war mit 15,11 : 1 die gleiche wie beim Typ 904, was einem Lenkradeinschlag von nur 2,07 Umdrehungen vom einen zum anderen Ende bedeutete. Die Verbindung zu Lenksäule und Lenkrad erfolgte über eine zweifach geteilte Lenkspindel, die in der Mitte mit zwei elastischen, an vier Punkten befestigten Hardyscheiben fixiert wurde. Die in Höhe und Längsrichtung wie schon beim 904 verstellbare Lenksäule – die Verstellung konnte an der Unterseite des Armaturenbretts vorgenommen werden – erlaubte es dem jeweiligen Fahrer, seine beste Sitzposition zu finden, was bei dem geringen Platzangebot im 906 nicht immer einfach war. Immerhin konnte so eine Distanz von etwa 15 cm ausgeglichen werden.
Die SWF-Licht- und Blinkerschalter des 911 hatte man im 906 um die Lenksäule herum angeordnet.

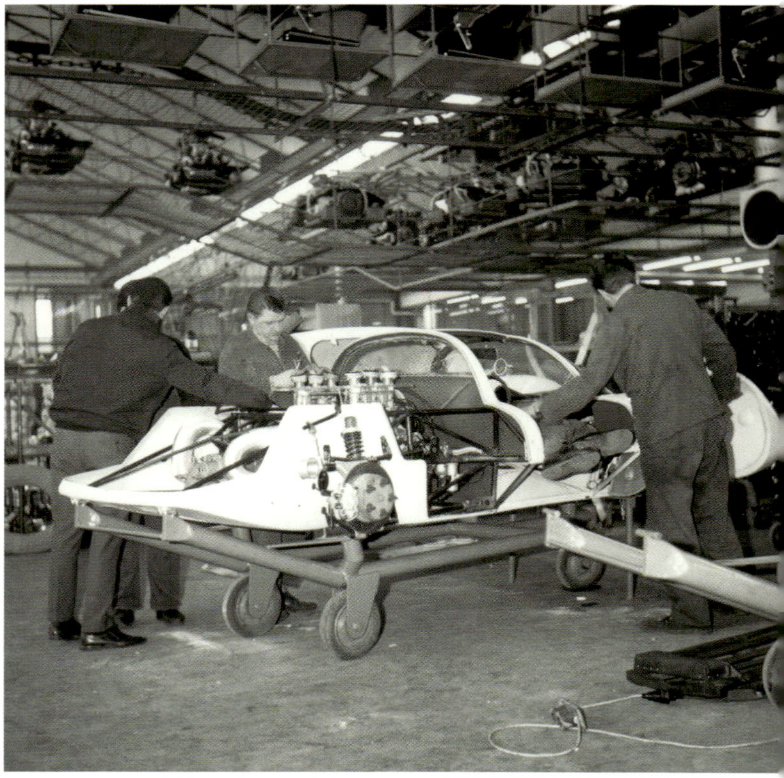

906 mit (oben) und ohne (unten) den vom Reglement geforderten Kofferraum.

906-Produktion im Werk 2 in Zuffenhausen. Wie schon beim 904 wurden auch beim 906 die Karossen zur Endmontage auf einen fahrbaren Wagen aufgebracht.

PORSCHE CARRERA 6

Zweisitziges Renncoupé mit 6 Zylinder-Mittelmotor, Kunststoffkarosserie mit Flügeltüren, aufklappbarem Heckteil, Seitentanks, verstellbarem Fahrersitz und Lenkrad.

Gitterrohrrahmen, Einzelradaufhängung an doppelten Dreiecks-Querlenkern. Schraubenfedern kombiniert mit doppelt wirkenden Teleskopstoßdämpfern, Allrad-Scheibenbremsen, 15 Zoll Räder, vollsynchronisiertes 5-Gang-Getriebe mit Sperrdifferential.

Die Serie Carrera 6 umfaßt 50 Fahrzeuge.

TECHNISCHE BESCHREIBUNG:

Luftgekühlter 4-Takt-Boxermotor mit je 3 sich gegenüberliegenden Zylindern. Kurbelgehäuse, Zylinderköpfe und Zylinder, deren Laufflächen mit einer Chromschicht versehen sind, bestehen aus einer Elektro-Magnesium-Legierung.

Gesenk geschmiedete, gleitgelagerte Kurbelwelle mit Titan-Pleuel. Je Zylinderreihe eine obenliegende Nockenwelle, die durch Rollenketten angetrieben wird. Im Zylinderkopf V-förmig angeordnete, hängende Ventile. 2 elektrische Benzinpumpen fördern den Kraftstoff zu den beiden Dreifach-Fallstromvergasern. Der Doppel-Zündverteiler mit Vierfachunterbrecher wird von der Kurbelwelle angetrieben und erhält von 2 Zündspulen den hochgespannten Zündstrom für die Doppelzündung (pro Zylinder 2 Zündkerzen). Die Motorschmierung ist als Trockensumpf-Schmierung ausgebildet. Das über dem Motor liegende, axial arbeitende Kühlluftgebläse wird durch einen Keilriemen über die Lichtmaschine angetrieben.

Die Vorderräder, deren Abfederung durch Schraubenfedern und doppelt wirkenden Teleskopstoßdämpfern erfolgt, sind einzeln an schräggestellten Querlenkern aufgehängt. Ein Stabilisator verringert die Querneigung des Fahrzeuges bei Kurvenfahrt. Der Achsschenkel ist am unteren und oberen Querlenker durch verstellbare Kugelgelenke gelagert.

Die Hinterachse mit ihren schrägangestellten Querlenkern wird durch zwei Längsstreben in Fahrtrichtung geführt. Die doppelt wirkenden Teleskopstoßdämpfer dienen zugleich als Aufnahme für die Schraubenfedern. Ein Stabilisator erhöht die Fahrsicherheit.

TECHNISCHE DATEN:

Zylinderzahl	6
Bohrung	80 mm
Hub	66 mm
Hubraum	1991 ccm
Verdichtung	10,3:1
Motorleistung (DIN)	210 PS bei 8000 U/min.
Motorleistung SAE	225 PS bei 8000 U/min.
Dauerdrehzahl bei Rennen	8000 U/min.
Kurzzeitige Höchstdrehzahl	8200 U/min.
Max. Drehmoment	20 mkg bei 6000 U/min.
Hubraumleistung PS/Ltr.	105,3 PS
Höchstgeschwindigkeit	ca. 280 km/h

MOTORKONSTRUKTION:

Bauart	Viertakt-Otto-Motor mit je 3 gegenüberliegenden Zylindern (Boxer)
Kühlung	luftgekühlt
Kurbelgehäuse	Leichtmetall
Zylinder	Einzelzylinder, Leichtmetall
Zylinderkopf	Leichtmetall, je einer für 1 Zylinder
Anzahl der Ventile	1 Einlaßventil und 1 Auslaßventil (je Zylinder)
Kurbelwellenlagerung	gleitgelagert
Kurbelwelle	geschmiedet
Pleuel (Titan)	gleitgelagert
Kolben	Leichtmetall
Kolbenringe	2 Verdichtungsringe, 1 Ölabstreifring
Ventilsteuerung	je 1 obenliegende Nockenwelle mit Kipphebel
Nockenwellenantrieb	durch 2 Ketten
Ventilanordnung	V-förmig, 59° hängend
Ventilfedern	2 Schraubenfedern, je Ventil
Gebläseantrieb	durch Keilriemen
Schmierung	Trockensumpfschmierung mit Ölbehälter und Ölfilter im Hauptstrom
Ölkühlung	1 Ölkühler

KRAFTSTOFFANLAGE:

Vergaser	2 Dreifachfallstrom-Vergaser Weber 46 IDA 3 C
Kraftstoffpumpe	2 Stück Bendix, elektrisch

ELEKTRISCHE ANLAGE:

Batterie	Marelli 6 FC 19, 12 V/27 Ah
Lichtmaschine	Drehstrom 490 Watt
Zündung	Batteriezündung, Doppelzündung, 2 getrennte Zündkreise
Zündspulen	2 Zündspulen Marelli S R 9 B mit Vorwiderstand durch Relais gesteuert
Zündverteiler	von der Kurbelwelle angetrieben 1 Doppelzündverteiler
Zündfolge	1 - 6 - 2 - 4 - 3 - 5
Zündkerzen	X 290 T 17 (Platin- oder Silberelektroden)

GETRIEBE UND HINTERACHSANTRIEB:

Bauart	5-Gang-Getriebe und Ausgleichgetriebe in einem Tunnelgehäuse aus Magnesium-Legierung
Wechselgetriebe	5 Vorwärtsgänge, 1 Rückwärtsgang; 1.-5. Gang synchronisiert

Übersetzung 1.-5.Gang (wahlweise lieferbar)	Standard-Nürburgringübersetzung Bergübersetzung Flugplatzübersetzung Übersetzung für schnelle Rennen
Schaltungsart	Gestängeschaltung mit Kugelschalthebel in Wagenmitte
Achsantrieb	spiralverzahnte Kegelräder, ZF-Sperrdifferential, Doppelgelenkachse
Übersetzungsverhältnis	7:31; i = 4,428
Kupplung	Einscheiben-Trockenkupplung M 215 K

FAHRGESTELL:

Rahmen	Gitterrohrrahmen mit Kunststoffkarosserie
Radaufhängung vorn	Einzelradaufhängung mit schrägliegenden Doppelquerlenkern
Radaufhängung hinten	Einzelradaufhängung mit schrägliegenden Doppelquerlenkern
Federung vorn	Schraubenfedern mit Stoßdämpfern komb.
Federung hinten	Schraubenfedern mit Stoßdämpfern komb.
Stoßdämpfer vorn	doppelwirkende Teleskop-Stoßdämpfer
Stoßdämpfer hinten	doppelwirkende Teleskop-Stoßdämpfer
Stabilisator	vorn : querliegend - hinten : querliegend
Lenkung	ZF - Zahnstangenlenkung
Gesamtübersetzung	1 : 15,5 in der Mitte
Lenkradumdrehung von Anschlag zu Anschlag	2,07
Kleinster Wendekreis	ca. 13,5 m, Spurkreis 12,8 m
Räder	Lochscheibenräder
Felgen	Tiefbettfelge, vorn: 7 K x 15 hinten: 9 K x 15
Reifen vorn) Serie	Dunlop 5,50 L 15 R 7 yellow spot
Reifen hinten)	Dunlop 5,50 M R 7 yellow spot
Fußbremse	Scheibenbremse, hydraulisch, auf alle 4 Räder wirkend (Zweikreissystem, vord.u.hint.Kreis getrennt).
Handbremse	mechanisch, auf die Hinterräder wirkend
Wirksame Bremsfläche ges.	259,6 qcm
Handbrems-Trommel-Ø	180 mm

AUFBAU:

Bauart	Kunststoff
Türen	oben angeschlagen
Windschutzscheibe	Sicherheitsglas
Deckel vorn	abnehmbar
Heckteil	abnehmbar
Kofferraum im Heck	Kunststoff, abnehmbar
Anzahl der Sitze	2

MASSE:

Radstand	2 300 mm
Spurweite vorn	1 338 mm
Spurweite hinten	1 402 mm
Länge	4 113 mm
Breite	1 680 mm
Höhe (leer)	980 mm
Überhang vorn	980 mm
Überhang hinten	833 mm
Kleinste Bodenfreiheit	100 mm

FÜLLMENGE:

Kraftstoffbehälter	2 Seitentanks mit 100 Ltr. Gesamtfüllmenge (ohne Reserve)
Öltank	ca. 14 Ltr. bei Neufüllung
Getriebe mit Ausgleichgetriebe	2,5 Liter
Bremse	2 Stück, ges. ca. 0,4 Liter

BETRIEBSSTOFFE:

Kraftstoff	mindestens 98 ROZ
Motoröl	BP R 40 mit Detergent und Antischaum
Schmierstellen	temperaturbeständiges, wasserabweisendes, säurefreies Fett
Bremse	Castrol-Dunlop Racing Brake Fluid
Getriebeöl	Castrol R 40

GEWICHTE:

Zulässige Vorderachslast	550 kg
Zulässige Hinterachslast	650 kg
Zulässiges Gesamtgewicht	1 050 kg

Presse/hl-be
März 1966

Motor Carrera 6; 901/20

1.) Gehäuse

Magnesium-Legierung (Elektron); mehr Kühlrippen (enger verippt); Zuganker für Zylinderkopf aus Titan; Bolzen Polyester-ummantelt (Wärmeschutz); Oelsiebdeckel Aluminium; bei der Montage zu beachten: Wellenabstand für Zwischenwelle im Gehäuse eingeschlagen; Gehäuse-Aussparung für Zwischenwelle beachten; (evtl. Streifen); beidseitig an Trennfuge für Zwischenwellenlagerung Oeltasche einfräsen;
Achtung: Zuganker am Verteiler umgekehrt montieren, da sonst Verteiler nicht mehr gedreht werden kann.

2.) Zwischenwelle

Antriebsrad um 0,05 mm schmaler (vorn 0,02 mm; hinten 0,03 mm); Allu-Stopfen tiefer gesetzt; Schraubenfläche angedreht; Axialspieleinstellung wie 911.
906 = 901.102.011.06 (Mat. 42 Cr Mo 4)

3.) Kurbelwelle

Original 911
Orig. Mat. 911 = 901.102.011.00 (Mat. CK 45)

4.) Pleuel

Titan; maximale Unwucht 5 g.

5.) Pleuel-Schrauben

Material ebenfalls Titan; Anzugsdrehmoment 6mkg mit Stahlunterlagscheiben (Schlüsselweite 14mm);
Achtung: Pleuel kommen aus der Fertigung mit normalen Stahlschrauben. Vor Montage durch Titan-Schrauben ersetzen.

6.) Pleuel-Lager

Als Bund-Lager ausgebildet (Hauptlager wie 911)

7.) Zylinder

Aluminium mit hartverchromter Lauffläche; enger verrippte Kühlrippen

8.) Kolben

Geschmiedete Kasten-Kolben. Montage-Richtung bedingt durch unterschiedliche Ventil-Taschen. Kolben-Bolzen-Sicherung mit Nase.

/2

- 2 -

9.) Zylinderköpfe

Material: Silumin wie 911; Einlass-Ventil-~~Sitzring~~ 45 mm Ø (911 39 Ø)
Auslass-Ventil-~~Sitzring~~ 39 mm Ø (911 35 Ø)
Aus-und Einlass-Querschnitt ca. 40 mm (911 32)
Zylinderkopf-Inhalt montiert mit Kerzen 85,5 - 86 cm^2
Zündkerzen-Aufnahme doppelt ohne Büchsen Achtung bei Montage

10.) Ventile

Aus- und Einlass-Ventil Natrium gefüllt

11.) Ventil-Federn

Gleich wie Serien-Feder 911; äussere Ventil-Feder progressiv (Einbau beachten, enge Windung unten); ~~XXXXXXXX~~
Werte: Feder-Endkraft bei 12 mm Hub = 90 $^{+2}_{-1}$ kg Einlass
" " 10,4mm Hub = 84 $^{+2}_{-1}$ kg Auslass

Einspannlänge: Einlass = 35,0 ± 0,3 mm
Auslass = 34,5 ± 0,3 mm

12.) Ventil-Kappen

Lieferbar lt. Katalog von 1,5 - 3,2 mm; abgestuft jeweils 0,05 mm
In der Serie werden Kappen verwendet, die 0,01 mm abgestuft sind.
Bei Neu-Montage liegt die Kappen-Stärke zwischen 2,0 -2,7 mm.

13.) Kipp-Hebel

Stahl mit hartverchromter Lauffläche, ohne Einstell-Schrauben

14.) Kipphebel-Achse

Auch Spieth-Bolzen genannt, jetzt mit 7 mm Zugankerschraube
Anzugsmoment: 180 cmkg

15.) Nockenwellen-Gehäuse

Silumin-Guss wie 911 alte Ausführung, d. h. Zentral-Schmierung durch Nockenwelle.
Stehbolzen für Ventildeckel damit Halteklammern für Kerzenstecker noch aufgesetzt werden können. (Dichtungsmasse evtl. Euril K)

16.) Nockenwelle

Zentralgebohrt; andere Nockenform (siehe Ventil-Hub); Nockenwelle links mit Drehzahlmesser/Mitnehmer.

/3

17.) Steuerkette und Ketten-Räder

Ketten-Räder und Spann-Räder aus Aluminium; Mutter für Ketten-Rad SW 41 (war SW 46); Abstand Ketten-Räder ausmessen und Ketten-Räder-Montage wie 911.

18.) Ventile-einstellen

Kann nur durch Auswechseln der oben angeführten Kappen durchgeführt werden. Ventil-Spiel 0,1 mm; Auswechseln der Ventil-Kappen mit P 141.

19.) Steuerung einstellen

Methode wie 911; Einlass-Ventil soll bei Überschneidungs OT 6,8 mm ± 0,1 geöffnet sein.
Einlass-Mittel 90° nach OT.

20.) Kupplung

Einscheiben-Trocken-Kupplung Fichtel & Sachs M 215 K
Druckplatte aus Gewichts- und Temperatur-Gründen ausgebohrt; Rückhol-Federn vierfach vernietet.
Mitnehmerscheibe ohne Schränkung, Belag ENERGIT B V 514.
Keinen anderen Belag verwenden. Beste Erfahrungen in Bezug auf Verschleiss und geringste Schwungscheiben Beschädigung. Mitnehmerscheibe sollte nach jedem grösseren Rennen ausgewechselt werden. Die Kupplungs-Mitnehmerscheibe ist in Stärken von 6,1 - 6,5 mm lieferbar, dadurch kann zu häufiges Nacharbeiten der Schwungscheibe vermieden werden.
Einstick-Tiefe im Schwungrad = 20 mm ±
Nacharbeitsmöglichkeit bis (911: 22,5 mm und 9 mm)

21.) Zündverteiler

Marelli S 121 A ; Doppel-Zündverteiler mit 3 Nocken und 4 Unterbrechern
Diese Ausführung wurde deshalb gemacht, weil mit 6 Nocken und 2 Unterbrechern die Abriss-Zeiten zu kurz sind und die Hammer-Federn die Schwingungen nicht mehr aufnehmen können.
Die Einstellung muss auf dem Verteiler-Prüfgerät durchgeführt werden, da sonst keine genaue Einstellmöglichkeit. Sehr empfindlich, Schliesswinkel und genauen Abriss-Zeitpunkt prüfen.

Werte: Kontakt-Abstand 0,35 mm
Schliesswinkel 48°
Verstellkurve 13° = 26° Kurbelwinkel
Zündgrundeinstellung 2 - 3° v OT
Feineinstellung mit Stroboskop bei 8000 U/min 30° v.OT mit Silber-Elektrode
28° v.OT mit Platin-Elektrode

Die Markierungen sind an der Riemen-Scheibe eingekerbt, am Schwungrad mit Elektro-Schreiber gezeichnet; evtl. auch einkerben und mit roter Farbe ausstreichen, damit besser sichtbar.

~~XXXX~~ Montage-Hinweise:

Verteiler-Finger hat eine obere und untere Kontakt-Fahne. Untere Kontakt-Fahne bei Montage in Überdeckung mit Markierung auf Verteiler-Gehäuse. Abgang für Zylinder 1 unterer Zündkreis. An der Verteiler-Kappe Farb-Kennzeichnung: gelb = oberer Zündkreis
weiss = unterer Zündkreis
Rote Markierung am Zündkabel, Kennzeichen für oberen Zündkreis (gelb)
Zündverteilergehäuse so einsetzen, dass Anschlussklemme zum schwarzen Unterbrecherkabel nach unten zeigt (Rechter-Winkel zum Motor).
Die Verteilerkappe hat rundum Entlüfter-Bohrungen, die bis auf 2 geschlossen werden müssen (mit 2-Komponenten-Kleber). Geöffnet bleiben die dem Motor zugekehrten Bohrungen.

22.) Zündspulen

Marelli SR 9 B mit Vorschalt-Widerstand wegen Spulen-Überhitzung (Explosions-Gefahr); Widerstände sind bei eingeschalteter Zündung in Funktion; beim Weiterdrehen auf Anlass-Stellung werden durch 2 Umschalt-Relais die Widerstände überbrückt. (dadurch kein Spannungs-Abfall).

23.) Lichtmaschine

Ausführung gegenüber 911 geändert; erkennbar durch rote Farb-Markierung am Gehäuse. Bezeichnung: K 1 14 V 35 A 20
LJ 3 28/1 S 22 ELJ R 64 511

Lichtmaschinen-Träger aus Elektron; Gebläse-Übersetzung 1: 1,3 wie 911

24.) Motor-Oelkreislauf

Hauptstrom-Filter Nr. 1 sitzt zwischen Oel-Austritt am Motor und Zuleitung zu Oelkühler bzw. Oel-Tank. Genaue Einbau-Lage siehe Betriebsanleitung. Durch diesen Filter wird verhindert, dass bei evtl. Motorschäden die Späne in den Tank und Kühler gelangen.
Hauptstrom-Filter Nr. 2 sitzt auf einem Hilfsträger anstelle des Oelkühlers beim 911. Das Oel wird von der Pumpe aus dem Oeltank angesaugt und über eine Umleitung anstelle des früheren Thermostats in den Filter gedrückt. Am Filter-Eingang sitzt ein Sicherheitsventil (ca. 2,5 atü), dass bei vermindertem Durchgang das Oel wieder direkt in die Ansaugbohrung führt. Am Filter-Ausgang sitzt ein einstellbares Überdruck-Ventil, das den Druck im Leitungs-System begrenzt.
Einstellwert: 90° Oeltemperatur n = 8000 U/min min. 5 atü
max. 5,5 atü
Wenn diese Werte nicht erreicht werden, Korrektur oder Einstellung.

Sonderwerkzeuge für Carr. 6 Motor 901/20

1.	Drehmomentschlüssel bis 3 mkg	P 210
2.	Drehmomentschlüssel bis 6 mkg Stahlwille	Nr. 7216
3.	Drehmomentschlüssel bis 36 mkg Stahlwille	Nr. 73136 18 mm
4.	Inbusschlüssel für Schwungradseite	P 135
5.	Inbusschlüssel für Kipphebelachse und Kupplungs-Befestigungsschrauben	P 211
6.	Inbusschlüssel SW 8 für Kipphebelachse	
7.	Fühlerlehre	P 115
8.	Meßuhrhalter für Steuerzeiteinstellung	P 207
9.	Meßuhrhalter für Axialspieleinstellung d. Zwischenwelle	P 220
10.	Auszieher für Paß-Stift von der Nockenwelle	P 212
11.	Halteschlüssel für Riemenscheibe	P 208
12.	Gabel-Ringschlüssel SW 22 für Riemenscheibenmutter	
13.	Gelenkschlüssel SW 12 für Auspuffmuttern	P 120 A
14.	a) Zündkerzenschlüssel SW 19 Stahlwille Nr. 46	
	b) Gummieinsatz	616.721.1001
	c) Rätsche Stahlwille 435 (P 117 b)	P 971 106
	d) Kurze Verlängerung Stahlwille 427	P 971 107
15.	Spannband für Kolbenringe	P 8
16.	Spannband zur Gehäusemontage	P 222
17.	Zeiger für Steuerzeiteinstellung	P 223
18.	Klammer zur Kettenspannermontage	P 214
19.	Spannbänder zum Halten der Pleuel	P 221
20.	Ventilheberplatte zur Montage der Ventilfedern	P 200
21.	Schlüssel für Nockenwelle	P 202
22.	Motor Einbaubügel	W 1448
23.	Kurbelwellenhalter für Pleuelmontage	P 209
24.	Kolbenbolzendorn	P 2 a
25.	Gummisauger zum Ventileinschleifen	P 9
26.	Meßglas für Einspritzmenge	P 25 a
27.	Motorhalter	P 201
28.	Zange für Sicherungsring (Kurbelwelle)	Hazet 526
29.	Vorrichtung zum Auswechseln der Ventilkappen	W 1453
30.	Haltemuttern	W 1452
31.	Niveau Einstellglas	P 226
32.	Zylinderkopfmuttern-Schlüssel SW 15	P 138
33.	Schlüssel für Nockenwellenmutter	P 139
34.	Meßuhr	
35.	Synchro - Test P 227	
36.	Strothoskop	

(Enz)

14.Jan. 1966 | Dr.-Ing. h. c. F. Porsche KG. Stuttgart-Zuffenhausen

ZEICHENBEDARF H. FREYTAG - STUTTGART

Steuerungseinstellwerte 901/20

Nockenwelle links 901.105.103.00

Nockenwelle rechts 901.105.104.00

Einlaßmittel 90° nach o. T.

Einlaßventil soll 6,8 mm ∓ 0,1 beim Überschneidungs o.T. geöffnet sein. Gemessen mit 0,1 mm Ventilspiel.

Diese Werte sind am E Nocken von Zylinder 1
und am E Nocken von Zylinder 4 einzustellen.

Weitere Einzelheiten über die Grund- und Feineinstellung können dem Reparaturleitfaden Typ 911 entnommen werden.

Dr.-Ing. h. c. F. Porsche KG. Stuttgart-Zuffenhausen | 28.12.1965 VM-Enz/li.

ZEICHENBEDARF H. FREYTAG - STUTTGART

Einlaufprogramm 901/20 3 h (Chromalzyl.)

Oel : BP R 40 mit Zusätzen gegen Kolbenringfestbrennen und gegen Schäumen.

Während des Einlaufs ist die Prüfstandswaage auf jeden Lastabfall zu kontrollieren.

Falls der Motor bei der vorgeschriebenen Drehzahl nicht steht bzw. unrund läuft, so ist eine Änderung der Last oder der Drehzahl, falls dies nichts nützt der Last und der Drehzahl, vorzunehmen.

Ges. Laufzeit Std.	Laufzeit pro Std. min.	Drehzahl U/min.	Last kg	Oeltemperatur °C
1.	15 15 15 10 5	4000 4500 5000 5500 6000	8 - 11	90° C
2.	20 20 15 5	5500 6000 6500 7000	11 - 13	90° C
3.	10 25 20 5	5500 6000 6500 7000	13 - 15	90° C

Nach den 3 h Einlauf und erkaltetem Motor sind die Zylinderköpfe auf 3,3 mkg anzuziehen.

Ventilspiel auf 0,10 einstellen.

Nocken und Kipphebel auf gutes Laufbild überprüfen.

Kipphebelachse nachziehen 1,8 mkg.

Vor Beginn der Vollastmessung ist die Zündung
bei Silberelektr. Kerzen auf 30° vor OT und n = 8000 U/min einzustellen,
bei Platinelektr. Kerzen auf 28° vor OT und n = 8000 U/min einzustellen.

Bei n = 8000 U/min und Vollast darf der Lastabfall an Prüfstandswaage 0,5 - 1 kg betragen, wenn 1 Zündkreis ausgeschaltet wird.

Als weiteres ist darauf zu achten, daß der Oeldruck bei n = 8000 U/min und 90°C Oeltemperatur mindestens 5 atü bis max. 5,5 atü betragen muß. Andernfalls ist eine Korrektur in der Einstellung am Überdruckventil vorzunehmen.

Stgt.-Zuffenhausen, den 14.12.1965 (Enz)
VM-Enz/bk.

Dr.-Ing. h. c. F. Porsche KG. Stuttgart-Zuffenhausen

Erforderliche Leistungswerte nach
3 h Einlauf für Motor 901/20

bei n 5.000 U/min. mindest. 125 PS red.

bei n 6.200 U/min. mindest. 170 PS red.

bei n 7.000 U/min. mindest. 190 PS red.

bei n 8.200 U/min. mindest. 220 PS red.

Dr.-Ing. h. c. F. Porsche KG. Stuttgart-Zuffenhausen | 21.12.1965 VM-Enz/li.

ZEICHENBEDARF H. FREYTAG - STUTTGART

Weber Vergaser
Typ 46 IDA 3 C - 3 C 1
Vergasereinstellung Motor Typ 901/20

Lufttrichter	42 Ø
Hauptdüse	170
Luftkorrekturdüse	145
Mischrohr	F 24
Zerstäuber	4,5
Einspritzrohr	50 / 3°
Pumpensaugventil	40
Einspritzmenge	1 x 0,6 cm^3
Leerlaufdüse	70
Leerlaufluftdüse	80
Bypassbohrungen	0,8 - 0,8 - 1,60
Schwimmernadelventil	1,75
Niveau	21 mm

Dr.-Ing. h. c. F. Porsche KG. Stuttgart-Zuffenhausen | 27.12.65 VM-Enz/li.

Anzugsmomente für Motor Typ 901/20

* Pleuel Titan mit Titan-Schrauben	6,0 mkg
Schwungrad Befestigungsschrauben	15,0 mkg
Kupplungs Befestigungsschrauben	3,0 mkg
Kipphebelachsen Schrauben M 7	1,8 mkg
Nockenwelle Antriebsrad	10,0 mkg
* Kurbelgehäusehälfte - M 8 Schrauben	2,2 - 2,5 mkg
Kurbelgehäusehälfte - M 10 Schrauben	3,0 mkg
Keilriemenscheibe - Kurbelwelle M 18 x 1,5	8,0 mkg
Keilriemenscheibe - Lichtmaschine M 16 x 1	6,0 mkg
* Zylinderkopfmutter M 10 Neumontage	3,0 mkg
Zylinderkopfmutter M 10 beim Nachziehen	3,3 mkg
Zylinderkopfmutter M 8 Befestigung gegen Steuergehäuse	2,2 - 2,5 mkg

* Vorraussetzung für das Anzugsmoment ist, daß Stahlscheiben unterlegt sind.

Die Muttern sind mit Oel zu montieren.

Stgt.-Zuffenhausen, den 10. Dez. 1965 / bk.

Dr.-Ing. h. c. F. Porsche KG. Stuttgart-Zuffenhausen

Fahrgestell Carrera 6

1.) Federn

Vorder-Federn 906.343.101.05 Farb-Kennzeichnung: blau-rot-blau
Hinter-Federn 906.333.101.02 Farb-Kennzeichnung: blau-grün-blau
Die Federn sind progressiv, die Engewindung wirda nach oben montiert (ruhende Anlenkung).
Vorn und hinten werden je 2 Abstand-Ringe 904.343.107.00 zwischen Feder und Feder-Teller am Dämpferkörper eingebaut. Diese Grund-Einstellung kann nach Bedarf durch Beilegen von Abstand-Ringen geändert werden (z.B. für Ralleys mehr Ringe beilegen, Fahreigenschaften werden allerdings dadurch negativ beeinflusst)

2.) Stoss-Dämpfer

Vordere Dämpfer 906.345.051.01 , Gas-Dämpfer, Fabrikat Bilstein
Hintere Dämpfer 906.333.051.01 , " , " "
Die Stoss-Dämpfer werden umgekehrt eingebaut, d.h. Kolbenstange nach unten (aus Gewichtsgründen, weniger Masse beim Einfedern, da Gas-Dämpfer keine Beeinflassung der Funktion)
Dämpfer nicht Einstellbar!
Unter den abschraubaren Kopf der Bilsteindämpfer muss vorn und hinten die Scheibe 906.343.519.00 gelegt werden.

3.) Stabilisatoren

Die Klemm-Stücke der Stabilisator-Gehänge werden vorn und hinten 40 mm vom Ende des Stabilisators festgezogen.(Mitte Klemmstück bis Ende Stabilisator = 40 mm). Ausgehend von dieser Grundeinstellung kann durch Verschieben der Kalemmstücke die Stabilisator-Wirkung beeinflusst werden.

Skizze:

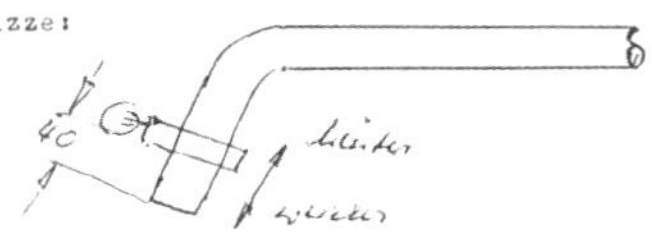

Untersteuern: vorn weicher
hinten härter
Übersteuern : vorn härter
hinten weicher

Es ist darauf zu achten, dass die Stabilisator-Gehänge spannungsfrei eingehängt werden. Diese Spannungsfreiheit ist wichtiger als gleiche Länge der Zugstangen rechts und links (Grundeinstellung ca. 80 mm).

Stabilisator vorn: 16 mm ∅ Stabilisator hinten: 15 mm ∅

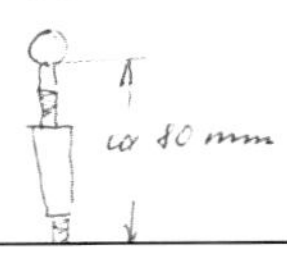

4.) Bremben

2-Kreis-Bremse; vorderer und hinterer Brems-Kreis getrennt
Betätigung der Haupt-Brems-Zylinder über einstellbaren Waage-Balken
siehe Skizze

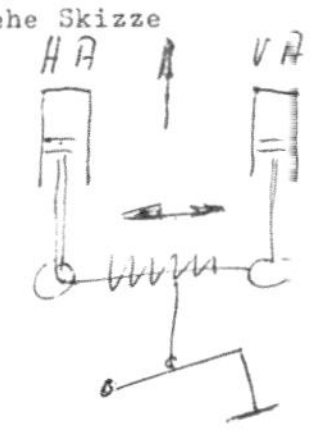

wenn bei Probe-Fahrten oder im Rennen durch Nässe oder Verwendung unterschiedlicher Reifen-Grössen ein Überbremsen der Rad-Paare festgestellt wird, kann dies durch Änderung der Bremskraftverteilung korrigiert werden.

Brems-Scheiben-Durchmesser vorn	226 mm	(911: 235 mm)
" hinten	243 mm	(911: 243 mm)
Bremsfläche vorn	79,3 cm²	(911: 52,5 cm²)
Bremsfläche hinten	50,5 cm²	(911: 40 cm²)
Bremsfläche gesamt	259,6 cm²	(911: 185 cm²)

Verwendeter Belag: FERODO DS 11 (FE 4)
Durchmesser der Brems-Kolben vorn 44 mm ∅ (sog. Le-Mans-Bremse)
" " hinten 38 mm ∅
Verwendete Bremsflüssigkeit: Castrol-Dunlop Racing Brake Fluid (Siedepunkt ca. 260° C)
Normal-Bremsflüssigkeit : Siedepunkt ca. 180° C

Die oben angeführte Bremsflüssigkeit wird in Zukunft durch die Firma Castrol unter folgender Bezeichnung vertrieben

Castrol Girling Brake & Clutch Fluid Amber
(hochsiedende Bremsflüssigkeit)

Neuerdings wird in unserer Renn-Abteilung zur Besseren Belüftung der Bremse ein zusätzlicher Blech-Stutzen montiert.

5.) Reifen und Felgen

siehe Betriebsanleitung
Ergänzend: Gelber Farbpunkt Regenreifen
Gründer Farbpunkt Trockenreifen
Ausser der Reifen-Grösse 5.50 stehen keine anderer Grössen zur Verfügung.
Racing-Reifen der Firma Goodyear wurden von Kunder teilweise verwendet, lt. Herrn Bott sind diese Reifen geeignet, wirksamer Roll-Radius etwas kleiner als Dunlop (kürzere Übersetzung)
Firestone-Racing-Reifen angeblich nicht geeignet.
Reifendruck siehe Betriebsanleitung.
Auswuchten siehe Pausmitteilung von Herrn Cantz.

- 7 -

6.) Rad-Stellungen

Zum Einstellen der Räder ist der leere Wagen mit 150 kg zu belasten. Die Ballastsäcke sind gleichmässig rechts und links auf den Sitzen (insgesamt 70 kg),sowie auf den Einstiegschwellen (insgesamt 80 kg) zu verteilen . Anschliessend muss der Wagen einige Meter vor- und zurückgeschoben werden, damit die Achsen sich auf die Belastung einstellen.

a) Vorder-Achse

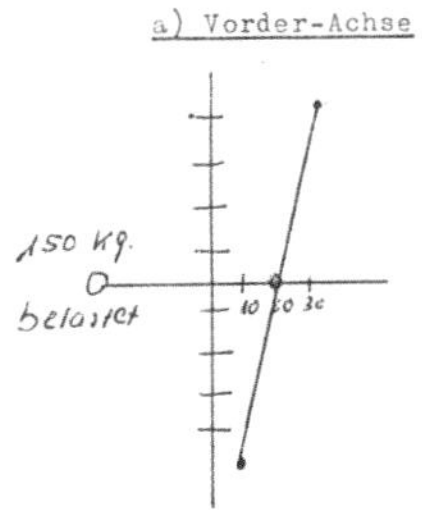

Sturez: -40' ± 5' Einstellbar d. oberen Querlenker
Vorspur: +10' pro Rad m. ca.20kg gedrückt, einstellbar, Grundeinstellung siehe Skizze

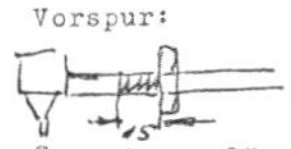

Spurstangenlänge rechts und links gleich
Vorspur-Änderung: beim Einfedern auf + 10 - 20'
Vorspur-Änderung: beim Ausfedern auf + 20 - 30'
(kann auch etwas darüberliegen, nicht einstellbar)
Nachlauf: 7° ± 15' (Berechnung s. Messkarte)
Differenz-Winkel: bei 20° Einschlag 1° ± 10 Min.

b) Hinter-Achse

Sturtz: - 2° ± 10 ' Einstellbar am Gelenk d. o. oder u. Querlenkers
1 U = 17,5'
Vorspur: + 10' pro Rad (Gesamt-Vorspur20')

Beim Einstellen der Vorspur ist darauf zu achten, dass die Nadellager im Achsträger nicht verspannt werden. Oberer und unterer Längslenker müssen sich beim Einstellen vor dem Kontern wechselseitig vonhand drehen lassen.

7.) Gewichte

Leergewicht nach Din (100 Liter Kraftstoff und Werkzeug) = 660 kg
Homologierungsgewicht (ohne Kraftstoff und Werkzeug) = 580 kg

8.) Motor-Ausbau

Schaltstange und Getriebe lösen und Getriebe zurückschieben, Motor kann dann mit Spezial-Bügel herausgehoben werden.

Homologationsblatt und Betriebsanleitung

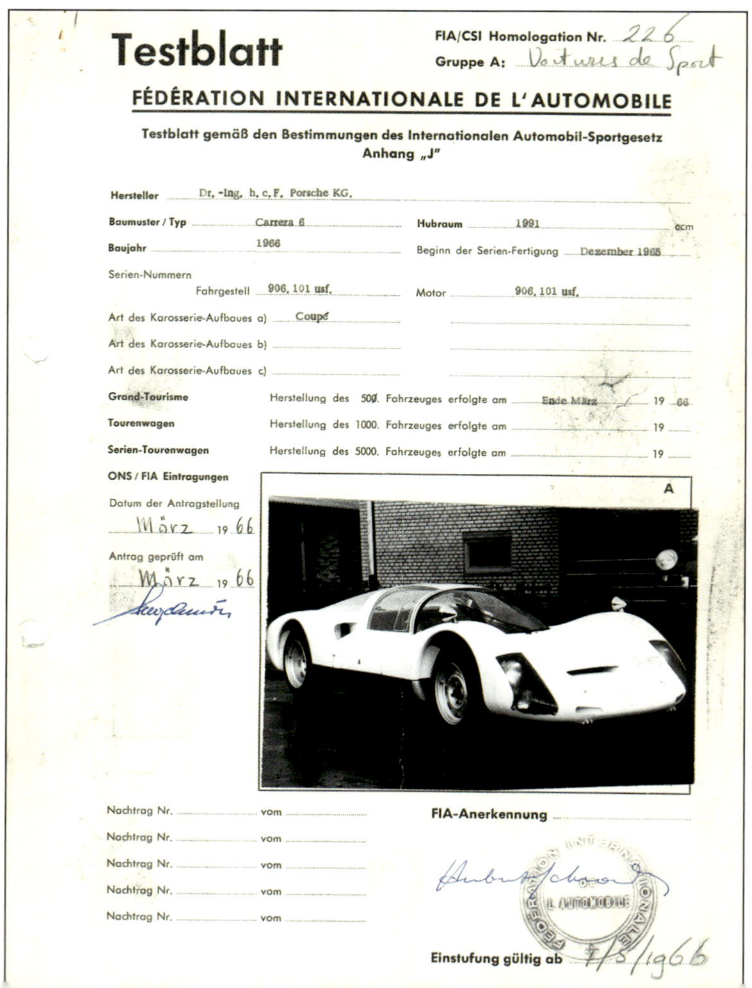

Testblatt

FIA/CSI Homologation Nr. 226

Gruppe A: Voitures de Sport

FÉDÉRATION INTERNATIONALE DE L'AUTOMOBILE

Testblatt gemäß den Bestimmungen des Internationalen Automobil-Sportgesetz Anhang „J"

Hersteller: Dr.-Ing. h. c. F. Porsche KG.

Baumuster / Typ: Carrera 6 — Hubraum: 1991 ccm

Baujahr: 1966 — Beginn der Serien-Fertigung: Dezember 1965

Serien-Nummern
Fahrgestell: 906.101 usf. — Motor: 906.101 usf.

Art des Karosserie-Aufbaues a) Coupé

Art des Karosserie-Aufbaues b)

Art des Karosserie-Aufbaues c)

Grand-Tourisme — Herstellung des 50. Fahrzeuges erfolgte am Ende März 19 66

Tourenwagen — Herstellung des 1000. Fahrzeuges erfolgte am 19

Serien-Tourenwagen — Herstellung des 5000. Fahrzeuges erfolgte am 19

ONS / FIA Eintragungen

Datum der Antragstellung: März 19 66

Antrag geprüft am: März 19 66

A

Nachtrag Nr. vom

Nachtrag Nr. vom

Nachtrag Nr. vom

Nachtrag Nr. vom

Nachtrag Nr. vom

FIA-Anerkennung

Einstufung gültig ab 1/5/1966

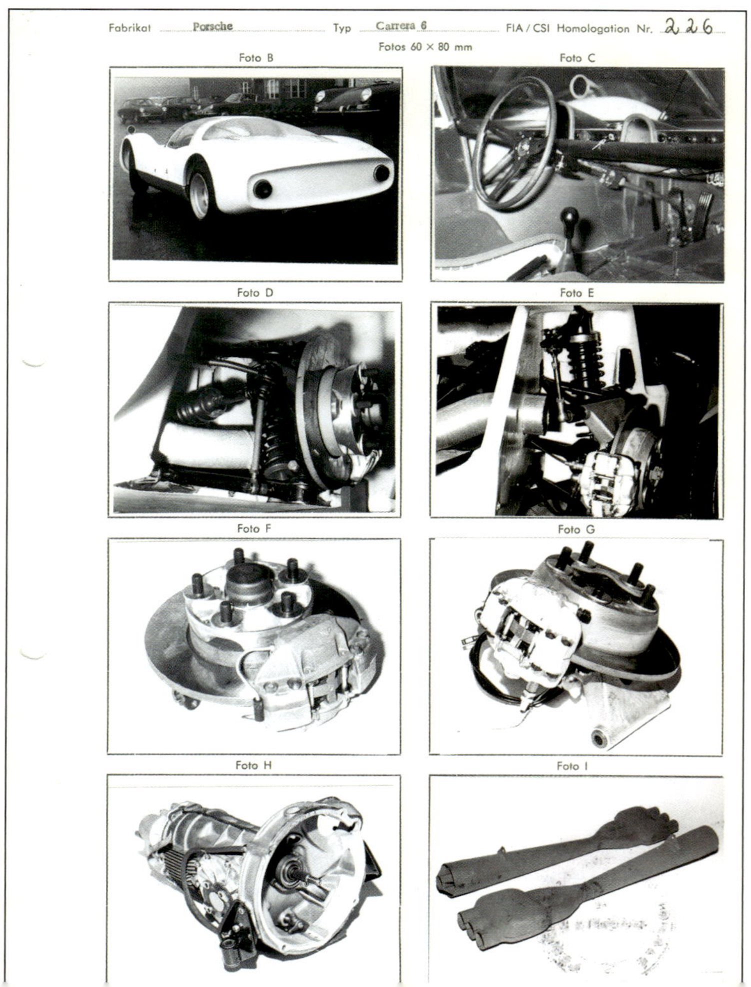

Fabrikat: Porsche — Typ: Carrera 6 — FIA / CSI Homologation Nr. 226

Fotos 60 × 80 mm

Foto B — Foto C

Foto D — Foto E

Foto F — Foto G

Foto H — Foto I

Fabrikat Porsche Typ Carrera 6 FIA / CSI Homologation Nr. 226

Fotos 60 × 80 mm

Foto J

Foto K

Foto L

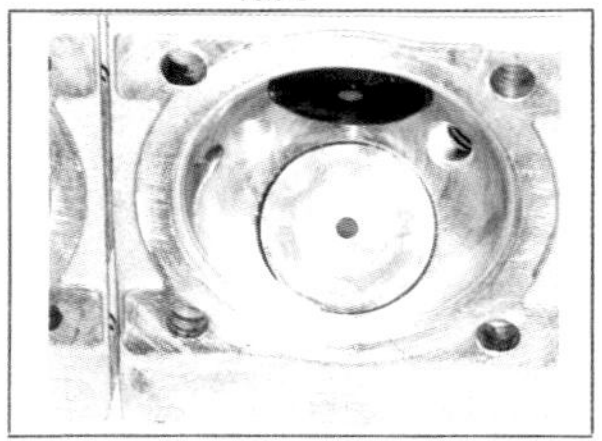

Foto M

Foto N

Foto O

Foto P

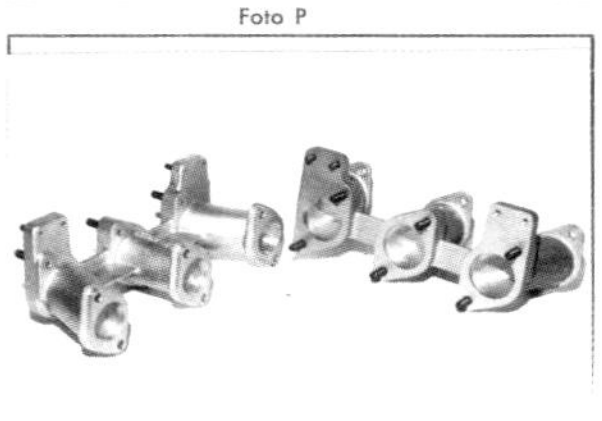

Foto Q

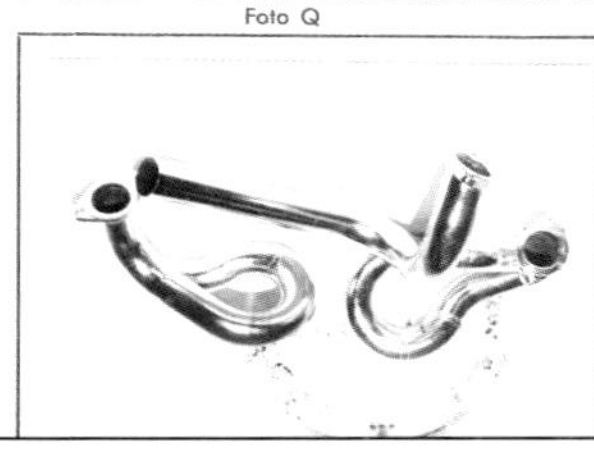

Fabrikat Porsche Typ Carrera 6 FIA / CSI Homologation Nr. 226

Zeichnung des Ansaugrohres, Seitenansicht gegen Zylinderkopf, mit Ansaugöffnung, maßstäblich mit Angabe der Innen-Abmessungen und Serien-Toleranzen

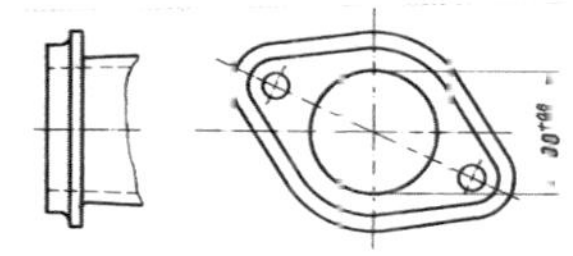

Zeichnung der Einlaßöffnungen des Zylinderkopfes, maßstäblich mit Angabe der Innen-Abmessungen und Serien-Toleranzen

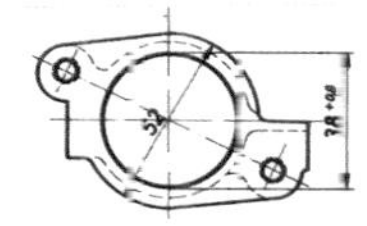

Zeichnung des Auspuff-Krümmers, Auslaßöffnungen Seitenansicht gegen Zylinderköpfe, maßstäblich mit Angabe der Innen-Abmessungen und Serien-Toleranzen

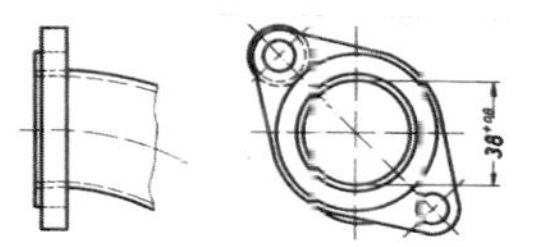

Zeichnung der Auslaßöffnungen des Zylinderkopfes, maßstäblich mit Angabe der Innen-Abmessungen und Serien-Toleranzen

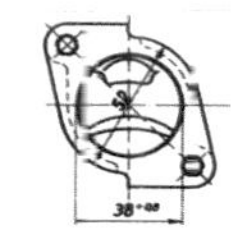

Nockenwelle

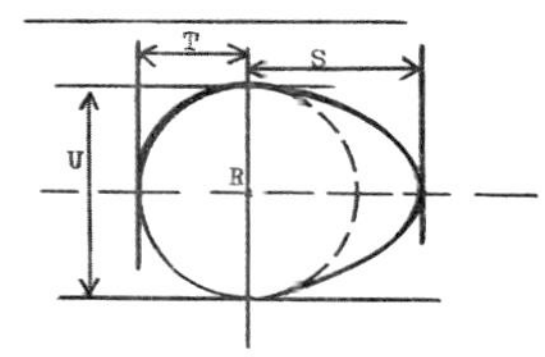

R = Nockenwelle-Mitte

Einlaß-Nocke

S = 22,853 mm 0,902 inches
T = 14,75 mm 0,58 inches
U = 29,5 mm 1,16 inches

Auslaß-Nocke

S = 21,838 mm 0,861 inches
T = 14,75 mm 0,58 inches
U = 29,5 mm 1,16 inches

Fabrikat Porsche Typ Carrera 6 FIA / CSI Homologation Nr. 226

Wichtig Die halbfett gedruckten Angaben müssen in jedem Fall in 2 Maß-Einheiten angegeben werden von denen eine das metrische System sein muß. Siehe untenstehende Vergleichstabelle.

Abmessungen und Fassungsvermögen

1. **Radstand** 2 300 mm 90,6 inches
2. **Spurweite, vorne** 1 338 (bei 40' Sturz negativ) mm 52,7 (bei 40' Sturz negativ) inches *
3. **Spurweite, hinten** 1 402 (bei 2° Sturz negativ) mm 55,3 (bei 2° Sturz negativ) inches *

*) Veränderungen der Spurweite bei Ausstattung mit anderen Felgen oder Rädern sind im Testblatt anzuführen. Genaue Angabe der Art der Spurweiten-Vermessung in Verbindung mit der hierbei bestehenden Bodenfreiheit erforderlich.
Diese Bodenfreiheit-Angabe gilt ausschließlich für die Vermessung der Spur und darf keinesfalls als Grundlage für die Zulassung des Fahrzeuges herangezogen werden.

4. Länge über alles 411,3 cm 161,8 inches
5. Breite über alles 168,0 cm 66,2 inches
6. Höhe über alles 98,0 cm 38,5 inches
7. **Fassungsvermögen des Kraftstoffbehälters** (einschl. Reserve)
   2 x 50 Ltr. 2 x 11 Gallon US Gallon Imp.
8. Anzahl der Sitzplätze 2
9. **Gewicht, Gesamt-Gewicht des Fahrzeuges** mit Serien-Ausstattung im fahrbereiten Zustand mit Wasser, Öl und bereiften Reserverad jedoch o h n e Kraftstoff und ohne Werkzeuge.
   580 kg 1278,9 lbs -- cwt

+) Die Spurweite wurde bei obenangeführtem Radsturz festgelegt.

Vergleichstabelle

1 inch / Zoll	=	2,54 cm	1 foot / Fuß	=	30,4794 cm	
1 square inch / Quadrat-Zoll	=	6,452 cm²	1 Cubik-inch / Kubik-Zoll	=	16,387 cm³	
1 pound / Pfund	=	453,593 gr	1 hundred Weight (cwt)	=	50,802 kg	
1 pint (pt)	=	0,568 Ltr.	1 quart US	=	0,9464 Ltr.	
1 gallon US	=	3,785 Ltr.	1 gallon Imp.	=	4,546 Ltr.	

FÉDÉRATION INTERNATIONALE DE L'AUTOMOBILE

Fabrikat Porsche Typ Carrera 6 FIA / CSI Homologation Nr. 226

Fahrgestell und Karosserie (Fotos A, B und C)

20. Art des Aufbaues: unabhängig / ~~selbsttragend~~
21. selbsttragend Bauart, Werkstoff
    unabhängig Bauart Stahlrohr + Kunststoff
22. Werkstoff des Fahrgestelles Stahlrohr
23. Werkstoff der Karosserie Kunststoff
24. Anzahl der Türen 2 Werkstoff Kunststoff
25. Werkstoff der Motorhaube Kunststoff
26. Werkstoff der Kofferhaube /
27. Werkstoff des Rückfensters Plexiglas
28. Werkstoff der Windschutzscheibe Schichtglas
29. Werkstoff der Fenster der vorderen Türen Plexiglas
30. Werkstoff der Fenster der hinteren Türen /
31. Art der Scheiben, Betätigung der Türfenster /
32. Werkstoff der hinteren Seitenscheiben /
33.

Zubehör und Ausstattung

38. Heizungsanlage: ~~ja~~ – nein
39. Klimaanlage: ~~ja~~ – nein
40. Lüftungsanlage: ja – ~~nein~~
41. Vordere Sitze, Art der Austattung Schalensitze
42. Gewicht, vordere Sitze bzw. Sitzbank mit Rahmen, Rücklehne und Gleitschienen, ausgebaut 3,3 kg 7,27 lbs
43. Hintere Sitze, Art der Ausstattung /
44. Werkstoff der Stoßstange, vorne / Gewicht kg lbs
45. Werkstoff der Stoßstange, hinten / Gewicht kg lbs
46. kg lbs

Räder

50. Art der Räder bzw. Felgen Lochscheibenräder
51. Gewicht (pro Rad, ohne Bereifung) vorn: 7,2 hinten: 8,1 kg vorn: 15,9 hinten: 17,8 lbs
52. Art der Befestigung
53. **Felgendurchmesser** vorn: 381 hinten: 381 mm vorn: 15 hinten: 15 inches
54. **Felgenbreite** vorn: 178 hinten: 228,5 mm vorn: 7 hinten: 9 inches
55.

Lenkung

60. Bauart Zahnstangenlenkung
61. Servo-Lenkung: ~~ja~~ – nein
62. Zahl der Lenkradumdrehungen von Anschlag zu Anschlag 2,0"
63. Bei Servo-Lenkung /
64.

FÉDÉRATION INTERNATIONALE DE L'AUTOMOBILE

Fabrikat Porsche Typ Carrera 6 FIA / CSI Homologation Nr. 226

Federung

70. Vorderrad-Aufhängung (Foto D), Bauart: Doppel-Querlenker
71. Ausführung der Federung: Schraubenfeder
72. Stabilisator (falls vorhanden): ja
73. Anzahl der Stoßdämpfer: 2
74. Wirkungsweise: hydraulisch-doppeltwirkend
78. Hinterrad-Aufhängung (Foto E), Bauart: Doppel-Querlenker mit Zugstäben
79. Ausführung der Federung: Schraubenfedern
80. Stabilisator (falls vorhanden): ja
81. Anzahl der Stoßdämpfer: 2
82. Wirkungsweise: hydraulisch-doppeltwirkend
83.

Bremsen (Fotos F und G)

90. Bauart der Bremsanlage: hydraulische Zweikreis-Scheibenbremse auf alle 4 Räder wirkend
91. Servo-Bremse (falls vorhanden), Wirkungsweise: /
92. Anzahl der Hauptbrems-Zylinder: 2

~~Trommelbremsen~~ Scheibenbremsen

	VORN	HINTEN
93. Anzahl der Bremszylinder pro Rad	2	2
94. Bremszylinder-Bohrung	44 mm 1,732 in.	38 mm 1,495 in.
95. Bremstrommel-Durchmesser	mm in.	mm in.
96. Länge der Bremsbeläge	mm in.	mm in.
97. Breite der Bremsbeläge	mm in.	mm in.
98. Anzahl der Bremsbacken je Bremstrommel		
99. Wirksame Bremsfläche je Bremse	mm² sq. in.	mm² sq. in.
Scheibenbremsen		
100. ~~Bremsscheiben-Durchmesser außen~~	282 mm 11,1 in.	288 mm 11,33 in.
101. Stärke der Bremsscheibe	12,7 mm 0,5 in.	10 mm 0,394 in.
102. Länge der Bremsbacke	76,5 mm 3,01 in.	61,5 mm 2,42 in.
103. Breite der Bremsbacke	54,0 mm 2,125 in.	43,0 mm 1,693 in.
104. Anzahl der Bremsbacken je Bremse	2	
105. Wirksame Bremsfläche je Bremse	7925 mm² 12,26 sq. in.	5050 mm² 7,82 sq. in.

106.
107.

FÉDÉRATION INTERNATIONALE DE L'AUTOMOBILE

Fabrikat Porsche Typ Carrera 6 FIA / CSI Homologation Nr. 226

Motor

130. Arbeitsverfahren: 4-Takt
131. Anzahl der Zylinder: 6
132. Zylinder-Anordnung: Boxer-horizontal
133. **Zylinder-Bohrung**: 80 mm 3,15 in.
134. **Kolbenhub**: 66 mm 2,6 in.
135. **Hubraum pro Zylinder**: 331,75 cm³ 22,05 cu. in.
136. **Gesamthubraum**: 1991 cm³ 121,6 cu. in.
137. Werkstoff des Zylinderblockes: Einzelzylinder, Leichtmetall mit Chromlaufschicht
138. Werkstoff der Zylinder-Laufbuchsen: Leichtmetall mit Chromlaufschicht
139. Werkstoff des Zylinderkopfes: Leichtmetall Anzahl 6
140. Anzahl der Einlaßöffnungen: 6
141. Anzahl der Auslaßöffnungen: 6
142. Verdichtungsverhältnis: 10,3:1
143. Inhalt eines Verdichtungsraumes: 35,7 ± 0,5 cm³ 2,18 cu. in.
144. Werkstoff des Kolbens: Leichtmetall
145. Anzahl der Kolbenringe: 2 + 1 Ölabstreifring
146. Entfernung Kolbenbolzenmitte / Kolbenkrone: 51,4 mm 2,02 inches
147. Kurbelwelle: ~~gegossen~~ / geschmiedet
148. Bauart der Kurbelwelle: Einzelteil
149. Anzahl der Kurbelwellen-Hauptlager: 8
150. Werkstoff der Kurbelwellen-Lagerdeckel: /
151. Motorschmierung: Trockensumpf ~~/ Ölwanne~~
152. Schmiermittel-Umlaufmenge der Ölbehälter bzw. Ö.wanne: 12 Ltr. 21,1 pts 12,7 qu. US
153. Ölkühler: ja – ~~nein~~
154. Art der Kühlung: Luft
155. Fassungsvermögen Kühlwasserumlauf: / Ltr. pts qu. US
156. Ventilator (falls vorhanden), Durchmesser: 22,6 cm 8,83 inches
157. Anzahl der Lüfterflügel: 11

Pleuel-Lager Dreistofflager

158. Werkstoff-Pleuellager Durchmesser: 57 mm 2,245 in.
159. Pleueldeckel, Art Durchmesser: 62 mm 2,402 in.

Gewichte

160. Schwungscheibe: 3,565 kg 7,87 lbs
161. Schwungscheibe mit Kupplung: 8,800 kg 19,65 lbs
162. Kurbelwelle: 13,2 kg 29,1 lbs
163. Pleuel: 0,400 kg 0,882 lbs
164. Kolben mit Kolben-Bolzen und Ringen: 0,465 kg 1,025 lbs
165.

FÉDÉRATION INTERNATIONALE DE L'AUTOMOBILE

Fabrikat Porsche Typ Carrera 6 FIA / CSI Homologation Nr. 226

Motor (Viertaktverfahren)

170. Anzahl der Nockenwellen: 2
171. Anordnung der Nockenwelle: obenliegend
172. Art des Nockenwellenantriebes: Ketten
173. Art der Ventilbetätigung: durch ~~Schlepphebel~~ Kipphebel
174.

EINLASS (siehe Seite 4)

180. Werkstoff des Ansaugrohres / Krümmers: Aluminium
181. **Durchmesser (außen) des Einlaß-Ventiles**: 45 mm 1,77 inches
182. **Ventilhub-maximal**: 12,1 mm 0,476 inches
183. Anzahl der Ventilfedern je Ventil: 2
184. Art der Ventilfedern: Schraubenfedern
185. Anzahl der Einlaß-Ventile je Zylinder: 1
186. **Ventilspiel bei kaltem Motor**: 0,1 mm 0,00393 inches
187. Einlaß-Ventil öffnet vor o. T. Ventilspiel wie angegeben bei kaltem Motor: 104° gemessen bei 1 mm Ventilspiel)
188. Einlaß-Ventil schließt nach u. T. Ventilspiel wie angegeben bei kaltem Motor: 104° gemessen bei 1 mm Ventilspiel
189. Luftfilter, Art: /
190.

AUSLASS (siehe Seite 4)

195. Werkstoff des Auspuffkrümmers: Stahl
196. **Durchmesser (außen) des Auslaß-Ventiles**: 39 mm 1,545 inches
197. **Ventilhub-maximal**: 10,5 mm 0,414 inches
198. Anzahl der Ventilfedern je Ventil: 2
199. Art der Ventilfedern: Schraubenfedern
200. Anzahl der Auslaß-Ventile je Zylinder: 1
201. Ventilspiel bei kaltem Motor: 0,1 mm 0,00393 inches
202. Auslaß-Ventil öffnet u. T. Ventilspiel wie angegeben bei kaltem Motor: 100° (gemessen bei 1 mm Ventilspiel)
203. Auslaß-Ventil schließt nach o. T. Ventilspiel wie angegeben bei kaltem Motor: 80° (gemessen bei 1 mm Ventilspiel)
204.

FÉDÉRATION INTERNATIONALE DE L'AUTOMOBILE

Fabrikat Porsche Typ Carrera 6 FIA / CSI Homologation Nr. 226

Vergaser (Foto N)

210. Anzahl der Vergaser: 2
211. Bauart: Dreifachfallstromvergaser
212. Fabrikat: Weber
213. Typ / Modell: 46 IDA 3C - 3C1
214. Anzahl der Gemisch-Auslaßöffnungen: 6
215. Durchmesser des Ansaugrohres (oder der Saugrohre) Vergaser-Seite: 38 mm
216. Nenn-Durchmesser des Lufttrichters: 42 mm

Einspritzung (falls vorhanden)

220. Fabrikat der Einspritzpumpe
221. Anzahl der Kolben
222. Typ der Einspritzpumpe
223. Gesamtzahl der Einspritzdüsen
224. Anordnung der Einspritzdüsen
225. Durchmesser des Ansaugrohres mm inches
226.

Motor-Zubehör

230. Kraftstoffpumpe: Antrieb ~~mechanisch~~ / elektrisch
231. Anzahl: 2
232. Art der Zündung: Batterie
233. Anzahl der Zündverteiler: 1 Doppelzündverteiler
234. Anzahl der Zündspulen: 2
235. Anzahl der Zündkerzen je Zylinder: 2
236. Art der Lichtmaschine: Drehstrom
237. Art des Lichtmaschinen-Antriebes: Keilriemen
238. Spannung: 12 Volt
239. Anzahl der Batterien: 1
240. Anordnung der Batterie: hinter dem rechten Sitz
241. Spannung: 12 Volt
242.

Motorleistungen und Fahrzeug-Geschwindigkeit (laut Hersteller-Katalogangaben)

250. Leistung des Motors: 210 PS / DIN / SAE 8 000 U/min
251. Drehzahl maximal: 8 200 U/min Leistung 204 PS
252. Größtes Dehmoment: 20 mkg bei 6 000 U/min
253. Höchstgeschwindigkeit des Fahrzeuges: ca. 280 km/h 17 mph
254.

FÉDÉRATION INTERNATIONALE DE L'AUTOMOBILE

Fabrikat Porsche Typ Carrera 6 FIA / CSI Homologation Nr. 226

Kraftübertragung
Kupplung

260. Bauart der Kupplung Einscheiben-Trockenkupplung
261. Anzahl der Kupplungs-Scheiben 1
262. Durchmesser der Kupplungs-Scheibe 216 mm 8,5 inches
263. Durchmesser der Kupplungsbeläge, innen 144 mm 5,66 inches
Durchmesser der Kupplungsbeläge, außen 216 mm 8,5 inches
264. Art der Kupplungs-Betätigung mechanisch mit Seilzug
265.

Wechselgetriebe (Foto H)

270. Art der Schaltung Knüppelschaltung
Fabrikat des Getriebes Porsche Modell / Typ 906
271. Anzahl der Gänge (vorwärts) 5
272. Anzahl der synchronisierten V-Gänge 5
273. Anordnung des Schalthebels zwischen den Sitzen
274. Automatisches Getriebe, Fabrikat / Typ /
275. Anzahl der Gänge (vorwärts) /
276. Anordnung des Schalthebels /

277	Schaltgetriebe Gangradpaare untereinander auswechselbar		~~Automatischer~~ Schalt- Getriebe		Zusätzliche Getriebe-Übersetzung/Automatisch			
	Übersetzungs-verhältnis	Anzahl der Zähne	Übersetzungs-verhältnis	Anzahl der Zähne	Übersetzungs-verhältnis	Anzahl der Zähne	Übersetzungs-verhältnis	Anzahl der Zähne
1	1:2,643	14:37	1:2,833	12:34	1:2,838	12:34	1:2,4	15:36
2	1:1,778	18:32	1:2,000	17:34	1:1,889	18:34	1:1,6	20:32
3	1:1,318	22:29	1:1,550	20:31	1:1,476	21:31	1:1,217	23:28
4	1:1,000	26:26	1:1,318	22:29	1:1,217	23:28	1:1	26:26
5	1:0,821	28:23	1:1,217	23:28	1:1,040	25:26	1:0,821	28:23
6								
RÜCKWÄRTS	1:2,69	12:15 20:43	1:2,61	14:17 20:43				

278. Schongang-Getriebe / Typ
279. Anzahl der Vorwärtsgänge mit Schongang-Getriebe /
280. Übersetzungs-Verhältnis des Schongang-Getriebes /
281.

Antriebsachse

290. Bauart der Antriebsachse Gelenkwellen (Vollwellen oder Rohrwellen)
291. Art des Ausgleichsgetriebes ZF - Sperrdifferential
293. Art der Ausgleichssperre (falls vorhanden) Lamellen
293. Übersetzungs-Verhältnis des Ausgleichsgetriebes 1:4,422 Anzahl der Zähne 7:31
1:4,833 6:29
294. 1:5,333 6:32

FÉDÉRATION INTERNATIONALE DE L'AUTOMOBILE

PORSCHE

BETRIEBSANLEITUNG
Carrera 6

Dr.-Ing. h. c. F. Porsche K.-G.

Stuttgart-Zuffenhausen

Printed in Germany W 315 Januar 1966 Änderungen vorbehalten

Seite

Vorwort
Beschreibung des Fahrzeugs
Motor 1
Motor-Längsschnitt 2
Vorderachse 3
Hinterachse 4

Technische Daten
Motor 7
Motorkonstruktion 7
Kraftstoffanlage 8
Elektrische Anlage 8
Getriebe und Hinterachsantrieb 9
Fahrgestell 9
Aufbau 11
Maße und Gewichte 11
Füllmengen 11
Betriebsstoffe 11

Bedienungsanweisung
Instrumente und Bedienungseinrichtung 13
Handbremse 15
Lenkradverstellung 15
Öldruckkontrolle 15
Kraftstoffvorratsanzeiger 16
Motordrehzahlen 16
Starten des Motors 14
Schaltung 14

Schmierung und Pflege
Motoröl wechseln und Ölsieb im Motor reinigen 17
Ölsieb im Öltank reinigen 17
Sieb in den Kraftstoffpumpen reinigen 18
Ölfilter reinigen 18

Wartungs- und Einstellarbeiten
Zündkerzen 21

Seite

Zündverteiler 21
Unterbrecherkontakt einstellen 21
Zündzeitpunkt einstellen 21
Steuerungseinstellwerte 23
Ventilspiel einstellen 23
Vergaser 24
Vergaser-Leerlauf einstellen 24
Vergaser-Ansicht 25
Kraftstoffniveau einstellen 27
Keilriemen auswechseln und einstellen 27
Bremsen 29
Bremsbelag 29
Bremsbeläge auswechseln 30
Einfahren der Bremsbeläge 31
Bremsen entlüften 31
Handbremse einstellen 33
Vorderradlager einstellen 34
Reifendruck 34
Kupplungsspiel prüfen und einstellen 35
Einstellwerte für Fahrgestell 906 36

Anhang
Anzugsmomente für Motor 901/20 39
Vergasereinstellung Weber 46 IDA 3 C 40
Vollastkurve Motor 901/20 41
Getriebeschaubild 43
Schaltplan 44

VORWORT

Einem Sportfahrer muß man die Grundbegriffe des Autofahrens nicht erläutern. Ihn interessieren vielmehr die technischen Einzelheiten des neuen Fahrzeugs in knappgefaßter Form.

Dieser Gedanke war Richtlinie bei der Bearbeitung der Betriebsanleitung für den Porsche Carrera 6.

Sie finden in gewohnter Reihenfolge, nach der kurzgefaßten Beschreibung des Fahrzeugs, ausführliche Technische Daten und alles Wissenswerte über die Bedienung.

Den Hauptanteil aber bilden die Beschreibungen der einzelnen Wartungs- und Schmierarbeiten. Sie geben dem Fahrer und Fachmann Gelegenheit, schneller mit den Typen-gebundenen Arbeiten vertraut zu werden und das Fahrzeug vorschriftsmäßig zu warten.

Die einfache Ausführung dieser Betriebsanleitung entspricht dem technischen Charakter und soll die Möglichkeit geben, den Inhalt durch Nachträge, Notizen und Diagramme individuell zu erweitern.

Wir wünschen Ihnen viel Freude mit Ihrem Porsche Carrera 6 und recht viel sportliche Erfolge.

Dr.-Ing. h.c.F. Porsche KG.

Betriebsanleitung

BESCHREIBUNG

DES

FAHRZEUGES

MOTOR

Der luftgekühlte 4-Takt-Otto-Motor hat je 3 sich gegenüberliegende Zylinder (Boxer-Motor). Das Kurbelgehäuse, sowie die stark verrippten Zylinderköpfe und Zylinder sind aus Elektro-Magnesium-Legierung. Die Laufflächen sind mit einer Chromschicht versehen.

Die Kurbelwelle ist im Gesenk geschmiedet und wie im Pleuel gleitgelagert. Die im Zylinderkopf V-förmig, hängend angeordneten Ventile werden über je eine obenliegende Nockenwelle gesteuert. Der Antrieb der Nockenwellen erfolgt durch Ketten. Durch zwei elektrische Kraftstoffpumpen, die hinter der Bugraum-Querwand am Rahmen angebracht sind, wird der Kraftstoff zu den zwei Dreifachfallstrom-Vergasern gefördert.

Ein Doppel-Zündverteiler mit Vierfachunterbrecher, der über einen Schneckenantrieb von der Kurbelwelle angetrieben wird, erhält von zwei Zündspulen den hochgespannten Zündstrom, der zu den Zündkerzen weitergeleitet wird. In jedem Zylinder sind zwei Zündkerzen eingebaut (Doppel-Zündung).

Die Motorschmierung ist als Trockensumpf-Schmierung ausgebildet. Das von den Schmierstellen ablaufende Öl gelangt in den Ölsumpf des Kurbelgehäuses und wird hier von einer Rückförderpumpe abgesaugt. Der Ölkreislauf gelangt von der Rückförderpumpe zum Ölfilter und von dort zum Thermostat. Je nach Öltemperatur wird das Öl zum Ölkühler oder direkt in den Öltank geleitet. (Der Öltank befindet sich hinter dem rechten Vorderrad).

Das über dem Motor liegende, axial-arbeitende Kühlluftgebläse wird durch einen Keilriemen über die Lichtmaschine angetrieben.

Motor Längsschnitt

1. Kupplung mit Mitnehmerscheibe
2. Schwungrad
3. Kurbelgehäuse
4. Kurbelwelle
5. Entlüftungsrohr
6. Gebläserad
7. Lichtmaschine
8. Keilriemen
9. Verteiler-Antriebsrad
10. Riemenscheibe
11. Zwischenwelle
12. Kettenrad für Nockenwellenantrieb
13. Pleuel
14. Ölablaßstopfen
15. Ölsieb
16. Zahnradpumpe für Ölabsaugung
17. Zahnradpumpe für Ölzuführung an die Lagerstellen

VORDERACHSE

Die Vorderräder sind einzeln an schrägangestellten Querlenkern aufgehängt. Die Abfederung erfolgt durch Schraubenfedern. Durch einen Stabilisator wird die Querneigung des Fahrzeugs bei Kurvenfahrt verringert. Die doppeltwirkenden Teleskop-Stoßdämpfer dienen zugleich als Aufnahme für die Federelemente. Durch verstellbare Kugelgelenke ist der Achsschenkel am unteren und oberen Querlenker gelagert. An der Vorderachse sind 12 Schmierstellen, die nach Bedarf abzuschmieren sind.

Einzelradaufhängung durch schrägangestellte Querlenker und durch zwei Längsstreben in Fahrtrichtung geführt. Ein Stabilisator erhöht die Fahrsicherheit. Die Abfederung erfolgt durch Schraubenfedern. Die doppeltwirkenden Teleskop-Stoßdämpfer dienen zugleich als Aufnahme für die Federelemente. Die Kreuzgelenke der Antriebswellen sind wartungsfrei, dagegen sind an den vorderen Anlenkungen der Längsstreben und an den Querlenkern insgesamt 10 Schmierstellen.

Betriebsanleitung

TECHNISCHE DATEN

TECHNISCHE DATEN

Motor 901/20

Zylinderzahl	6
Bohrung	80 mm
Hub	66 mm
Hubraum	1 991 cm^3
Verdichtung	10,3:1
Motorleistung (DIN)	210 PS bei 8 000 U/min.
Motorleistung SAE	225 PS bei 8 000 U/min.
Max. Drehmoment	20 mkg bei 6 000 U/min.
Hubraumleistung PS/Ltr.	105,3 PS
Höchstgeschwindigkeit	ca. 280 km/h

Motorkonstruktion

Bauart	Viertakt-Otto-Motor mit je 3 gegenüberliegenden Zylindern (Boxer)
Kühlung	luftgekühlt
Kurbelgehäuse	Leichtmetall
Zylinder	Einzelzylinder, Leichtmetall
Zylinderkopf	Leichtmetall, je einer für 1 Zylinder
Anzahl der Ventile	1 Einlaßventil und 1 Auslaßventil (je Zylinder)
Kurbelwellenlagerung	gleitgelagert
Kurbelwelle	geschmiedet
Pleuel (Titan)	gleitgelagert
Kolben	Leichtmetall
Kolbenringe	2 Verdichtungsringe, 1 Ölabstreifring
Ventilsteuerung	je 1 obenliegende Nockenwelle mit Kipphebel
Nockenwellenantrieb	durch 2 Ketten
Ventilanordnung	V-förmig, 59° hängend
Ventilfedern	2 Schraubenfedern, je Ventil

Ventilspiel, bei kaltem Motor einstellen

Einlaß	0,1 mm
Auslaß	0,1 mm

Ventilsteuerzeiten bei 0,1 mm Ventilspiel

Einlaß öffnet v. OT	104°
Einlaß schließt n. UT	104°
Auslaß öffnet v. UT	100°
Auslaß schließt n. OT	80°

Diese Werte sind nur theoretisch und können durch Bearbeitungs- und Einstelltoleranzen differieren.

Gebläseantrieb	durch Keilriemen
Schmierung	Trockensumpfschmierung mit Ölbehälter und Ölfilter im Hauptstrom
Öldruckanzeige	durch Warnlampe (3 atü. eingestellt)
Ölkühlung	1 Ölkühler

Kraftstoffanlage

Vergaser	2 Dreifachfallstrom-Vergaser Weber 46 IDA 3 C
Kraftstoffpumpe	2 Stück Bendix, elektrisch
Förderdruck	0,22 - 0,25 atü

Elektrische Anlage

Batterie	Marelli 6 FC 19, 12 V/27 Ah
Lichtmaschine	Drehstrom 490 Watt
Zündung	Batteriezündung, Doppelzündung, 2 getrennte Zündkreise
Zündspulen	2 Zündspulen Marelli S R 9 B mit Vorwiderstand durch Relais gesteuert
Zündverteiler	von der Kurbelwelle angetrieben 1 Doppelzündverteiler

Kontaktabstand	0,35 mm ± 0,03
Zündzeitpunkt	30° v. OT gemessen bei 8 000 U/min.
Zündfolge	1 - 6 - 2 - 4 - 3 - 5
Schließwinkel	36° ± 2°
Zündkerzen	X 290 T 17
Elektrodenabstand	0,35 - 0,4

Getriebe und Hinterachsantrieb

Bauart	5-Gang-Getriebe und Ausgleichsgetriebe in einem Tunnelgehäuse aus Magnesium-Legierung
Wechselgetriebe	5 Vorwärtsgänge, 1 Rückwärtsgang 1. - 5. Gang synchronisiert
Übersetzung 1. - 5. Gang (Abstufung)	Standard-Nürburgringübersetzung Bergübersetzung Flugplatzübersetzung Übersetzung für schnelle Rennen
Übersetzung-Rückwärtsgang	mit 1. Gang 14/37 i = 1:2,61 mit 1. Gang 12/34 i = 1:2,69 mit 1. Gang 15/36 i = 1:2,37
Schaltungsart	Gestängeschaltung mit Kugelschalthebel in Wagenmitte
Achsantrieb	spiralverzahnte Kegelräder, ZF-Sperrdifferential, Doppelgelenkachse
Übersetzungsverhältnis	7/31 ; i = 4,428
Kupplung	Einscheiben-Trockenkupplung M 215 K
Spiel am Kupplungsfußhebel	20 - 25 mm

Fahrgestell

Rahmen	Gitterrohrrahmen mit Kunststoffkarosserie
Radaufhängung vorn	Einzelradaufhängung mit schrägliegender Doppelquerlenkern
Radaufhängung hinten	Einzelradaufhängung mit schrägliegender Doppelquerlenkern
Federung vorn	Schraubenfedern mit Stoßdämpfern komb.
Federung hinten	Schraubenfedern mit Stoßdämpfern komb.

Stoßdämpfer vorn	doppeltwirkende Teleskop-Stoßdämpfer
Stoßdämpfer hinten	doppeltwirkende Teleskop-Stoßdämpfer
Stabilisator	vorn : querliegend - hinten: querliegend
Lenkung	ZF - Zahnstangenlenkung
Gesamtübersetzung	1 : 15,5 in der Mitte
Lenkradumdrehung von Anschlag zu Anschlag	2,07
Kleinster Wendekreis	ca. 13,5 m, Spurkreis 12,8 m
Vorspur	
Fahrzeug bei Normallage	20'
Fahrzeug eingefedert bis zum Anschlag	20' bis 10'
Fahrzeug ausgefedert bis zum Anschlag	20' bis 30'
Vorspur hinten	20'
Sturz vorne	- 40 ± 5'
Sturz hinten	- 2° ± 10'
Spreizung	8°
Nachlauf	7° ± 15'
Räder	Lochscheibenräder
Felgen	Tiefbettfelge, vorn: 7 K x 15 hinten: 9 K x 15
Reifen vorn Serie	Dunlop 5,50 L 15 R 7 yellow spot
Reifen hinten	Dunlop 5,50 M R 7 yellow spot

	Hohe Geschwindigkeiten	normal
Reifendruck (Richtwerte) vorn:	2,0	1,8
Reifendruck (Richtwerte) hinten:	2,2	2,0

Fußbremse	Scheibenbremse, hydraulisch, auf alle 4 Räder wirkend (Zweikreissystem, vord. und hint. Kreis getrennt).
Handbremse	mechanisch, auf die Hinterräder wirkend
Wirksamer Bremsscheiben Ø vorn	226 mm
hinten	243 mm
Bremsfläche je Rad vorn	79,3 cm^2
hinten	50,5 cm^2

Wirksame Bremsfläche ges.	259,6 cm^2
Handbrems-Trommel-Ø	180 mm
Wirksame Bremsfläche ges.	194 cm^2

Aufbau

Bauart	Kunststoff
Türen	oben angeschlagen
Windschutzscheibe	Sicherheitsglas
Deckel vorn	abnehmbar
Heckteil	abnehmbar
Kofferraum im Heck	Kunststoff, abnehmbar
Anzahl der Sitze	2

Maße

Radstand	2 300 mm
Spurweite vorn	1 338 mm
Spurweite hinten	1 402 mm
Länge	4 113 mm
Breite	1 680 mm
Höhe (leer)	980 mm
Überhang vorn	980 mm
Überhang hinten	833 mm
Kleinste Bodenfreiheit	100 mm

Füllmenge

Kraftstoffbehälter	2 Stück, ges. 120 Ltr. ohne Reserve
Öltank	ca. 14 Ltr. bei Neufüllung
Getriebe mit Ausgleichsgetriebe	2,5 Liter
Bremse	2 Stück, ges. ca. 0,4 Liter

Betriebsstoffe

Kraftstoff	mindestens 98 ROZ
Motoröl	BP R 40 mit Detergent und Antischaum
Schmierstellen	temperaturbeständiges, wasserabweisendes, säurefreies Fett

Bremse	Castrol-Dunlop Racing Brake Fluid
Getriebeöl	Castrol R 40

Gewichte

Zulässige Vorderachslast	550 kg
Zulässige Hinterachslast	650 kg
Zulässiges Gesamtgewicht	1 050 kg

Bezeichnung der Zylinder

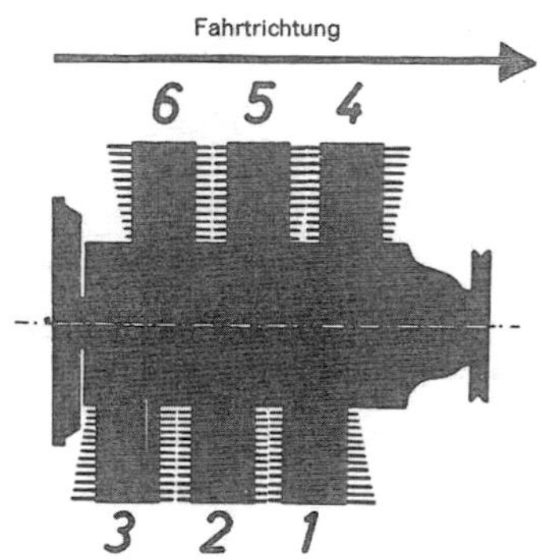

BEDIENUNGS-

ANWEISUNG

Betriebsanleitung

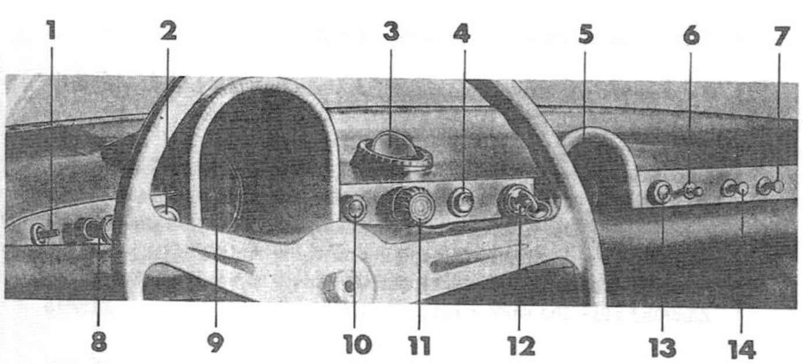

Instrumente und Bedienungseinrichtung

1. Abblendschalter
2. Benzinkontrolle
3. Frischluftzufuhr
4. Horndruckknopf
5. Öltemperatur
6. Blinkerschalter
7. Zündanlaßschalter
8. Lichtschalter
9. Drehzahlmesser
10. Öldruckkontrolle
11. Scheibenwischer und Waschanlage
12. Zündanlaßschloß
13. Blinkerkontrolle
14. Zündanlaßschalter

Starten des Motors

1. Beide Zugschalter für Doppelzündung hineindrücken.
2. Zündung einschalten, gleichzeitig werden die Kraftstoffpumpen in Betrieb gesetzt.
3. Leicht Gas geben und durch Weiterdrehen des Zündschlüssels Anlasser betätigen (bei Kaltstart evtl. vorher zwei- bis dreimal Gaspedal durchtreten). Der Anlasser soll nicht länger als 15 - 20 Sekunden betätigt werden. Nötigenfalls nach kurzer Pause Anlaßvorgang wiederholen. Der Anlaßvorgang kann nur wiederholt werden, nachdem die Zündung aus- und wieder eingeschaltet wurde.
4. Instrumente beachten: a) Lichtmaschinenkontrollampe (rot) und muß bei Drehzahlsteigerung verlöschen.
   b) Warnlampe für Öldruck (grün) beachten; sie muß sofort nach Anspringen des Motors verlöschen.
5. Nach dem Warmlaufen des Motors sollte der Ölstand im Öltank überprüft werden. Das Ölniveau sollte die Oberkante des Schaumsiebes erreichen.
6. Während der Fahrt ist es ratsam, alle Instrumente zu überwachen, um evtl. Störungen frühzeitig zu erkennen.

Schaltung

Das Getriebe ist ein 5-Gang Getriebe mit Rückwärtsgang. Der 1. bis 5. Gang sind synchronisiert. Die Rückwärtsgangübersetzung ist von der Übersetzung des 1. Ganges abhängig.

Schalthebelstellung

1. Gang: Schalthebel nach links über den Federwiderstand drücken, zurückschieben.

2. Gang: Schalthebel gerade nach vorn.

3. Gang: Schalthebel gerade nach hinten.

4. Gang: Schalthebel nach rechts vorn.

5. Gang: Schalthebel nach rechts hinten.

Rückwärtsgang: Schalthebel nach links bis zum Anschlag über den Federwiderstand ziehen, dann nach unten drücken und vorschieben.

Es ist darauf zu achten, daß die Kupplung stets voll ausgelöst wird und die Gänge ganz eingedrückt werden.

Andernfalls werden die Synchronisierungseinrichtungen unnötig beansprucht.

Handbremse

Beim Anziehen des Handbremshebels muß der Feststellknopf gedrückt werden, dann erst bleibt der Handbremshebel arretiert. Zum Lösen der Handbremse muß der Handbremshebel noch etwas angezogen und dann losgelassen werden (dabei Feststellknopf nicht drücken).

Lenkradverstellung

Das Lenkrad kann bei gelöstem Verschlußhebel am Lager der Lenksäule axial verstellt, und somit der Haltung des Fahrers angepaßt werden.

Öldruckkontrolle

Leuchtet während des Fahrbetriebs trotz vorgeschriebener Ölfüllung die Warnlampe (grün) auf, so ist zur Kontrolle die nächste Fachwerkstätte aufzusuchen. Eine Weiterfahrt ist für den Motor schädlich.

Als Ursache kann in Frage kommen:

1. zu niedriger Ölstand
2. zu dünnes Öl
3. Verstopfung des Ölsiebes im Öltank
4. Störung im Ölkreislauf
5. Öldruckschalter oder Leitung defekt

Kraftstoffvorratsanzeiger

Eine Restanzeigeleuchte (orange) warnt durch Aufleuchten, wenn der Kraftstoffinhalt weniger als 15 Liter beträgt.

Motordrehzahlen

Dauerdrehzahl bei Rennen	max. 8 000 U/min.
Kurzzeitige Höchstdrehzahl bei Rennen	max. 8 200 U/min.
Leerlaufdrehzahl	max. 1 200 U/min.

SCHMIERUNG

UND

PFLEGE

Motoröl wechseln und Ölsieb im Motor reinigen

kann nur bei ausgebautem Motor vorgenommen werden.

Getriebeölwechsel

1. Getriebeöl-Ablaßschraube an der Unterseite des Getriebegehäuses herausdrehen.

2. Getriebeöl auslaufen lassen.

3. Ölablaßschraube reinigen, wieder einsetzen und festziehen.

4. Getriebeöleinfüllschraube reinigen und herausschrauben.

5. Ca. 2,5 Ltr. Getriebeöl gemäß Schmierplan einfüllen.

6. Ölstand im Getriebegehäuse prüfen. Öleinfüllschraube einsetzen und festziehen.

Ölsieb im Öltank reinigen

Allgemeines

Das Ölsieb ist im unteren Teil des Öltanks eingeschraubt und dient zugleich als Anschluß für die Ölsaugleitung. Es hat die Aufgabe, Fremdkörper, die evtl. durch den Einfüllstutzen in den Öltank gelangen, aus dem Ölkreislauf fernzuhalten.

Die Reinigung des Ölsiebes muß im Zusammenhang mit einem Motorölwechsel vorgenommen werden.

Ausbau

1. Bei abgelassenem Motoröl, Ölsaugschlauch am Motorgehäuse und Verbindungsschläuche lösen und Öltank nach abgenommenem Befestigungsband zusammen mit dem Ölsaugschlauch herausnehmen.

2. Ölsaugschlauch am Öltank abschrauben. (Beim Lösen des Ölsaugschlauches mit einem Gabelschlüssel am Ölsieb gegenhalten.)

3. Ölsieb herausschrauben.

4. Ölsieb in sauberem Waschbenzin reinigen und ausblasen.

Einbau

1. Der Einbau erfolgt in umgekehrter Reihenfolge.

2. Nach dem Einfüllen des Motoröls, den Motor kurz laufen lassen und Anschlüsse auf Dichtheit prüfen.

3. Bei laufendem Motor Ölstand prüfen.

Sieb in den Kraftstoffpumpen reinigen

Ausbau

1. Untere Abdeckung am Bug des Fahrzeuges lösen.

2. Kraftstoffzuleitung zu den Kraftstoffpumpen abklemmen.

3. Deckel der Kraftstoffpumpe durch eine Rechtsdrehung mittels Gabelschlüssel lösen (Schnellverschluß) und abnehmen.

4. Sieb und Deckel in sauberem Waschbenzin reinigen und ausblasen. Magnet am Deckel säubern.

Einbau

1. Gummidichtung im Pumpendeckel prüfen, gegebenenfalls erneuern.

2. Sieb in Deckel einsetzen und Pumpendeckel montieren.

3. Motor im Leerlauf laufen lassen und Kraftstoffpumpe auf Dichtigkeit prüfen.

Ölfilter reinigen

Allgemeines

Zur Reinigung des Motoröls von Fremdkörpern ist ein Ölfilter eingebaut. Der Ölfilter ist im vorderen Teil des Motorraumes angebracht und liegt im Hauptstrom der Ölleitung. Reinigung im Zusammenhang mit einem Motorölwechsel durchführen.

Ausbau

1. Sechskantschraube lösen (siehe Bild), dabei untere Glocke des Filters festhalten.

2. Glocke und Ölfilter nach unten abnehmen.

3. Alle Teile in sauberem Waschbenzin reinigen und ausblasen.

Einbau

1. Korkdichtung prüfen, gegebenenfalls erneuern.

2. Ölfilter und Glocke aufsetzen und festziehen.

3. Motor im Leerlauf kurze Zeit laufen lassen.

4. Filter und Anschlüsse auf Dichtigkeit prüfen.

Von Zeit zu Zeit:

Pedalerie und Gasgestänge ölen; Schalthebellagerung, Lager für Schaltstange, Umlenkhebel, Vorwählgestänge und Handbremsseil einfetten; Bremsflüssigkeit prüfen.

WARTUNGS-
UND
EINSTELLARBEITEN

Zündkerzen

Für den Motor Typ 901/20 können entweder Silberelektroden- oder Platinelektroden-Zündkerzen verwendet werden.

Bosch:	Silberelektroden-Kerze (Bosch Nr. KE 4 073 B)	X 290 T 17
Bosch:	Platinelektroden-Kerze (Bosch Nr. KE 4 108 C)	290 T

Silberelektroden-Kerze	Platinelektroden-Kerze
innenliegende Elektrode	außenliegende Elektrode
schlechte Eigenreinigung	gute Eigenreinigung
Zündzeitpunkt 30° v. OT	Zündzeitpunkt 28° v. OT
gute Eignung für Langstrecken	gute Eignung für Kurzstrecken
langsamer Abbrand	schneller Abbrand
geringerer Preis	teuer

Zündverteiler

Der Verteiler hat einen Verstellbereich von 13°, was an der Kurbelwelle 26° ergibt. Die Verteilergrundeinstellung beträgt 2 - 3° v. OT, entspricht 3-4 mm. (Diese Einstellung kann nur als Grobeinstellung verwendet werden).

Unterbrecherkontakte einstellen

Kontaktabstand 0,35 mm ± 0,03
(vor dem Einstellen der Zündung zu prüfen)

Die Einstellung der 4 Unterbrecherkontakte erfordert besondere Sorgfalt und kann nur auf der Prüfbank eingestellt werden.

Zündzeitpunkt einstellen

Zündzeitpunkt: 30° v. OT bei 8 000 U/min. (Silberelektroden-Kerzen)
28° v. OT bei 8 000 U/min. (Platinelektroden-Kerzen)

Vorsicht!

Äußerste Grenze des Zündzeitpunktes 30° v. OT sonst Gefahr für die Kolben.

1. Zündverteilerdeckel abnehmen.
2. Kontaktabstand (0,35 mm) und einwandfreie Beschaffenheit der Kontakte prüfen, wenn notwendig Kontaktabstand einstellen bzw. Unterbrecherkontakte erneuern.
3. Zündzeitpunktmarkierung auf der Schwungscheibe mit der Gehäusetrennfuge in Deckung bringen.
4. Stroboskop je nach Bauart des Gerätes, entsprechend anschließen.
5. Motor warmlaufen lassen.
6. Verteilerhalteplatte so weit lösen, daß sich der Verteiler gerade mit der Hand drehen läßt.
7. Bei kurzfristiger Drehzahl von 8 000 U/min. Schwungscheibe mit der Blitzlampe anstrahlen.
8. Verteiler so weit drehen, bis die angestrahlte Markierung (30° v. OT) mit der Gehäusetrennfuge genau fluchtet.

Drehrichtung des Verteilergehäuses	Verstellen des Zündzeitpunktes
im Uhrzeigersinn	Spätzündung
gegen Uhrzeigersinn	Frühzündung

Steuerungseinstellwerte

Einlaßmittel 90 n. OT

Das Einlaßventil soll beim Überschneidungs-OT 6,8 mm ± 0,1 geöffnet sein.
Voraussetzung hierfür ist ein Ventilspiel von 0,10 mm.

Diese Werte sind am Einlaß-Ventilfederteller von Zylinder 1
und am Einlaß-Ventilfederteller von Zylinder 4
einzustellen.

Weitere Einzelheiten über die Grund- und Feineinstellung können dem Reparaturleitfaden 911 entnommen werden.

Ventilspiel einstellen

Anmerkung: Das Einstellen des Ventilspiels kann nur bei ausgebautem Motor vorgenommen werden.

Ventilspiel (kalt): Einlaß 0,1 mm
Auslaß 0,1 mm

1. Ventildeckel abnehmen.
2. Einzustellenden Zylinder auf Zünd-OT stellen.
3. Ventilspiel am Ventil mit möglichst breiter Fühlerlehre prüfen.
4. Ist das Ventilspiel größer als der vorgeschriebene Wert von 0,1 mm, so muß dies durch Austausch der Kappen reguliert werden. (Ventilkappen sind mit 2/100 mm unterschiedlicher Stärken erhältlich). Das Auswechseln der Kappen kann nur vor oder nach OT vorgenommen werden. Nach dem Einstellvorgang muß sich die Fühlerlehre in beiden Richtungen zügig, jedoch mit merkbarem Widerstand bewegen lassen.
5. Den Einstellvorgang sinngemäß an den anderen Ventilen wiederholen.
6. Ventilkammerdeckel montieren, auf einwandfreie Beschaffenheit und Lage der Dichtung achten.
7. Beim Probelauf des Motors, Abdichtung der Ventilkammerdeckel prüfen.

Vergaser

Allgemeines

Von der Einstellung und dem Zustand der Vergaser ist der einwandfreie Lauf des Motors abhängig. Trotz sorgfältig gereinigtem Kraftstoff besteht die Möglichkeit, daß einmal eine Düse verstopft wird, oder sonstige Verunreinigungen im Vergaser auftreten. Deshalb ist es empfehlenswert, den Betriebsverhältnissen entsprechend, den Vergaser von Zeit zu Zeit nachzusehen und die Düsen zu reinigen.

Vergaser-Leerlauf einstellen

1. Gasgestänge überprüfen, nötigenfalls einstellen.
2. Zündkerzen reinigen und prüfen.
3. Motor warmfahren.
4. Prüfen, ob alle Drosselklappen gleichmäßig schließen und das Gasgestänge nicht klemmt. Gasgestänge aushängen.
5. Kurbelwellendrehzahl durch Hineindrehen der Einstellschraube an den Vergasern auf ca. 1 000 bis 1 200 U/min. erhöhen.
6. Mit dem Vergasereinstellgerät die gleichmäßige Abstimmung der Drosselklappen beider Vergaser überprüfen.
7. Leerlauf-Gemischregulierschraube an einem Vergaser hinein- bzw. herausdrehen und in der Lage stehen lassen, in welcher der Motor am schnellsten und einwandfreisten läuft. Diesen Vorgang an der anderen Leerlauf-Gemischregulierschraube sinngemäß wiederholen.
8. Leerlaufdrehzahl 1 000 bis 1 200 U/min. durch regulieren der Leerlaufnachstellschrauben an den Vergasern einstellen. Danach Punkt 6 wiederholen.

1. Leerlaufeinstellschraube

2. Leerlaufdüse

3. Hauptdüse

4. Leerlauf-Gemischregulierschraube

5. Anschluß für Niveaumeßgerät (Sonderwerkzeug P 226)

6. Bypass-Bohrung

Zwei Schwimmerventile und die Beschleunigungspumpe sind auf der Rückseite des Vergasers angebracht.
Die Luftkorrekturdüsen befinden sich unter dem durch Pfeil gekennzeichneten Staubschutzsieb.

9. Kugelgelenke am Vergasergestänge einfetten und Gestänge spannungsfrei einhängen.

10. Motor abstellen. Einspritzmenge messen. Bei zweimaligem Einspritzen von Leerlauf auf Vollgas muß pro Röhrchen 1 x 0,6 cm^3 eingespritzt werden. Sollte dieser Wert nicht erreicht werden, sind Pumpendüse und Saugventil zu überprüfen.

Kraftstoffniveau einstellen

1. Fahrzeug waagrecht aufstellen.

2. Verschlußschraube für Kraftstoffniveau-Kontrolle herausschrauben. Durch Unterlegen von Scheiben kann das Niveau-Meßglas P 226 zur Niveau-Kontrolle verwendet werden.

3. Zündung und somit Kraftstoffpumpen einschalten.

4. Das Niveau kann durch Unterlegen einer stärkeren bzw. schwächeren Dichtung unter dem Schwimmernadelventil berichtigt werden.

   Dabei gilt: Stärkere Dichtung - Niveau wird höher
   Schwächere Dichtung - Niveau wird niedriger

Das Kraftstoffniveau beträgt gemessen von Auflagefläche zum Vergaserdeckel bis zum Kraftstoffspiegel 21 mm, Einstellmarke am Niveau-Meßglas anreißen. Zum Messen des Kraftstoff-Niveaus, Motor im Leerlauf laufen lassen.

Keilriemen auswechseln und einstellen

Wir empfehlen, die Keilriemenspannung oftmals zu überprüfen.

Bei zu geringer Keilriemenspannung besteht die Gefahr, daß der Schlupf zwischen Keilriemenscheibe und Keilriemen zu groß wird, dadurch wird der Motor durch mangelhafte Luftförderung des Gebläses zu heiß.

Zu große Keilriemenspannung führt zur Überbelastung des Keilriemens, was zum Reißen des Keilriemens und unter Umständen zur Beschädigung der Lichtmaschinenlager führen kann.

Bei der Wartung und Schmierung des Motors ist zu beachten, daß der Keilriemen frei von Öl und Fett bleibt.

Verölte Keilriemen können durch Waschen in einer P-3-Lösung und nachfolgendem gründlichen Nachspülen in klarem Wasser wieder gebrauchsfähig gemacht werden. Zum Reinigen des Keilriemens darf kein Benzin verwendet werden. Verschlissene Keilriemen dürfen nur durch Keilriemen Phönix Rhombus DA 9,5 x 710 ersetzt werden.

Die Keilriemenspannung ist vorschriftsmäßig, wenn sich der Riemen in der Mitte zwischen den beiden Riemenscheiben durch leichten Daumendruck um etwa 15 - 20 mm drücken läßt.

Der Keilriemen darf keine Spuren übermäßiger Abnützung, beispielsweise ausgefranste Ränder oder aufgeschlitzte Flanken, aufweisen.

Einstellen

1. Mutter an der Riemenscheibe der Lichtmaschine lösen. Beim Lösen und Anziehen der Mutter ist die Riemenscheibe mit dem Spezialschlüssel P 208 anzuhalten.

2. Scheibe und äußere Riemenscheibenhälfte abnehmen.

3. Abstandscheibe der Riemenscheibe so anordnen, daß sich der Riemen durch leichten Daumendruck 15 - 20 mm nach innen drücken läßt. Dabei wird durch Herausnehmen von Abstandscheiben die Spannung erhöht, bzw. durch Einfügen verringert.

   Hat sich ein Keilriemen so weit gelängt oder abgenützt, daß beim Einstellen der richtigen Spannung nur eine Abstandscheibe zwischen den beiden Scheibenhälften verbleibt, so ist der Riemen zu erneuern. Außerdem ist noch darauf zu achten, daß der Keilriemen nicht im Grund der scheibe trägt.

4. Äußere Keilriemenscheibe aufsetzen.

5. Alle nicht zwischen die Riemenscheibenhälften eingelegten Abstandsscheiben zwischen äußerer Riemenscheibenhälfte und der Spannkappe anordnen, damit die Gesamtzahl der Scheiben erhalten bleibt.

6. Mutter festziehen und schlagfreien Lauf der Scheibenhälfte kontrollieren. Eine taumelnde Scheibenhälfte hätte erhöhten Keilriemenverschleiß zur Folge.

Achtung!

Neu aufgelegte Keilriemen längen sich nach kurzer Laufzeit nocht etwas und geben an den Flanken nach, so daß sie bereits nach 50 bis 100 km nicht mehr die erforderliche Spannung haben. Es ist daher unbedingt erforderlich, neue Keilriemen rechtzeitig auf richtige Spannung zu prüfen und gegebenenfalls nachzuspannen. Das Abnehmen des Keilriemens mit Hilfe eines Schraubendrehers ohne Lösen der Riemenscheibenhälfte führt zwangsläufig zu deren Beschädigung.

Bremsen (Scheibenbremsen)

Der Leerweg des Bremsfußhebels bleibt durch die automatische Nachstellung bei richtig entlüfteter Bremse immer konstant. Bis zum Ansprechen der Bremse kann der Gesamtpedalweg ca. 30 bis 50 % betragen.

Läßt sich der Bremsfußhebel weiter durchtreten, so muß die Bremse kontrolliert bzw. entlüftet werden.
Jeder Bremsbelag der Scheibenbremse wird beim Bremsen von einem Kolben hydraulisch an die Bremsscheibe gepreßt. Die Nachstellung der Bremse erfolgt automatisch. Bei nasser Straße ist es angebracht, durch eine nicht zu seltene Benutzung der Bremse, die Bremsscheibe trocken zu halten. Auch die Scheibenbremse nach dem Wagenwaschen trockenbremsen. Scheibenbremsen sind bei wesentlich höheren Temperaturen noch betriebsfähiger als dies bei der Trommelbremse der Fall ist. Trotzdem soll auf die Bremswirkung des Motors bei längeren Bergabfahrten nicht verzichtet werden, da bei Überhitzung der Bremsen die Gummidichtungen beschädigt werden können, und durch Dampfblasenbildung in der Bremsflüssigkeit der Bremspedalweg größer wird und unter Umständen für eine einwandfreie Bremsung nicht mehr ausreicht.

Bremsbelag

Der Bremsbelagverschleiß hängt hauptsächlich von der Beanspruchung der Bremse, sowie der Fahrweise und den Straßenverhältnissen ab. Wir empfehlen bei den ersten Kundendienstarbeiten, die Bremsbeläge durch

Belagkontrolle zu prüfen. Bei verschmutzter Fahrbahn muß mit höherem Verschleiß gerechnet werden.
Bei Kundendienstarbeiten, sowie bei jedem Radwechsel, ist durch Sichtprüfung die Dicke der Bremsbeläge zu kontrollieren. Zwischen Spannfeder und Bremsbelagplatte muß noch Verschleißmöglichkeit bestehen. Die Verschleißgrenze ist erreicht, wenn die Belagplatte an der Spannfeder anliegt (Belagdicke mindestens ca. 2 mm).
Vor dem Antritt einer größeren Fahrt empfehlen wir, die Bremsbeläge zu kontrollieren.

Bremsbeläge auswechseln

An einem Fahrzeug müssen alle vier Räder mit der gleichen Bremsbelagsorte ausgerüstet sein. Obwohl Bremsbeläge einzeln ausgetauscht werden können, empfehlen wir, mindestens alle Beläge einer Achse gemeinsam zu erneuern.

Achtung!

Angebremste Beläge müssen vor dem Ausbau gezeichnet werden, damit sie bei eventuellem Wiedereinbau an der ursprünglichen Stelle eingesetzt werden können.

1. Wagen aufbocken und Räder abnehmen.

2. Sicherungsösen und Haltestifte herausziehen, dabei Haltefeder niederdrücken und abnehmen.

3. Bremsbeläge vor dem Herausziehen zeichnen und abnehmen.

4. Kolben mittels der Kolbenrücksetzstange vollkommen in die Ausgangsstellung zurückdrücken. Notfalls kann auch ein Hartholzstück dazu Verwendung finden. Andere Werkzeuge dürfen wegen der Gefahr der Kolben- bzw. Bremsscheibenbeschädigung nicht verwendet werden.

Achtung!

Beim Zurückdrücken der Kolben strömt die Bremsflüssigkeit in die Ausgleichsbehälter zurück. Um ein Überlaufen zu verhindern, Bremsflüssigkeit aus den Ausgleichsbehältern absaugen. Das Absauggerät darf nur mit

Bremsflüssigkeit in Berührung kommen.

5. Sitz- und Führungsflächen der Bremsbeläge im Gehäuseschacht mit Spiritus reinigen (keine mineralischen Lösemittel, sowie scharfkantige Werkzeuge verwenden).

6. Schutzkappen, sowie Klemmringe auf Beschädigung überprüfen. Harte und poröse Schutzkappen erneuern.

7. Bremsscheiben mit feinem Schmirgelleinen abziehen.

8. Neue Bremsbeläge in den Gehäuseschacht einsetzen, mit Haltestiften, Spannfedern und Sicherungsösen montieren. Bremsbeläge müssen sich im Gehäuseschacht leicht bewegen lassen. Spannfedern und Sicherungsösen erneuern.

9. Bei den übrigen drei Bremsen sinngemäß verfahren.

Achtung!

Als Austauschbremsbeläge sind nur die von unserem Ersatzteildienst angebotenen Bremsqualitäten zu verwenden.
Vor Inbetriebnahme des Fahrzeugs, im Stand mehrmals das Bremspedal so weit wie möglich durchtreten, damit die Kolben und Beläge in Betriebsstellung kommen. Danach Stand der Bremsflüssigkeit im Ausgleichsbehälter kontrollieren, notfalls nachfüllen.

Einfahren der Bremsbeläge

Fabrikneue Bremsbeläge haben ein einmaliges Nachlassen der Bremswirkung (Wärmefading), das sich jedoch nach einer Einfahrzeit von ca. 200 km verliert. Während dieser Zeit soll die Bremse nur im Notfall aus hoher Geschwindigkeit voll beansprucht werden.
Nach der Montage neuer Bremsbeläge ist der Pedalweg bis zum beendeter Einlaufvorgang etwas größer als gewohnt.

Bremsen entlüften

Nach jeder Reparatur an der Bremse, bei zu großem und weichem Pedalweg oder bei ungleicher Bremswirkung, muß die Bremse mit größter Sorg-

falt entlüftet werden. Der hintere und vordere Bremskreis müssen gemeinsam entlüftet werden, deshalb sind zum Entlüften drei Personen notwendig. Es wird jeweils zuerst am äußeren, dann am inneren Bremszylinder an der dazugehörigen Entlüfterschraube in nachstehender Reihenfolge entlüftet; dazu alle vier Räder abmontieren.

1. Rechtes Vorderrad und rechtes Hinterrad (äußerer, dann innerer Bremszylinder)

2. Linkes Vorderrad und linkes Hinterrad (äußerer, dann innerer Bremszylinder)

Entlüften

1. Staubschutzkappen an den Entlüfterventilen am Radbremszylinder entfernen.

2. Entlüfterschlauch über den Nippel des Entlüfterventils schieben.

3. Freies Ende des Entlüfterschlauches in ein etwa zur Hälfte mit Bremsflüssigkeit gefülltes Gefäß stecken.

4. Entlüfterventil mit einem Schraubenschlüssel um etwa eine Umdrehung lösen.

5. Bremsfußhebel niederdrücken. Erst nach geschlossenem Entlüfterventil Bremsfußhebel wieder zurücklassen. Diesen Vorgang mehrmals wiederholen, bis sich an der Mündung des Entlüfterschlauches im Glasbehälter keine Luftblase mehr zeigt. Dann Entlüfterventil festziehen und Entlüfterschlauch abnehmen.

6. Entlüftungsvorgang an den übrigen Bremszylindern in der aufgeführten Reihenfolge sinngemäß wiederholen. Dabei besonders beachten, daß in jedem Fall genügend Bremsflüssigkeit in den Ausgleichsbehältern vorhanden ist.

Achtung!

Bremsflüssigkeit, die beim Bremsenentlüften durchgepumpt wurde, darf nicht mehr in die Ausgleichsbehälter eingefüllt werden.

7. Bremsflüssigkeit in den Ausgleichsbehältern prüfen und notfalls auffüllen.

8. Staubschutzkappen und Räder montieren.

9. Einwandfreie Entlüftung und Dichtheit der Anschlüsse unter Druck durch Niederdrücken des Bremspedals prüfen.

Nach einer Probefahrt muß nochmals entlüftet werden, um sicherzustellen, daß wirklich alle Luft entfernt ist. Der Leerweg des Bremspedals bleibt durch die automatische Nachstellung bei richtig entlüfteter Bremse immer konstant, beträgt aber bis zum Ansprechen der Bremse ca. 30 bis 50 % des Gesamtpedalweges.

Achtung!

Beim Nachfüllen von Bremsflüssigkeit nur Castrol-Dunlop Racing Brake Fluid verwenden. Vor Veranstaltungen mit hoher Beanspruchung gesamtes Bremssystem entleeren und mit neuer Bremsflüssigkeit aus original verschlossenen Behältern einfüllen (durchentlüften).

Vorsicht! Bremsflüssigkeit greift Fahrzeuglack an.

Handbremse einstellen

1. Zum Einstellen der Handbremse muß der Wagen hinten aufgebockt und die Hinterräder abgenommen werden.

2. Handbremse lösen und Scheibenbremsbeläge der Hinterachse los - drücken, bis sich die Bremsscheibe frei drehen läßt.

3. Durch die Öffnung an der Bremstrommel der hinteren Bremsscheibe, Einstellmutter für Bremsbacken mit einem Schraubendreher drehen, bis sich die Bremsscheibe von Hand nicht mehr drehen läßt.

4. Einstellvorgang an der gegenüberliegenden Bremse wiederholen.

5. Vom Motorraum her kontrollieren, ob der Bremsausgleich im Mitteltunnel mit den Bremsseilen einen rechten Winkel bildet.

6. Bremsseile an der Seilhülle so weit nachstellen, bis am Handbremshebel gerade noch Spiel vorhanden ist.

7. Einstellmuttern an den Handbremsbacken um 4 bis 5 Zähne lösen.

8. Vor Inbetriebnahme des Fahrzeugs, im Stand mehrmals das Bremspedal so weit wie möglich durchtreten, damit die Kolben und Beläge der Hinterradbremse in Betriebsstellung kommen. Stand der Bremsflüssigkeit kontrollieren.

Vorderradlager einstellen

Allgemeines

Die Vorderradlager sind richtig eingestellt, wenn sich die Druckscheibe am äußeren Lager mit einem Schraubendreher seitlich gerade noch leicht bewegen läßt und die Bewegung der Radnabe quer zur Fahrtrichtung kein merkliches Spiel zeigt, Bremsscheibe muß sich noch leicht drehen lassen.

Einstellen

1. Kappe abnehmen und Klemmutter durch Lösen der Zylinderschrauben entsichern.

2. Klemmutter so weit anziehen, bzw. lösen, bis sich die Druckscheibe mittels eines Schraubendrehers seitlich gerade noch leicht bewegen läßt und beim Bewegen der Radnabe kein merkliches Spiel festzustellen ist. Klemmutter - ohne Verdrehung - durch Festziehen der Zylinderschraube sichern.

Reifendruck

Die Reifen sind möglichst oft, in jedem Falle aber anläßlich von Inspektionen und vor Antritt einer größeren Fahrt auf richtigen Luftdruck und ungewöhnliche Verschleißerscheinungen, wie Schnitte, Gewebebrüche und Durchschläge zu prüfen.

Der Druck ist immer zu prüfen, solange der Reifen noch kalt ist. Richtwerte: siehe technische Daten.

Achtung!

Für Renneinsatz nur Reifen verwenden, die vom Herstellungsdatum an nicht älter als 6 Monate sind.

Kupplungsspiel prüfen und einstellen

Naturgemäß wird das Spiel am Kupplungshebel durch den normalen Verschleiß der Mitnehmerscheibe etwas kleiner. Ist das vorgeschriebene Spiel von 20 - 25 mm nicht mehr vorhanden, so muß die Kupplung folgendermaßen eingestellt werden:

1. Kontermuttern lösen (siehe Bild)

2. Nachstellmutter so verstellen, bis das gewünschte Spiel am Kupplungshebel (20-25 mm) erreicht ist.

3. Kontermutter ohne Verdrehen der Nachstellmutter festziehen.

Einstellwerte für Fahrgestell 906

1. Federn und Dämpfer

Vorderfedern:	906.343.101.05, Farbkennzeichnung blau-rot-blau
Hinterfedern:	906.333.101.02, Farbkennzeichnung blau-grün-blau
Vordere Dämpfer:	906.343.051.01, Fabrikat Bilstein
Hintere Dämpfer:	906.333.051.01, Fabrikat Bilstein

Die Stoßdämpfer werden umgekehrt eingebaut, d.h. Kolbenstange nach unten. Die Federn werden so eingebaut, daß ihre engen Windungen oben sind. Vorne und hinten werden je 2 Abstandsringe 904.343.107.00 zwischen Feder und Federteller am Dämpferkörper eingebaut.
Unter den aufschraubbaren Kopf der Bilstein-Dämpfer muß vorne und hinten die Scheibe 906.343.519.00 gelegt werden, siehe Dämpfer-Zusammenstellungs-Zeichnung.

2. Radstellungen

Zum Einstellen der Räder ist der leere Wagen mit 150 kg zu belasten. Die Ballastsäcke sind gleichmäßig rechts und links auf den Sitzen (insgesamt 70 kg), sowie auf den Einstiegschwellen (insgesamt 80 kg) zu verteilen. Anschließend muß der Wagen einige Meter vor- und zurückgeschoben werden, damit die Achsen sich auf die Belastung einstellen.

a) Vorderachse

Sturz:	$-40' \pm 5'$
Vorspur:	$+10'$ pro Rad, gedrückt; rechts und links muß die Spurstange gleich sein

Vorspur bei völlig eingefedertem Zustand messen und auf der Karte eintragen.

Nachlauf:	$7^{o} \pm 15'$
Differenzwinkel bei 20° Einschlag:	$1^{o} \pm 10'$

ANHANG

Anzugsmomente für Motor Typ 901/20

Pleuel Titan mit Titan-Schrauben	[illegible],0 mkg	-)
Schwungrad-Befestigungsschrauben	15,0 mkg	
Kupplungs-Befestigungsschrauben	3,0 mkg	
Kipphebelachsen Schrauben M 7	1,8 mkg	
Nockenwelle Antriebsrad	10,0 mkg	
Kurbelgehäusehälfte - M 8 Schrauben	2,2 - 2,5 mkg	+)
Kurbelgehäusehälfte - M 10 Schrauben	3,0 mkg	
Keilriemenscheibe - Kurbelwelle M 18 x 1,5	3,0 mkg	
Keilriemenscheibe - Lichtmaschine M 16 x 1	3,0 mkg	
Zylinderkopfmutter M 10 Neumontage	3,0 mkg	+)
Zylinderkopfmutter M 10 beim Nachziehen	3,3 mkg	
Zylinderkopfmutter M 8 Befestigung gegen Steuergehäuse	2,2 - 2,5 mkg	

+) Voraussetzung für das Anzugsmoment ist, daß Stahlscheiben unterlegt sind.

Die Muttern sind mit Öl zu montieren.

Weber Vergaser Typ 46 IDA 3 C - 3 C 1

Vergasereinstellung Motor Typ 901/20

Lufttrichter	42 Ø
Hauptdüse	170
Luftkorrekturdüse	145
Mischrohr	F 24
Zerstäuber	4,5
Einspritzrohr	50 / 3°
Pumpensaugventil	40
Einspritzmenge	1 x 0,6 cm³
Leerlaufdüse	70
Leerlaufluftdüse	80
Bypassbohrungen	0,8 - 0,8 - 1,60
Schwimmernadelventil	1,75
Niveau	21 mm

Vollastkurven Motor Typ 901/20

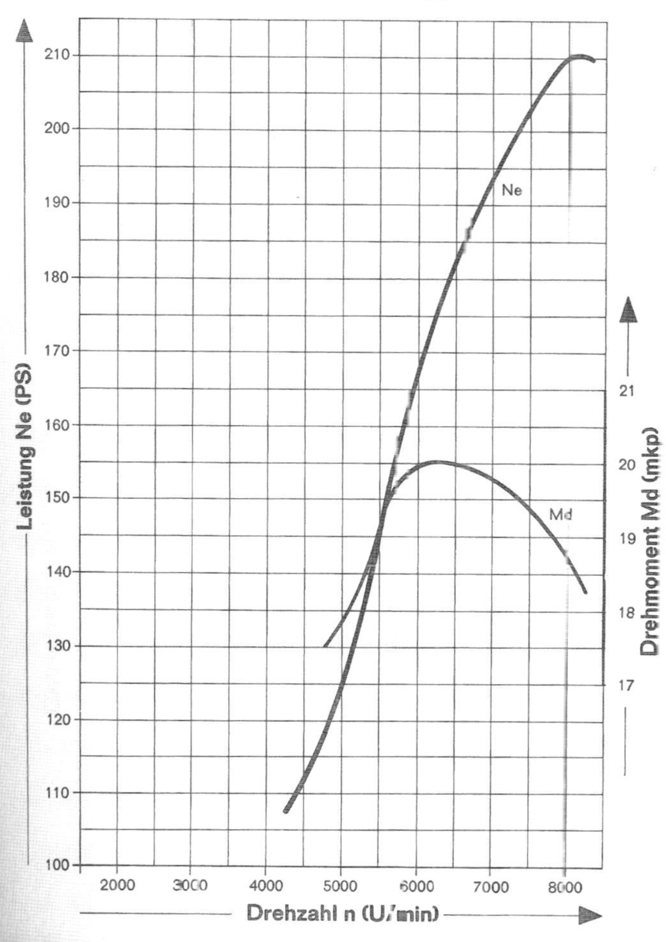

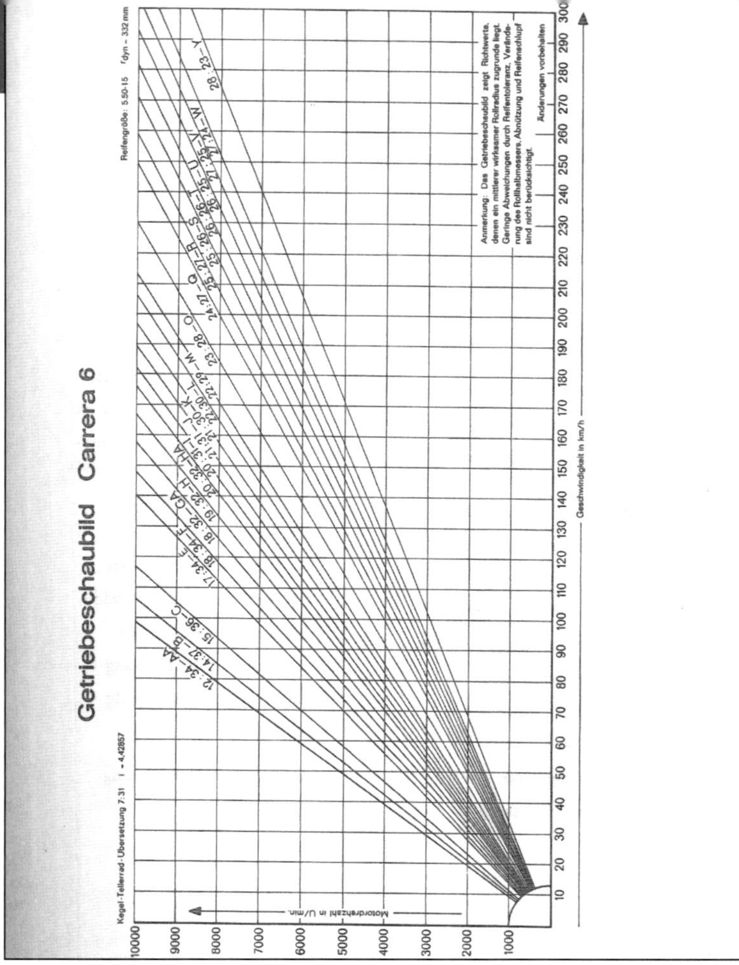

GETRIEBEÜBERSETZUNG FÜR DEN TYP 906

Ausführung	Getriebe-Typ	Motor-Typ		Gangradbezeichnung Bez.	Z_1/Z_2	i
Standard	906/0	901/20	1. Gang	B	14/37	2,643
			2. Gang	GA	18/32	1,778
			3. Gang	M	22/29	1,318
			4. Gang	T	26/26	1,000
			5. Gang	Y	28/23	0,821
Bergübersetzung	906/1	901/20	1. Gang	AA	12/34	2,833
			2. Gang	E	17/34	2,000
			3. Gang	I	20/31	1,550
			4. Gang	M	22/29	1,318
			5. Gang	O	23/28	1,217
Flugplatzübersetzung	906/2	901/20	1. Gang	AA	12/34	2,833
			2. Gang	F	18/34	1,889
			3. Gang	J	21/31	1,476
			4. Gang	O	23/28	1,217
			5. Gang	S	25/26	1,040
Übersetzung für schnelle Rennen	903/3	901/20	1. Gang	C	15/36	2,400
			2. Gang	HA	20/32	1,600
			3. Gang	O	23/28	1,217
			4. Gang	T	26/26	1,000
			5. Gang	Y	28/23	0,821
Nürburgring	906/4	901/20	1. Gang	B	14/37	2,643
			2. Gang	GA	18/32	1,778
			3. Gang	K	21/30	1,428
			4. Gang	R	25/27	1,080
			5. Gang	V	27/25	0,926

Schaltplan für Typ 906 mit Motor 901/20

1 Anlasser
2 Drehstromlichtmaschine
3 Regler
4 Zündverteiler
5 Zündspule
6 Vorwiderstand
7 Zündkerzen
8 Batterie
9 Öltemperaturgeber
10 Öldruckwarnschalter
11 Geber für Kraftstoffreserveanzeige
12 Vorwiderstandrelais
13 Fernlichtrelais
14 Blinkgeber
15 Bremslichtschalter
16 Scheibenwischerschalter
17 Fernlichtschalter
18 Zündanlaßschalter
19 Blinkerschalter
20 Lichtschalter
21 Horndruckknopf
22 Zündkreisschalter
23 Fernlicht
24 Abblendlicht und Fernlicht mit Begrenzleuchte
25
26 Blinkleuchte
27 Schluß-Brems-Blinkleuchte
28 Blinker-Kontrolleuchte
29 Kraftstoffkontrolleuchte
30 Öldruckwarnkontrolleuchte
31 Drehzahlmesser mit Lade- und Fernlichtkontrolleuchte
32 Öltemperaturanzeige
33 Benzinpumpe
34 Scheibenwischermotor
35 Sicherungskasten 6polig
36 Masseanschlußstellen
37 Steckkupplung 6polig
38 Steckverteiler 3polig
39 Horn
40 Kabelverbinder 2polig

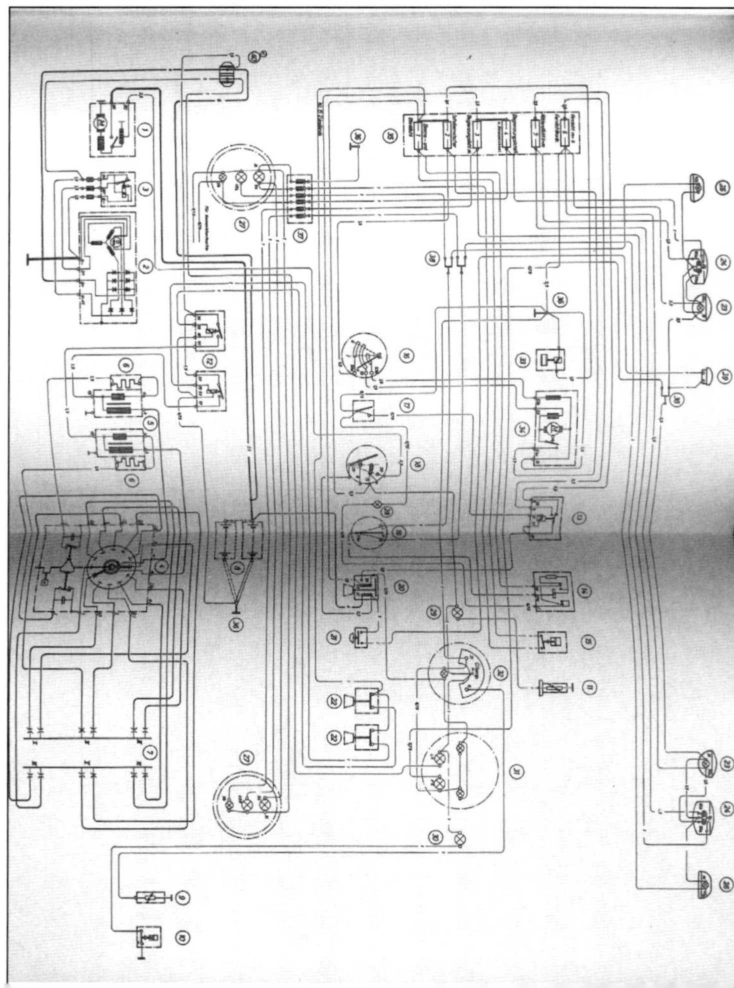

NACHTRAG ZUR BETRIEBSANLEITUNG CARRERA 6

Der Nachtrag enthält die Abweichung des Carrera 6 mit Einspritzmotor gegenüber dem Carrera 6 mit Vergasermotor.

Der Motor 901/20 des Carrera 6 wurde 1966 versuchsweise mit einer Einspritzanlage versehen. Nachdem verschiedene Probeläufe ein gutes Ergebnis und die Einspritzanlage eine Leistungssteigerung gegenüber dem Vergasermotor brachte, wurden einige Carrera 6 und die 1967 gebauten Carrera 10 mit Einspritzmotoren ausgerüstet. Der Einspritzmotor hat die Bezeichnung 901/21 und entspricht in seinem Grundaufbau dem Carrera 6-Motor 901/20.

Der Carrera 6 mit Einspritzmotor bzw. der Carrera 10 starten nur als Prototypen, sind also für den Carrera 6 mit Vergasermotor, der in der Sportwagenklasse startet, keine Konkurrenz.

TECHNISCHE DATEN

Motor 901/21

Zylinderzahl	6
Bohrung	80 mm
Hub	66 mm
Hubraum	1991 cm^3
Motorleistung (DIN)	220 PS bei 8100 U/min.
Hubraumleistung	110 PS/Ltr.
Höchstgeschwindigkeit	ca. 265 km/h
Md_{max}	21 m/kp bei 6400 U/min.
Elektrische Anlage	Transistorzündung
kurzzeitige Höchstdrehzahl	max. 8300 U/min.
Dauerdrehzahl	max. 8100 U/min.
Leerlaufdrehzahl	max. 1200 U/min.

Vollastkurven Motor Typ 901/21

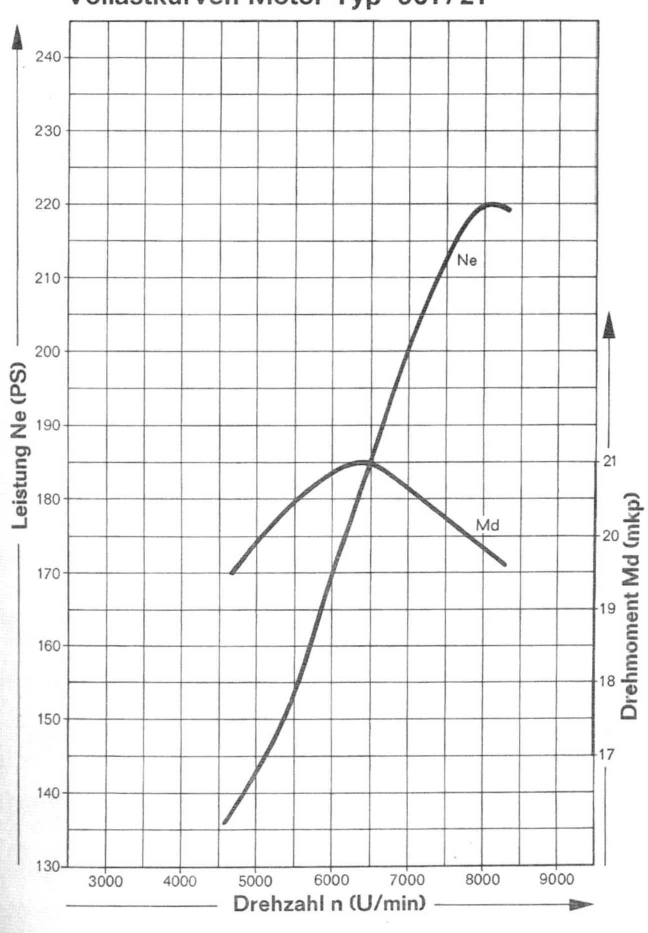

EINSPRITZPUMPE

Von einem Zusatztank (Figur 12) erhält die 6-Stempel-Einspritzpumpe über eine elektrische Pumpe Kraftstoff, der über Einspritzleitungen aus Kunststoff und durch Düsen in die Ansaugkanäle eingespritzt wird. Die Einspritzpumpe wird durch einen Kunststoffzahnriemen von der rechten Nockenwelle (Fahrtrichtung) angetrieben.

Die Steuerung mit dem Fahrfußhebel erfolgt über ein Gestänge, das Flachschieber und Reglerstange der Einspritzpumpe betätigt. Die Flachschieber (Figur 13) auf denen Lufttrichter aus Kunststoff montiert sind, regeln die Luftzufuhr

ACHTUNG:

Bei Wartungs- und Instandsetzungsarbeiten darf das Reglergehäuse nicht demontiert werden weil sich damit die Einstellung der Pumpe verändert.

Einstellung

Die Stempel der Einspritzpumpe sind wie bei einem 6-Zylinder-Reihenmotor angeordnet. Die Einspritzleitungen werden wie Figur 1 zeigt angeschlossen.

ACHTUNG:

Die Einspritzpumpe wird auf das mechanische Förderende eingestellt, der Zahnriemen muss zur Grundeinstellung abgenommen werden.

a) Grundeinstellung - erfolgt jeweils nach einer Montage bzw. Demontage der Einspritzpumpe, des Zahnriemens und nach Instandsetzungsarbeiten an der Einspritzanlage in der genannten Reihenfolge.

1) Verteilerkappe abnehmen und Motor auf Überschneidungs-OT

Zylinder 1 stellen. (Verteilerfinger muss mit dem längeren Kontaktarm auf die Markierung Zylinder 4 zeigen. (Figur 2) Zylinder 4 ist 180° zu Zylinder 1 verdreht.)

2) Motor weiterdrehen bis die Markierung an der Innenseite auf der Kurbelwelle auf 14° vor OT steht. (Figur 3)

3) Ventil am Anschluss 1 der Einspritzpumpe (Stempel für Zylinder 1) herausnehmen, damit der Kraftstoff ungehindert durchfliessen kann. (Figur 4)

4) Ein selbst angefertigtes Rohrstück wie Figur 5 zeigt aufschrauben.

5) Pumpe am Zahnrad im Uhrzeigersinn durchdrehen und den Bereich feststellen, in dem längere Zeit Benzin durchläuft. (Figur 5, 6). (Während einer Umdrehung der Pumpenwelle tritt aus der Rohröffnung zweimal Kraftstoff aus.)

6) Ist dieser Bereich, in dem längere Zeit Benzin durchläuft, festgestellt, muss langsam weitergedreht werden, bis kein Benzin mehr durchläuft, bzw. sich am Rohrende nur noch ein Tropfen bildet.

ACHTUNG:

Die Einspritzpumpe muss über die Benzinzuleitung durch einen höher gelegenen Behälter oder durch eine Benzinpumpe mit Kraftstoff versorgt werden.

7) Zahnriemen ohne Kraftanwendung und ohne die Nockenwelle und das Zahnrad auf der Einspritzpumpe zu verdrehen aufsetzen. (Zahnriemen muss sich bei kaltem Motor unter leichtem Daumendruck ca. 10 mm durchdrücken lassen.)

b) Feineinstellung - Motor durchdrehen und die Einstellung nochmals kontrollieren. Wird bei der Kontrolle festgestellt, dass die Einstellung nicht genau stimmt, kann eine Feineinstellung wie folgt vorgenommen werden:

Motor auf 14° vor Überschneidungs-OT Zylinder 1 stellen, Muttern M 6

am Zahnrad der Pumpe lösen; nun kann die Welle der Einspritzpumpe um ca. 1/2 Zahn gegenüber dem Zahnrad verdreht werden (Figur 6).

c) Leerlaufeinstellung - Die Leerlaufeinstellung erfolgt durch Hinein- bzw. Herausdrehen der Anschlagschrauben für die Flachschieber sowie durch die Luftregulierschrauben unterhalb des Schiebers und muss links und rechts gleich sein. (Kontrolle mit Synchron-Tester P 227)

d) Gemischregulierung - (Fett - Mager - Einstellung).
Hierzu wird die Schraube (Pfeil 1, Figur 7) nach Lösen der Kontermutter und Lösen der Mutter auf der Reglerhebelwelle (Pfeil 2, Figur 7) heraus- oder hineingedreht. Welle (Pfeil 3, Figur 7) mit einem Schlüssel SW 10 dabei gegenhalten.

Die Grundeinstellung ist an der Stelle (Pfeil 4, Figur 7) als Zahl eingeschlagen und gibt den Abstand zwischen Schraubenkopf und Auflagefläche der Kontermutter an der Einspritzpumpe in mm an. Eine Umdrehung der Regulierschraube entspricht ca. 1/2 Düsennummer, also z.B. von 175 auf 180.

Durch das Herausdrehen der Schraube wird das Gemisch fetter, durch Hineindrehen magerer. Nach dem Verdrehen Einstellschraube wieder kontern. Mutter SW 19 am Reglerhebel festziehen, dazu Welle für Reglerhebel bis zum Anschlag nach rechts drehen und gegenhalten.

ACHTUNG:

1) Der Reglerhebel wird durch die Einregulierung verstellt, deshalb muss das Gestänge für den Reglerhebel neu eingestellt werden.

2) Die Einspritzpumpe entlüftet sich selbst beim Durchdrehen des Motors. Bei leeren Einspritzleitungen empfiehlt es sich jedoch, in die Ansaugtrichter Benzin einzuspritzen, damit der Motor anspringt und die Pumpe sowie die Einspritzleitungen schneller entlüftet werden.

3) Die Welle für die Schieberhebel (Figur 8, Pfeil) muss etwas Axialspiel haben, weil sie sonst beim Erwärmen klemmen kann.

4) Regler für Einspritzpumpe und Flachschieber müssen genau aufeinander eingestellt werden. (Im Leerlauf müssen Regler und beide Flachschieber am Anschlag anliegen.)

e) Pflege - Der Ölstand in der Einspritzpumpe muss mindestens bis zur halben Höhe des Sichtschlauches stehen (Figur 9). Als Öl muss das gleiche wie im Motor verwendet werden.

Die Laufschienen für die Flachschieber müssen vor der Montage sauber gereinigt und trocken sein, sie dürfen nur mit harzfreiem Öl geschmiert werden.

f) Einspritzdüsen - Die Einspritzdüsen sind wartungsfrei.

g) Einspritzleitungen - Die Einspritzleitungen sind aus Kunststoff und wartungsfrei. Bei der Montage sollten sie jedoch an den Enden mit etwas Öl oder MO S_2, wie z.B. Molykote, bestrichen werden, damit sie beim Anziehen nicht festfressen.

TRANSISTORZÜNDUNG AM MOTOR 901/21

Die Einspritzmotoren im Carrera 6 sind mit einer Teiltransistorzündung ausgerüstet, die folgende Vorteile gegenüber der konventionellen Zündanlage hat:

1) Leichteres Anspringen des Motors durch einwandfreien Zündfunken beim Starten.
2) Praktisch kein Kontaktabbrand und damit kein Verstellen der Zündung, weil nur der "Steuerstrom" über die Kontakte geleitet wird.
3) Gleichbleibend guter Zündfunke auch bei hohen Drehzahlen.

Funktion und Aufbau

Der Batteriestrom kommt über den Zündschalter zum Schaltgerät, welches die Transistoren enthält und den Aufbau des Spannungsfeldes in der Zündspule steuert.

Die Transistoren erhalten die Schaltimpulse vom Unterbrecher, der in den Verteiler eingebaut ist.

Öffnet der Unterbrecher, so wird der Primärstromkreis unterbrochen, das Magnetfeld bricht zusammen und in der Sekundärwicklung wird die Zündspannung induziert. (Siehe Schaltbild) Die Schaltgeräte sind im Innenraum hinter dem Beifahrersitz festgeschraubt, (Bild 10) während die Widerstände auf der Motorseite an der Feuerschutzwand montiert sind (Bild 11).

Wartung und Instandsetzung

Schaltgerät (Bild 10), Widerstände (Bild 11) und Transistorzündspule sind wartungsfrei. Die Einstellungen am Verteiler (Zündzeitpunkt, Schließwinkel, Verstellwinkel) erfolgen wie beim Motor mit normaler Zündung.

Anschlußplan für kontaktgesteuerte TSZ
Connection Scheme for Contact-controlled TSZ

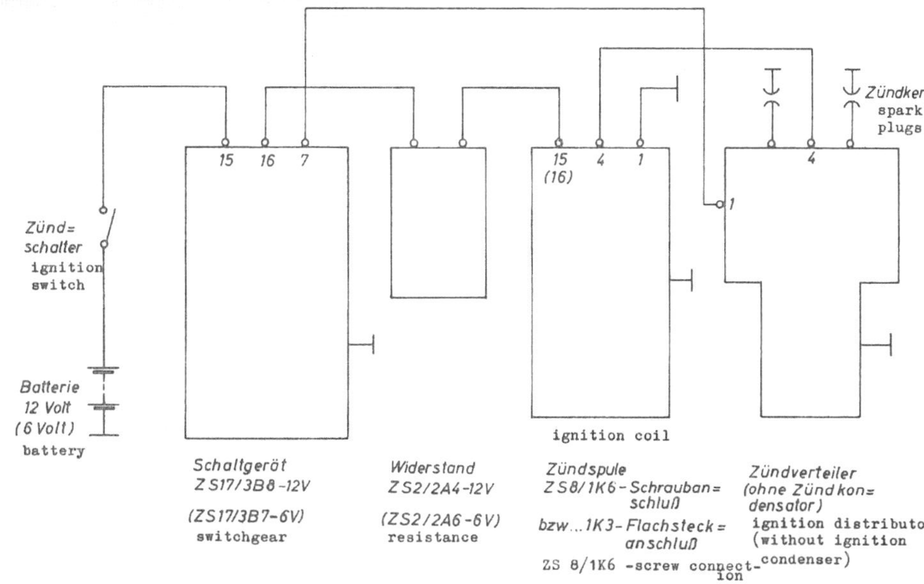

Figur 1

Figur 2

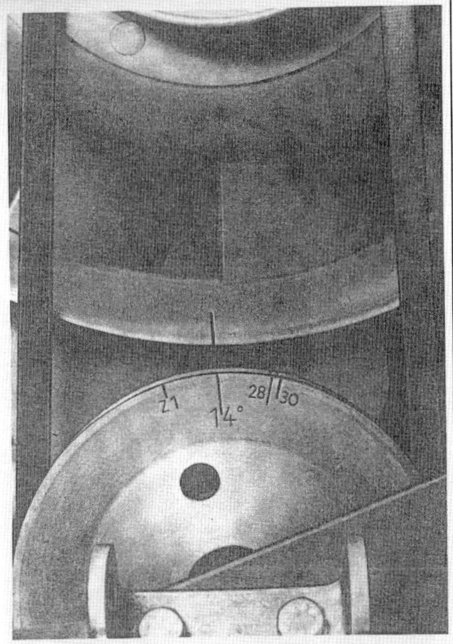

Figur 3

Figur 4

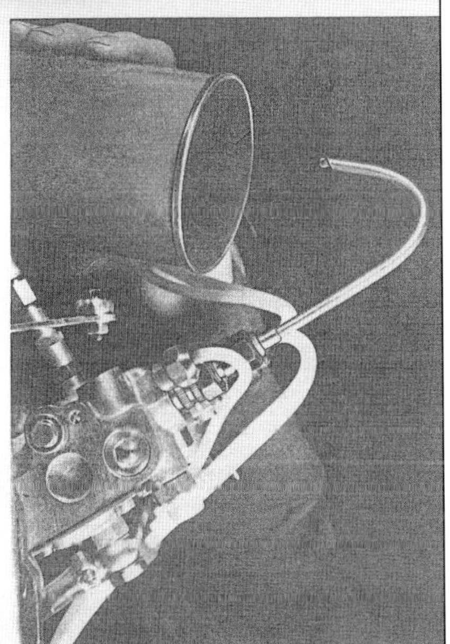

Figur 5

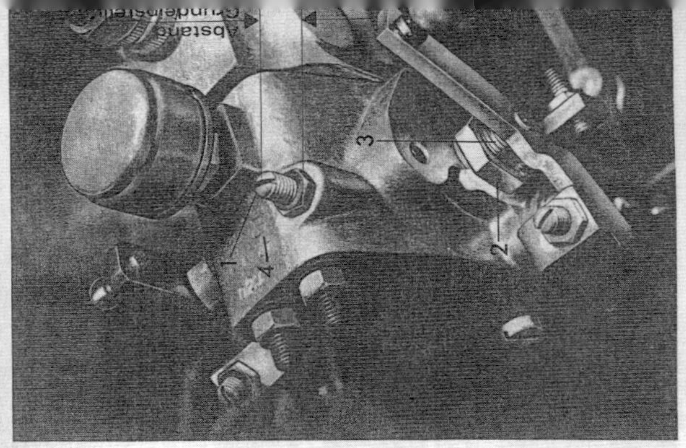

Figur 7

Figur 8

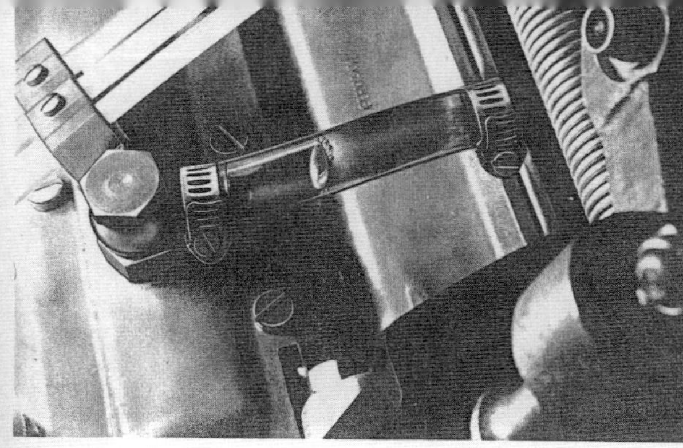

Figur 9

Figur 10

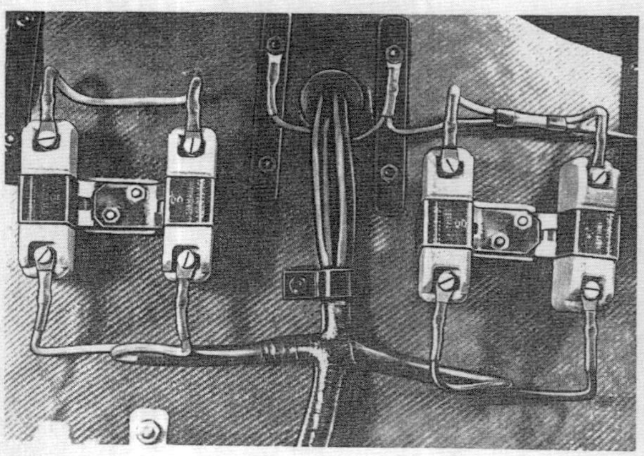

Figur 11

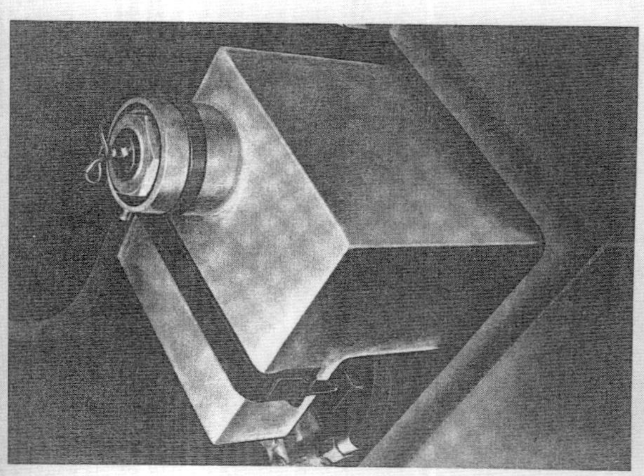

Figur 12

Figur 13

Ersatzteil-katalog

Auf den folgenden Seiten sind als Auszug aus dem Ersatzteilkatalog die neun Hauptgruppenseiten beispielhaft wiedergegeben.

Ersatzteile-Liste

Spare Parts List

Liste des pièces détachées

Catalogo parti di ricambio

Carrera 6

Ausgabe Januar 1966
Edition January 1966
Edition Janvier 1966
Edizione Gennaio 1966

Dr.-Ing. h. c. F. Porsche KG. · Stuttgart-Zuffenhausen

Fernruf 89141 Telex 072/3521

Best.-Nr. E 128 Printed in Germany

V O R W O R T

Diese Ersatzteile-Liste enthält sämtliche Ersatzteile und Reparatursätze für den Fahrzeugtyp

Carrera 6

ab Motor-Nr.: 906 101
ab Getriebe-Nr.: 906 101
ab Fahrgestell-Nr.: 906 101

Hinweis: x in Spalte Stückzahl heisst: nach Bedarf

Wünschen Sie Ihre Ersatzteile pünktlich und richtig zu erhalten, dann beachten Sie bitte:

1. Bestellungen nur auf vorgeschriebenen Formularen aufgeben.
2. Teile in numerischer Reihenfolge aufgeben, Norm- und normähnliche Teile an das Ende des Auftrages setzen.
3. Aufträge nur in Maschinenschrift ausstellen.
4. Von Teilen, die in der Liste nicht aufgeführt sind, Muster oder Skizze mit Massangaben einsenden.
5. Motor-, Getriebe- und Fahrgestell-Nummer angeben
6. Muster, die kostenfrei einzusenden sind, müssen einen Anhänger tragen, der folgende Vermerke enthält:
   a) Anschrift des Absenders
   b) Hinweis auf die Bestellung
   c) Motor-, Getriebe- und Fahrgestell-nummer
7. Bei telefonischer Bestellung übernehmen wir für die Richtigkeit der Lieferung keine Gewähr.
8. Bezeichnungen wie "vorn", "hinten", "links", "rechts" im Sinne der Fahrtrichtung angeben.

Irrtümer und Änderungen bleiben vorbehalten.

P R E F A C E

This spare parts list contains all spare parts and repair sets for vehicle type

Carrera 6

from engine No. 906 101

from transmission No. 906 101

from chasis No. 906 101

Remark: x in column "Quantity" signifies: as required.

To avoid misunderstanding and delay in the supply of spare parts please note:

1. Write out orders on the prescribed forms only.
2. List the parts in numerical sequence, standard and semi-standard parts should be shown at the end of the order.
3. Prepare orders typewritten only.
4. Forward sample or sketch showing measurements in case of parts not listed in the list.
5. State numbers of engine, transmission and chassis.
6. Samples, which should be forwarded free of charge, are to be labeled indicating:
   a) Sender's address
   b) Reference of the order
   c) Number of engine, transmission and chassis
7. In case of orders by telephone correct supply cannot be guaranteed.
8. Designations such as "front", "rear", "left", "right" should be based on driving direction.

1

Ersatzteilkatalog

W i r b i t t e n S i e ,

nach Erhalt einer Änderungsmitteilung zu dieser Liste die betreffenden Änderungen sofort durchzuführen und die Durchführung in der nachstehenden Tabelle zu vermerken.
Wir wollen Ihnen so bei der Kontrolle, ob Ihre Liste auf dem neuesten Stand ist und ob sämtliche Änderungen durchgeführt sind, helfen.

Please enter the respective changes immediately upon receipt of a notification of changes circular and fill in the table shown below.

We wish to help you in this manner to check whether your list is up to date and whether all changes have been entered.

Veuillez noter les modifications respectives dès réception d'une information de modifications et remplir le tableau ci-dessous.
Nous désirons de cette facon vous aider à contrôler si votre liste est tenue à jour et si toutes les modification ont été notées.

Vi preghiamo, dopo aver ricevuto gli aggiornamenti per questo catalogo, di notificare immediatamente le modificazioni e riempire la tabella sotto.
Desideriamo, in questo modo, aiutar Vi per controllare se il Vostro catalogo è aggiornato e se tutte le modificazioni sono state notificate.

Änderungsmitteilung Nr. Notification of Changes No. Information de modifications no. Aggiornamento N.	Datum Date Date Data	Zeichen Signature Signature Sigla
I		
II		
III		
IV		
V		

GRUPPE · GROUP · GROUPE · GRUPPO 1

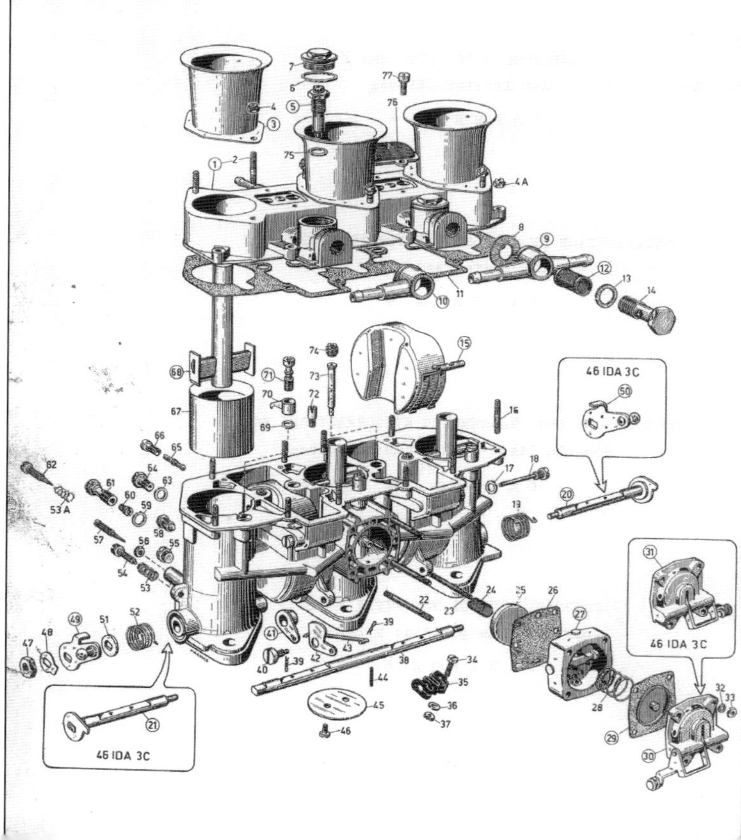

PORSCHE

ÄNDERUNGSMITTEILUNG NR. I
zur Ersatzteilliste
C A R R E R A 6

NOTIFICATION OF CHANGES AND CORRECTIONS NO. I
for Spare Parts List
C A R R E R A 6

NOTIFICATION DES CHANGEMENTS ET CORRECTIONS NO. I
pour la liste des pièces détachées
C A R R E R A 6

COMUNICAZIONE DI MODIFICHE N. I
per la lista parti di ricambio
C A R R E R A 6

P R I N T E D I N G E R M A N Y

INHALTSVERZEICHNIS Gruppe 1	INDEX Group 1 / INDEX Groupe 1 / INDICE Gruppo 1	Bildtafel Illustration Planche Illustrazione
Kurbelgehäuse Carter du moteur	Crankcase Basamento del motore	1/1
Kurbelwelle Vilebrequin	Crankshaft Albero a gomiti	1/2
Zylinderkopf, Zylinder und Kolben Culasse, cylindres et pistons	Cylinder head, cylinders and pistons Testata, cilindri e pistoni	1/3
Ventilsteuerung Commande de soupapes	Valve gear Comando distribuzione	1/4
Luftkühlung Refroidissement par air	Air cooling Conduzione aria	1/5
Motorschmierung Graissage du moteur	Engine lubrication Lubrificazione del motore	1/6
Vergaseranlage Carburateurs	Carburetors Carburatore	1/7
Einzelteile Weber-Vergaser 46 IDA 3C Pièces détachées carburateur Weber 46 IDA 3C	Spare parts carburetor Weber 46 IDA 3C Parti di ricambio carburatore Weber 46 IDA 3C	1/7 a
Kraftstoffpumpe und Leitungen Pompes à essence et tuyaux	Fuel pumps and lines Pompe di alimentazione e tubi	1/8
Kraftstoffpumpe Pompes à essence	Fuel pumps Pompe di alimentazione	1/8 a
Auspuffanlage Echappement	Exhaust system Tubazioni di scarico-scambio termico	1/9
Kupplung Embrayage	Clutch Frizione	1/10
Drehzahlmesserantrieb Commande-compte-tours	Tachometer-drive Commando contagiri	1/11

MOTOR ENGINE MOTEUR MOTORE

KURBELGEHÄUSE
CRANKCASE
CARTER DU MOTEUR
BASAMENTO (CARTER)

			Stück Qty. Qté. Qtà.
1	901.101.955.00	Kurbelgehäuse mit Stiftschrauben, vormontiert, versandfertig - Crankcase with studs, preassembled and ready to ship - Carter avec goujons, monté et prêt pour l'expédition - Basamento con prigionieri montati e pronto per spedire	1
2	900.061.014.01	Stiftschraube für Motorträger - Stud for engine support - Goujon pour support du moteur - Prigioniero sospensione motore M 10x22 SN 1115 DIN 835-8G phr	4
3	901.101.176.00	Stiftschraube für Zylinderkopfbefestigung - Stud for cylinder head fastening - Goujon pour fixation de la culasse - Prigioniero per fissaggio testata	24
4	900.061.003.01	Stiftschraube für Entlüftergehäuse - Stud for air-vent housing - Goujon pour bâti de purge d'air - Prigioniero per testata motore BM 6x18 SN 111 5 DIN 835-8G phr	4
5	900.061.010.01	Stiftschraube für Gehäuseverschraubung - Stud for crankcase - Goujon pour carter - Dado a testa esagonale per basamento BM 8x35 SN 1115 DIN 835-8G phr	13
6	999.061.034.01	Stiftschraube für Motorbefestigung - am Getriebe - Stud for engine fastening on transmission - Goujon pour fixation du moteur à la boîte de vitesses - Prigioniero per fissaggio motore al cambio BM 10x65 SN 1115 DIN 835-8G phr	2
7	900.061.006.01	Stiftschraube für Kettengehäuse und Ölpumpenbefestigung - Stud for chain housing and oil pump fastening - Goujon pour carter de chaîne et fixation de la pompe à huile - Prigioniero per scatola trasmissione e fissaggio pompa olio BM 8x20 DIN 835-8G phr SN 1115	8
8	900.061.004.01	Stiftschraube für Klemmhebel - Stud for clamping lever - Goujon pour levier de serrage - Prigioniero per fissaggio leva BM 8x12 SN 1115 DIN 835-8G phr	1

MOTOR ENGINE MOTEUR MOTORE

			Stück Qty. Qté. Qtà.
9	900.061.007.01	Stiftschraube für Ölfiltergehäuse - Stud for housing oil strainer - Goujon pour carter de tamis d'huile - Prigioniero per scatola di filtro olio BM 8x22 SN 1115 DIN 835-8G phr	5
10	900.061.055.01	Stiftschraube für Abschlußdeckel und Ölsieb - Stud for cover and oil screen - Goujon pour couvercle et tamis d'huile - Prigioniero per coperchio di chiusura e filtro olio BM 6x12 SN 1115 DIN 835-8G phr	13
11	901.101.174.00	Stiftschraube für Kurbelgehäuse - Stud for crankcase - Goujon pour carter - Prigioniero per basamento (carter)	2
12	900.061.058.01	Stiftschraube für Kurbelgehäuse - Stud for crankcase - Goujon pour carter du moteur - Prigioniero per basamento BM 8x75 SN 1115 DIN 835-8G phr	3
13	900.061.032.01	Stiftschraube für Kurbelgehäuse - Stud for crankcase - Goujon pour carter du moteur - Prigioniero per basamento BM 8x45 SN 1115 DIN 835 8-G phr	1
14	900.061.012.01	Stiftschraube für Kurbelgehäuse - Stud for crankcase - Goujon pour carter du moteur - Prigioniero per basamento BM 8x50 SN 1115 DIN 835-8G phr	1
15	900.061.077.01	Stiftschraube für Kurbelgehäuse - Stud for crankcase - Goujon pour carter du moteur - Prigioniero per basamento BM 8x105 SN 1115 DIN 835-8G phr	1
16	900.061.078.0	Stiftschraube für Kurbelgehäuse - Stud for crankcase - Goujon pour carter du moteur - Prigioniero per basamento BM 10x85 SN 1115 DIN 835-8G phr	1
17	547.01. 136	Nippel für Öldruckschalter - Nipple for oil pressure switch - Tubulure pour interrupteur à pression d'huile - Tubo per interruttore olio	1
18	900.123.007.20	Dichtring - Seal ring - Joint d'étanchéite' - Anello di tenuta A 14x18 DIN 7603-Cu für Nippel for nipple - pour tubulure - per tubo	1
19	901.101.143.00	Gewindebüchse - Thread bushing - Douille filetée - Boccola filettato	2
20	999.504.002.00	Gewindeeinsatz - Threaded insert - Douille filetée - Zoccolo filettato M 6x6	2

INHALTSVERZEICHNIS GRUPPE 2 | INDEX GROUP 2 | INDEX GROUPE 2 | INDICE GRUPPO 2 | Bildtafel Illustrazione Illustration Planche

Kraftstoffbehälter mit Leitung Réservoir à essence et conduites	Fuel tank and lines Serbatoio carburante e tubazioni	2/1

INHALTSVERZEICHNIS GRUPPE 3 | INDEX GROUP 3 | INDEX GROUPE 3 | INDICE GRUPPO 3 | BILDTAFEL PLANCHE ILLUSTRATION ILLUSTRAZIONE

Kupplungsauslösung Mécanisme de débrayage	Clutch relaase mechanism Disinnesto frizione	3/1
Getriebegehäuse Boîte de vitesses	Transmission housing Scatola del cambio	3/2
Räder und Wellen Pignons et arbres	Gears and shafts Ingranaggi e alberi	3/3
Schaltstangen und Gabeln Axes de fourchette et fourchettes	Selector shafts and forks Aste e forcelle di comando	3/4

INHALTSVERZEICHNIS Gruppe 4 | INDEX Group 4 | INDEX Groupe 4 | INDICE Gruppo 4 | Bildtafel Illustration Illustrazione Planche

Vorderachse Essieu avant	Front axle Assale anteriore	4/1
Federung vorn Suspension avant	Suspension vorn Sospensione anteriore	4/2
Lenkung Direction	Steering Guida	4/3
Ersatzteile für Zahnstangenlenkung Pièces détachées pour direction à crémaillère	Spare parts for rack control Parti di ricambio per cremagliera guida	4/4

INHALTSVERZEICHNIS Gruppe 5 | INDEX Group 5 | INDEX Groupe 5 | INDICE Gruppo 5 | Bildtafel Illustration Planche Illustrazione

Hinterachse Pont arrière	Rear axle Ponte posteriore	5/1
Federung, hinten Suspension arrière	Suspension rear Sospensione posteriore	5/2
Sperrdifferential Différentiel auto-bloquant	Limited slip differential Differenziale autobloccanto	5/3

INHALTSVERZEICHNIS GRUPPE 6 | INDEX GROUP 6 | INDEX GROUPE 6 | INDICE GRUPPO 6

Bremsen Freins	Brakes Freni	
Hauptbremszylinder und Leitungen Cylindre de frein principal et tuyauterie	Brake master cylinder and lines Cilindro freno principale e tubazioni	
Ersatzteile für Hauptbremszylinder Pièces détachées pour cylindre de frein principal	Spare parts for brake master cylinder Quantità per un cilindro principale freni	/3
Räder Roues	Road Wheels Ruote	6/4

Befestigungsband für Bremskühlschläuche (lang) 999.513.005.40

Befestigungsband (kurz) 999.513.002.40

Luftseinlassstutzen li. 906.502.801.04
" " re. " " 802.04

Belagsegment vorn Textar 1431 906.351.912.26

Belagsegment hinten Textar 1431 906.352.915.26

Bremsschläuche hinten für umgreifende Bremskühlung } ~~ohne Nummer~~ ~~nur~~ Rep. Lager 351.01.048.03

Schlauchband für Bremskühlschläuche 999.517.045.02

GRUPPE · GROUP · GROUPE · GRUPPO 6

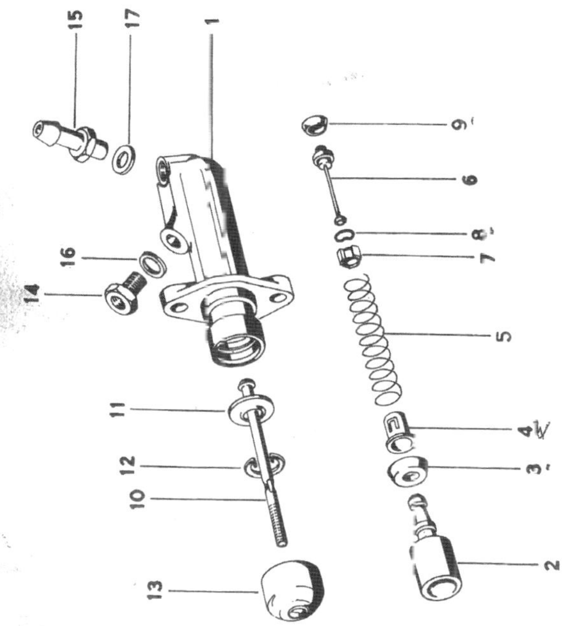

INHALTSVERZEICHNIS GRUPPE 7 | INDEX GROUP 7 | INDEX GROUPE 7 | INDICE GRUPPO 7 | Bildtafel Illustration Planche Illustrazione

Fusshebelwerk Système des pédales	Pedal system Comandi a pedale	7/1
Handhebelwerk Système des leviers à main	Hand lever system Comandi a mano	7/2

INHALTSVERZEICHNIS GRUPPE 8 | INDEX GROUP 8 | INDEX GROUPE 8 | INDICE GRUPPO 8 | Bildtafel Illustration Planche Illustrazione

Karosserie Carrosserie	Body Carrozzeria	8/1
Sitze Sièges	Seats Sedili	8/2

Fußraumabdeckung 906.551.601.04

Bugspoiler links } mit Haltern 906.503.327.04
" rechts } 906.503.328.04

Schutzgummi für Spoiler 906 VW 311.847.131.A

Gummitülle für Ölsammelbehälter 999.702.061.50

Linsensenkschraube M5x50 900.019.008.02 für Gerä-Schildchen (im Karosseriewerk schwarz)

906 Türdichtung 999,911,122,50

Kabelstecker (Verbindung - Haube) 904.612.811.00

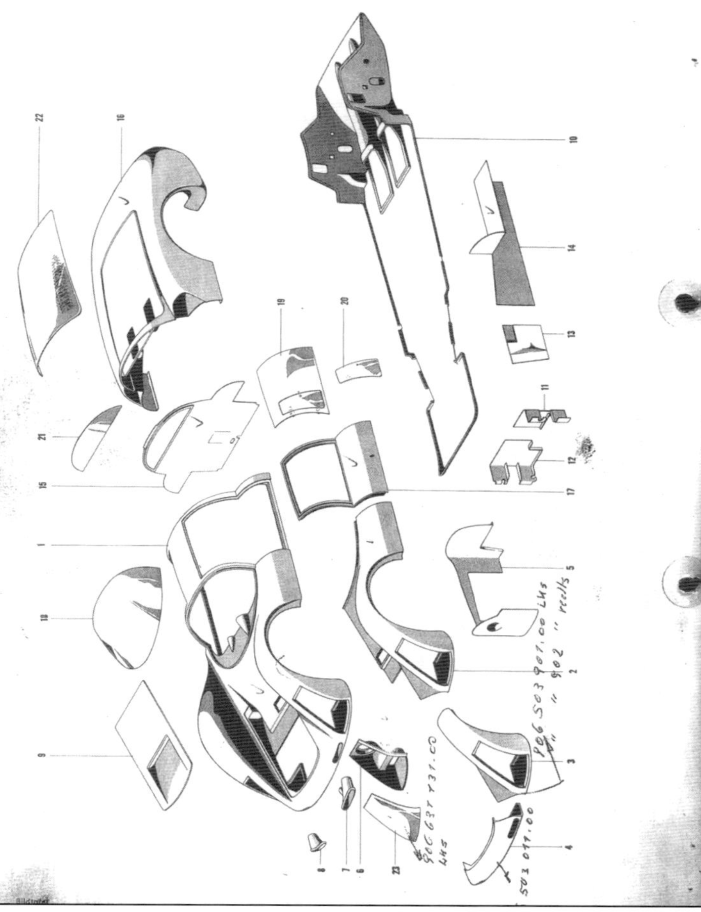

REPARATURSÄTZE - REPAIR SETS
JEUX DE REPARATIONS - SERIE RICAMBI

Stück / Qty. / Qtó. / Qtà.

ERSATZKAROSSERIEN
REPLACEMENT BODIES
CARROSSERIES DE REMPLACEMENT
CARROZZERIE DI RICAMBIO

		Stück
906.500.922.00	Ersatzkarosse mit Rahmen, Heckteil, vorderem Deckel, Türen, Verglasung und Sitzen. Ohne elektrische Anlage, Armaturen, Kraftstoff- und Ölbehälter. Karosserie weiß grundiert. Replacement body with frame, rear part, front hood, doors, glasses and seats . Without electrical equipment, instruments, fuel container and oil container. Replacement body white primed. Carrosserie de remplacement avec châssis, partie arrière, capot avant, portes, vitrage et sièges. Sans équipement électrique, instruments, réservoir à essence et réservoir d'huile. Carrosserie de remplacement avec couche de fond, blanche. Carrozzeria di ricambio con telaio nudo, parte posteriore, cofano anteriore, portiere, cristallo e sedili. Senza impianto elettrico, strumenti del cruscotto, serbatoio del carburante e serbatoio d'olio. Carrozzeria di ricambio con colore fondamentale, bianco	1
906.500.921.00	Rohbau-Ersatzkarosse mit Rahmen, jedoch ohne Heckteil, vorderem Deckel, Türen, Verglasung, elektrischer Anlage und Armaturen. Body shell with frame, but without rear part, front hood, doors, glasses, electrical equipment and instruments. Carrosserie brute avec châssis, mais sans partie arrière, capot avant, portes, vitrage, équipement électrique et instruments. Carrozzeria di ricambio grezza con telaio nudo senza parte posteriore, cofano anteriore, portiere, cristalli, impianto elettrico, strumenti cruscotto.	1

Ersatzteilkatalog

INHALTSVERZEICHNIS	INDEX	INDEX	INDICE	Bildtafel Illustration Planche Illustrazione
GRUPPE 9	GROUP 9	GROUPE 9	GRUPPO 9	

Elektrische Ausrüstung - Motor / Equipement électrique - moteur — Electrical equipment - engine / Impianto elettrico - motore — 9/1

Ersatzteile für Zündverteiler / Spare parts for distributor — Pièces detachées pour distributeur / Pezzi di ricambio per distributore — 9/1 a

Elektrische Ausrüstung - Karosserie / Equipement électrique - Carrosserie — Electrical equipment - body / Impianto elettrico - Carrozzeria — 9/2

- Batterie und Leitungen — Battery and electric cables
- Schalter — Switches
- Signal — Signal horn
- Leuchten — Lights
- Armaturen — Instruments
- Scheibenwascher — Windshield washer

- Batterie et câbles — Batteria , condotti elettrici
- Interrupteurs — Interruttori
- Avertisseur — Avvisatori
- Phares — Lampade
- Instruments — Strumenti
- Système lave parc-brise — Impianto lavacristallo

Scheibenwischer / Système d'essuie-glace — Windshield wiper / Impianto tergicristallo — 9/3

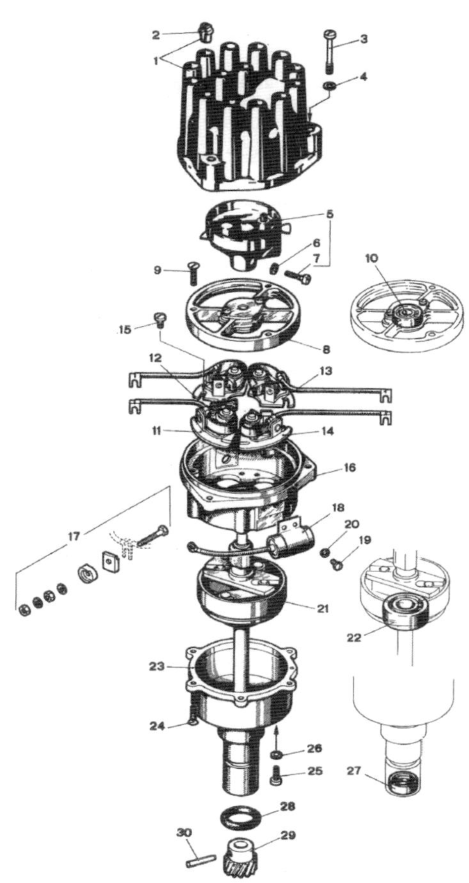

ELEKTRISCHE AUSRÜSTUNG - ELECTRICAL EQUIPMENT
EQUIPEMENT ELECTRIQUE - IMPIANTO ELETTRICO

SCHEIBENWISCHERANLAGE
WINDSHIELD WIPER
SYSTEME D'ESSUIE-GLACE
TERGICRISTALLO

			Stück Qty. Qté. Qtà.
-	906.628.010.00	Scheibenwischeranlage, komplett ohne Schalter - Windshield wiper complete without switch Système d'essuie-glace compl. sans interrupteur Impianto tergicristallo senza interruttore	1
1	906.628.311.00	Wischerblatt - Windshield wiper blade - Balai d'essuie-glace - Tergitore del tergicristallo	1
2	906.628.149.00	Wischerarm komplett - Wiper arm complete - Bras d'essuie-glace compl. - Braccio tergicristallo completo	1
3	906.628.144.00	Führungsarm, komplett - Guide arm - Bras-guide Braccio di guidage	1
4	906.628.123.00	Wischerlager komplett - Windshield wiper bearing complete - Palier d'essuie-glace compl. - Supporto tergicristallo completo	1
5	906.628.135.00	Lagerbolzen, komplett - Bearing bolt compl. - Axe d'articulation compl. - Perno supporto completo	1
6	906.628.120.00	Gelenkstange kompl. - Joint bar complete - Tige articulée compl. - Barra articolata completa	1
7	906.628.115.00	Schraubhebel - Lever - Levier - Leva	1
8	904.628.110.00	Wischermotor - Wiper motor - Moteur d'essuie-glace - Motorino tergicristallo	1

GRUPPE · GROUP · GROUPE · GRUPPO 9

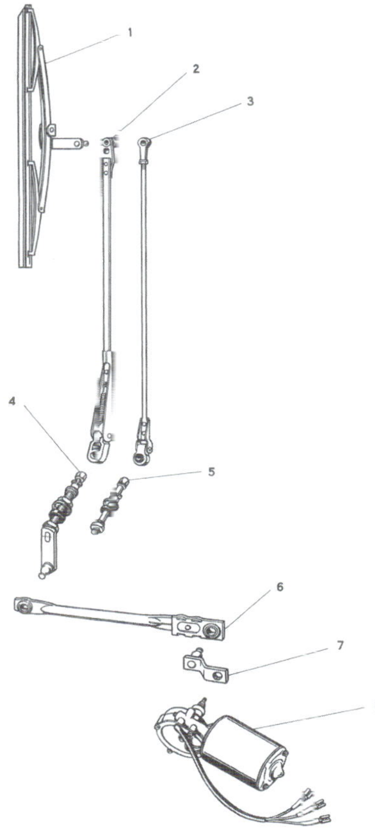

Bildtafel Illustration Planche Illustrazione 9/3

906 143 vor der Restaurierung. Mit ein paar Ersatzteilen war es da nicht getan …

Rundschreiben

PORSCHE

DR.-ING. h. c. F. PORSCHE KG. · 7 STUTTGART-ZUFFENHAUSEN · PORSCHESTRASSE 42 (BR. DEUTSCHLAND)

Dr.-Ing. h. c. F. Porsche KG · 7 Stuttgart-Zuffenhausen · Postfach 85

An alle Grosshändler
in Deutschland

An alle Importeure

Verkaufsrundschreiben
Sales Department circular letter
Lettre Circulaire du Département Ventes

Stuttgart-Zuffenhausen, 25.Oktober 1965

	Inland No.	Export abroad étranger No.
Rundschreiben / Circular Letter / Circulaire	21	21

Betr.:/Re.:/Objet: PORSCHE TYP CARRERA 6

Sehr geehrte Herren,

Als Nachfolger des in aller Welt so erfolgreichen PORSCHE CARRERA GTS 904 werden wir rechtzeitig zur Sportsaison 1966 einen neuen

PORSCHE TYP CARRERA 6

vorstellen.

Dieses Fahrzeug wird in allen Punkten den Bestimmungen der Kategorie Serien-Sportwagen Gruppe 4, Anhang "J", des Internationalen FIA-Automobilsportgesetzes entsprechen.

Wir wollen 50 Fahrzeuge dieses Typs in den ersten Monaten des Jahres 1966 produzieren entsprechend den Homologationsbestimmungen. Um Ihnen schon jetzt die Möglichkeit zu geben, Verkaufs- oder Vorgespräche mit interessierten Sportfahrern zu führen, erhalten Sie bereits heute als Anlage einige technische Daten dieses neuen Fahrzeuges.

Aufträge bitten wir Sie uns sofort zukommen zu lassen zusammen mit der Kundenanzahlung in Höhe von DM 10.000.--.

Preis: ca. DM 45.000.-- ab Werk

Lieferzeit: ca. Februar/April 1966

- 2 -

Telefon (07 11) 8 91 41 Telex 072/2406 Telegrammadresse: Porscheauto Stuttgart

VI 10 M 4.65 Gl.

- 2 -

Den Termin der offiziellen Vorstellung werden wir Ihnen rechtzeitig bekanntgeben, damit Sie Ihre Kunden und Interessenten dazu einladen können.

Wir bitten Sie, diese Angaben bis zu der offiziellen Pressevorstellung als vertraulich zu betrachten.

Mit freundlichen Grüssen
Dr.Ing.h.c.F.PORSCHE K.G.
i.V. i.A.

(Wagner) (Peter)

Anlage

PORSCHE

DR.-ING. h. c. F. PORSCHE KG. · STUTTGART-ZUFFENHAUSEN · PORSCHESTRASSE 42

Postadresse: DR.-ING. h. c. F. PORSCHE KG. · 7 Stuttgart-Zuffenhausen · Postfach 85

IHRE ZEICHEN IHRE NACHRICHT VOM UNSERE ZEICHEN Vk.Ex. (bei Korrespondenz bitte angeben) STUTTGART-ZUFFENHAUSEN

BETREFF:

Vielen Dank für Ihre kürzliche Anfrage wegen eines Nachfolgers unseres in aller Welt so erfolgreichen PORSCHE Carrera GTS 904.

Wir können Ihnen nun heute mitteilen, daß wir zur Sportsaison 1966 einen neuen

PORSCHE Typ Carrera 6

herstellen werden. Dieses Fahrzeug wird in allen Punkten den Bestimmungen der Kategorie Seriensportwagen Gruppe 4, Anhang J des Internationalen FIA-Automobilsportgesetzes entsprechen. Wir werden 50 Stück dieses neuen Typs in den ersten Monaten des Jahres 1966 herstellen, um eine baldmöglichste Homologation entsprechend den Bestimmungen zu erreichen.

Der Preis des Fahrzeugs beträgt ca. DM 45.000.-- ab Werk.

Lieferzeit ca. März/April 1966.

Als Anlage erhalten Sie die vorläufigen technischen Daten dieses Fahrzeugs sowie ein Auftragsformular. Sollten Sie sich zum Kauf entschlossen haben, bitten wir Sie, uns das unterschriebene Auftragsformular zusammen mit einer Anzahlung von DM 10.000.-- zukommen zu lassen. Außerdem bitten wir, die gewünschte Getriebeübersetzung auf dem Auftragsformular zu vermerken.

Wir müssen Sie jedoch darauf hinweisen, daß der Carrera 6 nicht mehr den Bestimmungen der deutschen Straßenverkehrs-Zulassungs-Ordnung entspricht und somit nicht mehr in Deutschland, auch nicht auf Zollnummern, zugelassen werden kann. Diesen Punkt wollen Sie bitte besonders bei der Abholung berücksichtigen (Anhänger oder LKW erforderlich).

Wir sind sicher, Ihnen mit dem Carrera 6 ein erfolgversprechendes Sportinstrument anzubieten und sehen Ihrem Auftrag mit Interesse entgegen.

Mit freundlichen Grüssen,
Dr.Ing.h.c.F.PORSCHE K.G.

Telefon Stuttgart (07 11) 8 91 41 · Telex Stuttgart 07-23621 07-21671 07-22405 · Telegrammadresse Porscheauto Stuttgart · Bankverbindungen Städt. Girokasse Stuttgart Kto. Nr. 7 700 · Commerzbank AG. Stuttgart Kto. Nr. 80 001 · Postscheckamt Stuttgart Kto. Nr. 17962 · Geschäftszeit Montag - Freitag

Diese Interessentenliste wurde von der Porsche-Sportabteilung damals handschriftlich geführt.

Liste der Interessenten für Porsche 906
(Porsche Sportwagen)
======================================

Daten: Offener Sportwagen unter 600 kg Gesamtgewicht, Leistung über 200 PS, Zylinderinhalt 2000 ccm. 6 Zylinder

Einsatz: Zuerst Werkseinsatz bei Langstreckenrennen; bei Bewährung 50 Stück-Serie (nach dem neuen Reglement) für Kunden.

Preis: ca. DM 40.000,--

Interessenten:

1. Prinz Ferdinand von Bayern
2. Gerhard Koch, Neuss
3. Udo Schütz
4. Fritz Leinweber
5. Peter [illegible] (Schriftverkehr)
6. Jack Ryan, USA
7. Joe Buzzetta USA
8. James W. Scott
9. Herb [illegible]
10. Auto-Sport Peru S.A.
11. [illegible]
12. Ising
13. Porsche-Car-Pacific, Walter [illegible] (Fahrer der Werke)
14. Manuel Fernandez Perez, Las Palmas
15. Harder
16. Strähle
17. Günther [illegible]
18. [illegible]
19. Stommelen
20. Fernandez, Spanien
21. Axelsson

2 Festaufträge AFN - [illegible]
1 Auftrag [illegible]
6 Sonauto - Paris
2 Holland
2 Japan
1 Finnland
1 [illegible] B
[illegible], Salzburg
1

PORSCHE

DR.-ING. h. c. F. PORSCHE KG · STUTTGART-ZUFFENHAUSEN · PORSCHESTRASSE 42

Carrera 6
Rundbrief Nr. 1

IHRE ZEICHEN · IHRE NACHRICHT VOM · UNSERE ZEICHEN · STUTTGART-ZUFFENHAUSEN

(bei Korrespondenz bitte angeben)

Motoroel für Carrera 6

Durch unsere Versuchs-Abteilung wurde festgelegt, dass bei oben genanntem Typ nur das in der Betriebsanleitung angegebene und erprobte Oel der Firma BP verwendet werden darf.

Dieses Oel hat die Bezeichnung

BP R 40 DA

und kann nur über uns bezogen werden. Wir bitten Sie, Ihre Bestellungen an unsere Abteilung Ersatzteil-Verkauf aufzugeben, damit eine schnelle Belieferung erfolgen kann.

Das Oel wird in Gebinden von 20 Litern ausgeliefert.

Preis pro Liter DM 7,50 ab Werk.

Mit freundlichen Grüssen
Dr. Ing. h.c. F. Porsche KG.
i.V. i.A.

Klauser Schneider

Rundbrief Nr. 1.

PORSCHE

DR.-ING. h. c. F. PORSCHE KG. · STUTTGART-ZUFFENHAUSEN · PORSCHESTRASSE 42

Carrera 6
Rundbrief Nr. 2

IHRE ZEICHEN · IHRE NACHRICHT VOM · UNSERE ZEICHEN · STUTTGART-ZUFFENHAUSEN

(bei Korrespondenz bitte angeben)

BETREFF:

Sehr geehrte Herren,

"Wer gut schmert,
der gut fährt"

heisst ein altes deutsches Sprichwort. In jedem Sprichwort soll ein Körnchen Wahrheit sein, und das müssen wir heute bestätigen.

Der Porsche Carrera 6 ist ein Hochleistungsfahrzeug, das im Einsatz bei Wettbewerben oft extrem hohen Beanspruchungen ausgesetzt ist.

Ebenso werden auch an die Schmiermittel hohe Anforderungen gestellt, so dass wir uns nach reichlicher Erprobung entschlossen haben, für den Motor ein Motorenöl vorzuschreiben, das auf pflanzlicher Basis aufgebaut ist. - Rizinusöl mit der Bezeichnung "BP R 40 DA"-

Wie Sie schon aus der Bezeichnung erkennen, handelt es sich nicht um ein Rizinusöl der üblichen Zusammensetzung, denn wir haben zusätzlich verlangt, dass das Öl den Motor auch von innen intensiv sauber hält. Also hat man ein Reinigungsmittel beigemischt "Detergent" (Bezeichnung "D" im Anhang der Ölbezeichnung). Dieses Reinigungsmittel hat aber das Öl - ähnlich wie gelöste Seife im Wasser - dazu gebracht, dass es leichter zum Schäumen neigt. Luft konnte man zum Schmieren nicht gebrauchen, also musste der Schaum gebremst werden. Ein Anti-Schaummittel brachte den Erfolg und die weitere Kennzeichnung des Öltyps mit dem Buchstaben "A" (Anti-Schaum).

Soweit die Geschichte, wie es zu der Ölbezeichnung "R 40 DA" gekommen ist. Nun noch einige Tips für die Verwendung des Öls.

Die vielfach verbreitete Meinung, dass das Motoren-Rizinusöl sich nicht lagern lässt, weil es bald ranzig wird und zum Verharzen neigt, stimmt nicht. Das haben uns die Ölexperten bei einer Besprechung bestätigt. Allerdings soll man bei der Lagerung des Öls darauf achten, dass die Raumtemperaturen möglichst wenig

/2

Rundbrief Nr. 2 (1).

Rundbrief Nr. 2 (2).

schwanken. Sie wissen ja, wenn sich die Luft im verschlossenen Behälter ausdehnt und zusammenzieht, entsteht Über- oder Unterdruck und die einfachen Ölbehälter sind zwar öldicht aber selten gasdicht. So kann es vorkommen, dass mit der Luft auch Feuchtigkeit in den Behälter gelangt und sich als Wasser absetzt.

Im Motor wird nun Wasser und Öl durch Kanäle gepresst und hin- und hergepeitscht. Die Flüssigkeiten bilden zusammen mit Luft eine Emulsion, die im wahrsten Sinne des Wortes mit Mayonnaise verglichen werden kann. Dass Mayonnaise aber nicht ausreichend schmierfähig ist, brauchen wir Ihnen nicht zu erläutern.

Die Alterungsbeständigkeit des Rizinusöls ist auch im Motor gegeben. Allerdings nur, wenn frisches Öl im Öltank ist oder das Öl beim Betrieb des Fahrzeuges thermisch nicht zu hoch beansprucht wurde. Bei Überhitzung des Öls wird nämlich seine Wirksamkeit durch einen Crack-Vorgang verändert, und das Öl neigt zum Verharzen.

Hier liegt der Unsicherheitsfaktor, denn man weiss nicht sicher, ob die entsprechende Grenztemperatur, selbst wenn die Öltemperatur innerhalb der vorgeschriebenen Grenzen liegt, nicht an irgendeiner Stelle im Motor erreicht wurde. Denken Sie daran, welche Temperaturen z.B. bei der Verbrennung im Zylinderkopf entstehen.

Deshalb ist es ratsam, nach jeder Veranstaltung - auf alle Fälle aber, wenn der Motor hoch beansprucht wurde - das Öl bei warmem Motor aus dem Öltank abzulassen und das Fahrzeug nur mit frischem Öl für längere Zeit abzustellen. Nach dem Ölwechsel den Motor kurz laufen lassen, damit alle Kanäle frisches Öl bekommen.

Und noch etwas zum Öleinfüllen.

Das Rizinusöl "BP R 40 DA" soll vor dem Einfüllen mindestens eine Temperatur von 20°C haben, damit es flüssig genug ist, um sofort in den Ölkreislauf zu fliessen. Vor dem Einfüllen das Öl mehrmals umstülpen (schütteln), denn das Anti-Schaummittel ist schwerer als das Öl und setzt sich mit der Zeit ab. Im Motor ist das nicht so schlimm, denn dort wird das Öl beim laufenden Motor immer wieder gemischt.

Wenn das Anti-Schaummittel aber im Kanister bleibt, kann es seine Wirkung im Motor nicht entfalten.

Das Wichtigste noch einmal kurz zusammengefasst:

1.) Rizinus-Motorenöl in Gebinden möglichst trocken und bei gleichbleibender Temperatur lagern.

2.) Fahrzeug nicht für längere Zeit abstellen, ohne frisches Öl einzufüllen, besonders wenn das Fahrzeug hohen thermischen Beanspruchungen ausgesetzt war.

/3

Rundbrief Nr. 2 (3).

3.) Das Rizinusöl soll vor dem Einfüllen eine Temperatur von mindestens 20°C haben.

4.) Das Rizinusöl muss vor Gebrauch bzw. vor dem Einfüllen geschüttelt werden.

Mit freundlichen Grüssen
Dr. Ing h.c. F. Porsche KG.
i.V.

Raubald

PORSCHE

DR.-ING. h. c. F. PORSCHE KG. · STUTTGART-ZUFFENHAUSEN · PORSCHESTRASSE 42

Carrera 6
Rundbrief Nr. 3

IHRE ZEICHEN | IHRE NACHRICHT VOM | UNSERE ZEICHEN | STUTTGART-ZUFFENHAUSEN

(bei Korrespondenz bitte angeben)

BETREFF:

Masseleitung für den Tank links und rechts;
Befestigung der Bremsflüssigkeitsbehälter;
Auswuchtgewichte

Beim Carrera 6 wird als Sicherheitsvorkehrung gegen statische Aufladung und zum besseren Massekontakt für den Reststandanzeiger je ein Massekabel zwischen Benzinpumpenbefestigung und Tankverlängerungsblech angebracht.

Diese Leitung ist leicht zu fertigen und wie folgt anzubringen:

Zwei Kabel 2,5 mm², je etwa 300 mm lang an einem End mit Kabelschuh 6,4 mm ∅, am anderen End mit Flachstecker verlöten.

An das nach hinten durchlaufende Aussenblech des Tanks wird unterhalb der Benzinpumpe eine Kontaktfahne angenietet. Nun wird der Kabelschuh unter der hinteren Benzinpumpenbefestigung verschraubt und der Flachstecker auf die Kontaktfahne aufgesteckt.

Es kann durch starke Erschütterungen erforderlich werden, dass die Halterung des Bremsflüssigkeitsbehälters nachgeschweisst wird. Bitte prüfen Sie die Befestigung der Halter daraufhin und schweissen Sie den Halter – falls notwendig – elektrisch nach.

/2

Rundbrief Nr. 3 (1).

Blatt

PORSCHE

zu Brief vom an

Die Auswuchtklebegewichte der bisherigen Ausführung für Carrera 6 können unter Umständen bei vollem Radeinschlag an der Radaufhängung streifen. Neue verbesserte Klebegewichte sind als Porsche-Teile unter der Ersatzteil-Nr. 906.361.415.00 erhältlich.

Es handelt sich dabei um 60 g Bleistreifen mit einer Kerbeinteilung von jeweils 10 g, so dass durch Abschneiden kleinere Gewichte hergestellt werden können. Die Bleistreifen sind mit Klebeband Scotch Mount Nr. Y 9122 versehen. Dieses Band muss bei wiederholter Verwendung der Bleistreifen ersetzt werden.

Mit freundlichen Grüssen
Dr. Ing. h. c. F. Porsche KG.
i.V. i.A.
Raubald Friebus

Rundbrief Nr. 3 (2).

Rundbrief Nr. 4.

PORSCHE

DR.-ING. h. c. F. PORSCHE KG · STUTTGART-ZUFFENHAUSEN · PORSCHESTRASSE 42

Herrn Briem

i. Haus

Carrera 6
Rundbrief Nr. 4

IHRE ZEICHEN | IHRE NACHRICHT VOM | UNSERE ZEICHEN KDO | STUTTGART-ZUFFENHAUSEN 16.6.1966

(bei Korrespondenz bitte angeben)

Zündkerzenstecker, E-Nr. 901.609.303.00
Drehzahlmesserwelle, E-Nr. 906.741.111.00

Wir haben festgestellt, dass bei der Montage der Carrera 6-Motoren zum Teil falsche Zündkerzenstecker eingebaut wurden.

Der irrtümlich verwendete entstörte Stecker hat die E-Nr. 901.609.302.00, Beru-Nr. BELW 6/1 F.

Für die Carrera 6-Motoren ist nur die nicht entstörte Ausführung, E-Nr. 901.609.303.00, Beru-Nr. BLW 6, zu verwenden.

Bitte prüfen Sie den Motor Ihres Carrera 6 und tauschen Sie evtl. falsch montierte Kerzenstecker aus, da ihre Verwendung zu einem Leistungsabfall des Motors führen kann. Die Beru-Nummer ist am Winkelstück gut leserlich angebracht. Nicht entstörte Zündkerzenstecker sind über unsere Ersatzteil-Abteilung zu beziehen.

Es ist teilweise vorgekommen, dass die Drehzahlmesserwelle von der verkehrten Seite in ihre Hülle geschoben und dadurch Öl und Fett in den Drehzahlmesser befördert wurden.

Es ist deshalb darauf zu achten, dass die Drehzahlmesserwelle von vorn, d.h. von der Geräteseite aus, in die Hülle geschoben wird.

Zusätzlich können an die beiden Überwurfhülsen der Drehzahlmesserhülle je zwei kleine Löcher von 2 mm Durchmesser gebohrt werden. Dadurch kann überschüssiges Öl oder Fett austreten und zu keiner Beeinträchtigung des Drehzahlmessers führen.
Genaue Lage der Bohrungen siehe Skizze:

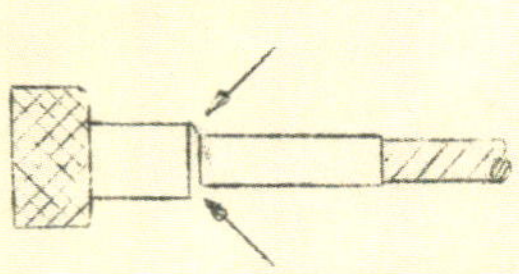

Mit freundlichen Grüssen
Dr. Ing. h.c. F. Porsche KG.
i.V. i.A.

Rundbrief Nr. 5 (1).

PORSCHE

DR.-ING. h.c. F. PORSCHE KG · STUTTGART-ZUFFENHAUSEN · PORSCHESTRASSE 42

Carrera 6
Rundbrief Nr. 5

IHRE ZEICHEN | IHRE NACHRICHT VOM | UNSERE ZEICHEN | STUTTGART-ZUFFENHAUSEN

(bei Korrespondenz bitte angeben)

Schrauben und Muttern am Carrera 6

Ein Hochleistungs-Fahrzeug wie der Carrera 6, das bei Wettbewerben extrem hohen Beanspruchungen ausgesetzt ist, benötigt auch eine entsprechend gute Überwachung und Kontrolle der einzelnen Bestandteile.

Um eine möglichst grosse Sicherheit während des Renneinsatzes zu bekommen, prüft unsere Renn-Abteilung ihre Fahrzeuge vor Beginn eines jeden Rennens nach einem genau festgelegten Kontroll-Plan. Wir sind der Meinung, dass dies auch für Sie von Interesse ist und empfehlen Ihnen die Verwendung der in der Anlage beigefügten Kontroll-Liste.

Im Rahmen dieser Kontrolle möchten wir auf drei Punkte besonders hinweisen:

1.) Sämtliche Klemm-Schrauben M 8, E-Nr. 904.347.555.00, am Lenkrohr, E-Nr. 906.347.211.00, nach Entfernen des Splintes auf festen Sitz kontrollieren und mit 3 mkp nachziehen.

2.) Sechskantmutter, E-Nr. 900.078.012.02, am Gelenkstangenkopf für hinteren Querlenker auf festen Sitz kontrollieren.

3.) Am Kugelgelenk der Vorderachse, E-Nr. 904.341.048.00, Höhenspiel durch Beilegen von Ausgleichsscheiben ausgleichen. Siehe Skizze:

Mit freundlichen Grüssen
Dr. Ing. h.c. F. Porsche KG.
i.V. i.A.
Klauder Schneider

Anlage
1 Kontroll-Liste
1 Skizze

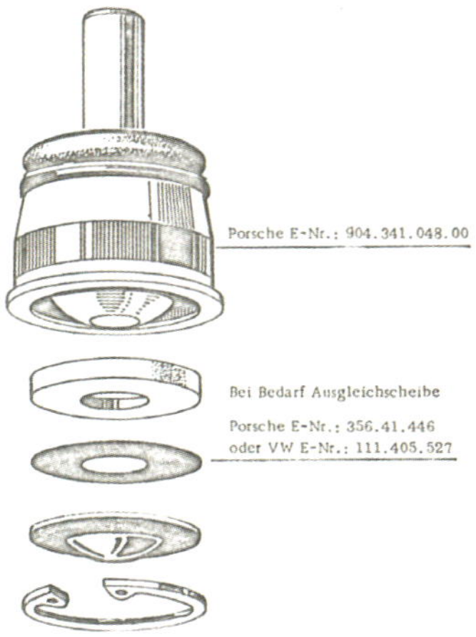

Rundbrief Nr. 5 (2).

Kontroll-Liste

Blatt 1

Veranstaltung: ....

Start Nr.: ....

Fahrgestell-Nr. ....

Motor-Nr.: ....

	Vor der Verladung	Nach Trainingsabschluß
Vorderachse und Lenkung		
Lenkerlager auf Spiel prüfen		
Lenkerbolzen/Muttern auf Festsitz prüfen		
Lenkeranlenkpunkte auf Risse kontrollieren		
Kugelgelenke auf Spiel prüfen		
Achsschenkelschrauben kontrollieren		
Stoßdämpferlager auf Spiel prüfen		
Stoßdämpferbolzen/Muttern auf Festsitz prüfen		
Stoßdämpferanlenkpunkte auf Risse kontrollieren		
Federteller und Ringe auf Sitz kontrollieren		
Bremszangenbefestigung kontrollieren		
Bremsschläuche auf Festsitz, Dichtheit und Verlegung kontr.		
Nachfüllbehälter auf Flüssigkeitsstand kontrollieren		
Hauptbremszylinder auf Dichtheit prüfen		
Bremsbeläge auf Abnützung kontrollieren		
Bremsscheiben auf Riefen und Risse kontrollieren		
Radnabenschrauben kontrollieren		
Radlagerspiel kontrollieren		
Lenkspurstangen und Kugelköpfe kontrollieren		
Lenkhebelbefestigung kontrollieren		
Lenkgetriebebefestigung kontrollieren		
Lenkgetriebe auf Spielfreiheit und Leichtgängigkeit kontr.		
Lenksäulenbefestigung und -Verstellung kontrollieren		
Lenkrad auf Festsitz prüfen		
Stabilisatorlagerung kontrollieren		
Stabilisatorgehänge, Gelenke und Klemmstücke kontr.		
Vordere Rahmenteile auf Risse kontrollieren		
Vordere Reifen und Felgen kontrollieren		

Dr.-Ing. h. c. F. Porsche KG. Stuttgart-Zuffenhausen

Rundbrief Nr. 5 (3).

Rundbrief Nr. 5 (4).

Blatt 2

	Vor der Verladung	Nach Trainingsabschluß
Hinterachse und Getriebe		
Lenkerlagerung auf Spiel prüfen		
Lenkerbolzen/Muttern auf Festsitz prüfen		
Lenkeranlenkpunkte auf Risse kontrollieren		
Lenkerverstellung/Kontermuttern kontrollieren		
Schwenkwinkel der Unibalgelenke kontrollieren		
Stoßdämpferlager auf Spiel prüfen		
Stoßdämpferbolzen/Muttern auf Festsitz prüfen		
Stoßdämpferanlenkpunkte auf Risse kontrollieren		
Federteller und Ringe auf Sitz kontrollieren		
Radträgerlager auf Spiel prüfen		
Radträgerbolzen/Muttern auf Festsitz kontrollieren		
Bremszangenbefestigung kontrollieren		
Bremsschläuche auf Festsitz, Dichtheit u.Verlegung kontr.		
Handbremse kontrollieren		
Bremsbeläge auf Abnützung kontrollieren		
Bremsscheiben auf Riefen und Risse kontrollieren		
Radnabenschrauben kontrollieren		
Achswellen auf Spiel, Risse und Festsitz kontrollieren		
Giubokupplungen auf Risse und Festsitz kontrollieren		
Achsmuttern kontrollieren		
sämtliche Getriebeschrauben kontrollieren		
Getriebe auf Risse und Dichtheit kontrollieren		
Kupplungsumlenkhebel mit Lagerbock kontrollieren		
Schaltungslagerung und Umlenkhebel kontrollieren		
Schaltungseinstellung kontrollieren		
Vorwählgestänge auf Spiel und Absicherung kontrollieren		
Stabilisatorlagerung kontrollieren		
Stabilisatorgehänge, Gelenke und Klemmstücke kontr.		
hintere Rahmenteile auf Risse kontrollieren		
hintere Reifen und Felgen kontrollieren		

Dr.-Ing. h. c. F. Porsche KG. Stuttgart-Zuffenhausen

Rundbrief Nr. 5 (5).

Kontroll-Liste

Start Nr.: ....

Blatt 3

	Vor der Verladung	Nach Trainingsabschluß
Motor		
Beschleunigerpumpendüsen auf Funktion prüfen		
Vergaser synchronisieren		
Niveau prüfen		
Drosselklappenluft bei Vollgas prüfen		
Kugelköpfe für Gasgestänge auf Sicherung prüfen		
Lagerböcke für Gasgestänge auf Festsitz prüfen		
Benzinpumpendruck prüfen		
sämtliche Düsen und Muttern am Vergaser nachziehen		
Unterbrecherkontakte kontrollieren		
Schleifkohle und Verteilerfinger kontrollieren		
Schraubenbefestigungen am Verteiler kontrollieren		
Klemmhebel und Klemmschraube kontrollieren		
Niederspannungsanschlüsse kontrollieren		
Zündzeitpunkt kontrollieren		
beide Zündkreise auf Funktion prüfen		
Zündkabel und Wasserschutzkappen kontrollieren		
Zündkerzen und Zündkerzenmuttern kontrollieren		
Kerzenstecker und Haltebügel kontrollieren		
Halterung der Zündspulen und Vorwiderstände kontr.		
Kabelanschlüsse an Zündspulen und Vorwiderständen prüfen		
Kabel am Anlasser kontrollieren		
Keilriemenspannung und Mutter kontrollieren		
Spannband am Einlaufring kontrollieren		
Durchbruch für Keilriemen im Gebläseschacht kontr.		
Keilriemen auf Beschädigung kontrollieren		
Schrauben der Motorluftführung nachziehen		
Aufhängungsteile für Motor/Getriebe kontrollieren		
Motor-Nr. nachprüfen		
Verbindungsschrauben Motor/Getriebe nachziehen		

M 1.66

Dr.-Ing. h. c. F. Porsche KG. Stuttgart-Zuffenhausen

Kontroll-Liste Start Nr.: ....

Blatt 4

	Vor der Verladung	Nach Trainings-abschluß
Motor (Fortsetzung)		
Ventilkammerdeckel nachziehen		
Auspuffanlage auf Risse und Festsitz kontrollieren		
Ölfilter kontrollieren und auf Dichtheit prüfen		
Ölschläuche auf Festsitz und Knickstellen kontrollieren		
Öltankbefestigung kontrollieren		
Öltank und Ölschläuche auf Dichtheit prüfen		
Ölkühler und Thermostat auf Dichtheit prüfen		
Ölbehälter für Entlüftungsleitungen entleeren		
Befestigung der Kraftstofftanks kontrollieren		
Kraftstoffbehälter und -Leitungen auf Dichtheit prüfen		
Halterung der Kraftstoffpumpen kontrollieren		
Kraftstoffpumpenfilter kontrollieren		
Verlegung der Kraftstoffleitungen und Entlüfterschl.kontr.		
Elektrische Anlage		
Batteriesäurestand prüfen		
Batteriehalterung und -Anschlüsse auf Festsitz prüfen		
Lichtmaschinenkabel am Regler auf Festsitz prüfen		
Reglerhalterung auf Festsitz prüfen		
Scheibenwischerlagerung kontrollieren		
Scheibenwischer-Kabelanschlüsse kontrollieren		
Scheibenwischerarm und -blatt kontrollieren		
Scheinwerfereinstellung kontrollieren		
Lichtanlage prüfen		
Blinkanlage prüfen		
Stopplicht prüfen		
Instrumente und Kontrolleuchten prüfen		

Dr.-Ing. h. c. F. Porsche KG. Stuttgart-Zuffenhausen

PM 1.66

Rundbrief Nr. 5 (6).

Kontroll-Liste Start Nr.: ....

Blatt 5

	Vor der Verladung	Nach Trainings-abschluß
Karosserie		
Karosserie auf Risse und Bruchstellen kontrollieren		
Türverriegelung und -Feststellung kontrollieren		
Haubenverschlüsse kontrollieren		
Scheibenwaschbehälter füllen		
Spritzdüsen einstellen		
Wagen reinigen		
Fahrerraum		
Pedalerie auf Spiel und Leichtgängigkeit prüfen		
Fußbremsdruck prüfen		
Fußbrems-Waagebalken kontrollieren		
Kupplungsseilbefestigung kontrollieren		
Kupplungsspiel prüfen		
Schaltstangenbefestigung kontrollieren		
Schaltbock auf Risse kontrollieren		
Gaszugbefestigung kontrollieren		
Gaspedal und Umlenkhebel kontrollieren		
Rückspiegel einstellen		
Allgemeines		
Reifendruck prüfen		
Schlauchventile auf Dichtheit prüfen		
Wagen abschmieren		
Radmuttern auf Festsitz prüfen		
Wagen probefahren		
Startnummern anbringen		

Datum: ....

Unterschrift: ....

Dr.-Ing. h. c. F. Porsche KG. Stuttgart-Zuffenhausen

PM 1.66 ZEICHENBEDARF H. FREYTAG · STUTTGART

Rundbrief Nr. 5 (7).

Rundbrief Nr. 6 (1).

PORSCHE

DR.-ING. h.c.F. PORSCHE KG · STUTTGART-ZUFFENHAUSEN · PORSCHESTRASSE 42

Postanschrift:
DR.-ING. h.c.F. PORSCHE KG · 7 Stuttgart-Zuffenhausen · Postfach 35

Carrera 6
Rundbrief Nr. 6

IHRE ZEICHEN	IHRE NACHRICHT VOM	UNSERE ZEICHEN	STUTTGART-ZUFFENHAUSEN
		KDO (bei Korrespondenz bitte angeben)	4.7.1966

Wichtige Betriebshinweise für Carrera 6

Wir haben Veranlassung auf verschiedene Punkte hinzuweisen, die wir aufgrund der bisherigen Renn-Erfahrungen mit diesem Fahrzeug gemacht haben.

1.) Nach dem Starten darf der kalte Motor auf keinen Fall über 5000U/min gedreht werden. Es ist darauf zu achten, dass man den Motor im Stand mit wechselnden Drehzahlen zwischen 2000 - 5000 U/min warm laufen lässt. Nach Erreichen einer Betriebs-Temperatur von ca. 60° C Motoren-Ölstand prüfen und Öl nachfüllen bis das Sieb im Öltank gerade überspült wird.

2.) Während des Renn-Betriebes muss bei jedem Tank-Stopp auch eine Ölstands-Kontrolle durchgeführt und Öl bis zur Markierung aufgefüllt werden. Dabei ist besonders zu beachten, dass bei schnellem Nachfüllen das Öl eine gewisse Zeit braucht, bis es das feinmaschige Sieb passiert hat. Dadurch kann der Eindruck entstehen, dass sich bereits genügend Öl im Tank befindet, obwohl in Wirklichkeit noch Öl fehlt.

3.) Der Öldruckwarnschalter, E-Nr. 901.613.572.00, des Carrera 6 ist auf 3 atü eingestellt. Dadurch wird erreicht, dass bei Druckabfall im Ölkreislauf eine rechtzeitige Warnung erfolgt. Ein Öldruck von weniger als 3 atü reicht jedoch während des Renn-Betriebes nicht aus. Um einen Motor-Schaden zu vermeiden, ist deshalb sofort die Ursache des Druckabfalls zu überprüfen.

Achtung: Oben angeführter Öldruck-Warnschalter, E-Nr. 901.613.572.00, darf auf keinen Fall mit einem Schalter unserer Serien-Fahrzeuge verwechselt werden!

Rundbrief Nr. 6 (2).

4.) Die in unserer Betriebsanleitung angegebenen Motor-Drehzahlen müssen unbedingt eingehalten werden.

Dauerdrehzahl bei Rennen: 8000 U/min

Kurzzeitige Höchstdrehzahl: 8200 U/min

5.) Aufgrund unserer Erfahrungen schlagen wir vor, dass der Motor nach mindestens 30 Renn-Stunden (ca. 5000 km) zerlegt und überprüft wird. Dies kann nur ein allgemeiner Hinweis sein. Je nach Einsatz des Fahrzeuges, z.B. bei Langstrecken-Rennen, kann ein Zerlegen des Motors schon vor der genannten Laufzeit erforderlich sein.

Um Motor-Schäden an Ihrem Fahrzeug zu vermeiden, bitten wir Sie, diese Punkte genau zu beachten.

Mit freundlichen Grüssen
Dr. Ing. h.c. F. Porsche KG.
i.V. i.A.

Klauser Schneider

PORSCHE

DR.-ING. h.c.F. PORSCHE KG · STUTTGART-ZUFFENHAUSEN · PORSCHESTRASSE 42

Postadresse
DR.-ING. h.c.F. PORSCHE KG · 7 Stuttgart-Zuffenhausen · Postfach 65

Carrera 6
Rundbrief Nr. 7

IHRE ZEICHEN	IHRE NACHRICHT VOM	UNSERE ZEICHEN (bei Korrespondenz bitte angeben)	STUTTGART-ZUFFENHAUSEN
		KD-T St/HD	24. Februar 1967

Betr.: Sitzhöhe Carrera 6

Die Sitzhöhe im Carrera 6 muß, senkrecht zwischen Sitzmulde und Dach gemessen, laut FIA-Meßvorschriften mindestens 85 cm betragen.

Durch Fertigungstoleranzen kann bei einigen wenigen Fahrzeugen die Sitzhöhe unter dem verlangten Maß von 85 cm liegen.

Bitte überprüfen Sie an Ihrem Fahrzeug die Sitzhöhe und berichtigen Sie eventuelle Abweichungen durch Vertiefen der Sitzmulde.

Damit der Sitz der gewünschten Form entspricht kann ein herausnehmbares Sitzpolster eingelegt werden.

Die Anlage enthält eine Anleitung über Kleinreparaturen an Kunststoffteilen, nach der die Korrektur am Sitz vorgenommen werden kann.

Mit freundlichen Grüßen
Dr.-Ing.h.c.F. Porsche KG.
i.V. i.A.
Raubald Staudenmaier

Rundbrief Nr. 7 (1).

PORSCHE

Anlage - Carrera 6 Rundbrief Nr. 7 v. 24. Februar 1967

Betr.: Klein-Reparaturen an Kunststoffteilen

Der Kunststoffsitz des Typs Carrera 6 ist aus Polyesterharz hergestellt und kann auf einfache Weise bei kleineren Beschädigungen repariert werden. Die notwendigen Komponenten für die Mischung des Reparaturharzes sind in einem Reparatursatz Nr. I zusammengestellt, der von der Firma Paul Lechler, 7417 Urach, Stuttgarter Straße 117, Tel.: 248, zum Preise von ca. DM 35,-- bezogen werden kann. Die Komponenten haben nur eine begrenzte Lebensdauer (ca. 6 Monate), so daß es zweckmäßig ist, keine größeren Mengen einzulagern.

Die Reparaturpackung enthält:

1000 g	Palatal P6
500 g	Palatal P6T
50 g	Katalysator (Butanox)
20 g	Beschleuniger
10,5 m^2	Glasfasermatte 216 450 g/qm
500 g	Reiniger

Dazu die Hilfswerkzeuge:

3	Mischbecher
3	Holzspachtel
1	Pinsel Nr. 8
1	Schmirgelleinwand (Körnung 50)

Während der Reparatur muß die Umgebungstemperatur und die Temperatur der Karosserie mindestens + 15° C betragen.

Mischung von Reparaturharz und Spachtelharz:

Das Reparaturharz (A) setzt sich zusammen aus:

100	Gewichtsteile Palatal P6
3	Gewichtsteile Katalysator (Butanox)
0,3	Gewichtsteile Beschleuniger

Der Reparaturspachtel (B) setzt sich zusammen aus:

100	Gewichtsteile Palatal P6T
5	Gewichtsteile Katalysator (Butanox)
1	Gewichtsteil Beschleuniger

Die einzelnen Komponenten müssen nach folgender Anleitung gemischt werden:

Katalysator (Butanox) und Polyesterharz P6 untereinander mischen und anschließend die Beschleunigerlösung einmischen.

Rundbrief Nr. 7 (2).

Rundbrief Nr. 7 (3).

- 2 -

Achtung: Von obiger Mischreihenfolge darf nicht abgegangen werden, da bei einzelnem Mischen von Katalysator und Beschleuniger Explosionsgefahr besteht. Der Katalysator wirkt ätzend; es ist deshalb vorteilhaft, während des Mischvorganges Schutzbrille und Handschuhe zu tragen.

Verarbeitung der Reparatur- und Spachtelmasse:

Allgemeines:

Die Schadensstelle muß vollständig trocken und sauber sein. Sie muß mit Schmirgelleinwand (Körnung 60-80) gründlich aufgerauht und anschließend mit dem Reinigungsmittel (Azeton) gereinigt werden.

Reparatur von Karosseriebeschädigungen:

1. Innenseite der Karosserie im Umkreis von ca. 5 cm über die Schadensstelle hinaus aufrauhen und mit Reinigerlösung reinigen.
2. 3 Glasfasermatten in der Größe der aufgerauhten Fläche zuschneiden.
3. Reparaturmasse (A) mit Pinsel auf die Schadensstelle streichen.
4. Eine Glasfasermatte auflegen, mit dem Pinsel festdrücken und zusätzlich mit Harz durchtränken. Luftblasen mit Hilfe des Pinsels von innen nach außen austupfen.
5. Die zweite und dritte Matte, wie beschrieben, auflegen.
6. Reparaturstelle 3-4 Stunden aushärten lassen.

Spachteln:

1. Spachtelfläche, wie oben beschrieben, aufrauhen und reinigen.
2. Spachtelmasse (B) mit Hälfte des Spachtels auftragen.
3. Nach 3 - 4 Stunden ist das Harz ausgehärtet und die Verspachtelung kann geschliffen und lackiert werden.

Es richtet sich nach der Art und Größe der Beschädigung, ob diese Arbeiten in der angegebenen Form ausgeführt werden müssen. Bei kleinen Beschädigungen genügt es oft, wenn nur eingespachtelt wird.

Lackieren:

Zum Lackieren verwendet man NL-Kombinationslack (mattglänzender Nitro-Lack). Falls dieser Lack nicht vorhanden ist, kann man notfalls auch lufttrocknenden Kunstharzlack verwenden.

...3/

Rundbrief Nr. 7 (4).

- 3 -

Arbeitshinweise:

1. Ausgebesserte Schadensstelle durch Schleifen mit Schleifpapier aufrauhen, danach mit Nitrolösungsmittel waschen.
2. Grundieren mit DD-Zweikomponentenlack (Desmophon und Desmodur) oder mit Polyesterfüller. Notfalls gute Nitro- oder Kunstharzgrundierung.
3. Spachteln mit Polyesterspachtel (Zweikomponenten-Spachtel). Notfalls herkömmlicher Kunstharz- oder Nitrospachtel.
4. Nachbehandlung mit Füller (Nitrozellulose- oder Kunstharzfüller).
5. Lackieren mit obengenannten Lacken.

Reparaturen von größeren Beschädigungen können in vielen Fällen nur mit Hilfe einer sog. Negativ-Form repariert werden. Wir geben deshalb nachstehende Anweisungen nur vollständigkeitshalber bekannt:

1. Schadensstelle so weit aussägen, bis sämtliche strahlenförmigen Risse beseitigt sind.
2. Innenseite, wie beschrieben, aufrauhen und reinigen.
3. Außenseite mit einer formgetreuen Negativ-Form abdecken, welche vorher mit Trennlack und Trennwachs behandelt wurde.
4. Harzmischung aus 100 Gewichtsteilen Palatal KR 1169
   3 Gewichtsteilen Katalysator (Butanox)
   1 Gewichtsteil Beschleuniger
   etwa 0,5 mm dick innerhalb von 5 - 10 Minuten innen gegen die Negativ-Form auftragen.
5. 3 Glasfasermatten in der Größe der aufgerauhten Fläche zuschneiden.
6. Eine Matte sofort nach dem angelieren der Feinschicht auflegen und wie beschrieben mit Reparaturmasse (A) bestreichen und tränken.
7. Die beiden anderen Matten, wie beschrieben, auflegen.
8. Nach dem Aushärten des Harzes Form abnehmen und Außenseite schleifen und lackieren.

Für das Reparieren von größeren Schäden ist bei der Firma Paul Lechler ein erweiterter Reparatursatz II erhältlich, der außer größeren Mengen der verschiedenen Komponenten noch Trennwachs, Trennlack und Palatal KR 1169 enthält. Verkaufspreis ca. DM 55,--.

Bitte beachten: Die Arbeitsgeräte müssen nach sämtlichen ausgeführten Arbeiten sofort gereinigt werden.

PORSCHE

DR.-ING. h. c. F. PORSCHE KG · STUTTGART-ZUFFENHAUSEN · PORSCHESTRASSE 42

Postadresse:
DR.-ING. h. c. F. PORSCHE KG · 7 Stuttgart-Zuffenhausen · Postfach 40

Carrera 6
Rundbrief Nr. 8

IHRE ZEICHEN	IHRE NACHRICHT VOM	UNSERE ZEICHEN (bei Korrespondenz bitte angeben)	STUTTGART-ZUFFENHAUSEN
		KD-T St/Eb	20.6.67

Betr.: Kupplungsdruckplatte

Das Gehäuse der Kupplungsdruckplatte des Carrera 6 hat an den Rundungen (Fig.) einen Pressgrat. In ungünstigen Fällen kann es an diesen Stellen zu Rißbildungen kommen.

Wir empfehlen Ihnen deshalb, an den Rundungen den Pressgrat zu entfernen und die Oberfläche an den Kanten zu glätten.

Mit freundlichen Grüssen
Dr.-Ing.h.c.F.Porsche KG.
i.V. i.A.
Raubald Staudenmaier.

Anlage

Rundbrief Nr. 8 (1).

PORSCHE

Anlage zum Rundbrief Nr. 8 Carrera 6

Annexe- Lettre circulaire No. 8 Carrera 6

Enclosure- Circular No. 8 Carrera 6

Rundbrief Nr. 8 (2).

Rundbrief Nr. 9.

PORSCHE

DR.-ING. h. c. F. PORSCHE KG · STUTTGART-ZUFFENHAUSEN · PORSCHESTRASSE 42

Postadresse:
DR.-ING. h. c. F. PORSCHE KG · 7 Stuttgart-Zuffenhausen · Postfach 40

Carrera 6
Rundbrief Nr. 9

IHRE ZEICHEN	IHRE NACHRICHT VOM	UNSERE ZEICHEN (bei Korrespondenz bitte angeben)	STUTTGART-ZUFFENHAUSEN
		KD-T St/HD	26. Juli 1967

Betr.: Pleuellager

Ab sofort gibt es Pleuellager mit einem um 0,03 mm größeren Laufspiel.

Wir bitten Sie, bei Instandsetzungsarbeiten nur noch diese Lager zu bestellen.

Die neuen Pleuellager haben die Ersatzteil-Nr. 901.103.142.01 und ersetzen die bisherigen Pleuellager mit der Ersatzteil-Nr. 901.103.142.00.

Bitte berichtigen Sie auch Ihre Carrera 6 Ersatzteilliste.

Mit freundlichen Grüßen
Dr.-Ing.h.c.F. Porsche KG.
i.V. i.A.
Klauser Staudenmaier

Rundbrief Nr. 10.

PORSCHE

Dr.-Ing. h. c. F. PORSCHE KG · STUTTGART-ZUFFENHAUSEN · PORSCHESTRASSE 42

Postadresse:
Dr.-Ing. h. c. F. PORSCHE KG · 7 Stuttgart-Zuffenhausen · Postfach 40 06 40

Carrera 6
Rundbrief Nr. 10

IHRE ZEICHEN	IHRE NACHRICHT VOM	UNSERE ZEICHEN (bei Korrespondenz bitte angeben)	STUTTGART-ZUFFENHAUSEN
		KD-T St/Bo	11. August 1967

Betr.: Pleuelstange

Ab sofort gibt es nur noch Pleuelstangen, die auf der Kurbelwellenseite verstärkt sind.

Sie sind unter der Ersatzteilnummer 901.103.012.03 erhältlich.
Die bisherige Pleuelstange 901.103.012.02 ist nicht mehr lieferbar.

Achtung!
Die neuen Pleuel sind schwerer und dürfen deshalb nicht mit den bisherigen Pleuel gepaart werden.

Die bisherigen Pleuel hatten ein Gewicht von ca. 390 bis 410 gr.
Die neuen Pleuel haben ein Gewicht von ca. 445 bis 465 gr.
Der Gewichtsunterschied der Pleuel eines Motors sollte nicht mehr als ± 2 gr. betragen.

Bitte ergänzen Sie auch Ihre Carrera 6-Ersatzteilliste.

Mit freundlichen Grüßen
Dr.-Ing.h.c.F. Porsche KG.
i.V. i.A.
Schneider Staudenmaier

PORSCHE

Dr.-Ing. h. c. F. PORSCHE KG · STUTTGART-ZUFFENHAUSEN · PORSCHESTRASSE 42

Postadresse:
Dr.-Ing. h. c. F. PORSCHE KG · 7 Stuttgart-Zuffenhausen · Postfach 40 06 40

Carrera 6
Rundbrief Nr. 11

IHRE ZEICHEN	IHRE NACHRICHT VOM	UNSERE ZEICHEN (bei Korrespondenz bitte angeben)	STUTTGART-ZUFFENHAUSEN
		KD-T St/bc	18. August 1967

Betr.: Schließwinkel

Der Schließwinkel am Motor 901/20 des Carrera 6 muß
49 - 51° betragen.
Bitte berichtigen Sie Ihre Betriebsanleitung auf
Seite 9.

Mit freundlichen Grüßen
Dr.-Ing.h.c.F. Porsche KG.
i.V. i.A.
Schneider Staudenmaier

Rundbrief Nr. 11.

PORSCHE

Dr.-Ing. h. c. F. PORSCHE KG · STUTTGART-ZUFFENHAUSEN · PORSCHESTRASSE 42

Postadresse:
Dr.-Ing. h. c. F. PORSCHE KG · 7 Stuttgart-Zuffenhausen · Postfach 40 06 40

Carrera 6
Rundbrief Nr. 12

IHRE ZEICHEN	IHRE NACHRICHT VOM	UNSERE ZEICHEN (bei Korrespondenz bitte angeben)	STUTTGART-ZUFFENHAUSEN
		VK-KD-T St/HD	3. Oktober 1967

Betr.: Radpaar 23 : 29

Ab Januar 1968 ist unter der Ersatzteil-Nr. 904.302.938.00
ein Radpaar mit den obengenannten Zähnezahlen erhältlich.

Das Radpaar besteht aus den Einzelrädern 904.302.204.70 und
904.302.214.70. Es kann als 4. bzw. 5. Gang verwendet werden.

Bitte ergänzen Sie auch Ihre Ersatzteilliste.

Mit freundlichen Grüßen
Dr.-Ing.h.c.F. Porsche KG.
i.V. i.A.
Raubald Staudenmaier

Rundbrief Nr. 12.

Rundbrief Nr. 13.

PORSCHE

Dr.-Ing. h. c. F. PORSCHE KG · STUTTGART-ZUFFENHAUSEN · PORSCHESTRASSE 42

Postadresse:
Dr.-Ing. h. c. F. PORSCHE KG · 7 Stuttgart-Zuffenhausen · Postfach 40 06 40

Carrera 6
Rundbrief Nr. 13

IHRE ZEICHEN	IHRE NACHRICHT VOM	UNSERE ZEICHEN (bei Korrespondenz bitte angeben)	STUTTGART-ZUFFENHAUSEN
		VKKDT St/ha	8. Dezember 1967

Betr.: Motoröl für Motor 901/20

Ab sofort ist für den obengenannten Motor das Motoröl VALVOLINE
RACING SAE 40 freigegeben.

Dieses Öl ist ein Mineralöl und kann nicht mit Rhizinusöl vermischt werden. Sofern bisher Rhizinusöl gefahren wurde, ist eine äusserst gründliche Reinigung des Motors und des ganzen Ölversorgungssystems im Falle einer Umstellung unbedingt erforderlich.

Das VALVOLINE RACING Motoröl kann selbst bei abgestelltem Motor längere Zeit darin verbleiben, da sich die Bestandteile nicht absetzen.

Mit freundlichen Grüssen
Dr.Ing.h.c.F.Porsche KG.
i.V. i.A.
Raubald Staudenmaier

Die Rennsaison 1966

1966 nahm Porsche mit fünf Werkswagen am Weltmeisterschaftslauf auf dem Nürburgring teil.

Nach der großen Ära der GT-Fahrzeuge, die so großartige Fahrzeuge wie den Porsche 904 Carrera GTS, den Ferrari 250 GTO, die Shelby Cobra oder den Aston Martin DB4 GT Zagato hervorgebracht hatte, galten für die Marken-Weltmeisterschaft der FIA ab 1966 neue Spielregeln. Wer Punkte sammeln wollte, musste entweder einen Prototypen der Gruppe 6 oder einen Sportwagen der Gruppe 4 fahren.
Unter dem maßgeblichen Einfluss von Ferdinand Piëch war dazu bei Porsche der als Ollon-Villars-Spyder in die Geschichtsbücher eingegangene Gitterrohrrahmen-Rennwagen weiterentwickelt worden. Ziel war es, so schnell wie möglich 50 identische Fahrzeuge auf die Räder zu stellen, um in der Sportwagen-Kategorie starten zu können. Obwohl bereits Ende März die Fertigstellung des 50. Fahrzeugs erreicht worden war, erfolgte die Homologation in der Gruppe 4 erst am 01.05.1966. Das bedeutete, dass der neue 906 bei den ersten Wertungsläufen in der Klasse der Prototypen antreten musste.

Marken-Weltmeisterschaft

1. Lauf zur Marken-Weltmeisterschaft – 24 Stunden von Daytona (USA) – 05./06.02.1966

Zu diesem Zeitpunkt stand nur ein Einsatzfahrzeug zur Verfügung, der königsblaue Prototyp mit der Vorserien-Fahrgestellnummer 906.017. Er hatte zuvor den zahlreichen internationalen Presseleuten als Fotomodell zur Verfügung gestanden. Nach letzten Testrunden im Januar auf der frostigen Weissacher Kreisbahn wurde er direkt ins sonnige Florida geflogen.
Sicherheitshalber hatte Huschke von Hanstein noch zwei der bewährten Typen 904 Carrera GTS mitgenommen, die mittlerweile von der FIA vom GT-Wagen zum Gruppe-4-Sportwagen umgestuft worden waren.
Der einzige 906 wurde zwei Routiniers im besten Sinne des Wortes anvertraut: Hans Herrmann, der nach einem Gastspiel bei Carlo Abarth zu Porsche zurückgekehrt war, und Herbert Linge, dem Mann der ersten Stunde, der den 906 in- und auswendig kannte.
Obwohl die Trainingszeiten bei einem 24-Stunden-Rennen nur relativen Charakter haben, zeigte die Zeit von 2.07,6 min recht deutlich, welches Potenzial in dem Neuwagen steckte. Sie bedeutete zum einen Bestzeit bei den Prototypen bis 2000 ccm (bei zugegebenermaßen äußerst schwacher Konkurrenz) und zum anderen einen Vorsprung von 4,2 Sekunden auf den schnellsten 2-Liter-Sportwagen, den 904 Carrera GTS des Amerikaners Sam Posey.
Hinter all den großvolumigen Sportwagen und Prototypen vom Schlage eines 7-Liter-Ford Mk II, Chaparral, Ford GT 40, Ferrari 365 P2/3 und 250 LM nahmen Herrmann/Linge ihr Rennen von Startplatz 18 auf. Am Ende des Rennens, an dem 59 Fahrzeuge teilnahmen, belegten sie den 6. Platz im Gesamtklassement, gewannen die Klasse der Prototypen bis 2000 ccm und lagen neun Runden vor den schnellsten und erprobten 904 Carrera GTS von Gerhard Mitter und Joe Buzzetta, die die Sportwagen-Wertung für sich entschieden.
Eine Premiere, wie sie besser kaum sein konnte.

2. Lauf zur Marken-Weltmeisterschaft – 12 Stunden von Sebring (USA) – 26.03.1966

In den sieben Wochen zwischen dem ersten und dem zweiten Lauf lief in Stuttgart die »Serienproduktion« des Typs Carrera 6 auf Hochtouren, die ersten Kundenfahrzeuge waren sogar schon ausgeliefert. Somit traten auf dem ehemaligen Flugfeld in Sebring nicht nur die beiden Werkswagen mit Hans Herrmann / Joe Buzzetta (# 906.103) und Gerhard Mitter / Günther Klass (# 906.111) an, sondern auch drei Kundenteams, eines aus der Schweiz (Vögele/Siffert) und zwei aus Amerika (Hugus/Underwood und Patrick/Wester).
Da Vorsicht bekanntermaßen die Mutter der Porzellankiste ist und andererseits der 906 offiziell noch immer kein Gruppe-4-Sportwagen war, waren letztmalig werksseitig zwei 904 Carrera GTS mit von der Partie. Sie wurden den Teams George Follmer / Peter Gregg und Udo Schütz / Dieter Glemser anvertraut.
Ernsthafter Wettbewerber um die Krone der 2-Liter-Prototypen war erstmalig der Werks-Ferrari Dino 206 P unter Scarfiotti/Bandini.
Im Training erwies sich die Kombination Mitter/Klass als am schnellsten. 3.03,6 Minuten bedeuteten nicht nur Startplatz 11, sondern auch 1,4 Sekunden Vorsprung auf den Ferrari Dino, 3,4 Sekunden Vorsprung auf die Team-Kameraden Herrmann/Buzzetta und 15 Sekunden (!) Vorsprung auf den schnellsten 2-Liter-Sportwagen, den 904 Carrera GTS von Cunningham/Jordan/Fitch.
Das Rennen begann dann auch recht vielversprechend für Mitter/Klass, bis es in der 7. Runde zu einem Motorschaden infolge Überdrehens kam. Mitter, der zu den schnellsten Fahrern seiner Zeit zählte, wurde daraufhin dem zweiten Werks-906 zugeteilt. Mit Erfolg, denn am Ende belegte das Team Herrmann/Buzzetta/Mitter hinter drei 7-Liter-Ford Mk II einen nie erwarteten 4. Platz im Gesamtklassement. Damit hatten sie drei Runden Vorsprung auf den schnellen Ferrari Dino, der den zweiten Platz in der Prototypen-Wertung bis 2000 ccm erntete. Gleich dahinter, in der gleichen Runde, lief der erste private Carrera 6 ein, der des schweizerischen Unternehmers Charles Vögele und seines Protegés Jo Siffert. Es sollte nur wenige Wochen dauern, bis letzterer in die Porsche-Werksmannschaft aufstieg.
Die Entscheidung, die 904 Carrera GTS noch einmal antreten zu las-

sen, erwies sich als goldrichtig. George Follmer und der Lokalmatador Peter Gregg gewannen als 7. im Gesamtklassement die Klasse der Sportwagen bis 2000 ccm.

3. Lauf zur Marken-Weltmeisterschaft – 1000 km von Monza (I) – 25.04.1966

Dass der Erfolg auf amerikanischem Boden nicht von ungefähr kam, sollte sich zurück in Europa durchaus bestätigen. Auf italienischem Boden standen sich fünf Porsche Carrera 6 und vier Ferrari Dino 206 S gegenüber, davon zwei mit namhaften Fahrern besetzte Werkswagen. Die beiden Porsche-Werkswagen von Gerhard Mitter / Hans Herrmann (# 906.128) und Colin Davis / Dieter Glemser (# 906.112) wurden von den Privat-Teams Siffert/Vögele, Wicky/Knörr und Schütz/Koch tatkräftig unterstützt.
Dass die Dinos sehr ernst zu nehmen waren, zeigte sich bereits im Training. Mit 3.10,7 Minuten lagen die Werksfahrer Bandini/Scarfiotti 2,3 Sekunden vor dem privaten von Biscaldi/Casoni (Scuderia Sant Ambroeus). Erst auf Platz 3 bei den 2-Liter-Prototypen bzw. Platz 9 in der Startaufstellung stand der schnellste 906 von Gerhard Mitter und Hans Herrmann. Nur drei Zehntelsekunden langsamer war die schweizerische Mannschaft Vögele/Siffert. Der zweite Werks-906 mit Davis/Glemser am Steuer kam auf relativ bescheidene 3.15,8 Minuten. Der zweite Werks-Dino von Nino Vaccarella und Bob Bondurant hatte einen Trainingsunfall und musste auf den Start am Sonntag verzichten.
Erstmals stand in der 2-Liter-Prototypen-Klasse ein Matra am Start. Er wurde von einem 2-Liter-BRM-Motor angetrieben und von den Franzosen Johnny Servoz-Gavin und Jean-Pierre Jaussaud gefahren.
Dass im Langstreckensport nicht nur Schnelligkeit, sondern auch Zuverlässigkeit eine Rolle spielt, sollte sich im Rennen erweisen. Bei strömendem Regen belegten Gerhard Mitter und Hans Herrmann wie schon in Sebring den 4. Platz im Gesamtklassement und den 1. Platz in der Klasse. Damit lagen sie nach 1000 km nur zwei Runden hinter dem siegreichen Ferrari 330 P 3 von John Surtees und Mike Parkes.
Mit ebenfalls zwei Runden Rückstand auf den Werks-906 landete der schnellste private 906, wiederum der von Siffert/Vögele, auf Platz 5 im Gesamtklassement. Den 7. Gesamtrang und den 3. Platz bei den 2-Liter-Prototypen nahm der zweite Werks-906 unter Davis/Glemser ein.
Nach drei Läufen zur Marken-Weltmeisterschaft hatte Porsche jedes Mal die Klasse der Prototypen bis 2000 ccm deutlich gewonnen, und jedes Mal saß der Rückkehrer Hans Herrmann am Steuer. Aber es sollte noch besser kommen.

4. Lauf zur Marken-Weltmeisterschaft – Targa Florio (I) – 08.05.1966

Endlich war die Homologationshürde genommen, der Carrera 6 durfte erstmals als Sportwagen in der Gruppe 4 gemäß Anhang J des FIA-Sportgesetzes starten. Und das tat er sehr nachhaltig. Zum Rennen auf dem 72 km langen Rundkurs auf der Insel Sizilien traten elf (!) 906 an, acht davon als Sportwagen und drei als Prototypen, letztere deshalb als Prototypen, weil sie Änderungen aufwiesen, die von der Serien-Variante abwichen. Das waren zum einen die mechanischen Bosch-Benzin-Einspritzanlagen in den Fahrzeugen von Gerhard Mitter und Joakim Bonnier (# 906.143) sowie Hans Herrmann und Dieter Glemser (# 906.141) und zum anderen der 2,2 Liter große Achtzylinder-Motor, dessen Konstruktion auf den Formel-1-Motor aus dem Jahr 1962 zurückgeht, im Wagen von Günther Klass und Colin Davis (# 906.142).
Die weiteren Werkswagen wurden von Pucci/Arena (# 906.141) und W. Mairesse / H. Müller (# 906.128) gefahren. Letzterer war zwar offiziell von der schweizerischen Scuderia Filipinetti gemeldet, gehörte aber dem Werk und wurde wie ein Werkswagen betreut.
Neben einem italienischen 904 standen die acht 906 in der 2-Liter-Sportwagenklasse ganz allein auf weiter Flur. Bei den Prototypen allerdings sahen sich die beiden Werkswagen drei sehr ernst zu nehmenden Dino 206 S gegenüber. Zwei davon waren Werkswagen und der dritte ein Privat-Wagen.
Ein weiterer Werks-Ferrari, nämlich der 330 P3 von Lokalmatador Nino Vaccarella und Formel-1-Fahrer Lorenzo Bandini, musste eine ziemliche Schmach hinnehmen, war doch der Achtzylinder-906 mit Günther Klass am Steuer mit 39.05,7 Minuten der absolut Schnellste im Training gewesen. Und das auf einem Straßenkurs mit unzähligen Kurven und bei zeitweise starkem Regen.
Im Rennen schied das Team Klass/Davis nach einer grandiosen Vorstellung mit einem Aufhängungsschaden aus, nachdem bereits drei Viertel der Distanz zurückgelegt waren. Nicht besser ging es dem Team Mitter/Bonnier. Mitter, der mit 40.19,0 Minuten die absolut schnellste Zeit in den sizilianischen Asphalt gebrannt hatte, kam von der Strecke ab und beschädigte die Aufhängungen vorn und hinten an seinem Fahrzeug. Auch Dieter Glemser kam unter den widrigen Bedingungen von der Strecke ab und musste das Rennen vorzeitig beenden.
Und der Rest? Die großvolumigen Fahrzeuge à la Ford Mk II oder Chaparral waren gar nicht erst angereist, und die anderen, die Ferrari 330 P3 und 250 LM bzw. Ford GT 40 waren ausgefallen, hatten irgendwelche Probleme oder waren einfach zu langsam. So bestand die Gruppe der »Überlebenden« aus dem inoffiziellen Werkswagen von Mairesse/Müller, dem Werks-Dino von Guichet/Baghetti und dem offiziellen Werkswagen von Arena und Pucci. Letzterer ist genau jener Baron Antonio Pucci, der bereits 1964 zusammen mit Colin Davis die Targa für sich entschieden hatte.

Nach 7 Stunden, 16 Minuten und 32,3 Sekunden beendeten die Teams das Rennen, wobei der Vorsprung von Mairesse/Müller auf den zweitplatzierten Ferrari sichere 8 Minuten und 17,8 Sekunden betrug.
Mit diesem Erfolg hatte das Porsche-Werk mit dem »kleinen« 2-Liter-Auto in der noch jungen Saison 1966 einen sensationellen Coup gelandet.

5. Lauf zur Marken-Weltmeisterschaft – 1000 km von Spa-Francorchamps (B) – 22.05.1966

Nur 14 Tage später zog der ganze Tross nach Norden in Richtung des ultraschnellen Berg- und Tal-Kurses von Spa-Francorchamps. Und hier war dann auch die Konkurrenz aus den Häusern Ford und Ferrari wieder massiv präsent.
Für Porsche sollte Spa ein Rennen zum Vergessen werden. Beim Samstag-Training hatte gerade wieder einmal der nachmittägliche Regen eingesetzt, als Gerhard Mitter beim Herausbeschleunigen aus der Stavelot-Kurve die Bodenhaftung verlor und von der Strecke katapultiert wurde. Vermutlich hatte sich die Heckhaube selbsttätig aufgestellt und damit die aerodynamische Katastrophe ausgelöst. Gerhard Mitter kam wie durch ein Wunder mit nur einem Beinbruch davon, der Wagen (# 906.112) war ein Totalschaden und Peter Nöcker, sein Teamkollege, konnte vorzeitig nach Hause fahren. Damit war die Werksmannschaft auf ein Fahrzeug (Herrmann/Glemser) zusammengeschrumpft. Die beiden holten sich in dem mit einem Einspritzmotor versehenen 906 (# 906.137) mit 4.05,5 Minuten die Trainingsbestzeit der 2-Liter-Fraktion, lagen damit aber beachtliche 18,1 Sekunden hinter dem Trainingsschnellsten, dem 4-Liter-Ferrari 330 P3 von Parkes/Scarfiotti.
Aber auch dieses Team hatte kein Glück, denn der Wagen fiel nach 51 von 71 Runden durch einen Unfall aus. Damit blieben nur noch vier Privat-Teams übrig. Eigentlich waren es nur noch drei, denn der Wagen der Schweizer Hans Kühnis und Heini Walter war im Training auf der von einem großen V8-Motor gelegten Ölspur ausgerutscht und irreparabel liegengeblieben. Bei dem Wagen von Koch/Schütz streikte der Motor und bei dem von Blumer / de Udy das Getriebe. Und so holte sich der holländische Carrera 6 der Freiherren David und Gijs van Lennep den Pokal für den Sieg in der Sportwagenwertung bis 2000 ccm. Hier darf allerdings nicht verschwiegen werden, dass sie auf dem 15. Platz als Letzte gewertet wurden und vor ihnen deutlich langsamere Fahrzeuge vom Schlage eines Austin Healey Sprite oder MG B rangierten.
Wie gesagt, ein Wochenende zum Vergessen.

6. Lauf zur Marken-Weltmeisterschaft – 1000 km Nürburgring (D) – 05.06.1966

Mit 78 Startern stellte der veranstaltende ADAC das größte Teilnehmerfeld der gesamten Saison. Großen Anteil hatten daran wieder einmal die für den Nürburgring prädestinierten neuen Carrera 6, die mit elf Repräsentanten vertreten waren.
Porsche war mit fünf Werkswagen stärker dabei als je zuvor. Zusätzlich wurde ein 904 Carrera GTS betreut, mit dem die Journalisten Paul Frère und Rainer Günzler Live-Aufnahmen für das Zweite Deutsche Fernsehen einfangen sollten. Der Achtzylinder-Prototyp (# 906.142), der schon bei der Targa Florio für Furore gesorgt hatte, wurde Jochen Rindt und Nino Vaccarella anvertraut. Der Italiener war kurzfristig von Huschke von Hanstein verpflichtet worden, nachdem Ferrari sich nicht zum Einsatz eines zweiten 330 P3 entschlossen hatte. Die drei 2-Liter-Einspritzer fuhren Herrmann/Glemser (# 906.154), Schütz/Klass (# 906.141) und Bondurant/Hawkins (# 906.128). Als Sportwagen startete der Wagen mit der Nummer 61 (# 906.108) mit der Paarung J.-P. Beltoise / P. Nöcker hinter dem Lenkrad. Damit waren im Porsche-Werksteam sechs Nationen vertreten: 5 Deutsche, 1 Amerikaner, 1 Australier, 1 Franzose, 1 Italiener und 1 Österreicher.
Porsche-Mitarbeiter und Ring-Kenner Herbert Linge setzte sich zu Gerhard Koch in dessen privaten Carrera 6. Die weiteren Wagen wurden von den Brüdern van Lennep, von den Schweden Axelsson/Johansson, den Schweizern Siffert/Vögele (diesmal als Prototyp wegen der verlängerten Nase) und Kühnis/Walter sowie dem englisch sprechenden Team de Udy / de Klerk gefahren.
Im Training schaffte der aufstrebende Formel-2-Star und zukünftige Formel-1-Weltmeister Jochen Rindt eine Rundenzeit von 8.44,4 Minuten und stellte den »großen« 2,2-Liter-Prototyp hinter dem Ferrari 330 P3 von Surtees/Parkes und den Chaparral 2D von Bonnier/Hill auf den 3. Startplatz.
Bei den 2-Liter-Prototypen dagegen gab es lange Gesichter: die Ferrari-Stars Scarfiotti und Bandini parkten ihren roten Dino mit 8.48,2 direkt neben dem schnellsten Porsche. Hans Herrmann kam als Nächster auf 8.54,5 Minuten und war damit glatte 6,3 Sekunden langsamer als der Dino. Dass die Werks-Prototypen mit der Benzineinspritzung gegenüber den Serien-Fahrzeugen mit den Vergaser-Motoren im Vorteil waren, wird daran deutlich, dass der trainingsschnellste Sportwagen (Beltoise/Nöcker) mit 9.10,2 Minuten auf Startplatz 16 kam. Der Unterschied der Trainingszeiten betrug fast 17 Sekunden!
Heimvorteil hin, Heimvorteil her, der Nürburgring hat so seine eigenen Gesetze. Als Erste fielen Schütz/Klass kurz nach der Halbzeit mit einer gebrochenen Antriebswelle aus. Knapp 10 Runden später folgten Rindt/Vaccarella, die Probleme mit der Kupplung bekamen. Die Ursache dafür lässt sich vermutlich auf einen Schaden am Rahmen zurückführen. In der gleichen Runde fielen auch die wackeren

dem identischen Wagen. Hans Herrmann hatte einen anderen Carrera 6 (# 906.141) zur Verfügung und belegte Platz 2, Scarfiotti fehlte. Sepp Greger gewann auch dieses Mal seine Klasse und lag dabei nur eine Zehntelsekunde hinter dem Achtzylinder von Herrmann zurück.

3. Lauf zur Europa-Bergmeisterschaft – Bergrennen Trento Bondone (I) – 10.07.1966

Auch diesmal trug sich Gerhard wieder ganz oben in die Siegerliste ein. Er fuhr immer noch den »alten« 906.010 – und immer noch mit dem Gipsfuß! Sein komplizierter Beinbruch, den er sich Ende Mai in Spa-Francorchamps zugezogen hatte, war noch immer nicht ausreichend verheilt. Hans Hermmann kam auch wieder auf den zweiten Platz, fuhr diesmal aber zum ersten Mal den Typ 910. Und Sepp Greger, mittlerweile schon 51 Jahre alt, fuhr wieder Rang 3 und den Gruppensieg heraus.

4. Lauf zur Europa-Bergmeisterschaft – Bergrennen Cesana-Sestrière (I) – 24.07.1966

Nachdem die Marken-Weltmeisterschaft gelaufen war, war auch Ferrari wieder mit von der Partie. Ludovico Scarfiotti ließ sich den Sieg auf heimischem Boden nicht nehmen und platzierte sich vor den beiden Werks-Porsche. Mitter fuhr zum offiziell letzten Mal den 906.010 und Hans Herrmann hatte wieder einen 906 zur Verfügung. Nichts Neues bei den Sportwagen, der unverwüstliche Sepp ließ auch hier nichts anbrennen.

5. Lauf zur Europa-Bergmeisterschaft – Bergpreis Freiburg-Schauinsland (D) – 31.07.1966

Nur eine Woche nach dem Italien-Ausflug traf man sich zum zweiten Mal in Deutschland, dieses Mal auf der Westseite. Gerhard Mitter rückte die Dinge mit dem neuen Typ 910 zurecht und erzielte dabei einen neuen Streckenrekord. Scarfiotti wurde um 1,5 Sekunden geschlagen und Hans Herrmann schied nach einem Bruch der hinteren Felge aus. Sepp Greger siegte erneut, lag aber als Gesamtdritter fast 40 Sekunden (!) hinter Mitter zurück.

6. Lauf zur Europa-Bergmeisterschaft – Bergrennen Sierre-Montana-Crans (CH) – 28.08.1966

Es sollte lange vier Wochen dauern, bis es in der Schweiz weiterging. Ferrari und Porsche hatten die Zeit gut genutzt. Scarfiotti unterstrich mit seinem zweiten Gesamtsieg seine Klasse und empfahl sich damit für 1967 für das Porsche-Werksteam. Gerhard Mitter und Hans Herrmann hatten jetzt jeder einen 910, lagen aber knapp 4 bzw. gut 28 Sekunden hinter dem Sieger zurück. Das war aber nicht tragisch, denn Mitter hatte den Titel bereits in der Tasche. Bei Sepp Greger war das nicht anders, sechster Sieg im sechsten Rennen.
Das Rennen war mit 150 Nennungen und 91 Startern überaus gut besucht, zählte es doch nicht nur zur Europa-Bergmeisterschaft, sondern auch zur Internationalen Sportwagen-Meisterschaft. Ein Tribut an die Schweiz.

7. Lauf zur Europa-Bergmeisterschaft – Gaisberg-Rennen (A) – 04.09.1966

Wie die Sportwagen-Meisterschaft endete auch die EBM in Österreich. Und wie bereits in der Steiermark fuhr der Sieger im Salzburger Land einen Porsche. Gerhard Mitter hatte seinen 910 im Training beschädigt und musste daher zwangsweise auf den 906.010 zurückgreifen. Und so kam der Urvater der 906er am Ende seiner Karriere noch einmal zu einem großartigen Gesamtsieg. Hans Herrmann wurde in einem 910 erneut Zweiter und Sepp Greger krönte die Saison ungeschlagen mit dem 7. Sieg im 7. Rennen.

Weitere Erfolge: Udo Schütz wird Deutscher Sportwagen- und GT-Meister.

Fazit:

Mit dem Carrera 6 hatte Porsche genau das richtige Auto für das neue Reglement gebaut. In der Sportwagenklasse gab es keinen Gegner, der ihm das Wasser reichen konnte. Nur bei den Prototypen musste man sich das eine oder andere Mal mit dem sehr konkurrenzfähigen Ferrari Dino 206S auseinandersetzen.
Die erforderlichen 50 Fahrzeuge konnte Porsche natürlich nicht alleine einsetzen. Angesichts der Erfolge in Daytona und Sebring war die Nachfrage aber ausreichend groß, um alle Fahrzeuge an den Mann zu bringen. Am Ende der Saison mussten sogar noch einige Fahrzeuge nachgebaut werden.
Weltweit war der Carrera 6 bei den Sportwagen-Rennen das Maß aller Dinge geworden. Der Kaufpreis lag zwar deutlich höher als bei dem Vorgänger 904, aber dank der sprichwörtlichen Zuverlässigkeit lagen die Betriebskosten auf einem ungewöhnlich niedrigen Niveau. Das Porsche-Werk konzentrierte sich auf die Weiterentwicklung und setzte seine Wagen bevorzugt in der Prototypen-Klasse ein. Das hatte zwei Gründe: Zum einen wollte man den Kunden keine Konkurrenz machen, und zum anderen war Innovation gefragt. All die Erfahrungen, die dabei gemacht wurden, flossen in den Typ 910 sowie dessen Nachfolger ein. Das im 906 etablierte Rohrrahmen-Konzept wurde bis hin zum 917, ja sogar bis zum 936 beibehalten.

Ford et Porsche ont enlevé les Trophées internationaux des prototypes

SPORT : Porsche, vainqueur en 2 litres avant l'épreuve d'Hockenheim tandis que Ford triomphe aussi en sport plus de 2 litres

Interrompus depuis la fin des 24 Heures du Mans, le championnat du monde des voitures sport et le Trophée International des Prototypes vont reprendre ce prochain week-end. Pour les voitures jusqu'à 2 litres, tout au moins, puisque le Grand Prix de Hockenheim comptant pour ces deux championnats est strictement ouvert aux cylindrées non supérieures à deux litres. Pour être parfaitement exact disons, également que pour ce qui concerne les voitures sport de moins de 1300 cc deux épreuves ont été disputées entre temps : le Circuit du Mugello et le GP d'Enna avant que toutes les divisions des voitures sport se retrouvent le 28 août prochain au Grand Prix Suisse de la Montagne, à Allon-Villars (1.

Pour ce qui concerne le Trophée International des Prototypes — subdivisé, rappelons-le, en voitures jusqu'à 2.000 cc et voitures au-dessus de 2.000 cc — les jeux sont faits définitivement. Ford par sa victoire aux 24 Heures du Mans a conquis son premier titre du genre devant Ferrari au plus de 2.000 cc, tandis que Porsche a dominé la classe des moins de 2.000 cc. Comptant actuellement le maximum de points possibles, Porsche viendra au G.P. d'Hockenheim pour l'honneur et sans aucune appréhension.

Voici les classements détaillés de ces Trophées Internationaux des Prototypes qui ont compté 7 épreuves pour les plus de 2.000 cc : Daytona, Sebring, Mille Km de Monza, Targa Florio, Spa, 1.000 km du Nurburgring et 24 Heures du Mans. Pour les moins de 2.000 cc une 8ème épreuve : Hockenheim vient s'ajouter mais pour les deux divisions on tient compte des 4 meilleurs résultats. Les points détaillés sont donnés dans l'ordre chronologique des épreuves.

PT + 2.000 cc.

1. FORD	10	10	—	—	6	—	12	38
2. Ferrari	4	—	10	10	9	7	—	36
3. Chapparal	—	—	—	—	—	10	—	10

Pour ne pas y avoir cru Ferrari perd ce Trophée International qu'il aurait très bien pu enlever cette année encore. Ferrari s'est bloqué sur Le Mans ; il aurait pu glaner des points précieux aux USA notamment s'il s'y était présenté... Deux pts d'écart en fin de saison c'est fort peu et demeure à l'actif de Ferrari qui avec des moyens moindres a tenu tête à son rival américain...

PT — 2000 cc

1. PORSCHE	10	10	10	—	—	7	12	42
2. Ferrari	—	7	4	10	9	10	—	36
3. Austin Healey	7	3	—	5	3	3	—	18
4. Alpine	—	—	—	—	6	—	5	11
5. Triumph	5	—	—	—	—	—	—	5
6. Ford Cortina	4	—	—	—	—	—	—	4
ASA	—	—	—	4	—	—	—	4
Fiat Abarth	—	—	—	—	—	4	—	4
9. Apal	—	—	—	—	1	—	—	1

Porsche compte le maximum de points possible. Mais la présence de la Dino Ferrari a été un danger constant pour la marque allemande. Là encore on pourra sans doute regretter que Ferrari n'ait pas fait l'effort indispensable, surtout envers les épreuves américaines. Peut-être cette division eût-elle connu alors une lutte beaucoup plus serrée entre les deux « grands » représentants des deux litres.

Porsche net vainqueur en Sport 2 litres

L'épreuve d'Hockenheim n'étant réservée qu'aux voitures de la division II des voitures sport (de 1.300 à 2.000 cc) nous nous contenterons, aujourd'hui de parler en détail de cette série. Nous reviendrons sur les classements complets sports avant le GP de la Montagne Suisse.

En classe deux litres le règne Porsche se poursuit. La marque allemande a copieusement dominé la situation dans les sept épreuves déjà courues et qui sont identiquement les mêmes que celles citées pour les Prototypes. Toutefois, pour ce qui concerne les Sport de cette division, un minimum de 8 épreuves doit être organisé. Hockenheim sera donc la 8ème. Mais il est encore prévu au programme : le GP Suisse de la Montagne, le GP d'Autriche et les Courses de Bridgehampton soit au total onze épreuves. Dans ce cas on tiendra compte des six meilleurs résultats acquis (la moitié arrondie au chiffre supérieur). Au cas ou l'une de ces épreuves ne serait pas organisée, c'est sur 5 résultats que l'on devrait se baser. Nous donnons (pour Porsche uniquement) les deux totaux basés sur 6 et 5 résultats dont voici le détail :

CLASSEMENT GENERAL

1. PORSCHE	10	10	—	10	6	10	12	58	52
2. Alfa Romeo	—	7	10	5	—	3	—	25	25
3. Lotus	—	—	—	—	9	—	—	9	9
4. Elva	—	4	—	—	—	—	—	4	4
5. Volvo	3	—	—	—	—	—	—	3	3
6. Sunbeam Alpine	2	—	—	—	—	—	—	2	2

Pour disposer du maximum de points sur 6 résultats, Porsche doit donc enlever la première place d'une des quatre dernières épreuves prévues au calendrier. Ceci peut être acquis dès ce prochain dimanche à Hockenheim.

Dans les classements subsidiaires de classe on a :

1300 à 1600 cc

1. ALFA ROMEO	7	10	10	10	—	10	—	47	47
2. Sunbeam	10	—	—	—	—	—	—	10	10
3. Lotus Elan	—	—	—	—	9	—	—	9	9

Aucune discussion : d'ores et déjà Alfa Romeo enlève cette classe.

1600 à 2000 cc

1. PORSCHE	10	10	—	10	9	10	12	61	52
2. Elva Courrier	—	4	—	—	—	—	—	4	4
3. Volvo	3	—	—	—	—	—	—	3	3
4. Sunbeam	2	—	—	—	—	—	—	2	2

Ici Porsche a le maximum de points que l'on tienne compte de cinq ou de six résultats. Porsche enlève donc la classe avec tous les honneurs.

A titre indicatif disons qu'en classe plus de 2000 cc, Ford l'a enlevé de toute manière le championnat comptant 50 pts soit le maximum des points moins 2 puisque Le Mans (12 pts au premier) n'a donné lieu à aucun crédit pour les plus de 2 litres, aucune voiture ne s'étant classée. Dans cette division sport Ferrari ne compte que... 19 pts avec 4 résultats !

Paul DELRIVIERE

(1) Conformément au réglement, le G.P. Suisse de la Montagne ne donnera lieu qu'à attribution de la moitié des points du barème de base, c'est-à-dire 4,5 pts pour le premier classé dans les trois divisions sport.

Les Sports 10.8.66

Artikel aus dem französischen Sportmagazin l'Equipe mit der Aufstellung der Meisterschaftspunkte.

CHALLENGE MONDIAL
de
ITESSE & D'ENDURANCE
-=-=-=-=-

Secrétariat
A.C.O.- 13, Bd Levasseur
Le Mans
-=-=-=-

LE MANS, le 22 Septembre 1966

H. Dr. Ponde erhält extra eine Einladung

PR | Eingang: 26. SEP. 1966 | Erledigt

55380

Monsieur Von HANSTEIN
Automobiles Porsche
Porschestrasse
STUTTGART-ZUFFENHAUSEN
(Allemagne)

Cher Monsieur,

Nous avons l'honneur de vous faire savoir que la distribution des prix du Challenge Mondial de Vitesse et d'Endurance 1966 aura lieu le mercredi 12 Octobre, à 18 Heures, dans les salons de l'Automobile-Club de France, 8, Place de la Concorde à Paris au cours d'une réception organisée par les Associations créatrices de ce Challenge.

Nous vous adressons, sous ce pli, le classement du dit challenge en attirant votre aimable attention sur le fait que ce sont les Automobiles Porsche qui remportent cette année le Challenge Mondial de Vitesse et d'Endurance.

Il nous serait particulièrement agréable que vous vouliez bien assister à cette remise des prix et par ce même courrier nous invitons également Monsieur PORSCHE.

Dans l'attente du plaisir de vous voir,

Nous vous prions de croire, Cher Monsieur, à l'assurance de tous nos meilleurs et très distingués sentiments.

Pour le Secrétariat du Challenge Mondial :

R. ACAT

Einladung für Huschke von Hanstein zur Überreichung des Prix du Challenge Mondial de Vitesse et d'Endurance beim Automobil Club de France 1966 in Paris.

CHALLENGE MONDIAL DE VITESSE & D'ENDURANCE 1966

-=-=-=-

CLASSEMENT

-=-

		SEBRING	TARGA	NURBURGRING	LE MANS
1° - Automobiles PORSCHE	32 Points	8	10	6	8
2° - Automobiles FERRARI	28 Points	6	8	8	6
3° - Automobiles FORD	27 Points	10	2	5	10

-=-=-=-=-=-=-

Die Rennsaison 1967

906 111 beim Bergrennen Roßfeld 1967.

Porsche hatte bereits während der laufenden Saison damit begonnen, den 906 weiterzuentwickeln. Die ersten beiden Prototypen des neuen Typs 910 kamen in der Europa-Bergmeisterschaft zum Einsatz (s. voriges Kapitel). Das ging natürlich zu Lasten des 906, der werksseitig nur noch wenige Male zum Einsatz kommen sollte.

Marken-Welt-meisterschaft

1. Lauf zur Marken-Weltmeisterschaft – 24 Stunden von Daytona (USA) – 04./05.02.1967

Analog zum Vorjahr brachte Porsche etwas Neues, einen 910, und etwas Bewährtes, nämlich zwei 906er mit Einspritzmotoren, mit nach Florida. Der eine wurde von den schnellen Jungs, Gerhard Mitter und Jochen Rindt, gefahren, der andere (# 906.160) von den Neuzugängen Udo Schütz, Gijs van Lennep und Rolf Stommelen.

Im Training belegten Mitter/Rindt den 16. Platz, ganz knapp (0,3 Sekunden) hinter dem Ferrari Dino 206S der Amerikaner Charlie Kolb und Buck Fulp (2.04,6 Minuten), die damit die Schnellsten in der 2-Liter-Klasse waren. Der Nächste in der Reihenfolge war dann der 910 von Hans Herrmann und Jo Siffert (2.05,0 Minuten). Der zweite Werks-Carrera-6 landete mit 2.10,4 Minuten auf Platz 21.

Im Rennen kam nur einer durch: der 910 auf dem hervorragenden vierten Platz im Gesamtklassement.

Gerhard Mitter wurde nach gut einem Viertel der Distanz von einem langsameren Teilnehmer behindert, kam in der Folge von der Strecke ab und musste den 906 unfahrbar stehen lassen. Nur wenige Runden vorher war das Schwesterfahrzeug mit einem Motorschaden ausgefallen, Ursache war ein klemmender Gasschieber, dem ein Überdrehen folgte.

Von den drei Kundenautos kam nur das Langheck (# 906.153) der Schweizer Rico Steinemann und Dieter Spoerry ins Ziel (Rang 5!). Das zweite Langheck (# 906.151) von Charles Vögele und Walter Habegger stieß in der Nacht mit einem Ferrari zusammen, flog in die Mauer und fing Feuer. Habegger blieb unverletzt, aber der Wagen war hin. Das englische Team Tony Dean und Trevor Taylor hatte im Training einen Motorschaden zu beklagen und konnte zum Start gar nicht erst antreten.

2. Lauf zur Marken-Weltmeisterschaft – 12 Stunden von Sebring (USA) – 01.04.1967

Dieses Mal brachte Porsche zwei 910er mit, aber auch noch einmal zwei 906er. Alle Fahrzeuge traten in der Klasse der Prototypen an. Als neuer Wettbewerber war erstmals Alfa Romeo mit dem neuen Typ 33 mit von der Partie. Und dass der Alfa schnell war, stellte er im Training gleich unter Beweis. Mit 3.00,6 Minuten war er der schnellste 2-Liter, dichtauf gefolgt von den beiden 910ern, einem Ferrari Dino 206S und dem ersten 906. Dieser (# 906159) wurde von dem amerikanischen Duo Joe Buzzetta und Peter Gregg gefahren, der andere (# 906.160) von Udo Schütz, Gijs van Lennep und Rolf Stommelen.

Aber das Schicksal meinte es nicht gut mit dem deutsch-holländischen Team. In der neunten Stunde lief ein Hund (!) vor den weißen Porsche. Dabei erlitt das Fahrzeug einen Schaden an der Radaufhängung und musste ausscheiden. Buzzetta/Gregg hatten mehr Glück. Von 58 gestarteten Teams errangen sie den 7. Platz im Gesamtklassement, das bedeutete gleichzeitig Rang 4 in der Klasse, die beiden 910er und das Langheck von Spoerry/Steinemann waren schneller. Damit war der Generationswechsel vollzogen.

Sportwagen-Weltmeister-schaft

7. Lauf zur Int. Sportwagen-Weltmeisterschaft – 24 Stunden von Le Mans (F) – 10./11.06.1967

Im Vergleich zum Vorjahr hatte Porsche 1967 richtig aufgerüstet. Der Typ 907 feierte als Langheck Premiere, dazu kamen zwei 910er und zwei Carrera 6 für die verwaiste Sportwagenklasse. Außer Porsche hatte sich kein Hersteller gefunden, der ebenfalls 50 gleiche Rennwagen auf die Räder gestellt hätte. Die FIA zog erst anderthalb Jahre später die Konsequenzen und reduzierte die erforderliche Fahrzeugzahl auf 25.

Den Wagen mit der Startnummer 37 (# 906.154) übergab Huschke von Hanstein dem englischen Allround-Talent Vic Elford und dem holländischen Porsche-Importeur Ben Pon. Diese ließen es zunächst ruhig angehen und stellten ihren 906 auf Startplatz 33. Der zweite Wagen (# 906.156) wurde offiziell von Christian Poirot gemeldet, war aber ein 100-prozentiges Werksauto. Co-Pilot des Franzosen war Gerhard Koch, der deutsche GT-Meister von 1962, der schon einige Male hinter dem Steuer eines Werks-Porsche gesessen hatte.

Um 16.00 Uhr ging es dann am Samstagnachmittag los, und genau 24 Stunden später liefen die beiden Sportwagen auf den Plätzen 7 und 8 im Gesamtklassement ein. Das bedeutete nicht nur den Klassensieg, sondern auch den erneuten Gewinn des Sportwagen-Championates.

8. Lauf zur Int. Sportwagen-Meisterschaft – Mugello (I) – 23.07.1967

Auf dem italienischen Straßenkurs kam es zum absolut letzten Auftritt des Typs 906 als Werkswagen. Porsche hatte nicht zuletzt zum Testen eine ganze Armada von Fahrzeugen mitgebracht. Für die beiden Carrera 6 galt es vornehmlich, wichtige Punkte für die Sportwagen-Meisterschaft zu sammeln. Sie wurden von den Teams Gerhard Koch / Dieter Glemser (# 906.156) und Leo Cella / Giampiero Biscaldi (# 906.161) gefahren. Die beiden Deutschen hatte das Glück nicht auf ihrer Seite, in ihrer Klasse in Führung liegend, brach kurz vor Schluss eine Antriebswelle. Cella/Biscaldi erreichten das gesteckte Ziel, gewannen die Sportwagen-Wertung und wurden mit einer Runde Rückstand auf den siegreichen Porsche 910 von Schütz/Mitter 5. im Gesamtklassement.

Weitere Erfolge

Weitere Siege bei den großen internationalen Rundstreckenrennen und Meisterschaftsläufen wurden in der Sportwagenklasse von folgenden privaten Carrera-6-Teams errungen:

- 1000 km von Monza (I): Udo Schütz / Jochen Neerpasch
- 1000 km Nürburgring (D): Hans-Dieter Dechent / Robert F. Huhn
- 6 Stunden von Brands Hatch: Anthony Dean / Ben Pon
- Coppa Citta di Enna (I): Carlo Facetti
- Sportwagen GP, Zeltweg (A): William Bradley / Richard Attwood

Darüber hinaus wurden weltweit zahlreiche Meistertitel eingefahren:

- Sten Axelsson – Schwedischer Meister
- Robert Buchet – Französischer Meister
- Joe Buzzetta – Amerikanischer Meister
- Armando Capriles – Südamerikanischer Meister
- Juan Fernandez – Spanischer Meister
- Horst Kroll – Kanadischer Meister
- Hans Kühnis – Schweizer Meister
- Rudi Lins – Europa-Bergmeister
- Alex Soler-Roig – Spanischer Meister
- Antti Aarnio Wihuri – Finnischer Meister

906 117 auf dem Nürburgring 1967.

Rennsaison 1968 und Folgejahre

Im dritten Jahr seiner Karriere war der Carrera 6 in der Klasse der Sportwagen bis 2000 ccm noch immer ohne nennenswerte Konkurrenz. Ganz anders sah es bei den Prototypen aus, dort kämpften die Porsche mittlerweile gegen Alfa Romeos Typ 33, gegen Chevron mit BMW- oder Cosworth-Motoren, gegen Abarth 2000 und ab und zu auch noch gegen die Ferrari Dino 206S.

In Privathand trat der Carrera 6 weiterhin erfolgreich auf der internationalen Bühne auf und errang u. a. Klassensiege bei folgenden Veranstaltungen:

- 1000 km von Monza (I): Karl von Wendt / Willi Kauhsen
- Targa Florio (I): Karl von Wendt / Willi Kauhsen
- 1000 km Nürburgring (D): Erich Bitter / Reinhold Jöst
- 1000 km von Spa-Francorchamps (B): Chris Lambert / William Bradley
- 6 Stunden von Watkins Glen (USA): Werner Frank / Ralph Treischmann
- Sportwagen GP, Zeltweg (A): Helmut Marko / Gerold Pankl

Sepp Greger wurde Europa-Bergmeister mit dem selben Auto wie schon 1966. Peter Peter wurde österreichischer Bergmeister, und William Bradley gewann die heiß umkämpfte britische Sportwagen-Meisterschaft.

Die Folgejahre

Mit dem Erreichen seines vierten Lebensjahres hatte der Carrera 6 ein für einen Rennwagen recht ansehnliches Alter erreicht. Die Konkurrenz wurde härter. 1969 wurde der Porsche 910 als Sportwagen homologiert, ein halbes Jahr vorher war das Gleiche mit dem Chevron-BMW B8 passiert. Dennoch blieb der 906 nicht zuletzt wegen seiner Zuverlässigkeit ein beliebtes Sportgerät für die Privatfahrer. In Watkins Glen kamen die Deutsch-Kanadier Horst Peterman, Max Beimler und Rainer Brezinka tatsächlich noch einmal zu einem Klassensieg in der Marken-Weltmeisterschaft.

Im Jahr 1970 gelang das sogar noch zwei Mal, in Sebring mit Michael R. Rahal, Hugh Wise und Werner Frank und in Watkins Glen mit Merv Rosen und Dick Jacobs. Bei nationalen Veranstaltungen, insbesondere bei Bergrennen, sprang dabei manchmal noch mehr als ein Klassensieg heraus.

Der letzte Auftritt eines Carrera 6 in der Marken-Weltmeisterschaft erfolgte 1971, im Zeitalter der legendären Porsche 917.

Doch getreu dem Motto »Old soldiers never die« fuhren einige Amateure ihren 906, so lange es ging. Und das dauerte bis in die Mitte der Siebziger Jahre. In dem stetigen Bemühen, den »Oldie« konkurrenzfähig zu halten, waren dabei sehr kreative Mutationen entstanden, wobei das Abschneiden des Daches noch die harmloseste war.

Im Anhang haben wir uns bemüht, alle Rennerfolge des Typs Carrera 6 aufzulisten, derer wir habhaft werden konnten. Angesichts der über 2900 Eintragungen ist uns sicherlich der eine oder andere Fehler unterlaufen. Auch erhebt diese Liste keinesfalls Anspruch auf Vollständigkeit. Es gibt vermutlich eine große Anzahl von Starts insbesondere in den USA, in Italien und in Frankreich, die uns nicht zugänglich waren.

Jeder, der diese Daten vervollständigen und/oder korrigieren kann, ist herzlich aufgerufen, sich mit den Autoren in Verbindung zu setzen. Auch, wenn er »nur« mit einer weiteren Startnummer weiterhelfen kann.

Fahrer

Die folgende Tabelle listet – soweit den Autoren bekannt – alle Fahrer auf, die je in einem Rennen hinter dem Lenkrad eines 906 saßen.

Name des Fahrers	Land	Fahrer-Jahre
Aarnio-Wihuri, Antti	SF	1966-1967
Adamczyk, Herbert	HK	1973
Alméras, Jean-Marie	F	1970-1972
Areias, Herculano	P	1973
Arena, Vincenzo	I	1966
Armstrong, Carl	USA	1970
Ashmore, Chris	GB	1968
Ashplant, William	USA	1968
Atencio, Alfredo	YV	1968
Attwood, Richard	GB	1967
Augustinus, Willy (»Augwiller«)	F	1969, 1970
Axelsson, Sten	S	1966-1967
Bailey, Bob	USA	1967-1968
Baker, Fred	USA	1967-1969
Barker, Robert	USA	1973-1974
Baldassare Taormina (»Taurinova«)	I	1969
Ballot-Lena, Claude	F	1968
Barnes, Barney	USA	1969-1972
Barret, Alain	F	1970
Barret, Robert	F	1969
Bartels, Willi	D	1966
Bartling, Rudi	CDN	1969, 1970
Bassi, Giovanni	I	1970
Baum, Günther	D	1972
Becker, Bernd	D	1971
Beckwith, Mike	NZ	1968
Behr, Steve	USA	1969, 1970
Beimler, Max	CDN	1969
Bellamy, Peter	GB	1970-1973
Ballot-Lena, Claude	F	1968
Beltoise, Jean Pierre	F	1966
Benelli , Carlo (»Robertino«)	I	1968
Bernardo, Alain	CH	1967
Berney, Edgar	CH	1967
Berruto, Franco	I	1971
Bettoja, Sergio	I	1966

Name des Fahrers	Land	Fahrer-Jahre
Beuttler, Mike	NZ	1969
Biesterfeld, Wilhelm	D	1969
Biscaldi, Giampiero	I	1967
Bitter, Erich	D	1968
Block, Federico		1970
Block, Pitty		1967
Blumer, Jimmy	GB	1966
Bohrer, Horst	D	1972
Bona, Giulio	I	1967
Bonaccorsi, Angelo	I	1970
Bondurant, Bob	USA	1966
Bonnemaison, Joel	F	1969
Bonnier, Joakim	S	1966
Bonomelli, Ennio	I	1967, 1969
Boretti, Massimo	I	1971
Bosch, Niki	E	1969
Bourillot, Claude	F	1966-1967
Bowman, William (Bill)	USA	1966
Bradley, William (Bill)	GB	1967-1968
Brezinka, Rainer	CDN	1969-1970
Brodner, Bernd	A	1969
Bross, Helmut	D	1970
Broström, Richard	S	1968
Buchet, Robert	F	1966-1967
Bulgari, Gianni	I	1966
Bungener, André	CH	1966
Buzzetta, Joe	USA	1966-1967
Buzzetti, Enzo	I	1968
Cabral, Mario	P	1967-1968
Caffi, Angelo	I	1968
Canin, Freddy	F	1969
Cannon, John	USA	1967
Capasso, E. (»Ghigo«)	I	1971
Capriles, Armando	YV	1967-1969
Capuano, Ignazio	I	1966
Casoni, Mario	I	1967, 1969

Mario Cabral.

Name des Fahrers	Land	Fahrer-Jahre
Cella, Leo	I	1967
Cervenka, Al	USA	1968
Chatham, John	GB	1970
Ciarpaglini, Raffaello	I	1967
Cintolesi, Mauro	I	1966
Clément, Jean	F	1966-1968
Cognet,	F	1967
Conte, Piero	I	1969
Conti, Enrico	I	1970
Convalexius, Franz	A	1969-1970
Coombe, Mike	GB	1970
Cosson, Louis (»Novestille«)	F	1970
Costin, Mike	GB	1967
Crossley, Peter	GB	1969
Cutler, Lee	USA	1967
Davis, Colin	GB	1966
Davis, Milt	USA	1968
Dean, Anthonay (Tony)	GB	1967
De Baviera, Fernando	E	1966
de Boissieu, Armand	F	1969
de Bourbon-Parme, Michel	F	1966
De Cadenet, Alain	F	1968
de Klerk, Peter	ZA	1966
de la Pena, J.	E	1969
de Lacerda, Miguel	P	1972-1973
De Udy, Mike	GB	1966-1967
Dechent, Hans Dieter	D	1967-1968
Dalla Torre, Giancarlo	I	1967-1968
Delmar-Morgan, Jeremy	GB	1968-1969
Dennis, John	USA	1970
Di Bona, Riccardo	I	1967
Dibley, Hugh	GB	1968
Dietrich, Chuck	USA	1966
Dombrowski, Norbert	D	1970
Dubler, Jürg	CH	1968
Duval, Jacques	CDN	1967-1968
Edmonds, Geoffrey (Jeff)	GB	1968
Eiteneuer, Horst	D	1969
Elford, Vic	GB	1967
Elles, Yves	F	1971
Esser, Franz	D	1973-1974
Esser, Gertraud	D	1972
Everett, Bert	USA	1970
Fabroni, Alessandro	I	1970
Facetti, Carlo	I	1967
Falletta, Alberto	ER	1969
Farjon, Philippe	F	1968-1969
Faude, Roland	D	1970
Fernandez Garcia, Juan	E	1966-1967
Finiguerra, Antonio	I	1966
Finkel, Alain	F	1968
Fischhaber, Anton (Toni)	D	1968-1970
Fisher, Mike	USA	1966
Florence, Lew	USA	1968
Foitek, Karl	CH	1967
Forrester, Piers	GB	1970
Fraissinet, Régis	F	1967
Frank, Werner	USA	1968, 1970-71
Frère, Paul	B	1967
Gall, Helmut	D	1970
Garant, Sylvain	F	1969
Gerin, Richard	A	1968
Gethin, Peter	GB	1968
Giannone, Robert	P	1973-1975
Glemser, Dieter	D	1966
Godden, Donald	GB	1969
Gold, Nicholas Henry (Nick)	GB	1969
Gough, Peter	ZA	1968
Greger, Josef (Sepp)	D	1966-1968
Gregg, Peter	USA	1966-1967
Guagliardo, Antonio	I	1970
Guarnieri, Giambattista (»Gi«/Bi«)	I	1969
Günzler, Rainer	D	1967
Guérin, Michel	F	1971
Guichet, Jean	F	1966
Guzzi, Cesare	I	1969
Habegger, Walter	CH	1967
Hall, E. Lee	USA	1966
Hall, Mike	USA	1966
Hamilton, Alan	AUS	1967
Hanrioud, Jean-Pierre	F	1966
Harris, John	GB	1968
Harrison, Peter	USA	1970
Hart, Brian	GB	1968
Hasemi, Masahiro	J	1968
Hawkins, Paul	AUS	1966
Hazard, Hugues	F	1969
Heiderich, Verne Ben	E	1968-1969
Herrmann, Hans	D	1966
Hessel, Hans	D	1969, 1970
Hezemans, Antoine	NL	1968-1969
Hild, Kurt	D	1969-1970
Hine, John	GB	1968
Hinkle, Jack	USA	1967-1968

Mike Coombe.

Hans Dieter Dechent.

Josef Greger.

Jean-Pierre Hanrioud.

Hans Herrmann.

Name des Fahrers	Land	Fahrer-Jahre
Hochreuter, Fritz	CDN	1969
Hofer, Lambert	A	1969
Hone, Martin	GB	1968, 1974
Huber, Günther	A	1967, 1969
Hugus, Edward	USA	1966
Huhn, Robert F.	D	1967
Hunter, Terry	GB	1968-1969
Hurler, Karl	D	1970
Ikuzawa, Tetsu	J	1967
Ising, Rainer	D	1968-1969
Jacobs, Dick	USA	1970, 1971
Jakubowski, Jean-Daniel	F	1972
Janda, Alex	D	1968-1969
Jennings, Bruce	USA	1967
Johansson, Bo (»Brasta«)	S	1966
Johnson, Alan	USA	1969
Jordan, Davey	USA	1966
Josephson, Anders	S	1967-1968
Jöst, Reinhold	D	1968
Jouanneaux	F	1970
Juchem, Paul	D	1972
Justice, Ronald	USA	1969
Kalkuhl, Karl	D	1968
Katahara, H.	J	1968
Kauhsen, Willi	D	1968
Kirberg, Harald	USA	1971-1978
Kirby, Robert	USA	1969
Kirschoffer, Hughes	F	1972
Klass, Günter	D	1966
Kneip, Karl-Adolf	D	1975-1976
Knörr, André	CH	1966
Koch, Gerhard		1966-1967
Kolb, Charlie	USA	1966-1967
Kraus, Jürgen-Peter	D	1971
Kroll, Horst	CDN	1967, 1971
Kröll, Werner	D	1973
Kronn, Mak	USA	1967
Kühne, Bert	CDN	1971
Kühnis, Dr. Hans	CH	1966-1969
Kutz, Juan	E	1970-1971
Laine, Hans	SF	1969
Lambert, Chris	GB	1968
Larrieu, Claude	F	1969-1970
Latteri, Ferdinando	I	1970
Lee, Henry	HK	1970
Leinenweber, Fritz	D	1967
Leuze, Helmut	D	1967-1968

Edward Hugus.

Reinhold Jöst.

Dr. Hans Kühnis.

Name des Fahrers	Land	Fahrer-Jahre
Liddell, Eric	GB	1968
Linge, Herbert	D	1966
Link, Harald	D	1970, 1971
Lins, Rudi	A	1967-1968
Lo Jacono, Gaetano	I	1966
Locke, James N.	USA	1967
Loomis, Gregg	USA	1969-1973
Loos, Wim	NL	1966
Lorenz, Klaus	D	1973
Lovely, Pete	USA	1966
Lubin, Frans	NL	1968
Luti, Alberto (»Gano«)	I	1967
Mackay, Alan	GB	1968
Maglioli, Umberto	I	1966
Mairesse, Willy	B	1966
Mansfield, Rick	USA	1970
Maratos, Dimitri	USA	1969
Marko, Dr. Helmut	A	1968
Marragia	CH	1971
Marx, Pierre	F	1968-1970
Mascari, Vittorio (»Mascaleros«)	I	1971-1975
Maublanc, Pierre	F	1967
Mayer, Bepp	D	1969
Merendino, Alfonso	I	1966
Migault, Francois	F	1972
Mike Hall	USA	19661968
Miles, Ken	USA	1966
Minter, Milt	USA	1969-1970
Mitter, Gerhard	D	1966-1967
Moioli, Giacomo (»Noris«)	I	1966-1968
Mola. Angelo	I	1971
Monticone, Piero	I	1970
Morin, Ed	USA	1973
Morissot, Jean-Claude	F	1970
Morrell, Dave	USA	1969
Morris, John	GB	1968
Morton, John	USA	1970
Mould, Peter	GB	1968
Müller, Herbert	CH	1966
Müller, Max	CH	1970-1971
Murata, Kunio	J	1972
Navoa, Ruben	MEX	1968
Neerpasch, Jochen	D	1967
Neuhaus, Jürgen	D	1966-1967
Neuser, Fritz	D	1969-1970
Nicodemi, Antonio	I	1967
Nicolai , Guido (»Nicor«)	I	1968

Herbert Linge

Wim Loos.

Pierre Maublanc.

Giacomo Moioli.

Gerold Pankl.

Peter Peter (links).

Ben Pon.

Name des Fahrers	Land	Fahrer-Jahre
Nöcker, Peter	D	1966
Nogueira Pinto, Manuel	P	1969, 1970
Norinder, Ulf	S	1966
Nunes, Américo da Silva	P	1971-1972
O'Keiff, Mason	USA	1971
Ostiguy, Jean-Paul	CDN	1967-1968
Ostini, Everardo	I	1968
Pade, Manfred	D	1971-1974
Palayer, Bernard	F	1969
Palayer, Marie-Pierre	F	1969
Pankl, Gerold	A	1968
Pasolini, Enrico	I	1970
Passanha, Artur	BR	1972
Patrick, Scooter	USA	1966-1968
Pecanha, Artur	P	1972
Pelizzoni Antonio	I	1968
Perdomi, Giuseppe Romano	I	1967
Pesch, Franz	D	1969
Peter, Peter	A	1967-1968
Petermann, Horst	CDN	1969, 1970
Petitjean, Marcel	F	1969
Pfuhl, Albert	D	1970
Phillips, Clive L.	USA	1967-1968
Pike, Don	USA	1968
Pike, Roy	GB	1967
Pilone, Franco	I	1968
Piper, David	GB	1967
Poirot, Christian	F	1967-1968
Pon, Ben	NL	1966
Prinzhorn, Peter	A	1969
Pucci, Antonio	I	1966
Pust, Siegfried	A	1969, 1970
Rahal, Michael R.	USA	1969-1971
Rasmussen	DK	1970
Reaburn, John	AUS	1967
Revson, Douglas (Doug)	USA	1966

Name des Fahrers	Land	Fahrer-Jahre
Revson, Peter	USA	1966
Ridolfi, Secondo	I	1968
Rieder, Kurt	A	1969-1970
Riedl, Werner	A	1968
Rieger, Siegfried	D	1970
Rindt, Jochen	A	1966-1967
Rizzo, Angelo (»Radec«)	I	1970
Rocher, Jean (»Thiam«)	F	1968
Romano, Antonino	I	1970
Romero, Francisco	Venezuela	1969
Rosati	I	1970
Rosen, Merv	USA	1968-1972
Rubio, Gérard	F	1973
Ruska, Arie	NL	1970
Sakai, Tadashi	J	1967-1968
Santos, Carlos	P	1969-1973
Schaub, Jerry	USA	1972
Schenetti, Guiseppe	I	1969
Schindler, C. C.	A	1969
Schmid, Dieter	D	1970
Schüler, Gerhard	D	1969
Schütz, Udo	D	1966-1967
Schwarz, Günther	D	1969
Scott	AUS	1967
Sell, Lou	USA	1969

Werner Riedl (rechts im Bild).

Jochen Rindt.

Giuseppe Schenetti (links im Bild)-.

Udo Schütz.

Monte Shelton.

Jo siffert.

Dieter Spoerry.

Name des Fahrers	Land	Fahrer-Jahre
Sergio Bettoja	I	1966
Sessitsch, Dieter	A	1971
Shardlow, Richard	GB	1969-1970
Shelton, Monte	USA	1967-1968
Siffert, Jo	CH	1966
Smothers, Dick	USA	1969
Soisbault de Montaigu, Annie	F	1966
Soler-Roig, Alex	E	1967
Sommer, Willi	D	1968
Spazzapan, Armando (»Mann«)	I	1966
Spero, John P.	GB	1969-1970
Spice, Gordon	GB	1969
Spoerry, Dieter	CH	1966-1967
Starrabba, Gaetano	I	1968
Steinemann, Rico	CH	1967
Stommelen, Rolf	D	1966
Stroh, Bill	USA	1969
Stuppacher, Otto	A	1968-1969
Sweeney, Jim	USA	1973
Tacci, Pasquale	I	1969
Taormina, Baldassare	I	1969
Takahara Noritake	J	1971
Takano, Mitsumasa	J	1969
Taki, Shintaro	J	1966-1967
Tanaka, Kenjiro	J	1967
Taramazzo, Luigi	I	1967

Name des Fahrers	Land	Fahrer-Jahre
Taylor, Trevor	GB	1967
Terrell, Tom	USA	1969
Tinghi, Eugenio	I	1972
Todaro, Nino	I	1970
Toivonen, Pauli	SF	1968
Tony Dean	GB	1967-1968
Touroul, Raymond	F	1970
Trieschmann jun., Ralph	USA	1966, 1968
Troberg, Picko	SF	1966, 1968
Troia, Francesco (»Black & White«)	I	1968
Trummer, Andreas	A	1971
Truter, J.	ZA	1971
Tschiemer, Hans	CH	1967-1968
Tuckett, William	GB	1970
Tuerlinx, Chris	B	1970
Tyack, Gerry	GB	1967
Tyndall, Russ	USA	1971
Underwood, Lake	USA	1966
Vaccarella, Nino	I	1966
van Buuren, Clive	ZA	1968-1970
van der Merwe, Bruce	ZA	1968
van Lennep, David	NL	1966
van Lennep, Gijs	NL	1966-1967
van Rooyen, Basil	ZA	1967
Villar, Joao Andrade	P	1969
Vögele, Charles	CH	1966-1967

Otto Stuppacher.

Noritake Takahara.

Luigi Taramazzo.

Lake Underwood.

Name des Fahrers	Land	Fahrer-Jahre
von Wendt, Karl	D	1968
Walter, Heini	CH	1966
Walton, Mike	GB	1968-1969
Watanabe, Hajime	J	1971
Weinberger, John	USA	1968
Werlich, Günter	D	1968-1969
Wester, Don	USA	1966
Wetanson, Herb	USA	1966-1967
Whitehouse, Red	ZA	1970, 1971
Wicky, André	CH	1966-1967
Widdows, Robin	GB	1968
Wiechert, Peter	D	1971

Name des Fahrers	Land	Fahrer-Jahre
Wihuri, Antti-Aarnio	SF	1966-1970
Wise, Hugh	USA	1970, 1971
Wong , K. (Richard Wong)	Singa-pur	1969
Wright, Gary	USA	1966
Yoneyama, Jiro	J	1968
Zadra, Antonio (»Khandaru«)	I	1967-1968
Zanuso, Manrico	I	1976
Zavagli, Bruno	I	1967
Zeccoli, Teodore	I	1969
Zwimpfer, Siegfried	CH	1967-1968

Rolf Stommelen (2. von rechts), ganz links Sepp Greger, zwischen den beiden Udo Schütz.

Die Erfolge
904/6 und 904/8 (906 001 bis 906 012) 906/6 und 906/8 (906 016 bis 906 162)

Dicht gedrängtes Feld beim Solitude-Rennen 1968 in Hockenheim.

Tag	Monat	Jahr	Veranstaltung	Land	St.-Nr.	Fg.-Nr.	Platz	Gesamt	Sonstiges	1. Fahrer	2. Fahrer	3. Fahrer	Team
11	10	1964	1000 km von Paris, Montlhéry	F	31	906001			ausgefallen (Getriebeaufhäng.)	Herbert Linge	Gerhard Mitter		
9	5	1965	Targa Florio	I	176	906 001	3	Ges	2 P 2000	Umberto Maglioli	Herbert Linge		
9	5	1965	Targa Florio	I	182	906 008	2	Ges	1 P 2000	Gerhard Mitter	Colin Davis		
22	5	1965	1000 km Nürburgring	D	21	906 003			Unfall (Training)	Gerhard Mitter	Colin Davis		
22	5	1965	1000 km Nürburgring	D	22	906 012	6	Ges	3 P 2000	Peter Nöcker	Günther Klass		
23	5	1965	1000 km Nürburgring	D	23	906 001	5	Ges	2 P 2000	Umberto Maglioli	Herbert Linge		
23	5	1965	1000 km Nürburgring	D	23	906 005			Trainingswagen	Umberto Maglioli	Herbert Linge		
6	6	1966	Bergrennen Mont Ventoux	F	44	906 005	2	Ges	2 P 2000	Gerhard Mitter			
6	6	1965	Bergrennen Mont Ventoux	F	45	906 011	7	Ges	4 P 2000	Anton Fischhaber			
13	6	1965	Bergrennen Roßfeld, Berchtesgaden	D	2	906 007	1	Ges	1 P 2000	Gerhard Mitter			
13	6	1965	Bergrennen Roßfeld, Berchtesgaden	D	2	906 004			Trainingswagen	Gerhard Mitter			
19/20	6	1965	24 Stunden von Le Mans	F	32	906 001	4	Ges	1. Index-Wertung	Herbert Linge	Peter Nöcker		
19/20	6	1965	24 Stunden von Le Mans	F	35	906 012			ausgefallen (Motor)	Günther Klass	Dieter Glemser		
4	7	1965	Norisring-Rennen, Nürnberg	D	2	906 007	1	Ges	1 P 2000	Gerhard Mitter			
11	7	1965	Bergrennen Trento Bondone	I	46	906 008	4	Ges	4 P 2000	Anton Fischhaber			
11	7	1965	Bergrennen Trento Bondone	I	50	906 009	3	Ges	3 P 2000	Gerhard Mitter			
18	7	1965	Solitude-Rennen, Stuttgart	D	1	906 004	1	Ges	1 P	Gerhard Mitter			
18	7	1965	Solitude-Rennen, Stuttgart	D	2	906 011	3	Ges	3 P	Herbert Linge			
19/25	7	1965	Coupe des Alpes	F	7	906 012			ausgefallen (Unfall)	Eugen Böhringer	Rolf Wütherich		
25	7	1965	Bergrennen Cesana-Sestriere	I	472	906 009	2	Ges	2 P 2000	Gerhard Mitter			
25	7	1965	Bergrennen Cesana-Sestriere	I	484	906 008			ausgefallen (Unfall)	Anton Fischhaber			
8	8	1965	Bergrennen Freiburg-Schauinsland	D	60	906 004	2	Ges	2 P2000	Gerhard Mitter			
8	8	1965	Bergrennen Freiburg-Schauinsland	D	61	906 009			ausgefallen (Unfall)	Herbert Müller			
29	8	1965	Bergrennen Ollon-Villars	CH		906 004			Ersatzwagen				
19	9	1965	Bergrennen Gaisberg	A	9	906 007	7	Ges	3 P 2000	Herbert Müller			
19	9	1965	Bergrennen Gaisberg	A		906 004			Ersatzwagen				
3	12	1965	Governor's Trophy, Bahamas	GB	3	906 004	4	Ges	1. Klasse	Charlie Kolb			
5	12	1965	Nassau Trophy, Bahamas	GB	3	906 004	4	Ges	1. Klasse	Charlie Kolb			
27	2	1966	SCCA Rennen Palm Beach, FL	USA	10	906 004	1	Ges		Charlie Kolb			
26	3	1966	12 Stunden Sebring, FL	USA	87	906 004			ausgefallen	Charlie Kolb	Buck Fulp		
8	5	1966	Targa Florio	I	T	906 001			Muletto	verschiedene			
15	5	1966	Bergrennen Eberbach	D	25	906 002			2 P 2000 [OF-D43]	Michel Weber			
30	5	1966	Hockenheim, 100 Meilen	D	103	906 002			nicht erschienen [OF-D43]	Michel Weber			
12	6	1966	Bergrennen Berchtesgaden Rossfeld	D	4	906 002	6	Ges	4 P 2000 [OF-D43]	Michel Weber			
26	6	1966	Bergrennen Mont Ventoux	F	35	906 002	5	Ges	3 P 2000 [OF-D43]	Michel Weber			
10	7	1966	Bergrennen Trento Bondone	I	118	906 002	4	Ges	3 P 2000 [OF-D43]	Michel Weber			
24	7	1966	Bergrennen Cesana-Sestriere	I		906 002			5 S 2000 [OF-D43]	Michel Weber			
31	7	1966	Bergrennen Freiburg Schauinsland	D	77	906 002	4	Ges	3 P 2000 [OF-D43]	Michel Weber			
15	8	1966	Bergrennen Mitterndorf Tauplitzalm	A		906 002	1	Ges	1 S 2000 [OF-D43]	Michel Weber			
21	8	1966	Surfers Paradise	AUS	8	906 007			nicht bekannt	Alan Hamilton			
21	8	1966	12 Stunden Surfers Paradise	AUS		906 007	4	Ges	2 S 2000	Alan Hamilton	Brian Reed		
28	8	1966	Bergrennen Sierre Montana-Crans	CH	189	906 002			nicht erschienen [OF-D43]	Michel Weber			
4	9	1966	Bergrennen Gaisberg	A	78	906 002	4	Ges	2 P 2000 [OF-D43]	Michel Weber			
18	9	1966	Bergrennen Gargellen Steinbock	A		906 002	1	Ges	[OF-D43]	Michel Weber			
2	12	1966	Governor's Trophy & Nassau TT	GB	98	906 012	11	Ges	2. Klasse	George Drolsom			
3	12	1966	Porsche Classic, Nassau, Bahamas	GB	98	906 012	4	Ges		George Drolsom			
3	12	1966	Nassau Classic, Bahamas	GB	98	906 012	10	Ges		George Drolsom			
4	12	1966	Nassau Trophy, Bahamas	GB	98	906 012	13	Ges	4. Klasse	George Drolsom			
4	12	1966	Bahamas Cup	GB	86	906 004			11. Platz	Hans Schenk			
1	4	1967	12 Std. von Sebring, FL	USA	47	906 012	21	Ges	1 S 2000	George Drolsom	Bill Campbell		
4	6	1967	Hockenheim, SAR-Rennen	D	85	906 002			nicht bekannt	Ruedi Jauslin			
25	6	1967	Bergrennen Turckheim - Trois Epis	E	127	906 002	7	Ges	4 SP	Ruedi Jauslin			
30	7	1967	Bergrennen Freiburg-Schauinsland	D	150	906 002	12	Ges	6 P 2000	Ruedi Jauslin			
29	10	1967	Hockenheim, 3 Stunden FHR-Rennen	D		906 002			2. Platz	Ruedi Jauslin	Peter Ditzler		
10	12	1967	Hockenheim, Saisonfinale	D		906 002			3. Platz Rennen II	Peter Ditzler			
10	3	1968	SCCA Willow Springs, CA	USA		906 006			nicht bekannt	Milt Minter			
24	11	1968	ARRC Riverside, CA	USA	16	906 006	11	Ges		Milt Minter			
		1968	SCCA Riverside, CA	USA	11	906 006			nicht bekannt	Milt Minter			
8	6	1969	Bergrennen Potzberg	D		906 002			1 S	Barney Barnes			
12	7	1969	6 Stunden Watkins Glen, NY	USA	37	906 006			ausgefallen (Unfall)	Dieter Oest	Albert Kalajcick		
20	7	1969	Bergrennen Taubensuhl	D		906 002			2 S 2000	Barney Barnes			
24	8	1969	Bergrennen Hunsrück, Veldenz	D		906 002			1 P	Barney Barnes			
21	9	1969	Bergrennen Rheinland-Pfalz	D		906 002			1P	Barney Barnes			

Tag	Monat	Jahr	Veranstaltung	Land	St.-Nr.	Fg.-Nr.	Platz	Gesamt	Sonstiges	1. Fahrer	2. Fahrer	3. Fahrer	Team
6	2	1966	24 Std. Daytona	USA	15	906 017	6	Ges	1 P 2000	Hans Herrmann	Herbert Linge		Porsche System Engineering
9	3	1966	SCCA National Daytona	USA		906 106	1	Ges		Peter Gregg			
26	3	1966	12 h Sebring	USA	52	906 103	4	Ges	1 P 2000	Hans Herrmann	Joe Buzzetta	(Gerhard Mitter)	Porsche System Engineering
26	3	1966	12 h Sebring	USA	49	906 102	6	Ges	3 P 2000	Jo Siffert	Charles Vögele		Charles Vögele
26	3	1966	12 h Sebring	USA	50	906 113	8	Ges	4 P 2000	Edward Hugus	Lake Underwood		Ed Hugus
26	3	1966	12 h Sebring	USA	48	906 105	32		ausgefallen (Unfall)	Scooter Patrick	Don Wester	(Dave Jordan)	Otto Zipper
26	3	1966	12 h Sebring	USA	53	906 111	39		ausgefallen (Ventilschaden)	Gerhard Mitter	Günther Klass		Porsche System Engineering
3	4	1966	Le Mans Test	F	29	906 112			T 11 [S-XE 36]	Peter Nöcker			Porsche System Engineering
3	4	1966	Le Mans Test	F	27	906 016			T 12	Herbert Linge			Porsche System Engineering
3	4	1966	Le Mans Test	F	31	906 114			T 13	Robert Buchet			Porsche System Engineering
11	4	1966	BARC Castle Combe, GT-Rennen	GB	82	906 101	1	Ges		Michael de Udy			
11	4	1966	BARC Castle Combe, Sportw.-Rennen	GB	82	906 101	1	Ges		Michael de Udy			
11	4	1966	Bergrennen Lorentzweiler	LUX		906 109	2	Ges	2 SP 2000	Willi Bartels			
17	4	1966	Fernandina Beach Raceway, SCCA	USA		906 133			1 EM	Charlie Kolb			
17	4	1966	Fernandina Beach Raceway, SCCA	USA		906 106	2	Ges	1 B/SR	Peter Gregg			
17	4	1966	Bergrennen Stallavena Bosco	I		906 110	1	Ges	1 S 2000	Giacomo Moioli (»Noris«)			
17	4	1966	Bergrennen Stallavena Bosco	I		906 115			2 S 2000	Armando Spazzapan (»Mann«)			
24	4	1966	Coupes de Vitesse, Montlhéry	F	11	906 114	1	Ges	1 S 2000 [486 GU 86]	Robert Buchet			
24	4	1966	Coupes de Vitesse, Montlhéry	F	19	906 107			nicht bekannt	Annie Soisbault de Montaigu			
24	4	1966	USRRC Las Vegas, Nevada	USA	34	906 104	6	Ges	1 S 2000	Ken Miles			Otto Zipper
24	4	1966	Zandvoort NAV Rennen	NL	157	906 146			1 S 2000	Wim Loos			Racing Team Holland
24	4	1966	Zandvoort NAV Rennen	NL	158	906 134			2 S 2000	Gijs van Lennep			
24	4	1966	Hastighetstävling, Knutstorp	S	1	906 117			2 SP 2000	Sten Axelsson			
25	4	1966	1000 km Monza	I	28	906 128	4	Ges	1 P 2000 [S-XR 42]	Gerhard Mitter	Hans Herrmann		Porsche System Engineering
25	4	1966	1000 km Monza	I	30	906 102	5	Ges	2 P 2000	Jo Siffert	Charles Vögele		Charles Vögele
25	4	1966	1000 km Monza	I	29	906 112	7	Ges	3 P 2000 [S-XE 36]	Colin Davis	Dieter Glemser		Porsche System Engineering
25	4	1966	1000 km Monza	I	31	906 135	12	Ges	5 P 2000	André Wicky	André Knörr		André Wicky
25	4	1966	1000 km Monza	I	33	906 119			Getriebe	Gerhard Koch	Udo Schütz	Gerhard Koch	Gerhard Koch
25	4	1966	1000 km Monza	I	34	906 134			nicht erschienen	David van Lennep	Gijs van Lennep		Racing Team Holland
25	4	1966	1000 km Monza	I	26				nicht erschienen	Antonio Finiguerra			Scuderia Sant Ambroeus
25	4	1966	1000 km Monza	I	32	906 101			nicht erschienen	Mike de Udy	Peter de Klerk		Mike de Udy
30	4	1966	Tourist Trophy, Oulton Park	GB		906 129	6	Ges		Peter de Klerk			Porsche Cars GB
	4	1966	SCCA Virginia Int. Raceway	USA	50	906 113			nicht bekannt	Edward Hugus			
	4	1966	Bergrennen Col Bayard	F		906 123	1	Ges		Jean Clément			
1	5	1966	AvD Flugplatzrennen Trier	D	72	906 124			1 S 2000	Udo Schütz			Scuderia Lufthansa
1	5	1966	AvD Flugplatzrennen Trier	D	77	906 134			2 SP 2000	Gijs van Lennep			Racing Team Holland
1	5	1966	AvD Flugplatzrennen Trier	D	78	906 146			3 SP 2000	David van Lennep			Racing Team Holland
1	5	1966	Skarpnäcksloppet, Stockholm	S	1	906 117			1 SP 2000	Sten Axelsson			
1	5	1966	Skarpnäcksloppet, Stockholm	S	2				3 SP 2000	Ulf Norinder			
1	5	1966	USRRC Riverside, Kalifornien	USA	33	906 121	5	Ges	1 S 2000	Scooter Patrick			Otto Zipper
1	5	1966	USRRC Riverside, Kalifornien	USA	34	906 104			nicht gewertet	Dave Jordan			
1	5	1966	Bergrennen Peißenberg	D	155	906 109			1 SP 2000	Willi Bartels			
1	5	1966	Bergrennen Alpl	A	173		1	Ges		Jochen Rindt			
1	5	1966	Bergrennen Coppa della Collina	I		906 110	2	Ges	1 S 2000	Giacomo Moioli (»Noris«)			
1	5	1966	Bergrennen Coppa della Collina	I		906 115			2 S 2000	Armando Spazzapan (»Mann«)			
3	5	1966	GP Japan, Fuji	J	6	906 120			ausgefallen (Unfall)	Shintaro Taki			
8	5	1966	Targa Florio	I		906 017			T Car				Porsche System Engineering
8	5	1966	Targa Florio	I	148	906 128	1	Ges	1 S 2000 [S-XR 42]	Willy Mairesse	Herbert Müller		Scuderia Filipinetti / Porsche System
8	5	1966	Targa Florio	I	144	906 141	3	Ges	[S-XR 46]	Vincenzo Arena	Antonio Pucci		Porsche System Engineering
8	5	1966	Targa Florio	I	150	906 139	5	Ges	[GE 2342]	Claude Bourillot	Umberto Maglioli	(Robert Buchet)	Scuderia Filipinetti
8	5	1966	Targa Florio	I	156	906 150	8	Ges	4 S 2000	Ignazio Capuano	Ferdinado Latteri		Scuderia Pegaso
8	5	1966	Targa Florio	I	154	906 126	15	Ges	5 S 2000 [BL 29]	Dr. Hans Kühnis	Heini Walter		Ecurie Basilisk
8	5	1966	Targa Florio	I	224	906 142	42	Ges	Unfall [S-XR 47]	Günther Klass	Collin Davis		Porsche System Engineering
8	5	1966	Targa Florio	I	220	906 129			Unfall	Mike de Udy	Peter de Klerk		A.F.N. / Porsche Cars Great Britain
8	5	1966	Targa Florio	I	218	906 143			Unfall [S-XR 48]	Gerhard Mitter	Joakim Bonnier		Porsche System Engineering
8	5	1966	Targa Florio	I	152	906 131			ausgefallen (Kupplung)	Dieter Spoerry	André Bungener		Scuderia Filipinetti
8	5	1966	Targa Florio	I	200	906 111			Unfall [S-XR 45]	Hans Herrmann	Dieter Glemser		Porsche System Engineering
8	5	1966	Targa Florio	I	142					Alfonso Merendino	Gaetano Lo Jacono		
8	5	1966	Hansa Pokal Nürburgring	D	902	906 124			1 S 2000	Udo Schütz			
8	5	1966	Hansa Pokal Nürburgring	D	905	906 127			2 SP 2000	Sepp Greger			
8	5	1966	Velodromloppet, Karlskoga	S		906 117			1 SP 2000	Sten Axelsson			
8	5	1966	Velodromloppet, Karlskoga	S					2 SP 2000	Ulf Norinder			
8	5	1966	USRRC Laguna Seca, Kalifornien	USA	34	906 104	5	Ges	1 S 2000	Ken Miles			Otto Zipper

Tag	Monat	Jahr	Veranstaltung	Land	St.-Nr.	Fg.-Nr.	Platz	Gesamt	Sonstiges	1. Fahrer	2. Fahrer	3. Fahrer	Team
8	5	1966	USRRC Laguna Seca, Kalifornien	USA	33	906 121			ausgefallen (Kolben)	Scooter Patrick			
8	5	1966	Bergrennen Passo della Spino	I		906 110	1	Ges	1 S 2000	Giacomo Moioli (»Noris«)			
8	5	1966	Bergrennen Passo della Spino	I		906 115	3	Ges		Armando Spazzapan (»Mann«)			
15	5	1966	GP von Paris, Montlhéry	F	42	906 134	1		1 S 2000	Gijs van Lennep			Racing Team Holland
15	5	1966	GP von Paris, Montlhéry	F	43	906 146	2		2 S 2000	David van Lennep			Racing Team Holland
15	5	1966	GP von Paris, Montlhéry	F		906 102	3		3 S 2000	Charles Vögele			
15	5	1966	GP von Paris, Montlhéry	F		906 119			4 S 2000	Gerhard Koch			
15	5	1966	SCCA National Savannah	USA		906 133			1 EM	Charlie Kolb			
15	5	1966	SCCA National Savannah	USA		906 106			2 B/SR	Peter Gregg			
15	5	1966	SCCA National Cumberland	USA		906 113	4	Ges	1 E/P	Edward Hugus			
15	5	1966	Bergrennen Eberbach	D	17	906 127	1	Ges	1 S 2000	Sepp Greger			
15	5	1966	Bergrennen Eberbach	D	14	906 109			3 S 2000	Willi Bartels			
15	5	1966	Bergrennen Cividale-Castelmonte	I		906 110	1	Ges	1 S 2000	Giacomo Moioli (»Noris«)			
15	5	1966	Bergrennen Cividale-Castelmonte	I		906 115	3	Ges	3 S 2000	Armando Spazzapan (»Mann«)			
15	5	1966	Bergrennen Minier	F		906 135	5	Ges	4 S 2000	André Wicky			
19	5	1966	Coppa AGIP, Vallelunga	I		906 110	1	Ges	1 S >1600	Giacomo Moioli (»Noris«)			
19	5	1966	Coppa AGIP, Vallelunga	I		906 115			2 S >1600	Armando Spazzapan (»Mann«)			
22	5	1966	1000 km Spa	B	55	906 134	15	Ges	1 S 2000	Gijs van Lennep	David van Lennep		Racing Team Holland
22	5	1966	1000 km Spa	B	11	906 137			Unfall, Rad verloren (P)	Hans Herrmann	Dieter Glemser		Porsche System Engineering
22	5	1966	1000 km Spa	B	54	906 124			Motor	Gerhard Koch	Udo Schütz		Porsche System Engineering
22	5	1966	1000 km Spa	B	57	906 101			Getriebe	Jimmy Blumer	Mike de Udy		AFN
22	5	1966	1000 km Spa	B	10	906 112		NS	Unfall in Training [S-XE 36]	Gerhard Mitter	Peter Nöcker		Porsche System Engineering
22	5	1966	1000 km Spa	B	53	906 126		NS	Unfall in Training	Dr. Hans Kühnis	Heini Walter		Basilisk
22	5	1966	1000 km Spa	B	56	906 146			nicht erschienen	Wim Loos	Gijs van Lennep		Racing Team Holland
22	5	1966	1000 km Spa	B	58	906 102			nicht erschienen (siehe Monza)	Charles Vögele			Charles Vögele
22	5	1966	USRRC Bridgehampton, N.Y.	USA	33	906 121	4	Ges	1 S 2000	Scooter Patrick			Otto Zipper
22	5	1966	USRRC Bridgehampton, N.Y.	USA	15	906 132	5	Ges	2 S 2000	Herb Wetanson			
22	5	1966	USRRC Bridgehampton, N.Y.	USA	1	906 106	6	Ges		Peter Gregg			
22	5	1966	USRRC Bridgehampton, N.Y.	USA		906 148	12	Ges		Ralph Trieschmann jun			
22	5	1966	USRRC Bridgehampton, N.Y.	USA	69	906 147	14	Ges		Mike Hall			
22	5	1966	USRRC Bridgehampton, N.Y.	USA	7	906 103			ausgefallen	Joe Buzzetta			Porsche North America
22	5	1966	USRRC Bridgehampton, N.Y.	USA		906 104			nicht gestartet	Ken Miles			
22	5	1966	Monza (CH Meisterschaft)	I	57	906 102	1	Ges		Charles Vögele			
22	5	1966	Monza (CH Meisterschaft)	I		906 135			ausgefallen	André Wicky			
22	5	1966	Stockholmsloppet, Skarpnäck	S		906 117			1 SP 2000	Sten Axelsson			
22	5	1966	Bergrennen Taunus	D	11	906 109	1	Ges	1 S 2000	Willi Bartels			
22	5	1966	Bergrennen Passo della Raticosa	I	382	906 110	1	Ges	1 S 2000	Giacomo Moioli (»Noris«)			
29	5	1966	100 Meilen Hockenheim	D	101	906 124			1 S 2000	Udo Schütz			
29	5	1966	SCCA National Courtland	USA	17	906 106			nicht bekannt	Peter Gregg			
29	5	1966	Labatt 50 Mont Tremblant	CDN		906 103	4	Ges	1 S 2000	Joe Buzzetta			Porsche North America
29	5	1966	Bergrennen Aldrans	A		906 131	7	Ges	1 S 2000	Dieter Spoerry			
	5	1966	Bergrennen Cannes	F		906 123	1	Ges		Jean Clément			
2	6	1966	Bergrennen Scalata al Colle S. Eusebio	I		906 110	2	Ges		Giacomo Moioli (»Noris«)			
4	6	1966	Players 200 Mosport	CDN	17	906 103	7	Ges	1 S 2000	Joe Buzzetta			Porsche North America
4	6	1966	Players 200 Mosport	CDN	33	906 121	8	Ges	2 S 2000	Scooter Patrick			
4	6	1966	Players 200 Mosport	CDN	34	906 104			nicht gestartet	Ken Miles			
4	6	1966	Players 200 Mosport	CDN	45	906 132			nicht gestartet	Herb Wetanson			
5	6	1966	1000 km Nürburgring	D	17	906 128	4	Ges	3 P 2000 [S-XR 42]	Bob Bondurant	Paul Hawkins		Porsche System Engineering
5	6	1966	1000 km Nürburgring	D	60	906 134	7	Ges	1 S 2000	Gijs van Lennep	David van Lennep		Racing Team Holland
5	6	1966	1000 km Nürburgring	D	62	906 117	8	Ges	2 SP 2000	Sten Axelsson	Bo (»Brasta«) Johansson		Sten Axelsson
5	6	1966	1000 km Nürburgring	D	64	906 119	10	Ges	3 S 2000	Gerhard Koch	Herbert Linge		Gerhard Koch
5	6	1966	1000 km Nürburgring	D	61	906 108	11	Ges	4 S 2000	Jean Pierre Beltoise	Peter Nöcker	(PaulHawkins) / (BobBondurant)	Porsche Syst. Enginering
5	6	1966	1000 km Nürburgring	D	15	906 154			Unfall	Hans Herrmann	Dieter Glemser		Porsche Syst. Engin.
5	6	1966	1000 km Nürburgring	D	63	906 126			Überhitzung	Dr. Hans Kühnis	Heini Walter		Basilisk
5	6	1966	1000 km Nürburgring	D	59	906 101			Unfall	Peter de Klerk	Mike de Udy		AFN / Mike de Udy
5	6	1966	1000 km Nürburgring	D	5	906 142			Kupplung, Unfall [S-XR 47]	Jochen Rindt	Nino Vaccarella	(Bob Bondurant) / (Paul Hawkins)	Porsche System Eng.
5	6	1966	1000 km Nürburgring	D	18	906 102			Chassis	Jo Siffert	Charles Vögele		Charles Vögele
5	6	1966	1000 km Nürburgring	D	16	906 141			Antriebswelle [S-XR 46]	Udo Schütz	Günther Klass		Porsche System Engineering
5	6	1966	1000 km Nürburgring	D	5			T		Paul Hawkins	J. P. Beltoise		Porsche System Engineering
5	6	1966	SCCA National Stockton	USA	60	906 130			1 E/SR	Don Wester			
5	6	1966	Bergrennen Rotenburg an der Fulda	D		906 109			1 S >1600	Willi Bartels			
5	6	1966	Bergrennen Vittorio Veneto-Cansoglio	I		906 110	1	Ges	1 S 2000	Giacomo Moioli (»Noris«)			

Tag	Monat	Jahr	Veranstaltung	Land	St.-Nr.	Fg.-Nr.	Platz	Gesamt	Sonstiges	1. Fahrer	2. Fahrer	3. Fahrer	Team
5	6	1966	Bergrennen Vittorio Veneto-Cansoglio	I	182	906 115	2	Ges	2 S 2000	Armando Spazzapan (»Mann«)			
9	6	1966	Bergrennen Monte Bonfato	I		906 150	1	Ges	1 S 2000	Ignazio Capuano			
12	6	1966	Alpenbergpreis Roßfeld	D	2	906 010	1	Ges	1 P 2000	Gerhard Mitter			
12	6	1966	Alpenbergpreis Roßfeld	D	3	906 142	3	Ges	3 P 2000 [S-XR 47]	Hans Herrmann			
12	6	1966	Alpenbergpreis Roßfeld	D	15	906 127	4	Ges	1 S 2000	Sepp Greger			
12	6	1966	Alpenbergpreis Roßfeld	D	17	906 109	8	Ges	3 S 2000	Willi Bartels			
12	6	1966	Alpenbergpreis Roßfeld	D	16	906 126			nicht bekannt	Dr. Hans Kühnis			Ecurie Basilisk
12	6	1966	Bergrennen Palermo - Monte Pellegrino	I		906 150	1	Ges	1 S 2000	Ignazio Capuano			
12	6	1966	Bergrennen Antignano-Monte Burrone	I		906 115	1	Ges	1 S 2000	Armando Spazzapan (»Mann«)			
12	6	1966	Bergrennen Pin	F		906 135	2	Ges		André Wicky			
18	6	1966	SCCA National, Elkhart Lake, WI	USA	56	906 148	2	C-F	1 EM	Ralph Trieschmann jun			
18	6	1966	SCCA National, Elkhart Lake, WI	USA	69	906 147			nicht bekannt	Lee Hall			
18/19	6	1966	24 Std. Le Mans	F	30	906 153	4	Ges	1 P 2000 [S-XR 761]	Jo Siffert	Colin Davis		Porsche System Engineering
18/19	6	1966	24 Std. Le Mans	F	31	906 151	5	Ges	2 P 2000 [S-XR 762]	Hans Herrmann	Herbert Linge		Porsche System Engineering
18/19	6	1966	24 Std. Le Mans	F	32	906 152	6	Ges	3 P 2000 [S-XR 760]	Udo Schütz	Peter de Klerk		Porsche System Engineering
18/19	6	1966	24 Std. Le Mans	F	58	906 143	7	Ges	1 S 200 [S-XR 48]	Günther Klass	Rolf Stommelen		Porsche System Engineering
18/19	6	1966	24 Std. Le Mans	F	34	906 114			Unfall [486 GU 86]	Robert Buchet	Gerhard Koch		Auguste Veuillet
18/19	6	1966	24 Std. Le Mans	F	33	906 155			ausgefallen (Motor) [S-XR 763]	Peter Gregg	Sten Axelsson		Porsche System Engineering
18/19	6	1966	24 Std. Le Mans	F	60	906 129			Reserveliste	Mike de Udy			W. H. Aldington
19	6	1966	Flugplatzrennen Mainz-Finthen	D	11	906 124			1 S 2000	Gerhard Mitter			Scuderia Lufthansa
19	6	1966	Flugplatzrennen Mainz-Finthen	D	14	906 146			2 SP 2000	Ben Pon			Racing Team Holland
19	6	1966	Flugplatzrennen Mainz-Finthen	D	12	906 134			3 SP 2000	Gijs van Lennep			Racing Team Holland
19	6	1966	Keimola Ring	SF		906 125			1 SP 2000	Antti Aarnio-Wihuri			
19	6	1966	Keimola Ring	SF					2 SP 2000	Ulf Norinder			
19	6	1966	Keimola Ring	SF		906 117			3 SP 2000	Bo (»Brasta«) Johansson			
19	6	1966	Schweizer Rennen, Hockenheim	D	13	906 126			1 S 2000	Dr. Hans Kühnis			
19	6	1966	Schweizer Rennen, Hockenheim	D	14	906 131			nicht bekannt	Dieter Spoerry			
19	6	1966	Schweizer Rennen, Hockenheim	D	15	906 135			nicht bekannt	André Wicky			
19	6	1966	Bergrennen Coppa Sila, Cosenza	I	374	906 150	1	Ges	1 S 2000	Ignazio Capuano			
19	6	1966	Bergrennen Coppa Sila, Cosenza	I	372	906 110	2	Ges	2 S 2000	Giacomo Moioli (»Noris«)			
19	6	1966	Bergrennen Rusel	D		906 127	1	Ges	1 S 2000	Sepp Greger			
20	6	1966	Road America, Elkhart Lake	USA		906 148	2	Ges	1 S 2000	Ralph Trieschmann jun			
24	6	1966	Midnattsloppet, Skelleftea	S		906 117			1 SP 2000	Sten Axelsson			
24	6	1966	Midnattsloppet, Skelleftea	S					2 SP 2000	Ulf Norinder			
26	6	1966	GP von Watkins Glen, N.Y. (USRRC)	USA	56	906 148	6	Ges	1 S 2000	Ralph Trieschmann jun			
26	6	1966	GP von Watkins Glen, N.Y. (USRRC)	USA	15	906 132	7	Ges	2 S 2000	Herb Wetanson			
26	6	1966	GP von Watkins Glen, N.Y. (USRRC)	USA	4	906 106	9	Ges	3 S 2000	Peter Gregg			
26	6	1966	GP von Watkins Glen, N.Y. (USRRC)	USA	7	906 103			ausgefallen	Joe Buzzetta			Porsche North America
26	6	1966	GP von Watkins Glen, N.Y. (USRRC)	USA		906 133			ausgefallen (Kupplung)	Charlie Kolb			
26	6	1966	GP von Watkins Glen, N.Y. (USRRC)	USA	87	906 138			nicht gestartet (Unfall)	Bill Bowman			
26	6	1966	GP von Watkins Glen, N.Y. (USRRC)	USA		906 104			nicht gestartet (Motorschaden)	Ken Miles			
26	6	1966	GP von Watkins Glen, N.Y. (USRRC)	USA	33	906 121			nicht gestartet (Motorschaden)	Scooter Patrick			
26	6	1966	Avus Rennen, Berlin	D	44	906 124			1 S 2000	Udo Schütz			Scuderia Lufthansa
26	6	1966	Avus Rennen, Berlin	D	43	906 119			2 S 2000	Gerhard Koch			
26	6	1966	Avus Rennen, Berlin	D	41	906 146			3 S 2000	Ben Pon			Racing Team Holland
26	6	1966	Avus Rennen, Berlin	D	42	906 134			ausgefallen (Motorschaden)	Gijs van Lennep			Racing Team Holland
26	6	1966	Bergrennen Mont Ventoux	F	33	906 010	1	Ges	1 P 2000	Gerhard Mitter			
26	6	1966	Bergrennen Mont Ventoux	F	34	906 141	2	Ges	2 P 2000	Hans Herrmann			
26	6	1966	Bergrennen Mont Ventoux	F		906 127	3	Ges	1 S 2000	Sepp Greger			
26	6	1966	Bergrennen Mont Ventoux	F	70	906 123	7	Ges	2 S 2000	Jean Clément			
26	6	1966	Bergrennen Mont Ventoux	F		906 135	8	Ges	3 S 2000	André Wicky			
26	6	1966	Bergrennen Mont Ventoux	F	72	906 107			nicht bekannt [88 W 75]	Annie Soisbault de Montaigu			
26	6	1966	Bergrennen Turckheim	F	114	906 126	4	Ges	2 SP	Dr. Hans Kühnis			Ecurie Basilisk
29	6	1966	Bergrennen Rocca delle Caminate	I		906 110	1	Ges	1 S 2000	Giacomo Moioli (»Noris«)			
	6	1966	Rose Cup, Portland, OR	USA	356	906 140			ausgefallen (Motor)	Gary Wright			
	6	1966	SCCA National Vineland, NJ	USA		906 113			nicht bekannt	Edward Hugus			
3	7	1966	SCCA National Courtland, AL	USA		906 133			1 ABC/P	Charlie Kolb			
3	7	1966	Bergrennen Oberhallau	CH	82	906 102			1 S 2000	Gerhard Mitter			Charles Vögele
3	7	1966	Bergrennen Bolzano Mendola	I		906 110	1	Ges	1 S 2000	Giacomo Moioli (»Noris«)			
3	7	1966	Bergrennen Bolzano Mendola	I		906 115	3	Ges		Armando Spazzapan (»Mann«)			
9	7	1966	Martini Trophy, Silverstone	GB		906 101			1 S 2000	Mike de Udy			
10	7	1966	St. Jovite	CDN	23	906 121	4	Ges		Doug Revson			
10	7	1966	St. Jovite	CDN	111	906 133	6	Ges	2 S 2000	Charlie Kolb			
10	7	1966	Bergrennen Trento Bondone	I	112	906 010	1	Ges	1 P 2000	Gerhard Mitter			

Tag	Monat	Jahr	Veranstaltung	Land	St.-Nr.	Fg.-Nr.	Platz	Gesamt	Sonstiges	1. Fahrer	2. Fahrer	3. Fahrer	Team
10	7	1966	Bergrennen Trento Bondone	I		906 127	3	Ges	1 S 2000	Sepp Greger			
10	7	1966	Bergrennen Trento Bondone	I		906 150	5	Ges	2 S 2000	Ignazio Capuano			
10	7	1966	Bergrennen Trento Bondone	I		906 109	9	Ges	5 S 2000	Willi Bartels			
10	7	1966	Bergrennen Trento Bondone	I		906 110			nicht bekannt	Giacomo Moioli (»Noris«)			
10	7	1966	Bergrennen Trento Bondone	I	76	906 115			nicht bekannt	Armando Spazzapan (»Mann«)			
17	7	1966	Circuito di Mugello	I	158	906 119	1	Ges	1 S 2000	Gerhard Koch	Jochen Neerpasch		Porsche System
17	7	1966	Circuito di Mugello	I	156	906 101	5	Ges	2 S 2000 [LJJ 16 D]	Mike de Udy	Peter de Klerk		priv.
17	7	1966	Circuito di Mugello	I	155	906 102			ausgefallen (Aufhängung)	Charles Vögele	Jo Siffert		Charles Vögele
17	7	1966	Circuito di Mugello	I	170	906 135			nicht gestartet	André Wicky			
17	7	1966	Circuito di Mugello	I	153					Sergio Bettoja	Gianni Bulgari		
17	7	1966	Circuito di Mugello	I	154				nicht gewertet	Mauro Cintolesi			priv.
17	7	1966	Circuito di Mugello	I	172				nicht gestartet	Antonio Finiguerra			
17	7	1966	Norisring-Rennen, Nürnberg	D	15	906 128	1	Ges	1 P 2000	Gerhard Mitter			Racing Team Holland
17	7	1966	Norisring-Rennen, Nürnberg	D	18	906 124	2	Ges	1 S 2000	Udo Schütz			
17	7	1966	Norisring-Rennen, Nürnberg	D	20	906 134	3	Ges		Gijs van Lennep			
17	7	1966	Norisring-Rennen, Nürnberg	D	19	906 146	4	Ges		Ben Pon			Racing Team Holland
17	7	1966	Norisring-Rennen, Nürnberg	D	34	906 117			nicht bekannt	Sten Axelsson			
17	7	1966	Mid Ohio; Lexington; SCCA Nat.	USA	56	906 148	2	Ges	E/F/G mod	Ralph Trieschmann jun			
17	7	1966	Mid Ohio; Lexington; SCCA Nat.	USA		906 113	3	Ges	E/F/G mod	Edward Hugus			
17	7	1966	Suzuka	J		906 120	1			Shintaro Taki			
17	7	1966	Wasgau Bergprüfung	D	136	906 127	1	Ges	1 S 2000; Streckenrekord	Sepp Greger			
24	7	1966	GP für Tourenwagen, Hockenheim	D	1	906 124			1 S 2000	Udo Schütz			
24	7	1966	GP für Tourenwagen, Hockenheim	D	2				nicht erschienen	Ben Pon			
24	7	1966	GP für Tourenwagen, Hockenheim	D	3				nicht erschienen	Gijs van Lennep			
24	7	1966	GP für Tourenwagen, Hockenheim	D	4	906 102			nicht erschienen	Charles Vögele			
24	7	1966	GP für Tourenwagen, Hockenheim	D	11	906 119			ausgefallen (P)	Gerhard Koch			
24	7	1966	SCCA South Carolina Raceway	USA		906 106	1	Ges		Peter Gregg			
24	7	1966	Fuji	J		906 120			ausgefallen	Shintaro Taki			
24	7	1966	Bergrennen Savies	CH		906 126	2	Ges	1 S 2000	Dr. Hans Kühnis			
24	7	1966	Bergrennen Savies	CH		906 135	3	Ges	2 S 2000	André Wicky			
24	7	1966	Bergrennen Cesana Sestriere	I	590	906 010	2	Ges	2 P 2000	Gerhard Mitter			
24	7	1966	Bergrennen Cesana Sestriere	I	592		3	Ges	3 P 2000	Hans Herrmann			
24	7	1966	Bergrennen Cesana Sestriere	I		906 127	4	Ges	1 S 2000	Sepp Greger			
24	7	1966	Bergrennen Cesana Sestriere	I		906 150	7	Ges	2 S 2000	Ignazio Capuano			
24	7	1966	Bergrennen Cesana Sestriere	I		906 109	9	Ges	3 S 2000	Willi Bartels			
30	7	1966	USRRC Kent, Washington	USA	60	906 136	6	Ges	1 S 2000	Don Wester			Otto Zipper
30	7	1966	USRRC Kent, Washington	USA	23	906 121	7	Ges	2 S 2000	Doug Revson			
30	7	1966	USRRC Kent, Washington	USA	2	906 140	8	Ges	3 S 2000	Mike Fisher			
31	7	1966	Bergrennen Freiburg Schauinsland	D	73	906 127	3	Ges	1 S 2000	Sepp Greger			
31	7	1966	Bergrennen Freiburg Schauinsland	D	70	906 109	6	Ges	3 S 2000	Willi Bartels			
31	7	1966	Bergrennen Freiburg Schauinsland	D	76	906 128		R	ausgefallen (Felge gebrochen)	Hans Herrmann			
31	7	1966	Bergrennen Triest-Opicina	I	450	906 110	1	Ges	1 S 2000	Giacomo Moioli (»Noris«)			
31	7	1966	Bergrennen Triest-Opicina	I	454				nicht erschienen	Alberto Luti (»Gano«)			
31	7	1966	Bergrennen Triest-Opicina	I	456	906 115			nicht erschienen	Armando Spazzapan (»Mann«)			
31	7	1966	Bergrennen Triest-Opicina	I	468	906 150			nicht erschienen	Ignazio Capuano			
2	8	1966	Bergrennen Coppa Città di Monopoli	I		906 150	1	Ges		Ignazio Capuano			
7	8	1966	AvD-Rheinland-Pfalz-Preis Nürburgring	D	4	906 124	1	Ges	1 S 2000	Udo Schütz			Scuderia Lufthansa
7	8	1966	AvD-Rheinland-Pfalz-Preis Nürburgring	D	3	906 117	2	Ges	2 S 2000	Sten Axelsson			
7	8	1966	AvD-Rheinland-Pfalz-Preis Nürburgring	D	7	906 119	3	Ges	3 S 2000	Gerhard Koch			
7	8	1966	AvD-Rheinland-Pfalz-Preis Nürburgring	D	88		4	Ges	4 S 2000	Ulf Norinder			
7	8	1966	AvD-Rheinland-Pfalz-Preis Nürburgring	D	6	906 135	5	Ges	5 S 2000	André Wicky			
7	8	1966	AvD-Rheinland-Pfalz-Preis Nürburgring	D	2	906 134		R	ausgefallen (Unfall)	Gijs van Lennep			Racing Team Holland
7	8	1966	AvD-Rheinland-Pfalz-Preis Nürburgring	D	1	906 146		R	ausgefallen (Motorschaden)	Ben Pon			Racing Team Holland
7	8	1966	AvD-Rheinland-Pfalz-Preis Nürburgring	D	5	906 101		R	[LJJ 16 D]	Mike de Udy			Porsche Cars GB
7	8	1966	Coppa Citta di Enna	I	50	906 102	2	Ges	1 S 2000	Charles Vögele			
7	8	1966	Bergrennen Monte Amiata	I		906 150	1	Ges	1 S 2000	Ignazio Capuano			
14	8	1966	GP von Hockenheim	D	1	906 152	1	Ges	1 P 2000 [S-XR 760]	Gerhard Mitter			Porsche System Engineering
14	8	1966	GP von Hockenheim	D	2	906 151	2	Ges	2 P 2000 [S-XR 762]	Günther Klass			Porsche System Engineering
14	8	1966	GP von Hockenheim	D	3	906 153	3	Ges	3 P 2000 [S-XR 761]	Hans Herrmann			Porsche System Engineering
14	8	1966	GP von Hockenheim	D	25	906 124	4	Ges	1 S 2000	Udo Schütz			Lufthansa
14	8	1966	GP von Hockenheim	D	26	906 119	5	Ges	2 S 2000	Gerhard Koch			Lufthansa
14	8	1966	GP von Hockenheim	D	28	906 135	6	Ges	3 S 2000	André Wicky			Charles Vögele
14	8	1966	GP von Hockenheim	D	29	906 101	8	Ges	4 S 2000 [LJJ 16 D]	Mike de Udy	Peter de Klerk		Mike de Udy / Porsche Cars GB
14	8	1966	GP von Hockenheim	D	27	906 102	9	Ges	5 S 2000	Charles Vögele			Charles Vögele

Tag	Monat	Jahr	Veranstaltung	Land	St.-Nr.	Fg.-Nr.	Platz	Gesamt	Sonstiges	1. Fahrer	2. Fahrer	3. Fahrer	Team
14	8	1966	GP von Hockenheim	D	24	906 117			ausgefallen (Getriebe)	Sten Axelsson			Rolf Hurtig
14	8	1966	GP von Hockenheim	D	22	906 146			ausgefallen (Kupplung)	Gijs van Lennep			Ben Pon / Racing Team Holland
14	8	1966	GP von Hockenheim	D	23					Joakim Bonnier	Ulf Norinder		Rolf Hurtig
14	8	1966	GP von Hockenheim	D	21	906 134			nicht erschienen	Ben Pon			Ben Pon
14	8	1966	Fuji	J		906 120	1			Shintaro Taki			
15	8	1966	Bergrennen Tauplitzalm	A		906 131	2	Ges	2 S 2000	Dieter Spoerry			
15	8	1966	Bergrennen Mont Dore	F		906 114	5	Ges	[486 GU 86]	Robert Buchet			
21	8	1966	SCCA National Watkins Glen	USA		906 113			nicht bekannt	Edward Hugus			
21	8	1966	SCCA National Watkins Glen	USA	1	906 133			1 EM	Charlie Kolb			
21	8	1966	Bergrennen Saint Lary	F		906 114	1	Ges	1 S 2000 [486 GU 86]	Robert Buchet			
21	8	1966	Bergrennen St. Ursannes-Les Rangiers	CH		906 126	5	Ges	1 S 2000	Dr. Hans Kühnis			
21	8	1966	Bergrennen St. Ursannes-Les Rangiers	CH		906 131	7	Ges	2 S 2000	Dieter Spoerry			
21	8	1966	Bergrennen St. Ursannes-Les Rangiers	CH		906 135	9	Ges	3 S 2000	André Wicky			
21	8	1966	Bergrennen Ascoli-Colle S. Marco	I		906 110	1	Ges	1 S 2000	Giacomo Moioli (»Noris«)			
28	8	1966	USRRC Mid-Ohio	USA	7	906 103	5	Ges	1 S 2000	Joe Buzzetta			
28	8	1966	USRRC Mid-Ohio	USA	4	906 106	8	Ges	4 S 2000	Peter Gregg			
28	8	1966	USRRC Mid-Ohio	USA	87	906 138	10	Ges	5 S 2000	Bill Bowman			
28	8	1966	USRRC Mid-Ohio	USA		906 148	13	Ges	7 S 2000	Ralph Trieschmann jun.			
28	8	1966	USRRC Mid-Ohio	USA		906 121			ausgefallen	Doug Revson			
28	8	1966	USRRC Mid-Ohio	USA	69	906 147			ausgefallen	Mike Hall			
28	8	1966	Bergrennen Sierre Montana-Crans	CH	186	906 010	2	Ges	2 P 2000	Gerhard Mitter			
28	8	1966	Bergrennen Sierre Montana-Crans	CH	96	906 127	4	Ges	1 S 2000	Sepp Greger			
28	8	1966	Bergrennen Sierre Montana-Crans	CH	90	906 131	6	Ges	3 S 2000	Dieter Spoerry			Scuderia Filipinetti
28	8	1966	Bergrennen Sierre Montana-Crans	CH	91	906 135	7	Ges	4 S 2000	André Wicky			André Wicky
28	8	1966	Bergrennen Sierre Montana-Crans	CH	97	906 109			nicht bekannt	Willi Bartels			Wilhelm Bartels
28	8	1966	Bergrennen Beaujolais	F		906 114	4	Ges	1 S 2000 [486 GU 86]	Robert Buchet			
28	8	1966	Bergrennen Beaujolais	F		906 123	5	Ges	2 S 2000	Jean Clément			
28	8	1966	Bergrennen Trapani-Monte Erice	I		906 110	1	Ges		Giacomo Moioli (»Noris«)			
29	8	1966	Guards Trophy Race Brands Hatch	GB		906 101	3	Ges	1 S 2000	Mike de Udy			Porsche Cars GB
4	9	1966	500 m Road America, Elkhart Lake	USA	7	906 103	5	Ges	1 S 2000	Joe Buzzetta	Günther Klass		
4	9	1966	500 m Road America, Elkhart Lake	USA	56	906 148	6	Ges	2 S 2000	Ralph Trieschmann jun.	Chuck Dietrich		
4	9	1966	500 m Road America, Elkhart Lake	USA		906 140	7	Ges	3 S 2000	Mike Fisher	Pete Lovely		
4	9	1966	500 m Road America, Elkhart Lake	USA	69	906 147	8	Ges	4 S 2000	Lee Hall	Mike Hall		
4	9	1966	500 m Road America, Elkhart Lake	USA	23	906 121		DQ		Doug Revson	Peter Revson		
4	9	1966	Paul Whiteman Trophy, Daytona	USA	4	906 106	1	Ges	A-D/SR	Peter Gregg			
4	9	1966	Paul Whiteman Trophy, Daytona	USA		906 138	2	Ges	A-D/SR	Bill Bowman			
4	9	1966	Riverside	USA		906 106	1	Ges	1 A/D/E	Peter Gregg			
4	9	1966	Skarpnäcksloppet, Stockholm	S		906 125			1 SP 2000	Picko Troberg			
4	9	1966	Skarpnäcksloppet, Stockholm	S	5				2 SP 2000	Ulf Norinder			
4	9	1966	Skarpnäcksloppet, Stockholm	S	1	906 117			3 SP 2000	Sten Axelsson			
4	9	1966	Trofeo Bettoja, Vallelunga	I		906 150	2	Ges	1 S 2000	Ignazio Capuano			
4	9	1966	Trofeo Bettoja, Vallelunga	I		906 110	3	Ges	2 S 2000	Giacomo Moioli (»Noris«)			
4	9	1966	Alpen-Bergpreis Gaisberg	A	77	906 010	1	Ges	1 P 2000	Gerhard Mitter			
4	9	1966	Alpen-Bergpreis Gaisberg	A	73	906 127	3	Ges	1 S 2000	Sepp Greger			
4	9	1966	Bergrennen Mitholz-Kandersteg	CH		906 135	3	Ges	1 S 2000	André Wicky			
4	9	1966	Bergrennen Mitholz-Kandersteg	CH	90	906 131			2 S 2000	Dieter Spoerry			Scuderia Filipinetti
4	9	1966	Bergrennen Casoni E P, Appiedati	I		906 150			2 S 2000	Ignazio Capuano			
4	9	1966	Bergrennen Casoni E P, Appiedati	I		906 110			3 S 2000	Giacomo Moioli (»Noris«)			
4	9	1966	Bergrennen San Feliu Codinas	E		906 122	1	Ges		Juan Fernandez Garcia			
4	9	1966	Bergrennen La Faucille	F		906 114	3	Ges	[486 GU 86]	Robert Buchet			
4	9	1966	Bergrennen La Faucille	F		906 135	4	Ges		André Wicky			
10	9	1966	SCCA National Vacaville	USA	60	906 136			1 E/SR	Don Wester			
11	9	1966	500 km Zeltweg, GP von Österreich	A	14	906 128	1	Ges	1 S 2000	Gerhard Mitter	Hans Herrmann		Porsche System
11	9	1966	500 km Zeltweg, GP von Österreich	A	12	906 137	2	Ges	2 S 2000	Jo Siffert			Porsche System
11	9	1966	500 km Zeltweg, GP von Österreich	A	15	906 124	3	Ges		Udo Schütz	Herbert Linge		Lufthansa
11	9	1966	500 km Zeltweg, GP von Österreich	A	11	906 117	5	Ges	4 SP 2000	Joakim Bonnier	Sten Axelsson		Jo Bonnier
11	9	1966	500 km Zeltweg, GP von Österreich	A	17	906 134	6	Ges		Gijs van Lennep			Racing Team Holland
11	9	1966	500 km Zeltweg, GP von Österreich	A	16	906 146			ausgefallen (Kupplung)	Ben Pon			Racing Team Holland
11	9	1966	500 km Zeltweg, GP von Österreich	A	18	906 129			Unfall (Front beschädigt)	Mike de Udy			Porsche Cars GB
11	9	1966	500 km Zeltweg, GP von Österreich	A	19	906 119			nicht erschienen	Gerhard Koch			Gerhard Koch
11	9	1966	500 km Zeltweg, GP von Österreich	A	25				nicht erschienen	Ulf Norinder			Ulf Norinder
11	9	1966	Can-Am St. Jovite	CDN	123	906 121	14	Ges	1 S 2000	Doug Revson			
11	9	1966	Bergrennen Rheinland Pfalz	D	141	906 119	1	Ges	1 S >1600	Jürgen Neuhaus			
11	9	1966	Bergrennen Castione-Passo Presolana	I		906 110	3	Ges	1 S 2000	Giacomo Moioli (»Noris«)			

Tag	Monat	Jahr	Veranstaltung	Land	St.-Nr.	Fg.-Nr.	Platz	Gesamt	Sonstiges	1. Fahrer	2. Fahrer	3. Fahrer	Team
11	9	1966	Bergrennen Urcy	F		906 135	3	Ges	2 S 2000	André Wicky			
11	9	1966	Bergrennen Urcy	F		906 123	4	Ges	3 S 2000	Jean Clément			
11	9	1966	Bergrennen Urcy	F	116	906 139			1 S 2000	Claude Bourillot			Scuderia Filipinetti
17	9	1966	Gold Cup Oulton Park	GB		906 101	2	Ges	1 S 2000	Peter de Klerk			Porsche Cars GB
18	9	1966	Westfalen-Pokal-Rennen, Zolder	B	59	906 119	1	Ges	1 S 2000; Streckenrekord	Jürgen Neuhaus			
18	9	1966	Can-Am Bridgehampton, N.Y.	USA	17	906 103	11	Ges	1 S 2000	Joe Buzzetta			
18	9	1966	Can-Am Bridgehampton, N.Y.	USA	12	906 121	12	Ges		Doug Revson			
18	9	1966	Can-Am Bridgehampton, N.Y.	USA	15	906 132	17	Ges		Herb Wetanson			
18	9	1966	Bergrennen Steinbock Gargellen	A		906 131	3	Ges	3 S 2000	Dieter Spoerry			
18	9	1966	Bergrennen Sudelfeld	D	110	906 127	1	Ges	1 S 2000	Sepp Greger			
18	9	1966	Bergrennen Sudelfeld	D	109	906 109			2 S 2000	Willi Bartels			
18	9	1966	Bergrennen Limonest Mont Verdun	F		906 123	6	Ges		Jean Clément			
18	9	1966	Bergrennen Limonest Mont Verdun	F		906 135	2	Ges	1 S 2000	André Wicky			
24	9	1966	Pepsi Cola Trophy, Mosport	CDN	56	906 148			nicht bekannt	Ralph Trieschmann jun.			
25	9	1966	Can-Am Mosport	CDN	32	906 121		NQ		Doug Revson			
25	9	1966	Dalsland Ring, Bengtsfors	S	9	906 125			1 SP 2000	Picko Troberg			
25	9	1966	Dalsland Ring, Bengtsfors	S	3				2 SP 2000	Ulf Norinder			
25	9	1966	Dalsland Ring, Bengtsfors	S	1	906 117			3 SP 2000	Sten Axelsson			
25	9	1966	Coupe du Paris, Montlhéry	F		906 114	3	Ges	1 S 2000 [486 GU 86]	Robert Buchet			
25	9	1966	?	J		906 120	2			Shintaro Taki			
25	9	1966	Bergrennen Coppa Alpe del Nevegal	I		906 110	2	Ges		Giacomo Moioli (»Noris«)			
25	9	1966	Bergrennen Coppa Alpe del Nevegal	I		906 115	3	Ges		Armando Spazzapan (»Mann«)			
25	9	1966	Bergrennen Coppa Nissena	I		906 150	1	Ges		Ignazio Capuano			
25	9	1966	Bergrennen Eigental	CH	87	906 126	2	Ges	1 S 2000	Dr. Hans Kühnis			
25	9	1966	Bergrennen Sauerland	D	19	906 119	1	Ges	1 S >1600	Jürgen Neuhaus			
25	9	1966	Bergrennen Sauerland	D	17	906 109			ausgefallen (2. Lauf)	Willi Bartels			
25	9	1966	Bergrennen Puig Major	E		906 122	1	Ges		Juan Fernandez Garcia			
25	9	1966	Bergrennen Mont Hoix	CH		906 135	1	Ges	1 S 2000	André Wicky			
2	10	1966	Flugplatzrennen Tulln-Langenlebarn	A	1		1	Ges		Hans Herrmann			
2	10	1966	Flugplatzrennen Tulln-Langenlebarn	A		906 131	3	Ges		Dieter Spoerry			Scuderia Filipinetti
2	10	1966	Dünen-Trophäe, Zandvoort	NL	7	906 146	1	Ges	1 S 2000	Ben Pon			
2	10	1966	Dünen-Trophäe, Zandvoort	NL	6	906 129	2	Ges	2 S 2000	Mike de Udy			
2	10	1966	Dünen-Trophäe, Zandvoort	NL	8	906 134	3	Ges	3 S 2000	Gijs van Lennep			Racing Team Holland
2	10	1966	Bergrennen Kassel Langenberge	D	114	906 119	1	Ges	1 S 2000; Streckenrekord	Jürgen Neuhaus			
2	10	1966	Bergpreis Schwäbische Alb	D	335	906 127	1	Ges	1 S 2000	Sepp Greger			
2	10	1966	Bergrennen la Massana	AND		906 122	1	Ges		Juan Fernandez Garcia			
2	10	1966	Bergrennen Marchairuz	CH	245	906 126			1 S 2000	Dr. Hans Kühnis			
9	10	1966	Coupe du Salon, Montlhéry	F		906 114			nicht bekannt [486 GU 86]	Robert Buchet			
9	10	1966	Coupe du Salon, Montlhéry	F		906 107			nicht bekannt	Annie Soisbault de Montaigu			
9	10	1966	Coupe du Salon, Montlhéry	F		906 135			nicht bekannt	André Wicky			
9	10	1966	Flugplatzrennen Innsbruck	A	93	906 128	1	Ges	1 P 2000	Gerhard Mitter			Porsche Salzburg
9	10	1966	Flugplatzrennen Innsbruck	A	94	906 137	2	Ges	2 P 2000	Jochen Rindt			Porsche Salzburg
9	10	1966	Flugplatzrennen Innsbruck	A		906 134	3	Ges	1 S 2000	Ben Pon			Racing Team Holland
9	10	1966	Flugplatzrennen Innsbruck	A	97	906 131	7	Ges	2 S 2000	Dieter Spoerry			Scuderia Filipinetti
9	10	1966	Flugplatzrennen Innsbruck	A	95	906 127			ausgefallen (Unfall)	Sepp Greger			
9	10	1966	Trofeo Sette Colli, Vallelunga	I		906 110			1 S 2000	Giacomo Moioli (»Noris«)			
9	10	1966	Kent, WA	USA		906 136	4	Ges	1 S 2000	Don Wester			
9	10	1966	Kent, WA	USA		906 140	10	Ges		Mike Fisher			
9	10	1966	Bergrennen Röhn	D	129	906 119	1	Ges	1 S 2000; Streckenrekord	Jürgen Neuhaus			
16	10	1966	1000 km Paris, Montlhéry	F	43	906 135	2	Ges	1 S 2000	Jean-Pierre Hanrioud	André Wicky		
16	10	1966	1000 km Paris, Montlhéry	F	47				ausgefallen	Jean Guichet	Claude Ballot Lena		
16	10	1966	1000 km Paris, Montlhéry	F	45	906 124			ausgefallen	Udo Schütz	Hans Herrmann		
16	10	1966	1000 km Paris, Montlhéry	F	41	906 101			ausgefallen	Mike de Udy	Colin Davis		Porsche Cars GB
16	10	1966	1000 km Paris, Montlhéry	F	51	906 114			Unfall	Robert Buchet	Günter Klass		
16	10	1966	1000 km Paris, Montlhéry	F	39	906 155			Kollision	Gerhard Koch	Jochen Neerpasch		
16	10	1966	1000 km Paris, Montlhéry	F	49	906 107			nicht gestartet	Annie Soisbault de Montaigu	Michel de Bourbon-Parme		
16	10	1966	Flugplatzrennen Wien-Aspern	A	74	906 134	1	Ges	1 SP 2000	Gijs van Lennep			Racing Team Holland
16	10	1966	Flugplatzrennen Wien-Aspern	A	76	906 128	2	Ges		Jochen Rindt			Porsche Salzburg
16	10	1966	Flugplatzrennen Wien-Aspern	A	75	906 137	3	Ges		Gerhard Mitter			Porsche Salzburg
16	10	1966	Gellerasen, Karlskoga	S	3	906 125			1 SP 2000	Picko Troberg			
16	10	1966	Gellerasen, Karlskoga	S	1	906 117			2 SP 2000	Sten Axelsson			
16	10	1966	Gellerasen, Karlskoga	S	2				3 SP 2000	Ulf Norinder			
16	10	1966	Can-Am Laguna Seca	USA	32	906 121	15	Ges	2 S 2000	Doug Revson			
16	10	1966	Laguna Seca	USA	60	906 136			1 F/SR	Don Wester			

Tag	Monat	Jahr	Veranstaltung	Land	St.-Nr.	Fg.-Nr.	Platz	Gesamt	Sonstiges	1. Fahrer	2. Fahrer	3. Fahrer	Team
16	10	1966	Klingenring Bergpreis	D	85	906 119	1	Ges	1 S 2000; Streckenrekord	Jürgen Neuhaus			
23	10	1966	Hansa-Prüfung, Flugplatz Itzehoe	D	69	906 119	1	Ges	1 S 2000	Jürgen Neuhaus			
23	10	1966	Trofeo Montjuich Barcelona	E	70	906 122	1	Ges		Juan Fernandez Garcia			
23	10	1966	Trofeo Montjuich Barcelona	E	67	906 135	2	Ges		André Wicky			
23	10	1966	Trofeo Montjuich Barcelona	E	64	906 130	4	Ges		Fernando De Baviera			
23	10	1966	Bergrennen Belleau	F		906 126	2	Ges		Dr. Hans Kühnis			
30	10	1966	Can-Am Riverside	USA	32	906 121	14	Ges	1 S 2000	Doug Revson			
30	10	1966	Bergrennen Castellana	I		906 110	2	Ges		Giacomo Moioli (»Noris«)			
30	10	1966	Bergrennen Rabassada	E		906 122	1	Ges		Juan Fernandez Garcia			
5	11	1966	9 Std. Kyalami	SA	11	906 134			nicht gestartet (Motorschaden)	Ben Pon	Gijs van Lennep		Racing Team Holland
5	11	1966	9 Std. Kyalami	SA	10	906 129			Unfall (Überschlag)	Mike de Udy	Peter de Klerk		Porsche Great Britain
6	11	1966	SCCA Regional, Savannah	USA	4	906 106			nicht bekannt	Peter Gregg			
6	11	1966	1.KCM Autoslalom Köln	D	170	906 119	5	Ges	1 S 2000	Jürgen Neuhaus			
13	11	1966	Can-Am Las Vegas	USA	32	906 121	10	Ges	1 S 2000	Doug Revson			
19	11	1966	3 h Cape Town, Killarney	ZA		906 134	3	Ges		Ben Pon	Gijs van Lennep		Racing Team Holland
20	11	1966	GP von Macao	HK		906 120	3	Ges		Shintaro Taki			Taki Racing Team
27	11	1966	US Champions Riverside, CA	USA	611	906 136	3	Ges	1 E/SR	Don Wester			
27	11	1966	US Champions Riverside, CA	USA	112	906 113	7	Ges	2 E/SR	Edward Hugus			
2	12	1966	Governor's Trophy & Nassau TT	BS	14	906 106	4	Ges		Peter Gregg			
2	12	1966	Governor's Trophy & Nassau TT	BS	56	906 148	5	Ges		Ralph Trieschmann jun.			
2	12	1966	Governor's Trophy & Nassau TT	BS	87	906 138	8	Ges		Bill Bowman			
9	12	1966	Governor's Trophy & Nassau TT	BS	24	906 133			ausgefallen	Charlie Kolb			
3	12	1966	Porsche Classic, Nassau	BS	14	906 106	1	Ges		Peter Gregg			
3	12	1966	Porsche Classic, Nassau	BS	56	906 148	2	Ges		Ralph Trieschmann jun.			
3	12	1966	Porsche Classic, Nassau	BS	87	906 138	3	Ges		Bill Bowman			
3	12	1966	Nassau Classic	BS	14	906 106	6	Ges		Peter Gregg			
4	12	1966	Nassau Trophy Race	BS	14	906 106	8	Ges		Peter Gregg			
4	12	1966	Nassau Trophy Race	BS	56	906 148	10	Ges		Ralph Trieschmann jun			
4	12	1966	Nassau Trophy Race	BS	87	906 138	12	Ges		Bill Bowman			
17	12	1966	Laurenco Marques, Mozambique	MZ		906 129	3	Ges		Mike de Udy	Peter de Klerk		
27	12	1966	3 h Pietermaritzburg	ZA	2	906 129	2	Ges		Mike de Udy	Peter de Klerk		
		1966	SCCA National Moroso, FL	USA		906 133			1 EM	Charlie Kolb			
		1966	SCCA National Ponta Verda	USA		906 133			ausgefallen (Motor)	Charlie Kolb			
		1966	Circuito Guadalope	E		906 130	1	Ges		Fernando De Baviera			
		1966	Bergrennen Lodeve	F		906 123	1	Ges		Jean Clément			
2	1	1967	Kyalami	ZA		906 129	2	Ges		Mike de Udy			
7	1	1967	Killarney, Kapstadt	ZA	72	906 129	3	Ges		Mike de Udy			
4/5	2	1967	24 Std. Daytona	USA	55	906 153	5	Ges	2 P 2000	Dieter Spoerry	Rico Steinemann		Squadra Tartaruga
4/5	2	1967	24 Std. Daytona	USA	51	906 157			Unfall	Gerhard Mitter	Jochen Rindt		Porsche System Engineering
4/5	2	1967	24 Std. Daytona	USA	53	906 160			Motorschaden	Udo Schütz	Rolf Stommelen	Gijs van Lennep	Porsche System Engineering
4/5	2	1967	24 Std. Daytona	USA	56	906 151			Unfall (Feuer)	Charles Vögele	Walter Habegger	(Herbert Müller)	Charles Voegele
4/5	2	1967	24 Std. Daytona	USA	58	906 131		NS	Motorschaden (Ventil)	Tony Dean	Trevor Taylor		Rod Savyer
4/5	2	1967	24 Std. Daytona	USA	57	906 103			nicht erschienen	Bob Bailey	John Kelly		Bob Bailey
4/5	2	1967	24 Std. Daytona	USA	62	906 133			nicht erschienen	Fred Baker	Lee Cutler		Fred J. Baker
10/12	2	1967	Rallye Route du Nord	F	2	906 114	2	Ges	2 S 2000 [486 GU 86]	Robert Buchet	Stanislas Motte		
12	2	1967	SCCA National, Phoenix	USA		906 104			1 EM	Jack Hinkle			
13	2	1967	SCCA National Palm Beach, FL	USA		906 138			2 EM	Bill Bowman			
26	2	1967	Bergrennen Ceyteste	F		906 135	2	Ges		Régis Fraissinet			
26	2	1967	Bergrennen Ceyreste	F		906 123	3	Ges		Jean Clément			
5	3	1967	SCCA Regional, Geneva	USA		906 106	1	Ges		Peter Gregg			
19	3	1967	SCCA National West Palm Beach, FL	USA		906 106	2	Ges	1 S 2000	Peter Gregg			
19	3	1967	SCCA National West Palm Beach, FL	USA		906 157	4	Ges	3 SP 2000	Fred Baker			
19	3	1967	Bergrennen Ampus	F		906 123	2	Ges	1 S 2000	Jean Clément			
23	3	1967	Autosport Trophy, Snetterton	GB	75	906 146	4	Ges		Ben Pon			Ben Pon
23	3	1967	Autosport Trophy, Snetterton	GB	71	906 131			ausgefallen (Motor überdreht)	Tony Dean			A. G. Dean (Racing)
23	3	1967	Autosport Trophy, Snetterton	GB		906 155			ausgefallen (Kollision)	Gerhard Koch			
27	3	1967	Autosport Trophy, Silverstone	GB		906 131	4	Ges	1 S 2000	Tony Dean			
27	3	1966	Autosport Trophy, Silverstone	GB	19	906 146	5	Ges	2 S2000	Ben Pon			
27	3	1966	Autosport Trophy, Silverstone	GB		906 155			nicht bekannt	Gerhard Koch			
	3	1967	Bergrennen Montserrat	E		906 130	1	Ges	1 S 2000	Alex Soler Roig			
1	4	1967	12 h Sebring	USA	40	906 153	6	Ges	3 P 2000	Rico Steinemann	Dieter Spoerry		Squadra Tartaruga
1	4	1967	12 h Sebring	USA	38	906 159	7	Ges	4 P 2000	Joe Buzzetta	Peter Gregg		Porsche System Engineering
1	4	1967	12 h Sebring	USA	39	906 160	36	Ges	Unfall mit einem Hund	Udo Schütz	Rolf Stommelen	Gijs van Lennep	Porsche System Engineering
1	4	1967	12 h Sebring	USA	42	906 158	39	Ges	ausgefallen (Motorschaden)	John Cannon	Ed Hugus		Ed Hugus

Tag	Monat	Jahr	Veranstaltung	Land	St.-Nr.	Fg.-Nr.	Platz	Gesamt	Sonstiges	1. Fahrer	2. Fahrer	3. Fahrer	Team
1	4	1967	12 h Sebring	USA	44	906 157	51	Ges	ausgefallen (Ventilfeder)	Charlie Kolb	Fred Baker	Lee Cutler	Baker Racing Team
1	4	1967	SCCA National, Tuscon	USA	61	906 104			1 EM	Jack Hinkle			
2	4	1967	Bergrennen Krähberg	D	156	906 119	2	Ges	1 S 2000	Jürgen Neuhaus			
2	4	1967	Bergrennen Krähberg	D	155	906 116	3	Ges	2 S 2000	Helmut Leuze			
8	4	1967	Hockenheim CH Meisterschaft	D		906 126			1 S 2000	Dr. Hans Kühnis			
9	4	1967	Bergrennen Taunus	D	10	906 119	1	Ges	1 S 2000; Streckenrekord	Jürgen Neuhaus			
9	4	1967	Bergrennen Heilbronn	D	129	906 116	1	Ges	1 S 2000	Helmut Leuze			
9	4	1967	Le Mans Test	F	66	906 156		ST					Christian Poirot
14	4	1967	Flugplatzrennen Innsbruck	A		906 153	1	Ges	1 P 2000	Rico Steinemann			
14	4	1967	Flugplatzrennen Innsbruck	A	32	906 143	4	Ges		Hans Tschiemer			
16	4	1967	SCCA Fernandina Beach Raceway	USA		906 106	1	Ges	E mod	Peter Gregg			
16	4	1967	Herradura	PE	5	906 138	1	Ges		Pitty Block			
16	4	1967	Bergrennen Bad Neuenahr	D	127	906 119	1	Ges	1 S 2000; Streckenrekord	Jürgen Neuhaus			
16	4	1967	Bergrennen Bad Neuenahr	D	126	906 116			Unfall (v. d. Str. abgekommen)	Helmut Leuze			
16	4	1967	Bergrennen Stallavena Bosco	I		906 110			1 S 2000	Giacomo Moioli (»Noris«)			
16	4	1967	Bergrennen Stallavena Bosco	I		906 102			3 S 2000	Carlo Facetti			
16	4	1967	Bergrennen Weerberg	A		906 127	1	Ges	1 S 2000	Sepp Greger			
16	4	1967	Bergrennen Weerberg	A		906 111	2	Ges	2 S 2000	Rudi Lins			
16	4	1967	Rallye Bordeaux Südwest	F		906 114	1	Ges	1 S 2000 [486 GU 86]	Robert Buchet	Singer		
23	4	1967	Coupes Belgiques, Zolder	B		906 146	1	Ges		Ben Pon			
23	4	1967	Coupes de l'U.S.A., Montlhéry	F	15	906 114	3	Ges	1 S 2000 [486 GU 86]	Robert Buchet			
23	4	1967	USRRC Las Vegas, NV	USA	12	906 157	6	Ges	1 S2000	Charlie Kolb			Baker Racing Team
23	4	1967	USRRC Las Vegas, NV	USA	33	906 159			ausgefallen (Lenkung)	Scooter Patrick			Otto Zipper
23	4	1967	Bergrennen Eberbach	D	114	906 127	2	Ges	1 S 2000	Sepp Greger			
23	4	1967	Bergrennen Eberbach	D	117	906 119			nicht gewertet	Jürgen Neuhaus			
23	4	1967	Bergrennen Eberbach	D	115	906 116			nicht gestartet (Unfall)	Helmut Leuze			
23	4	1967	Bergrennen Col Bayard	F		906 123	1	Ges	1 SP 2000	Jean Clément			
23	4	1967	Bergrennen Braunsberg	A	182	906 111	2	Ges	1 S 2000	Rudi Lins			
23	4	1967	Slalom Payerne	CH		906 126			1 S 2000	Dr. Hans Kühnis			
25	4	1967	1000 km Monza	I	22	906 153	7	Ges	3 P 2000	Dieter Spoerry	Rico Steinemann		Squadra Tartaruga
25	4	1967	1000 km Monza	I	43	906 124	8	Ges	1 S 2000	Udo Schütz	Jochen Neerpasch		Porsche System Engineering
25	4	1967	1000 km Monza	I	46	906 010	10	Ges	2 S 2000	Giulio Bona	Luigi Taramazzo		Luigi Taramazzo
25	4	1967	1000 km Monza	I	44	906 155			ausgefallen (Motor)	Gerhard Koch	Rolf Stommelen		Porsche System Engineering
25	4	1967	1000 km Monza	I	45	906 102			ausgefallen (Technik)	Giuseppe Romano Perdomi	Carlo Facetti		
25	4	1967	1000 km Monza	I	48			NQ		Ennio Bonomelli	Rafaelo Ciarpaglini		
25	4	1967	1000 km Monza	I					nicht erschienen	Hans Tschiemer	Arthur Blank		
25	4	1967	1000 km Monza	I		906 135			nicht erschienen	André Wicky			
29	4	1967	Daily Express Trophy, Silverstone	GB		906 131			ausgefallen (Dreher)	Tony Dean			A. G. Dean (Racing)
30	4	1967	USRRC Riverside, CA	USA	33	906 159	10	Ges	1 SP 2000	Scooter Patrick			Otto Zipper
30	4	1967	USRRC Riverside, CA	USA	22	906 157	12	Ges	2 SP 2000	Fred Baker			
30	4	1967	Hastighetstävling, Knutstorp	S	2	906 117	2	Ges	1 PT 2000	Sten Axelsson			
30	4	1967	Hastighetstävling, Knutstorp	S	4		3	Ges	2 PT 2000	Anders Josephson			
30	4	1967	Flugplatzrennen Faßberg	D	164	906 119			1 S 2000; Streckenrekord	Jürgen Neuhaus			
30	4	1967	Bergrennen Dobratsch	A		906 111	2	Ges	2 S 2000	Rudi Lins			
30	4	1967	Bergrennen Passo dello Spino	I		906 110			1 S 2000	Giacomo Moioli (»Noris«)			
30	4	1967	Bergrennen Colombier	F		906 125	2	Ges		André Wicky			
1	5	1967	1000 km Spa	B	23	906 153			P Zündung	Dieter Spoerry	Rico Steinemann		Squadra Tartaruga
1	5	1967	1000 km Spa	B	50	906 129			S Zündung	Roy Pike	Colin Davis		Mike de Udy
1	5	1967	1000 km Spa	B	54	906 134			S Unfall	Günther Huber	Ben Pon	(Peter Peter)	Racing Team Holland
1	5	1967	1000 km Spa	B	53	906 124		NS	S nicht gestartet	Udo Schütz	Jochen Neerpasch		Autosport International / Porsche
1	5	1967	1000 km Spa	B	51	906 146		NS	S Unfall im Training	Ben Pon	Gijs van Lennep		Racing Team Holland
1	5	1967	Magny Cours	F		906 114			1 S 2000 [486 GU 86]	Robert Buchet			
1	5	1967	Magny Cours	F	97	906 143	2	Ges	Rundenrekord	Hans Tschiemer			
3	5	1967	GP von Japan, Fuji	J	8	906 145	1	Ges		Tetsu Ikuzawa			
3	5	1967	GP von Japan, Fuji	J	6	906 120	5	Ges		Shintaro Taki			
3	5	1967	GP von Japan, Fuji	J	7	906 149			Unfall	Tadashi Sakai			
6	5	1967	Slalom Wangen	CH		906 126	4	Ges	1 S 2000	Dr. Hans Kühnis			
7	5	1967	Hansa Pokal, Nürburgring (Südschleife)	D	1103	906 119	1	Ges	1 S 2000	Jürgen Neuhaus			
7	5	1967	Skarpnäcksloppet, Stockholm	S	3	906 117	1	Ges		Sten Axelsson			
7	5	1967	USRRC Laguna Seca, CA	USA	22	906 157	12	Ges	1 SP2000	Fred Baker			
7	5	1967	USRRC Laguna Seca, CA	USA	33	906 159			ausgefallen (Bremse)	Scooter Patrick			Otto Zipper
7	5	1967	SCCA National Savannah	USA		906 106	1	Ges		Peter Gregg			
7	5	1967	Bergrennen Frankenwald	D		906 127			nicht gewertet	Sepp Greger			
7	5	1967	Bergrennen Alpl	A		906 111	1	Ges	1 S 2000	Rudi Lins			

Tag	Monat	Jahr	Veranstaltung	Land	St.-Nr.	Fg.-Nr.	Platz	Gesamt	Sonstiges	1. Fahrer	2. Fahrer	3. Fahrer	Team
7	5	1967	Bergrennen Cividale-Castelmonte	I		906 115	3	Ges	3 S 2000	Antonio Zadra (»Khandaru«)			
7	5	1967	Bergrennen St. Antonin	F		906 123	1	Ges	1 SP 2000	Jean Clément			
7	5	1967	Bergrennen St. Antonin	F		906 135	2	Ges		Régis Fraissinet			
14	5	1967	Targa Florio	I	118	906 016 906 115				ausgefallen (Antriebswelle)	Luigi Taramazzo	Giulio Bona	Luigi Taramazzo
14	5	1967	Targa Florio	I		906 1356			nicht erschienen	André Wicky			
14	5	1967	Targa Florio	I	116	906 102			nicht erschienen	Carlo Facetti	Giuseppe Romano Perdomi		
14	5	1967	Flugplatzrennen Innsbruck	A	115	906 153	1	Ges	1 P 2000	Rico Steinemann			
14	5	1967	Flugplatzrennen Innsbruck	A	32	906 143	4	Ges	1 S 2000	Hans Tschiemer			
14	5	1967	Flugplatzrennen Innsbruck	A	31	906 115			nicht bekannt	Antonio Zadra (»Khandaru«)			
14	5	1967	SCCA National Cumberland, MD	USA		906 157	2	Ges	1 E/SR	Fred Baker			
14	5	1967	Warwick Farm	AUS		906 007*	3	Ges		Alan Hamilton			
15	5	1967	Flugplatzrennen Dijon	F	42	906 135			1 S 2000	André Wicky			
15	5	1967	Flugplatzrennen Dijon	F	49	906 139			3 S 2000	Claude Bourillot			
15	5	1967	Flugplatzrennen Dijon	F	46	906 126			4 S 2000	Dr. Hans Kühnis			
15	5	1967	Bergrennen Spessart	D	163	906 119	1	Ges	1 S 2000; Streckenrekord	Jürgen Neuhaus			
20	5	1967	Martini Trophy, Silverstone	GB		906 129	5	Ges		Mike de Udy			Mike de Udy
20	5	1967	Martini Trophy, Silverstone	GB	18	906 131	6	Ges	2 S 2000	Tony Dean			A. G. Dean (Racing)
20	5	1967	Martini Trophy, Silverstone	GB		906 144			Elektrik	Bill Bradley			David Prophet
21	5	1967	USRRC Bridgehampton, N.Y.	USA	15	906 132	6	Ges	1 S 2000	Bruce Jennings			
21	5	1967	USRRC Bridgehampton, N.Y.	USA	22	906 157	8	Ges	2 S 2000	Fred Baker			
21	5	1967	USRRC Bridgehampton, N.Y.	USA		906 106			Karosserieteile verloren	Peter Gregg			
21	5	1967	Australian TT, Surfers Paradise	AUS		906 007*	2	Ges		Alan Hamilton			
21	5	1967	Velodromloppet, Karlskoga	S	2	906 117	1	Ges	1 PT 2000	Sten Axelsson			
21	5	1967	Velodromloppet, Karlskoga	S			2	Ges	2 PT 2000	Anders Josephson			
21	5	1967	Bergrennen Wittlich	D	75	906 119	1	Ges	1 S 2000; Streckenrekord	Jürgen Neuhaus			
21	5	1967	Bergrennen Bologna Reticora	I		906 110			1 S 2000	Giacomo Moioli (»Noris«)			
21	5	1967	Bergrennen Bödele	A		906 126	4	Ges	1 S 2000	Dr. Hans Kühnis			
21	5	1967	Bergrennen Bödele	A		906 143			nicht bekannt	Hans Tschiemer			
21	5	1967	Bergrennen Montseny	E	72	906 127	5	Ges	2 S 2000	Sepp Greger			
21	5	1967	Bergrennen Montseny	E		906 111	4	Ges	1 S 2000	Rudi Lins			
21	5	1967	Bergrennen Montseny	E		906 122	6	Ges	3 S 2000	Juan Fernandez Garcia			
21	5	1967	Rallye de la Baule	F		906 114	10	Ges	3 S 2000 [486 GU 86]	Robert Buchet	Barte		
27	5	1967	Grand Prix de Paris, Montlhéry	F	34	906 114	1	Ges	1 S 2000 [486 GU 86]	Robert Buchet			
27	5	1967	Grand Prix de Paris, Montlhéry	F	32	906 135	2	Ges	2 S 2000	André Wicky			
27	5	1967	Grand Prix de Paris, Montlhéry	F	44	906 109			nicht bekannt	Fritz Leinenweber			
27	5	1967	SCCA Regional Santa Barbara, CA	USA	33	906 159			1 S 2000	Scooter Patrick			
28	5	1967	1000 km Nürburgring	D	70	906 124	6	Ges	1 S 2000	Hans Dieter Dechent	Robert F. Huhn		Scuderia Lufthansa
28	5	1967	1000 km Nürburgring	D	76	906 117			ausgefallen (Aufhängung)	Ben Pon	Sten Axelsson		Sten Axelsson
28	5	1967	1000 km Nürburgring	D	26	906 153			ausgefallen (Antrieb)	Rico Steinemann	Dieter Spoerry		Squadra Tartaruga
28	5	1967	1000 km Nürburgring	D	71	906 144			nicht erschienen	Bill Bradley			William Bradley
28	5	1967	1000 km Nürburgring	D	73	906 125			nicht erschienen	Antti Aarnio-Wihuri	Picko Troberg		Antti Aarnio-Wihuri
28	5	1967	1000 km Nürburgring	D	72	906 129			nicht erschienen	Mike de Udy			Michael de Udy
28	5	1967	1000 km Nürburgring	D	ZDF	906 108			Kamera-Fahrzeug	Paul Frère	Rainer Günzler		
28	5	1967	SCCA National Courtland, AL	USA		906 157	1			Fred Baker			
28	5	1967	Coppa Shell, Monza	I	81	906 143	1	Ges	1 S 2000	Hans Tschiemer			
28	5	1967	Coppa Shell, Monza	I		906 126	2	Ges	2 S 2000	Dr. Hans Kühnis			
28	5	1967	Bergrennen Triest-Opicina	I	304	906 102	3	Ges	1 S 2000	Carlo Facetti			
28	5	1967	Bergrennen Triest-Opicina	I	302	906 110	4	Ges	2 S 2000	Giacomo Moioli (»Noris«)			
28	5	1967	Bergrennen Triest-Opicina	I	306		6	Ges	3 S 2000	Alberto Luti (»Gano«)			
29	5	1967	Norbury Trophy, Crystal Palace	GB		906 144	5	Ges	1 S 2000	Bill Bradley			
29	5	1967	Norbury Trophy, Crystal Palace	GB		906 131	6	Ges	2 S 2000	Tony Dean			
29	5	1967	Norbury Trophy, Crystal Palace	GB		906 129	7	Ges	4 S 2000	Mike de Udy			
	5	1967	Bergrennen Colombier	F		906 135	2	Ges		André Wicky			
	5	1967	Bergrennen Cannes	F		906 123	2	Ges		Jean Clément			
	5	1967	Bergrennen Prescott Hill	GB	106	906 101			4 S	Gerry Tyack			
4	6	1967	Schweizer Rennen, Hockenheim	D	83	906 153	3	Ges	1 P 2000	Rico Steinemann			Squadra Tartaruga
4	6	1967	Schweizer Rennen, Hockenheim	D	84	906 126			2 S 2000	Dr. Hans Kühnis			
4	6	1967	Alpenbergpreis Rossfeld	D	31	906 127	5	Ges	1 S 2000	Sepp Greger			
4	6	1967	Alpenbergpreis Rossfeld	D	33	906 130	6	Ges	2 S 2000	Alex Soler Roig			
4	6	1967	Alpenbergpreis Rossfeld	D	35	906 119	8	Ges	3 S 2000	Jürgen Neuhaus			
4	6	1967	Alpenbergpreis Rossfeld	D	34	906 111			ausgefallen (Getriebe)	Rudi Lins			
4	6	1967	Alpenbergpreis Rossfeld	D	32	906 115			nicht bekannt	Antonio Zadra (»Khandaru«)			
4	6	1967	Bergrennen Lure	F		906 123	1	Ges	1 SP 2000	Jean Clément			
4	6	1967	Bergrennen Vittorio Veneto-Consoglio	I		906 110	2	Ges	1 S 2000	Giacomo Moioli (»Noris«)			

Tag	Monat	Jahr	Veranstaltung	Land	St.-Nr.	Fg.-Nr.	Platz	Gesamt	Sonstiges	1. Fahrer	2. Fahrer	3. Fahrer	Team
4	6	1967	Bergrennen Vittorio Veneto-Consoglio	I					2 S 2000	Ennio Bonomelli			
4	6	1967	Bergrennen Autun	F		906 143			nicht bekannt	Hans Tschiemer			
11	6	1967	24 Std. Le Mans	F	37	906 154	7	Ges	1 S 2000	Vic Elford	Ben Pon		Porsche System Engineering
11	6	1967	24 Std. Le Mans	F	66	906 156	8	Ges	2 S 2000	Gerhard Koch	Christian Poirot		Christian Poirot
11	6	1967	St. Jovite	CDN	58	906 121	12	Ges		Jacques Duval			
11	6	1967	Bergrennen Rotenburg an der Fulda	D		906 119	1	Ges	1 S 2000	Jürgen Neuhaus			
11	6	1967	Bergrennen Antignano Burrone	I		906 110	2	Ges	2 S 2000	Giacomo Moioli (»Noris«)			
11	6	1967	Bergrennen Pin	F		906 123	2	Ges	2 SP 2000	Jean Clément			
18	6	1967	Flugplatzrennen Mainz-Finthen	D	9	906 124			1 S 2000	Udo Schütz			Scuderia Lufthansa
18	6	1967	Flugplatzrennen Mainz-Finthen	D	6	906 143			2 S 2000	Hans Tschiemer			
18	6	1967	Flugplatzrennen Mainz-Finthen	D	8	906 119			ausgefallen (v. d. Str. abgekom.)	Jürgen Neuhaus			
18	6	1967	Flugplatzrennen Mainz-Finthen	D	11	906 155			nicht gestartet	Gerhard Koch			
18	6	1967	Flugplatzrennen Mainz-Finthen	D	12	906 129			nicht erschienen	Mike de Udy			
18	6	1967	Coupes de l'A.C.I.F., Montlhéry	F	11	906 109	1	Ges	1 S 2000	Fritz Leinenweber			
18	6	1967	Bergrennen Mont Ventoux	F	55	906 111	4	Ges	1 S 2000	Rudi Lins			
18	6	1967	Bergrennen Mont Ventoux	F	52	906 127	5	Ges	2 S 2000	Sepp Greger			
18	6	1967	Bergrennen Mont Ventoux	F	56	906 130	6	Ges	5 S 2000	Alex Soler Roig			
18	6	1967	Bergrennen Mont Ventoux	F	53	906 123	7	Ges	3 S 2000	Jean Clément			
18	6	1967	Bergrennen Mont Ventoux	F	54	906 115			7 S 2000	Antonio Zadra (»Khandaru«)			
23	6	1967	Midnattsloppet, Skelleftea	S			1	Ges		Anders Josephson			
23	6	1967	Midnattsloppet, Skelleftea	S		906 117	2	Ges		Sten Axelsson			
25	6	1967	USRRC Watkins Glen, NY	USA	7	906 160	8	Ges	1 S P2000	Joe Buzzetta			
25	6	1967	USRRC Watkins Glen, NY	USA	22	906 157	10	Ges	2 S P2000	Fred Baker			
25	6	1967	12 Std. Reims	F	35	906 114	3	Ges	1 S 2000 [486 GU 86]	Robert Buchet	Hans Herrmann		
25	6	1967	12 Std. Reims	F	27	906 153	4	Ges	1 P 2000	Rico Steinemann	Dieter Spoerry		Squadra Tartaruga
25	6	1967	12 Std. Reims	F	37	906 135	5	Ges	2 S 2000	André Wicky	Edgar Berney		
25	6	1967	12 Std. Reims	F	36	906 144	6	Ges	3 S 2000	Vic Elford	Bill Bradley		Bill Bradley
25	6	1967	12 Std. Reims	F	38	906 129				Roy Pike	John Raeburn		
25	6	1967	Avus Rennen Berlin	D	54	906 155	1	Ges	1 S 2000	Gerhard Koch			
25	6	1967	Avus Rennen Berlin	D	51	906 102			2 S 2000	Carlo Facetti			
25	6	1967	Avus Rennen Berlin	D	53	906 124			3 S 2000	Hans Dieter Dechent			
25	6	1967	Bergrennen Mirler	F		906 123	4	Ges		Jean Clément			
25	6	1967	Bergrennen Turckheim	F	128	906 109	2	Ges	1 S 2000	Fritz Leinenweber			
25	6	1967	Bergrennen Les Crans sur Sierre	CH		906 126	1	Ges	1 S 2000	Dr. Hans Kühnis			
	6	1967	SCCA National Road America, WI	USA	69	906 147			3 E/SR	Lee Hall			
	6	1967	SCCA National Road America, WI	USA		906 148			nicht bekannt	Mak Kronn			
	6	1967	Mosport Park	CDN		906 121	1	Ges		Jacques Duval			
	6	1967	Bergrennen Prescott Hill	GB		906 101			Klassenrekord	Gerry Tyack			
2	7	1967	Norisring-Rennen, Nürnberg	D	17	906 155	3	Ges	1 S 2000	Gerhard Koch			
2	7	1967	Norisring-Rennen, Nürnberg	D	16	906 135	6	Ges	4 S 2000	André Wicky			
2	7	1967	Norisring-Rennen, Nürnberg	D	12	906 119	7	Ges	5 S 2000	Jürgen Neuhaus			
2	7	1967	Norisring-Rennen, Nürnberg	D	21	906 143	10	Ges	8 S 2000	Hans Tschiemer			
2	7	1967	Norisring-Rennen, Nürnberg	D	14	906 124		R	ausgefallen	Udo Schütz			
2	7	1967	Norisring-Rennen, Nürnberg	D	15	906 153		R	Bremse	Rico Steinemann			Squadra Tartaruga
2	7	1967	Norisring-Rennen, Nürnberg	D	18	906 126			nicht erschienen	Dr. Hans Kühnis			
2	7	1967	Dalsland Ring	S	13	906 117	2	Ges	1 PT 2000	Sten Axelsson			
2	7	1967	Dalsland Ring	D	2		3	Ges	2 PT 2000	Anders Josephson			
2	7	1967	Bergrennen Bolzano Mendola	I		906 016	1	Ges	1 S 2000	Luigi Taramazzo			
9	7	1967	Vila Real	P	16	906 144			nicht bekannt	Bill Bradley			
9	7	1967	Vila Real	P	36				nicht bekannt	Filipe Nogueira			
9	7	1967	1000 km Fuji	J		906 120			ausgefallen	Shintaro Taki	Tadashi Sakai		
9	7	1967	6 Stunden von Peru, Campo de Marte	PE	4	906 158	1	Ges		Armando Capriles	Alfredo Atencion		
9	7	1967	6 Stunden von Peru, Campo de Marte	PE	1	906 138			ausgefallen	Pitty Block	Eduardo Dibos		
9	7	1967	Bergrennen Trento Bondone	I	56	906 111	6	Ges	1 S 2000	Rudi Lins			
9	7	1967	Bergrennen Trento Bondone	I	58	906 127	7	Ges	2 S 2000	Sepp Greger			
9	7	1967	Bergrennen Trento Bondone	I	54	906 102	8	Ges	3 S 2000	Carlo Facetti			
9	7	1967	Bergrennen Trento Bondone	I	62	906 130	9	Ges	4 S 2000	Alex Soler Roig			
9	7	1967	Bergrennen Trento Bondone	I	60	906 115	10	Ges	5 S 2000	Antonio Zadra (»Khandaru«)			
9	7	1967	Bergrennen Trento Bondone	I	64	906 116			6 S 2000	Helmut Leuze			
9	7	1967	ADAC Autoslalom Neuss	D		906 155	2	Ges	1 S 2000	Gerhard Koch			
15	7	1967	British GP Meeting, Silverstone	GB	18	906 131	3	Ges	1 S 2000	Tony Dean			
15	7	1967	British GP Meeting, Silverstone	GB		906 144	4	Ges	2 S 2000	Bill Bradley			
15	7	1967	British GP Meeting, Silverstone	GB		906 129			ausgefallen	Mike de Udy			
16	7	1967	USRRC Pacific Raceway, Kent, WA	USA	33	906 159	8	Ges	1 SP 2000	Scooter Patrick			Otto Zipper

Tag	Monat	Jahr	Veranstaltung	Land	St.-Nr.	Fg.-Nr.	Platz	Gesamt	Sonstiges	1. Fahrer	2. Fahrer	3. Fahrer	Team
16	7	1967	USRRC Pacific Raceway, Kent, WA	USA	22	906 157	12	Ges	2 SP 2000	Fred Baker			
16	7	1967	Magny Cours	F		906 143			ausgefallen	Hans Tschiemer			
16	7	1967	Bergrennen Cesana Sestriere	I		906 127	6	Ges	1 S 2000	Sepp Greger			
16	7	1967	Bergrennen Cesana Sestriere	I	506	906 111	7	Ges	2 S 2000	Rudi Lins			
16	7	1967	Bergrennen Cesana Sestriere	I		906 130	8	Ges	3 SP 2000	Alex Soler Roig			
16	7	1967	Bergrennen Cesana Sestriere	I			9	Ges	4 SP 2000	Riccardo Di Bona			
16	7	1967	Bergrennen Taubensuhl	D	117	906 116			1 S 2000	Helmut Leuze			
16	7	1967	Bergrennen Taubensuhl	D	119	906 124			3 S 2000	Hans Dieter Dechent			
19	7	1967	Bergrennen Garesso S. Bernardo	I		906 016	1	Ges	1 S 2000	Luigi Taramazzo			
23	7	1967	Trofeo Frescobaldi, Mugello	I	63	906 161	5	Ges	1 S 2000	Leo Cella	Giampiero Biscaldi		
23	7	1967	Trofeo Frescobaldi, Mugello	I	65	906 102	6	Ges	2 S 2000	Carlo Facetti	Antonio Nicodemi		Scuderia Piccionaia
23	7	1967	Trofeo Frescobaldi, Mugello	I	64	906 115	10	Ges	3 S 2000	Antonio Zadra (»Khandaru«)	Giuseppe Dalla Torre		
23	7	1967	Trofeo Frescobaldi, Mugello	I	56	906 156			ausgefallen (Antriebswelle)	Gerhard Koch	Dieter Glemser		
23	7	1967	Trofeo Frescobaldi, Mugello	I	57	906 129			ausgefallen	David Piper	Mike de Udy		
23	7	1967	Trofeo Frescobaldi, Mugello	I	61				ausgefallen	Alberto Luti (»Gano«)	Bruno Zavagli		
23	7	1967	Trofeo Frescobaldi, Mugello	I	58	906 016 906 115				ausgefallen	Luigi Taramazzo	Riccardo Di Bona	Luigi Taramazzo
23	7	1967	Trofeo Frescobaldi, Mugello	I	62	906 117			nicht gestartet	Sten Axelsson	Ben Pon		Sten Axelsson
23	7	1967	SCCA National, Connellsville	USA		906 103	1	Ges	E bis 2000	James N. Locke			
23	7	1967	GP Madrid, Jarama	E		906 130	1	Ges		Alex Soler Roig			
23	7	1967	GP Madrid, Jarama	E	29	906 135	2	Ges		André Wicky			
23	7	1967	GP Madrid, Jarama	E	26	906 114	14	Ges	[486 GU 86]	Robert Buchet			
23	7	1967	Bergrennen Ellerberg	D	94	906 119	1	Ges	1 S >1300; Streckenrekord	Jürgen Neuhaus			
29	7	1967	SCCA Nat. Area; Lime Rock, CT	USA		906 103	1	Ges	C bis 2000	James N. Locke			
29-30	7	1967	Djurslands GP, Djursland	DK	42		1	Ges		Anders Josephson			
30	7	1967	Road America 500, Elkhart Lake, WI	USA	7	906 160	4	Ges	1 SP 2000	Joe Buzzetta	Scooter Patrick		Otto Zipper
30	7	1967	Road America 500, Elkhart Lake, WI	USA		906 148	5	Ges	2 SP 2000	Mak Kronn	Chuck Dietrich		
30	7	1967	Road America 500, Elkhart Lake, WI	USA	69	906 147	7	Ges	3 SP 2000	Lee Hall	Mike Hall		
30	7	1967	Road America 500, Elkhart Lake, WI	USA	12	906 113			nicht gestartet	Clive L. Phillips	Ernie Erickson		
30	7	1967	6 h Brands Hatch	GB	72	906 131	8	Ges	1 S 2000	Tony Dean	Ben Pon		A. G. Dean (Racing) Ltd.
30	7	1967	6 h Brands Hatch	GB	71	906 129	13	Ges	2 S 2000 [QH 6182]	Dieter Spoerry	Rico Steinemann		Mike de Udy
30	7	1967	6 h Brands Hatch	GB	73	906 144	17	Ges	3 S 2000	Bill Bradley	Michael Costin		Midland Racing Partnership
30	7	1967	Bergrennen Freiburg Schauinsland	D	139	906 127	4	Ges	1 S 2000	Sepp Greger			
30	7	1967	Bergrennen Freiburg Schauinsland	D	138	906 111	6	Ges	2 S 2000	Rudi Lins			
30	7	1967	Bergrennen Freiburg Schauinsland	D	134	906 119	8	Ges	3 S 2000	Jürgen Neuhaus			
30	7	1967	Bergrennen Freiburg Schauinsland	D	135	906 126	9	Ges	4 S 2000	Dr. Hans Kühnis			
30	7	1967	Bergrennen Freiburg Schauinsland	D	137	906 130	10	Ges	5 S 2000	Alex Soler Roig			
30	7	1967	Bergrennen Freiburg Schauinsland	D	133	906 116	11	Ges	6 S 2000	Helmut Leuze			
31	7	1967	Wills Trophy, Silverstone	GB		906 131			3 S 2000	Tony Dean			
31	7	1967	Wills Trophy, Silverstone	GB		906 144			4 S 2000	Bill Bradley			
	7	1967	Bergrennen Prescott Hill	GB		906 101			Klassenrekord	Gerry Tyack			
6	8	1967	Coppa Citta di Enna	I	62	906 153	2	Ges	1 P 2000	Dieter Spoerry			Squadra Tartaruga
6	8	1967	Coppa Citta di Enna	I	66	906 102	3	Ges	1 S 2000	Carlo Facetti			
6	8	1967	Coppa Citta di Enna	I	60	906 016	4	Ges	2 S 2000	Luigi Taramazzo			Luigi Taramazzo
6	8	1967	Sevenoaks Meeting, Brands Hatch	GB	121	906 131			1 S 2000	Tony Dean			
6	8	1967	BARC Meeting, Crystal Palace	GB		906 131			2 GT 2000	Tony Dean			
6	8	1967	Västkustloppet, Falkenberg	S			3	Ges		Anders Josephson			
6	8	1967	Västkustloppet, Falkenberg	S	1	906 117	4	Ges		Sten Axelsson			
6	8	1967	Fuji	J		906 120	1			Kenjiro Tanaka			
6	8	1967	SCCA National Cal Club , CA	USA	33	906 159	1	Ges		Scooter Patrick			
6	8	1967	Bergrennen Tauplitzalm	A		906 111	1	Ges	1 S 2000	Rudi Lins			
6	8	1967	Slalom Rapperswiler	CH		906 126	5	Ges	1 S 2000	Dr. Hans Kühnis			
12	8	1967	Bergrennen Sternenberg	CH		906 126	1	Ges		Dr. Hans Kühnis			
13	8	1967	Wills Trophy, Croft	GB	53	906 144			ausgefallen	Bill Bradley			
13	8	1967	Wills Trophy, Croft	GB	52	906 131			ausgefallen	Tony Dean			
13	8	1967	Wills Trophy, Croft	GB	57				ausgefallen	Mario Cabral			Mike de Udy
13	8	1967	Kanonloppet, Karlskoga	S			5	Ges	1 SP/P 2000	Anders Josephson			
13	8	1967	Kanonloppet, Karlskoga	S		906 117			ausgefallen	Sten Axelsson			
13	8	1967	Nogaro	F		906 135	1	Ges		Régis Fraissinet			
13	8	1967	Flugplatzrennen Wunstorf	D	16	906 109	4	Ges	1 S 2000	Fritz Leinenweber			
13	8	1967	Flugplatzrennen Wunstorf	D	13	906 119	5	Ges	Trainingsschnellster	Jürgen Neuhaus			
13	8	1967	Flugplatzrennen Wunstorf	D	17	906 116	6	Ges	6 S 2000	Helmut Leuze			
13	8	1967	Flugplatzrennen Wunstorf	D	14	906 124				Hans Dieter Dechent			
13	8	1967	Flugplatzrennen Wunstorf	D	11	906 155				Gerhard Koch			
13	8	1967	Bergrennen Stainz	A	68	906 111			nicht bekannt	Rudi Lins			

Tag	Monat	Jahr	Veranstaltung	Land	St.-Nr.	Fg.-Nr.	Platz	Gesamt	Sonstiges	1. Fahrer	2. Fahrer	3. Fahrer	Team
15	8	1967	Bergrennen Mont Dore	F	198	906 114	3	Ges	2 S 2000	Robert Buchet			
15	8	1967	Bergrennen Mont Dore	F		906 123			4 S 2000	Jean Clément			
15	8	1967	Bergrennen Mont Dore	F		906 135			5 S 2000	Régis Fraissinet			
15	8	1967	Bergrennen Dudelange	LUX	97	906 109	1	Ges	1 S 2000	Fritz Leinenweber			
20	8	1967	500 km Zeltweg	A	17	906 144	2	Ges	1 S 2000	Bill Bradley	Richard Attwood		Midland Racing Partnership
20	8	1967	500 km Zeltweg	A	19	906 153	6	Ges	2 S 2000	Rico Steinemann	Dieter Spoerry		Squadra Tartaruga
20	8	1967	500 km Zeltweg	A	10		10	Ges	3 S 2000	Jochen Rindt	Rolf Stommelen		Porsche System
20	8	1967	500 km Zeltweg	A	15	906 155			Motor	Gerhard Mitter	Gerhard Koch		Gerhard Koch
20	8	1967	500 km Zeltweg	A	20	906 129			Unfall	Mike de Udy			Mike de Udy
20	8	1967	500 km Zeltweg	A	16	906 124			Motor	Udo Schütz	Hans Herrmann		Scuderia Lufthansa
20	8	1967	500 km Zeltweg	A	11	906 117			nicht erschienen	Joakim Bonnier	Sten Axelsson		Jo Bonnier
20	8	1967	500 km Zeltweg	A	18				nicht erschienen	Hans Dieter Dechent			Scuderia Lufthansa
20	8	1967	500 km Zeltweg	A	21	906 016			nicht erschienen	Mario Casoni	Luigi Taramazzo		Scuderia Brescia Corse
20	8	1967	500 km Zeltweg	A	4				nicht erschienen	(Brescia Corse)			
20	8	1967	USRRC Mid-Ohio, Lexington	USA		906 160	9	Ges	1 S 2000	Joe Buzzetta			
20	8	1967	USRRC Mid-Ohio, Lexington	USA	69	906 147	11	Ges	2 S 2000	Mike Hall			
20	8	1967	USRRC Mid-Ohio, Lexington	USA	77	906 148	13	Ges		Mak Kronn			
20	8	1967	Doug-Revson-Trophy, Mid-Ohio	USA		906 160	1	Ges		Joe Buzzetta			
20	8	1967	Doug-Revson-Trophy, Mid-Ohio	USA	77	906 148	3	Ges		Mak Kronn			
20	8	1967	Doug-Revson-Trophy, Mid-Ohio	USA		906 147	4	Ges		Mike Hall			
20	8	1967	Doug-Revson-Trophy, Mid-Ohio	USA		906 157	9	Ges		Fred Baker			
20	8	1967	Doug-Revson-Trophy, Mid-Ohio	USA		906 113			ausgefallen	Clive L. Phillips			
20	8	1967	Skarpnäcksloppet, Stockholm	S			3	Ges	1 SP 2000	Anders Josephson			
20	8	1967	Skarpnäcksloppet, Stockholm	S		906 117	5	Ges	3 SP 2000	Sten Axelsson			
20	8	1967	Fuji	J		906 120	1			Kenjiro Tanaka			
20	8	1967	SCCA National, Watkins Glen	USA		906 103	1	Ges		James N. Locke			
20	8	1967	Bergrennen St. Ursannes-Les Rangiers	CH		906 126	3	Ges	1 S 2000	Dr. Hans Kühnis			
20	8	1967	Bergrennen St. Ursannes-Les Rangiers	CH	85	906 143	6	Ges		Hans Tschiemer			
20	8	1967	Bergrennen Aseli Colle S. Marco	I		906 102			1 S 2000	Carlo Facetti			
20	8	1967	Bergrennen Hunsrück	D	64	906 119	1	Ges	Streckenrekord	Jürgen Neuhaus			
20	8	1967	Bergrennen Ratisbona	D		906 127	1	Ges	1 S 2000	Sepp Greger			
20	8	1967	Bergrennen Ratisbona	D	162	906 116	2	Ges	2 S 2000	Helmut Leuze			
20	8	1967	Bergrennen Beaujolais	F		906 123	2	Ges	2 SP 2000	Jean Clément			
22	8	1967	6 Stunden von Bogota	CO	85	906 158	1	Ges		Armando Capriles	Alfredo Atencion		
22	8	1967	6 Stunden von Bogota	CO		906 138			nicht bekannt	Pitty Block	Eduardo Dibos		
26-27	8	1967	Jydsk Grand Prix Jyllandsring	DK	20	906 117	1	Ges		Sten Axelsson			
26-27	8	1967	Jydsk Grand Prix Jyllandsring	DK	18		3	Ges		Anders Josephson			
27	8	1967	Bergrennen Ollon-Villars	CH	160	906 111	6	Ges	1 S 2000	Rudi Lins			
27	8	1967	Bergrennen Ollon-Villars	CH	159	906 127	7	Ges	2 S 2000	Sepp Greger			
27	8	1967	Bergrennen Ollon-Villars	CH	164	906 130	8	Ges	3 S 2000	Alex Soler Roig			
27	8	1967	Bergrennen Ollon-Villars	CH	162	906 126	9	Ges	4 S 2000	Dr. Hans Kühnis			
27	8	1967	Bergrennen Ollon-Villars	CH	165	906 116	11	Ges	5 S 2000	Helmut Leuze			Helmut Leuze
27	8	1967	Bergrennen Ollon-Villars	CH	167	906 115	14	Ges	7 S 2000	Antonio Zadra (»Khandaru«)			Antonio Zadala
27	8	1967	Bergrennen Ollon-Villars	CH	177		16	Ges	9 S 2000	Alain Bernardo			
27	8	1967	Bergrennen Ollon-Villars	CH	161	906 102			nicht gestartet	Carlo Facetti			Piccionaia
27	8	1967	Bergrennen Chamrousse	F		906 114	3	Ges	1 S 2000 [106 GU 96]	Robert Buchet			
27	8	1967	Bergrennen Chamrousse	F		906 123	5	Ges	3 S 2000	Jean Clément			
27	8	1967	Bergrennen Malegno-Borno	I		906 110	2	Ges	1 S 2000	Giacomo Moioli (»Noris«)			
28	8	1967	Guards Trophy, Brands Hatch	GB	71	906 131	4	Ges	1 S 2000	Tony Dean			A. G. Dean (Racing)
28	8	1967	Guards Trophy, Brands Hatch	GB	73	906 144			Kollision mit de Udy	Bill Bradley			David Prophet
28	8	1967	Guards Trophy, Brands Hatch	GB	72	906 129			Zündung	Mike de Udy			Mike de Udy
2	9	1967	Doug-Revson-Trophy, Road America	USA	22	906 157	1	Ges		Fred Baker			
2	9	1967	Doug-Revson-Trophy, Road America	USA		906 148	2	Ges		Mak Kronn			
2	9	1967	Doug-Revson-Trophy, Road America	USA		906 113	4	Ges		Clive L. Phillips			
2	9	1967	Doug-Revson-Trophy, Road America	USA		906 147			ausgefallen	Mike Hall			
2	9	1967	Doug-Revson-Trophy, Road America	USA					ausgefallen	Joe Buzzetta			
3	9	1967	GP der Tschechoslowakei, Brünn	CZ	75	906 153	1	Ges		Dieter Spoerry	Rico Steinemann		
3	9	1967	12 Std. Surfers Paradise	AUS		906 007*	3	Ges		Alan Hamilton	Glynn Scott		
3	9	1967	Alpen Bergpreis Gaisberg	A	17	906 111	5	Ges	1 S 2000 [V 54.906]	Rudi Lins			
3	9	1967	Alpen Bergpreis Gaisberg	A	16	906 127	6	Ges	2 S 2000	Sepp Greger			
3	9	1967	Alpen Bergpreis Gaisberg	A	18	906 130			3 S 2000	Alex Soler Roig			
3	9	1967	Alpen Bergpreis Gaisberg	A	19	906 116			4 S 2000	Helmut Leuze			
3	9	1967	Alpen Bergpreis Gaisberg	A	20	906 115			6 S 2000	Antonio Zadra (»Khandaru«)			
3	9	1967	Bergrennen Passo della Presolana	I		906 016	3	Ges	1 S 2000	Luigi Taramazzo			

Tag	Monat	Jahr	Veranstaltung	Land	St.-Nr.	Fg.-Nr.	Platz	Gesamt	Sonstiges	1. Fahrer	2. Fahrer	3. Fahrer	Team
3	9	1967	Bergrennen Passo della Presolana	I		906 110			2 S 2000	Giacomo Moioli (»Noris«)			
3	9	1967	Bergrennen San Feliu Codinas	E		906 122	1	Ges		Juan Fernandez Garcia			
3	9	1967	Bergrennen Born	LUX		906 109	1	Ges	1 S 2000	Fritz Leinenweber			
3	9	1967	Bergrennen La Faucille	F		906 123	3	Ges		Jean Clément			
9	9	1967	Crystal Palace	GB	75	906 144	5	Ges	2 SP 2000	Bill Bradley			
9	9	1967	Bergrennen Mitholz-Kandersteg	CH		906 143			Abbruch der Veranstaltung	Hans Tschiemer			
9	9	1967	Bergrennen Mitholz-Kandersteg	CH		906 126			Abbruch der Veranstaltung	Dr. Hans Kühnis			
9	9	1967	Bergrennen Mitholz-Kandersteg	CH					Abbruch der Veranstaltung	Karl Foitek			
10	9	1967	Avus-Rennen, Berlin	D	15	906 155	1	Ges	1 S 2000	Gerhard Koch			
10	9	1967	Avus-Rennen, Berlin	D	2	906 153	2	Ges	1 P 2000	Rico Steinemann			
10	9	1967	Avus-Rennen, Berlin	D	17	906 124	3	Ges	2 S 2000	Hans Dieter Dechent			
10	9	1967	Avus-Rennen, Berlin	D	16	906 117	5	Ges	3 S 2000	Sten Axelsson			
10	9	1967	Flugplatzrennen Ulm Laupheim	D		906 116			1 S 2000 [RT-HL 80]	Helmut Leuze			
10	9	1967	Coupes de Paris, Montlhéry	F	40	906 109	2	Ges	1 S 2000	Fritz Leinenweber			
10	9	1967	Fuji	J		906 120	1			Shintaro Taki			
10	9	1967	Trois Rivieres	CDN		906 121	1			Jacques Duval			
10	9	1967	Bergrennen Happurg	D		906 127	1	Ges	1 SP 2000	Sepp Greger			
10	9	1967	Bergrennen Urcy	F		906 123	4	Ges		Jean Clément			
16	9	1967	Holts Trophy, Oulton Park	GB	76	906 131	4	Ges	1 S 2000	Tony Dean			
16	9	1967	Holts Trophy, Oulton Park	GB	75	906 144			nicht bekannt	Bill Bradley			
17	9	1967	Doug-Revson-Trophy, Mont Tremblant	CDN	58	906 121	2	Ges		Jacques Duval			
17	9	1967	Doug-Revson-Trophy, Mont Tremblant	CDN	77	906 148	3	Ges		Mak Kronn			
17	9	1967	Doug-Revson-Trophy, Mont Tremblant	CDN	247	906 132	4	Ges		Jean-Paul Ostiguy			
17	9	1967	Doug-Revson-Trophy, Mont Tremblant	CDN		906 157	7	Ges		Fred Baker			
17	9	1967	Doug-Revson-Trophy, Mont Tremblant	CDN	14	906 160	17	Ges		Joe Buzzetta			
17	9	1967	Phoenix Park, Dublin	IRL	75	906 144			did not finish	Bill Bradley			
17	9	1967	Klingenring-Bergpreis	D	104	906 119	1	Ges	1 SP 2000	Jürgen Neuhaus			
17	9	1967	Bergrennen Rheinland Pfalz	D	123	906 127	1	Ges	1 S 2000	Sepp Greger			
17	9	1967	Bergrennen Sarezzo Lumezzane	I	165	906 110	4	Ges	1 S 2000	Giacomo Moioli (»Noris«)			
17	9	1967	Bergrennen Sarezzo Lumezzane	I	167	906 102			2 S 2000	Alain Bernardo			
17	9	1967	Bergrennen Steinbock Gargellen	A		906 111			2 SP 2000	Rudi Lins			
17	9	1967	Bergrennen Steinbock Gargellen	A	94	906 143	4	Ges		Hans Tschiemer			
17	9	1967	Bergrennen El Farell	E		906 130	1	Ges	1 SP 2000	Alex Soler Roig			
23	9	1967	Player's 200, Mosport Park	CDN	247	906 132			nicht bekannt	Jean-Paul Ostiguy			
23	9	1966	Pacific Race, Westwood	USA		906 140	1			Monte Shelton			
23	9	1966	Pacific Race, Westwood	USA	4	906 136	2			Lew Florence			
24	9	1967	Stockholmsloppet, Skarpnäck	S	5				nicht gestartet	Anders Josephson			
24	9	1967	Bergrennen Sewen Lac d'Alfeld	F		906 126	2	Ges		Dr. Hans Kühnis			
24	9	1967	Bergrennen Aosta Pila	I		906 016	3	Ges	1 S 2000	Luigi Taramazzo			
24	9	1967	Bergrennen Kassel Langenberge	D	109	906 119	1	Ges	1 S 2000; Streckenrekord	Jürgen Neuhaus			
24	9	1967	Bergrennen Schwäbische Alb	D	290	906 127	1	Ges	1 S 2000	Sepp Greger			
24	9	1967	Bergrennen Schwäbische Alb	D	291	906 116			2 S 2000	Helmut Leuze			
1	10	1967	Flugplatzrennen Wien-Aspern	A			5	Ges	1 S 2000	Anders Josephson			
1	10	1967	Flugplatzrennen Wien-Aspern	A		906 124	7	Ges	2 S 2000	Hans Dieter Dechent			
1	10	1967	Flugplatzrennen Wien-Aspern	A		906 115	9	Ges		Antonio Zadra (»Khandaru«)			
1	10	1967	Flugplatzrennen Wien-Aspern	A		906 127			nicht bekannt	Sepp Greger			
1	10	1967	Flugplatzrennen Wien-Aspern	A		906 143			nicht bekannt	Hans Tschiemer			
1	10	1967	Flugplatzrennen Wien-Aspern	A	9	906 111			ausgefallen	Rudi Lins			
1	10	1967	1000 km Suzuka	J		906 120	1	Ges		Shintaro Taki	Kenjiro Tanaka		
1	10	1967	Preis der Nationen, Hockenheim	D	251	906 153	3	Ges	1 P 2000	Rico Steinemann			Squadra Tartaruga
1	10	1967	Bergrennen Sauerland	D	40	906 119	1	Ges	1 S 2000; Streckenrekord	Jürgen Neuhaus			
1	10	1967	Les 48 heures de la Montagne	F		906 016	1	Ges	1 S 2000	Luigi Taramazzo			
1	10	1967	Les 48 heures de la Montagne	F		906 123	3	Ges		Jean Clément			
1	10	1967	Bergrennen Belleau	F	163	906 109	2	Ges	2 S 2000	Fritz Leinenweber			
8	10	1967	Flugplatzrennen Innsbruck	A	27	906 111	3	Ges	1 S 2000	Rudi Lins			
8	10	1967	Flugplatzrennen Innsbruck	A	26		5	Ges	2 S 2000	Anders Josephson			
8	10	1967	Flugplatzrennen Innsbruck	A	21	906 153	8	Ges	3 P 2000	Dieter Spoerry			Squadra Tartaruga
8	10	1967	Flugplatzrennen Innsbruck	A	25	906 116	9	Ges	3 S 2000	Helmut Leuze			
8	10	1967	Flugplatzrennen Innsbruck	A	28	906 124			4 S 2000	Hans Dieter Dechent			
8	10	1967	Flugplatzrennen Innsbruck	A	24	906 143	10	Ges		Hans Tschiemer			
8	10	1967	Coupe du Salon, Montlhéry	F		906 114	4	Ges		Robert Buchet			
8	10	1967	Bergrennen Marchairuz	CH		906 126	2	Ges	2 S 2000	Dr. Hans Kühnis			
8	10	1967	Bergrennen Rhön	D	164	906 119	1	Ges	1 S 2000; Streckenrekord	Jürgen Neuhaus			
8	10	1967	Bergrennen Col de Ferrier	F		906 016	1	Ges	1 S 2000	Luigi Taramazzo			

Tag	Monat	Jahr	Veranstaltung	Land	St.-Nr.	Fg.-Nr.	Platz	Gesamt	Sonstiges	1. Fahrer	2. Fahrer	3. Fahrer	Team
8	10	1967	Bergrennen Col de Ferrier	F		906 123	3	Ges	3 S 2000	Jean Clément			
14	10	1967	Doug-Revson-Trophy, Laguna Seca	USA	33	906 159	1	Ges		Scooter Patrick			Otto Zipper
14	10	1967	Doug-Revson-Trophy, Laguna Seca	USA	7	906 160	3	Ges		Joe Buzzetta			
14	10	1967	Doug-Revson-Trophy, Laguna Seca	USA	77	906 148	6	Ges		Mak Kronn			
14	10	1967	Doug-Revson-Trophy, Laguna Seca	USA	22	906 157	7	Ges		Fred Baker			
14	10	1967	Doug-Revson-Trophy, Laguna Seca	USA	57	906 140	10	Ges		Monte Shelton			
14	10	1967	750 MC Race Meeting, Silverstone	GB		906 129	1	Ges	disqualifiziert	Mike de Udy			
14	10	1967	Trofeo Ettore Bettoja, Vallelunga	I		906 110	5	Ges		Giacomo Moioli (»Noris«)			
14	10	1967	Trofeo Ettore Bettoja, Vallelunga	I		906 111			ausgefallen	Rudi Lins			
15	10	1967	1000 km Paris, Montlhéry	F	19	906 124	14	Ges	1 S 2000	Hans Dieter Dechent	Rolf Stommelen		Scuderia Lufthansa
15	10	1967	1000 km Paris, Montlhéry	F	36	906 107	18	Ges		Pierre Maublanc	Albert Cognet		
15	10	1967	1000 km Paris, Montlhéry	F	22	904 144			ausgefallen (Motor)	Bill Bradley	Vic Elford		
15	10	1967	1000 km Paris, Montlhéry	F	20	906 155			ausgefallen (Motor)	Jochen Neerpasch	Gerhard Koch		Gerd Koch
15	10	1967	6 Std. Mosport	CDN		906 121	4	Ges		Jacques Duval	Jim Netterstrom		
15	10	1967	SCCA West Palm Beach	USA		906 106	2	Ges	2 A sed.	Peter Gregg			
15	10	1967	6 Std. von Quito	EC	5	906 158	1	Ges		Armando Capriles	Alfredo Atencio		
15	10	1967	6 Std. von Quito	EC		906 138			nicht bekannt	Pitty Block	Eduardo Dibos		
15	10	1967	Bergrennen Kerenzerberg	CH		906 153	1	Ges	1 S 2000	Dieter Spoerry			
15	10	1967	Bergrennen Kerenzerberg	CH					2 S 2000	Siegfried Zwimpfer			
15	10	1967	Bergrennen La Rabassada	E		906 130	1	Ges	1 SP 2000	Alex Soler Roig			
22	10	1967	Rhein-Ruhr-Pokal, Zolder	D	7	906 119			1 S 2000; Streckenrekord; [W-TE 1]	Jürgen Neuhaus			
22	10	1967	Bergrennen Wörgl-Wildschönau	A			1	Ges		Richard Gerin	Hans Tschiemer		
22	10	1967	Bergrennen Wörgl-Wildschönau	A		906 143	5	Ges					
29	10	1967	Doug-Revson-Trophy, Riverside, CA	USA	33	906 159	1	Ges		Scooter Patrick			Otto Zipper
29	10	1967	Doug-Revson-Trophy, Riverside, CA	USA	7	906 160	2	Ges		Joe Buzzetta			
29	10	1967	Doug-Revson-Trophy, Riverside, CA	USA	57	906 140	3	Ges	(Kupplung)	Monte Shelton			
29	10	1967	Doug-Revson-Trophy, Riverside, CA	USA	58	906 121	4	Ges		Jacques Duval			
29	10	1967	Doug-Revson-Trophy, Riverside, CA	USA	22	906 157	10	Ges	(Zündung, Boxenstop)	Fred Baker			
29	10	1967	Doug-Revson-Trophy, Riverside, CA	USA		906 148			nicht gestartet	Mak Kronn			
29	10	1967	Bergrennen St. Beaume	F		906 123	1	Ges	1 SP 2000	Jean Clément			
29	10	1967	Bergrennen Montseny	E		906 122	1	Ges		Juan Fernandez Garcia			
29	10	1967	2. KCM Autoslalom Köln	D	171	906 119	1	Ges	1 SP 2000	Jürgen Neuhaus			
	10	1967	ACAM 6 Std. St. Jovite	CDN		906 132	1	Ges		Jean-Paul Ostiguy	Jacques Duval		
	10	1967	Bergrennen Prescott Hill	GB		906 101			nicht bekannt	Gerry Tyack			
	10	1967	Sprintrennen Elvington	GB		906 101			1500 m Sprint	Gerry Tyack			
3	11	1967	Fuji	J		906 120	1			Shintaro Taki			
4	11	1967	9 Std. Kyalami	SA	15	906 131	4	Ges	2 Index	Tony Dean	Basil van Rooyen		A. G. Dean./ Lindsay Sakers.
4	11	1967	9 Std. Kyalami	SA	16	906 117			Unfall	Ben Pon	Sten Axel.		Team Holland / Lindsay Sakers
5	11	1967	Flugplatzrennen Celle	D	821	906 119			1 S 2000	Jürgen Neuhaus			
12	11	1967	Stardust In. Raceway Las Vegas, NV	USA	33	906 159	1	Ges		Scooter Patrick			
12	11	1967	Suzuka	J		906 120	1			Shintaro Taki			
18	11	1967	3 h Cape Town, Killarney	SA	10	906 131			ausgefallen (Vibrationen)	Tony Dean	Basil van Rooyen		
26	11	1967	Road Race of Champions, Daytona	USA		906 106	2	Ges	E S/R	Peter Gregg			
26	11	1967	Road Race of Champions, Daytona	USA		906 103	4	Ges	E S/R	James N. Locke			
26	11	1967	Road Race of Champions, Daytona	USA		906 157	7	Ges	E S/R	Fred Baker			
26	11	1967	Bergrennen Pont de Vilumara	E		906 130	1	Ges	1 SP 2000	Alex Soler Roig			
	11	1967	SAR-Abschlussrennen Hockenheim	D		906 126			1 S 2000	Dr. Hans Kühnis			
3	12	1967	Bulowayo (Rhodesien)	ZM		906 131	2	Ges		Tony Dean			
10	12	1967	6 Std. Caracas	VE		906 158	1	Ges		Armando Capriles	Alfredo Atencion		
10	12	1967	6 Std. Caracas	VE		906 138			nicht bekannt	Pitty Block	Eduardo Dibos		
16	12	1967	3 h Lourenço Marques	SA		906 131	6	Ges		Tony Dean	Basil van Rooyen		
26	12	1967	3 h Pietermaritzburg	SA		906 131		R	ausgefallen (Rahmen, Bremse)	Tony Dean			
	12	1967	Bergrennen a la Cruz	E		906 130	1	Ges	1 SP 2000	Alex Soler Roig			
	12	1967	Bergrennen a Santa Fe	E		906 130	2	Ges	2 SP 2000	Alex Soler Roig			
		1967	Rundstreckenrennen Ciudad Alcaniz	E		906 122	1	Ges		Juan Fernandez Garcia			
		1967	SCCA National, Independence	USA		906 104			nicht bekannt	Jack Hinkle			
		1967	SCCA National, Lake Afton	USA		906 104			nicht bekannt	Jack Hinkle			
		1967	SCCA National, Mid America	USA		906 104			nicht bekannt	Jack Hinkle			
		1967	Pacific Raceway, Kent, WA	USA		906 140			Unfall	Mike Fisher			
		1967	Bergrennen Savona Cadibona	I		906 016	2	Ges	1 S 2000	Luigi Taramazzo			
		1967	Bergrennen St. Cezaire	F		906 016	1	Ges	1 S 2000	Luigi Taramazzo			
		1967	Montes Claros	P	6	906 135			nicht bekannt	Mario Cabral			
		1967	Bergrennen Shelsey Walsh	GB		906 101			Klassenrekord	Gerry Tyack			

Tag	Monat	Jahr	Veranstaltung	Land	St.-Nr.	Fg.-Nr.	Platz	Gesamt	Sonstiges	1. Fahrer	2. Fahrer	3. Fahrer	Team
		1967	Bergrennen Loton Park	GB		906 101			Klassenrekord	Gerry Tyack			
		1967	Bergrennen Occhieppo-Graglia	I			1	Ges		Giulio Bona			
		1967	Bergrennen Frascati-Tuscolo	I			1	Ges		Alberto Luti (»Gano«)			
		1967	Bergrennen Rieti-Terminillo	I			1	Ges		Alberto Luti (»Gano«)			
		1967	Bergrennen Camucia-Cortona	I			1	Ges		Alberto Luti (»Gano«)			
		1967	Bergrennen Tolmezzo-Verzegnis	I		906 110	1	Ges		Giacomo Moioli (»Noris«)			
		1967	Bergrennen Gubbio-Mengara	I			1	Ges		Alberto Luti (»Gano«)			
		1967	Bergrennen Orvieto	I		906 110	1	Ges		Giacomo Moioli (»Noris«)			
6	1	1968	Kapstadt	ZA		906 131	3	Ges		Tony Dean			
15	1	1968	300 km Suzuka	J		906 120	1	Ges		Masahiro Hasemi			
	2	1968	Willow Springs, CA	USA	33	906 159	1			Scooter Patrick			
3	3	1968	Bergrennen Montserrat	E		906 130	2	Ges		Verne Ben Heiderich			
10	3	1968	Willow Springs, CA	USA	60	906 159	2	Ges	1 B/SR	Don Wester			
11	2	1968	Bergrennen de Galaere	E		906 130	1	Ges	1 SP	Verne Ben Heiderich			
17	3	1968	Bergrennen La Roquette	F		906 114			1 S 2000	Alain Finkel			
23	3	1968	12 h Sebring	USA	64	906 103	30	Ges	nicht gewertet	Bob Bailey	James N. Locke		B.& B. Motors
23	3	1968	12 h Sebring	USA	55	906 158			Unfall (Kollision)	Armando Capriles	Alfredo Atencio		Raceco
23	3	1968	12 h Sebring	USA	87	906 157			nicht erschienen	Fred Baker			Fred J. Baker
23	3	1968	12 h Sebring	USA	88	906 160			nicht erschienen	Werner Frank	Ralph Trieschmann		Werner Frank
24	3	1968	Asia Challenge Cup, Fuji	J		906 120	1	Ges		Tadashi Sakai			
24	3	1968	Bergrennen Zotzenbach	D	103	906 124			DQ	Reinhold Joest			
24	3	1968	Bergrennen Ceyreste	F		906 114	2	Ges	1 S 2000	Alain Finkel			
24	3	1968	Bergrennen Ceyreste	F		906 153	4	Ges		Jean Clément			
31	3	1968	500 km Suzuka	J			1	Ges		Masahiro Hasemi			
31	3	1968	USRRC Mexico City	MEX		906 160	12	Ges		Werner Frank			
31	3	1968	USRRC Mexico City	MEX	5	906 106	13	Ges	2 S 2000	Ruben Navoa			
31	3	1968	SCCA National, Tuscon	USA		906 104			1 B/SR	Jack Hinkle			
31	3	1968	Bergrennen Taunus	D	47	906 156	2	Ges	1 S 2000	Rainer Ising			
31	3	1968	Bergrennen Taunus	D	45	906 154			2 S 2000 [EN-CC3]	Erich Bitter			
31	3	1968	Bergrennen Taunus	D	46	906 109			3 S2000	Günter Werlich			
7	4	1968	6 h Brands Hatch	GB	21	906 144	12	Ges	2 S 2000	Eric Liddell	Bill Bradley		Bill Bradley
7	4	1968	6 h Brands Hatch	GB	28	906 128	16	Ges	3 S 2000	Martin Hone	John Harris	John Hine	Mefco Racing - Opposite Lock Club
7	4	1968	6 h Brands Hatch	GB	22	906 129	19	Ges	4 S 2000	Mario Cabral	Jacques Duval		Mike de Udy
7	4	1968	6 h Brands Hatch	GB	23	906 133	21		ausgefallen (Kipphebel)	Chris Ashmore	Jeff Edmonds		Jeff Edmonds
7	4	1968	6 h Brands Hatch	GB	29	906 135	22	Ges	Antriebswelle	Jeremy Delmar-Morgan	Mike Walton		Jeremy Delmar-Morgan
7	4	1968	6 Std. Barcelona, Montjuich	E	11	906 122	4	Ges	1 S 2000	Verne Ben Heiderich	Juan Fernandez Garcia		Escuderia Montjuic
7	4	1968	Bergrennen Krähberg	D	204	906 156	2	Ges	1 S 2000	Rainer Ising			
7	4	1968	Bergrennen Krähberg	D	202	906 116			2 S 2000	Helmut Leuze			
7	4	1968	Bergrennen Krähberg	D	201	906 124			3 S 2000	Reinhold Joest			
7	4	1968	Bergrennen Krähberg	D	200	906 154			nicht gewertet [EN-CC3]	Erich Bitter			
7	4	1968	Bergrennen Krähberg	D	205	906 109			nicht gewertet	Günter Werlich			
12	4	1968	Guards Spring Cup, Oulton Park	GB	83	906 144	5	Ges	1 S 2000	Bill Bradley			Midland Racing Partnership
12	4	1968	Guards Spring Cup, Oulton Park	GB	87	906 133	6	Ges	2 S 2000	Chris Ashmore			Jeff Edmonds
12	4	1968	Guards Spring Cup, Oulton Park	GB		906 129	7	Ges	3 S 2000	Roy Pike			Mike de Udy
12	4	1968	Guards Spring Cup, Oulton Park	GB		906 128	11	Ges		John Morris			Mefco Racing
12	4	1968	Guards Spring Cup, Oulton Park	GB		906 131		R	ausgefallen (Schaltung)	Peter Gethin			A. G. Dean (Racing)
14	4	1968	SAR Rundrennen Hockenheim	D	42				1 S 2000 (Saturday)	Siegfried Zwimpfer			
15	4	1968	SAR Rundrennen Hockenheim	D		906 162			1 S 2000 (Sunday)	Dr. Hans Kühnis			
15	4	1968	Bergrennen Bad Mühllacken	A			1	Ges		Richard Gerin			
21	4	1968	Bergrennen Stallavena Bosco	I		906 110	2	Ges		Giacomo Moioli (»Noris«)			
21	4	1968	Bergrennen Heilbronn	D		906 156			2 S >1600	Rainer Ising			
21	4	1968	Bergrennen Heilbronn	D	131	906 116			1 S 2000	Helmut Leuze			
25	4	1968	1000 km Monza	I	52	906 119	16	Ges	1 SP 2000	Karl von Wendt	Willi Kauhsen		IGFA
25	4	1968	1000 km Monza	I	55		21	R	ausgefallen (Motor)	Everardo Ostini	Gaetano Starrabba		Scuderia Brescia Corse
25	4	1968	1000 km Monza	I	54				nicht erschienen	Picko Troberg	Bo (»Brasta«) Johansson		Ulf Norinder
25	4	1968	1000 km Monza	I	51	906 129			nicht erschienen	Robin Widdows	Brian Hart		Mike de Udy
25	4	1968	1000 km Monza	I	57	906 135			nicht erschienen	Jeremy Delmar-Morgan	Mike Walton		Jeremy Delmar-Morgan
25	4	1968	1000 km Monza	I	56	906 143			nicht erschienen	Hans Tschiemer	Jürg Dubler		Jürg Dubler Racing Org.
25	4	1968	1000 km Monza	I	53	906 161			nicht erschienen	Guido Nicolai (»Nicor«)	Piero Conte		»Nicor«
25	4	1968	Bergrennen Col Bayard	F		906 153	3	Ges		Jean Clément			
27	4	1968	Player's Trophy, Silverstone	GB	18	906 131	5	Ges	1 S 2000	Tony Dean			A. G. Dean (Racing)
27	4	1968	Player's Trophy, Silverstone	GB	19	906 144	7	Ges	3 S 2000	Bill Bradley			Midland Racing Partnership
27	4	1968	Player's Trophy, Silverstone	GB	20	906 128	9	Ges	6 S 2000	John Morris			Mefco Racing

Tag	Monat	Jahr	Veranstaltung	Land	St.-Nr.	Fg.-Nr.	Platz	Gesamt	Sonstiges	1. Fahrer	2. Fahrer	3. Fahrer	Team
27	4	1968	Player's Trophy, Silverstone	GB	17	906 135	10	Ges	7 S 2000	Jeremy Delmar-Morgan			J. Del.-Morgan
27	4	1968	Flugplatzrennen Dobratsch Damm	A		906 111	1	Ges	1 S 2000	Rudi Lins			
28	4	1968	USRRC Riverside, CA	USA	33	906 159	11	Ges		Scooter Patrick			
28	4	1968	USRRC Riverside, CA	USA	61	906 104			ausgefallen (Kupplung)	Milt Minter			
28	4	1968	SCCA National Portland, OR	USA	4	906 136			nicht bekannt	Lew Florence			
28	4	1968	Bergrennen Eberbach	D	124	906 116	2	Ges	1 S 2000	Helmut Leuze			
28	4	1968	Bergrennen Eberbach	D	123	906 124	4	Ges	2 S 2000	Reinhold Joest			
28	4	1968	Bergrennen Eberbach	D	127	906 156	5	Ges	3 S 2000	Rainer Ising			
28	4	1968	Bergrennen Eberbach	D	126		10	Ges	4 S 2000	Siegfried Zwimpfer			
28	4	1968	Bergrennen Teutoburger Wald	D		906 154	1	Ges	[EN-CC3]	Erich Bitter			
28	4	1968	Bergrennen Dobratsch	A		906 111	1	Ges	1 S 2000	Rudi Lins			
28	4	1968	Bergrennen Col Bayard	F	156	906 153	3	Ges		Jean Clément			
28	4	1968	Bergrennen Col Bayard	F		906 114	5	Ges		Alain Finkel			
28	4	1968	Bergrennen Col Bayard	F		906 123	8	Ges		Jean Rocher (»Thiam«)			
31	4	1968	Slalom Lodrino	CH			2	Ges		Siegfried Zwimpfer			
3	5	1968	GP von Japan, Fuji	J	29	906 120	7	Ges		H. Katahara			
5	5	1968	Targa Florio	I	128	906 119	7	Ges	1 S 2000	Karl von Wendt	Willi Kauhsen		Karl Freiherr von Wendt
5	5	1968	Targa Florio	I	134	906 102	21	Ges	3 S 2000	Enzo Buzzetti	Secondo Ridolfi		Enzo Buzzetti
5	5	1968	Targa Florio	I	132			R	ausgefallen	Gaetano Starrabba	E.verardo Ostini		Gaetano Starrabba
5	5	1968	Flugplatzrennen Faßberg	D	171	906 154	1	Ges	1 S >1600 [EN-CC3]	Erich Bitter			
5	5	1968	Flugplatzrennen Faßberg	D	170	906 156			ausgefallen	Rainer Ising			
5	5	1968	Flugplatzrennen Faßberg	D	172	906 124			nicht erschienen	Reinhold Joest			
5	5	1968	Flugplatzrennen Dijon	F	4	906 124	4	Ges	3 S 2000	Reinhold Joest			
5	5	1968	Flugplatzrennen Dijon	F	9	906 162			nicht bekannt	Dr. Hans Kühnis			
5	5	1968	Flugplatzrennen Dijon	F	6	906 155			nicht bekannt	Pierre Marx			
5	5	1968	USRRC Laguna Seca	USA	61	906 104	12	Ges	2 B/SR	Milt Minter			
5	5	1968	Velodromloppet, Karlskoga	S	9		5	Ges		Anders Josephson			
5	5	1968	Bergrennen Riedenburg	D		906 116	1	Ges	1 S 2000	Helmut Leuze			
5	5	1968	Bergrennen Cannes	F		906 114	2	Ges	1 S 2000	Alain Finkel			
5	5	1968	Bergrennen Cannes	F		906 153	5	Ges	2 S 2000	Jean Clément			
5	5	1968	Bergrennen Alpl	A	196		1	Ges		Richard Gerin			
11	5	1968	Bergrennen Wallberg	D	148	906 127	1	Ges	1 S 2000	Sepp Greger			
11	5	1968	Bergrennen Wallberg	D	145	906 116	2	Ges	2 S 2000	Helmut Leuze			
12	5	1968	Skarpnäcksloppet, Stockholm	S	4				nicht bekannt	Anders Josephson			
12	5	1968	Dünen-Trophy Zandvoort	NL		906 154	4	Ges	1 S 2000 [EN-CC3]	Erich Bitter			
12	5	1968	Dünen-Trophy Zandvoort	NL		906 135	6	Ges	2 S 2000	Jeremy Delmar-Morgan			
12	5	1968	Bergrennen Bad Neuenahr	D	104	906 124			nicht bekannt	Reinhold Jöst			
12	5	1968	Bergrennen Weerberg	A			1	Ges	1 S 2000	Richard Gerin			
12	5	1968	Bergrennen Colombier	F	116	906 114	2	Ges	1 S 2000	Alain Finkel			
12	5	1968	Bergrennen Colombier	F	115	906 123	7	Ges	2 S 2000	Jean Rocher (»Thiam«)			
12	5	1968	Bergrennen Castione Baratti	I		906 161			1 S 2000	Guido Nicolai (»Nicor«)			
12	5	1968	Bergrennen Reisdorf	LUX		906 109			1 SP 2000	Günter Werlich			
12	5	1968	Slalom Payerne	CH	121	906 162	1	Ges	1 SP 2000	Dr. Hans Kühnis			
12	5	1968	Slalom Payerne	CH					3 S 2000	Siegfried Zwimpfer			
19	5	1968	1000 km Nürburgring	D	87	906 154	11	Ges	1 S 2000 [EN-CC3]	Erich Bitter	Reinhold Joest		Caltex Racing
19	5	1968	1000 km Nürburgring	D	00	906 110	12	Ges	2 S 2000	Willi Kauhsen	Karl von Wendt		IGFA
19	5	1968	1000 km Nürburgring	D	93	906 144	15	Ges	4 S 2000	Bill Bradley	Chris Lambert		Bill Bradley
19	5	1968	1000 km Nürburgring	D	84	906 128	16	Ges	5 S 2000	Chris Ashmore	John Morris	Martin Hone	Mefco Racing
19	5	1968	1000 km Nürburgring	D	90	906 135	19	Ges	6 S 2000	Jeremy Delmar-Morgan	Mike Walton		Jeremy Delmar-Morgan
19	5	1968	1000 km Nürburgring	D	96	906 156			ausgefallen	Rainer Ising	Karl Kalkuhl		Rainer Ising
19	5	1968	1000 km Nürburgring	D	86	906 116			ausgefallen (Motor)	Anton Fischhaber	Helmut Leuze		Anton Fischhaber
19	5	1968	1000 km Nürburgring	D	82	906 125			ausgefallen (Motor)	Pauli Toivonen	Antti Aarnio-Wihuri		Volkswagen-Auto Oy
19	5	1968	1000 km Nürburgring	D	105	906 126			nicht gestartet	Richard Broström			Sportscars. Unlimited
19	5	1968	1000 km Nürburgring	D	89	906 129			nicht erschienen	Brian Hart	Robin Widdows		Michael de Udy
19	5	1968	1000 km Nürburgring	D	94	906 115			nicht erschienen	Antonio Zadra (»Khandaru«)	Giuseppe Dalla Torre		Antonio Zadala
19	5	1968	1000 km Nürburgring	D	81	906 143			nicht erschienen	Hans Tschiemer	Jürg Dubler	Heini Walter	Jürg Dubler
19	5	1968	1000 km Nürburgring	D	83	906 146			nicht erschienen	Gijs van Lennep	Frans Lubin		Ben Pon
19	5	1968	Dalsland Ring, Bengtsfors	S	9		3	Ges		Anders Josephson			
19	5	1968	USRRC Bridgehampton	USA	66	906 160	5	Ges		Werner Frank			
19	5	1968	Meadowdale (SCCA Regional)	USA	1	906 121	1	Ges		John Weinberger			
19	5	1968	SCCA National Pacific Raceway	USA	4	906 136			nicht bekannt	Lew Florence			
19	5	1968	Bergrennen Wissembourg	F	145	906 162	1	Ges	1 SP 2000	Dr. Hans Kühnis			
19	5	1968	Bergrennen Wissembourg	F	141	906 155	8	Ges	5 SP 2000	Pierre Marx			
23	5	1968	Bergrennen Coppa Città di Volterra	I			4	Ges	1 SP 2000	Everardo Ostini			

Tag	Monat	Jahr	Veranstaltung	Land	St.-Nr.	Fg.-Nr.	Platz	Gesamt	Sonstiges	1. Fahrer	2. Fahrer	3. Fahrer	Team
23	5	1968	Bergrennen Coppa Città di Volterra	I		906 161			2 SP 2000	Guido Nicolai (»Nicor«)			
25	5	1968	Slalom Wangen	CH		906 162	1	Ges	1 SP 2000	Dr. Hans Kühnis			
26	5	1968	1000 km Spa-Francorchamps	B	30	906 144	7	Ges	1 S 2000	Chris Lambert	Bill Bradley		William Bradley
26	5	1968	1000 km Spa-Francorchamps	B	51	906 119			ausgefallen (Radlager)	Karl von Wendt	Willi Kauhsen		IGFA
26	5	1968	1000 km Spa-Francorchamps	B	50	906 133			ausgefallen (Zündung)	Chris Ashmore	Jeff Edmonds		Mefco Racing
26	5	1968	1000 km Spa-Francorchamps	B	49	906 135			ausgefallen (Zündung)	Jeremy Delmar-Morgan	Mike Walton		Jeremy Delmar-Morgan
26	5	1968	1000 km Spa-Francorchamps	B	48	906 129			nicht erschienen	Robin Widdows	Brian Hart		Mike de Udy
26	5	1968	Bergrennen Nibelungen	D		906 127			1 S 2000	Sepp Greger			
26	5	1968	Bergrennen Castel Arquato / Vernasca	I		906 110	1	Ges	1 S 2000	Giacomo Moioli (»Noris«)			
2	6	1968	GP della Republica, Vallelunga	I		906 110			1 S 2000	Giacomo Moioli (» Noris«)			
2	6	1968	GP della Republica, Vallelunga	I		906 118			2 S 2000	Franco Pilone			
2	6	1968	GP della Republica, Vallelunga	I		906 161			3 S 2000	Guido Nicolai (»Nicor«)			
2	6	1968	USRRC Mont Tremblant	CDN	88	906 160	15	Ges		Werner Frank			
2	6	1968	USRRC Mont Tremblant	CDN		906 132	17	Ges		Jean-Paul Ostiguy			
2	6	1968	Bergrennen Montseny	E	64	906 111	5	Ges	1 SP 2000	Rudi Lins			
2	6	1968	Bergrennen Montseny	E	63	906 127	6	Ges	2 S 2000	Sepp Greger			
2	6	1968	Bergrennen Montseny	E	67		7	Ges	3 S 2000	Richard Gerin			
2	6	1968	Bergrennen Montseny	E	65	906 116	8	Ges	4 S 2000	Helmut Leuze			
2	6	1968	Bergrennen Montseny	E	66		10	Ges	5 S 2000	Siegfried Zwimpfer			
2	6	1968	Bergrennen Montseny	E	70	906 114	11	Ges	6 S 2000	Alain Finkel			
2	6	1968	Bergrennen Wolfsfeld	D		906 109			1 S 2000	Günter Werlich			
3	6	1968	Tourist Trophy, Oulton Park	GB	18	906 144	5	Ges	1 S 2000	Bill Bradley			Midland Racing Partnership
3	6	1968	Tourist Trophy, Oulton Park	GB	16	906 133	6	Ges	2 S 2000	Jeff Edmonds			
3	6	1968	Tourist Trophy, Oulton Park	GB	19	906 135	7	Ges	3 S 2000	Jeremy Delmar-Morgan			Jeremy Delmar-Morgan
3	6	1968	Tourist Trophy, Oulton Park	GB		906 131	17	Ges	(Rahmenbruch)	Mike Beckwith			A. G. Dean (Racing)
3	6	1968	Westwood, WA	USA		906 140			3 A-C	Monte Shelton			
9	6	1968	SCCA National, Thompson	USA	11	906 103			nicht bekannt	James N. Locke			
9	6	1968	Rose Cup, Portland, OR	USA	57	906 140	1			Monte Shelton			
9	6	1968	Rose Cup, Portland, OR	USA	4	906 136			nicht bekannt	Lew Florence			
9	6	1968	Hockenheim CH Meisterschaft	D	93	906 162	3	Ges	2 S 2000	Dr. Hans Kühnis			
9	6	1968	Alpenbergpreis Rossfeld	D	27	906 119	3	Ges	1 S 2000	Karl von Wendt			
9	6	1968	Alpenbergpreis Rossfeld	D	26	906 111	4	Ges	2 S 2000	Rudi Lins			
9	6	1968	Alpenbergpreis Rossfeld	D	29	906 146	5	Ges	3 S 2000	Antoine Hezemans			
9	6	1968	Alpenbergpreis Rossfeld	D	28	906 124	6	Ges	4 S 2000	Reinhold Joest			
9	6	1968	Alpenbergpreis Rossfeld	D	34	906 116	7	Ges	5 S 2000	Helmut Leuze			
9	6	1968	Alpenbergpreis Rossfeld	D	33		10	Ges	6 S 2000	Richard Gerin			
9	6	1968	Alpenbergpreis Rossfeld	D	31	906 154	11	Ges	7 S 2000 [EN-CC3]	Erich Bitter			
9	6	1968	Alpenbergpreis Rossfeld	D					ausgefallen	Siegfried Zwimpfer			
9	6	1968	Alpenbergpreis Rossfeld	D		906 127			nicht gewertet	Sepp Greger			
9	6	1968	Bergrennen Rieti Terminillo	I		906 118	1	Ges		Franco Pilone			
9	6	1968	Bergrennen Rieti Terminillo	I			2	Ges		Everardo Ostini			
9	6	1968	Bergrennen Rieti-Terminillo	I		906 161			2 S 2000	Guido Nicolai (»Nicor«)			
13	6	1968	Bergrennen Antignano Burrone	I		906 110	1	Ges		Giacomo Moioli (»Noris«)			
16	6	1968	Eröffnungsrennen Anderstorp	S		906 154	6	Ges	1 S 2000 [EN-CC3]	Erich Bitter			
16	6	1968	Eröffnungsrennen Anderstorp	S		906 109	8	Ges	2 S 2000	Günter Werlich			
16	6	1968	Eröffnungsrennen Anderstorp	S		906 126	11	Ges	3 S 2000	Richard Broström			
16	6	1968	SCCA National Road America	USA		906 157			4 AB/SR	Fred Baker			
16	6	1968	SCCA National Road America	USA		906 160			5 AB/SR	Werner Frank			
16	6	1968	SCCA National Road America	USA	69	906 147			12 AB/SR	Lee Hall			
16	6	1968	SCCA National Road America	USA		906 113			ausgefallen	Clive L. Phillips			
16	6	1968	SCCA National Road America	USA	1	906 121			nicht bekannt	John Weinberger			
16	6	1968	Jarama	E		906 122			2 S 2000	Verne Ben Heiderich			
16	6	1968	Bergrennen Vittorio Veneto-Consiglio	I		906 110	6	Ges	1 S 2000	Giacomo Moioli (»Noris«)			
16	6	1968	Bergrennen Camucia-Cortona	I	442	906 161	1	Ges		Guido Nicolai (»Nicor«)			
16	6	1968	Bergrennen Wasgau	D	96	906 124	1	Ges	1 S 2000	Reinhold Joest			
16	6	1968	Bergrennen Wasgau	D		906 127			2 S 2000	Sepp Greger			
23	6	1968	Flugplatzrennen Mainz-Finthen	D	41	906 124	3	Ges	1 S 2000	Reinhold Joest			
23	6	1968	Flugplatzrennen Mainz-Finthen	D	38	906 154			2 S 2000 [EN-CC3]	Erich Bitter			
23	6	1968	Flugplatzrennen Mainz-Finthen	D	40	906 109			3 S 2000	Günter Werlich			
23	6	1968	Flugplatzrennen Mainz-Finthen	D	36				ausgefallen	Siegfried Zwimpfer			Valvoline Racing
23	6	1968	Flugplatzrennen Mainz-Finthen	D	44	906 156			nicht gestartet	Rainer Ising			
23	6	1968	Flugplatzrennen Mainz-Finthen	D	37	906 146			nicht erschienen	Antoine Hezemans			
23	6	1968	Flugplatzrennen Mainz-Finthen	D	42	906 143			nicht erschienen	Hans Tschiemer			
23	6	1968	Flugplatzrennen Mainz-Finthen	D	43				nicht erschienen	Willi Sommer			

Tag	Monat	Jahr	Veranstaltung	Land	St.-Nr.	Fg.-Nr.	Platz	Gesamt	Sonstiges	1. Fahrer	2. Fahrer	3. Fahrer	Team
23	6	1968	Guards Trophy, Mallory Park	GB		906 131	6	Ges	1 S 2000	Tony Dean			A. G. Dean (Racing)
23	6	1968	Guards Trophy, Mallory Park	GB		906 144	8	Ges	2 S 2000	Bill Bradley			Midland Racing Partnership
23	6	1968	Guards Trophy, Mallory Park	GB		906 128	11	Ges	4 S 2000	John Morris			Mefco Racing
23	6	1968	Guards Trophy, Mallory Park	GB		906 135	15	Ges	7 S 2000	Jeremy Delmar-Morgan			Jeremy Delmar-Morgan
23	6	1968	SCCA National Cotati, CA	USA			9	Ges		Milt Davis			
23	6	1968	SCCA National Cotati, CA	USA		906 140	1	Ges		Monte Shelton			
23	6	1968	SCCA National Cotati, CA	USA		906 136	2	Ges		Lew Florence			
23	6	1968	Coppa Gallenga, Vallelunga	I		906 115			1 S 2000	Antonio Zadra (»Khandaru«)			
23	6	1968	Coppa Gallenga, Vallelunga	I		906 110			2 S 2000	Giacomo Moioli (»Noris«)			
23	6	1968	Bergrennen Koralpe	A			1	Ges		Richard Gerin			
23	6	1968	Bergrennen Bologna Raticosa	I					1 SP 2000	Everardo Ostini			
30	6	1968	200 Meilen von Nürnberg, Norisring	D	48	906 146	8	Ges	1 S 2000	Antoine Hezemans			
30	6	1968	200 Meilen von Nürnberg, Norisring	D	35	906 154	9	Ges	2 S 2000 [EN-CC3]	Erich Bitter			
30	6	1968	Norisring-Rennen, Nürnberg	D	33	906 116	1	Ges	1 S 2000 (Hoffnungslauf)	Helmut Leuze			
30	6	1968	Norisring-Rennen, Nürnberg	D	36	906 109	2	Ges	2 S 2000 (Hoffnungslauf)	Günter Werlich			
30	6	1968	Norisring-Rennen, Nürnberg	D	34	906 126			nicht bekannt	Richard Broström			Ulf Norinder
30	6	1968	Norisring-Rennen, Nürnberg	D	46	906 124			nicht erschienen	Reinhold Joest			
30	6	1968	Norisring-Rennen, Nürnberg	D	37				nicht erschienen	Roy Pike			
30	6	1968	Bergrennen Rotenburg an der Fulda	D	112	906 127	1	Ges	1 S 2000	Sepp Greger			
30	6	1968	Bergrennen Rotenburg an der Fulda	D	110	906 124	2	Ges	2 S 2000	Reinhold Joest			
30	6	1968	USRRC Kent, WA	USA		906 136	5	Ges	1 S 2000	Lew Florence			
30	6	1968	USRRC Kent, WA	USA		906 140	6	Ges	2 S 2000	Monte Shelton			
7	7	1968	Cadwell Park	GB			1	Ges		Tony Dean			
7	7	1968	Vila Real	P	66	906 126			nicht bekannt	Richard Broström			
7	7	1968	Vila Real	P	72				nicht bekannt	Mario Cabral			
7	7	1968	Bergrennen Bichlbach-Berwang	A			2	Ges	1 SP	Richard Gerin			
7	7	1968	Bergrennen Faron	F		906 153	1	Ges	1 SP 2000	Jean Clément			
7	7	1968	Bergrennen Abreschviller	F		906 155	5	Ges	2 S 2000	Pierre Marx			
7	7	1968	Bergrennen Bolzano-Mendola	I		906 116			3 S 2000	Helmut Leuze			
7	7	1968	Bergrennen Bolzano-Mendola	I		906 115			5 S 2000	Antonio Zadra (»Khandaru«)			
13	7	1968	BARC Meeting Castle Combe	GB		906 128			3 special GT	John Morris			
13	7	1968	BARC Meeting Castle Combe	GB		906 133			4 special GT	Chris Ashmore			
13	7	1968	USRRC Watkins Glen	USA	88	906 160	5	Ges		Werner Frank			
14	7	1968	6 Std. Watkins Glen	USA	88	906 160	4	Ges	1 SP 2000	Werner Frank	Ralph Trieschmann		Werner Frank
14	7	1968	6 Std. Watkins Glen	USA	14	906 103	5	Ges	2 SP 2000	Bob Bailey	James N. Locke		Robert Bailey
14	7	1968	6 Std. Watkins Glen	USA	58	906 121			Unfall	Jacques Duval	Jean-Paul Ostiguy		Jacques Duval
14	7	1968	Hansa-Pokal, Nürburgring	D	1403	906 109	1	Ges		Günter Werlich			
14	7	1968	Bergrennen Trento Bondone	I	56	906 127			1 S 2000	Sepp Greger			
14	7	1968	Bergrennen Trento Bondone	I	58				2 S 2000	Siegfried Zwimpfer			
14	7	1968	Bergrennen Trento Bondone	I		906 156			3 S 2000	Rainer Ising			
14	7	1968	Bergrennen Trento Bondone	I		906 115			ausgefallen	Antonio Zadra (»Khandaru«)			
14	7	1968	Bergrennen Trento Bondone	I		906 116			ausgefallen (Kupplung)	Helmut Leuze			
14	7	1968	Bergrennen Trento Bondone	I	62	906 111			ausgefallen (Unfall)	Rudi Lins			
14	7	1968	Bergrennen Trento Bondone	I		906 119			nicht gestartet (Geschäfte)	Karl von Wendt			
14	7	1968	Bergrennen Taubensuhl	D	78	906 124	1	Ges	1 S 2000	Reinhold Joest			
17	7	1968	SCCA Mid Ohio	USA			3	Ges	E/F/G Mod	Edward Hugus			
21	7	1968	Solituderennen, Hockenheim	D	30	906 154	8	Ges	1 S 2000 [EN-CC3]	Erich Bitter			
21	7	1968	Solituderennen, Hockenheim	D	28	906 126	13	Ges	2 S 2000	Richard Broström			
21	7	1968	Solituderennen, Hockenheim	D	33	906 124			4 S 2000	Reinhold Joest			
21	7	1968	Solituderennen, Hockenheim	D	27	906 162			ausgefallen	Dr. Hans Kühnis			
21	7	1968	Solituderennen, Hockenheim	D	29	906 109			ausgefallen	Günter Werlich			
21	7	1968	1000 km Fuji	J		906 120			ausgefallen	Jiro Yoneyama	Mitsumasa Takano		
21	7	1968	Bergrennen Cesana Sestriere	I	532	906 116	4	Ges	1 S 2000	Helmut Leuze			
21	7	1968	Bergrennen Cesana Sestriere	I	526	906 115	5	Ges	2 S 2000	Franco Pilone			
21	7	1968	Bergrennen Cesana Sestriere	I	520	906 119	6	Ges	3 S 2000	Karl von Wendt			
21	7	1968	Bergrennen Cesana Sestriere	I	524		8	Ges	5 S 2000	Siegfried Zwimpfer			
21	7	1968	Bergrennen Cesana Sestriere	I		906 127			nicht bekannt	Sepp Greger			
21	7	1968	Bergrennen Reinischkogl	A			1	Ges		Richard Gerin			
27	7	1968	Martini International, Silverstone	GB	39	906 144	6	Ges	1 S 2000	Bill Bradley			
27	7	1968	Martini International, Silverstone	GB		906 131	7	Ges	2 S 2000	Roy Pike			Tony Dean
27	7	1968	Martini International, Silverstone	GB		906 133	12	Ges	6 S 2000	Chris Ashmore			Jeff Edmonds
27	7	1968	Martini International, Silverstone	GB		906 129	15	Ges	9 S 2000	Hugh Dibley			Mike de Udy
27	7	1968	Martini International, Silverstone	GB		906 128			ausgefallen	Martin Hone			Mefco
28	7	1968	Road America 500, Elkhart Lake	USA	12	906 113	7	Ges	1 S 2000	Clive L. Phillips	Al Cervenka		

Tag	Monat	Jahr	Veranstaltung	Land	St.-Nr.	Fg.-Nr.	Platz	Gesamt	Sonstiges	1. Fahrer	2. Fahrer	3. Fahrer	Team
28	7	1968	Road America 500, Elkhart Lake	USA		906 160			ausgefallen	Werner Frank	Ralph Trieschmann		
28	7	1968	Gran Premio del Mugello	I	62	906 154	4	Ges	1 S 2000 [EN-CC3]	Erich Bitter	PauliToivonen		
28	7	1968	Gran Premio del Mugello	I	53	906 156			nicht bekannt	Rainer Ising	Günther Wehrlich		
28	7	1968	Gran Premio del Mugello	I	56	906 115			ausgefallen	Antonio Zadra (»Khandaru«)	Guiseppe Dalla Torre		
28	7	1968	Gran Premio del Mugello	I	59	906 161			nicht bekannt	Guido Nicolai (»Nicor«)	Rafaello Rosati		
28	7	1968	Gran Premio del Mugello	I	60				nicht bekannt	Carlo Benelli (»Robertino«)			
28	7	1968	Gran Premio del Mugello	I		906 155 ?		NS		Rudi Lins	Gerhard Koch		
28	7	1968	Bergrennen Freiburg Schauinsland	D	143	906 116	4	Ges	1 S 2000	Helmut Leuze			
28	7	1968	Bergrennen Freiburg Schauinsland	D	145	906 162	5	Ges	2 S 2000	Dr. Hans Kühnis			
28	7	1968	Bergrennen Freiburg Schauinsland	D	148	906 127	6	Ges	3 S 2000	Sepp Greger			
28	7	1968	Bergrennen Freiburg Schauinsland	D	146	906 119			ausgefallen (Unfall)	Karl von Wendt			
28	7	1968	Bergrennen Freiburg Schauinsland	D	144				nicht bekannt	Siegfried Zwimpfer			
28	7	1968	Bergrennen Chamrousse	F		906 114	4	Ges		Alain Finkel			
28	7	1968	Bergrennen Chamrousse	F		906 153	5	Ges		Jean Clément			
	7	1968	Bergrennen Andeleys	F		906 155			nicht bekannt	Pierre Marx			
3	8	1968	Crystal Palace	GB		906 129			nicht bekannt	Mike de Udy			
3	8	1968	Crystal Palace	GB		906 128			nicht bekannt	John Morris	Martin Hone		
3	8	1968	Crystal Palace	GB		906 133			nicht bekannt	Jeff Edmonds	Chris Ashmore		
3	8	1968	Crystal Palace	GB		906 135			nicht erschienen	Jeremy Delmar-Morgan			
3	8	1968	Crystal Palace	GB					nicht erschienen	Peter Mould			
4	8	1968	SCCA National Riverside, CA	USA	33	906 159	3	Ges	1 S2000	Don Pike			
4	8	1968	SCCA National Grattan	USA	1	906 121	2	Ges.	A-D S/R	John Weinberger			
4	8	1968	Bergrennen Monte Erice	I		906 110	6	Ges		Francesco Troia (»Black & White«)			
4	8	1968	Bergrennen Tauplitzalm	A			2	Ges	1 S 2000	Peter Peter			
10	8	1968	Birthday Cup, Croft	GB		906 133	7	Ges		Chris Ashmore			Jeff Edmonds
10	8	1968	Birthday Cup, Croft	GB		906 129	8	Ges	2 S 2000	Terry Hunter			Mike de Udy
10	8	1968	Birthday Cup, Croft	GB		906 131		DQ	schwarze Flagge (Unfall)	Tony Dean			A. G. Dean (Racing)
10	8	1968	Bergrennen Lodeve	F		906 153	1	Ges	1 SP 2000	Jean Clément			
11	8	1968	Hockenheim CH Meisterschaft	D	18	906 162	3	Ges		Dr. Hans Kühnis			
11	8	1968	Hockenheim CH Meisterschaft	D			4	Ges		Siegfried Zwimpfer			
11	8	1968	Großer Preis von Schweden, Karlskoga	S		906 126	7	Ges		Richard Broström			
11	8	1968	Fuji	J		906 120	1			Jiro Yoneyama			
11	8	1968	Bergrennen Stainz	A			2	Ges	1 S 2000	Peter Peter			
11	8	1968	Bergrennen Hout Cantal	F			2	Ges		Philippe Farjon			
13	8	1968	Wills Trophy, Croft	GB		906 129				Mario Cabral			
15	8	1968	Coppa Citta di Enna	I		906 110	4	Ges		Francesco Troia (»Black & White«)			Scuderia Pegaso
15	8	1968	Bergrennen Walding	A	117		1	Ges		Peter Peter			
17	8	1968	Gold Cup, Oulton Park	GB	34	906 144	7	Ges	3 S 2000	Bill Bradley			Midland Racing Partnership
17	8	1968	Gold Cup, Oulton Park	GB		906 129	12	Ges	8 S 2000	Terry Hunter			Mike de Udy
17	8	1968	Gold Cup, Oulton Park	GB		906 128	14	Ges		John Morris			Mefco Racing
17	8	1968	Gold Cup, Oulton Park	GB		906 131			ausgefallen (Aufhängung)	Tony Dean			A. G. Dean (Racing)
18	8	1968	Flugplatzrennen Wunstorf	D	16	906 146			2 SP 2000	Antoine Hezemans			Ben Pon
18	8	1968	Flugplatzrennen Wunstorf	D	26	906 154			3 SP 2000	Dr. Helmut Marko			Bosch Racing Team
18	8	1968	Flugplatzrennen Wunstorf	D	5				5 SP 2000	Peter Peter			Bosch Racing Team
18	8	1968	Flugplatzrennen Wunstorf	D	21	906 109			10 SP 2000	Günter Werlich			
18	8	1968	Flugplatzrennen Wunstorf	D	12	906 126			13 SP 2000	Richard Broström			
18	8	1968	Flugplatzrennen Wunstorf	D	8				nicht gestartet	Gerold Pankl			
18	8	1968	USRRC Manfield, Ohio	USA		906 147	10	Ges	1 S 2000	Mike Hall			
18	8	1968	USRRC Manfield, Ohio	USA		906 148			ausgefallen	Merv Rosen			
18	8	1968	BARC Cadwell Park	GB		906 128			2 special GT	John Morris			
18	8	1968	Bergrennen Unterfranken	D		906 124	2	Ges	1 S >1300	Reinhold Joest			
18	8	1968	Bergrennen St. Ursannes-Les Rangiers	CH		906 162	1	Ges	1 S 2000	Dr. Hans Kühnis			
18	8	1968	Bergrennen St. Ursannes-Les Rangiers	CH	91				nicht bekannt	Siegfried Zwimpfer			
25	8	1968	500 km Zeltweg	A	16	906 154	9	Ges	1 S 2000	Helmut Marko	Gerold Pankl		Bosch Racing Team
25	8	1968	500 km Zeltweg	A	15		10	Ges	2 S 2000	Werner Riedl	Peter Peter		Peter Peter
25	8	1968	500 km Zeltweg	A	14	906 124	11	Ges	3 S 2000 (Elektrik)	Hans Dieter Dechent	Reinhold Joest		Scuderia Lufthansa
25	8	1968	Ford Grand Prix, Jyllandsringen	DK	27	906 129	2	Ges		Terry Hunter			Tony Dean
25	8	1968	Ford Grand Prix, Jyllandsringen	DK		906 126				Richard Broström			
25	8	1968	Suzuka	J		906 120			ausgefallen	Jiro Yoneyama			
25	8	1968	SCCA National Pacific Raceway	USA		906 136			1 B/SR	Lew Florence			
25	8	1968	SCCA National Blackhawk Farms	USA	1	906 121			1 B/SR	John Weinberger			
25	8	1968	Bergrennen Malegno-Borno	I					1 S 2000	Angelo Caffi			

Tag	Monat	Jahr	Veranstaltung	Land	St.-Nr.	Fg.-Nr.	Platz	Gesamt	Sonstiges	1. Fahrer	2. Fahrer	3. Fahrer	Team
25	8	1968	Bergrennen Sierra Montana-Crans	CH	232	906 127	3	Ges	1 S 2000	Sepp Greger			
25	8	1968	Bergrennen Sierra Montana-Crans	CH	231	906 162	4	Ges	2 S 2000	Dr. Hans Kühnis			
25	8	1968	Bergrennen Sierra Montana-Crans	CH	230	906 116	5	Ges	3 S 2000	Helmut Leuze			
25	8	1968	Bergrennen Sierra Montana-Crans	CH					4 S 2000	Siegfried Zwimpfer			
1	9	1968	Bergrennen San Feliu Codinas	E		906 122	1	Ges		Verne Ben Heiderich			
1	9	1968	Bergrennen Happurg	D		906 127	2	Ges	1 S 2000	Sepp Greger			
2	9	1968	Guards Trophy, Brands Hatch	GB	131	906 133	4	Ges	2 S 2000	Tony Dean			Alain de Cadenet
2	9	1968	Guards Trophy, Brands Hatch	GB	130	906 144	13	Ges	4 S 2000	Bill Bradley			
2	9	1968	Guards Trophy, Brands Hatch	GB	132	906 126	18	Ges		Richard Broström			Sportscars Unlimited
2	9	1968	Guards Trophy, Brands Hatch	GB	134	906 128			ausgefallen (Öldruck)	Eric Liddell			Mefco Racing
2	9	1968	Guards Trophy, Brands Hatch	GB	133	906 129			ausgefallen (Auspuff)	Terry Hunter			Mike de Udy
2	9	1968	Guards Trophy, Brands Hatch	GB					Reserveliste	Peter Mould			
8	9	1968	Flugplatzrennen Ulm-Laupheim	D		906 124			nicht gestartet	Reinhold Joest			
8	9	1968	SCCA National Mid-Ohio	USA	1	906 121			1 B S/R	John Weinberger			
8	9	1968	SCCA National West Delta Park	USA		906 140	3	Ges	A-C Sport	Monte Shelton			
8	9	1968	SCCA National Portland, OR	USA		906 140	1	Ges		Monte Shelton			
8	9	1968	Alpen Bergpreis Gaisberg	A	78	906 127	4	Ges	1 S 2000 [DAH-0421]	Sepp Greger			
8	9	1968	Alpen Bergpreis Gaisberg	A	79	906 111	5	Ges	2 S 2000	Rudi Lins			
8	9	1968	Alpen Bergpreis Gaisberg	A	61		7	Ges	3 S 2000	Peter Peter			
8	9	1968	Alpen Bergpreis Gaisberg	A	80	906 116			v. d. Str. abgekommen	Helmut Leuze [RT-HL 80]			
8	9	1968	Bergrennen Mitholz-Kandersteg	CH		906 162	5	Ges	3 S 2000	Dr. Hans Kühnis			
9	9	1968	3 Std. Jarama	E		906 126			2 SP 2000	Richard Broström			
14	9	1968	Oulton Park	GB			3	Ges		Alan Mackay			
15	9	1968	500 km Imola	I		906 115	4	Ges		Antonio Zadra (»Khandaru«)	Giuseppe Dalla Torre		
15	9	1968	500 km Imola	I		906 156	6	Ges		Rainer Ising	Günther Wehrlich		
15	9	1968	500 km Imola	I		906 161	8	Ges		Guido Nicolai (»Nicor«)			
15	9	1968	Preis der Nationen, Hockenheim	D	24	906 154			nicht gewertet	Gerold Pankl			
15	9	1968	Preis der Nationen, Hockenheim	D	26	906 124				Reinhold Joest			
15	9	1968	Preis der Nationen, Hockenheim	D	17	906 129				Terry Hunter			Mike de Udy
15	9	1968	Preis der Nationen, Hockenheim	D	25				nicht gestartet	Peter Peter			
15	9	1968	SCCA Nat Mid America Raceway	USA		906 157	1	Ges		Fred Baker			
15	9	1968	Phoenix Park, Dublin	IRL	12	906 144	1	Ges	1 S 2000	Bill Bradley			
15	9	1968	Bergrennen Gargellen	A	78	906 111	4	Ges	1 S 2000	Rudi Lins			
15	9	1968	Bergrennen Gargellen	A			7	Ges		Peter Peter			
15	9	1968	Bergrennen Gargellen	A	79		9	Ges		Siegfried Zwimpfer			
15	9	1968	Bergrennen Sudelfeld	D	151	906 127			1 S 2000	Sepp Greger			
15	9	1968	Bergrennen Urcy	F		906 114			1S>1600	Alain Finkel			
15	9	1968	Bergrennen Urcy	F		906 123			2S>1600	Jean Rocher (»Thiam«)			
15	9	1968	Bergrennen Urcy	F		906 155			4S>1600	Pierre Marx			
15	9	1968	Bergrennen Bourscheid	LUX		906 162	1	Ges		Dr. Hans Kühnis			
23	9	1968	1000 km Suzuka	J		906 120	2	Ges		Jiro Yoneyama	Mitsumasa Takano		
28	9	1968	Bergrennen Coppa del Chianti Classico	I		906 161			nicht bekannt	Guido Nicolai (»Nicor«)			
28/29	9	1968	24 Std. Le Mans	F	42	906 107		DQ	disqualifiziert	Christian Poirot	Pierre Maublanc		Christian Poirot
28/29	9	1968	24 Std. Le Mans	F	65	906 129			nicht akzeptiert	Hugh Dibley	Mike de Udy		Mike de Udy
29	9	1968	SCCA National Danville, VA	USA	71	906 103			nicht erschienen (BSR)	William Ashplant			
	9	1968	Pepsi Pro, Westwood, WA	USA	57	906 140	1			Monte Shelton			
6	10	1968	Flugplatzrennen Wien-Aspern	A	25	906 146	6	Ges	1 S 2000	Antoine Hezemans			
6	10	1968	Flugplatzrennen Wien-Aspern	A	24	906 124	8	Ges	2 S 2000	Reinhold Joest			
6	10	1968	Flugplatzrennen Wien-Aspern	A	23	906 115	10	Ges	3 S 2000	Antonio Zadra (»Khandaru«)			
6	10	1968	Flugplatzrennen Wien-Aspern	A	29		11	Ges	4 S 2000	Siegfried Zwimpfer			
6	10	1968	Flugplatzrennen Wien-Aspern	A	28		12	Ges	5 S 2000	Otto Stuppacher			
6	10	1968	Flugplatzrennen Wien-Aspern	A	27	906 154			ausgefallen (Lenkradspeiche)	Dr. Helmut Marko			
6	10	1968	Flugplatzrennen Wien-Aspern	A	26				nicht bekannt	Peter Peter			
6	10	1968	Indianapolis, SCCA National	USA	1	906 121			1 B S/R	John Weinberger			
6	10	1968	Bergrennen Sauerland	D	9	906 119			1 S 2000	Willi Kauhsen			Karl von Wendt
6	10	1968	Bergrennen Sauerland	D	11	906 156			2 S 2000	Rainer Ising			
6	10	1968	Bergrennen Sauerland	D		906 109			3 S 2000	Günter Wehrlich			
6	10	1968	Bergrennen Frankenberg	D		906 127			1 S 2000	Sepp Greger			
6	10	1968	Bergrennen Marchairuz	CH		906 162	6	Ges	2 S 2000	Dr. Hans Kühnis			
6	10	1968	Bergrennen Belleau	F		906 107	1	Ges		Christian Poirot			
13	10	1968	1000 km von Paris, Montlhéry	F	21	906 144			did not finish	Bill Bradley	Tony Dean		
13	10	1968	Can-Am Laguna Seca	USA	57	906 140	19	Ges		Monte Shelton			
13	10	1968	SCCA National Phoenix, AZ	USA		906 159			2 AB/SR	Don Pike			

Tag	Monat	Jahr	Veranstaltung	Land	St.-Nr.	Fg.-Nr.	Platz	Gesamt	Sonstiges	1. Fahrer	2. Fahrer	3. Fahrer	Team
13	10	1968	Flugplatzrennen Innsbruck	A		906 146	2	Ges	1 SP 2000	Antoine Hezemans			
13	10	1968	Flugplatzrennen Innsbruck	A		906 124	3	Ges	2 S 2000	Reinhold Joest			
13	10	1968	Flugplatzrennen Innsbruck	A		906 116	4	Ges	3 S 2000	Helmut Leuze			
13	10	1968	Flugplatzrennen Innsbruck	A		906 127			4 S 2000	Sepp Greger			
13	10	1968	Flugplatzrennen Innsbruck	A		906 115			5 SP 2000	Antonio Zadra (»Khandaru«)			
13	10	1968	Flugplatzrennen Innsbruck	A		906 154			ausgefallen	Dr. Helmut Marko			
13	10	1968	Flugplatzrennen Innsbruck	A					ausgefallen	Otto Stuppacher			
13	10	1968	Flugplatzrennen Hohn-Rendsburg	D		906 156			2 SP >1300	Rainer Ising			
13	10	1968	Flugplatzrennen Hohn-Rendsburg	D		906 109			3 SP > 1300	Günter Werlich			
13	10	1968	Bergrennen Hautes Vosges	F		906 162	1	Ges		Dr. Hans Kühnis			
13	10	1968	Autoslalom Nürnberg	D		906 143			1 SP 2000	Alex Janda			
20	10	1968	6 Std. Mont Tremblant	CDN		906 132	1	Ges		Jacques Duval	Jean-Paul Ostiguy		
20	10	1968	Bergrennen St. Antonin	F		906 123	5	Ges	1 S 2000	Jean Rocher (»Thiam«)			
20	10	1968	Bergrennen St. Antonin	F	59	906 153			Unfall im Training	Jean Clément			
20	10	1968	Bergrennen Ulm	D		906 143			1 S 2000	Alex Janda			Fritz Neuser
20	10	1968	SAR-Bergrennen Vaduz Triesenberg	FL		906 162	4	Ges	2 S 2000	Dr. Hans Kühnis			
20	10	1968	Bergrennen Iglesias / Sant Angelo	I			1	Ges		Antonio Pelizzoni			
27	10	1968	Bergrennen Dopplerhütte	A			2	Ges	1 SP 2000	Peter Peter			
27	10	1968	Bergrennen Schottenring	D	6	906 156	1	Ges	1 S 2000	Rainer Ising			
27	10	1968	Bergrennen Schottenring	D	5	906 143	2	Ges	2 S 2000	Alex Janda			Fritz Neuser
	10	1968	Bergrennen Adrans	A		906 154	2	Ges	1 S 2000	Dr. Helmut Marko			
9	11	1968	9 Std. Kyalami	SA		906 131	20	Ges		Peter Gethin	Peter Gough		Tony Dean
9	11	1968	9 Std. Kyalami	SA		906 117			ausgefallen (Ventil)	Clive van Buuren	Bruce van der Merwe		
23	11	1968	3 h Cape Town, Killarney	SA	11	906 131	11	Ges		Peter Gethin	Peter Gough		A. Dean
23	11	1968	3 Std. Cape Town, Killarney	SA		906 117	9	Ges		Bruce van der Merwe			
24	11	1968	Road Race of Champions, Riverside	USA	4	906 136	7	Ges	2 B/SR	Lew Florence			
24	11	1968	Road Race of Champions, Riverside	USA	88	906 159	8	Ges	3 B/SR	Don Pike			
24	11	1968	Road Race of Champions, Riverside	USA	1	906 121	14	Ges	6 B/SR	John Weinberger			
24	11	1968	Road Race of Champions, Riverside	USA	78	906 113	15	Ges	7 B/SR	Mike Rahal			
24	11	1968	Road Race of Champions, Riverside	USA	85	906 140			ausgefallen	Monte Shelton			
1	12	1968	Saisonfinale Hockenheim	D		906 156	2	Ges	2 LG2	Rainer Ising			
8	12	1968	3 Std. Lourenço Marques	MZ	6	906 117	5	Ges		Clive van Buuren	Bruce van der Merwe		
26	12	1968	3 Std. Pietermaritzburg	ZA		906 117	5	Ges		Clive van Buuren			
28	12	1969	Massaua	ER		906 142				Alberto Falletta			
		1968	Bergrennen Coudon	F		906 153	1	Ges		Jean Clément			
		1968	Bergrennen Sainte Baume	F		906 123			nicht bekannt	Jean Rocher (»Thiam«)			
		1968	Bergrennen Auzzo Cortina	I			1	Ges	1 SP 2000	Everardo Ostini			
		1968	Bergrennen Livorno Anfignano	I			1	Ges	1 SP 2000	Everardo Ostini			
		1968	Rundstreckenrennen Ciudad Alcaniz	E		906 122	1	Ges		Verne Ben Heiderich			
		1968	Bergrennen Canencia	E		906 122	1	Ges	1 SP	Verne Ben Heiderich			
		1968	Bergrennen Galapagar	E		906 122	1	Ges		Verne Ben Heiderich			
		1968	Bergrennen Sotillo	E		906 122	1	Ges		Verne Ben Heiderich			
		1968	Jarama	E		906 122	2	Ges		Verne Ben Heiderich			
		1968	La Coruna	E		906 122	6	Ges		Verne Ben Heiderich			
		1968	Vallelunga	I					1 SP 2000	Everardo Ostini			
4	1	1969	500 km East London	SA	10	906 117	3	Ges		Clive van Buuren	Bruce van der Merwe		
	1	1969	3 Std. Rennen Teneriffa	E		906 122	1	Ges		Verne Ben Heiderich			
1-2	2	1969	24 Std. Daytona	USA	62	906 132	20	Ges	3 S 2000 (Getriebeprobleme)	Rudi Bartling	Fritz Hochreuter	Rainer Brezinka	
23	2	1969	SCCA National Stardust	USA		906 104			2 B/SR	Milt Minter			
9	3	1969	Suzuka	J		906 120	1			Mitsumasa Takano			
16	3	1969	Bergrennen Mühllacken	A		906 111	6	Ges		Siegfried Pust			
16	3	1969	Bergrennen Mühllacken	A			8	Ges		Peter Prinzhorn			
22	3	1969	12 h Sebring	USA	45	906 157	8	Ges	2 P 2000	Fred Baker	Dick Smothers		Smothers Brothers Racing Team
22	3	1969	12 h Sebring	USA	46	906 158	11	Ges	3 P 2000	Armando Capriles	Alfredo Atencio	(Dimis Maratos)	Escuderia Manana
22	3	1969	12 h Sebring	USA	49	906 148	37	Ges		Merv Rosen	Dave Morrell		Dr. Merv Rosen
22	3	1969	12 h Sebring	USA	48	906 113	63	Ges	ausgefallen (Bremse, Vorderrad)	Mike Rahal	Bill Stroh	Hugh Wise	Nationwide of Chicago Food Brothers, Inc.
23	3	1969	SCCA National Willow Springs	USA		906 104			2 ABC/SR	Milt Minter			
23	3	1969	Bergrennen Ceyreste	F		906 124	4	Ges	[4867 UE 67]	Marcel Petitjean			
23	3	1969	Bergrennen Ceyreste	F	445	906 118			ausgefallen (Unfall)	Freddy Canin			
30	3	1969	Bergrennen Taunus	D		906 143	3	Ges	2 S 2000	Alex Janda			Fritz Neuser
30	3	1969	Daily Express, Silverstone	GB		906 131			ausgefallen (Elektrik)	John Spero			Johnny Spero
30	3	1969	Daily Express, Silverstone	GB	27	906 133			Fehlzündungen	Nick Gold			Nick Gold
4	4	1969	Guards Trophy Snetterton	GB	74	906 133	5	Ges		Nick Gold			Nick Gold

Tag	Monat	Jahr	Veranstaltung	Land	St.-Nr.	Fg.-Nr.	Platz	Gesamt	Sonstiges	1. Fahrer	2. Fahrer	3. Fahrer	Team
5	4	1969	6 h Pietermaritzburg	SA		906 117	2	Ges		Clive van Buuren	Bruce van der Merwe		
6	4	1969	Singapore	SG		906 007*	3	Ges		K. Wong (Richard Wong)			
7	4	1969	Coupes de Paques, Nogaro	F			2	Ges		Bernard Palayer			
7	4	1969	Bergrennen Lorentzweiler	LUX	97	906 155	3	Ges		Pierre Marx			
7	4	1969	Embassy Trophy, Thruxton	GB		906 131			ausgefallen	John Spero			Johnny Spero
7	4	1969	Embassy Trophy, Thruxton	GB		906 133	11	Ges		Nick Gold			Nick Gold
7	4	1969	Bergrennen Spa-Barisart	B		906 107	4	Ges	1 SP 2000	Willy Augustinus			
13	4	1969	SCCA National Holtville, CA	USA		906 104	3	Ges		Milt Minter			
13	4	1969	SCCA National Holtville, CA	USA		906 136	4	Ges		Robert Kirby			
13	4	1969	Selangor	SG		906 007*	3	Ges		K. Wong (Richard Wong)			
13	4	1969	500 Miles Brands Hatch	GB	23	906 133			Motorschaden	Nick Gold	Juan Fernandez		Nick Gold
13	4	1969	Bergrennen Krähberg	D	264	906 109			3 S 2000 (Werlichs Auto)	Rainer Ising			
13	4	1969	Bergrennen Krähberg	D	261	906 143	2	Ges	2 S 2000	Toni Fischhaber			Fritz Neuser
13	4	1969	Bergrennen Engelhartszell	A		906 111	1	Ges		Siegfried Pust			
13	4	1969	Bergrennen Engelhartszell	A			2	Ges		Peter Prinzhorn			
20	4	1969	Fuji	J		906 120	3			Mitsumasa Takano			
20	4	1969	Bergrennen Bad Neuenahr	D		906 156			3 S 2000	Rainer Ising			
20	4	1969	Bergrennen Weerberg	A		906 111	4	Ges		Siegfried Pust			
20	4	1969	Bergrennen Weerberg	A		906 143	7	Ges		Alex Janda			
25	4	1969	1000 km Monza	I	57		12			Otto Stuppacher	Kurt Rieder		Otto Stuppacher
25	4	1969	1000 km Monza	I	56			NQ		Bernard Palayer	Armand de Boissieu		ESCA
27	4	1969	Jarama	E	44	906 126	2	Ges		Andrade Villar			
27	4	1969	Bergrennen Teutoburger Wald	D		906 109	9	Ges	2 S 2000	Günter Werlich			
27	4	1969	Bergrennen Dobratsch	A		906 111	5	Ges		Siegfried Pust			
1	5	1969	Magny Cours	F			7	Ges		Armand de Boissieu			
1	5	1969	Bergrennen Col Bayard	F		906 124	3	Ges		Marcel Petitjean			
3	5	1969	Oulton Park	GB		906 144	2	Ges	2 P 2000	Richard Shardlow			
4	5	1969	Targa Florio	I	176		40		ausgefallen (Antriebswelle)	Baldassare Taormina (»Taurinova«)	Pasquale Tacci		Taurinova
4	5	1969	Criterium de Vitesse, Dijon	F		906 133	8	Ges		Nick Gold			
4	5	1969	Criterium de Vitesse, Dijon	F			9	Ges		Bernard Palayer			
4	5	1969	Frankenwald-Bergrennen, Erlangen	D	111	906 143			nicht bekannt	Toni Fischhaber			
10	5	1969	Le kilomètre lancé Grand	B		906 107			1 SP 2000	Willy Augustinus			
11	5	1969	Flugplatzrennen Faßberg	D		906 109			4 SP 2000 [S-LU 1]	Günter Werlich			
11	5	1969	Flugplatzrennen Faßberg	D		906 133			8 SP 2000	Nick Gold			
11	5	1969	Flugplatzrennen Faßberg	D		906 131			13 SP 2000	John Spero			
11	5	1969	Flugplatzrennen Faßberg	D		906 144			ausgefallen	Richard Shardlow			
11	5	1969	Flugplatzrennen Kaufbeuren	D		906 127			ausgefallen	Kurt Hild			
11	5	1969	Great Lake Trophy, Harewood acres	CDN		906 132	2	Ges		Horst Petermann			
11	5	1969	Fuji	J		906 120	4			?			
11	5	1969	Bergrennen Alpl	A		906 154	3	Ges		Bernd Brodner			
11	5	1969	Bergrennen Alpl	A		906 111	5	Ges		Siegfried Pust			
11	5	1969	Bergrennen Sainte-Baume	F		906 124	4	Ges		Marcel Petitjean			
11	5	1969	Slalom Payerne	CH		906 162			2 S 2000	Dr. Hans Kühnis			
17	5	1969	Martini Trophy 300, Silverstone	GB		906 131	15	Ges		John Spero			Johnny Spero
17	5	1969	Martini Trophy 300, Silverstone	GB		906 135			Droher, Unfall	Jeremy Delmar-Morgan			Jeremy Delmar-Morgan
17	5	1969	Martini Trophy 300, Silverstone	GB		906 133			Elektrik	Nick Gold			Nick Gold
18	5	1969	Bergrennen Abreschwiller	F		906 124	4	Ges		Marcel Petitjean			
18	5	1969	Bergrennen Abreschwiller	F		906 155	9	Ges		Pierre Marx			
25	5	1969	Bergrennen Spessart	D	157	906 143			2 S 2000	Toni Fischhaber			Fritz Neuser
25	5	1969	Bergrennen Triest-Opicina	I	412	906 154	3	Ges	3 S 2000	Bernd Brodner			
26	5	1969	Tourist Trophy, Oulton Park	GB	20	906 144	17	Ges	3 S 2000	Richard Shardlow			Richard Shardlow
26	5	1969	Tourist Trophy, Oulton Park	GB		906 131			ausgefallen	John Spero			
31	5	1969	Santa Barbara Road Races	USA		906 104	2	Ges		Milt Minter			
31	5	1969	Slalom Wangen	CH		906 162			2 S 2000	Dr. Hans Kühnis			
1	6	1969	1000 km Nürburgring	D	71	906 156	9	Ges	2 S 2000	Günter Werlich	Rainer Ising		Rainer Ising
1	6	1969	1000 km Nürburgring	D	80	906 125	13	Ges	5 S 2000	Sten Axelsson	Hans Laine		Sten Axelsson
1	6	1969	1000 km Nürburgring	D	81	906 133			zurückgezogen	Nick Gold	Gordon Spice		Nick Gold
1	6	1969	1000 km Nürburgring	D	82				nicht gestartet	Otto Stuppacher	Kurt Rieder		Bosch Vienna
1	6	1969	1000 km Nürburgring	D	72	906 143			nicht gestartet	Anton Fischhaber	Fritz Neuser		Auto-Neuser
1	6	1969	1000 km Suzuka	J		906 120	1			?	Mitsumasa Takano		
1	6	1969	Grande Premio do A.C.P., Estoril	P	27		1	Ges		Manuel Nogueira Pinto			
1	6	1969	Bergrennen Neumarkt	D		906 143			1 S 2000	Toni Fischhaber			
1	6	1969	Bergrennen Wissembourg	F	11_	906 162	2	Ges	2 S 2000	Dr. Hans Kühnis			

Tag	Monat	Jahr	Veranstaltung	Land	St.-Nr.	Fg.-Nr.	Platz	Gesamt	Sonstiges	1. Fahrer	2. Fahrer	3. Fahrer	Team
1	6	1969	Bergrennen Wissembourg	F		906 124	3	Ges	3 S 2000	Marcel Petitjean			
1	6	1969	Bergrennen Wissembourg	F			6	Ges	5 S 2000	Robert Barret			
8	6	1969	Montlhéry	F	23		6	Ges		Bernard Palayer			
8	6	1969	MRC Meeting, Oulton Park	GB		906 144	1	Ges		Richard Shardlow			
8	6	1969	Flugplatzrennen Schwenningen	D		906 143	1	Ges	1 S 2000	Fritz Neuser			
8	6	1969	Bergrennen Ballon d'Alsace	F		906 162	2	Ges		Dr. Hans Kühnis			
8	6	1969	Bergrennen Ballon d'Alsace	F		906 124	5	Ges	[4867 UE 67]	Marcel Petitjean			
8	6	1969	Bergrennen Pin	F		906 133	9	Ges		Nick Gold			
8	6	1969	Bergrennen Bassano / Monte Grappa	I			1	Ges		Antonio Pelizzoni			
15	6	1969	24 Std. Le Mans	F	67				Reserveliste	Philippe Farjon			Philippe Farjon
15	6	1969	SCCA National Road America	USA	70	906 148			2 B/SR	Merv Rosen			
15	6	1969	Jarama	E		906 126	4	Ges		Andrade Villar			
15	6	1969	Jarama	E		906 133	5	Ges		Nick Gold			
15	6	1969	Jarama	E			7	Ges		J. de la Pena			
15	6	1969	Jarama	E					ausgefallen	Niki Bosch			
15	6	1969	Bergrennen Arry	F	102	906 124	1	Ges	1 S 2000 [4867 UE 67]	Marcel Petitjean			
15	6	1969	Bergrennen Arry	F	99	906 155	9	Ges		Pierre Marx			
15	6	1969	Bergrennen Arry	F	103				nicht bekannt	Robert Barret			
15	6	1969	Bergrennen Rotenburg an der Fulda	D	155	906 143			3 S 2000	Alex Janda			Fritz Neuser
22	6	1969	Bergrennen Coursac	F		906 139	2	Ges		Claude Larrieu			
22	6	1969	Bergrennen La Pommeraye	F		906 124	1	Ges	1 S 2000 [4867 UE 67]	Marcel Petitjean			
29	6	1969	200 Meilen von Nürnberg, Norisring	D	50	906 143			nicht qualifiziert	Toni Fischhaber			
29	6	1969	Hansa Pokal Nürburgring	D	1601	906 119			1 SP 2000	Franz Pesch			
29	6	1969	Mallory Park	GB		906 144	4	Ges		Richard Shardlow			
29	6	1969	300 km Fuji	J		906 120	3			?			
29	6	1969	Bergrennen Schottenring	D	300	906 156			2 S 2000	Rainer Ising			
29	6	1969	Bergrennen Schottenring	D	72	906 109			3 S 2000	Günter Werlich			
29	6	1969	Bergrennen Aldrans	A		906 111	3	Ges		Siegfried Pust			
29	6	1969	Bergrennen Turckheim	F	159	906 162	2	Ges	2 SP 2000	Dr. Hans Kühnis			
29	6	1969	Bergrennen Turckheim	F		906 124	3	Ges	3 SP2000 [4867 UE 67]	Marcel Petitjean			
29	6	1969	Bergrennen Turckheim	F			6	Ges	5 SP 2000	Robert Barret			
29	6	1969	Bergrennen Arete La Pierre St. Martin	F		906 139	1	Ges		Claude Larrieu			
29	6	1969	Bergrennen Arete La Pierre St. Martin	F		906 114	2	Ges	[286 NB 64]	Joel Bonnemaison			
29	6	1969	Bergrennen Échelette	F			2	Ges		Bernard Palayer			
5	7	1969	Bergrennen Behamberg	A		906 111	2	Ges		Siegfried Pust			
6	7	1969	6 h Vila Real	P	16	906 126	7	Ges		Manuel Nogueira Pinto	Andrade Villar		
6	7	1969	6 h Vila Real	P	6	906 133			ausgefallen (Unfall)	Filipe Nogueira	Nick Gold		
6	7	1969	6 h Vila Real	P		906 131			ausgefallen (Getr./Zündung)	John Spero	Mike Beutler		
6	7	1969	Coupe Benelux, Zolder	B		906 107	4	Ges	1 SP 2000	Willy Augustinus			
6	7	1969	Flugplatzrennen Ulm-Laupheim	D	267	906 162	5	Ges	5 S 2000	Dr. Hans Kühnis			
6	7	1969	Flugplatzrennen Ulm-Laupheim	D	272	906 127			ausgefallen	Kurt Hild			
6	7	1969	Flugplatzrennen Ulm-Laupheim	D	273	906 143			nicht gestartet	Toni Fischhaber			
6	7	1969	Bergrennen Oberpfalz	D		906 156			2 S 2000	Rainer Ising			
6	7	1969	Bergrennen Oberpfalz	D		906 143			3 S 2000	Alex Janda			Fritz Neuser
6	7	1969	Bergrennen Bachelelrie	F		906 139	1	Ges		Claude Larrieu			
6	7	1969	Bergrennen Sissons	F		906 155	5	Ges		Pierre Marx			
6	7	1969	Bergrennen Vuillafans-Échevannes	F		906 124	3	Ges	3 Grp. 4-5-7 [4867 UE 67]	Marcel Petitjean			
6	7	1969	Bergrennen Vuillafans-Échevannes	F			7	Ges	6 Grp. 4-6-7	Robert Barret			
6	7	1969	Bergrennen Bolzano-Mendola	I	302				nicht bekannt	Antonio Pelizzoni			
12	7	1969	6 Std. Watkins Glen, N.Y.	USA	12	906 157	6	Ges	1 P 2000	Fred Baker	Dick Smothers	Lou Sellyei	Dick Smothers Racing
12	7	1969	6 Std. Watkins Glen, N.Y.	USA	39	906 132	10	Ges	1 S 2000	Horst Petermann	Max Beimler	Rainer Brezinka	Rainer Brezinka
12	7	1969	6 Std. Watkins Glen, N.Y.	USA	68	906 113	12	Ges	2 S 2000	Mike Rahal	Hugh Wise	Tom Terrell	Nationwide Food Brokers
12	7	1969	6 Std. Watkins Glen, N.Y.	USA	70	906 148			nicht gestartet (Motor)	Merv Rosen	Steve Behr		Dr. Mervin Rosen
13	7	1969	Wills Trophy, Croft	GB		906 144	7		5 S 2000	Richard Shardlow			Richard Shardlow
13	7	1969	Granja de Marques, 3 h Lissabon	P	161	906 130	1	Ges		Carlos Santos			
13	7	1969	Bergrennen Ellerberg	D		906 143			1 S 2000	Toni Fischhaber			
13	7	1969	Bergrennen Ellerberg	D		906 119			2 SP 2000	Franz Pesch			
13	7	1969	Bergrennen Tancarville	F		906 124	2	Ges	[4867 UE 67]	Marcel Petitjean			
13	7	1969	Bergrennen Montauban	F		906 139	1	Ges		Claude Larrieu			
13/14	7	1969	Magny Cours	F	189				nicht bekannt	Bernard Palayer			
14	7	1969	Bergrennen Nogaro	F	45	906 139	1	Ges		Claude Larrieu			
14	7	1969	Bergrennen Nogaro	F		906 114	2	Ges	[286 NB 64]	Joel Bonnemaison			
20	7	1969	Grand Premio Mugello	I	87	906 109	4	Ges	3 SP 2000	Günter Werlich	Rainer Ising		
20	7	1969	Grand Premio Mugello	I		906 156			T-car	Günter Werlich	Rainer Ising		

Tag	Monat	Jahr	Veranstaltung	Land	St.-Nr.	Fg.-Nr.	Platz	Gesamt	Sonstiges	1. Fahrer	2. Fahrer	3. Fahrer	Team
20	7	1969	Grand Premio Mugello	I	89	906 131			Unfall (v. d. Str. abgekommen)	John Spero			
20	7	1969	Flugplatzrennen Diepholz	D	292	906 119			4 SP 2000	Franz Pesch			
20	7	1969	Flugplatzrennen Diepholz	D	291	906 127			5 S 2000	Kurt Hild			
20	7	1969	Bergrennen Taubensuhl	D	106	906 116	1	Ges	1 S 2000	Gerhard Schüler			Manfred Weißmann
20	7	1969	Bergrennen Roquefort-Tournemire	F		906 139	1	Ges		Claude Larrieu			
20	7	1969	Bergrennen Andeleys	F		906 155			4 P >1300	Pierre Marx			
27	7	1969	Zeltweg, Eröffnungsrennen	A		906 154	6	Ges		Bernd Brodner			
27	7	1969	Zeltweg, Eröffnungsrennen	A			8	Ges		Kurt Rieder			
27	7	1969	1000 km Fuji	J		906 120			ausgefallen	?	Mitsumasa Takano		
27	7	1969	Bergpreis Freiburg Schauinsland	D	180	906 162	8	Ges	6 S 2000	Dr. Hans Kühnis			
27	7	1969	Bergrennen Chamrousse	F		906 124			Unfall [4867 UE 67]	Marcel Petitjean			
	7	1969	Bergrennen Mirabel	F		906 139	1	Ges		Claude Larrieu			
3	8	1969	Criterium des Landes, Dax	F		906 114			1 SP 2000 [286 NB 64]	Joel Bonnemaison			
3	8	1969	Criterium des Landes, Dax	F		906 139			2 SP 2000	Claude Larrieu			
3	8	1969	SCCA National Daytona	USA		906 121			nicht gestartet	Gregg Loomis			
3	8	1969	Bergrennen Bomerée	F		906 155	1	Ges		Pierre Marx			
3	8	1969	Bergrennen Tauplitzalm	A		906 111	3	Ges		Siegfried Pust			
3	8	1969	Bergrennen Tauplitzalm	A		906 154	4	Ges		Bernd Brodner			
10	8	1969	1000 km Zeltweg	A	21				Unfall	Kurt Rieder	Lambert Hofer		Bosch Racing Team
10	8	1969	1000 km Zeltweg	A	26	906 111			ausgefallen	Siegfried Pust	Günther Huber		Valvoline Racing Team
10	8	1969	1000 km Zeltweg	A	18	906 154			nicht gestartet (Unfall)	Bernd Brodner	Peter Peter		Elan Racing Team
10	8	1969	12 h Suzuka	J		906 120	12			?	Mitsumasa Takano		
10	8	1969	Kodak Trophy, Thruxton	GB		906 129	8	Ges	5 SP 2000	Terry Hunter			Mike de Udy
10	8	1969	Mallory Park	GB		906 144			2 P 2000	Richard Shardlow			
10	8	1969	Bergrennen Altmühltal, Eichstätt	D	124	906 143			1 S 2000	Toni Fischhaber			Fritz Neuser
10	8	1969	Bergrennen Tonnerre Mont Sarat	F		906 155	12	Ges	2 Grp. 4-6-7	Pierre Marx			
10	8	1969	Bergrennen Tonnerre Mont Sarat	F		906 107	19	Ges	5 Grp. 4-6-7	Willy Augustinus			
10	8	1969	Bergrennen Bellegarde	F			9	Ges		Bernard Palayer			
15	8	1969	Bergrennen Dudelange	L	87	906 155	3	Ges		Pierre Marx			
15	8	1969	Bergrennen Dudelange	L	88	906 107			4 SP 2000	Willy Augustinus			
15	8	1969	Bergrennen Arette	F	111	906 139	1	Ges		Claude Larrieu			
15	8	1969	Bergrennen Arette	F		906 114	2	Ges	[286 NB 64]	Joel Bonnemaison			
16	8	1969	Gold Cup, Oulton Park	GB		906 144	7	Ges		Richard Shardlow			
17	8	1969	Flugplatzrennen Wunstorf	D	7	906 127			6 S 2000	Kurt Hild			
17	8	1969	Flugplatzrennen Wunstorf	D	6	906 119			ausgefallen	Franz Pesch			
17	8	1969	Flugplatzrennen Wunstorf	D	15	906 109			ausgefallen	Wilhelm Biesterfeld			
17	8	1969	Nogaro	F		906 139	4	Ges		Claude Larrieu			
17	8	1969	Nogaro	F		906 114	5	Ges	[286 NB 64]	Joel Bonnemaison			
17	8	1969	Bergrennen Unterfranken	D	199	906 143			ausgefallen	Fritz Neuser			
23	8	1969	Sundown Grand Prix, Mosport Park	CDN		906 132	1	Ges		Rainer Brezinka	Horst Petermann		
23	8	1969	Bergrennen Poissons, Langres	F		906 155	3	Ges	2 Grp. 4-6-7	Hugues Hazard			
24	8	1969	Keimola	SF		906 125			3 SP 2000	Hans Laine			
24	8	1969	Bergrennen Ratisbona	D	85	906 143			1 S 2000	Toni Fischhaber			Fritz Neuser
24	8	1969	Weser-Bergpreis Höxter	D	3	906 119			nicht gestartet	Franz Pesch			
24	8	1969	Bergrennen Malegno-Borno	I			2	Ges	1 S 2000	Antonio Pelizzoni			
24	8	1969	Bergrennen Malegno-Borno	I			4	Ges	2 S 2000	Ennio Bonomelli			
24	8	1969	Bergrennen St. Ursanne-Les Rangiers	CH		906 162			2 S 2000	Dr. Hans Kühnis			
31	8	1969	Vila do Conde	P	14	906 130	1	Ges		Carlos Santos			
31	8	1969	Vila do Conde	P	10	906 133			ausgefallen	Filipe Nogueira			
31	8	1969	300 km Fuji	J		906 120			ausgefallen	?			
31	8	1969	Bergrennen Happurg	D	85	906 143	1	Ges	1 S 2000	Toni Fischhaber			Fritz Neuser
31	8	1969	Bergrennen Lorch-Ransel	D	103	906 119	1		1 SP 2000	Franz Pesch			
31	8	1969	Bergrennen Ollon Villars	CH		906 162	5	Ges	4 S 2000	Dr. Hans Kühnis			
31	8	1969	Bergrennen Huy	B		906 107	2	Ges	1 SP 2000	Willy Augustinus			
1	9	1969	Brands Hatch, Lombard Trophy Race	GB	155	906 144			13 SP 2000	Richard Shardlow			
1	9	1969	Brands Hatch, Lombard Trophy Race	GB	154	906 131			nicht bekannt	John Spero			
6	9	1969	Bergrennen Rampa da Pena	P	34	906 130	1			Carlos Santos			
7	9	1969	500 km Nürburgring	D	59	906 146			nicht erschienen	Antoine Hezemans			
7	9	1969	500 km Nürburgring	D	68	906 135			nicht erschienen	Mike Walton			
7	9	1969	Lombank Trophy Race	GB		906 144	13	Ges		Richard Shardlow			
7	9	1969	Bergrennen Gaisberg	A		906 143	6	Ges	4 S 2000	Toni Fischhaber			Fritz Neuser
7	9	1969	Bergrennen Gaisberg	A		906 111	8	Ges	5 SP 2000	Siegfried Pust			
7	9	1969	Bergrennen Gaisberg	A			11	Ges		Kurt Rieder			
7	9	1969	Bergrennen Licques	F		906 107	1	Ges	1 SP 2000	Willy Augustinus			

Tag	Monat	Jahr	Veranstaltung	Land	St.-Nr.	Fg.-Nr.	Platz	Gesamt	Sonstiges	1. Fahrer	2. Fahrer	3. Fahrer	Team
	9	1969	Bergrennen St. Maurice - le Ballon	F		906 155	5	Ges		Pierre Marx			
	9	1969	Bergrennen St. Maurice - le Ballon	F					nicht gestartet	Robert Barret			
13	9	1969	Road Service Trophy, Crystal Palace	GB		906 144	5	Ges		Richard Shardlow			
14	9	1969	500 km Imola	I	33		6	Ges	2 S 2000	Piero Conte	Carlo Zuccoli		
14	9	1969	500 km Imola	I	37		7	Ges	3 S 2000	Mario Casoni (»Gi-Bi«)	Giancarlo Sala		
14	9	1969	Orange County, CA (SCCA Regional)	USA	21	906 104	3	Ges	1 BSR	Milt Minter			
14	9	1969	Bergrennen Mitholz-Kandersteg	CH		906 162	2	Ges	1 S 2000	Dr. Hans Kühnis			
14	9	1969	Bergrennen Alzenau	D	116	906 143			1 S 2000	Bepp Mayer			Fritz Neuser
18/26	9	1969	Tour de France	F	178	906 139			ausgefallen	Claude Larrieu	Jean Vignes		
20	9	1969	Bergrennen Oberhallau	CH		906 162	2			Dr. Hans Kühnis			
21	9	1969	Salzburgring, Eröffnungsrennen	A		906 111			nicht bekannt	Siegfried Pust			
21	9	1969	Fuji	J		906 120	1			Mitsumasa Takano			
21	9	1969	Bergrennen Kassel Langenberge	D	158	906 119	2		2 SP 2000	Franz Pesch			
21	9	1969	Bergrennen Kassel Langenberge	D	156	906 109	3		3 S >1300	Hans Hessel			
21	9	1969	Bergrennen Rheinland Pfalz	D		906 116			1 SP 2000	Gerhard Schüler			Manfred Weißmann
28	9	1969	Danville, Virginia (SCCA National)	USA	1	906 121	2		B/SR	Gregg Loomis			
28	9	1969	Danville, Virginia (SCCA National)	USA	06	906 160			B/SR	Ronald Justice			
28	9	1969	Zandvoort	NL		906 146	5	Ges	2 SP 2000	Antoine Hezemans			Stichting Racing Team
28	9	1969	Bergrennen Wörgl-Wildschönau	A		906 111	7	Ges		Siegfried Pust			
28	9	1969	Bergrennen Wörgl-Wildschönau	A		906 154	8	Ges		Franz Convalexius			
28	9	1969	Bergrennen Belleau	F			3	Ges	2 SP	Robert Barret			
28	9	1969	Bergrennen Belleau	F		906 155	9	Ges	6 SP	Pierre Marx			
5	10	1969	Flugplatzrennen Niedermendig	D		906 156			1 SP	Barney Barnes			
5	10	1969	Flugplatzrennen Niedermendig	D		906 119			2 SP 2000	Franz Pesch			
5	10	1969	Flugplatzrennen Niedermendig	D		906 127			3 S 2000	Kurt Hild			
5	10	1969	Flugplatzrennen Hohn-Rendsburg	D	813	906 116			2 SP 2000	Günter Schwarz			
5	10	1969	Flugplatzrennen Hohn-Rendsburg	D	811	906 109			3 SP 2000	Hans Hessel			
5	10	1969	SCCA National Riverside	USA		906 104	3	Ges	2 B/SR	Milt Minter			
5	10	1969	12 h Barcelona	E	40	906 139			nicht gewertet	Claude Larrieu	Niki Bosch		Escuderia Montjuich
5	10	1969	12 h Barcelona	E	35				nicht erschienen	Donald Godden	Phil De Banks		Heuer Time Ltd.
5	10	1969	Coupe du Salon Montlhéry	F			8	Ges	3 SP 2000	Willy Augustinus			
5	10	1969	Bergrennen Frankenwald	D		906 143	1		1 S 2000	Fritz Neuser			
5	10	1969	Bergrennen Passo della Presolano	I			1	Ges	1 SP 2000	Guiseppe Schenetti			
12	10	1969	Donaupokal Salzburgring	A			5	Ges	1 S 2000	Kurt Rieder			
12	10	1969	Donaupokal Salzburgring	A		906 109			3 S 2000	Horst Eiteneuer			
12	10	1969	SCCA National Tuscon	USA		906 104			ausgefallen (Motorbrand)	Milt Minter			
12	10	1969	Bergrennen Sauerland	D	12	906 116			1 SP 2000	Gerhard Schüler			Manfred Weißmann
12	10	1969	Bergrennen Sauerland	D	13	906 119			2 SP 2000	Franz Pesch			
12	10	1969	Autoslalom Nürnberg	D		906 143			1 S 2000	Fritz Neuser			
18	10	1969	Silverstone	GB		906 131	4	Ges	1 S 2000 (Sportwagenrennen)	John Spero			
18	10	1969	Silverstone	GB		906 131	4	Ges	2 SP 2000 (Special GT)	John Spero			
19	10	1969	GP von Casablanca	MA		906 139	2	Ges	1 S 2000	Claude Larrieu			
19	10	1969	GP von Casablanca	MA					5 SP 2000	Bernard Palayer			
19	10	1969	GP von Casablanca	MA					ausgefallen	Sylvain Garant			
19	10	1969	Hessenpreis Hockenheim	D	22	906 116			5 S 2000	Gerhard Schüler			Manfred Weißmann
19	10	1969	Hessenpreis Hockenheim	D	18	906 156			ausgefallen	Barney Barnes			
19	10	1969	Hessenpreis Hockenheim	D	15	906 109			nicht erschienen	Hans Hessel			
19	10	1969	Bergrennen Saint Ignace	F		906 114	3	Ges	[286 NB 64]	Joel Bonnemaison			
19	10	1969	Bergrennen Edelstein	D	175	906 119			ausgefallen	Franz Pesch			
25/26	10	1969	Rallye de l'AGACI 300, Montlhéry	F					nicht gestartet	Mme Marie-Pierre Palayer			
26	10	1969	Flugplatzrennen München-Neubiberg	D	223	906 127			5 S 2000	Kurt Hild			
26	10	1969	Flugplatzrennen München-Neubiberg	D		906 154			7 S 2000	Franz Convalexius			
26	10	1969	Flugplatzrennen München-Neubiberg	D					nicht gewertet	Kurt Rieder			Bosch Racing Team
26	10	1969	Rundstreckenrennen Aachen, Zolder	B	260	906 109	6	Ges	3 S 2000	Hans Hessel			
26	10	1969	Rundstreckenrennen Aachen, Zolder	B	251	906 116	7	Ges	4 S 2000	Günter Schwarz			
26	10	1969	Rundstreckenrennen Aachen, Zolder	B	255	906 156			ausgefallen	Barney Barnes			
26	10	1969	6 Std. Jarama	E		906 144	10	Ges		Richard Shardlow	Peter Crossley		
26	10	1969	6 Std. Jarama	E		906 107	11	Ges	5 SP 2000	Willy Augustinus	John Byttebier		
26	10	1969	Bergrennen Walding	A		906 111	4	Ges		Siegfried Pust			
26	10	1969	Bergrennen Walding	A			5	Ges		Kurt Rieder			
26	10	1969	Bergrennen Walding	A		906 154	6	Ges		Franz Convalexius			
8	11	1969	9 Std. Kyalami	SA		906 117	7	Ges		Clive van Buuren	Bruce van der Merwe		
16	11	1969	Flugplatzrennen Sembach	D		906 156			2 PT >1300	Barney Barnes			
16	11	1969	Flugplatzrennen Sembach	D		906 116			2 S 2000	Gerhard Schüler			Manfred Weißmann

Tag	Monat	Jahr	Veranstaltung	Land	St.-Nr.	Fg.-Nr.	Platz	Gesamt	Sonstiges	1. Fahrer	2. Fahrer	3. Fahrer	Team
16	11	1969	Flugplatzrennen Sembach	D		906 127			3 S 2000	Kurt Hild			
16	11	1969	Flugplatzrennen Sembach	D		906 109			ausgefallen	Hans Hessel			
22	11	1969	3 Std. Cape Town, Killarney	SA		906 117	5	Ges		Clive van Buuren	Bruce van der Merwe		
30	11	1969	Road Race of Champions, Daytona	USA	66	906 160	8	Ges	3 B/SR	Ronald Justice			
30	11	1969	Road Race of Champions, Daytona	USA	67		10	Ges	4 B/SR	Edward Hugus			
30	11	1969	Road Race of Champions, Daytona	USA	77	906 148	11	Ges	5 B/SR	Merv Rosen			
30	11	1969	Saisonfinale Hockenheim	D	22	906 116			1 LG 2 [SP-KE 84]	Gerhard Schüler			Manfred Weißmann
30	11	1969	Saisonfinale Hockenheim	D	21	906 127			4 LG 2	Kurt Hild			
30	11	1969	Saisonfinale Hockenheim	D	20	906 156			5 LG 2	Barney Barnes			
5	12	1969	3 Std. Lourenço Marques	MZ	21	906 117	8	Ges		Clive van Buuren	Bruce van der Merwe		
13	12	1969	3 Std. Bulawayo	ZW		906 117	5	Ges		Clive van Buuren	Bruce van der Merwe		
21	12	1969	Luanda, Fortaleza	AO	11	906 130	1			Carlos Santos			
21	12	1969	Luanda, Fortaleza	AO	16	906 126			Kollision mit Zuschauern	Andrade Villar			
27	12	1969	3 Std. Pietermaritzburg	ZA	21	906 117	11	Ges		Clive van Buuren	Bruce van der Merwe		
28	12	1969	Massaua	ERCZ		906 142			nicht bekannt	Alberto Falletta			
		1969	SCCA National Stardust, Las Vegas	USA	4	906 136			Unfall	Robert Kirby			
		1969	Bergrennen La Faucille	F		906 162	4	Ges	2 Grp. 4-6-7	Dr. Hans Kühnis			
		1969	Montes Claros, Lissabon	P	40	906 130	1			Carlos Santos			
1	2	1970	24 Std. Daytona	USA	40	906 157	9	Ges	1 P 2000	Gregg Loomis	Bert Everett	J. Peter Harrison	Gregg Loomis
1	2	1970	24 Std. Daytona	USA	39	906 132		R	Motorschaden	Rainer Brezinka	Horst Petermann	Rudi Bartling	
8	3	1970	Jarama	E		906 139	6	Ges		Claude Larrieu			
8	3	1970	Suzuka	J		906 120	3			?			
15	3	1970	SCCA National Willow Springs	USA		906 104	2	Ges	1 B/SR	Milt Minter			
21	3	1970	12 h Sebring	USA	50	906 113	23	Ges	3 S 2000	Mike Rahal	Hugh Wise	Werner Frank	Nationwide Food Brokers Racing Team
21	3	1970	12 h Sebring	USA	51	906 148	30		nicht gewertet	Steve Behr	Merv Rosen		Porsche Audi VWNC
22	3	1970	Albi	F		906 139	2			Claude Larrieu			
22	3	1970	300 km Fuji	j		906 120			ausgefallen	?			
29	3	1970	Rundstreckenrennen Rheydt, Zolder	B	68	906 119	2	Ges	2 S	Siegfried Rieger			
30	3	1970	Nogaro	F			3			Raymond Touroul			
30	3	1970	Bergrennen Lorentzweiler	LUX	79	906 155	1	Ges		Pierre Marx			
5	4	1970	Erzherzog-Johann-Pokal, Zeltweg	A			2	Ges		Kurt Rieder			Bosch Racing Team
5	4	1970	Hockenheim (SAR)	D	47	906 162	1			Max Müller			
5	4	1970	Bergrennen Krähberg	D	230	906 116			nicht gestartet	Reinhold Joest			
5	4	1970	Bergrennen Aquitaine	F		906 139	2	Ges		Claude Larrieu			
7	4	1970	Bergrennen Ligniers	CH	50	906 162			nicht bekannt	Max Müller			
11	4	1970	Slalom Frutigen	CH	129	906 162	1			Max Müller			
18	4	1970	Bergrennen Hebecrevon	F		906 114	3	Ges	[245 KS 85]	Louis Cosson (»Novestille«)			
18	4	1970	Slalom Payerne	CH	199	906 162	7	Ges	3 SP 2000	Max Müller			
24	4	1970	Hockenheim (ACS)	D	133	906 162	2			Max Müller			
25	4	1970	Daily Express, Silverstone	GB	34	906 131	20	Ges		John Spero			Johnny Spero
26	4	1970	Coupes de l'U.S.A., Montlhéry	F	5	906 114	1		1 S 2000	Louis Cosson (»Novestille«)			
26	4	1970	SCCA National Danville, VR	USA	40	906 157	9	Ges	3 B/SR	Gregg Loomis			
26	4	1970	Bergrennen Riedenburg	D			3			Karl Hurler			
26	4	1970	Bergrennen Flor de Mayo	E		906 122	1	Ges		Juan Kutz			
3	5	1970	Targa Florio	I	96	906 102	38	Ges	3 S 2000	Angelo Bonaccorsi	Alfio Nicolosi		
3	5	1970	Targa Florio	I	00		12	Ges	ausgefallen	Ferdinando Latteri	Nino Todaro		Scuderia Pegaso
3	5	1970	Trofeo Primavera, Jarama	E		906 139	5	Ges		Claude Larrieu			
3	5	1970	Flugplatzrennen Kaufbeuren	D		906 119			2 S 2000	Siegfried Rieger			
3	5	1970	Flugplatzrennen Kaufbeuren	D		906 127			3 S 2000	Kurt Hild			
3	5	1970	Magny Cours	F			4	Ges		Jean-Claude Morissot			
3	5	1970	Bergrennen Alpl	A	55		3	Ges		Kurt Rieder			
9	5	1970	Rundstreckenrennen Terlicko	CZ	4		2	Ges		Kurt Rieder			
10	5	1970	Flugplatzrennen Faßberg	D	17	906 127			13 SP 2000	Kurt Hild			
10	5	1970	Flugplatzrennen Faßberg	D	18	906 156			nicht gestartet	Barney Barnes			
10	5	1970	Bergrennen Eggberg, Säckingen	D	131	906 156			ausgefallen	Barney Barnes			
17	5	1970	Rhein-Ruhr-Pokalrennen Zolder	D	11	906 127			nicht gestartet	Kurt Hild			
17	5	1970	Bergrennen Nibelungen	D		906 143			1 P > 1600	Toni Fischhaber			Fritz Neuser
17	5	1970	Bergrennen Spessart	D	184	906 119			2 S 2000	Siegfried Rieger			
24	5	1970	1000 km Suzuka	J		906 120			ausgefallen	Peter Bellamy			
24	5	1970	Oulton Park	GB	53	906 144	2	Ges		Richard Shardlow			
24	5	1970	Thruxton	GB		906 131	7	Ges	4 S 2000	John Spero			
24	5	1970	ACS-Rennen Hockenheim	D	203	906 162			2 S 2000	Max Müller			
24	5	1970	Tauernpokal Salzburgring	A			9	Ges	4 S 2000	Kurt Rieder			Kurt Rieder

Tag	Monat	Jahr	Veranstaltung	Land	St.-Nr.	Fg.-Nr.	Platz	Gesamt	Sonstiges	1. Fahrer	2. Fahrer	3. Fahrer	Team
31	5	1970	1000 km Nürburgring	D	10	906 143	12	Ges	8 P 3000	Toni Fischhaber	Dieter Schmid		Fritz Neuser
31	5	1970	Flugplatzrennen Bremgarten	D	226	906 119			7 S 2000	Siegfried Rieger			
31	5	1970	Flugplatzrennen Bremgarten	D	227	906 127			8 S 2000	Kurt Hild			
31	5	1970	Flugplatzrennen Bremgarten	D	225	906 162			ausgefallen	Max Müller			
31	5	1970	Trofeo por Regiones, Jarama	E		906 139	5	Ges	S, P und GT	Claude Larrieu			
31	5	1970	Bergrennen Castione Baratti	I					4 P 2000	Piero Monticone			
31	5	1970	Bergrennen Behamberg	A		906 154	3	Ges		Franz Convalexius			
6	6	1970	Martini Trophy, Silverstone	GB		906 131	12	Ges		John Spero			Johnny Spero
6	6	1970	Martini Trophy, Silverstone	GB	34	906 144	14	Ges		Mike Coombe			Opposite Lock Club
7	6	1970	Flugplatzrennen Dijon	F	57		8	Ges		Jean-Claude Morissot			
7	6	1970	Bergrennen Teufelsrutsch	D	148	906 119			1 S 2000	Siegfried Rieger			
7	6	1970	Bergrennen Teufelsrutsch	D		906 156			2 S 2000	Barney Barnes			
7	6	1970	Bergrennen Col d'Aubisque	F		906 139	2	Ges		Claude Larrieu			
13	6	1970	Flugplatzrennen Neuhausen	D		906 119			2 S >1300	Siegfried Rieger			
13	6	1970	Flugplatzrennen Neuhausen	D		906 154			3 S >1300	Roland Faude			
13	6	1970	Flugplatzrennen Neuhausen	D		906 109			4 S >1300	Norbert Dombrowski			
13	6	1970	Flugplatzrennen Neuhausen	D		906 127			5 S >1300	Kurt Hild			
13	6	1970	Flugplatzrennen Neuhausen	D		906 143			2 P > 1300	Anton Fischhaber			
14	6	1970	Bergrennen Potzberg, Kaiserslautern	D		906 156			nicht bekannt	Barney Barnes			
21	6	1970	Flugplatzrennen Mainz-Finthen	D	20	906 116			4 S 2000	Albert Pfuhl			
21	6	1970	Flugplatzrennen Mainz-Finthen	D	16	906 127			2 P 2000	Kurt Hild			
21	6	1970	Flugplatzrennen Mainz-Finthen	D	17	906 156			ausgefallen	Barney Barnes			
21	6	1970	Flugplatzrennen Mainz-Finthen	D	18	906 119			ausgefallen (Kollision)	Siegfried Rieger			
21	6	1970	Flugplatzrennen Mainz-Finthen	D	21	906 109			nicht bekannt	Norbert Dombrowski			
21	6	1970	Bergrennen Rotenburg a. d. Fulda	D	247	906 143			1 P > 2000	Fritz Neuser			
21	6	1970	Bergrennen La Pommeraye	F		906 155	2	Ges		Pierre Marx			
21	6	1970	Bergrennen Coppa Della Collina	I			3	Ges	3 P 2000	Piero Monticone			
21	6	1970	Bergrennen S. Stefano D'Aspromonte	I			2	Ges	2 S 2000	Angelo Rizzo (»Radec«)			
21	6	1970	Bergrennen Urbasa	E		906 122	3	Ges	1 S 2000	Juan Kutz			
26/28	6	1970	Ronde Cévenole	F	3	906 118			von der Straße abgekommen	Jean-Marie Alméras	Jacques Alméras		
28	6	1970	Suzuka	J		906 120			nicht bekannt	Peter Bellamy			
28	6	1970	Bergrennen Schottenring	D	163	906 119			2 S 2000	Siegfried Rieger			
28	6	1970	Bergrennen Schottenring	D	174	906 143			1 P > 2000	Toni Fischhaber			Fritz Neuser
28	6	1970	Bergrennen Coppa Sila, Cosenza	I	482				1 S 2000	Angelo Rizzo (»Radec«)			
28	6	1970	Bergrennen Turckheim	F			4	Ges	2 SP	Alain Barret			
5	7	1970	Südwestpokal Hockenheim (2-l-EM)	D	29	906 119			1. Lf. nicht gestartet, 2. Lf. 16.	Siegfried Rieger			
5	7	1970	Vila Real 500 km	P	6	906 139	6	Ges	(Spyder)	Claude Larrieu			
5	7	1970	Vila Real 500 km	P	20	906 130			ausgefallen (Motor)	Carlos Santos			
5	7	1970	Vila Real 500 km	P	30	906 144			nicht bekannt	Mike Coombe	John Chatham		
5	7	1970	Vila Real 500 km	P	8	906 133			nicht bekannt	Filipe Nogueira			
5	7	1970	Zandvoort	NL		906 146			nicht bekannt	Arie Ruska			
5	7	1970	Bergrennen Trento Bondone	I	76				4 P 2000	Piero Monticone			
11	7	1970	6 Std. Watkins Glen, N.Y.	USA	52	906 148	11	Ges	1 S 2000	Merv Rosen	Dick Jacobs		Dr. Mervin Rosen
11	7	1970	6 Std. Watkins Glen, N.Y.	USA	53	906 113	12	Ges		Hugh Wise	Werner Frank	(Mike Rahal) / (Rick Mansfield)	Mike Rahal
11	7	1970	6 Std. Watkins Glen, N.Y.	USA	39	906 132	15	Ges	3 S 2000	Rainer Brezinka	Horst Petermann	Rudi Bartling	Rainer Brezinka
12	7	1970		J		906 120			ausgefallen				
12	7	1970	Bergrennen Mirabel, Montauban	F		906 139	2	Ges	1 S 2000	Claude Larrieu			
12	7	1970	Bergrennen Verdun	F			2	Ges	2 SP 2000	Alain Barret			
12	7	1970	Bergrennen Cesana Sestriere	I			8	Ges	2 P 2000	Piero Monticone			
19	7	1970	GP Mugello, 500 km	I	56				ausgefallen (Aufhängung)	Kurt Rieder			
19	7	1970	GP Mugello, 500 km	I	59	906 144			ausgefallen (Kupplung)	Mike Coombe	Piers Forrester		Opposite Lock Club
19	7	1970	GP Mugello, 500 km	I	66	906 161			nicht bekannt	Alessandro Fabroni	Raffaello Rosati		Alessandro Fabroni-Rosati
19	7	1970	GP Mugello, 500 km	I	35				Unfall	Piero Monticone			Piero Monticone
19	7	1970	Flugplatzrennen Ulm-Laupheim	D	322	906 154			3 SP 2000	Roland Faude			
19	7	1970	Flugplatzrennen Ulm-Laupheim	D	324	906 127			4 SP 2000	Kurt Hild			
19	7	1970	Flugplatzrennen Ulm-Laupheim	D	327	906 162			5 SP 2000	Max Müller			
19	7	1970	Flugplatzrennen Diepholz	D		906 116			2 SP 2000	Albert Pfuhl			
19	7	1970	Flugplatzrennen Diepholz	D	186	906 109			3 SP 2000	Norbert Dombrowski			
19	7	1970	Bergrennen Ellerberg	D	160	906 143	1	Ges		Toni Fischhaber			Fritz Neuser
19	7	1970	Bergrennen Andeleys	F		906 114			2 SP	Louis Cosson (»Novestille«)			
19	7	1970	Bergrennen Eymoutiers	F		906 139	1	Ges		Claude Larrieu			
26	7	1970	Flugplatzrennen Niederstetten	D	10	906 154			2 S 2000	Roland Faude			
26	7	1970	Flugplatzrennen Niederstetten	D	59	906 127			4 S 2000	Kurt Hild			

Tag	Monat	Jahr	Veranstaltung	Land	St.-Nr.	Fg.-Nr.	Platz	Gesamt	Sonstiges	1. Fahrer	2. Fahrer	3. Fahrer	Team
26	7	1970	Flugplatzrennen Niederstetten	D	60	906 119			5 S 2000	Siegfried Rieger			
26	7	1970	Flugplatzrennen Niederstetten	D	39	906 162			nicht bekannt	Max Müller			
26	7	1970	Flugplatzrennen Sembach	D	230	906 156			2 S	Barney Barnes			
26	7	1970	Flugplatzrennen Sembach	D	234	906 109			nicht gestartet	Norbert Dombrowski			
26	7	1970	Bergrennen Freiburg Schauinsland	D	130	906 143	7	Ges		Toni Fischhaber			
26	7	1970	Bergrennen Chamrousse	F		906 118	3			Jean-Marie Alméras			
2	8	1970	Bergrennen Troumouze, Armagnac	F		906 139	1	Ges		Claude Larrieu			
9	8	1970	Fuji	J		906 120	3			Peter Bellamy			
9	8	1970	Bergrennen Altmühltal, Eichstätt	D		906 143	2	Ges	1 P > 1600	Toni Fischhaber			Fritz Neuser
9	8	1970	Bergrennen Hunsrück, Veldenz	D	186	906 156			2 S	Barney Barnes			
9	8	1970	Bergrennen Hunsrück, Veldenz	D	187	906 119			3 S 2000	Siegfried Rieger			
15	8	1970	Coppa Citta di Enna	I		906 161		NQ		Alessandro Fabroni	Raffaello Rosati		Alessandro Fabroni-Rosati
15	8	1970	Coppa Citta di Enna	I			15	Ges	4 S 2000	Antonino Romano			Romano Antonino
15	8	1970	Hockenheim	D	216	906 162	1			Max Müller			
16	8	1970	Flugplatzrennen Wunstorf	D	53	906 109			6 SP 2000	Norbert Dombrowski			
16	8	1970	Flugplatzrennen Wunstorf	D	24	906 127			7 SP 2000	Kurt Hild			
16	8	1970	Flugplatzrennen Wunstorf	D	40	906 144			11 SP 2000	Mike Coombe			
16	8	1970		J		906 120			ausgefallen	Peter Bellamy			
16	8	1970	Bergrennen Windhausen	D		906 156			1 S	Barney Barnes			
23	8	1970	Jyllandsringen	DK		906 144			nicht bekannt	Rasmussen			Opposite Lock Club (Mike Coombe)
30	8	1970	Westfalen-Pokal, Zolder	B		906 109			2 P 2000	Norbert Dombrowski			
30	8	1970	Vila do Conde	P	72	906 130	1			Carlos Santos			
31	8	1970	RAC Brands Hatch	GB		906 144	16	Ges		Mike Coombe			Opposite Lock Club
6	9	1970	500 km Nürburgring	D	36	906 144			nicht gestartet (Motor)	Mike Coombe			Opposite Lock Club
6	9	1970	200 Meilen Fuji	J		906 120			nicht bekannt	Peter Bellamy			
6	9	1970	Bergrennen Happurg	D		906 143			1 P > 1600	Toni Fischhaber			Fritz Neuser
6	9	1970	Bergrennen Marchairuz	CH	257	906 162	3			Max Müller			
7	9	1970	SCCA National Bonneville, UT	USA		906 136			1 AB/SR	Milt Minter			
13	9	1970	Salzburgring	A	91	906 162	1			Max Müller			
13	9	1970	SCCA National Mid-Ohio	USA		906 148	3	Ges	2 B/SR	Merv Rosen			
20	9	1970	Trophee des Ardennes, Spa 500 km	B	44	906 144	11	Ges	4 S 2000	Mike Coombe			Opposite Lock Club
20	9	1970	Trophee des Ardennes, Spa 500 km	B		906 156			ausgefallen (Öldruck)	Barney Barnes			Erwin Barnes
20	9	1970	Trophee des Ardennes, Spa 500 km	B		906 107			nicht bekannt	Willy Augustinus (»Augwiller«)			
20	9	1970	Monza	I	51	906 162	3			Max Müller			
20	9	1970	SCCA National, Ontario, CA	USA		906 136			1 AB/SR	John Morton			
23-27	9	1970	Grand National (Tour de France)	F	300	906 114			ausgefallen	Louis Cosson (»Novestille«)	Freneau		
27	9	1970	Flugplatzrennen Geilenkirchen	D	185	906 127			1 SP 2000	Kurt Hild			
27	9	1970	Flugplatzrennen Geilenkirchen	D	186	906 154			2 SP >1300	Roland Faude			
27	9	1970	SCCA National Phoenix, AZ	USA		906 136			1. AB/SR	Milt Minter			
27	9	1970	Bergrennen Schwäbische Alb	D	310	906 119			did not start	Siegfried Rieger			
27	9	1970	Bergrennen Schwäbische Alb	D		906 119			2 SP 2000	Helmut Gall			
27	9	1970	Bergrennen Schwäbische Alb	D	313	906 125			nicht gestartet	Helmut Bross			
27	9	1970	Bergrennen Schwäbische Alb	D	314	906 143			nicht gestartet	Toni Fischhaber			Fritz Neuser
27	9	1970	Bergrennen Korenzerberg	CH	23	906 162			2 S > 1600	Max Müller			
4	10	1970	Flugplatzrennen Mendig	D		906 125			5 SP 2000	Helmut Bross			
4	10	1970	Flugplatzrennen Mendig	D		906 154			6 SP >1600	Roland Faude			
4	10	1970	Flugplatzrennen Mendig	D		906 156			ausgefallen	Barney Barnes			
4	10	1970	Bergrennen Sauerland	D	17	906 109			2 SP 2000	Norbert Dombrowski			
4	10	1970	Bergrennen Heilbronn	D	166	906 119			1 SP 2000	Helmut Gall			
4	10	1970	Bergrennen Auerberg	D		906 143			1 P > 1600	Toni Fischhaber			Fritz Neuser
4	10	1970	Bergrennen Val D'Anapo	I					3 S 2000	Antonino Romano			
4	10	1970	Bergrennen Val D'Anapo	I					4 S 2000	Antonio Guagliardo			
4	10	1970	Bergrennen Vaduz-Triesenberg	FL	51	906 162	3			Max Müller			
11	10	1970	1000 km Zeltweg	A	32		13	Ges		Kurt Rieder	Otto Stuppacher	Siegfried Pust	Bosch Racing Team
11	10	1970	Preis von Baden-W., Hockenheim	D	58	906 125	12	Ges	2 S 2000	Helmut Bross			Helmut Bross
11	10	1970	Preis von Baden-W., Hockenheim	D	57	906 119	15	Ges	4 S 2000	Helmut Gall			Helmut Gall
11	10	1970	Preis von Baden-W., Hockenheim	D	59	906 109	23	Ges	6 S 2000	Norbert Dombrowski			Norbert Dombrowski
11	10	1970	Preis von Baden-W., Hockenheim	D	60	906 156	24	Ges	7 S 2000	Barney Barnes			
11	10	1970	Preis von Baden-W., Hockenheim	D	79	906 144	26	Ges	Elektrik (8 S 2000)	Mike Coombe			Opposite Lock Club
11	10	1970	Preis von Baden-W., Hockenheim	D	56	906 116			nicht gestartet	Albert Pfuhl			
11	10	1970	Bergrennen Cefalu Gibilmanna	I			6	Ges	3 P2000	Antonio Guagliardo			
18	10	1970	Rdstr.rennen Aachen, Nürburgring	D	50	906 125	11	Ges		Helmut Bross			
18	10	1970	Rdstr.rennen Aachen, Nürburgring	D	47	906 119	13	Ges		Helmut Gall			

Tag	Monat	Jahr	Veranstaltung	Land	St.-Nr.	Fg.-Nr.	Platz	Gesamt	Sonstiges	1. Fahrer	2. Fahrer	3. Fahrer	Team
18	10	1970	Rdstr.rennen Aachen, Nürburgring	D	46	906 144	14	Ges	5 S 2000	Mike Coombe			
18	10	1970	Rdstr.rennen Aachen, Nürburgring	D	48				?	Kurt Rieder			
23	10	1970	Montes Claros	P	56	906 130	2	Ges		Carlos Santos			
25	10	1970	Flugplatzrennen München-Neubiberg	D		906 154			6 SP 2000	Roland Faude			
25	10	1970	Flugplatzrennen München-Neubiberg	D		906 116			9 SP 2000	Albert Pfuhl			
25	10	1970	Flugplatzrennen München-Neubiberg	D		906 125			10 SP 2000	Helmut Bross			
25	10	1970	Hockenheim 3-Stunden-Rennen	D	23	906 162			nicht bekannt	Max Müller			
1	11	1970	6 Std. von Madrid, Jarama	E	25	906 107			nicht bekannt	Willy Augustinus (»Augwiller«)	Chris Tuerlincx	J. Jouanneeaux	
1	11	1970	6 Std. von Madrid, Jarama	E	23				ausgefallen	Enrico Pasolini	Giovanni Bassi		
3	11	1970	Suzuka	J		906 120			ausgefallen	Peter Bellamy			
7	11	1970	9 Std. Kyalami	SA		906 117	12	Ges		Clive van Buuren	Red Whitehouse		
8	11	1970	Casablanca GP	MA		906 144	5	Ges		Mike Coombe			
14	11	1970	6 Std. Jarama	E	26	906 144	7	Ges	4 SP 2000	William Tuckett	Mike Coombe		
14	11	1970	6 Std. Jarama	E					nicht bekannt	Giorgio Bassi	Enrico Pasolini		
21	11	1970	3 Std. Cape Town, Killarney	SA	8	906 117	5	Ges		Clive van Buuren	Red Whitehouse		
29	11	1970	3 Std. Lourenço Marques	MZ	8	907 117	3	Ges		Clive van Buuren	Red Whitehouse		
29	11	1970	Road Race of Champions, Road Atlanta	USA	11	906 136			1 B/SR	Milt Minter			
29	11	1970	Road Race of Champions, Road Atlanta	USA	41				9 B/SR	John Dennis			
29	11	1970	Road Race of Champions, Road Atlanta	USA	9	906 129			ausgefallen	Carl Armstrong			
29	11	1970	Road Race of Champions, Road Atlanta	USA	74	906 148			nicht gestartet	Merv Rosen			
29	11	1970	Saisonfinale Hockenheim	D	25	906 125	4	Ges		Helmut Bross			
5	12	1970	3 Std. Bulawayo	ZW	8	906 117	8	Ges		Clive van Buuren	Red Whitehouse		
6	12	1970	Macao Grand Prix	HK	49	906 007*	1			Henry Lee			
27	12	1970	3 Std. Pietermaritzburg	SA	8	906 117	6	Ges.		Clive van Buuren	Red Whitehouse		
		1970	Laguna Seca	USA	11	906 104			nicht bekannt	Milt Minter			
		1970	Ayuda Internacional, Collique	VE			1	Ges		Federico Block			
		1970	Bergrennen Mortagne	F		906 114	1	Ges		Louis Cosson (»Novestille«)			
		1970	Bergrennen Mortagne	F		906 124	9	Ges		Enrico Conti			
		1970	Bergrennen Belleau	F			1	Ges		Alain Barret			
		1970	Bergrennen Col du Minier	F	98	906 118	4	Ges	1 S 2000	Jean-Marie Alméras			
		1970	Rampa da Pena	P		906 130	1			Carlos Santos			
		1970	Rampa de Monsanto	P	68	906 130	1			Carlos Santos			
2	1	1971	3 Std. Goldfields	SA	8	906 117	4	Ges		Clive van Buuren	Red Whitehouse		
31	1	1971	SCCA National Holtville, CA	USA		906 136			1 A/SR	Milt Minter			
31	1	1971	Fuji	J		906 145	1			Noritake Takahara			
7	3	1971	Suzuka	J		906 145	7			Noritake Takahara			
20	3	1971	12 h Sebring	USA	74	906 148	25		nicht gewertet	Merv Rosen	Dick Jacobs	Russ Tyndall	Dr. Mervin B. Rosen
20	3	1971	12 h Sebring	USA	58	906 113	33	Ges	ausgefallen (Ölverlust)	Mike Rahal	Werner Frank	Hugh Wise	Nationwide Food Brokers Racing Team
21	3	1971	National Albi [Gr. 5+6]	F		906 114			ausgefallen (Ventil) [169 KX 18]	Michel Guérin			Archambeau
21	3	1971	Hockenheim	D	28	906 162	3			Max Müller			
21	3	1971	Fuji	J		906 145	3			Noritake Takahara			
28	3	1971	Bergrennen Wiltz	LUX	85	906 155			nicht bekannt	Yves Elles			
28	3	1971	Bergrennen Montserrat	E		906 122	3	Ges		Juan Kutz			
4	4	1971	500 km ?	J		906 145	2			Noritake Takahara			
12	4	1971	300 km Nürburgring	D	23	906 156			6 SP 2000	Barney Barnes			
12	4	1971	300 km Nürburgring	D	22	906 109			nicht gestartet	Harald Link			
12	4	1971	Bergrennen Lorentzweiler	LUX	96	906 155			nicht bekannt	Yves Elles			
18	4	1971	3 h Le Mans	F	86	906 156	3	Ges	1 S 2000	Barney Barnes	Peter Wiechert		Peter Wiechert
18	4	1971	?	J		906 145	1			Noritake Takahara			
18	4	1971	?	J		906 120	2			Peter Bellamy			
25	4	1971	1000 km Monza	I	34	906 161			nicht qualifiziert	Vittorio Mascari	Federico Capasso (»Ghigo«)		Vittorio Mascari
25	4	1971	300 km Fuji	J	14	906 145	3	Ges		Noritake Takahara			
25	4	1971	300 km Fuji	J	12	906 120	12	Ges		Peter Bellamy			
25	4	1971	Flugplatzrennen Sembach	D	392	906 156			nicht bekannt	Barney Barnes			
25	4	1971	Bergrennen Sempach	CH	48	906 162			3 SP 2000	Max Müller			
25	4	1971	Coupe de Printemps	F			6	Ges		Michel Guérin			
25	4	1971	Bergrennen Teutoburger Wald	D		906 127			1 SP 2000	Manfred Pade			
25	4	1971	Bergrennen Krähberg	D	176	906109			ausgefallen	Harald Link			
25	4	1971	Bergrennen Flor de Mayo	E		906 122	1	Ges		Juan Kutz			
2	5	1971	Interserie Imola, Coppa Shell	I	34		15	Ges		Franco Berruto			Scuderia Brescia Corse
2	5	1971	National Magny-Cours [Gr. 5+6+7]	F		906 114			ausgefallen (Ventil) [169 KX 18]	Michel Guérin			Archambeau

Tag	Monat	Jahr	Veranstaltung	Land	St.-Nr.	Fg.-Nr.	Platz	Gesamt	Sonstiges	1. Fahrer	2. Fahrer	3. Fahrer	Team
2	5	1971	Bergrennen Pieve S. Stefano	I		906 161			2 SP 2000	Vittorio Mascari			
8	5	1971	Slalom Frutigen	CH	18	906 162	2			Max Müller			
9	5	1971	Bergrennen Gernsbach	D	149	906 154			1 SP >1300	Jürgen-Peter Kraus			
9	5	1971	Bergrennen Gernsbach	D	150	906 127			2 SP >1300	Manfred Pade			
15	5	1971	Bergrennen Freiburg Schauinsland	D		906 154			1 SP gesamt	Jürgen-Peter Kraus			
16	5	1971	Flugplatzrennen Kaufbeuren	D	143	906 109			1 S 2000	Harald Link			
16	5	1971	Targa Florio	I	31		35			Franco Berruto	Angelo Mola		Scuderia Brescia Corse
16	5	1971	1000 km Suzuka	J		906 145	3			Noritake Takahara			
23	5	1971	Salzburgring	A	31	906 162			ausgefallen	Max Müller			
23	5	1971	Bergrennen Triest-Opicina	I	304		10	Ges	1 S 2000	Andreas Trummer			
23	5	1971	Bergrennen Triest-Opicina	I	308	906 161			nicht bekannt	Vittorio Mascari			
30	5	1971	1000 km Nürburgring	D	74	906 109	30		ausgefallen	Harald Link	Bernd Becker		Harald Link
30	5	1971	Flugplatzrennen Neuhausen	D	27	906 156			nicht bekannt	Barney Barnes			
30	5	1971	Flugplatzrennen Neuhausen	D	31	906 162			nicht bekannt	Max Müller			
30	5	1971	Flugplatzrennen Neuhausen	D	35	906 154			nicht bekannt	Jürgen-Peter Kraus			
30	5	1971	Bergrennen Coppa Della Collina	I	36	906 161	8	Ges	2 S 2000	Vittorio Mascari			
30	5	1971	Bergrennen Vittorio Veneto-Cansoglio	I					2 SP 2000	Franco Berruto			
2	6	1971	Gran Premio della Repub., Vallelunga	I	18	906 161	4	Ges	2 SP 2000	Vittorio Mascari			
2	6	1971	Gran Premio della Repub., Vallelunga	I			5	Ges	3 SP 2000	Angelo Mola			Scuderia Brescia Corse
5	6	1971	Slalom Wangen	CH	7	906 162			2 S > 1300	Max Müller			
6	6	1971	300 Meilen Fuji	J	12	906120	5	Ges		Peter Bellamy			
6	6	1971	300 Meilen Fuji	J	14	906 145	6	Ges		Noritake Takahara			
6	6	1971	Bergrennen Teufelsrutsch	D	172	906 127			1 SP 2000	Manfred Pade			
6	6	1971	Bergrennen Coppa Sila, Cosenza	I	712	906 161			1 S 2000	Vittorio Mascari			
13	6	1971	Bergrennen Neumarkt	D	150	906 154			1 SP 2000	Jürgen-Peter Kraus			
17	6	1971	Bergrennen Kyrburg	D		906 127			1 SP 2000	Manfred Pade			
20	6	1971	Flugplatzrennen Mainz-Finthen	D	24	906 156			ausgefallen	Barney Barnes			
20	6	1971	Flugplatzrennen Mainz-Finthen	D	13	906 109			5 SP >2000	Harald Link			
20	6	1971	SCCA National Laguna Seca, CA	USA	91	906 136			nicht bekannt	Harald Kirberg			
20	6	1971	Bergrennen Eggberg	D		906 154				Jürgen-Peter Kraus			
20	6	1971	Bergrennen Eggberg	D	17	906 162			3 SP 2000	Max Müller			
20	6	1971	Bergrennen Salsomaggiore	I	606	906 161			2 S 2000	Vittorio Mascari			
27	6	1971	1000 km Zeltweg	A	24		0			Andreas Trummer	Dieter Sessitsch		Bosch Racing Team
27	6	1971	1000 km Zeltweg	A	19				Wheel	Franco Berruto	Angelo Mola		Scuderia Brescia Corse
27	6	1971	?	J		906 145	1			Noritake Takahara			
27	6	1971	?	J		906 120	3			Peter Bellamy			
27	6	1971	Bergrennen Ottenhöfen	D		906 154			1 P >1600	Jürgen-Peter Kraus			
27	6	1971	Bergrennen Turckheim	F		906 155			9 SP	Yves Elles			
	6	1971	SCCA National Road America	USA	16	906 113			3 B/SR	Mike Rahal			
4	7	1971	Vila Real	P	4	906 130	4	Ges		Carlos Santos			
4	7	1971	Vila Real	P	3	906 133	11	Ges		Américo Nunes			
4	7	1971	Bergrennen ?	F	242	906 162	1			Max Müller			
4	7	1971	Bergrennen Trento Bondone	I	54				3 S 2000	Franco Berruto			
4	7	1971	Bergrennen Trento Bondone	I	56				4 S 2000	Andreas Trummer			
4	7	1971	Bergrennen Trento Bondone	I	58	906 161			nicht bekannt	Vittorio Mascari			
4	7	1971	Bergrennen Risselberg	D		906 127			ausgefallen	Manfred Pade			
11	7	1971	Interserie Norisring-Rennen	D	66	906 156	12	Ges		Barney Barnes			
11	7	1971	Interserie Norisring-Rennen	D	61	906 109	15	Ges		Harald Link			Harald Link
11	7	1971	Bergrennen Cesana Sestriere	I					2 S 2000	Franco Berruto			
11	7	1971	Bergrennen Pedavena	I	303	906 161			3 S 2000	Vittorio Mascari			
18	7	1971	Hockenheim	D	59	906 162			2 S 2000	Max Müller			
18	7	1971	Circuito de Montes Claros	P	80	906 130	3	Ges		Carlos Santos			
18	7	1971	Bergrennen Taubensuhl	D	101	906 154			1 SP 2000	Jürgen-Peter Kraus			
18	7	1971	Bergrennen Oberpfalz	D		906 127			2 SP 2000	Manfred Pade			
24	7	1971	6 Std. Watkins Glen	USA	46	906 113			nicht gewertet	Mike Rahal	Hugh Wise	Horst Kroll	Brokers Racing / Nationwide Food
25	7	1971	Bergrennen Potzberg	D	83	906 156			1 S >1600	Barney Barnes			
25	7	1971	Bergrennen Ellerberg	D		906 154			2 SP >1600	Jürgen-Peter Kraus			
25	7	1971	Coppa di AC Bologna, Imola, Euro 2000	I	58	906 161	10	Ges		Vittorio Mascari			
25	7	1971	Coppa di AC Bologna, Imola, Euro	I	57		11	Ges		Franco Berruto			Scuderia Brescia Corse
25	7	1971	1000 km Fuji	J		906 145			ausgefallen	Noritake Takahara			
1	8	1971	Salzburgring	A	134	906 162	1			Max Müller			
1	8	1971	Bergrennen Osnabrück	D	238	906 127			4 SP 2000	Manfred Pade			
8	8	1971	Bergrennen Rieti-Terminillo	I		906 161			1 S 2000	Vittorio Mascari			
15	8	1971	500 km Fuji	J	96	906 145	11	Ges		Hajime Watanabe			

Tag	Monat	Jahr	Veranstaltung	Land	St.-Nr.	Fg.-Nr.	Platz	Gesamt	Sonstiges	1. Fahrer	2. Fahrer	3. Fahrer	Team
15	8	1971	Flugplatzrennen Wunstorf	D	4	906 109			4 SP >2000	Harald Link			
15	8	1971	Zandvoort	NL	238	906 127			1 SP 2000	Manfred Pade			
15	8	1971	Flugplatzrennen Niederstetten	D	179	906 162			4 SP 2000	Max Müller			
15	8	1971	Bergrennen Ruselberg	D		906 154			3 SP >1300	Jürgen-Peter Kraus			
15	8	1971	Bergrennen Svolte de Popoli	I		906 161			3 S 2000	Vittorio Mascari			
15	8	1971	Bergrennen Svolte de Popoli	I					4 S 2000	Franco Berruto			
21	8	1971	Sundown Grand Prix, Mosport Park	CDN		906 132	4	Ges		Bert Kühne	Horst Petermann		
22	8	1971	Flugplatzrennen Kassel-Calden	D	26	906 156			4 SP 2000	Barney Barnes			
22	8	1971	Flugplatzrennen Kassel-Calden	D	11	906 109			ausgefallen	Harald Link			
22	8	1971	Bergrennen St. Ursannes-Les Rangiers	CH	77	906 162			5 SP 2000	Max Müller			
22	8	1971	Bergrennen Ratisbona	D		906 154			2 S 2000	Jürgen-Peter Kraus			
22	8	1971	Bergrennen San Giustino	I		906 161			1 S > 2000	Vittorio Mascari			
22	8	1971	Bergrennen Malegno-Borno	I					2 S 2000	Franco Berruto			
29	8	1971	Flugplatzrennen Mendig	D	23	906 156			4 SP 2000	Barney Barnes			
29	8	1971	Flugplatzrennen Mendig	D	7	906 109			5 SP >2000	Harald Link			
29	8	1971	SCCA National Vacaville, CA	USA		906 136			1 B/SR	Harald Kirberg			
29	8	1971	Bergrennen Ollon-Villars	CH	173		30	Ges	4 S 3000	Franco Berruto			
29	8	1971	Bergrennen Dünsberg	D	181	906 154			1 SP 2000	Jürgen-Peter Kraus			
29	8	1971	Bergrennen Gubbio	I		906 161			2 S 2000	Vittorio Mascari			
5	9	1971	500 km Nürburgring	D	60				7 SP 2000	Angelo Mola	Franco Berruto		Scuderia Brescia Corse
5	9	1971	200 Miles Fuji	J	96	906 145			ausgefallen	Hajime Watanabe			
5	9	1971	Flugplatzrennen Ulm	D	71	906 162	2			Max Müller			
12	9	1971	500 km Imola (Interserie)	I	34		16	Ges		Franco Berruto			Brescia Corse
12	9	1971	500 km Imola (Interserie)	I	45	906 161	24	Ges	(ausgefallen)	Vittorio Mascari			
12	9	1971	Flugplatzrennen Geilenkirchen	D	257	906 127			1 SP 2000	Manfred Pade			
12	9	1971	Flugplatzrennen Geilenkirchen	D	255	906 156			2 SP >1300	Barney Barnes			
12	9	1971	Bergrennen Gurnigel	CH	272	906 162	4			Max Müller			
19	9	1971	Bergrennen Schwäbische Alb	D	343	906 154			2 SP 2000	Jürgen-Peter Kraus			
19	9	1971	Bergrennen Klingenring	D	101	906 127			2 SP 2000	Manfred Pade			
26	9	1971	Bergrennen Ansbach	D		906 154			1 SP gesamt	Jürgen-Peter Kraus			
3	10	1971	Preis von Baden-W., Hockenheim	D	61	906 109	13	Ges		Harald Link			Harald Link
3	10	1971	Preis von Baden-W., Hockenheim	D	34		16			Franco Berruto			Brescia Corse
3	10	1971	Preis von Baden-W., Hockenheim	D	66	906 156	21	Ges		Barney Barnes			
3	10	1971	Bergrennen St. Peterzell-Hemberg	CH	53	906 162			4 SP 2000	Max Müller			
3	10	1971	Bergrennen Landshut	D		906 154			2 P >1300	Jürgen-Peter Kraus			
10	10	1971	250 km Fuji	J	11	906 120	18	Ges		Peter Bellamy			
10	10	1971	250 km Fuji	J	96	906 145			ausgefallen	Hajime Watanabe			
10	10	1971	Bergrennen Sauerland	D	4	906 127			1 SP 2000	Manfred Pade			
10	10	1971	Bergrennen Steibis	D		906 154			2 S 2000	Jürgen-Peter Kraus			
10	10	1971	Bergrennen Marchairuz	CH	272	906 162			4 SP 2000	Max Müller			
12	10	1971	1000 km Montjuich	E	26				ausgefallen	Angelo Mola	Franco Berruto		Scuderia Brescia Corse
17	10	1971	SCCA Regional Laguna Seca, CA	USA	91	906 136			nicht bekannt	Harald Kirberg			
17	10	1971	Bergrennen Vaduz-Triesenberg	FL	39	906 162	2			Max Müller			
24	10	1971	3 h Hockenheim	D	48	906 162	2	Ges		Max Müller	Martin Maraggia		
24	10	1971	Bergrennen Nürburgring	D		906 127			ausgefallen	Manfred Pade			
31	10	1971	Coppa Ignazio Giunti, Vallelunga	I					nicht qualifiziert	Franco Berruto			
31	10	1971	Coppa Ignazio Giunti, Vallelunga	I		906 161			nicht gestartet	Vittorio Mascari			
3	11	1971	Fuji	J		906 120			ausgefallen	Peter Bellamy			
6	11	1971	9 Std. Kyalami	SA	19	906 117	17	Ges		Red Whitehouse	John Truter		
20	11	1971	3 Std. Cape Town, Killarney	SA		906 117	8	Ges		Red Whitehouse			
28	11	1971	ARRC Road Atlanta	USA		906 159			ausgefallen; B/SR	Mason O'Keiff			
28	11	1971	ARRC Road Atlanta	USA		906 136			nicht gestartet; BSR	Harald Kirberg			
		1971	SCCA National Willow Springs, CA	USA		906 136			nicht bekannt	Harald Kirberg			
		1971	SCCA National Riverside, CA	USA		906 136			nicht bekannt	Harald Kirberg			
		1971	SCCA National Summit Point	USA	40	906 157	6			Gregg Loomis			
		1971	Rampa de Monsanto	P	43	906 130	1			Carlos Santos			
		1971	Rampa da Covilha	P		906 130	1			Carlos Santos			
		1971	Rampa da Graca	P		906 130	1			Carlos Santos			
		1971	Vila do Conde	P	148	906 130	1			Carlos Santos			
19	3	1972	Montlhéry	F			11			Hughes Kirschoffer			
20	3	1972	300 km Fuji	J	21	906 145			ausgefallen	Kunio Murata			
25	3	1972	12 h Sebring	USA	74	906 148	21	Ges		Merv Rosen	Jerry Schaub		Carousel Porsche Audi, Inc.
9	4	1972	Bergrennen Dünsberg	D	176	906 154			ausgefallen	Jürgen-Peter Kraus			
25	4	1972	1000 km Monza	I	36	906 161			nicht qualifiziert	Vittorio Mascari	Eugenio Tinghi		Vittorio Mascari

Tag	Monat	Jahr	Veranstaltung	Land	St.-Nr.	Fg.-Nr.	Platz	Gesamt	Sonstiges	1. Fahrer	2. Fahrer	3. Fahrer	Team
30	4	1972	Bergrennen Dobratsch	A		906 118			ausgefallen	Jean-Marie Alméras			
30	4	1972	Bergrennen Arboras	F		906 118			nicht bekannt	Jean-Marie Alméras			
30	4	1972	Bergrennen Nibelungen, Obernzell	D		906 109			2 S >1300	Gertraud Esser			
30	4	1972	Bergrennen Heilbronn	D	158	906 154			1 SP 2000	Jürgen-Peter Kraus			
	4	1972	Rampa da Pena	P		906 133			nicht bekannt	Américo Nunes			
1	5	1972	Coppa Shell, Imola, Interserie	I		906 161			nicht gestartet	Vittorio Mascari			
7	5	1972	Bergrennen Mazamet	F		906 118	2	Ges	1 Grp. 5 und 7	Jean-Marie Alméras			
7	5	1972	Bergrennen Sudelfeld	D		906 109			4 SP >1300	Gertraud Esser			
14	5	1972	Bergrennen Barock, Ludwigsburg	D	121	906 109			ausgefallen	Gertraud Esser			
14	5	1972	Bergrennen Col Bayard	F	146	906 118	1	Ges		Jean-Marie Alméras			
14	5	1972	Bergrennen Abreschviller	F		906 143			2 Grp. 5 und 7	Jean-Daniel Jakubowski			
21	5	1972	Bergrennen Sint-Germain-sur-Ille	F		906 143			4 Grp. 5 und 7	Jean-Daniel Jakubowski			
	5	1972	Bergrennen Montaigu	F		906 143			4 Grp. 5 und 7	Jean-Daniel Jakubowski			
28	5	1972	Bergrennen Lodève	F		906 118	1			Jean-Marie Alméras			
4	6	1972	Bergrennen Wissembourg	F					5 Grp. 5 und 7	Francois Migault			
11	6	1972	Bergrennen Teufelsrutsch	D		906 162			3 S 2000	Paul Juchem			
17	6	1972	Estoril	P	80	906 130 A	3	Ges		Carlos Santos			
17	6	1972	Estoril	P	76	906 133	4	Ges		Américo Nunes			
18	6	1972	Flugplatzrennen Mainz-Finthen	D	29	906 127			7 SP 2000	Manfred Pade			
18	6	1972	Flugplatzrennen Mainz-Finthen	D	30	906 162			nicht bekannt	Paul Juchem			
18	6	1972	Bergrennen Jura	D		906 154			2 SP 2000	Jürgen-Peter Kraus			
18	6	1972	Bergrennen Jura	D		906 109			2 SP >2000	Gertraud Esser			
18	6	1972	Bergrennen Mont Ventoux	F	10	906 118	9	Ges	1 P 2000	Jean-Marie Alméras			
25	6	1972	Bergrennen Bolzano-Mendola	I	552	906 161			nicht bekannt	Vittorio Mascari			
9	7	1972	Vila Real	P	6	906 133	9	Ges		Américo Nunes			
9	7	1972	Vila Real	P	10 (?)	906 130 A			nicht gestartet (Feuer)	Manuel Nogueira Pinto			
9	7	1972	Bergrennen Oberpfalz	D		906 109	2		2 S >1600	Gertraud Esser			
30	7	1972	Bergrennen Osnabrück	D	213	906 127	3		3 S 2000	Manfred Pade			
6	8	1972	Bergrennen Bruno Carotti, Rieti	I		906 161			1 S 3000	Vittorio Mascari			
6	8	1972	Bergrennen Haut Cantal	F	10	906 118	4			Jean-Marie Alméras			
13	8	1972	Flugplatzrennen Wunstorf	D	18	906 127	10		10 SP 2000	Manfred Pade			
20	8	1972	Vila do Conde	P	122	906 133	3	Ges		Américo Nunes			
20	8	1972	Vila do Conde	P		906 130 A			nicht gestartet (Motor)	Artur Passanha			
20	8	1972	Bergrennen S. Guistino-Bocca Trabaria	I		906 161	8	Ges	1 S 3000	Vittorio Mascari			
27	8	1972	Bergrennen Gubbio-Madonna della Cima	I		906 161			1 S 3000	Vittorio Mascari			
24	9	1972	Bergrennen Merzig	D		906 127	1		1 Sp 2000	Manfred Pade			
3	9	1972	500 km Nürburgring	D	32	906 127			nicht gestartet	Manfred Pade			
3	9	1972	500 km Nürburgring	D	42				nicht gestartet	Horst Bohrer			
3	9	1972	200 Miles Fuji	J	11	906 120	14	Ges		Peter Bellamy			
3	9	1972	500 km Interlagos	BR	14	906 130 A	16	Ges		Artur Passanha			
10	9	1972	Flugplatzrennen Mainz-Finthen	D	15	906 156			ausgefallen	Barney Barnes			
17	9	1972	Suzuka	J		906 120			ausgefallen	Peter Bellamy			
17	9	1972	500 km Imola	I	11	906 161	16	Ges		Vittorio Mascari			
17	9	1972	Bergrennen Griesbach	D		906 109	3		3 S >1300	Gertraud Esser			
24	9	1972	Bergrennen Schwäbische Alb	D	452	906 109	3		3 SP >2000	Gertraud Esser			
	9	1972	Estoril	P	38	906 130 A			ausgefallen	Miguel do Lacerda			
	9	1972	Estoril	P	45	906 133			nicht bekannt	Américo Nunes			
1	10	1972	Bergrennen Ansbach, Spalt	D		906 109	2		2 S >1300	Gertraud Esser			
1	10	72	Bergrennen Coppa Tiber	I		906 161			1 S 3000	Vittorio Mascari			
8	10	1972	Bergrennen Waldsee	D		906 154			2 P >1600	Günther Baum			
8	10	1972	Bergrennen Steibis	D		906 109			1 S >2000	Gertraud Esser			
10	10	1972	Master 250 km, Fuji	J	11	906 120			ausgefallen	Peter Bellamy			
15	10	1972	Bergrennen Augusta	D	121	906 109			ausgefallen	Gertraud Esser			
15	10	1972	Bergrennen Taunus	D	1	906 154			1 SP >1600	Günther Baum			
11	11	1972	Sports Estoril	P	32	906 133	6	Ges		Américo Nunes			
23	11	1972	200 km Fuji	J	11	906 120			nicht gestartet	Peter Bellamy			
18	3	1973	300 km Fuji	J	11	906 120	10	Ges		Peter Bellamy			
18	3	1973	Bergrennen Teufelsrutsch	D	238	906 109			nicht gestartet	Franz Esser			
25	3	1973	Bergrennen Zotzenbach	D	238	906 109			nicht gestartet	Franz Esser			
25	3	1973	Bergrennen Zotzenbach	D	244				nicht gestartet	Werner Köll			
1	4	1973	?	J		906 120			ausgefallen	Peter Bellamy			
15	4	1973	SCCA National Willow Springs, CA	USA	91	906 136			1 AB/SR	Harald Kirberg			
29	4	1973	Bergrennen Teutoburger Wald	D	237	906 162			2 S 2000	Manfred Pade			
12	5	1973	Bergrennen Wallberg, Rottach-Egern	D	133	906 109			nicht gestartet	Franz Esser			

Tag	Monat	Jahr	Veranstaltung	Land	St.-Nr.	Fg.-Nr.	Platz	Gesamt	Sonstiges	1. Fahrer	2. Fahrer	3. Fahrer	Team
13	5	1973	Bergrennen Passo dello Spino	I		906 161			3 S 2000	Vittorio Mascari			
20	5	1973	Bergrennen Coppa della Castellana	I		906 161			3 S 2000	Vittorio Mascari			
27	5	1973	Bergrennen Vittorio Veneto-Cansoglio	I	192	906 161	6	Ges	4 SP 2000	Vittorio Mascari			
3	6	1973	300 km Fuji	J	11	906 120			nicht gestartet	Peter Bellamy			
17	6	1973	Jura-Bergrennen, Neumarkt	D		906 109			4 SP >2000	Franz Esser			
17	6	1973	Bergrennen Sarnano-Sassotetto	I		906 161			4 G5 2000	Vittorio Mascari			
21	6	1973	Bergrennen Edelstein	D		906 162			2 SP 2000	Manfred Pade			
	6	1973	SCCA National Laguna Seca, CA	USA		906 136			Unfall	Harald Kirberg			
1	7	1973	Vila Real	P	31	906 130 A	10	Ges		Miguel de Lacerda			
1	7	1973	Vila Real	P	30	Aurora			nicht bekannt	Robert Giannone			
1	7	1973	Bergrennen Trento Bondone	I		906 161			nicht bekannt	Vittorio Mascari			
1	7	1973	Bergrennen Rheingold, Oberwesel	D		906 155			ausgefallen	Klaus Lorenz			
1	7	1973	Bergrennen Nürburgring	D		906 162			1 SP 2000	Manfred Pade			
8	7	1973	Grande Premio do ACP, Estoril	P	48	Aurora	15	Ges		Robert Giannone			Garagem Aurora
8	7	1973	Grande Premio do ACP, Estoril	P	46	906 130 A			nicht gestartet	Miguel de Lacerda			Garagem Aurora
14	7	1973	Bergrennen Aachen, Nürburgring	D		906 162			2 SP >1300	Manfred Pade			
15	7	1973	Bergpreis der Oberpfalz	D		906 109			3 S >2000	Franz Esser			
22	7	1973	Bergrennen Montevergine	I		906 161			5 S 2000	Vittorio Mascari			
5	8	1973	Bergrennen Rieti-Terminillo	I		906 161			5 S 2000	Vittorio Mascari			
26	8	1973	Ratisbona-Bergrennen, Kelheim	D		906 109			4 SP >2000	Franz Esser			
	8	1973	Vila do Conde	P		906 130 A			ausgefallen	Miguel de Lacerda			
	8	1973	Vila do Conde	P		Aurora	4	Ges		Robert Giannone			
2	9	1973	500 km Rennen, Nürburgring	D	41	906 162			nicht gewertet	Manfred Pade			
16	9	1973	Klingenring Bergpreis	D	130	906 162			1 SP >1300	Manfred Pade			
16	9	1973	Amberger Bergpreis	D		906 109			5 SP >2000	Franz Esser			
23	9	1973	Bergpreis Schwäbische Alb	D	503	906 109			8 SP >1600	Franz Esser			
30	9	1973	Bergrennen Anspach, Spalt	D		906 109			5 SP >1600	Franz Esser			
7	10	1973	Sauerland Bergpreis	D	11	906 162			ausgefallen	Manfred Pade			
3	11	1973	ARRC Road Atlanta	USA		906 157			6 B/SR	Robert Baker			
3	11	1973	ARRC Road Atlanta	USA		906 121			ausgefallen; B/SR	Ed Morin			
10	11	1973	Bergrennen Saint Ignace	F		906 139			1 S 2000	Gérard Rubio			
16	11	1973	GT + Sportwagen-Rennen, Macao	HK	18	906 127			ausgefallen	Jim Sweeney			
17	11	1973	GP von Macao	HK	18	906 127			ausgefallen (Schaltgestänge)	Herbert Adamczyk			
		1973	Mocamedes	AO	7	906 133	2	Ges		Américo Nunes			
		1973	Mocamedes	AO	11	906 130 A	4	Ges		Carlos Santos			
		1973	Rampa da Covilha	P	47	906 130 A			nicht bekannt	Carlos Santos			
		1973	500 km Benguela	AO	7	906 133			nicht bekannt	Herculano Areias			
28	4	1974	Frankenwald-Bergrennen, Erlangen	D		906 109			4 SP >1600	Franz Esser			
5	5	1974	Flugplatzrennen Neubiberg	D		906 109			ausgefallen	Franz Esser			
18	5	1974	Eight Clubs Meeting, Silverstone	GB	116	906 144	6	Ges		Martin Hone			
2	6	1974	Flugplatzrennen Mainz-Finthen	D	24	906 162			nicht bekannt	Manfred Pade			
9	6	1974	Bergrennen Rheingold	D		906 162			1 S 2000	Manfred Pade			
16	6	1974	Jura-Bergrennen, Neumarkt	D	198	906 109			4 SP >2000	Franz Esser			
22	6	1974	Bergrennen Wittlich, Nürburging	D		906 162			1 S 2000	Manfred Pade			
22	6	1974	Bergrennen Herford, Nürburging	D		906 162			1 S 2000	Manfred Pade			
	6	1974	SCCA National Laguna Seca, CA	USA	81	906 136			nicht bekannt	Harald Kirberg			
31	8	1974	Bergrennen Barbarossa, Nürburgring	D		906 162			1 S 2000	Manfred Pade			
22	9	1974	Bergrennen Klingenring, Solingen	D		906 162			2 S 2000	Manfred Pade			
6	10	1974	Bergrennen Sauerland	D	6	906 162			nicht bekannt	Manfred Pade			
		1974	Oulton Park	GB	98	906 144			nicht bekannt	Martin Hone			
		1974	Castle Coombe	GB	82	906 144			nicht bekannt	Martin Hone			
		1974	ARRC Road Atlanta, GA	USA	81	906 136			nicht bekannt	Harald Kirberg			
23	3	1975	150 Runden Mugello	I	19	906 161			zurückgezogen (GRD-Cosw.)	Vittorio Mascari	Mario Facca		Vittorio Mascari
15	6	1975	Flugplatzrennen Mainz-Finthen	D	55	906 155			ausgefallen	Karl-Adolf Kneip			
29	6	1975	Bergrennen Sarnano-Sassotetto	I	305	906 161			3 G5 3000	Vittorio Mascari			
29	6	1975	Bergrennen Rotenburg (Fulda)	D	150	906 155			nicht bekannt	Karl-Adolf Kneip			
6	7	1975	Bergrennen Trento Bondone	I		906 161			4 G5 3000	Vittorio Mascari			
13	7	1975	Bergrennen S. Giustino-Bocca Trabaria	I		906 161			2 G5 3000	Vittorio Mascari			
20	7	1975	Bergrennen Coppa Alta Garfagnana	I		906 161			2 G5 3000	Vittorio Mascari			
27	7	1975	Bergrennen Coppa Paolina Teodori	I		906 161			3 G5 3000	Vittorio Mascari			
3	8	1975	Bergrennen Rieti-Terminillo	I		906 161	24	Ges	4 G5 3000	Vittorio Mascari			
17	8	1975	Flugplatzrennen Kassel-Calden	D	47	906 155			nicht gestartet	Karl-Adolf Kneip			
28	9	1975	Preis von Baden-W., Hockenheim	D	68	906 155			nicht erschienen	Karl-Adolf Kneip			
		1975	Rampa da Pena	P	37	Aurora	1	Ges		Robert Giannone			

Tag	Monat	Jahr	Veranstaltung	Land	St.-Nr.	Fg.-Nr.	Platz	Gesamt	Sonstiges	1. Fahrer	2. Fahrer	3. Fahrer	Team
		1975	Rampa da Serra da Estrela	P		Aurora			nicht bekannt	Robert Giannone			
		1975	Rampa da Conde	P		Aurora			nicht bekannt	Robert Giannone			
9	5	1976	Flugplatzrennen Kassel-Calden	D		906 155			nicht gewertet	Karl-Adolf Kneip			
23	5	1976	Flugplatzrennen Mainz-Finthen	D	19	906 155	5	Ges	G6 2000	Karl-Adolf Kneip			
13	6	1976	Preis von Limburg, Zolder	B	63	906 155	14	Ges		Karl-Adolf Kneip			
3	7	1976	Pr. der Stadt Karlsruhe, Hockenheim	D	22	906 155			nicht bekannt	Karl-Adolf Kneip			
29	8	1976	Interserie Hockenheim	D	15	906 155	10	Ges	Div I	Karl-Adolf Kneip			
12	9	1976	Rundstreckenrennen Ulm	D		906 155	7	Ges	G6 >1600	Karl-Adolf Kneip			
10	10	1976	Interserie Nürburgring	D	11	906 155	4	Ges	Div I	Karl-Adolf Kneip			
24	10	1976	Flugplatzrennen Mainz-Finthen	D	15	906 155			Div I; nicht bekannt	Karl-Adolf Kneip			
31	10	1976	Interserie Hockenheim	D	11	906 155	8	Ges	Div I	Karl-Adolf Kneip			
3	5	1977	1000 km Fuji	J		906 145	4	Ges		?	Noritake Takahara		
26	6	1977	CAN-AM Laguna Seca, CA	USA	94	KK2	7	Ges		Harald Kirberg			
7	8	1977	CAN-AM Mid-Ohio	USA	94	KK2	14	Ges		Harald Kirberg			
25	9	1977	CAN-AM Sears Point	USA	94	KK2			nicht gestartet	Harald Kirberg			
16	10	1977	CAN-AM Riverside, CA	USA	94	KK2	20	Ges		Harald Kirberg			
8	10	1978	CAN-AM Laguna Seca, CA	USA		KK2			nicht gestartet	Harald Kirberg			

Startaufstellung auf dem Nürburgring 1968.

Perfekt restauriert: 906 122.

Die Fahrzeuge im Detail

Wenn man knapp 40 Jahre nach der Premiere eines Rennwagens anfängt, die Geschichte aufzuschreiben, dann sieht man sich einer Menge Problemen gegenüber:
Problem Nr. 1: 40 Jahre bedeuten so viel wie zwei Generationen, eine lange Zeit, in der viel passiert ist.
Problem Nr. 2: Der Carrera 6 wurde in drei verschiedene Erdteile verkauft, von dort aus nach einer bestimmten Zeit wieder weiter und dann wieder weiter, das Ganze also mehrfach und international.
Problem Nr. 3: Der Carrera 6 ist ein Rennwagen. Und das Schicksal von Rennwagen ist es, dass sie im Grenzbereich bewegt und hart beansprucht werden, dass sie manchmal verunfallen und dabei mehr oder weniger stark beschädigt werden. In Einzelfällen wurden sogar ganze Fahrzeuge ersetzt. Das führt automatisch zu
Problem Nr. 4, der Frage, wie viele 906 tatsächlich gebaut worden sind.
Anhand der Fahrgestellnummern 906 101 bis 906 162 lässt sich nachvollziehen, dass 62 Fahrzeuge gebaut wurden, dazu kommen mindestens zwei Vorserienfahrzeuge mit den Fahrgestellnummern 906 016 und 906 017. Es gab darüber hinaus auch noch (unnummerierte?) Ersatzrahmen oder gar ganze »rolling chassis«, mit denen innerhalb kurzer Zeit wieder ein einsatzfähiges Fahrzeug auf die Räder gestellt werden konnte.
Ein Beispiel dafür ist das Fahrzeug mit der Fahrgestellnummer 906 126. Dieser Wagen kam beim Training zu den 1000 km von Spa-Francorchamps auf einer Ölpfütze von der Strecke ab und wurde dabei so stark deformiert, dass er nicht wieder gerichtet werden konnte. Knappe zwei Wochen später nahm derselbe (?) Wagen schon wieder am 1000-km-Rennen auf dem Nürburgring teil.
Dieses Fahrzeug hat aller Wahrscheinlichkeit nach dieselbe Fahrgestellnummer erhalten wie der Unfallwagen. Schließlich waren ja auch die Fahrzeugpapiere auf den Namen desselben Besitzers ausgestellt worden. Warum also ändern?
Was mit dem Unfallrahmen des »ersten« 906 126 passiert ist, lässt sich heute nicht mehr sicher nachvollziehen. Möglicherweise wurde er vor der Schrottpresse gerettet und als Vorlage für einen Neuaufbau genutzt. Das wäre eine mögliche Erklärung für die heutige Existenz von zwei Fahrzeugen mit derselben Nummer.
Der »zweite« 906 126 wurde nach einer bestimmten Zeit an einen portugiesischen Staatsbürger verkauft, der an einem Rennen in der afrikanischen Kolonie Angola teilnahm und dabei schwer verunfallte. Er kam kurz nach dem Start von der Strecke ab, geriet in die Menge der Zuschauer und verletzte mehrere von ihnen tödlich. Er selbst zog sich dabei ebenfalls so schwere Verletzungen zu, dass er später an den Folgen verstarb.
Dieser Unfall war nun der zweite schwere Unfall, der in Verbindung mit der Fahrgestellnummer 906 126 steht. Beim Neuaufbau eines nunmehr »dritten« 906 126 wurden Teile des »zweiten« verwendet, aber natürlich nicht alle. Der übriggebliebene »Schrott« diente möglicherweise als Legitimation für die Entstehung eines weiteren 906, sodass im Laufe von über 30 Jahren aus einem Auto am Ende drei wurden. Welches ist nun das vermeintlich echte?
Leider ist 906 126 nicht der einzige Carrera 6, von dem es heute mehr als ein Exemplar gibt. Dazu kommen Fahrzeuge, die ursprünglich einmal aus Liebhaberei von passionierten und talentierten Leuten nachgebaut wurden und von diesen auch als Nachbauten verstanden wurden. Nach der Phase »Das ist ja nur ein altes, wertloses Rennauto, das will sowieso keiner mehr haben« stiegen die Preise für die 906er in den letzen 15 bis 20 Jahren in nie für möglich gehaltene Höhen. Damit gewannen auch »echte« Nachbauten an Wert und mutierten irgendwann im Handel zu »echten« Carrera 6.
So gesehen ist es nicht verwunderlich, dass von den bei Porsche offiziell gebauten 64 Fahrzeugen trotz diverser Totalschäden noch alle existieren, und leider nicht nur diese, sondern auch noch vorsichtig geschätzte 10 bis 15 weitere Fahrzeuge.
Die Autoren haben sich nach bestem Wissen und Gewissen bemüht, die individuelle Geschichte eines jeden Carrera 6 so genau wie möglich und so detailliert wie möglich nachzuzeichnen. Dabei sind eine Menge Fragen offen geblieben. Viele Zeitzeugen weilen nicht mehr unter uns, manche können sich nicht mehr genau erinnern und manche sind scheinbar spurlos verschwunden.
Es ist auch nicht auszuschließen, dass Fehlinformationen in die Recherchen eingeflossen sind. Deshalb ist jeder, der etwas besser weiß, herzlich aufgerufen, mit den Autoren Kontakt aufzunehmen. Jedes scheinbar noch so kleine Detail kann dabei wichtig sein.

906 001

Motor-Nr.: 901-06
Getriebe-Nr.: 822 005
Ausgeliefert am: 1.10.1964
Händler: Werkswagen
1. Kunde: Dieter Eberhard, Stuttgart Wangen (D)
2. Kunde: In Frankreich
3. Kunde: Snyder Syracuse, Buffalo, NY (USA)
4. Kunde: Jeff Lewis, New Port Beach, CA (USA)
5. Kunde: Klaus-Dieter Frers (D)

aktueller Besitzer: Klaus-Dieter Frers (D, 2008)
Sechszylinder Typ 901
Farbe: Silbermetallic
Innenausstattung: Blau
Kennzeichen: S – UN 441
ab 24. 10. 1966, Unfall 1967
ab 1968
1968–1999
seit 1999
seit 2003

Porsche rüstete bereits im Herbst 1964 einen 904 mit dem neuen Sechszylinder-Motor aus. Im Hinblick auf die Weiterentwicklung erhielt er eine Fahrgestellnummer, die nicht mit 904, sondern mit 906 anfing. Der erste Start erfolgte bei dem 1000-km-Rennen von Montlhéry nahe Paris. 1965 ging es dann weiter bei der Targa Florio, auf dem Nürburgring und in Le Mans. Mit dem 4. Platz im Gesamtklassement und dem Gewinn der Index-Wertung (Linge/Nöcker) ging 906 001 in den einstweiligen Ruhestand.
1966 musste er auf der Targa Florio als Trainingswagen, als Muletto, herhalten und wurde Ende des Jahres an einen Privatmann in Stuttgart verkauft. Kurz danach fand der inzwischen in einem Gelbton lackierte Wagen den Weg in die USA und stand dort relativ lange ungenutzt herum. Erst 2003 erlöste der deutsche Unternehmer Klaus Dieter Frers das Fahrzeug aus dem Dornröschenschlaf. Es erfolgte eine Totalrestaurierung bei Kevin Jeannette (Gunnar Racing), aus der 906 001 als einsatzbereites Rennauto hervorging. Der Neustart fand dann ein Jahr später stilgerecht beim ersten Porsche Rennsport Reunion in Daytona statt.

Renneinsätze 906 001

Veranstaltung	Datum	Fahrer	Start-Nr.	Platzierung
1000 km von Paris, Montlhéry (F)	11.10.1964	Gerhard Mitter / Herbert Linge	31	ausgefallen (Getriebeaufhängung)
Targa Florio (I)	09.05.1965	Umberto Maglioli / Herbert Linge	176	3. Gesamt; 2. P bis 2000 ccm
1000 km Nürburgring (D)	23.05.1965	Umberto Maglioli / Herbert Linge	23	5. Gesamt; 3. P bis 2000 ccm
24 Std. von Le Mans (F)	19./20.06.65	Herbert Linge / Peter Nöcker	32	4. Gesamt; Sieger d. Index-Wertung
Targa Florio (I)	08.05.1966	verschiedene	T	Muletto

1965: Umberto Maglioli und Herbert Linge belegen den 3. Platz im Gesamtklassement bei der Targa Florio.

Umberto Maglioli und Herbert Linge 1965 bei den 1000 km am Nürburgring. 5. Platz Gesamt und 3. in der Prototypenklasse bis 2000 ccm.

Herbert Linge und Peter Nöcker mit ihrem Sechszylinder bei den 24 Stunden von Le Mans, hier in Arnage.

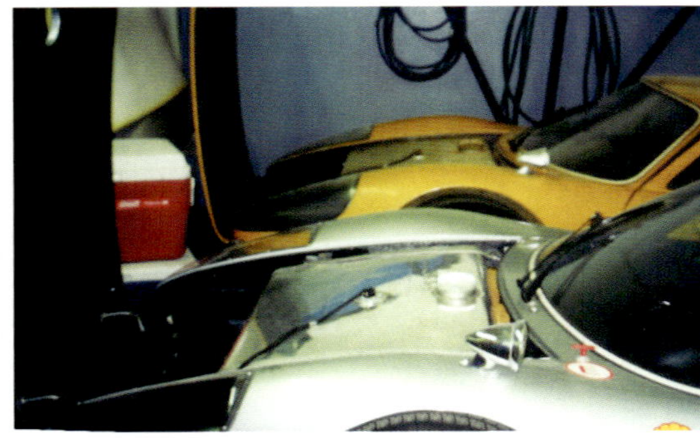

Der 906 001 stand lange in einer Garage in den USA. Auf der Windschutzscheibe findet man noch den Abnahme-Aufkleber von der Targa Florio aus dem Jahr 1965.

Bei der Rennsport Reunion 2004 zeigt sich der 904 001 in komplett restauriertem Zustand.

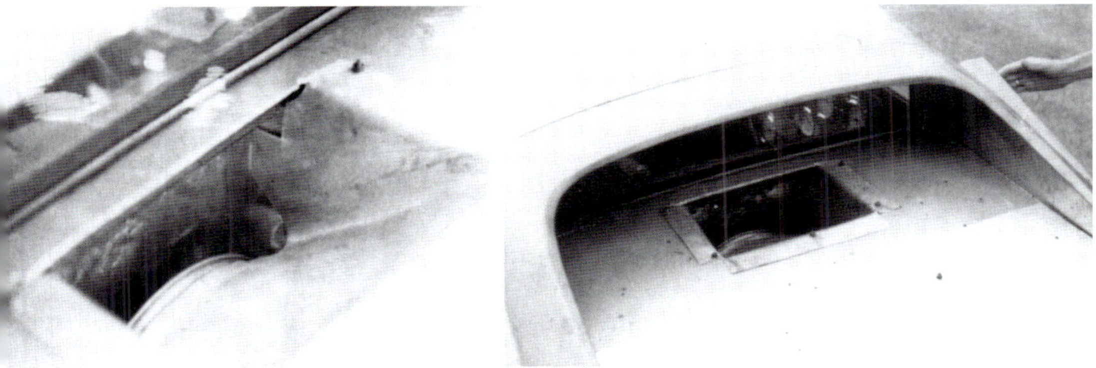

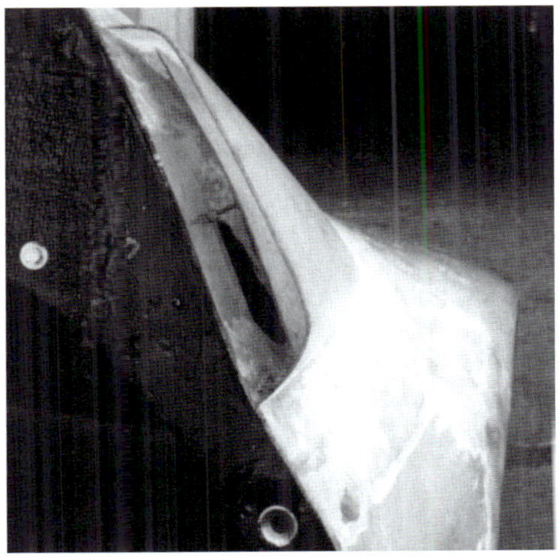

Hier sieht man die verschiedenen Versuchsarbeiten, um die Luftzuführung bei den Sechszylinder-Motoren zu verbessern. Interessant ist, dass die hier unten gezeigte Heckhaube auf dem Fahrzeug 904 018 für die 12 Stunden von Sebring 1965 Verwendung fand. Auch ist vermutlich die hier oben gezeigte Heckhaube heute auf dem 906 006 zu finden, jedoch ohne Lufthutze, aber mit den verschiedenen Schlauchführungen.

906 002

Motor-Nr.: 901 151
Getriebe-Nr.:
Ausgeliefert am:
Händler: Werkswagen, Versuchsabteilung
1. Kunde: Michel Weber, Offenbach/Main (D)
2. Kunde: Ruedi Jauslin (CH)
3. Kunde: Major Barney Barnes (D)
4. Kunde: Harro Schneider, Koblenz (D)
5. Kunde: Friedhelm Tang, Meckenheim (D)
6. Kunde: André Lara Resente, Sao Paulo (BR)

aktueller Besitzer: André Lara Resente (BR)
Sechszylinder Typ 901
Farbe: Silbermetallic
Innenausstattung: Blau

Kennzeichen: OF – D 43

1969

BN – L 906

Dieser Wagen ist der zweite von insgesamt sechs Sechszylinder-Coupés, die eine 906er-Fahrgestellnummer bekamen. Werksseitig wurde das Fahrzeug offenbar »nur« von der Versuchsabteilung genutzt, Renneinsätze sind keine bekannt.
Die kamen dann unter der Regie des ersten Kunden, Michel Weber, dem Gewinner der deutschen Bergmeisterschaft 1963. Weber hatte zuvor nacheinander zwei 904 Carrera GTS (904 028 und 904 026) gefahren. Mit dem 904/6 visierte er 1966 die Europa-Bergmeisterschaft an und beteiligte sich darüber hinaus an weiteren kleineren Veranstaltungen. Der 904/6 war nicht als Sportwagen der Gruppe 4, sondern als Prototyp homologiert, und dort traf Weber auf die starke Konkurrenz aus Zuffenhausen. Die Werksfahrer Mitter und Herrmann hatten deutlich moderneres Material, und so betrachtet, schlug sich Weber recht gut. Nach zwei Rennen in der Originalfarbe Silbermetallic lackierte Weber sein Sportgerät übrigens um in die Farbe Rot.
Der nächste Besitzer kam aus der Schweiz. Der junge Ruedi Jauslin stand am Anfang seiner langen Rennfahrer-Karriere, die auf verschiedensten Sportwagen bis heute anhält. Der 904/6 war für ihn das erste richtige, wenn auch schon etwas ältere Rennauto.
Mit dem in Deutschland stationierten amerikanischen Air-Force-Major Barney Barnes übernahm 1969 ein weiteres Greenhorn den Rennwagen. Der trennte sich nach nur einem Jahr wieder davon und kaufte sich den Carrera 6 von Rainer Ising (906 156).
Nach einer längeren Ruhephase kam 906 002 in den späten 80er Jahren im historischen Motorsport wieder auf die Straße. 2002 nahm er, frisch lackiert in Irischgrün mit einer gelben Nase, am ersten Le Mans Classic teil. Der Fahrer und Besitzer war André Lara Resenta aus Brasilien.

Bergpreis Eberbach: Erster Einsatz von Michel Weber mit seinem neuen Auto.

Trento Bondone, ein zur Europa-Bergmeisterschaft gehörender Lauf.

Mt. Ventoux in Südfrankreich: Bei dem sehr anspruchsvollen Rennen kam Michel Weber auf den 3. Rang in der Prototypen-Klasse.

Renneinsätze 906 002

Veranstaltung	Datum	Fahrer	Start-Nr.	Platzierung
Bergrennen Eberbach (D)	15.05.1966	Michel Weber	25	2. P 2000
Hockenheim, 100 Meilen (D)	30.05.1966	Michel Weber	103	nicht erschienen
Bergrennen Berchtesgaden, Roßfeld (D)	12.06.1966	Michel Weber	4	6. Gesamt; 4. P 2000
Bergrennen Mont Ventoux (F)	26.06.1966	Michel Weber	35	5. Gesamt; 3. P 2000
Bergrennen Trento Bondone (I)	10.07.1966	Michel Weber	118	4. Gesamt; 3. P 2000
Bergrennen Cesana-Sestriere (I)	24.07.1966	Michel Weber		5. S 2000
Bergrennen Freiburg-Schauinsland (D)	31.07.1966	Michel Weber	77	4. Gesamt; 3. P 2000
Bergrennen Mitterndorf-Tauplitzalm (A)	15.08.1966	Michel Weber		1. Gesamt
Bergrennen Sierre Montana Crans (CH)	28.08.1966	Michel Weber	189	nicht erschienen
Bergrennen Gaisberg	04.09.1966	Michel Weber	78	4. Gesamt; 2. P 2000
Bergrennen Gargellen Steinbock (A)	18.09.1966	Michel Weber		1. Gesamt
SAR-Rennen Hockenheim (D)	04.06.1967	Ruedi Jauslin	85	nicht bekannt
Bergrennen Turckheim (F)	25.06.1967	Ruedi Jauslin	127	7. Gesamt, 4. SP
Bergrennen Freiburg-Schauinsland (D)	30.07.1967	Ruedi Jauslin	150	12. Gesamt; 6. P 2000
FHR 3-Stunden-Rennen, Hockenheim (D)	29.10.1967	Ruedi Jauslin / Peter Ditzler		2. Platz
Saisonfinale Hockenheim (D)	10.12.1967	Peter Ditzler		3. Platz Rennen II
Bergrennen Potzberg (D)	08.06.1969	Barney Barnes		1. Sportwagen
Bergrennen Taubensuhl (D)	20.07.1969	Barney Barnes		2. S 2000
Bergrennen Hunsrück (D)	24.08.1969	Barney Barnes		1. Prototypen
Bergrennen Rheinland-Pfalz (D)	21.09.1969	Barney Barnes		1. Prototypen

Beim Schauinsland-Rennen gab es einen kleinen Ausrutscher (vorn rechts), aber es langte trotzdem noch für den 4. Platz in der Gesamtwertung.

Beim Gaisbergrennen in der Nähe von Salzburg sieht man immer noch die Spuren des leichten Unfalls von Freiburg. Die Zeit zwischen den beiden Rennen war kurz, und so gab es nur eine notdürftige Reparatur.

Die Tour de France Historisch zeigt im Jahr 1999 den 906 002 in seiner besten Form. Sehr schön zu sehen: Der abgeänderte Tank für ein größeres Reserverad.

Wieder wie neu bei der Le Mans Classic im Jahr 2004.

906 003

Motor-Nr.:
Getriebe-Nr.:
Ausgeliefert am:
Händler: Werkswagen »Kangeroo« Bergspyder

aktueller Besitzer: zerstört

Farbe: Silbermetallic
Innenausstattung:
Kennzeichen: S – VP 102

Nach den Erfahrungen bei der Targa Florio setzte das Werksteam große Hoffnungen auf den neuen Spyder, der scherzhaft auch als »Känguru« bezeichnet wurde. Spitzenfahrer Gerhard Mitter sollte zusammen mit Colin Davis mit einem neuen Wagen die Lorbeeren nach Stuttgart bringen. Doch daraus wurde nichts: Unfall im Training, Mitter unverletzt, Fahrzeug Totalschaden.

Renneinsätze 906 003

Veranstaltung	Datum	Fahrer	Start-Nr.	Platzierung
1000 km Nürburgring (D)	22.05.1965	Gerhard Mitter / Colin Davis	21	Trainingsunfall (Totalschaden)

Gerhard Mitter im Streckenabschnitt Wehrseifen auf dem Nürburgring, kurz vor seinem Unfall.

Porsche schmiedet neue Waffen

Probefahrten auf dem neuen Hockenheimkurs machte die Firma Porsche mit zwei Prototypen, die dem Vernehmen nach bei der Targa Florio und bei Bergrennen eingesetzt werden sollen. Es handelt sich um offene Spider mit Kunststoffkarosse, deren Radaufhängung und Rahmen dem Porsche 904 ähneln, wobei diese offenen Wagen allerdings noch leichter sein dürften.
Für den entsprechenden Vorschub sorgen einmal der 2 Liter Achtzylinder-Rennmotor, dessen Leistung mittlerweile auf ca. 240 PS geschätzt wird, zum anderen der stark überarbeitete 2 Liter Sechszylindermotor des Typs 911, der eigentlich in dem geplanten, inzwischen aber abgeblasenen Typ 906 Verwendung finden sollte.

FOTOS: WEITMANN

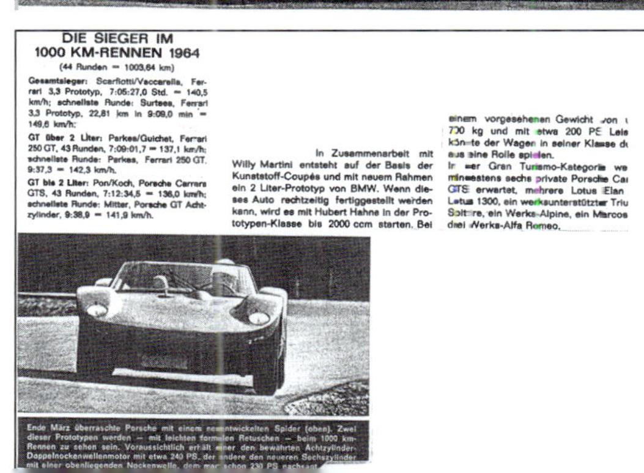

DIE SIEGER IM
1000 KM-RENNEN 1964
(44 Runden = 1003,64 km)

Gesamtsieger: Scarfiotti/Vaccarella, Ferrari 3,3 Prototyp, 7:05:27,0 Std. = 140,5 km/h; schnellste Runde: Surtees, Ferrari 3,3 Prototyp, 22,81 km in 9:09,0 min = 149,6 km/h.

GT über 2 Liter: Parkes/Guichet, Ferrari 250 GT, 43 Runden, 7:09:01,7 = 137,1 km/h; schnellste Runde: Parkes, Ferrari 250 GT, 9:37,3 = 142,3 km/h.

GT bis 2 Liter: Pon/Koch, Porsche Carrera GTS, 43 Runden, 7:12:34,5 = 136,0 km/h; schnellste Runde: Mitter, Porsche GT Achtzylinder, 9:38,9 = 141,9 km/h.

In Zusammenarbeit mit Willy Martini entsteht auf der Basis der Kunststoff-Coupés und mit neuem Rahmen ein 2 Liter-Prototyp von BMW. Wenn dieses Auto rechtzeitig fertiggestellt werden kann, wird es mit Hubert Hahne in der Prototypen-Klasse bis 2000 ccm starten. Bei einem vorgesehenen Gewicht von [illegible] 700 kg und mit etwa 200 PS Leis[illegible] könnte der Wagen in seiner Klasse d[illegible] aus eine Rolle spielen.
In der Gran Turismo-Kategorie we[illegible] mindestens sechs private Porsche Ca[illegible] GTS erwartet, mehrere Lotus Elan [illegible] Lotus 1300, ein werksunterstützter Triu[illegible] Spitfire, ein Werks-Alpine, ein Marcos [illegible] drei Werks-Alfa Romeo.

Ende März überraschte Porsche mit einem neuentwickelten Spider (oben). Zwei dieser Prototypen werden – mit leichten formalen Retuschen – beim 1000 km-Rennen zu sehen sein. Voraussichtlich erhält einer den bewährten Achtzylinder-Doppelnockenwellenmotor mit etwa 240 PS, der andere den neueren Sechszylinder mit einer obenliegenden Nockenwelle, dem man schon 230 PS nachsagt [illegible]

Die Bilder in diesem Artikel wurden kurz vor dem 1000-km-Rennen aufgenommen und zeigen 906 003 bei der ersten Probefahrt in Hockenheim.

Mit dem 906 003 wurden auch verschiedene Windkanalversuche unternommen, die der Vorbereitung auf den Typ 906 dienten, speziell in seiner Coupé-Ausführung.

906 004

Motor-Nr.: 906 013
Getriebe-Nr.:
Ausgeliefert am: 16.11.1965
Händler: Werkswagen »Kangaroo« Bergspyder

aktueller Besitzer: Martin Viessmann (D, 2008)
Achtzylinder Typ 771
Farbe:
Innenausstattung:
Kennzeichen: S – 04325

1. Kunde: Brumos, Jacksonville, FL (USA)	
2. Kunde: Bruce Schroeder Imports, Miami, FL (USA)	
3. Kunde: Charlie Kolb, Miami, FL (USA)	1965
4. Kunde: Hans Schenk, Bahamas (GB)	1966
5. Kunde: Steve Beizer, Tucker, GA (USA)	1973
6. Kunde: Burt Norris (USA)	1978
7. Kunde: Gerry Sutterfield (USA)	
8. Kunde: Joe Pendergast, FL (USA)	1978
9. Kunde: Mickey Simms, New Mexico (USA)	1980
10. Kunde: Bill Bradley (GB)	Restaurierung 1985
11. Kunde: Gerry Sutterfield (USA)	1987
12. Kunde: Dr. Robert Hendrikson (USA)	
13. Kunde: Ron Finger, Savannah, GA (USA)	1990er
14. Kunde: Mark Leonard, La Jolla, CA (USA)	1998
15. Kunde: Tom Claridge, San Francisoco, CA (USA)	2002
16. Kunde: Martin Viessmann (D)	seit 2002

Von den insgesamt fünf gebauten Spydern auf 904-Kastenrahmen-Basis haben nur zwei überlebt, 906 004 und 906 007. Der erstere hatte sein Debüt beim Alpenbergpreis in Berchtesgaden, konnte aber wegen eines Motorschadens nicht am Rennen teilnehmen.
Der große Erfolg kam dann einen Monat später beim Norisring-Rennen in Nürnberg, als Gerhard Mitter überlegen den Gesamtsieg nach Hause fuhr. Beim Europa-Bergmeisterschaftslauf in Freiburg kam noch ein zweiter Rang im Gesamtklassement dazu, aber danach fungierte 906 004 nur noch als Ersatzfahrzeug.
Ende 1965 wurde der Spyder an Charlie Kolb nach Miami, Florida, verkauft. Der nahm damit an den Bahamas Speed Weeks teil und startete sogar 1966 beim 12-Stunden-Rennen von Sebring. Das war gar nicht so einfach, denn es mussten nicht nur Scheinwerfer, sondern auch eine »richtige« Frontscheibe nachgerüstet werden. Der Erfolg blieb leider aus, Kolb und Beifahrer Buck Fulp fielen in der 6. Stunde mit einem Motorschaden aus.
Nach verschiedensten Stationen in den USA erfolgte 1985 eine Restaurierung durch den britischen Spezialisten Bill Bradley.
Heute gehört 906 004 dem deutschen Unternehmer Martin Viessmann.

Renneinsätze 906 004

Veranstaltung	Datum	Fahrer	Start-Nr.	Platzierung
Alpen-Bergpreis, Rossfeld, Berchtesgaden (D)	13.06.1965	Gerhard Mitter	2	Trainingsfahrzeug
GP der Solitude, Stuttgart (D)	18.07.1965	Gerhard Mitter	1	1. Gesamt, 1. P
Bergrennen Freiburg-Schauinsland (D)	08.08.1965	Gerhard Mitter	60	2. Gesamt, 2. P 2000
Bergrennen Ollon-Villars (CH)	29.08.1965			Ersatzwagen
Bergrennen Gaisberg (A)	19.09.1965			Ersatzwagen
Governor's Trophy, Bahamas (GB)	03.12.1965	Charlie Kolb	3	4. Gesamt, 1. Klasse
Nassau Trophy, Bahamas (GB)	05.12.1965	Charlie Kolb	3	4. Gesamt, 1. Klasse
SCCA-Rennen, Palm Beach, FL (USA)	27.02.1966	Charlie Kolb	10	1. Gesamt
12 Stunden von Sebring, FL (USA)	26.03.1966	Charlie Kolb / Buck Fulp	87	ausgefallen
Bahamas Cup (GB)	04.12.1966	Hans Schenk	86	11. Platz

Der Bergspyder 906 004 im Jahr 1965.

Grand Prix auf der Solitude 1965. Gerhard Mitter (in der Kurve vor Fischhaber auf Lotus BMW) gewinnt das Rennen vor den Toren Stuttgarts.

Schauinsland-Bergpreis 1965. Gerhard Mitter schafft hier nur einen 2. Platz.

Charlie Kolb und Buck Fulp bei den 12 Stunden von Sebring. Leider Ausfall in der 6. Stunde.

Jo Pendergast vor seinem (blauen) 906 004.

Gerhard Mitter 1965 beim Start zum Norisring-Rennen in Nürnberg 1965.

906 004 in Sestriere 1965.

In seiner ganzen Pracht: 906 004 nach der Restaurierung durch die Firma Bill Bradley in Stuttgart.

So wurde der Wagen lange Zeit bei historischen Rennen in den USA eingesetzt.

906 005

Motor-Nr.:
Getriebe-Nr.:
Ausgeliefert am:
Händler: Werkswagen

aktueller Besitzer: zerstört

Farbe: Silbermetallic
Innenausstattung:
Kennzeichen:

Dieser Wagen wurde zu einem für damalige Zeiten ungewöhnlichen Experiment verwendet: 906 005 war einer der ersten Porsche, die einem Crashtest unterzogen wurden. Wie auf den Bildern zu sehen, hängt der Wagen ca. 15 m hoch kopfüber an einem Kran und schlägt dann senkrecht auf dem Asphalt auf. Das alles passierte im Hof der Rennabteilung des Werks 1 an der Schwieberdinger Straße in Stuttgart-Zuffenhausen. Der Initiator dieses Tests war der spätere Porsche-Entwicklungsvorstand Prof. Helmuth Bott, der sich schon sehr früh für die passive Sicherheit in Porsche-Fahrzeugen engagiert hat. Vor dem Test hatte 906 005 zahlreiche Kilometer für die Versuchsabteilung zurückgelegt, hatte als Trainingsfahrzeug für das 1000-km-Rennen auf dem Nürburgring gedient und beim Europa-Bergmeisterschafts-Lauf am französischen Mont Ventoux mit Gerhard Mitter am Steuer noch einen zweiten Platz im Gesamtklassement erzielt.

Renneinsätze 906 005

Veranstaltung	Datum	Fahrer	Start-Nr.	Platzierung
1000 km Nürburgring (D)	22.05.1965	Herbert Linge / Umberto Maglioli	23	Trainingswagen (im Rennen 906 001)
Bergrennen Mont Ventoux (F)	06.06.1965	Gerhard Mitter	44	2. Gesamt, 2. P 2000 (Sechszylinder)

Am Mont Ventoux konnte Gerhard Mitter auf dem gleichen Fahrzeug den 2. Platz im Gesamtklassement erzielen.

1965 wurde der 906 005 bei den 1000 km auf dem Nürburgring von Umberto Maglioli und Herbert Linge als Trainingswagen gefahren.

15 Meter wird 906 005 am Stahlseil zunächst in die Höhe gezogen, dann kracht er als frühes Opfer eines Crashtests auf den Asphalt.

906 006

Motor-Nr.:
Getriebe-Nr.:
Ausgeliefert am:
Händler: Werkswagen (Versuch)

aktueller Besitzer: unbekannt (GB, 2006)

Farbe: Silbermetallic
Innenausstattung:
Kennzeichen:

1. Kunde: Vasek Polak, Los Angeles, CA (USA)	
2. Kunde: Uwe Buehl	
3. Kunde: Dieter Oest, Warrington, PA (USA)	
4. Kunde: Jerry Kraft	
5. Kunde: Kirk F. White, Philadelphia (USA)	1970
6. Kunde: Donald Kuhn, Greensburg, PA (USA)	1971
7. Kunde: Bruce Jones, Palm Beach, FL (USA)	1972
8. Kunde: Chuck Will, Omaha, NE (USA)	1974
9. Kunde: Kevin Jeannette, West Palm Beach, FL (USA)	Restaurierung
10. Kunde: Jeff W. Hayes, Wyoming, PA (USA)	1980er
11. Kunde: Mark Leonard, La Jolla, CA (USA)	2002
12. Kunde: unbekannt (GB)	2006

Dieses Fahrzeug ist das vierte der sechs Sechszylinder-Coupés, die eine 906er-Fahrgestellnummer haben. Renneinsätze unter der Bewerbung von Porsche sind keine bekannt.
1967 wurde der Wagen zusammen mit zwei weiteren 904ern an Vasek Polak, Porsche-Händler in Los Angeles, verkauft. 1968 erzielte Polaks Fahrer Milt Minter mit dem Wagen einige Achtungserfolge, stieg aber kurz danach auf einen Carrera 6 (906 104) um. Der letzte hochgradige Auftritt erfolgte beim Weltmeisterschaftslauf in Watkins Glen. Nach einem Unfall schieden Dieter Oest und Albert Kalajcick allerdings aus. Auffällig an diesem 904/6 ist, dass er über keine seitlichen Lufthutzen in der Heckhaube verfügt. Dies sowie weitere Details verrieten dem Restaurator Kevin Jeannette, dass dieser Wagen, der auch mal die Fahrgestellnummer 904 126 hatte, einer der Sechszylinder-Prototypen war.
Nach mehreren Besitzerwechseln in den USA kam der Wagen 2004 in britische Hände.

Renneinsätze 906 006

Veranstaltung	Datum	Fahrer	Start-Nr.	Platzierung
SCCA Willow Springs, CA (USA)	10.03.1968	Milt Minter		nicht bekannt; A/P
SCCA Riverside, CA (USA)	__.__.1968	Milt Minter	11	nicht bekannt; A/P
ARRC Riverside, CA (USA)	24.11.1968	Milt Minter	16	11. Gesamt
6 Stunden Watkins Glen, NY (USA)	12.07.1969	Dieter Oest / Albert Kalajcick	37	ausgefallen (Unfall)

906 006 wurde bei Kevin Jeannette in Florida in den USA restauriert.

Auffällig ist, dass die Heckhaube keine seitlichen Lufteinlässe besitzt.

906 007

Motor-Nr.:
Getriebe-Nr.:
Ausgeliefert: 1965
Händler: Werkswagen »Kangaroo« Bergspyder
1. Kunde: Alan Hamilton, Melbourne (AUS)
2. Kunde: Jim Abbath, Melbourne (AUS)
3. Kunde: Mario Bingen, Melbourne (AUS)
4. Kunde: Pat Burke, Sydney (AUS)
5. Kunde: Bill Bradley (GB)
6. Kunde: unbekannt (D)
aktueller Besitzer: unbekannt (D)
Achtzylinder Typ 771
Farbe: Weiß
Innenausstattung:
Kennzeichen: S – 04516
27.10.1965
ab 1966, mit Cobra-Motor
ab 1967, mit Cobra-Motor (Bingen-Cobra)

Restaurierung 1989

Dieser Spyder wird in der Literatur oft als das Targa-Florio-Auto bezeichnet. Diese Angabe korrespondiert zwar mit einem Dokument aus der Porsche-Rennabteilung, jedoch ist dieses nachträglich korrigiert worden. 906 007 und 906 008 glichen sich in der Anfangsphase wie ein Ei dem anderen, sicherlich auch ein Grund für die Verwechslung.
906 007 hatte einen Einstand nach Maß: Gesamtsieg beim Alpen-Bergpreis in Berchtesgaden mit dem unvergessenen Gerhard Mitter am Steuer. Es folgte eine weiterer Sieg beim Norisring-Rennen in Nürnberg, wieder mit Mitter, und ein 7. Platz beim österreichischen Gaisberg-Rennen mit dem schweizerischen Nachwuchsmann Herbert Müller.
Ende 1965 wurde 906 007 von Alan Hamilton, dem Sohn des australischen Porsche-Importeurs, erworben. Auf Empfehlung des Werkes wurde der Achtzylinder-Motor gegen einen neuen Sechszylinder ausgetauscht, da dieses Triebwerk am anderen Ende der Welt in der Wartung weit weniger aufwändig war. So gerüstet, gewann Alan 1966 alle Meisterschaften, an denen er sich mit dem leichten Porsche beteiligen konnte, egal, ob am Berg oder auf der Rundstrecke. Beim 12-Stunden-Rennen in Surfers Paradise wurde er bei deutlich

leistungsstärkerer Konkurrenz beachtlicher Vierter im Gesamtklassement.
1967 wurde der Wagen dann ohne Motor als Rolling Chassis in Australien verkauft (siehe auch 906 007°). Nach einer hochwertigen Restaurierung durch Bill Bradley ist 906 007 heute einer der beiden 904/8 Werks-Spyder, die überlebt haben.

Renneinsätze 906 007

Veranstaltung	Datum	Fahrer	Start-Nr.	Platzierung
Bergrennen Rossfeld, Berchtesgaden (D)	13.06.1965	Gerhard Mitter	2	1. Gesamt, 1. P 2000
Norisring-Rennen, Nürnberg (D)	04.07.1965	Gerhard Mitter	2	1. Gesamt, 1. P 2000
Bergrennen Gaisberg (A)	19.09.1965	Herbert Müller	9	7. Gesamt, 3. P 2000
12 Stunden von Surfers Paradise	21.08.1966	Alan Hamilton / B. Reed	8	4. Gesamt, 2. Klasse

906 007 vor Versuchsfahrten auf dem Nürburgring.

Gerhard Mitter fuhr 1965 beim Rossfeld-Bergrennen in Berchtesgaden zum Gesamtsieg.

Auch beim Norisring-Rennen bei Nürnberg wurde Gerhard Mitter mit dem »Kangaroo« Gesamtsieger.

906 007°

Motor-Nr.:
Getriebe-Nr.:
Ausgeliefert: 1966 als 906 Coupé Rahmen mit Karosse
Händler: Alain Hamilton, Melbourne (AUS)
1. Kunde: Richard Wong (Singapur)
2. Kunde: Teddy Yip (Macao)
3. Kunde: David Clark (GB) 2001
4. Kunde: F. K. (D)
5. Kunde: Arie Stellho (NL)

aktueller Besitzer:

Farbe:
Innenausstattung:
Kennzeichen:

Ende 1966 bekam Alain Hamilton vom Porsche-Werk ein Carrera-6-Fahrgestell mit Karosserie als Ersatzteil, also ohne Fahrgestellnummer, geliefert.
Er hatte eine Erlaubnis der australischen Regierung, seinen ursprünglich Ende 1965 eingeführten Spyder zwei Jahre lang zoll- und steuerfrei bei Autorennen einzusetzen. Danach musste der Wagen außer Landes geschafft werden. Für die Ersatzteile dagegen wurden die entsprechenden Abgaben geleistet.
D. h., der Ersatzteil-Carrera-6 mit dem Rohrrahmen »erbte« den Motor und die Fahrgestellnummer 906 007, und der 65er-Spyder mit dem Kastenrahmen wurde als »Ersatzteil« in Australien verkauft.
Bei 906 007° wurde das Dach entfernt, da der lang gewachsene Alain sonst nicht richtig hätte drin sitzen können. So gerüstet, gewann er 1967 die viktorianischen Berg- und Rundstreckenmeisterschaften, in der gesamtaustralischen Meisterschaft wurde er Zweiter, und beim Saison-Höhepunkt, dem 12-Stunden-Rennen von Surfers Paradise, wurde er Gesamtdritter und gewann seine Klasse.
Ende 1967 lief das Agreement mit der Regierung aus und 906 007° wurde komplett mit Anhänger an Richard Wong in Singapur verkauft. Nachdem Wong in Singapur Schwierigkeiten bekam, musste er den Wagen Mitte 1969 verkaufen.
Teddy Yip, späterer Formel-1-Teamchef (Teodore Racing), erwarb den herrenlosen Rennwagen und ließ seinen Partner Henry Lee beim Großen Preis von Macao, den Yip selbst gegründet hatte, starten. Yip behielt den Wagen bis 2001. Über den Londoner Händler David Clark kam der Wagen zu Marcel Roks nach Belgien und von dort aus zu einem deutschen Geschäftsmann, der ihn wiederum nach Holland weiterverkaufte.

Renneinsätze 906 007°

Veranstaltung	Datum	Fahrer	Start-Nr.	Platzierung
Warwick Farm (AUS)	14.05.1967	Alan Hamilton		3. Gesamt
Surfers Paradise (AUS)	21.05.1967	Alan Hamilton		2. Gesamt
12 Stunden Surfers Paradise (AUS)	03.09.1967	Alan Hamilton / Glynn Scott		3. Gesamt
Singapur	08.04.1969	K. Wong		3. Gesamt
Selangor (Singapur)	13.04.1969	K. Wong		3. Gesamt
Macao Grand Prix (Hongkong)	06.12.1969	Henry Lee		unbekannt

Henry Lee beim GP von Macao 1969.

In dieser Form wurde der Wagen 2001 vom Londoner Händler David Clark nach Belgien verkauft.

Aus der vom Porsche-Werk gelieferten Rohkarosse baute Alan Hamilton den 906 007° auf, um dann später das Dach abzuschneiden. ***(Alle Bilder vom 906 007° stammen von Alan Hamilton)***

906 007°°

Motor-Nr.:
Getriebe-Nr.:
Ausgeliefert: 1969 als Ersatzrahmen
Händler: Alain Hamilton, Melbourne (AUS)

aktueller Besitzer: (J)

Farbe:
Innenausstattung:
Kennzeichen:

Da Alan Hamilton noch etliche Ersatzteile für den 906 hatte und er 1969 vom Werk einen Ersatzrahmen angeboten bekam, baute er sich noch einen Carrera 6 Spyder, wiederum mit der Fahrgestellnummer 906 007. Als Motor verwendete einen 2,4-l-Sechszylinder. Die Konkurrenz in Australien bestand aus Elfins, Lotus und Rennmax-Sportwagen mit 2,5- und 4,4-l-Repco-Brabham- oder 5-l-Chevrolet-Motoren. Neben Achtungserfolgen auf der Rundstrecke gab es 1970 immerhin noch den Gewinn der australischen Berg-Meisterschaft zu verbuchen.

Laut Hamilton war 906 007°° nicht unbedingt der schönste Rennwagen, das Heck ähnelte dem eines Wyer 917K, und eine Zeit lang war er in der Farbe »togobraun« lackiert.
Das Fahrzeug kam später in den Besitz von Pat Burke, wurde dann von Bill Bradley als 2-Liter-Coupé fachgerecht restauriert und von Hamilton zurückgekauft. Dieser fuhr dann regelmäßig ein paar Demonstrationsrunden vor dem Formel-1-Rennen in Adelaide.
1992 trennten sich die Wege endgültig, seit geraumer Zeit hat 906 007°° in Japan ein neue Heimat gefunden.

906 007 bei der Restaurierung in Japan, wo er seit 1992 zu Hause ist.

906 008

Motor-Nr.:
Getriebe-Nr.:
Ausgeliefert am:
Händler: Werkswagen »Kangaroo« Bergspyder
Wagen wurde beim Bergrennen in Cesana Sestriere (I) durch Unfall 1965 zerstört.

aktueller Besitzer: zerstört
Achtzylinder Typ 771
Farbe: Silbermetallic
Innenausstattung:
Kennzeichen: S – VP 102

Dieser Spyder war der erfolgreichste aller fünf gebauten. Das Team Gerhard Mitter / Colin Davis belegte im ersten Rennen mit der Neukonstruktion bei der Targa Florio hinter dem siegreichen Ferrari von Lokalmatador Nino Vaccarella einen hervorragenden 2. Platz im Gesamtklassement und gewann die 2-Liter-Klasse. Nach einer gründlichen Überholung und weiteren Modifikationen folgten noch zwei Einsätze in der Europa-Bergmeisterschaft, am Trento Bondone und in Cesana Sestriere, jeweils mit Anton Fischhaber am Steuer. Der letzte Start in Italien stand unter keinem guten Stern, Fischhaber verwandelte den Spyder in einen Schrotthaufen und wurde aus der Liste der Porsche-Werksfahrer gestrichen.

Renneinsätze 906 008

Veranstaltung	Datum	Fahrer	Start-Nr.	Platzierung
Targa Florio (I)	09.05.1965	Gerhard Mitter / Colin Davis	182	2. Gesamt, 1. P 2000
Bergrennen Trento Bondone (I)	11.07.1965	Anton Fischhaber	46	4. Gesamt, 4. P 2000
Bergrennen Cesana Sestriere (I)	25.07.1965	Anton Fischhaber	484	Unfall (Totalschaden)

906 008 bei der Targa Florio 1965 (siehe auch Bilder auf der nächsten Seite).

906 008 bei der Targa Florio 1965. Gerhard Mitter und Colin Davis fuhren auf einen hervorragenden 2. Platz im Gesamtklassement.

906 009

Motor-Nr.:
Getriebe-Nr.:
Ausgeliefert am:
Händler: Werkswagen
Unfall beim Bergrennen Freiburg-Schauinsland 1965: Totalschaden

aktueller Besitzer: zerstört
Achtzylinder Typ 771
Farbe: Weiß
Innenausstattung:
Kennzeichen: S – VW 32

Die Karriere des fünften Achtzlinder-Spyders dauerte gerade mal fünf Wochen. Porsches Top-Pilot Gerhard Mitter schaffte mit ihm einen 2. und einen 3. Platz bei den italienischen Läufen zur Europa-Bergmeisterschaft. Danach übernahm Nachwuchsmann Herbert Müller das Steuer, allerdings nur ein einziges Mal. In Freiburg am Schauinsland touchierte er einen Felsen und verbog das Auto so nachhaltig, dass es später nur noch verschrottet werden konnte.

906 009 beim Bergrennen Trento Bondone (links) und beim Schauinslandrennen in Freiburg (Bild oben, hinteres Fahrzeug, vorne Gerhard Mitter in 004).

Renneinsätze 906 009

Veranstaltung	Datum	Fahrer	Start-Nr.	Platzierung
Bergrennen Trento Bondone (I)	11.07.1965	Gerhard Mitter	50	3. Gesamt, 3. P 2000
Bergrennen Cesana Sestriere (I)	25.07.1965	Gerhard Mitter	472	2. Gesamt, 2. P 2000
Bergrennen Freiburg-Schauinsland (D)	08.08.1965	Herbert Müller	61	Unfall

906 009°

Motor-Nr.:
Getriebe-Nr.:
Ausgeliefert am:
Händler:
1. Kunde: Jean Paul Richard / Thierry Perrier
2. Kunde: Manfred Freisinger (D) 2007
aktueller Besitzer: Freisinger (D, 2007)
Rekonstruktion (Thierry Reynaud)
Farbe: Weiß
Innenausstattung:
Kennzeichen:

Dieses Fahrzeug ist in Frankreich beheimatet. Es nahm 2004 mit der Fahrern Jean Paul Richard und Thierry Perrier sowohl an der Tour Auto als auch bei der Le Mans Classic teil. Über die Herkunft des Wagens ist den Autoren nichts bekannt. Die Fahrgestellnummer gehört eigentlich einem Werks-Bergspyder, der auf einem 904-Chassis basierte und nach einem Unfall verschrottet wurde.

2004 steuerten Jean Paul Richard und Thierry Perrier diesen Carrera 6 bei der Tour Auto und der Le Mans Classic.

906 010

Motor-Nr.: 771 13
Getriebe-Nr.: 906 006
Ausgeliefert am: 25.08.1965
Händler: Werkswagen, Bergspyder (13-Zoll-Bergwagen)
1. Kunde: Porsche Museum Stuttgart (D)

aktueller Besitzer: Werksmuseum (D, 2007)
Achtzylinder Typ 771
Farbe: Weiß
Innenausstattung:
Kennzeichen: S – VW 787

Dieser Wagen ist als Ollon-Villars-Spyder in die Geschichte eingegangen. Benannt nach dem Bergrennen in der Schweiz, ist er der Urvater aller 906er.
Nachdem die auf dem 904-Rahmen basierenden Bergspyder 1965 bei den Europa-Meisterschaftsläufen immer mehr Probleme bekamen, die Konkurrenz in Schach zu halten, entstand in der Rennabteilung ein leichter Gitterrohrrahmen, der unter Verwendung von Lotus-Fahrwerksteilen zu einem wettbewerbsfähigen Fahrzeug heranwuchs.
Bei der Premiere wurde Gerhard Mitter von dem Ferrari-Piloten Ludovico Scarfiotti zwar knapp geschlagen, war aber fast 30 Sekunden schneller als der erste 904 Carrera GTS. Beim zweiten Auftritt konnte Mitter den Spieß dann schon umdrehen und Scarfiotti schlagen.
Ende September 1965 konnte der damalige Porsche-Rennleiter Fritz Huschke von Hanstein trotz Regens in Hockenheim zwei Weltrekorde und drei internationale Klassenrekorde mit dem »Bergwagen« einfahren. Bei allen diesen Rekordfahrten wurde stehend gestartet. Wie gut das Fahrzeug trotz der nassen Fahrbahn war, zeigt die Tatsache, dass am Ende der Messstrecke bis zu 245 km/h erreicht wurden.
Mit dem Beginn des Jahres 1966 trat eine Änderung des Reglements in Kraft, nach der auch die Prototypen mit einem geschlossenen Dach an den Start gehen mussten. Demzufolge bekam 906 010 eine Coupé-Karosserie, die der des parallel entwickelten »Carrera 6« nicht unähnlich war, aber dennoch auf dem ursprünglichen Modell basierte.
Ausgerüstet mit dem 2-Liter-Achtzylinder-Triebwerk vom Typ 771, das auf den Formel-1-Motor aus dem Jahr 1962 zurückgeht, holte sich Gerhard Mitter vier Gesamtsiege, einen zweiten Platz und den Titel des Berg-Europameisters. Dabei muss man wissen, dass er bei einigen Rennen mit einem eingegipsten Kupplungsfuß fahren musste, Resultat einer Verletzung, die er sich in Spa-Francorchamps zugezogen hatte.
Nach anderthalb Jahren war die Ära des 906-Vorläufers zu Ende, er wurde weggestellt und befindet sich noch heute im Besitz des Hauses Porsche.

Renneinsätze 906 010

Veranstaltung	Datum	Fahrer	Start-Nr.	Platzierung
Bergrennen Ollon-Villars (CH)	29.08.1965	Gerhard Mitter	171	2. Gesamt, 2. P 2000
Bergrennen Gaisberg (A)	19.09.1965	Gerhard Mitter	6	4. Gesamt, 1. P 2000
Weltrekordfahrten, Hockenheim (D)	30.09.1965	Huschke von Hanstein	ohne	
Bergrennen Rossfeld (D)	12.06.1966	Gerhard Mitter	2	1. Gesamt, 1. P 2000
Bergrennen Mont Ventoux (F)	26.06.1966	Gerhard Mitter	33	1. Gesamt, 1. P 2000
Bergrennen Trento Bondone (I)	10.07.1966	Gerhard Mitter	112	1. Gesamt, 1. P 2000
Bergrennen Cesana-Sestriere (I)	24.07.1966	Gerhard Mitter	590	2. Gesamt, 2. P 2000
Bergrennen Freiburg-Schauinsland (D)	31.07.1966	Gerhard Mitter	75	nur im Training
Bergrennen Sierre Montana-Crans (CH)	28.08.1966	Gerhard Mitter	186	2. Gesamt, 2. P 2000
Alpen-Bergpreis Gaisberg (A)	04.09.1966	Gerhard Mitter	77	1. Gesamt, 1. P 2000

Ganze 575 kg brachte der Bergspyder, hier beim Rennen Ollon-Villars, auf die Waage. Seiner Haube merkte man noch deutlich an, dass sie handgemacht war.

Für die Weltrekordfahrten in Hockenheim waren alle Kühleröffnungen geschlossen worden.

Links: Heckansichzt von 906 010 beim Roßfeldrennen. Rechts: 906 010 im Werk, im Hintergrund die Herren Mimler, Falk und Piëch sowie Werksmechaniker.

Die Lotus-Aufhängung des 906 010 im Detail, hier schön zu sehen beim Getriebewechsel während des Gaisbergrennens 1965.

Noch heute sieht der 13-Zoll-Bergwagen genauso aus wie hier, als er 1966 mit Gerhard Mitter Trento Bondone gewann.

ONS

OBERSTE NATIONALE SPORTKOMMISSION FÜR DEN AUTOMOBILSPORT IN DEUTSCHLAND

Herrn
Fritz Huschke von Hanstein

7000 Stuttgart-W
Am Kräherwald 169

6 Frankfurt am Main
Wiesenhüttenstraße 10

30. September 1965 - Me/Ke

Genehmigung

Hiermit erteilt Ihnen die OBERSTE NATIONALE SPORTKOMMISSION FÜR DEN AUTOMOBILSPORT IN DEUTSCHLAND die Genehmigung,

in der Zeit vom 30. 9. - 2. 10. 1965

in Hockenheim

in der Klasse bis 2000 ccm

Rekordversuche über 1/4 Meile stehend und fliegend
1 km Stehend
1 Meile Stehend

durchzuführen.

Fahrer und Bewerber:	Huschke von Hanstein, Lizenz O 1
Sportkommissar :	Wolfgang Diemer, Mainz
techn.Abnahme :	Ing. Ramelow, Frankfurt a./M.
Zeitnahme :	Ing. G.A. Heinemann, Dornholzhausen.

Die Genehmigung gilt unter der Voraussetzung, daß die Rennstrecke durch einen Geometer vermessen ist. Im übrigen gelten die Bestimmungen des Internationalen Automobil-Sportgesetzes Artikel 98 - 107, 216 - 235 und 236 - 239.

OBERSTE NATIONALE SPORTKOMMISSION
FÜR DEN AUTOMOBILSPORT IN DEUTSCHLAND

Geschäftsführer

Unterlagen heute 3 fach an ONS
Of.

Offizielles-Zeitnahme-Protokoll

über die am 30. Sept. 1965 auf der Strecke des Motodrom "Hockenheim" durchgeführten Rekord-Versuchsfahrten der Fa. Dr. ing. F. Porsche K.G., Stuttgart-Zuffenhausen,
mit Fahrzeug: Porsche Spider Prototyp 2 Ltr. Klasse bis 2000 ccm.

Stehender Start über 1/4 Meile = 0,402 335 Km., Constante = 1448,406
0,5 Km = 0,500 Km., " = 1800,000
1,0 " = 1.000 Km., " = 3600,000

Verantwortlicher Intern. Zeitnehmer: Ing. G.A. Heinemann
638 Dornholzhausen, Marienstr. 3

Zeitmeßanlage: Longines Chronotypogines Nr. 45-25 Typ A 17
mit Quarzuhr Nr. 456-25 Typ A 5.
Auslösung der Start- und Zielimpulse durch Lichtstrahlunterbrechung von Fotozellen.

Anlagen: Gangzeugnis über vorgenannte Anlage, ausgestellt von dem Observatorium Neuchatel/Schweiz am 4. März 1965 und Zeitstreifen mit den Zeitdrucken der Start- und Ziel- Durchfahrten.

Ergebnis: 1/4 Meile mit stehendem Start
Rückfahrt von IV. Fahrt:
Start-Reg. 010 Zeit 13: 41. 38,865
Ziel -Reg. 08 Zeit 13: 41. 50,500
11,635 Sek.
Hinfahrt von V. Fahrt:
Start-Reg. 12 Zeit 13: 44. 32,900
Ziel -Reg. 011 Zeit 13: 44. 44,955
12,055 Sek.

11,635
+ 12,055
23,690 = 11,845 Sek. im Mittel = 122,279 km/h

Ergebnisse der Fahrten über 0,5 und 1,0 Km siehe Seite 2

Ergebnis: 0,5 Km mit stehendem Start
Rückfahrt von I. Fahrt:
Start-Reg. 002 Zeit 13: 14. 26,135
Ziel -Reg. 02 Zeit 13: 14. 39,435
13,300 Sek.
Hinfahrt von III. Fahrt:
Start-Reg. 03 Zeit 13: 24. 42,000
Ziel -Reg. 004 Zeit 13: 24. 55,815
13,815 Sek.

13,300
+ 13,815
27,115 = 13,557 Sek. im Mittel = 132,772 km/h

Ergebnis: 1,0 Km mit stehendem Start
Rückfahrt von VII. Fahrt:
Start-Reg. 004 Zeit 15: 22. 35,100
Ziel -Reg. 07 Zeit 15: 22. 57,185
22,085 Sek.
Hinfahrt von VIII. Fahrt:
Start-Reg. 08 Zeit 15: 24. 57,260
Ziel -Reg. 005 Zeit 15: 25. 19,600
22,340 Sek.

22,085
+ 22,340
44,425 = 22,212 Sek. im Mittel = 162,074 km/h

Frankfurt a/M., den 7. Oktober 1965

Ing. G. A. Heinemann

Die Genehmigung der ONS für die Weltrekordfahrten in Hockenheim und das Zeitnahmeprotokoll.

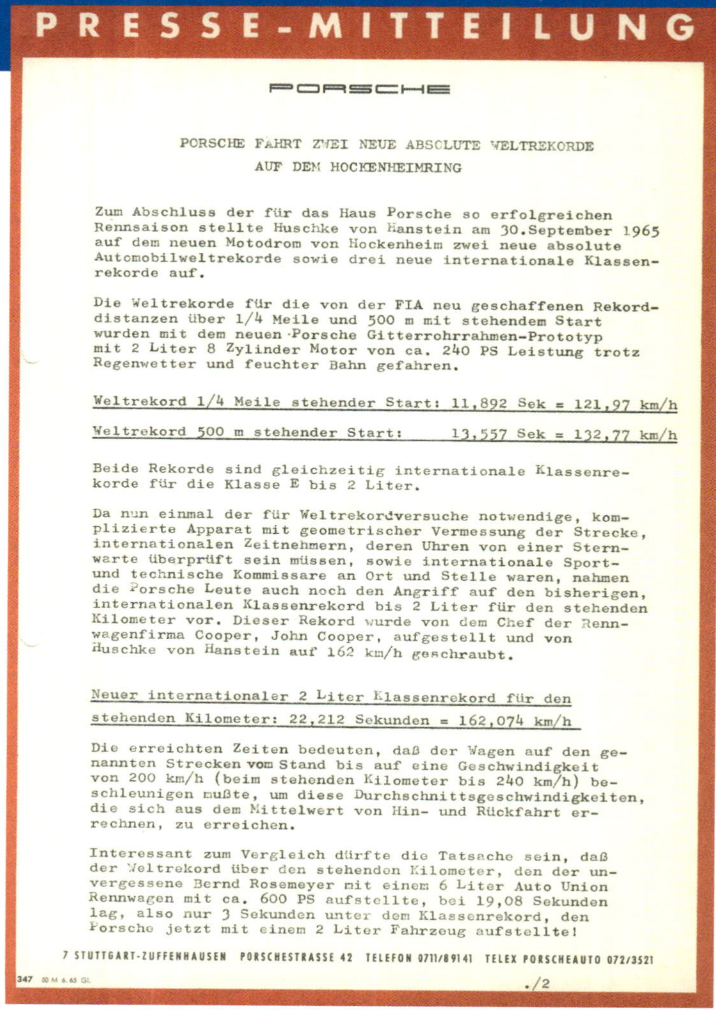

PRESSE-MITTEILUNG

PORSCHE

PORSCHE FÄHRT ZWEI NEUE ABSOLUTE WELTREKORDE
AUF DEM HOCKENHEIMRING

Zum Abschluss der für das Haus Porsche so erfolgreichen Rennsaison stellte Huschke von Hanstein am 30.September 1965 auf dem neuen Motodrom von Hockenheim zwei neue absolute Automobilweltrekorde sowie drei neue internationale Klassenrekorde auf.

Die Weltrekorde für die von der FIA neu geschaffenen Rekorddistanzen über 1/4 Meile und 500 m mit stehendem Start wurden mit dem neuen Porsche Gitterrohrrahmen-Prototyp mit 2 Liter 8 Zylinder Motor von ca. 240 PS Leistung trotz Regenwetter und feuchter Bahn gefahren.

Weltrekord 1/4 Meile stehender Start: 11,892 Sek = 121,97 km/h

Weltrekord 500 m stehender Start: 13,557 Sek = 132,77 km/h

Beide Rekorde sind gleichzeitig internationale Klassenrekorde für die Klasse E bis 2 Liter.

Da nun einmal der für Weltrekordversuche notwendige, komplizierte Apparat mit geometrischer Vermessung der Strecke, internationalen Zeitnehmern, deren Uhren von einer Sternwarte überprüft sein müssen, sowie internationale Sport- und technische Kommissare an Ort und Stelle waren, nahmen die Porsche Leute auch noch den Angriff auf den bisherigen, internationalen Klassenrekord bis 2 Liter für den stehenden Kilometer vor. Dieser Rekord wurde von dem Chef der Rennwagenfirma Cooper, John Cooper, aufgestellt und von Huschke von Hanstein auf 162 km/h geschraubt.

Neuer internationaler 2 Liter Klassenrekord für den stehenden Kilometer: 22,212 Sekunden = 162,074 km/h

Die erreichten Zeiten bedeuten, daß der Wagen auf den genannten Strecken vom Stand bis auf eine Geschwindigkeit von 200 km/h (beim stehenden Kilometer bis 240 km/h) beschleunigen mußte, um diese Durchschnittsgeschwindigkeiten, die sich aus dem Mittelwert von Hin- und Rückfahrt errechnen, zu erreichen.

Interessant zum Vergleich dürfte die Tatsache sein, daß der Weltrekord über den stehenden Kilometer, den der unvergessene Bernd Rosemeyer mit einem 6 Liter Auto Union Rennwagen mit ca. 600 PS aufstellte, bei 19,08 Sekunden lag, also nur 3 Sekunden unter dem Klassenrekord, den Porsche jetzt mit einem 2 Liter Fahrzeug aufstellte!

7 STUTTGART-ZUFFENHAUSEN PORSCHESTRASSE 42 TELEFON 0711/89141 TELEX PORSCHEAUTO 072/3521

./2

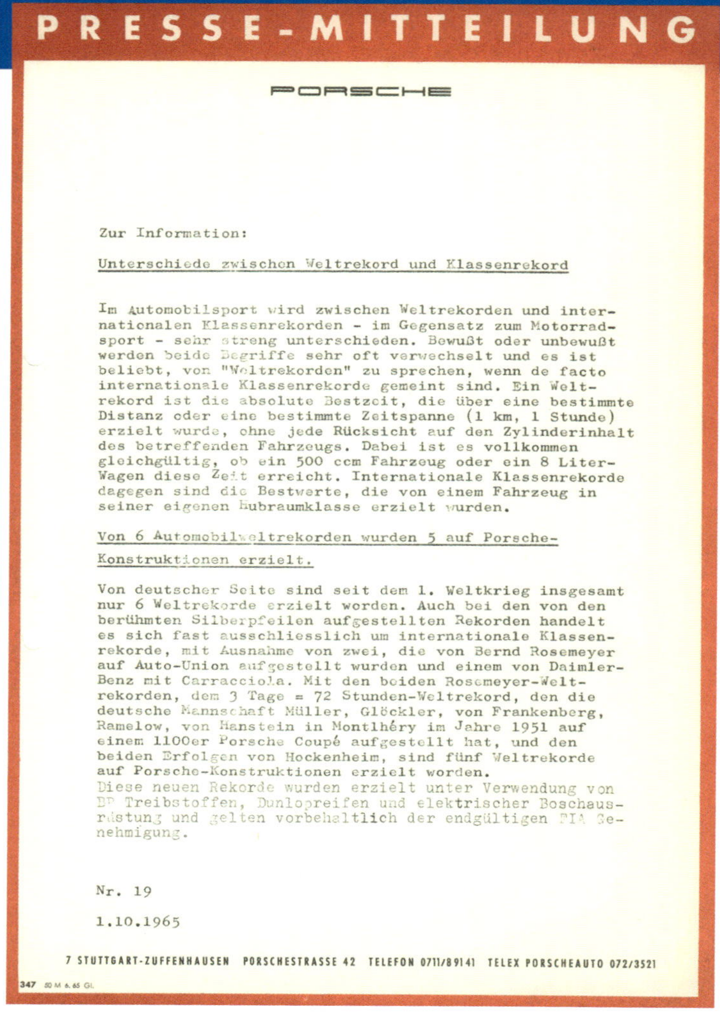

PRESSE-MITTEILUNG

PORSCHE

Zur Information:

Unterschiede zwischen Weltrekord und Klassenrekord

Im Automobilsport wird zwischen Weltrekorden und internationalen Klassenrekorden – im Gegensatz zum Motorradsport – sehr streng unterschieden. Bewußt oder unbewußt werden beide Begriffe sehr oft verwechselt und es ist beliebt, von "Weltrekorden" zu sprechen, wenn de facto internationale Klassenrekorde gemeint sind. Ein Weltrekord ist die absolute Bestzeit, die über eine bestimmte Distanz oder eine bestimmte Zeitspanne (1 km, 1 Stunde) erzielt wurde, ohne jede Rücksicht auf den Zylinderinhalt des betreffenden Fahrzeugs. Dabei ist es vollkommen gleichgültig, ob ein 500 ccm Fahrzeug oder ein 8 Liter-Wagen diese Zeit erreicht. Internationale Klassenrekorde dagegen sind die Bestwerte, die von einem Fahrzeug in seiner eigenen Hubraumklasse erzielt wurden.

Von 6 Automobilweltrekorden wurden 5 auf Porsche-Konstruktionen erzielt.

Von deutscher Seite sind seit dem 1. Weltkrieg insgesamt nur 6 Weltrekorde erzielt worden. Auch bei den von den berühmten Silberpfeilen aufgestellten Rekorden handelt es sich fast ausschliesslich um internationale Klassenrekorde, mit Ausnahme von zwei, die von Bernd Rosemeyer auf Auto-Union aufgestellt wurden und einem von Daimler-Benz mit Carracciola. Mit den beiden Rosemeyer-Weltrekorden, dem 3 Tage = 72 Stunden-Weltrekord, den die deutsche Mannschaft Müller, Glöckler, von Frankenberg, Ramelow, von Hanstein in Montlhéry im Jahre 1951 auf einem 1100er Porsche Coupé aufgestellt hat, und den beiden Erfolgen von Hockenheim, sind fünf Weltrekorde auf Porsche-Konstruktionen erzielt worden.
Diese neuen Rekorde wurden erzielt unter Verwendung von BP Treibstoffen, Dunlopreifen und elektrischer Boschausrüstung und gelten vorbehaltlich der endgültigen FIA Genehmigung.

Nr. 19

1.10.1965

7 STUTTGART-ZUFFENHAUSEN PORSCHESTRASSE 42 TELEFON 0711/89141 TELEX PORSCHEAUTO 072/3521

Pressemitteilung aus dem Hause Porsche nach den frisch aufgestellten Weltrekorden.

906 011

Motor-Nr.:
Getriebe-Nr.: 822 007
Ausgeliefert am:
Händler: Werkswagen

aktueller Besitzer: Stephen Dudley (USA, 2007)
Sechszylinder
Farbe: Silbermetallic
Innenausstattung:
Kennzeichen:

1. Kunde: Vasek Polak, Los Angeles, CA (USA)	
2. Kunde: Don Pike (USA)	1969, »umfirmiert« in 904 109
3. Kunde: Gerry Gregory + Brent Doell, Palos Verdes, CA (USA)	1969
4. Kunde: Jim Cook + Vasek Polak (USA)	1971
5. Kunde: Dr. Jack Zimmer, Hopkins, MN (USA)	1972
6. Kunde: David Sablan, Tacoma, WA (USA)	1973
7. Kunde: James Mazzotta, Bella Vista, CA (USA)	1980
8. Kunde: Joey Mazzotta, San Diego, CA (USA)	1981
9. Kunde: Jeff Lewis, Newport Beach, CA (USA)	1985
Kevin Jeannette (Gunnar Racing)	Restaurierung, jetzt wieder als 906 011
10. Kunde: Dan Meiling, Incline Village, NV (USA)	
11. Kunde: Stephen Dudley, WI (USA)	2006

Dieses 904/6-Coupé, Baujahr 1964, wurde am 31.01.1966 von Peter Falk, Abteilung VfV, an die Verkaufsabteilung abgegeben, ohne Motor, mit einer Gesamtlaufleistung von 8700 km.
Zusammen mit zwei weiteren 904 kam 906 011 Ende 1967 zu Vasek Polak nach Los Angeles. Dort stand das Fahrzeug offenbar eine Zeit lang rum. Denn erst 1969 tauchte Don Pike mit dem Wagen wieder auf einer Rennstrecke auf. Seine eigentliche Identität war ihm zwischenzeitlich abhanden gekommen, denn um in der Klasse A Production starten zu können, wurde ein Vierzylinder-904-Motor eingebaut und die Fahrgestellnummer 904 109 angeschweißt. Mit diesem »Etikettenschwindel« wurde jeglichen Diskussionen mit den Sportkommissaren vorgebeugt. Der Wagen wurde mit verschiedenen Fahrern bis 1971 gefahren und durchlief dann mehrere Stationen, bis Jeff Lewis das Fahrzeug 1985 zu Kevin Jeannette in West Palm Beach, Florida, zu einer Restaurierung gab. Kevin stellte fest, dass »904.109« kein Serien-904-Carrera-GTS war, sondern einer der sechs 904/6-Prototypen sein musste. Folglich wurde auch wieder ein entsprechendes Triebwerk eingebaut und die ursprüngliche Identität wiederhergestellt. Heute gehört der Wagen Stephen Dudley, der im hohen Norden der USA, in Wisconsin, zu Hause ist.

Renneinsätze 906 011

Veranstaltung	Datum	Fahrer	Start-Nr.	Platzierung
Bergrennen Mont Ventoux (F)	06.06.1965	Anton Fischhaber	45	7. Gesamt, 4. P 2000
GP der Solitude, Stuttgart (D)	18.07.1965	Herbert Linge	2	3. Gesamt, 3. P

Auf der Solitude führ Herbert Linge 1965 auf den 3. Platz. Erstmals war in diesem Rennen bei einem 904 der große Frontspoiler im Einsatz.

906 011 nach der Restaurierung (siehe auch Bilder auf den nächsten Seiten).

126
908

126

126
VASEK POLAK
RACING

126

126
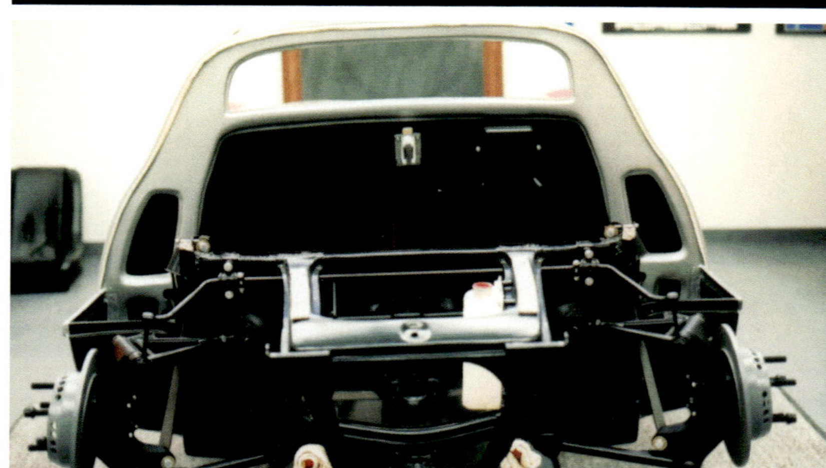

Nach seiner Restaurierung steht der 906 011 fast besser da als bei seiner Auslieferung.

Jeff Lewis mit seinem 906 011 (siehe nächste Seite).

Bei Historischen Rennen fährt Jeff Lewis mit dem früheren Werkswagen auch heute noch ganz vorn mit. Diese von Hal Thomas geschossenen Bilder zeigen ihn mit seinem 906 011 in den Jahren 1995 bis 1997 in Laguna Seca im sonnigen Kalifornien.

906 012

Motor-Nr.: 906-08
Getriebe-Nr.: 822006 (AT)
Ausgeliefert am:
Händler: Werkswagen
1. Kunde: George Drolsom, Jacksonville, FL (USA)
2. Kunde: Vern Covert, Los Angeles, CA (USA)
3. Kunde: David W. Evans, McLean, VA (USA)
4. Kunde: Heinz Heinrich (USA)
5. Kunde: Robert H. Manschot, Phoenix, AZ (USA)
6. Kunde: Philip Ma (Hongkong)
7. Kunde: Irvine Laidlaw (GB)

aktueller Besitzer: Irvine Laidlaw (GB)
Sechszylinder
Farbe: Silbermetallic
Innenausstattung:
Kennzeichen: S – VS 363
05.05.1966, ohne Motor
Turbo (?)
09.07.1990
1993
1998 Restaurierung durch Kevin Ryan
2001; 2002 Unfall bei der TdF (Überschlag), Reparatur bei Freisinger
seit 2003

Dieser 904/6 wurde 1965 zum ersten Mal beim 1000-km-Rennen auf dem Nürburgring eingesetzt. Mit den Fahrern Günther Klass und Peter Nöcker wurde er 6. im Gesamtklassement und 4. in der Klasse der Prototypen bis 2000 ccm. Die beiden folgenden Starts waren nicht so erfolgreich: Motorschaden bei den 24 Stunden von Le Mans und Unfall bei der Rallye Coupe des Alpes.
Danach wurde das Fahrzeug im Werk repariert und 1966 ohne Motor und Getriebe an den Amerikaner George Drolsom verkauft. George hatte mit seinem 904 Carrera GTS (904 013) in den Vereinigten Staaten einen Unfall gehabt und benötigte dringend Ersatz. Mit seinem neuen 906 012 nahm Drolsom an den Bahama Speed Weeks teil, die am Ende der Saison stattfanden und wegen der Symbiose aus Party und Autorennen bei den Teilnehmern sehr beliebt waren. Drolsom behielt den Wagen bis mindestens zum 12-Stunden-Rennen von Sebring, wo er 1967 als 21. im Gesamtklassement immerhin noch seine Klasse gewann.
Der nächste Besitzer, Vern Covert aus Los Angeles, baute den Rennwagen nachhaltig um: breite Reifen, Sechszylinder-Motor, herausnehmbare Dachhälften usw. So gerüstet, ließ er sich jahrelang auf der Straße, beim Slalom und bei Club-Treffen sehen.
1998 erfolgte dann eine Komplett-Restaurierung, bei der das Fahrzeug wieder in den Originalzustand zurückversetzt wurde. Heute gehört der Wagen zur Sammlung des Briten Irvine Laidlaw.

Renneinsätze 906 012

Veranstaltung	Datum	Fahrer	Start-Nr.	Platzierung
1000 km Nürburgring (D)	23.05.1965	Peter Nöcker / Günther Klass	22	6. Gesamt, 3. P 2000
24 Stunden von Le Mans (F)	19./20.06.65	Günther Klass / Dieter Glemser	35	ausgefallen (Motor)
Coupe des Alpes (F)	19./25.07.65	Eugen Böhringer / Rolf Wütherich	7	ausgefallen (Unfall)
Governor's Trophy & Nassau TT, Bahamas (GB)	02.12.1966	George Drolsom	98	11. Gesamt, 2. Klasse
Porsche Classic, Nassau, Bahamas (GB)	03.12.1966	George Drolsom	98	4. Gesamt
Nassau Classic, Bahamas (GB)	03.12.1966	George Drolsom	98	10. Gesamt
Nassau Trophy, Bahamas (GB)	04.12.1966	George Drolsom	98	13. Gesamt, 4. Klasse
12 Stunden von Sebring, FL (USA)	01.04.1967	George Drolsom / Bill Campbell	47	21. Gesamt, 1. S 2000

906 012 bei den 1000 km auf dem Nürburgring und Werksmechaniker neben dem Fahrzeug während der Gedenkminute für den verstorbenen Edgar Barth.

Dieter Glemser und Günther Klass 1965 bei den 24 Stunden von Le Mans, bei denen sie mit Motorschaden ausfielen.

Eugen Böhringer hinterm Lenkrad, beim Service und auf der Piste bei der Rallye Coupe des Alpes 1965. Leider schied der Wagen nach einem Unfall aus.

George Drolsom bei den Rennen in Nassau (Bahamas) 1966.

1 Sight unseen; this is what the Coverts bought. Decals have been removed and street tires put on. Headlights were added for the trip from Jacksonville to California.

2 One stage in restoring the body and enlarging the luggage compartment. 904 bodies are very rough so much levelling and filling was needed to improve the appearance.

Metamorphosis: domesticating a 904

Vern Covert of the Los Angeles Region is a frequent contributor to PANORAMA. He and his wife Ada operate the charter schooner Flyaway out of St. Thomas in the U.S. Virgin Islands. They are seen at all the Parades, and were particularly hard to miss at the Sonnenfest Parade held last June because they appeared in a Porsche 904 that had been converted from competition to street form. Here's the story on the conversion as Vern told it to PANORAMA.

I think the first introduction to the 904 was in 1964 after the Chicago Parade when we went to Elkhart Lake. There we saw Vern Hagestad run his 904, and this sort of started the bee a-going.

Capt. Vern Covert

From that date on I had in the back of my mind about this being the last truly great GT car—if you didn't catch this one you wouldn't catch any. The dream became a reality when Brumos Porsche in Jacksonville, Fla., came up with this particular car. Incidentally, it carried Serial 906012, and a registration date of 1965 rather than 1964 when most people thought that 904's were built.

This car was originally a Factory rally car and was equipped with a 6-cylinder engine. It was used in several European rallies and was the only one that was made with push-up windows rather than sliding panels. This was done, I understand, so that checkpoints could be handled better without getting out of the car. This I adapted later on to roll-up windows.

The car then was sold, without an engine, to one of the Porsche employees in the Southeast district, and a phenomenal thing took place—he bought the engine out of Vern Hagestad's car that I saw the first time at Elkhart Lake, and that engine is now in the car.

Another peculiar thing that happened was that this car was completely destroyed at Elkhart Lake later on in another race, and was returned to the Factory and they put their last remaining spare chassis under it, so this car has quite a history. It won its class at Sebring once, and several regional races, and 2 Nassau races.

We purchased the car several months before we were able to see it, so it was sort of a grab-bag situation. We decided to come to California for Christmas so our transportation must be the 904. It took us 2 days just to get it ready for the drive to California. We soon found out that they are noisy, naturally, with the overhead cams and no sound insulation. We did put some insulation in it for the trip to California where I put in even more.

The body was worn and fractured in many places due to racing and rocks and minor brushes. I used 20 gallons of resin and 10 yards of fiberglass mat to restore the body, and stiffen it in places we thought were necessary. This was prior to any painting, or any major body or mechanical modifications.

I did, however, have to put on street tires (Pirelli 165 in front and 185 on the rear), and I installed 2 inexpensive glass pack mufflers in their place, just for the trip to California. And later I built the mufflers that are on it today.

As many PCA'ers know, Ada and I favor open

4 PORSCHE PANORAMA

Auszüge aus einem Artikel in Porsche Panomara 1967 über den Umbau mit Dachöffnungen und Klimaanlage durch Captain Vern Covert.

These pictures were taken at the Concours during the Sonnenfest Parade, West Palm Beach, Fla., late in June 1968.

terior, better headliners, and better lighting inside the trunk compartment which I have increased by 50%. We live out of the car for 3 months at a time.

The finish was perhaps the longest and most tiring part of renovating the car. I would spray primer on and start to block sand and find fractures in the body and this would have to be cut out and new fiberglass put in, feathered out, and then I would start over again.

One whole door was completely built with sill, panel, frame, and hinge pins. This was all handmade. The doors didn't fit as Porsche doors should so they were made longer, wider, and thicker, and then a door pan was put in to stiffen them. Also, insulation was put on the inside of the doors to sound deaden this part of the car.

The carpeting and the headliner we had put in by a professional upholsterer who spent his apprenticeship with the Rolls-Royce people in England.

As for man-hours I put in, I worked approximately 12 hours a day during the Christmas month—from the 20th of November through to the 23rd of December, that's on a 7-day a week basis. Then this year in April I started in the 24th of April and worked up to within 5 days of the Parade. This being better climatic conditions than in California, I was able to work 18 hours a day and I averaged probably 6½ days a week. It gets very difficult to put a price on this type of work. We didn't keep any records of costs; it's like a

7

Fortsetzung Porsche-Panorama-Artikel von Seite 211.

Vern Coverts roter 906 012 in seiner ganzen Pracht.

Heute steht der 906 012 wieder wie neu da. Sein Besitzer fährt mit ihm auch wieder Historische Rennen.

Bei Historischen Rennen in den USA taucht 906 012 immer wieder mit unterschiedlichen Lackierungen auf.

906 016

Motor-Nr.: 906 016
Getriebe-Nr.:
Ausgeliefert am: 28.11.1965
Händler: Werkswagen
1. Kunde: Wolfgang Bock, Bordighera (I)
Luigi Taramazzo, Bordighera (I)
2. Kunde: Gaetano Starrabba /Everardo Ostini (I)
3. Kunde: Pierre de Siebenthal, La Fontaine (CH)
4. Kunde: Jean-Jacques Perrin, Genf, (CH)
5. Kunde: Michel Yves Dunant, Genf (CH)
6. Kunde: Automobilmuseum Genf (CH)
Bonhams Auktion beim OGP am Nürburgring
7. Kunde: Tidi Schneller (D)

aktueller Besitzer: Tidi Schneller (D, 2007)

Farbe: Weiß
Innenausstattung:
Kennzeichen: S – XE 37
Fahrzeug verliehen an:
1967
1968 (?)
1975
1993
1995
1998
2003

906 016 ist einer von zwei bekannten Vorserien-906. Der Wagen wurde ausgiebig in Hockenheim und in Wolfsburg getestet und nahm auch noch an dem offiziellen Vortraining für das 24-Stunden-Rennen in Le Mans teil, das am 2. und 3. April 1966 durchgeführt wurde. Dort wurden u. a. eine verlängerte Wagennase und die Vollverkleidung der Felgen ausprobiert.
1967 wurde das Fahrzeug an den in Italien lebenden Deutschen Wolfgang Bock verkauft, der sich als Mäzen für italienische Fahrer wie Luigi Taramazzo und Giulio Bona betätigte. Nach einer relativ erfolgreichen Saison 1967 verliert sich die Spur etwas. Sicher ist, dass der Wagen einen Unfall hatte und im Jahr 1975 von Wolfgang Bock über den italienischen Tuner und Rennfahrer Ennio Bonomelli an den Garagisten Pierre de Siebenthal in der Schweiz verkauft wurde. 1994 kaufte der Schweizer Jean-Jacques Perrin das nach wie vor verunfallte Auto und erteilte de Siebenthal den Auftrag zum Neuaufbau. Nur ein Jahr später verkaufte Perrin das unvollendete Projekt an seinen Landsmann Yves Dunant. Das Fahrzeug sollte so restauriert werden, dass in der Schweiz eine Straßenzulassung möglich gewesen wäre.
Das erklärt einige Modifikationen, mit denen der Wagen dann im August 2003 bei der Bonham-Auktion am Nürburgring angeboten wurde. Der Käufer, der 906 016 schließlich zurück auf die Rennstrecke brachte, bekam – ohne, dass er es beabsichtigt hatte – eine Bestätigung dafür, dass sein Fahrzeug ein Vorserien-Modell ist: Im Rennbetrieb stieg die Öltemperatur in ungesunde Höhen. Bei der Analyse stellte man dann fest, dass die Motorposition im Chassis deutlich von der der Serienbrüder abwich. Durch Anpassung an den Produktionsstandard wurde das Problem dann kurzerhand gelöst.

Im Vortraining zu den 24 Stunden von Le Mans im April 1966 wurde der 906 016 als Langheck von Herbert Linge gefahren. Er schaffte die zwölftschnellste Zeit.

Renneinsätze 906 016

Veranstaltung	Datum	Fahrer	Start-Nr.	Platzierung
Vortraining Le Mans (F)	03.04.1966	Herbert Linge	27	12. schnellste Zeit
1000 km Monza (I)	25.04.1967	Giulio Bona / Luigi Taramazzo	46	10. Gesamt; 2. S 2000
Targa Florio (I)	14.05.1967	Luigi Taramazzo / Giulio Bona	118	ausgefallen (Antriebswelle)
Bergrennen Bolzano-Mendola (I)	02.07.1967	Luigi Taramazzo		1. Gesamt
Bergrennen Garesso-St. Bernardo (I)	19.07.1967	Luigi Taramazzo		1. Gesamt
Trofeo Frescobaldi, Mugello (I)	23.07.1967	Luigi Taramazzo / Riccardo Di Bona	58	ausgefallen
Coppa Citta di Enna (I)	06.08.1967	Luigi Taramazzo	60	4. Gesamt; 2. S 2000
500 km von Zeltweg (A)	20.08.1967	Luigi Taramazzo / Mario Casoni	21	nicht erschienen
Bergrennen Passo della Presolano (I)	03.09.1967	Luigi Taramazzo		3. Gesamt; 1. S 2000
Bergrennen Aosta Pila (I)	24.09.1967	Luigi Taramazzo		3. Gesamt; 1. S 2000
Les 48 heures de la Montagne (F)	01.10.1967	Luigi Taramazzo		1. Gesamt; 1 S 2000
Bergrennen Col de Ferrier (F)	08.10.1967	Luigi Taramazzo		1. Gesamt; 1. S 2000
Bergrennen Savona Cadibona (I)	1967	Luigi Taramazzo		2. Gesamt; 1. S 2000
Bergrennen St. Cezaire (F)	1967	Luigi Taramazzo		1. Gesamt; 1. S 2000

906 016 kam 1967 für die Targa Florio mit dem Schiff nach Palermo. Im Rennen fielen Taramazzo/ Bona jedoch mit Achswellenschaden aus.

906 016 vor einer Restaurierung im Jahr 1991 ...

Bei den 1000 km von Monza belegten Bona/taramazzo den 10. Platz in der Gesamtwertung, in der Sportwagenklasse bis 2000 ccm bedeutete das Platz 2.

... und nach einer Restaurierung im Jahr 2002.

906 016 bei der Bonham-Auktion im Rahmen des Oldtimer-Grand-Prix 2003 am Nürburgring.

Nach einer weiteren Restaurierung fährt 906 016 hier bei der Le Mans Classic 2004.

906 017

Motor-Nr.: 906 017
Getriebe-Nr.: 906 002
Fertiggestellt am: 20.01.1966
Händler: Werkswagen
1. Kunde: unbekannt (Mexiko)
2. Kunde: Jim Tidwell, La Mesa, CA (USA)
3. Kunde: Kerry Morse, CA (USA)
4. Kunde: Manfred Freisinger (D)

aktueller Besitzer: Manfred Freisinger (D, 2008)

Farbe: Blau
Innenausstattung:
Kennzeichen: S – XE 38
01.09.1966
Ende 70er

Der zweite offiziell bekannte Carrera 6 ist für manche vielleicht der Schönste von allen. Er ist der einzige Werkswagen, der nicht in der Farbe Weiß lackiert war, sondern in »Königsblau«. Dadurch wurde er zum Lieblingsmotiv der Presse-Fotographen.

Seine Karriere als Rennwagen währte allerdings nur kurz. Nach der Fertigstellung im Januar blieben nur wenige Tage bis zum Abflug nach Florida, zur Teilnahme beim 24-Stunden-Rennen von Daytona.

Nach dem erfolgreichen 6. Platz im Gesamtklassement kam 906 017 noch drei Mal als Trainingsfahrzeug nach Italien, zum Testen und zum Training für die Targa Florio sowie zum Training in Monza. Am 1. September 1966 wurde er dann als rollendes Chassis ohne Motor mit einem gerissenen Querrohr unter dem Getriebe und nicht überholtem Fahrwerk an den Verkauf abgegeben. Bis heute ist von 906 017 nur der nicht restaurierte Rahmen erhalten.

Renneinsätze 906 017

Veranstaltung	Datum	Fahrer	Start-Nr.	Platzierung
24 Std. Daytona (USA)	05./06.02.1966	Hans Herrmann / Herbert Linge	15	6. Gesamt, 1. P 2000
Vortraining Targa Florio (I)	25.03.1966			Muletto
Vortraining 1000 km von Monza (I)	20.04.1966			Muletto
Vortraining Targa Florio (I)	28.04.1966			Muletto

906 017 in schönstem Blau, aufgenommen 1966 beim 24-Stunden-Rennen in Daytona.

Beeindruckender Blick auf den Motor.

Der 906 war nur 98 Zentimeter hoch.

Vor dem Start in Daytona stellt sich das gesamte Team unter Leitung von Huschke von Hanstein der Presse vor. Im Rennen selbst gab es, wie hier in der Steilwand, teilweise dichten Verkehr. Die Boxenstops liefen beim Porsche-Team durchweg gut, und ein 6. Platz in der Gesamtwertung für das Werksteam mit Herrmann/Linge war ein schöner Erfolg.

Fortsetzung Pressevorstellung von Seite 209.

Der Rahmen von 906 017 in unrestauriertem Zustand in den USA, kurz vor der Rückkehr nach Deutschland.

Ein Artikel über den 906 017 in der deutschen Zeitschrift Hobby vom 23. Februar 1966.

Porsche schon mit dem Gitterrohrspider gegen gen Europa-Bergmeisterschaftssaison die prakmachen konnte, daß zur Erzielung einer guten eines niedrigen Schwerpunkts die Verwendung n unerläßlich ist, beließ man dem neuesten Care großen 15er „Latschen". Produktionsbedingt ne, sagt man in Zuffenhausen. Zweifellos hätte 6 in dieser Hinsicht günstiger auslegen können, chterer Straßenlage, höherem Schwerpunkt und rem Luftwiderstand zwingen die großen Räder, Platz für einen respektablen Federweg ist, den ch geradeaus zu schauen; kleine Leute werden gkeiten haben, Kurven genau anzusteuern.

ügeln und den nicht optimalen Rückspiegeln 6 aerodynamisch recht günstig sein (der cw- erfahren), denn die Wagenunterseite wurde lich ausgebildet. Sie ist völlig glatt und schirmt so ab, daß eine Vielzahl von Luftführungen für den zentral im Bug eingebauten Ölkühler, en, zwei für die hinteren Bremszangen, zwei zur riebe-Differential-Einheit und die schaufelförder Heckverglasung, die die zwei Weber-Drei-Atemluft versorgen.

linder motor in Länge und Breite kaum von dem erscheidet, ist die Verwendung des stärkeren Problem. Um so verwunderlicher wirkt die Entrsche, in Daytona (außer den 904) nur mit dem der neuen Karosse zu starten, denn so lange

FORTSETZUNG AUF SEITE 45

AUF GROSSEM FUSS – CARRERA 6

Die hohen Vorderkotflügel und die aufgesetzten Rückspiegel stören den Gesamteindruck des niedrigen Carrera 6. Die zur Verminderung des Luftwiderstands schmal gehaltene Fahrerkabine bedingte Flügeltüren (links unten). Der Drehzahlmesser vor dem Lenkrad (rechts oben) wurde in einen Tunnel versenkt, um Spiegelungen in der Scheibe zu vermeiden. Die Luftleitungen beiderseits des Motors (darunter) führen zum Getriebe und den Bremsen. Im Heck der vorgeschriebene Kofferraum, der beachtlich groß ausfiel.

FOTOS: WEITMANN

CARRERA 6

FORTSETZUNG VON SEITE 27

der Carrera 6 noch nicht als Sportwagen homologiert ist, muß er sowieso als Prototyp fahren. Möglicherweise befürchtet man, daß der Achtzylinder keine 24 Stunden durchhält.

Nach den Angaben von Porsche darf man erwarten, daß sich der Motor trotz seinen 106 PS pro Liter sehr zivilisiert verhält, da er bereits bei 3500 U/min Vollgas annehmen soll. Sein maximales Drehmoment von 20 mkg liegt mit 6000 U/min freilich um so vieles höher, daß er bei 3500 Touren wohl kaum Bäume ausreißt. Zweifellos wird der Dino ein ernster Gegner des Porsche sein, denn die Höchstleistung des Italieners dürfte mit etwa 220 PS anzusetzen sein, während sich der Porsche mit 210 „begnügt". Zudem läßt sich der V 6 des Dino trotz einer Mindest-Vollgasdrehzahl von 4500 bis 10 000 U/min ausdrehen, fast 2000 mehr als beim Porsche.

Für das Fahrwerk wurde die beim Gitterrohrspider so bewährte Vorderradaufhängung mit entgegengesetzt angebrachten Längslenkern nicht übernommen, sondern man verwendet je zwei Dreieck-Querlenker. Hinten besitzt es eine Längslenker-Konstruktion mit oberem Dreieckslenker, dessen Basis schräg an den Radträger angeflanscht ist. Die Radaufhängungen sind nicht in Gummi gelagert (was man nur bei geometrisch nicht ganz einwandfreien Aufhängungen macht), wodurch eine sehr exakte Radführung erzielt wird. Bei Probefahrten hat man daher die Kurvengeschwindigkeiten des 904 übertroffen, und es ist zu erwarten, daß bei Kreisbahnversuchen Querbeschleunigungen von über 100 Prozent (der Erdbeschleunigung) erreicht werden.

Man ist heute bestrebt, einem Wettbewerbswagen die Gewichtsverteilung von 35:65 mitzugeben, da sie als günstigster Kompromiß zwischen guter Straßenlage und optimaler Traktion gilt. Entsprechend ist die Reifenbestückung zwar auf allen vier Rädern mit nominell 5.50–15 gleich, doch verwendet man hinten Dunlop R 7 des Typs M und vorn des Typs L, die bezüglich ihrer Laufflächenbreite und Tragfähigkeit auf obige Forderung abgestimmt sind.

Bis Mitte Januar war mit dem „Serienbau" der zur Homologierung notwendigen 50 Carrera 6, die ja bereits verkauft sind, noch nicht begonnen worden. Sie sollen aber bis Ende März fertiggestellt sein.

KURZDATEN

Sechszylinder Boxer-Motor, Bohrung x Hub 80 x 66 mm, Hubraum 1991 ccm, Verdichtung 10,3:1, Leistung 210 PS bei 8000 U/min, maximales Drehmoment 20 mkg bei 6000 U/min 1 ohc, zwei Weber-Dreifachvergaser 46 IDA 3 C, Fünfgang-Getriebe, Gitterrohrrahmen, Kunststoff-Karosserie, Leergewicht ca. 575 kg, Radstand 2300 mm, Spur 1333/1402 mm, Außenmaße 4113x1680x 980 mm, Höchstgeschwindigkeit ca. 280 km/h.

906 101

	aktueller Besitzer: Bruno + Alexander Lafourcade (F)
Motor-Nr.: 906 101	
Getriebe-Nr.:	**Farbe**: Irischgrün
Ausgeliefert am: 12.01.1966	**Innenausstattung**:
Händler: AFN Ltd. England	**Kennzeichen**: LJJ 16 D
1. Kunde: Porsche Cars G.B. Ltd.	
2. Kunde: Michael De Udy (GB)	
3. Kunde: Gerry V. Tyack, Moreton-in-Marsh (GB)	1967, Bergrennen
4. Kunde: Ned E. Abbott, McKinney, TX (USA)	1974–1979, hinged doors
5. Kunde: Tom Green, Santa Clara, CA (USA)	1980
6. Kunde: Carlsen Porsche Audi, Palo Alto, CA (USA)	
7. Kunde: Bill Erler, FL (USA)	1982
8. Kunde: Rudi Klein, Garden, CA (USA)	
9. Kunde: Richard F. Alexander, Watsonville, CA (USA)	2003
10. Kunde: Dave White, Tampa, FL (USA)	
11. Kunde: Manfred Freisinger, Karlsruhe (D)	2005
12. Kunde: Bruno + Alexandre Lafourcade (F)	

Der Wagen mit der Fahrgestellnummer 906 101 ist eines von zwei Fahrzeugen, die in der Farbe »Irischgrün« ausgeliefert wurden. Er war von dem englischen Importeur AFN bestellt und an den Kunden Michael De Udy ausgeliehen worden. Der Wagen erhielt sogar eine Straßenzulassung mit dem amtlichen Kennzeichen LJJ 16 D. Es ist sehr unwahrscheinlich, dass der Wagen im öffentlichen Straßenverkehr gefahren wurde, aber die Straßenzulassung erleichterte bei Rennveranstaltungen im Ausland die Ein- und Ausreise.

De Udy fuhr den Wagen im Wechsel mit seinem eigenen Carrera 6, der in Wirklichkeit die Fahrgestellnummer 906 129 hatte, aber aus zolltechnischen Gründe kurzfristig in 906 101 »umgetauft« wurde. De Udy hatte im Laufe des Jahres 1966 mehrere Unfälle, und so kam es, dass er mal mit dem einen und mal mit dem anderen Wagen fuhr, je nachdem, welches Fahrzeug gerade repariert wurde. Deshalb ist es sehr schwierig nachzuweisen, welches Fahrzeug tatsächlich bei welchem Rennen gefahren wurde. Es scheint aber so, dass nur der echte 906 101 mit dem aufgeklebten Kennzeichen LJJ 16 D unterwegs war.

Nach nur einem Jahr wurde 906 101 an den Autohändler Gerry V. Tyack verkauft, der den Wagen in der Farbe »Weiß« umlackieren ließ und so an lokalen Bergrennen teilnahm.

Irgendwann danach fand sich der ehemals britische Rennwagen in den Vereinigten Staaten wieder. Er gehörte dort einem gewissen Ned E. Abbott, der bereits 1978 ein »Carrera-6-Register« aufzubauen begann. Kurz nach dem Jahrtausendwechsel tauschte der Rennfahrer Dave White einen Porsche 908 gegen diesen Carrera 6 und andere Objekte ein. So kam der Wagen nach fast zwei Jahrzehnten von der Westküste an die Ostküste und wurde kurz danach von Manfred Freisinger aus Deutschland gekauft. Der restaurierte den Wagen zurück in den Originalzustand und verkaufte ihn anschließend nach Frankreich.

906 101 war der erste Kunden-906, der in der Produktionslinie im Werk 2 aufgebaut wurde.

Renneinsätze 906 101

Veranstaltung	Datum	Fahrer	Start-Nr.	Platzierung
BARC GT-Rennen, Castle Combe (GB)	11.04.1966	Michael de Udy	82	1. Gesamt
BARC Sportwagen-Rennen, Castle Combe (GB)	11.04.1966	Michael de Udy	82	1. Gesamt
1000 km Monza (I)	25.04.1966	Michael de Udy / Peter de Klerk	32	nicht erschienen
1000 km Spa-Francorchamps (B)	22.05.1966	Jimmy Blumer / Michael de Udy	57	ausgefallen (Getriebe)
1000 km Nürburgring (D)	05.06.1966	Michael de Udy / Peter de Klerk	59	ausgefallen (Unfall)
Martini Trophy, Silverstone (GB)	09.07.1966	Michael de Udy	28	1. S 2000
Circuito di Mugello (I)	17.07.1966	Michael de Udy / Peter de Klerk	156	5. Gesamt
Rheinland-Pfalz-Preis, Nürburgring (D)	07.08.1966	Michael de Udy	5	ausgefallen
Großer Preis von Hockenheim (D)	14.08.1966	Michael de Udy / Peter de Klerk	29	8. Gesamt; 4. S 2000
Guards Trophy Race, Brands Hatch (GB)	29.08.1966	Michael de Udy		3. Gesamt; 1. S 2000
Gold Cup, Oulton Park (GB)	17.09.1966	Peter de Klerk		2. Gesamt, 1. S 2000
1000 km von Paris, Montlhéry (F)	16.10.1966	Michael de Udy / Colin Davis	41	ausgefallen
Bergrennen Prescott (GB)	__.05.1967	Gerry Tyack	106	1. in der Klasse
Bergrennen Prescott (GB)	__.06.1967	Gerry Tyack		Klassenrekord
Bergrennen Prescott (GB)	__.07.1967	Gerry Tyack		Klassenrekord
Bergrennen Prescott (GB)	__.10.1967	Gerry Tyack		nicht bekannt
Sprintrennen Elvington (GB)	__.__.1967	Gerry Tyack		1. Platz 500-m- Sprint
Bergrennen Shelsey Walsh (GB)	__.__.1967	Gerry Tyack		Klassenrekord
Bergrennen Loton Park (GB)	__.__.1967	Gerry Tyack		Klassenrekord

906 101 bei der Abholung 1966.

906 101 bei den 1000 km auf dem Nürburgring, hier im Karussell.

Bei der Martini Trophy in Silverstone 1966 siegte Michael de Udy in der Sportwagenklasse bis 2000 ccm.

906 101 im Einsatz beim Großen Preis auf dem Hockenheimring 1966.

Bei den 500 km von Zeltweg gab es 1966 einen kleinen Unfall.

906 101 in England. Auf diesem Bild ist das zusätzliche Lüftungsloch an der Schnauze sehr gut zu erkennen.

Gerry Tyack 1967 bei einem der Bergrennen in England.

Auch auf der Autosport-Ausstellung wurde der 906 101 im Jahr 1967 präsentiert.

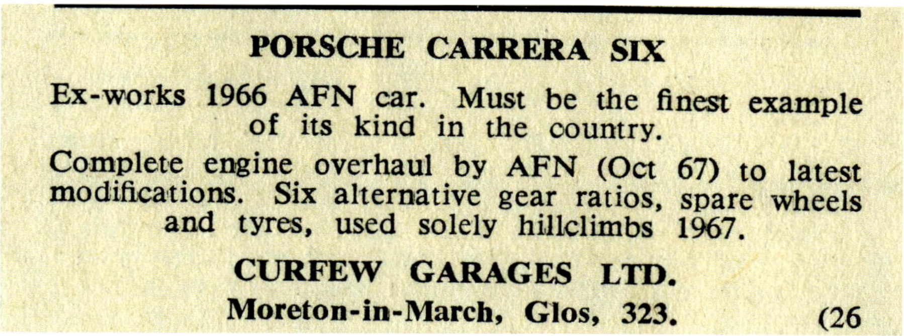

PORSCHE CARRERA SIX

Ex-works 1966 AFN car. Must be the finest example of its kind in the country.

Complete engine overhaul by AFN (Oct 67) to latest modifications. Six alternative gear ratios, spare wheels and tyres, used solely hillclimbs 1967.

CURFEW GARAGES LTD.

Moreton-in-March, Glos, 323. (26

Verkaufsanzeige in der englischen Zeitschrift *Autosport* von 1968.

☐ **The first 906 Owner/Enthusiast Registry** has been circulated among the 16 people listed. We are expanding the registry to incl all 900 series fiberglas competition cars. If interested in being listed, send for info. Ned E. Abbott, Box 326, Rt 2, McKinney, TX 75069.

1978 schaltete Ned E. Abbott diese Anzeige in der US-Porsche-Zeitschrift *Panorama*.

In diesem Zustand kam der Wagen 2003 nach Deutschland.

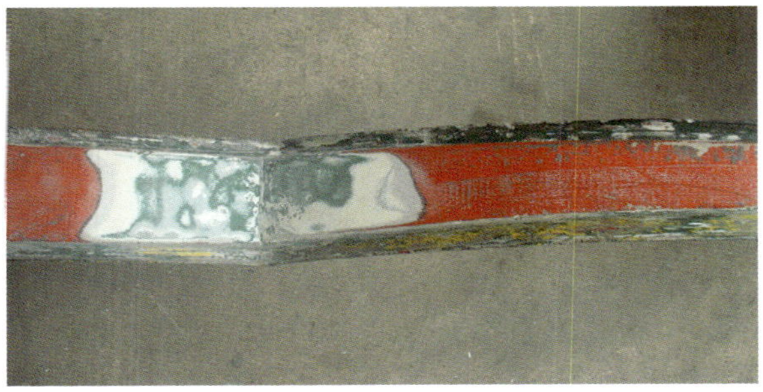

Bei der Restaurierung musste der Rohrrahmen auf der von damals noch existierenden Rahmenbank eingepasst werden.

Nach der Restaurierung, die 2005 bei der Firma Freisinger in Karlsruhe vorgenommen wurde, glänzte 906 101 wieder in der Originalfarbe Irischgrün. So war er unter anderem dann auch bei der Le Mans Classic 2006 zu bewundern.

906 102

Motor-Nr.: 906 102
Getriebe-Nr.: 906 102
Ausgeliefert am: 28.02.1966
Händler: AMAG, CH
1. Kunde: Charles Vögele, Winterthur (CH)
2. Kunde: Piccionaia Racing Team, Lugano (CH)
3. Kunde: Enzo Buzzetti, Rom (I)
4. Kunde: Scuderia Etna (I)
5. Kunde: Kerry Morse (USA)
6. Kunde: Frank Gallogly (USA)
7. Kunde: David Morse / Morspeed (USA)
8. Kunde: Jean Claude Miloe (F) / Benoit Couturier (F)
9. Kunde: Peter Vögele (CH)

aktueller Besitzer: Vögele (CH, 2004)

Farbe: Weiß
Innenausstattung:
Kennzeichen:

Carlo Facetti (I), 1967–1968
1968
1970: Bonaccorsi/Niccolosi
1980/81–1984
1984–1988
1993–1994

Der zweite von Porsche in Serie gebaute Carrera 6 wurde an den Unternehmer und Amateur-Rennfahrer Peter Vögele in die Schweiz ausgeliefert. Noch vor dem ersten Start bei den 12 Stunden von Sebring erhielt der Wagen eine Neulackierung in Rot mit zwei zusätzlichen weißen Streifen. Vögele war ein maßgeblicher Förderer des damals 30-jährigen Jo Siffert, der kurz darauf zum Werksfahrer bei Porsche aufsteigen sollte.
Nach einer durchaus erfolgreichen Saison erwarb Vögele eines der drei 906-Langhecks für die Saison 1967 und veräußerte das 66er-Auto an den Schweizer Antonio Bernardo, der in Lugano das Piccionaia Racing Team betrieb. Zu seinen Fahrern gehörten so renommierte Leute wie die Italiener Carlo Facetti und Antonio Nicodemi. Die weißen Streifen wurden durch einen blauen Mittelstreifen ersetzt.
Offenbar blieb das Fahrzeug danach in italienischen Händen, denn nach Enzo Buzzetti und Secondo Ridolfi (1969) nahmen Angelo Bonaccorsi und Alfio Nicolosi (1970) die 72 km langen Runden bei der Targa Florio unter die Räder. Letztere hatten dem Wagen eine neue Lackierung in Weiß mit einer dunkelblauen Nase spendiert.
Wie so viele ausrangierte Rennwagen landet 906 102 Anfang der 80er Jahre im Zustand »crashed« in den USA bei Kerry Morse. Zwischen 1993 und 1994 wurde er bei David Morse (Morspeed), der mit Kerry weder verwandt noch verschwägert ist, restauriert. Zehn Jahre später gelangt der Wagen über Frankreich wieder zurück in die Schweiz. Und der neue Eigentümer ist niemand anderer als der Sohn des Erstbesitzers!
Ein solches Schicksal ist von keinem anderen Carrera 6 bekannt.

Bei den 1000 km auf dem Nürburgring fiel 906 102 mit Fahrwerksproblemen aus.

Renneinsätze 906 102

Veranstaltung	Datum	Fahrer	Start-Nr.	Platzierung
12 Stunden von Sebring (USA)	26.03.1966	Jo Siffert / Charles Vögele	49	6. Gesamt; 3. P 2000
1000 km von Monza (I)	25.04.1966	Jo Siffert / Charles Vögele	30	5. Gesamt; 2. P 2000
GP von Paris, Montlhéry (F)	15.05.1966	Charles Vögele		3. S 3000
1000 km von Spa (B)	22.05.1966	Charles Vögele	58	nicht erschienen
Rundrennen Monza (I)	22.05.1966	Charles Vögele	57	1. Gesamt
1000 km Nürburgring (D)	05.06.1966	Jo Siffert / Charles Vögele	18	ausgefallen (Fahrwerk)
Bergpreis der Ostschweiz, Oberhallau (CH)	03.07.1966	Gerhard Mitter	82	1. S 2000
Circuito di Mugello (I)	17.07.1966	Jo Siffert / Charles Vögele	155	ausgefallen (Lenkrad u. Aufhängung gebrochen)
GP für Tourenwagen, Hockenheim (D)	24.07.1966	Charles Vögele	4	nicht erschienen
Coppa Citta di Enna (I)	07.08.1966	Charles Vögele	50	2. Gesamt; 1. S 2000
GP von Hockenheim (D)	14.08.1966	Charles Vögele	27	9. Gesamt; 5. S 2000
Bergrennen Stallavena-Boscochiesanuova (I)	16.04.1967	Carlo Facetti		3. S 2000
1000 km von Monza (I)	25.04.1967	Carlo Facetti / Giuseppe R. Perdomi	45	ausgefallen
Targa Florio (I)	14.05.1967	Carlo Facetti / Giuseppe R. Perdomi	116	nicht erschienen
Bergrennen Triest-Opicina (I)	28.05.1967	Carlo Facetti	304	3. Gesamt; 1. S 2000
Avus-Rennen, Berlin (D)	25.06.1967	Carlo Facetti	51	2. S 2000
Bergrennen Trento-Bondone (I)	09.07.1967	Carlo Facetti	54	8. Gesamt; 3. S 2000
Trofeo Frescobaldi, Mugello (I)	23.07.1967	Carlo Facetti / Antonio Nicodemi	65	6. Gesamt; 2. S 2000
Coppa Citta di Enna (I)	06.08.1967	Carlo Facetti	66	4. Gesamt; 1. S 2000
Bergrennen Aseli Colle S. Marco (I)	20.08.1967	Carlo Facetti		1. S 2000
Bergrennen Ollon-Villars (CH)	27.08.1967	Carlo Facetti	161	nicht gestartet
Bergrennen Sarezzo-Lumezzane (I)	17.09.1967	Alain Bernardo	167	2. S 2000
Targa Florio (I)	05.05.1968	Enzo Buzzetti / Secondo Ridolfi	134	21. Gesamt; 3. S 2000
Targa Florio (I)	03.05.1970	Angelo Bonaccorsi / Alfio Nicolosi	96	38. Gesamt, weiß, blaue Nase

Beim GP auf dem Hockenheimring belegte Charles Vögele 1966 einen 6. Platz im Gesamtklassement.

In Mugello reichte es Carlo Facetti und Antonio Nicodemi 1967 für einen 6. Platz in der Gesamtwertung.

In Weiß mit blauer Schnauze bei der Targa Florio 1970. Fahrer: Bonaccorsi/Nicolosi.

Beim Historischen Rennen von Laguna Seca beweist 906 102 auch im Jahr 2000 noch alte Stärke.

Auch heute noch wird 906 102 von Automobilzeitschriften getestet, hier zum Beispiel 2002 in Frankreich.

906 102 als Gegenstand vielfältiger Bewunderung auf der Techno Classica in Essen 2004.

Co-Autor Ulrich Trispel 2007 im Gespräch mit Peter Vögele in Spa.

906 103

aktueller Besitzer: Joe Buzzetta (USA, 2004)

Farbe: Weiß
Innenausstattung:
Kennzeichen:

Motor-Nr.: 906 103	
Getriebe-Nr.: 906 103	
Ausgeliefert am: 28.02.1966	
Händler: Porsche of America Teanack, NJ (USA)	
1. Kunde: Joe Buzzetta, New York (USA)	1966
2. Kunde: James N. Locke, New York (USA)	1967–1968
3. Kunde: William Ashplant, Essex, CT (USA)	1968
4. Kunde: Alex Farmer, ON (CDN)	1972
5. Kunde: Bill Wonder (USA)	1980
6. Kunde: Joe Buzzetta (USA)	1980
7. Kunde: unbekannter Sammler (CH)	
8. Kunde: Bruce McCaw (USA)	
9. Kunde: unbekannt (Portland, USA)	
10. Kunde: Thor A. Johnson, Kirkland, WA (USA)	01/2000
11. Kunde: Joe Buzzetta, Smithtown, New York (USA)	2004

906 103 kam als Werkswagen in die USA, belegte bei den 12 Stunden von Sebring den 4. Platz im Gesamtklassement und gewann seine Klasse. Danach wurde er einem seiner Fahrer, dem New Yorker Joe Buzzetta, für die US-Road-Racing-Meisterschaft (USRRC) zur Verfügung gestellt. Mit Unterstützung von Robert Bosch Racing gewann Buzzetta mit der Startnummer 7 fünf Rennen. Hinzu kamen weitere Starts bei einigen Läufen der neu gegründeten CanAm-Serie.
1967 stieg Buzzetta auf einen jüngeren Carrera 6 mit Benzin-Einspritzung (906 160) um. 906 103 ging in den Besitz von James M. Locke über. Der bereiste mit dem mittlerweile silbermetallic lackierten Rennwagen die gesamte amerikanische Ostküste. Sein größter internationaler Erfolg war ein fünfter Rang im Gesamtklassement des 1968 zur Marken-Weltmeisterschaft zählenden Laufes in Watkins Glen. Kurz danach verkaufte Locke den Wagen an seinen Landsmann William Ashplant, der ihn auch weiterhin bei Wettbewerben einsetze.
Nach weiteren Besitzerwechseln kaufte Joe Buzzetta den Wagen 1980 in ziemlich miserablem Zustand zurück, restaurierte ihn und fuhr mit ihm sein erstes historisches Rennen. Danach trennten sich erneut die Wege der beiden, um sich 2004 ein weiteres Mal zu kreuzen. Damit ist 906 103 der einzige Carrera 6, der heute wieder bei seinem Erstbesitzer gelandet ist.

Renneinsätze 906 103

Veranstaltung	Datum	Fahrer	Start-Nr.	Platzierung
12 Stunden von Sebring, FL (USA)	26.03.1966	Hans Herrmann / Joe Buzzetta / Gerhard Mitter	52	4. Gesamt; 1. P 2000
USRRC Bridgehampton, NY (USA)	22.05.1966	Joe Buzzetta	7	ausgefallen
USRRC Mont Tremblant, St. Jovite, QC (CDN)	29.05.1966	Joe Buzzetta		4. Gesamt; 1. S 2000
USRRC Mosport Park, ON (CDN)	04.06.1966	Joe Buzzetta	17	7. Gesamt; 1. S 2000
USRRC Watkins Glen, NY (USA)	26.06.1966	Joe Buzzetta	7	ausgefallen
USRRC Mid-Ohio, OH (USA)	28.08.1966	Joe Buzzetta	7	5. Gesamt; 1. S 2000
USRRC Road America, Elkhart Lake, WI (USA)	04.09.1966	Joe Buzzetta	7	5. Gesamt; 1. S 2000
CAN-AM Bridgehampton, NY (USA)	18.09.1966	Joe Buzzetta	17	11. Gesamt; 1 S 2000
24 Std. Daytona, FL (USA)	04./05.02.67	Bob Bailey / John Kelly	57	nicht erschienen
SCCA National Connellsville, PA (USA)	23.07.1967	James N. Locke		1. E S/R
SCCA National Watkins Glen, NY (USA)	29.07.1967	James N. Locke		1. Platz
SCCA Nat. Area (USA)	20.08.1967	James N. Locke		1. Platz
ARRC Race Daytona, FL (USA)	26.11.1967	James N. Locke		4. E S/R
12 Std. Sebring, FL (USA)	23.03.1968	Bob Bailey / James N. Locke	64	nicht gewertet (30. Gesamt)
6 Std. Watkins Glen, NY (USA)	14.07.1968	James N. Locke / Bob Bailey	14	5. Gesamt; 2. S 2000
SCCA National Thompson, CT (USA)	09.06.1968	James N. Locke	11	nicht bekannt
SCCA National Danville, VA (USA)	29.09.1968	William Ashplant	71	nicht erschienen

Bei den 12 Stunden von Sebring 1966 wurde als Werkswagen eingesetzt, fuhr auf den 4. Gesamtrang und gewann die Klasse der Sportwagen bis 2000 ccm. Direkt nach dem Rennen wurde an Joe Buzzetta verkauft.

Im CanAm-Rennen in Bridgehampton fuhr Jo Buzzetta mit seinem 906 auf den ersten platz in der Sportwagenklasse bis 2000 ccm.

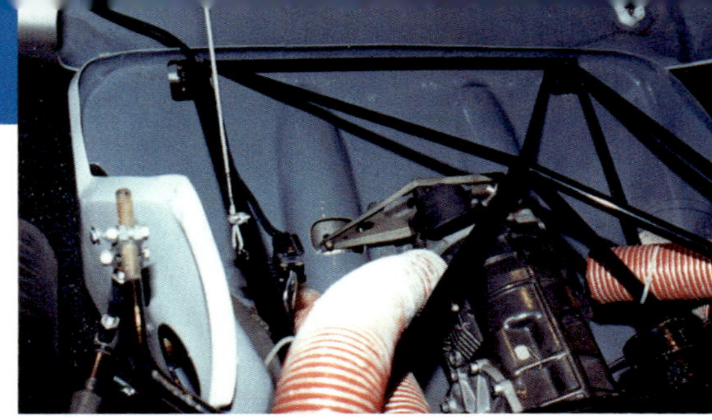

906 103, wie er sich 2001 präsentierte.

906 104

Motor-Nr.: 906 106
Getriebe-Nr.: 906 108
Ausgeliefert am: 28.02.1966
Händler: PC Distribution, Culver City, CA (USA)
1. Kunde: Otto Zipper, Beverly Hills, CA (USA)
2. Kunde: Jack Hinkle, Wichita, KS (USA) 1967
3. Kunde: Vasek Polak, CA (USA) 1968-1970 für Milt Minter, Coupé
4. Kunde: John Dayton, Long Beach, CA (USA) 1973-1976, Unfall
5. Kunde: Ron Armour, Orange, CA (USA) 1977-1978
6. Kunde: Howard Meister, Newport Beach, CA (USA) 1978
7. Kunde: Dennis Aase, Orange, CA (USA) 15 Jahre lang, Leach Restaurierung
8. Kunde: Tom Kobayashi, Los Angeles, CA (USA) seit 2003

aktueller Besitzer: Tom Kobayashi (USA, 2006)

Farbe: Weiss
Innenausstattung:
Kennzeichen:

906 104 ist eines von drei Fahrzeugen, die 1966 von Otto Zipper importiert wurden, dem Inhaber von Precision Motor Cars in Beverly Hills in Kalifornien. Die anderen beiden sind 906 105 und 906 121.
906 104 wurde kurz nach seiner Ankunft in den Vereinigten Staaten in der Farbe Silbermetallic umlackiert. Die Renneinsätze erfolgten überwiegend an der Westküste, bevorzugt mit Zippers Starfahrer Ken Miles am Steuer.
Nach nur wenigen Monaten verlor Zipper die Lust an dem Auto und verkaufte es an den Privatfahrer Jack Hinkle aus Kansas. Kansas liegt ziemlich genau in der Mitte der USA und spielt motorsportlich eine eher untergeordnete Rolle. Dennoch war Hinkle recht aktiv, wenn auch nur bei kleineren Veranstaltungen.

1968 fand 906 104 den Weg zurück nach Kalifornien, genauer gesagt in die Obhut von Vasek Polak. Porsche-Händler Polak überließ den Wagen seinem Fahrer Milt Minter, eine Liaison, die lange Jahre Bestand hatte. International bekannt wurde das Duo mit den Einsätzen eines Porsche 917 Spyder in der berühmten CanAm-Serie der frühen siebziger Jahre.
Der silberne Carrera 6 war bei Polak das erste von zwei Fahrzeugen desselben Typs. 906 104 blieb immer ein Coupé, während der andere (906 136) zum Spyder umgebaut wurde.
Nach mehreren Besitzerwechseln, u. a. war der Wagen über 15 Jahre bei dem Rennfahrer Dennis Aase, wurde dieses Westküsten-Auto gründlich restauriert und befindet sich heute im Besitz von Tom Kobayashi in Los Angeles.

Renneinsätze 906 104

Veranstaltung	Datum	Fahrer	Start-Nr.	Platzierung
USRRC Las Vegas, NV (USA)	24.04.1966	Ken Miles	34	6. Gesamt; 1. S 2000
USRRC Riverside, CA (USA)	01.05.1966	Dave Jordan	34	nicht gewertet
USRRC Laguna Seca, CA (USA)	08.05.1966	Ken Miles	34	5. Gesamt; 1 S 2000
USRRC Bridgehampton, NY (USA)	22.05.1966	Ken Miles		nicht gestartet
Players 200, Mosport, ON (CDN)	04.06.1966	Ken Miles	34	nicht gestartet
USRRC Watkins Glen, NY (USA)	26.06.1966	Ken Miles	32	nicht gestartet (Motor)
SCCA National Phoenix, AZ (USA)	12.02.1967	Jack Hinkle		1. EM
SCCA National Tucson, TX (USA)	01.04.1967	Jack Hinkle	61	1. EM
SCCA National Independence, MO (USA)	__.__.1967	Jack Hinkle		nicht bekannt
SCCA National Lake Afton, Wichita, KS (USA)	__.__.1967	Jack Hinkle		nicht bekannt
SCCA National Mid America, MO (USA)	__.__.1967	Jack Hinkle		nicht bekannt
SCCA National Tucson, TX (USA)	31.03.1968	Jack Hinkle		1. B/SR
USRRC Riverside, CA (USA)	28.04.1968	Milt Minter	61	ausgefallen (Kupplung)
USRRC Laguna Seca, CA (USA)	05.05.1968	Milt Minter	61	12. Gesamt, 2. BSR
SCCA National Stardust, Las Vegas, NV (USA)	23.02.1969	Milt Minter		2. B/SR
SCCA National Willow Springs, CA (USA)	23.03.1969	Milt Minter		2. ABC/SR
SCCA National Holtville, CA (USA)	13.04.1969	Milt Minter		3. Platz
Santa Barbara Road Races; CA (USA)	31.05.1969	Milt Minter		2. Platz
SCCA Regional Orange County, CA (USA)	14.09.1969	Milt Minter	21	3. ABC/SR, 1. B/SR
SCCA National Riverside, CA (USA)	05.10.1969	Milt Minter		3. ABC/SR, 2. B/SR
SCCA National Tuscon, TX (USA)	12.10.1969	Milt Minter		ausgefallen (Motorbrand)
SCCA National Willow Springs, CA (USA)	15.03.1970	Milt Minter		2. Gesamt, 1. B/SR
Laguna Seca, CA (USA)	__.__.1970	Milt Minter	11	nicht bekannt

Der 906 104 wurde von 1966 bis 1970 vor allem bei Rennen der USRRC und der SCCA eingesetzt.

+NCM:ロータス・エリーゼが気になる方は、是非お読みくだ

car MAGAZINE

There is no life without cars

TOP ISSUE

フィアット・パンダから、ビッグ・ヒーリーまで

理想のアシグルマってなんだろう?

インタビューwithジウジアーロ

実用車の神様が語る素顔のアシグルマ

TOP ISSUE

FERRARI vs BIZZARRINI

ビッザリーニの生み出した究極のGTレーサ

REVIVAL IMPRESSION:PORSCHE 90
+UCM:HONDA NSX

LOTUS ELISE 111R/FIAT PANDA/LANCIA THEMA/FIAT PUNTO/SUBARU SVX
AUSTIN HEALEY 3000MKⅡ/BENTLEY TURBO R/CITROËN CX 2400 PALLAS
CHEVROLET IMPALA/FERRARI 250GTO/BENTLEY ARNAGE/PEUGEOT 407/TRIUMPH TI
TRIUMPH TR2/PORSCHE 356SC/VW BEETLE/Q-CAR Qi/TOYOTA PRIUS

フットボックスの奥にはFRPで包まれた鋼管スペース・フレームのクロス・メンバーが見える。フロアから生えるアルミ製のペダル・ユニットはGTS904と同じ物である。

コックピットは少しの色気もなく、極めてレーシーな造り込みがされている。シートベルト・アンカーはリア・バルクヘッド内に通っているクロス・メンバーに固定されている。

ボンネット内、ペダル裏のバルクヘッド部には、ツインのマスター・シリンダーやラック・アンド・ピニオンのステアリング・ラックが面積の大きなステーを介して装着されている。

空力に優れるノーズ廻りに一切無駄がないことがわかるカット。オイル・クーラーは小型だが効率の良い物が装着されている。ボンネット内はスペアー・タイヤを収めるためのスペースになっている。

ドライバー正面に収まるレヴ・カウンター。深いナセルの影響で反射は非常に少ない。正しいドライビング・ポジションをとると、ドライバーの視界には、路面とこのメーターだけが飛び込んでくる。

ドライバーからの入力をこれほど素早く挙動に反映させられるクルマは、ちょっと記憶にない。

ではその"マグ"のパワートレーンとは、いったいどれほどのシロモノなのか？　と言われてもよくわからなかったというのが正直なところだ。ピストンはアルミ鍛造、組み合わされるスリーブは当時レーシング・ポルシェにのみ使われていたアルミン・メッキを施したアルミ製という設定だが、40年近い年月の間に、どのようなOHを受けてきたのかわからないからだ。ただし、冷静になって考えれば、その吹け上がりがナローSのそれより鋭いことは明らかだ。しかし、ナロー911のエンジンの"感動的な鋭さ"が、実は思ったより重く、ラバリーな乗り味との相対関係の上に成り立っているのに対し、軽くて固いシャシーと組み合わされているカレラ6の場合、その飛びぬけて鋭いレスポンスが、さも当たり前のことのように思えてしまうから性質が悪い。レーシング・ユニットである証は、走っている最中よりもむしろ、エンジンを切る瞬間のほうがわかりやすい。バランスの取れたムービング・パーツと、マスの軽いフライ・ホイールが、一瞬の身震いもなく静寂を作り出し、レブ・カウンターの針は気を失ったかのように倒れ込むのだ。

エンジン本体の芯の定まった感触に比べ、走行中の車体のバイブレーションはそれなりにある。原因は軽い車重と、薄く重ねられたFRPなど。これらは速さを追求したための避けられないネガといえるだろう。しかし、だからといって直進安定性や、走行時のドライバーの快適性は少しも損なわれていない。ひとたびインフィールド・セクションに入ると、カレラ6は俄然ポルシェらしさを発揮するようになる。流れるようなボディからはついつい直線でのすばらしいスピード伸びだけを想像しがちだが、それ以上

ボディと同様にFRP樹脂で型抜きされたダッシュ・パネル。Aピラーからダッシュ上面に半ツヤのブラック・ペイントが施される。大径のステアリングが唯一'60年代らしさを感じさせる部分。

Über die Restaurierung von 906 104 gab es in einer japanischen Motorzeitschrift eine große Fotostory.

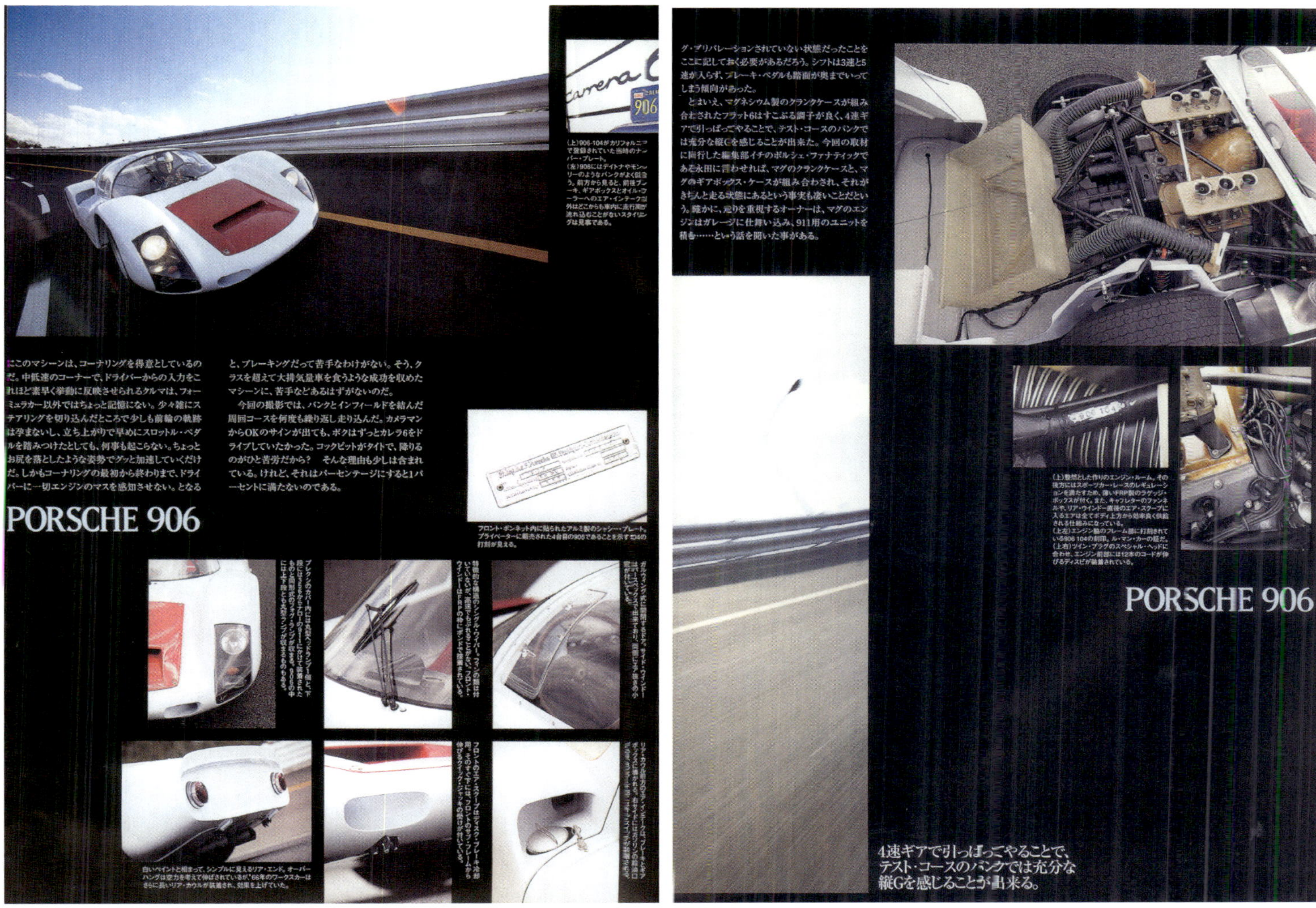

ここのマシーンは、コーナリングを得意としているのだ。中低速のコーナーで、ドライバーからの入力をこれほど素早く挙動に反映させられるクルマは、フォーミュラカー以外ではちょっと記憶にない。少々雑にステアリングを切り込んだところで少しも前輪の軌跡は孕まないし、立ち上がりで早めにスロットル・ペダルを踏みつけたとしても、何事も起こらない。ちょっとお尻を落としたような姿勢でグッと加速していくだけだ。しかもコーナリングの最初から終わりまで、ドライバーに一切エンジンのマスを感知させない。となると、ブレーキングだって苦手なわけがない。そう、クラスを超えて大排気量車を食うような成功を収めたマシーンに、苦手などあるはずがないのだ。

今回の撮影では、バンクとインフィールドを結んだ周回コースを何度も繰り返し走り込んだ。カメラマンからOKのサインが出ても、ボクはずっとカレラ6をドライブしていたかった。コックピットがタイトで、降りるのがひと苦労だから？　そんな理由も少しは含まれている。けれど、それはパーセンテージにすると1パーセントに満たないのである。

PORSCHE 906

グ・プリパレーションされていない状態だったことをここに記しておく必要があるだろう。シフトは3速と5速が入らず、ブレーキ・ペダルも踏面が奥までいってしまう傾向があった。

とはいえ、マグネシウム製のクランクケースが組み合わされたフラット6はすこぶる調子が良く、4速ギアで引っぱってやることで、テスト・コースのバンクでは充分な縦Gを感じることが出来た。今回の取材に同行した編集部イチのポルシェ・ファナティックである永田に言わせれば、マグのクランクケースと、マグのギアボックス・ケースが組み合わされ、それがきちんと走る状態にあるという事実も凄いことだという。確かに、走りを重視するオーナーは、マグのエンジンはガレージに仕舞い込み、911用のユニットを積む……という話を聞いた事がある。

PORSCHE 906

4速ギアで引っぱってやることで、テスト・コースのバンクでは充分な縦Gを感じることが出来る。

So sah 906 104 nach seiner Restaurierung aus.

906 104°

Motor-Nr.:
Getriebe-Nr.:
Ausgeliefert am:
Händler:
1. Kunde: Jean Claude Pichon / André Cuzeron

aktueller Besitzer: zerstört
Rekonstruktion? (Reynaud?)
Farbe:
Innenausstattung:
Kennzeichen: 9638 WWZ 91 (vgl. 906 117)
Fahrzeug bei Tour Auto 2003 verbrannt

2003 nahm das Team Jean Claude Pichon / André Cuzeron mit einem Carrera 6 an der Tour Auto teil. Auf der Rennstrecke kam das Fahrzeug von der Strecke ab und brannte völlig aus. Der Fahrer blieb unverletzt. Dieses Fahrzeug, über dessen Herkunft nichts bekannt ist, soll die Fahrgestellnummer 906 104 gehabt haben.

Der Wagen des Teams Pichon/Cizeron, der die Fahrgestellnummer 906 104 gehabt haben soll, brannte bei der Tour Auto im Jahr 2003 völlig aus.

906 105

Motor-Nr.: 906 105
Getriebe-Nr.:
Ausgeliefert am: 28.02.1966
Händler: PC Distribution, Culver City, CA (USA)
1. Kunde: Briggs Cunningham (USA)
2. Kunde: Otto Zipper (USA)

aktueller Besitzer: zerstört

Farbe: Weiß
Innenausstattung:
Kennzeichen:
nicht belegt

Laut Werksunterlagen sollte der Wagen an den mittlerweile legendären Briggs Cunningham geliefert werden, der in seiner Karriere über 700 Rennen bestritten habe soll. Ob er tatsächlich jemals den 906 sein Eigentum nannte, ist aber nicht überliefert.
Erstmalig eingesetzt wurde der Wagen dann vom Otto-Zipper-Team (siehe auch 906 104 und 906 121) beim 12-Stunden-Rennen von Sebring. Scooter Patrick und Don Wester lagen an aussichtsreicher Position, als Don Wester ca. zwei Stunden vor Ende des Rennens, als es bereits dunkel war, eine Berührung mit dem Ferrari 330 P2 von Mario Andretti hatte. Er kam von der Strecke ab und geriet in eine Sperrzone, in der sich verbotenerweise Zuschauer aufhielten. Durch den Aufprall wurden vier von ihnen getötet, Don Wester wurde schwer verletzt.
Das Fahrzeug war schrottreif und wurde nach Kenntnis der Autoren nie wieder aufgebaut.

Renneinsätze 906 105

Veranstaltung	Datum	Fahrer	Start-Nr.	Platzierung
12 Stunden Sebring (USA)	26.03.1966	Scooter Patrick / Don Wester	48	Unfall

12 Stunden von Sebring 1966: Bereits in seinem ersten Rennen hatte 906 105 einen schweren Unfall. Rund zwei Stunden vor Ende des Rennens kam der Wagen von der Strecke ab, dabei wurden vier Zuschauer getötet, Unglücksfahrer Don Wester erlitt schwere Verletzungen.

906 106

Motor-Nr.: 906 107
Getriebe-Nr.: 906 106
Ausgeliefert am: 28.02.1966
Händler: PC Southeast, Jacksonville, FL (USA)
1. Kunde: Peter Gregg, Jacksonville, FL (USA)
2. Kunde: Ruben Novoa (MEX)
3. Kunde: Daniel Durand (Costa Rica)

aktueller Besitzer: Reste in USA

Farbe: Weiß
Innenausstattung:
Kennzeichen:
1966–1967
1968–1969 Unfall 1969
(2003 ???)

1966 stand Peter Gregg noch am Beginn seiner motorsportlichen Karriere. Er hatte gerade die Porsche-Vertretung Brumos in Jacksonville übernommen, als er seinen Carrera 6 bestellte. Gregg fuhr den Wagen zwei Jahre lang an der Ostküste, bevorzugt im heimatlichen Bundesstaat Florida.
1968 konzentrierte er sich auf den Typ 911, mit dessen Varianten 911 ST, Carrera RSR und 935 er sich in den Folgejahren weltweite Anerkennung erwarb. Der Carrera 6 war nicht mehr aktuell, und Gregg verkaufte ihn an den Mexikaner Ruben Novoa.
Der war in seiner Heimat und in den benachbarten südamerikanischen Ländern sehr erfolgreich damit, verunglückte aber 1969. Das Fahrzeug wurde kannibalisiert, und das, was davon übrig blieb, soll heute irgendwo in den USA sein.

Renneinsätze 906 106

Veranstaltung	Datum	Fahrer	Start-Nr.	Platzierung
SCCA National Daytona, FL (USA)	09.03.1966	Peter Gregg		1. Gesamt
SCCA Fernandia Beach Raceway, FL (USA)	17.04.1966	Peter Gregg		2. Gesamt; 1. S 2000
SCCA National Savannah, GA (USA)	15.05.1966	Peter Gregg		2. B/SR
USRRC Bridgehampton, NY (USA)	22.05.1966	Peter Gregg	1	6. Gesamt
SCCA National Courtland, AL (USA)	29.05.1966	Peter Gregg	17	nicht bekannt
USRRC Watkins Glen, NY (USA)	26.06.1966	Peter Gregg	4	9. Gesamt; 3. S 2000
SCCA South Carolina Raceway, SC (USA)	24.07.1966	Peter Gregg		1. Gesamt
USRRC Mid-Ohio, OH (USA)	28.08.1966	Peter Gregg	4	8. Gesamt; 4. S 2000
SCCA Daytona, FL (USA) [Paul Whiteman Trophy]	04.09.1966	Peter Gregg	4	1. Gesamt
SCCA Regional Savannah, GA (USA)	06.11.1966	Peter Gregg	4	nicht bekannt
Tourist Trophy & Governors Trophy, Nassau (Bahamas, GB)	02.12.1966	Peter Gregg	14	4. Gesamt
Nassau Porsche Classic (Bahamas, GB)	03.12.1966	Peter Gregg	14	1. Gesamt
Nassau Classic (Bahamas, GB)	03.12.1966	Peter Gregg	14	6. Gesamt
Nassau Trophy (Bahamas, GB)	04.12.1966	Peter Gregg	14	8. Gesamt
SCCA Regional Geneva, NY (USA)	05.03.1966	Peter Gregg		1. Gesamt
SCCA West Palm Beach, FL (USA)	19.03.1967	Peter Gregg		2. Gesamt; 1. EM
SCCA Ferdinandia Beach Raceway, FL (USA)	16.04.1967	Peter Gregg		1. Gesamt
SCCA National Savannah, GA (USA)	07.05.1967	Peter Gregg		1. Gesamt
USRRC Bridgehampton, NY (USA)	21.05.1967	Peter Gregg	4	ausgefallen (Karosserie-Teile verloren)
SCCA West Palm Beach, FL (USA)	15.10.1967	Peter Gregg		2. Gesamt
Road Race of Champions, Daytona, FL (USA)	26.11.1967	Peter Gregg		2. Gesamt E S/R
USRRC Mexico City (MEX)	31.03.1968	Ruben Novoa	5	13. Gesamt, 2. S 2000

Die einzigen Fotos von Peter Gregg mit seinem 906 106 stammen von den Nassau Speed Weeks 1966.

906 107

	aktueller Besitzer: Romain Rocher (F, 2006)
Motor-Nr.: 906 109	
Getriebe-Nr.: 906 105	**Farbe**: Weiß
Ausgeliefert am: 01.03.1966	**Innenausstattung**:
Händler: Sonauto, Paris (F)	**Kennzeichen**:
1. Kunde: Annie Soisbault de Montaigu (F)	1966, 88 W 75
2. Kunde: Pierre Maublanc (F)	
3. Kunde: Christian Poirot (F)	88 JA 88
4. Kunde: Willy Augustinus (F)	6652 EP 59
5. Kunde: Jaquemard (F)	1 Bergrennen
6. Kunde: Jacques Crubilé (F)	
7. Kunde: Jean Rocher (F) = »Thiam«	3151 QJ 01, lange Nase 2004, kurze Nase 2006

Dieser Wagen wurde an die französische Baroness Annie Soisbault de Montaigu ausgeliefert, eine Amazone, die auch schon schwere GT-Wagen wie den Ferrari GTO im Wettbewerb bewegt hatte. Über den Verlauf der Saison 1966 ist leider nicht viel bekannt, außer dass sie beim Bergrennen Mont Ventoux als erste Frau eine Durchschnittsgeschwindigkeit von mehr als 100 km/h schaffte.
Zwei Jahre später startete 906 107 mit Christian Poirot und Pierre Maublanc beim 24-Stunden-Rennen in Le Mans. Dort wurde das Team in der 19. Stunde aus der Wertung genommen. Was war passiert? Durch zu spätes Bremsen war der Wagen in eine der gesperrten Auslaufzonen geraten. Wenn das passiert, so sagt das Reglement, muss man anschließend an die Box fahren, um das Fahrzeug zu kontrollieren. Das erschien Poirot völlig überflüssig, und so wurde seine »Unterlassung« mit der Disqualifikation geahndet.
1969 erlebte 906 107 vermutlich seine letzte aktive Saison in den Händen von Willy Augustinus. Dieser lebte im Norden Frankreichs und bestritt Veranstaltungen in Belgien, Frankreich und Luxemburg, bevor er den Carrera 6 durch einen 910 ersetzte. Möglicherweise wurde der vorhandene Wagen auch nur zu einem »910« umgebaut. Der heutige Besitzer hatte in den sechziger Jahren einen Carrera 6 gefahren und war mit dem Versuch, »sein« Auto wiederzufinden, gescheitert. Als Alternative bot sich 906 107 an, und so ist dieses Fahrzeug Zeit seines Lebens ein französisches Auto geblieben.

906 107 bei den 24 Stunden von Le Mans 1968. Wegen eines dummen Fehlers in der 19. Stunde wurde der Wagen disqualifiziert.

Renneinsätze 906 107

Veranstaltung	Datum	Fahrer	Start-Nr.	Platzierung
Coupes de Vitesse, Montlhéry (F)	24.04.1966	Annie Soisbault	19	nicht bekannt (DNA/DNS)
Bergrennen Mont Ventoux (F)	26.06.1966	Annie Soisbault	72	nicht bekannt
Coupe du Salon, Montlhéry (F)	09.10.1966	Annie Soisbault		nicht bekannt
1000 km von Paris, Montlhéry (F)	16.10.1966	Annie Soisbault / Michel de Bourbon-Parme	49	nicht gestartet
1000 km von Paris, Montlhéry (F)	15.10.1967	Pierre Maublanc / Albert Cognet	36	18. Gesamt
24 Stunden von Le Mans (F)	28./29.09.68	Christian Poirot / Pierre Maublanc	42	disqualifiziert
Bergrennen Belleau (F)	06.10.1968	Christian Poirot		1. Gesamt
Bergrennen Spa-Barisart (B)	07.04.1969	Willy Augustinus		4. Gesamt, 1. SP 2000
Le kilomètre lancé Grand (B)	10.05.1969	Willy Augustinus		1. SP 2000
Coupe Benelux, Zolder (B)	06.07.1969	Willy Augustinus		4. Gesamt, 1. SP 2000
Bergrennen Mont Sarat Auxerre (F)	10.08.1969	Willy Augustinus		19. Gesamt, 5. S 2000
Bergrennen Dudelange (L)	15.08.1969	Willy Augustinus	88	4. SP 2000
Bergrennen Huy (B)	31.08.1969	Willy Augustinus		2. Gesamt, 1. SP 2000
Bergrennen Licques (F)	07.09.1969	Willy Augustinus		1. Gesamt, 1. SP 2000
Coupe du Salon, Montlhéry (F)	05.10.1969	Willy Augustinus		8. Gesamt, 3. SP 2000
6 Stunden Jarama (E)	26.10.1969	Willy Augustinus / John Byttebier		11. Gesamt, 5. SP 2000
Spa-Francorchamps 500 km (B)	20.09.1970	Willy Augustinus		nicht bekannt
6 Stunden von Madrid, Jarama (E)	01.11.1970	Willy Augustinus / Chris Tuerlinckx / J. Jouanneaux	25	nicht bekannt

Willy Augustinus beim Bergrennen Dudelange 1969. In der Sportwagenklasse bis 2000 ccm fuhr er auf einen vierten Platz.

Jean Rocher setzt den Wagen bis heute bei historischen Rennen ein. Bis 2004 besaß das Fahrzeug eine lange Schnauze, ab 2006 wieder eine kurze.

906 108

Motor-Nr.: 906 111
Getriebe-Nr.: 906 107
Ausgeliefert am: 18.04.1966
Händler: Werkswagen

aktueller Besitzer: Werksmuseum (D, 2005)

Farbe: Weiß
Innenausstattung:
Nürburgring 1966, Presse 1967

Vorausgesetzt, die Recherchen sind richtig, dann hat 906 108 nur zwei Rennen bestritten, und zwar beide Male das 1000-km-Rennen auf dem Nürburgring. Einmal als Rennwagen der Gruppe 4 und einmal als Kamerawagen.
Nach der Premiere im Jahr 1966, als ein 904 Carrera GTS als Trägerfahrzeug für eine Live-Kamera diente, stellte Porsche dem ZDF 1967 einen Carrera 6 zur Verfügung. Vor 40 Jahren wog die entsprechende Ausrüstung, die auf der rechten Seite neben dem Fahrer montiert wurde, fast so viel wie ein vollwertiger Beifahrer. Als Fahrer wurden die Motorsport-erfahrenen Journalisten Rainer Günzler und Paul Frère verpflichtet. Leider ist nicht bekannt, ob das aufgenommene Filmmaterial möglicherweise noch in den Mainzer Archiven schlummert. Heute ist 906 108 neben einer Langheckvariante der Repräsentant im Werksmuseum für diese Baureihe.

Renneinsätze 906 108

Veranstaltung	Datum	Fahrer	Start-Nr.	Platzierung
1000-km-Rennen, Nürburgring (D)	05.06.1966	Jean-Pierre Beltoise / Peter Nöcker	61	11. Gesamt, 4. S 2000
1000-km-Rennen, Nürburgring (D)	28.05.1967	Paul Frère / Rainer Günzler	ZDF	Kamerafahrzeug

Bei den 1000 km auf dem Nürburgring 1966 belegten Beltoise/Nöcker mit dem Werkswagen den 11. Rang im Gesamtklassement.

906 108 als Kamerawagen (siehe auch Bilder auf der nächsten Seite).

Bei den 1000 km auf dem Nürburgring setzte das ZDF 1967 erstmals einen Kamerawagen ein, aus dessen Cockpit Livebilder gesendet wurden. Fahrer waren Paul Frère und Rainer Günzler.

1982 wurde 906 108 im Rahmen der Porsche-Parade in Ludwigsburg erstmals wieder außerhalb des Museums gezeigt.

906 109

	aktueller Besitzer: Jeff Zwart (USA, 2004)
Motor-Nr.: 906 110	
Getriebe-Nr.: 906 109	**Farbe**: Weiß
Ausgeliefert am: 01.03.1966	**Innenausstattung**:
Händler: Hahn, Stuttgart (D)	**Kennzeichen**:
1. Kunde: Wilhelm Bartels, Altena (D)	1966
2. Kunde: Fritz Leinenweber, Pirmasens (D)	1967
3. Kunde: Günter Werlich, Opladen (D)	1968
4. Kunde: Hans Hessel, Bonn (D)	
5. Kunde: Norbert Dombrowski, Siegburg (D)	
6. Kunde: Harald Link Saarbrücken (D)	1971
7. Kunde: Gertraut Esser, München (D)	1972-1974
8. Kunde: Sten Hilgaard (S)	1975
9. Kunde: Christopher Steward, San Francisco (USA)	
10. Kunde: Sid Colberg (USA)	1978
11. Kunde: Joel + Betty Morenfeld, Encino, CA, (USA)	1978-1981
12. Kunde: Rudi Junco (?)	
13. Kunde: Marilyn Congleton (USA)	1990-1992
14. Kunde: Jeff Zwart, Corona del Mar, CA (USA)	

906 109 ist einer der aktivsten Carrera 6 überhaupt. Von 1966 bis 1974 wurde er ununterbrochen überwiegend in Deutschland eingesetzt. Erstbesitzer war Wilhelm Bartels, einer der treuesten Porsche-Kunden überhaupt. Von 1962 bis 1979 nahm er an über 200 Rennen teil, wurde Berg-Europameister und fuhr ausschließlich Produkte aus Zuffenhausen.

Am Ende der Saison verkaufte er den Wagen an Fritz Leinenweber, einen sehr schnellen Mann aus Pirmasens, der dort ein Autohaus leitete. Leinenweber ließ den Wagen rot lackieren und klebte das inoffizielle Nummerschild S – LW 1 drauf. Der nächste Besitzer, Günter Werlich, änderte dieses kurze Zeit später in S – LU 1. Harald Link, ein Juwelier aus Saarbrücken schließlich, entschied sich 1971 für eine Neulackierung in einem sehr dunklen Violett-Ton mit einem gelben Mittelstreifen. Von 1972 bis 1974 bestritt 906 109 in den Händen des Ehepaars Gertraud und Franz Esser aus München ein Bergrennen nach dem anderen. Gerüchten zufolge soll Franz Esser eigenhändig eine weitere Neulackierung durch einfaches Ausgießen einer Dose silberner Farbe durchgeführt haben.

Über den schwedischen Händler Sten Hilgaard gelangte der Wagen Mitte der siebziger Jahre in die USA, wo er mit Unterstützung von Bill Bradley Racing vollständig überholt und ein weiteres Mal neulackiert wurde, jetzt in Schwarz. In der Zeitschrift *Thoroughbred & Classic Cars* erschien darüber im Oktober 1978 ein ausführlicher Bericht.

Nach erfolgreichen Einsätzen bei Historischen Rennen in Kalifornien gehört 906 109 heute zur Sammlung des Geschäftsmannes Jeff Zwart.

Willi Bartels fuhr in 1966 die gesamte Europa- und die Deutsche Bergmeisterschaft auf 906 109.

Renneinsätze 906 109

Veranstaltung	Datum	Fahrer	Start-Nr.	Platzierung
Bergrennen Lorentzweiler (LUX)	11.04.1966	Wilhelm Bartels		2. S 2000
Bergrennen Peissenberg (D)	01.05.1966	Wilhelm Bartels	155	1. S 2000
Bergrennen Eberbach (D)	15.05.1966	Wilhelm Bartels	14	3. S 2000
Taunus-Bergprüfung, Lorch (D)	22.05.1966	Wilhelm Bartels	11	1. Gesamt; 1. S 2000
Bergrennen Rotenburg an der Fulda (D)	05.06.1966	Wilhelm Bartels		1. S >1600
Alpenbergpreis Roßfeld, Berchtesgaden (D)	12.06.1966	Wilhelm Bartels	17	3. S 2000
Bergrennen Trento-Bondone (I)	10.07.1966	Wilhelm Bartels		5. S 2000
Bergrennen Cesana-Sestriere (I)	24.07.1966	Wilhelm Bartels		9. Gesamt; 3. S 2000
Bergrennen Freiburg-Schauinsland (D)	31.07.1966	Wilhelm Bartels	70	3. S 2000
Bergrennen Sierre Montana-Crans (CH)	28.08.1966	Wilhelm Bartels	97	nicht bekannt
Bergrennen Sudelfeld (D)	18.09.1966	Wilhelm Bartels	109	2. S 2000
Bergrennen Sauerland (D)	25.09.1966	Wilhelm Bartels	17	ausgefallen im 2. Lauf (Leitplanke)
Grand Prix von Paris, Montlhéry (F)	27.05.1967	Fritz Leinenweber	44	nicht bekannt
Coupes de l'A.C.I.F., Montlhéry (F)	18.06.1967	Fritz Leinenweber	11	1. Gesamt; 1 S 2000
Bergrennen Turckheim, Trois Epis (F)	25.06.1967	Fritz Leinenweber	128	2. Gesamt; 1. S 2000
Flugplatzrennen Wunstorf (D)	13.08.1967	Fritz Leinenweber	16	1. S 2000
Bergrennen Dudelange (LUX)	15.08.1967	Fritz Leinenweber	97	1. Gesamt; 1. S 2000; Streckerrekord
Bergrennen Born (LUX)	03.09.1967	Fritz Leinenweber		1. Gesamt; 1. S 2000; Streckerrekord
Coupes de Paris, Montlhéry (F)	10.09.1967	Fritz Leinenweber	40	2. Gesamt; 1. S 2000
Bergrennen Belleau (F)	01.10.1967	Fritz Leinenweber	163	2. Gesamt
Bergrennen Taunus (D)	31.03.1968	Günter Werlich	46	3. S 2000
Bergrennen Krähberg (D)	07.04.1968	Günter Werlich	205	nicht gewertet
Bergrennen Reisdorf (LUX)	12.05.1968	Günter Werlich		1. S und P gesamt
Bergrennen Wolfsfeld (D)	02.06.1968	Günter Werlich		1 S 2000
Eröffnungsrennen Anderstorp (S)	16.06.1968	Günter Werlich		8. Gesamt; 2. S 2000
Flugplatzrennen Mainz-Finthen (D)	23.06.1968	Günter Werlich	40	3. S 2000
200 Meilen von Nürnberg, Norisring (D)	30.06.1968	Günter Werlich	36	2. Gesamt im Rahmenrennen
Hansa-Pokal-Rennen, Nürburgring (D)	14.07.1968	Günter Werlich	1403	1. Gesamt
Solitude-Rennen, Hockenheim (D)	21.07.1968	Günter Werlich	29	ausgefallen
Flugplatzrennen Wunstorf (D)	18.08.1968	Günter Werlich	21	10. SP 2000
Eifel-Pokal-Rennen, Nürburgring (D)	22.09.1968	Günter Werlich	61	ausgefallen
Bergrennen Sauerland (D)	06.10.1968	Günter Werlich		3. S 2000
Flugplatzrennen Hohn-Rendsburg (D)	13.10.1968	Günter Werlich		3. SP > 1300
Bergrennen Krähberg (D)	13.04.1969	Rainer Ising	264	3. S 2000
Bergrennen Teutoburger Wald (D)	27.04.1969	Günter Werlich		9. Gesamt; 2. S 2000
Flugplatzrennen Faßberg (D)	11.05.1969	Günter Werlich		4. SP 2000
Bergrennen Schottenring (D)	29.06.1969	Günter Werlich	72	3. S 2000
Grand Premio de Mugello (I)	20.07.1969	Günter Werlich	87	4. Gesamt; 3. SP 2000
Flugplatzrennen Wunstorf (D)	17.08.1969	Wilhelm Biesterfeld	15	ausgefallen
Bergrennen Kassel-Langenberge (D)	21.09.1969	Hans Hessel	156	3. S >1300
Flugplatzrennen Hohn-Rendsburg (D)	05.10.1969	Hans Hessel	811	3. SP 2000
Donaupokal, Salzburgring (A)	12.10.1969	Horst Eiteneuer		3. S 2000
Hessenpreis, Hockenheim (D)	19.10.1969	Hans Hessel	15	nicht erschienen
Rundstreckenrennen Aachen, Zolder (B)	26.10.1969	Hans Hessel	260	6. Gesamt; 3. S 2000
Flugplatzrennen Sembach (D)	16.11.1969	Hans Hessel		ausgefallen

Renneinsätze 906 109

Veranstaltung	Datum	Fahrer	Start-Nr.	Platzierung
Flugplatzrennen Neuhausen (D)	13.06.1970	Norbert Dombrowski		4 S >1300
Flugplatzrennen Mainz-Finthen (D)	21.06.1970	Norbert Dombrowski	21	nicht bekannt
Flugplatzrennen Diepholz (D)	19.07.1970	Norbert Dombrowski		3. SP 2000
Flugplatzrennen Sembach (D)	26.07.1970	Norbert Dombrowski	234	nicht gestartet
Flugplatzrennen Wunstorf (D)	16.08.1970	Norbert Dombrowski	53	6. SP 2000
Westfalen-Pokal, Zolder (B)	30.08.1970	Norbert Dombrowski		2. P 2000
Sauerland-Bergpreis (D)	04.10.1970	Norbert Dombrowski	17	2. S 2000
Preis von Baden-Württbg., Hockenheim (D)	11.70.70	Norbert Dombrowski	59	23. Gesamt; 6. S 2000
300 km Nürburgring (D)	12.04.1971	Harald Link	22	nicht gestartet
Krähberg-Rennen (D)	25.04.1971	Harald Link	176	ausgefallen
1000 km-Rennen, Nürburgring (D)	30.05.1971	Harald Link / Bernd Becker	74	ausgefallen
Flugplatzrennen Kaufbeuren (D)	16.05.1971	Harald Link	143	1. S 2000
Flugplatzrennen Mainz-Finthen (D)	20.06.1971	Harald Link	13	5. S >2000
Norisring-Rennen, Interserie (D)	11.07.1971	Harald Link	61	15. Gesamt
Flugplatzrennen Wunstorf (D)	15.08.1971	Harald Link	4	4. SP >2000
Flugplatzrennen Kassel-Calden (D)	22.08.1971	Harald Link	11	ausgefallen
Flugplatzrennen Mendig (D)	29.08.1971	Harald Link	7	5. SP >2000
Preis von Baden-Württbg., Hockenheim (D); Interserie	03.10.1971	Harald Link	61	13. Gesamt
Nibelungen-Bergrennen, Obernzell (D)	30.04.1972	Gertraud Esser		2. S >1300
Sudelfeld Bergrennen (D)	07.05.1972	Gertraud Esser		4. SP >1300
Barock-Bergpreis, Ludwigsburg (D)	14.05.1972	Gertraud Esser	121	ausgefallen
Jura-Bergrennen (D)	18.06.1972	Gertraud Esser		2. SP >2000
Bergpreis der Oberpfalz (D)	09.07.1972	Gertraud Esser		2. S >1600
Bergrennen Griesbach (D)	17.09.1972	Gertraud Esser		3. S >1300
Bergpreis Schwäbische Alb, Neuffen (D)	24.09.1972	Gertraud Esser	452	3. SP >2000
Bergrennen Anspach, Spalt (D)	01.10.1972	Gertraud Esser		2. S >1300
Bergrennen Steibis (D)	08.10.1972	Gertraud Esser		1. S >2000
Augusta-Bergrennen (D)	15.10.1972	Gertraud Esser	121	ausgefallen
Bergrennen Teufelsrutsch (D)	18.03.1973	Franz Esser	238	nicht gestartet
Bergrennen Zotzenbach (D)	25.03.1973	Franz Esser	238	nicht gestartet
Wallbergrennen, Rottach-Egern (D)	12.05.1973	Franz Esser	133	nicht gestartet
Jura-Bergrennen, Neumarkt (D)	17.06.1973	Franz Esser		4. SP >2000
Bergpreis der Oberpfalz (D)	15.07.1973	Franz Esser		3. S >2000
Ratisbona-Bergrennen, Kelheim (D)	26.08.1973	Franz Esser		4. SP >2000
Amberger-Bergpreis (D)	16.09.1973	Franz Esser		5. SP >2000
Bergpreis Schwäbische Alb, Neuffen (D)	23.09.1973	Franz Esser	503	8. SP >1600
Bergrennen Anspach, Spalt (D)	30.09.1973	Franz Esser		5. SP >1600
Frankenwald-Bergrennen, Erlangen (D)	28.04.1974	Franz Esser		4. SP >1600
Flugplatzrennen Neubiberg (D)	05.05.1974	Franz Esser		ausgefallen
Jura-Bergrennen, Neumarkt (D)	16.06.1974	Franz Esser	198	4. SP >2000

Fritz Leinenweber beim Flugplatzrennen in Wunstorf 1967.

Günter Werlich beim Flugplatzrennen Faßberg 1969.

Rainer Ising 1969 beim Krähbergrennen.

Harald Link (Start-Nr. 61) 1971 beim Rennen um den Preis von Baden-Württemberg auf dem Hockenheimring. Hier wird er gerade von Herbert Müller im Ferrari 512 überholt.

Bei diesem Auftritt 1979 in Riverside war 906 109 schwarz lackiert.

906 109 zu Zeiten von Marylin Congleton.

Restauriert von Jeff Zwart, ist 906 109 jetzt wieder in der Originalfarbe zu bewundern, hier bei der Porsche Reunion in Daytona im Jahr 2000.

906 110

Motor-Nr.: 906 117
Getriebe-Nr.: 906 114
Ausgeliefert am: 09.03.1966
Händler: Werksverkauf
1. Kunde: Giacomo Moioli (I) = »Noris« 1966-1968
2. Kunde: Francesco Troia (I) - »Black & White« 1968
3. Kunde: Dr. Gilles St. Pierre, Rimouski, Quebec (CDN) 1991
4. Kunde: Bob Storz, British Columbia (CDN) 1999
5. Kunde: unbekannt (Seattle, USA)

aktueller Besitzer: unbekannt (USA)

Farbe: Weiß
Innenausstattung:
Kennzeichen:

Giacomo Moioli war ein treuer Porsche-Kunde. Vor seinem Carrera 6, mit dem er Italienischer Bergmeister wurde, fuhr er einen 904 Carrera GTS, nach dem 906 einen 910 und später einen 908 Spyder, mit dem er leider tödlich verunglückte. Den 906 fuhr er fast zweieinhalb Jahre lang und holte sich unter dem Pseudonym »Noris« einen Klassensieg nach dem anderen. Danach verliert sich die Spur des Wagens, bis er Anfang der 90er Jahre in Kanada bei Bob Storz wieder auftauchte.

Renneinsätze 906 110

Veranstaltung	Datum	Fahrer	Start-Nr.	Platzierung
Bergrennen Stallavena Boscochiesanuova (I)	17.04.1966	Giacomo Moioli		1. Gesamt; 1. S 2000
Bergrennen Coppa della Collina (I)	01.05.1966	Giacomo Moioli		2. Gesamt; 1. S 2000
Bergrennen Pieve S. Stefano – Passo Spino (I)	08.05.1966	Giacomo Moioli		1. Gesamt; 1. S 2000
Bergrennen Civiale Castelmonte (I)	15.05.1966	Giacomo Moioli		1. Gesamt; 1. S 2000
Coppa AGIP, Vallelunga (I)	19.05.1966	Giacomo Moioli		1. Gesamt; 1. S >1600
Bergrennen Bologna Passo della Raticosa (I)	22.05.1966	Giacomo Moioli	382	1. Gesamt; 1. S 2000
Bergrennen Scalata al Colle S. Eusebio (I)	02.06.1966	Giacomo Moioli		2. Gesamt
Bergrennen Vittorio Veneto – Consiglio (I)	05.06.1966	Giacomo Moioli		1. Gesamt; 1. S 2000
Coppa Sila, Enna (I)	19.06.1966	Giacomo Moioli	372	2. Gesamt
Bergrennen Rocca delle Caminate (I)	29.06.1966	Giacomo Moioli		1. Gesamt; 1. S 2000
Bergrennen Bolzano-Mendola (I)	03.07.1966	Giacomo Moioli		1. Gesamt; 1. S 2000
Bergrennen Trento Bondone (I)	10.07.1966	Giacomo Moioli		nicht bekannt
Bergrennen Triest Opicina (I)	31.07.1966	Giacomo Moioli	450	1. S 2000
Bergrennen Ascoli – Colle S. Marco (F)	21.08.1966	Giacomo Moioli		1. Gesamt
Bergrennen Trapani – Monte Erice (I)	28.08.1966	Giacomo Moioli		1. Gesamt
Trofeo Bettoja, Vallelunga (I)	04.09.1966	Giacomo Moioli		3. Gesamt; 2. S 2000
Bergrennen Casoni E.P., Appiedati (I)	04.09.1966	Giacomo Moioli		3. S 2000
Bergrennen Castione – Passo Presolana (I)	11.09.1966	Giacomo Moioli		3. Gesamt; 1. S 2000
Bergrennen Coppa Alpe del Nevegal (I)	25.09.1966	Giacomo Moioli		2. Gesamt
Trofeo Sette Colli, Vallelunga (I)	09.10.1966	Giacomo Moioli		1. S 2000
Bergrennen Castellana (I)	30.10.1966	Giacomo Moioli		2. Gesamt
Bergrennen Stallavena Bosco (I)	16.04.1967	Giacomo Moioli		1. S 2000
Bergrennen Passo della Spino (I)	30.04.1967	Giacomo Moioli		1. S 2000
Bergrennen Bologna–Reticora (I)	21.05.1967	Giacomo Moioli		1. S 2000
Bergrennen Triest Oppicina (I)	28.05.1967	Giacomo Moioli		1. S 2000
Bergrennen Vittorio Veneto – Cansiglio (I)	04.06.1967	Giacomo Moioli		2. Gesamt; 1. S 2000

Renneinsätze 906 110

Veranstaltung	Datum	Fahrer	Start-Nr.	Platzierung
Bergrennen Antignano Burrone (I)	11.06.1967	Giacomo Moioli		2. Gesamt; 2. S 2000
Bergrennen Malegno–Borno (I)	27.08.1967	Giacomo Moioli		2. Gesamt; 1. S 2000
Bergrennen Passo della Presolano (I)	03.09.1967	Giacomo Moioli		2. S 2000
Bergrennen Sarezzo Lumezzane (I)	17.09.1967	Giacomo Moioli	165	4. Gesamt; 1. S 2000
Trofeo Ettore Bettoja, Vallelunga (I)	14.10.1967	Giacomo Moioli		5. Gesamt
Bergrennen Tolmezzo–Verzegnis (I)	1967	Giacomo Moioli		1. Gesamt
Bergrennen Orvieto (I)	1967	Giacomo Moioli		1. Gesamt
Bergrennen Stallavena Bosco (I)	21.04.1968	Giacomo Moioli		2. Gesamt
Bergrennen Castel Arquato / Vernasca (I)	26.05.1968	Giacomo Moioli		1. Gesamt
Gran premio della Rebublica, Vallelunga (I)	02.06.1968	Giacomo Moioli		1. S 2000
Bergrennen Antignano Burrone (I)	13.06.1968	Giacomo Moioli		1. Gesamt
Bergrennen Vittorio Veneto – Cansiglio (I)	16.06.1968	Giacomo Moioli		6. Gesamt; 1. S 2000
Coppa Gallenga, Vallelunga (I)	23.06.1968	Giacomo Moioli		2. S 2000
Bergrennen Monte Erice (I)	04.08.1968	Francesco Troia (»Black & White«)		6. Gesamt
Coppa Citta di Enna (I)	15.08.1968	Francesco Troia (»Black & White«)		4. Gesamt

Giacomo Moioli holte sich 1966 beim Bergrennen Bologna Passo della Raticosa den Gesamtsieg.

Beim Bergrennen Triest Opicina reichte es im gleichen Jahr immerhin für den Sieg in der Sportwagenklasse bis 2000 ccm.

1994 steht 906 110 dann bei Bob Storz in Britisch-Kolumbien in Kanada.

Auch 1999 fuhr Bob Storz noch immer erfolgreich lokale Rennen mit dem 906 110.

906 111

Motor-Nr.: 906 114
Getriebe-Nr.: 906 003
Ausgeliefert am: 08.03.1966
Händler: Werkswagen
1. Kunde: Rudi Lins, Bludenz (A)
2. Kunde: Siegfried Pust (A)
3. Kunde: Rudolf Hymer / Klaus Ruschp (A)
4. Kunde: Ivan Scotti (CH)
5. Kunde: Vinas, Barcelona (E)

aktueller Besitzer: (E, 2004)

Farbe: Weiß
Innenausstattung:
Kennzeichen: S – XR 45
1967; Unfall, Ersatzrahmen
1969
1982
1992
Unfall 2003

Dieser Carrera 6 ist ein Fahrzeug der ersten Stunde. Als Werkswagen nahm er mit den Fahrern Gerhard Mitter und Günther Klass am 12-Stunden-Rennen von Sebring teil. Er war damals bereits mit einem Motor mit Benzin-Einspritzung ausgerüstet, fiel aber mit einem Ventilschaden aus. Beim nächsten Einsatz (Targa Florio) war ihm auch kein Erfolg beschieden, Dieter Glemser kam von der Straße ab und beschädigte die Frontpartie.

Nach Instandsetzung im Werk stand 906 111 Ende 1966 zum Verkauf und ging zusammen mit zwei weiteren (Unfall-)Rahmen in die Hände des österreichischen Talentes Rudi Lins über. Lins brauchte für die Europa-Bergmeisterschaft 1967 ein geeignetes Fahrzeug, denn der von ihm im Vorjahr gefahrene 904 Carrera GTS war nicht mehr konkurrenzfähig. Die Entscheidung erwies sich als goldrichtig, denn am Ende des Jahres holte er trotz starker Konkurrenz den Titel nach Österreich.

Dieser Erfolg sollte 1968 wiederholt werden, aber beim Lauf im italienischen Trento Bondone hatte Lins einen schweren Unfall, bei dem der Wagen nachhaltig beschädigt wurde. Lins selber wurde dabei glücklicherweise nur leicht verletzt. Er baute den Wagen mit einem gebrauchten Rahmen kurzfristig wieder neu auf, musste aber trotzdem auf einen Lauf verzichten.

Für 1969 erwarb Lins einen 910 und wurde später sogar Werksfahrer bei Porsche. Den 906 verkaufte er an den Österreicher Siegfried Pust, der damit beim Weltmeisterschaftslauf in Zeltweg ebenfalls einen Unfall hatte, aber anschließend noch weitere Rennen fuhr. Das weitere Schicksal des Wagens ist nicht bekannt.

1982 erschien in der deutschen Zeitschrift *Sportfahrer* ein Artikel über einen Porsche Carrera 6 mit der Fahrgestellnummer 906 101, der den Österreichern Klaus Ruschp und Rudolf Hymer gehörte. Dieses Fahrzeug hatte eine lange Wagennase, die ursprünglich nur den Langheck-Modelle vorbehalten war. Die Fahrgestellnummer 906 101 erweis sich kurze Zeit später als unrichtig. Auf einem Rahmenrohr befand sich die Nummer 906 111, und fortan wird der Wagen als das Ex-Rudi-Lins-Auto bezeichnet.

1992 war der Schweizer Ivan Scotti der Erste, der bei Historischen Rennen in Europa endlich mal mit einem Carrera 6 antrat. Als Schweizer ließ er den Wagen in seiner Landesfarbe rot lackieren. Nach einigen Jahren verkaufte er den Wagen, der letzte bekannte Standort ist Spanien.

Renneinsätze 906 111

Veranstaltung	Datum	Fahrer	Start-Nr.	Platzierung
12 h Sebring (USA)	26.03.1966	Gerhard Mitter / Günther Klass	53	ausgefallen (Ventilschaden); 2.0 E
Targa Florio (I)	08.05.1966	Hans Herrmann / Dieter Glemser	200	ausgefallen (Unfall); 2.0 E
Bergrennen Weerberg (A)	16.04.1967	Rudi Lins		2. Gesamt; 2. S 2000
Bergrennen Braunsberg (A)	23.04.1967	Rudi Lins	182	2. Gesamt; 1. S 2000
Bergrennen Dobratsch (A)	30.04.1967	Rudi Lins		2. Gesamt; 2. S 2000
Bergrennen Alpl (A)	07.05.1967	Rudi Lins		1. Gesamt; 1. S 2000
Bergrennen Montseny (E)	21.05.1967	Rudi Lins		4. Gesamt; 1. S 2000
Bergrennen Roßfeld (D)	04.06.1967	Rudi Lins	34	ausgefallen (Getriebe)
Bergrennen Mont Ventoux (F)	18.06.1967	Rudi Lins	55	4. Gesamt; 1. S 2000
Bergrennen Trento Bondone (I)	09.07.1967	Rudi Lins	56	6. Gesamt; 1. S 2000

Renneinsätze 906 111

Veranstaltung	Datum	Fahrer	Start-Nr.	Platzierung
Bergrennen Cesana Sestriere (I)	16.07.1967	Rudi Lins	506	7. Gesamt; 2. S 2000
Bergrennen Freiburg-Schauinsland (D)	30.07.1967	Rudi Lins	138	6. Gesamt; 2. S 2000
Bergrennen Tauplitzalm (A)	06.08.1967	Rudi Lins		1. Gesamt; 1. S 2000
Bergrennen Stainz (A)	13.08.1967	Rudi Lins	68	nicht bekannt
Bergrennen Ollon-Villars (CH)	27.08.1967	Rudi Lins	160	6. Gesamt; 1. S 2000
Bergrennen Gaisberg (A)	03.09.1967	Rudi Lins	17	5. Gesamt; 1. S 2000
Bergrennen Steinbock Gargellen (A)	17.09.1967	Rudi Lins		2. SP 2000
Flugplatzrennen Wien-Aspern (A)	01.10.1967	Rudi Lins	9	ausgefallen
Flugplatzrennen Innsbruck (A)	08.10.1967	Rudi Lins	27	3. Gesamt; 1. S 2000
Trofeo Ettore Bettoja, Vallelunga (I)	14.10.1967	Rudi Lins		ausgefallen
Bergrennen Dobratsch (A)	28.04.1968	Rudi Lins		1. Gesamt
Bergrennen Montseny (E)	02.06.1968	Rudi Lins	64	5. Gesamt; 1. S 2000
Bergrennen Roßfeld (D)	09.06.1968	Rudi Lins	26	4. Gesamt; 2. S 2000
Bergrennen Trento Bondone (I)	14.07.1968	Rudi Lins	62	Unfall, Fahrzeug schwer beschädigt
Bergrennen Gargellen (A)	15.09.1968	Rudi Lins	78	4. Gesamt; 1. S 2000
Bergrennen Gaisberg (A)	08.09.1968	Rudi Lins	79	5. Gesamt; 2. S 2000
Bergrennen Mühllacken (A)	16.03.1969	Siegfried Pust		6. Gesamt (ex-aequo)
Bergrennen Engelhartszell (A)	13.04.1969	Siegfried Pust		1. Gesamt
Bergrennen Weerberg (A)	20.04.1969	Siegfried Pust		4. Gesamt
Bergrennen Dobratsch (A)	27.04.1969	Siegfried Pust		5. Gesamt
Bergrennen Alpl (A)	11.05.1969	Siegfried Pust		5. Gesamt
Bergrennen Aldrans (A)	29.06.1969	Siegfried Pust		3. Gesamt
Bergrennen Behamberg (A)	05.07.1969	Siegfried Pust		2. Gesamt
Bergrennen Tauplitzalm (A)	03.08.1969	Siegfried Pust		3. Gesamt; 1. S 2000
1000 km Zeltweg (A)	10.08.1969	Siegfried Pust / Günther Huber	26	ausgefallen (Unfall)
Bergrennen Gaisberg (A)	07.09.1969	Siegfried Pust		8. Gesamt; 5. SP 2000
Eröffnungsrennen Salzburgring (A)	21.09.1969	Siegfried Pust		nicht bekannt
Bergrennen Wörgl-Wildschönau (A)	28.09.1969	Siegfried Pust		8. Gesamt
Bergrennen Walding (A)	26.10.1969	Siegfried Pust		4. Gesamt

12 Stunden von Sebring 1966: Huschke von Hanstein überwacht persönlich den Fahrerwechsel.

Bei der Targa Florio 1966 fiel 906 111 nach einem Unfall aus.

Rudi Lins holte sich 1967 auf 906 111 den Titel in der Europa-Bergmeisterschaft. Diese Bilder zeigen ihn bei den Läufen Roßfeld, Mont Ventoux, Freiburg, Ollon-Villars und Gaisberg.

V 54-906

138
V 54-906

Firestone

17
V 54-906

17

Beim Bergrennen Trento Bondone 1968 hatte Rudi Lins Glück, dass ihm bei seinem Unfall nichts passiert ist.

Bei den 1000 km von Zeltweg 1969 erlitt 906 111 einen schweren Unfall.

1992 präsentierte Ivan Scotti seinen 906 111 auf dem Nürburgring.

1999 restaurierte Ivan Scotti seinen 906, mit dem er dann allerdings 2003 einen Unfall hatte.

906 112

Motor-Nr.: 906 112
Getriebe-Nr.: 906 004
Ausgeliefert am: 08.03.1966
Händler: Werkswagen

aktueller Besitzer: zerstört

Farbe: Weiß
Innenausstattung:
Kennzeichen: S – XE 36

906 112 ist ein weiterer Werkswagen. Er kam beim offiziellen Vortraining für das 24-Stunden-Rennen von Le Mans ebenso zum Einsatz wie beim verregneten 1000-km-Rennen in Monza. Trotz eines Ausrutschers kam er dort in den Händen von Dieter Glemser und Colin Davis auf einen respektablen 7. Platz im Gesamtklassement. Als nächster Einsatzort stand Spa-Francorchamps in den belgischen Ardennen auf dem Plan. Als Gerhard Mitter beim Nachmittagstraining auf die damals noch 14,1 km lange Strecke gegangen war, hatte er doppeltes Pech: Zum einen war die Piste hinter einer Kurve plötzlich nass, und zum anderen hatte sich die Heckhaube gelöst und war nach hinten aufgeschlagen. Damit wurde der 906 absolut manövrierunfähig und flog von der Piste. Mitter hatte Glück im Unglück und brach sich »lediglich« den linken Fuß. Der Carrera 6 dagegen war ein Totalschaden und wurde im Werk verschrottet.

Renneinsätze 906 112

Veranstaltung	Datum	Fahrer	Start-Nr.	Platzierung
Le Mans Testtag (F)	03.04.1966	Peter Nöcker	29	11.schnellste Zeit
1000 km Monza (I)	25.04.1966	Colin Davis / Dieter Glemser	29	7. Gesamt; 3. P 2000
1000 km Spa-Francorchamps (B)	22.05.1966	Gerhard Mitter / Peter Nöcker	10	Trainingsunfall (Mitter verletzt)

Beim Vortraining zum 24-Stunden-Rennen von Le Mans 1966 fuhr Peter Nöcker die elftschnellste Zeit.

Bei den 1000 km von Monza 1966 im Regen hatte Colin Davis einen Ausrutscher, bei dem Unterboden und Heck leicht beschädigt wurden. Trotzdem gelang es Davis/Glemser noch, einen 7. Platz im Gesamtklassement zu erreichen.

Nach dem Unfall bei den 1000 km von Spa 1966 wurde 906 112 verschrottet. Fahrer Gerhard Mitter kam mit einem gebrochenen Fuß noch relativ glimpflich davon.

906 113

Motor-Nr.: 906 108
Getriebe-Nr.: 906 111
Ausgeliefert am: 07.03.1966
Händler: POA Teanack, NJ (USA)
1. Kunde: Edward Hugus, Pittsburgh, PA (USA)
verliehen an Clive L. Phillips, Palos Park, IL (USA)
2. Kunde: Mike Rahal, Glen Ellyn, IL (USA)
3. Kunde: Charles Allshouse, Baltimore, MD (USA)
4. Kunde: Rudi Klein (USA)
5. Kunde: Wolfgang Klotz, Baden-Baden (D)

aktueller Besitzer: Wolfgang Klotz (D, 2008)

Farbe: Weiß
Innenausstattung:
Kennzeichen:
1966
1967-1968
1969-1971
1974-1975

1987

Dieser 906 war eines der ersten Kundenfahrzeuge, das in die USA geliefert wurde. Er wurde kurz nach seiner Ankunft an der Ostküste nach Sebring in Florida gebracht und belegte dort beim 12-Stunden-Rennen den 8. Platz im Gesamtklassement. Fahrer und Besitzer war Ed(ward) Hugus aus der Stahlmetropole Pittsburgh in Pennsylvania. Am Ende der Saison 1966 verkaufte Hugus den Wagen, weil er für sich ein Modell mit Einspritzmotor (906 158) ergattern konnte.
1967 und 1968 fuhr Clive L. Phillips mit dem Wagen. Phillips war wie Hugus im Nordosten der USA zu Hause und besuchte daher insbesondere die Rennstrecken in Wisconsin und Ohio.
Von 1969 bis 1971 nahm dann Mike Rahal (Vater des berühmten Rennfahrers Bobby Rahal) zusammen mit Hugh Wise und anderen Partnern noch weitere drei Mal am 12-Stunden-Rennen von Sebring teil. 1971 wurde die Karosserie modifiziert und insbesondere im Heckbereich an den Typ 917K angeglichen.
1987 kaufte der Unternehmer Wolfgang Klotz aus Baden-Baden den Wagen von Rudi Klein (USA). Seitdem steht das Auto unberührt in einer trockenen Garage und wartet auf seine Restaurierung.

12 Stunden von Sebring 1966: Beim ersten Rennen mit dem 906 113 belegten Ed Hugus und Lake Underwood einen 8. Platz im Gesamtklassement.

Renneinsätze 906 113

Veranstaltung	Datum	Fahrer	Start-Nr.	Platzierung
12 h Sebring, FL (USA)	26.03.1966	Ed Hugus / Lake Underwood	50	8. Gesamt; 4. P 2000
SCCA Riverside, CA (USA)	__.04.1966	Ed Hugus	50	
SCCA Nat. Cumberland, MD (USA)	15.05.1966	Ed Hugus	50	4. Gesamt; 1. E
SCCA National Vineland, NJ (USA)	__.06.1966	Ed Hugus		nicht bekannt
SCCA National Mid-Ohio, Lexington, OH (USA)	17.07.1966	Ed Hugus		3. E/F/G mod
SCCA National Watkins Glen, NY (USA)	21.08.1966	Ed Hugus		nicht bekannt
US Champions, Riverside, CA (USA)	27.11.1966	Ed Hugus	112	7. Gesamt, 2. E/SR
USRRC Road America, Elkhart Lake, WI (USA)	30.07.1967	Clive L. Phillips / Ernie Erickson	12	nicht gestartet
Doug Revson Trophy Mid Ohio (USA)	20.08.1967	Clive L. Phillips		ausgefallen
Doug Revson Trophy Road America; WI (USA)	02.09.1967	Clive L. Phillips		4. Gesamt
SCCA National Road America, WI (USA)	16.06.1968	Clive L. Phillips		ausgefallen
Road America 500, Elkhart Lake, WI (USA)	28.07.1968	Clive L. Phillips / Al Cervenka	12	7. Gesamt, 1 S 2000
Road Race of Champions, Riverside, CA (USA)	24.11.1968	Mike Rahal	78	17. Gesamt, 7. B/SR
12 h Sebring, FL (USA)	22.03.1969	Mike Rahal / Bill Stroh / Hugh Wise	48	ausgefallen (Bremse, Vorderrad)
6 h Watkins Glen, NY (USA)	12.07.1969	Mike Rahal / Hugh Wise / Tom Terrell	68	12. Gesamt; 2. S 2000
12 h Sebring FL (USA)	21.03.1970	Mike Rahal / Hugh Wise / Werner Frank	50	23. Gesamt; 3. S 2000
6 h Watkins Glen, NY, (USA)	11.07.1970	Hugh Wise / Werner Frank	53	12. Gesamt
12 h Sebring, FL (USA)	20.03.1971	Mike Rahal / Werner Frank / Hugh Wise	58	ausgefallen (Ölverlust)
SCCA National Road America, WI (USA)	__.06.1971	Mike Rahal	16	3. B/SR
6 h Watkins Glen, NY (USA)	24.07.1971	Mike Rahal / Hugh Wise / Horst Kroll	46	nicht gewertet

Drei Jahre später kamen Mike Rahal, Huge Wise und Tom Terrell auf den 12. Platz Gesamt und auf den 2. Platz bei den Sportwagen bis 2000 ccm.

Bei den SCCA Nationals in Cumberland fuhr Ed Hugus 1966 auf den 1. Platz in der E-Produktion.

12 Stunden Sebring 1970 mit Rahal/Wise/Frank, 23. Platz im Gesamtklassement.

Bei den 6 Stunden von Watkins Glen 1971 fuhr 906 113 schon mit modifizierter Karosse.

In einer immerhin trockenen Garage wartet 906 113 heute auf seine Restarierung.

906 113°

Motor-Nr.:
Getriebe-Nr.:
Ausgeliefert am:
Händler:

aktueller Besitzer: unbekannt (J)

Farbe:
Innenausstattung:
Kennzeichen:

1994 wurde in der deutschen Zeitschrift *Motor Klassik* ein Fahrzeug mit der Fahrgestellnummer 906 113 angeboten. Der Inserent war der Schweizer Koni Lutziger, der angab, den Wagen in Frankreich erworben zu haben. Er befindet sich heute in Japan.

Porsche 906, 1966, Chassis 906113, ideal für historische Rennen. Telefon CH-0041/1/7403226, Schweiz, Nähe Zürich

Diese Anzeige erschien 1994 in der Motor Klassik.

In Japan präsentiert sich dieser Wagen von seiner besten Seite ...

... und ist auch auf der Piste noch flott unterwegs, wie hier beim Le Mans Classic Japan 2007 auf der Fuji-Rennstrecke.

906 114

Motor-Nr.: 906 104
Getriebe-Nr.: 906 112
Ausgeliefert am: 07.03.1966
Händler: Sonauto, Paris (F)
1. Kunde: Robert Buchet (F)

aktueller Besitzer: zerstört

Farbe: Weiß
Innenausstattung:
Kennzeichen: 486 GU 86
Unfall Le Mans 1966

906 114°

1. Kunde: Robert Buchet (F)
1967, 486 GU 86, Unfall
2. Kunde: Alain Finkel (F)
3. Kunde: Joel Bonnemaison (F)
4. Kunde: Louis Cosson (F) = »Novestille«
5. Kunde: Michel Guérin (F) = Team Archambeau

6. Kunde: Eugène Paoli (F)
7. Kunde: Monsieur Paulin (F)
8. Kunde: Thierry Reynaud, Cannes (F)
9. Kunde: Pierre Berengier, Albaron (F)

aktueller Besitzer: Pierre Berengier (F, 2007)
Austausch-Fahrzeug mit derselben Fahrgestellnummer, 22.04.1966-

05.02.1968, 7191 MC
23.11.1969, 286 NB 64
23.04.1970-1971, 245 KS 85
1971-1972
20.03.1973: 169 KX 18
29.11.1973, 517 FA 20
hat den Wagen in Korsika gekauft
1979, 906 UG 06

Um dieses Fahrzeug gab es in den letzten Jahren einige Irritationen bezüglich der Identität. Grund dafür ist u. a. der Umstand, dass das Original-Fahrzeug 1966 beim 24-Stunden-Rennen von Le Mans schwer verunglückte und anschließend nur noch Schrottwert besaß. Es wurde durch ein »Rolling Chassis« bzw. ein Austausch-Fahrzeug mit derselben Fahrgestellnummer ersetzt.
Dieser zweite 906 114 hat zwar nie am 24-Stunden-Rennen von Le Mans teilgenommen, kann aber in den Händen des französischen Meisters Robert Buchet und dessen Nachfolgern eine eindrucksvolle Rennsport-Karriere bis mindestens in das Jahr 1971 vorweisen. Nach einem Unfall wurde der Wagen beiseitegestellt. Dieses Fahrzeug befindet sich heute offenbar im Besitz des Franzosen Pierre Berengier.

Robert Buchet bei der Abnahme zu den 24 Stunden von Le Mans 1966.

Renneinsätze 906 114

Veranstaltung	Datum	Fahrer	Start-Nr.	Platzierung
Le Mans Test (F)	03.04.1966	Robert Buchet	31	
Coupes de Vitesse, Montlhéry (F)	24.04.1966	Robert Buchet	11	1. Gesamt
24 Std. von Le Mans (F)	19.06.1966	Robert Buchet / Gerhard Koch	34	von der Strecke abgekommen
Bergrennen Mont Dore (F)	15.08.1966	Robert Buchet		3. Gesamt; 2. S 2000
Bergrennen Saint Lary (F)	21.08.1966	Robert Buchet		1. Gesamt
Bergrennen Beaujolais (F)	28.08.1966	Robert Buchet		1. S 2000; 4. Gesamt
Bergrennen La Faucille (F)	04.09.1966	Robert Buchet		3. Gesamt
Coupe de Paris, Montlhéry (F)	25.09.1966	Robert Buchet		1. S 2000; 3. Gesamt
Coupe de Salon, Montlhéry (F)	09.10.1966	Robert Buchet		nicht bekannt
1000 km von Paris, Montlhéry (F)	16.10.1966	Robert Buchet / Günter Klass	51	ausgefallen (Unfall)
Rallye Route du Nord (F)	10.-12.02.1967	Robert Buchet / Stanislas Motte	2	2. S 2000; 2. Gesamt
Rallye Bordeaux Südwest (F)	16.04.1967	Robert Buchet / Helmut Singer		1. Gesamt
Coupes de l'U.S.A., Montlhéry (F)	23.04.1967	Robert Buchet	15	3. Gesamt
Magny Cours (F)	01.05.1967	Robert Buchet		1. S 2000
Rallye de la Baule (F)	21.05.1967	Robert Buchet / ... Barte		3. S 2000; 10. Gesamt
Coupes de l'U.S.A., Montlhéry (F)	28.05.1967	Robert Buchet	34	1. Gesamt
12 Stunden von Reims (F)	25.06.1967	Robert Buchet / Hans Herrmann	35	1. S 2000; 3. Gesamt
Jarama (E)	23.07.1967	Robert Buchet		nicht bekannt
Bergrennen Mont Dore (F)	15.08.1967	Robert Buchet	198	5. Gesamt
Bergrennen Chamrousse (F)	27.08.1967	Robert Buchet		3. Gesamt; 1. S 2000
Großer Preis von Paris, Montlhéry (F)	10.09.1967	Robert Buchet		4. Gesamt
Coupe du Salon, Montlhéry (F)	08.10.1967	Robert Buchet		4. Gesamt
Bergrennen La Roquette (F)	17.03.1968	Alain Finkel		1. S 2000
Bergrennen Ceyreste (F)	24.03.1968	Alain Finkel		2. Gesamt; 1. S 2000
Bergrennen Col Bayard (F)	28.04.1968	Alain Finkel		5. Gesamt
Bergrennen Cannes (F)	05.05.1968	Alain Finkel		2. Gesamt; 1 S 2000
Bergrennen Colombier (F)	12.05.1968	Alain Finkel	116	2. Gesamt; 1 S 2000
Bergrennen Montseny (E) [EBM]	02.06.1968	Alain Finkel	70	11. Gesamt; 6. S 2000
Bergrennen Chamrousse (F)	28.07.1968	Alain Finkel		4. Gesamt
Bergrennen Urcy (F)	15.09.1968	Alain Finkel		1. S > 1600
Bergrennen Arete La Pierre (F)	29.06.1969	Joel Bonnemaison		2. Gesamt
Bergrennen Nogaro (F)	14.07.1969	Joel Bonnemaison		2. Gesamt
Criterium des Landes	03.08.1969	Joel Bonnemaison		2. Gesamt
Bergrennen Arette (F)	15.08.1969	Joel Bonnemaison		2. Gesamt
Nogaro (F)	17.08.1969	Joel Bonnemaison		5. Gesamt
Bergrennen Saint Ignace (F)	09.10.1969	Joel Bonnemaison		3. Gesamt
Bergrennen Hebecrevon (F)	18.04.1970	Louis Cosson		3. Gesamt
Coupes de l'U.S.A., Montlhéry (F)	26.04.1970	Louis Cosson	5	1. S 2000
Bergrennen Andelys (F)	19.07.1970	Louis Cosson		2. Grp. 5-7
Grand National (TdF)	23.-27.09.70	Louis Cosson / ... Freneau	300	ausgefallen
Bergrennen Mortagne (F)	__.__.1970	Louis Cosson		1. Gesamt
National Albi (F)	21.03.1971	Michel Guérin		ausgefallen (Motor)
National Magny Cours (F)	02.05.1971	Michel Guérin		ausgefallen (Motor)

Gleich beim 2. Rennen, den 24 Stunden von Le Mans, gab es 1966 für 906 114 einen Totalschaden in der 9. Rennstunde.

Robert Buchet / Günter Klass bei den 1000 km von Paris 1966.

Buchet 1966 vor dem Rennen in Montlhéry.

Bonnemaison kurz vor dem Start zu einem Bergrennen 1969.

Bei den 12 stunden von Reims 1967 fahren Robert Buchet und Hans Herrmann auf den 3. Platz in der Gesamtwertung und gewinnen damit die Klasse S 2000.

Cosson/Freneau bei der Tour de France 1970.

1974 hatte Eugéne Paoli mit seinem 906 114° einen Unfall.

906 114°°

Motor-Nr.:
Getriebe-Nr.:
Ausgeliefert am:
Händler:
1. Kunde: Boxenstop Museum, Rainer Klink, Tübingen (D)

aktueller Besitzer: Boxenstop-Museum (D, 2004)
Rekonstruktion (?)
Farbe:
Innenausstattung:
Kennzeichen:

Unglücklicherweise gibt es in Deutschland ein weiteres Fahrzeug mit der Fahrgestellnummer 906 114. Es gehört seit vielen Jahren zu den Exponaten der Boxenstop-Museums in Tübingen. Nach einem schweren Unfall, der sich bei einem Eisrennen in Österreich ereignet haben soll, wurde dieser Wagen 1992/1993 von Bill Bradley Racing restauriert.

Dieser Wagen hat ebenfalls die Fahrgestellnummer 906 114 und steht heute im Museum Boxenstop in Tübingen.

906 114°°°

Motor-Nr.:
Getriebe-Nr.:
Ausgeliefert am:
Händler:
1. Kunde: Dieter Eissner-Eissenstein, Salzburg (A)
2. Kunde: Wolfgang Heimeshoff, Essen (D)
3. Kunde: ? (F)

aktueller Besitzer: unbekannt (F, 2006)
Rekonstruktion ?
Farbe:
Innenausstattung:
Kennzeichen:
1996-2000
2001-2006
2006

Die Herkunft dieses Fahrzeugs ist nicht zweifelsfrei geklärt. Sicher ist, dass der Wagen 1994 von dem Österreicher Dieter Eissner-Eissenstein in Frankreich erworben wurde. Bis zum Jahr 2001 setzte er den Wagen bei zahlreichen internationalen Veranstaltungen ein. Dann verkaufte er das Fahrzeug und legte sich einen Porsche 910 zu. Im Jahr 2001 gelangte der Wagen in den Besitz eines deutschen Sammlers, 2007 führte der Weg von 906 114°°° zurück nach Frankreich.

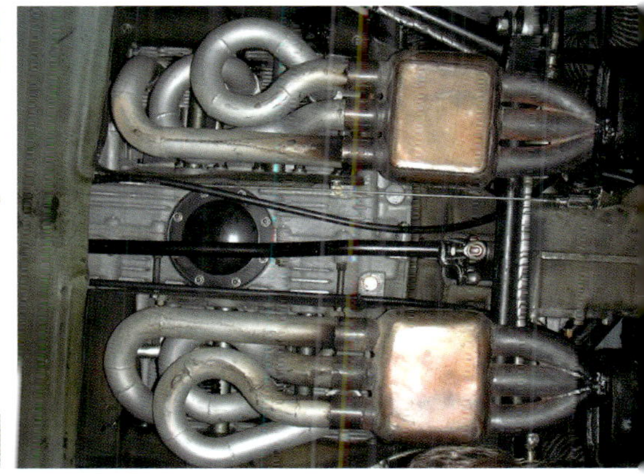

Das dritte Fahrzeug mit der Fahrgestellnummer 906 114°°°. Es befindet sich heute in Frankreich.

906 115

Motor-Nr.: 906113
Getriebe-Nr.: 906 110
Ausgeliefert am: 09.03.1966
Händler: Werksverkauf
1. Kunde: Armando Spazzapan (= »Mann«, I)
2. Kunde: Ennio Bonomelli (I)
3. Kunde: Corrado Cupellini (I)
4. Kunde: Bernd Becker, Trier (D); 1977: auch Rolf Lamberty (D)
5. Kunde: Dirk Sadlowski, Geseke (D)
6. Kunde: Alain Salat (F) 2004
7. Kunde: Daniel Vercamer, (B) 2007

aktueller Besitzer:

Farbe: Weiß
Innenausstattung:
Kennzeichen:

906 115 ist eines der wenigen Fahrzeuge, die 1966 nach Italien verkauft wurden. Erstbesitzer war ein Mann namens Armando (oder Ermanno) Spazzapan, der das Pseudonym »Mann« verwendete.

Es ist sehr wahrscheinlich, das Spazzapan den Wagen an seinen Landsmann Antonio Zadra verkaufte. Zadra stammte aus Oberitalien und fuhr unter dem Pseudonym »Khandaru«.

Das weitere Schicksal dieses Fahrzeugs liegt etwas im Dunklen, denn Rennergebnisse von »Mann« und »Khandaru« lassen sich nur bis Ende 1968 nachweisen. Es ist allerdings sehr wahrscheinlich, dass der Wagen in Italien blieb, denn als der Deutsche Bernd Becker das Fahrzeug 1977 erwarb, musste er es in Bergamo abholen. Bei Rolf Götz in Waldenbuch wurde der Wagen restauriert und stand am Ende in einem strahlenden Rot da. Danach blieb er lange Jahre in der Ecke stehen, denn Bernd Becker bewegte lieber seinen 910. 1994 dann nahm sich Rolf Lamberty aus Trier des verwaisten Rennwagens an und startete damit beim Oldtimer-Grand-Prix auf dem Nürburgring.
Kurze Zeit später erwarb Dirk Sadlowski aus Geseke den Wagen und verkaufte ihn weiter an den Franzosen Alain Salat. Sadlowski ließ den Wagen weiß, den vorderen Deckel rot und auch die Heckpartie unterhalb der Plexiglasabdeckung rot lackieren. Diese Farbkombination hatte er zum ersten Mal bei dem Museumsfahrzeug im Miles Collier Museum gesehen (906 125) und war so davon angetan, dass er sie einfach übernahm.

Renneinsätze 906 115

Veranstaltung	Datum	Fahrer	Start-Nr.	Platzierung
Bergrennen Stallavena-Boscochiesanuova (I)	17.04.1966	Armando Spazzapan		2. S 2000
Bergrennen Coppa della Collina (I)	01.05.1966	Armando Spazzapan		2. S 2000
Bergrennen Pieve S.Stefano-Passo Spino (I)	08.05.1966	Armando Spazzapan		3. S 2000
Bergrennen Cividale-Castelmonte (I)	15.05.1966	Armando Spazzapan		3. Gesamt; 3. S 2000
Coppa AGIP, Vallelunga (I)	19.05.1966	Armando Spazzapan		2. S > 1600
Bergrennen Vittorio Veneto-Consoglio (I)	05.06.1966	Armando Spazzapan		2. Gesamt; 2. S 2000
Bergrennen Antignano – Monte Burrone (I)	12.06.1966	Armando Spazzapan		1. Gesamt
Bergrennen Bolzano-Mendola (I)	03.07.1966	Armando Spazzapan		3. Gesamt
Bergrennen Trento Bondone (I)	10.07.1966	Armando Spazzapan	76	nicht bekannt
Bergrennen Triest-Opicina (I)	31.07.1966	Armando Spazzapan	456	nicht erschienen
Bergrennen Coppa Alpe del Nevegal (I)	25.09.1966	Armando Spazzapan		3. Gesamt
Bergrennen Cividale-Castelmonte (I)	07.05.1967	Antonio Zadra		33. Gesamt, 3. S 2000
Flugplatzrennen Innsbruck (A)	14.05.1967	Antonio Zadra	31	nicht bekannt
Bergrennen Rossfeld, Berchtesgaden (D)	04.06.1967	Antonio Zadra	32	nicht bekannt
Bergrennen Mont Ventoux (F)	18.06.1967	Antonio Zadra	54	7. S 2000
Bergrennen Trento Bondone (I)	09.07.1967	Antonio Zadra	60	10. Gesamt, 5. S 2000
Trofeo Frescobaldi, Mugello (I)	23.07.1967	Antonio Zadra / Guiseppe Dalla Torre	54	10. Gesamt, 3. S 2000
Bergrennen Ollon-Villars (CH)	27.08.1967	Antonio Zadra	167	14. Gesamt, 7. S 2000
Bergrennen Gaisberg (A)	03.09.1967	Antonio Zadra	20	6. S 2000
Flugplatzrennen Wien-Aspern (A)	01.10.1967	Antonio Zadra		9. Gesamt
1000 km Nürburgring (D)	19.05.1968	Antonio Zadra / Guiseppe Dalla Torre	94	nicht bekannt
Coppa Gallenga, Vallelunga (I)	23.06.1968	Antonio Zadra		1. S 2000
Bergrennen Bolzano-Mendola (I)	07.07.1968	Antonio Zadra		5. S 2000
Bergrennen Trento Bondone (I)	14.07.1968	Antonio Zadra		ausgefallen
Gran Premio del Mugello (I)	28.07.1968	Antonio Zadra / Guiseppe Dalla Torre	56	ausgefallen
500 km von Imola (I)	15.09.1968	Antonio Zadra / Guiseppe Dalla Torre		4. Gesamt
Flugplatzrennen Wien-Aspern (A)	06.10.1968	Antonio Zadra	23	10. Gesamt, 3. S 2000
Flugplatzrennen Innsbruck (A)	13.10.1968	Antonio Zadra		5. SP 2000

Beim Bergrennen Cansiglio verso il Duemila 1966 fuhr Amando Spazzapan, der sich auch schlicht »Mann« nannte, auf den 1. Platz in der Gesamtwertung.

Bernd Becker, der seinen 906 115 im Jahr 1977 in Italien gekauft hatte, fuhr noch 2001 mit dem Wagen beim Oldtimer Grand Prix auf dem Nürburgring.

Alain Salat bei der Tour de France Historic. 2002 fuhr er mit der Startnummer 221, 2004 hatte er die Nummer 35.

906 116

Motor-Nr.: 906 120
Getriebe-Nr.: 906 119
Ausgeliefert am: 15.03.1966
Händler: Baden Auto, Freiburg (D)
1. Kunde: Werner Brockhaus (D)
2. Kunde: Helmut Leuze (Reutlingen, D) 1967-1968
3. Kunde: Manfred Weißmann (Speyer, D): [SP-KE 84]
4. Kunde: Gerhard Schüler (Mannheim, D) u. Günther Schwarz 1969
5. Kunde: Albert Pfuhl (Darmstadt, D) 1970
6. Kunde: Harald Link (Saarbrücken, D) seit 20.10.70; Unfall 07.11.1970, Reste verkauft (Okt. 1971) via Freisinger an
7. Kunde: Vasek Polak (USA)
8. Kunde: Manfred Freisinger jun., Karlsruhe (D)

aktueller Besitzer: Manfred Freisinger (D)

Farbe: Weiß
Innenausstattung:
Kennzeichen:
1966

906 116 ist ein Fahrzeug mit einer vergleichsweise gut nachvollziehbaren deutschen Renngeschichte. Ausgeliefert wurde der Wagen an den Unternehmer Werner Brockhaus, der in den Jahren davor einige Siege mit einem 904 Carrera GTS errungen hatte. Mit dem 906 dagegen fuhr er selbst keine Rennen, sondern überließ das Fahrzeug ein Jahr später dem jungen Helmut Leuze. Dieser hatte sich 1966 ebenfalls mit einem 904 einen Namen gemacht und sorgte mit 906 116 für dessen erste sportliche Erfolge. Ende 1968 erwarb Leuze einen neuen Abarth 2000 und verkaufte den Carrera 6 an den Industriellen Manfred Weißmann aus Speyer. Weißmann fuhr selbst keine Rennen, sondern stellte den Wagen Leuten vom Schlage eines Gerhard Schüler oder Günther Schwarz zur Verfügung. Später ging der inzwischen rot lackierte Wagen an Albert Pfuhl und nach einem weiteren Jahr an Harald Link aus Saarbrücken.
Link hatte bei Testfahrten auf dem Nürburgring auf der Gegengeraden einen schweren Unfall. Der Wagen hob ab, überschlug sich und landete auf dem Dach. Das Wrack wurde von der Firma Freisinger in Karlsruhe erworben, die den Rahmen in die USA an Vasek Polak verkaufte und die übrigen Teile in den Geschäftsräumen in Karlsruhe einlagerte. Nach dem Tod von Vasek Polak war Manfred Freisinger jun. in der Lage, den Rahmen zurückzukaufen. In Kürze wird das Fahrzeug restauriert werden.
Harald Link kaufte sich übrigens einen anderen Carrera 6 (906 109) und setzte ihn 1971 erfolgreich ein, bevor er ihn später durch einen KMW-Porsche ersetzte.

Helmut Leuze gewann 1967 den Heilbronner Bergpreis in seiner Klasse.

Renneinsätze 906 116

Veranstaltung	Datum	Fahrer	Start-Nr.	Platzierung
Krähbergrennen (D)	02.04.1967	Helmut Leuze	155	1. S 2000
Bergrennen Heilbronn (D)	09.04.1967	Helmut Leuze	129	1. S 2000
Bergrennen Bad Neuenahr (D)	16.04.1967	Helmut Leuze	126	von der Strecke abgekommen
Bergrennen Eberbach	23.04.1967	Helmut Leuze	115	nicht gestartet, Unfall
Bergrennen Trento Bondone (I)	09.07.1967	Helmut Leuze	64	6. S 2000
Bergrennen Taubensuhl (D)	16.07.1967	Helmut Leuze	117	1. S 2000
Bergrennen Freiburg-Schauinsland (D)	30.07.1967	Helmut Leuze	133	6. S 2000
Flugplatzrennen Wunstorf (D)	13.08.1967	Helmut Leuze	17	6. S 2000
Bergrennen Ratisbona (D)	20.08.1967	Helmut Leuze	162	2. Gesamt, 2. S 2000
Bergrennen Ollon Villars (CH)	27.08.1967	Helmut Leuze	165	5. S 2000
Gaisberg-Rennen (A)	03.09.1967	Helmut Leuze	16	4. S 2000
Flugplatzrennen Ulm-Laupheim (D)	10.09.1967	Helmut Leuze		1. S 2000
Bergpreis Schwäbische Alb-Neuffen (D)	24.09.1967	Helmut Leuze	291	2. S 2000
Flugplatzrennen Innsbruck (A)	08.10.1967	Helmut Leuze	25	9. Gesamt; 3. S 2000
Krähberg-Rennen (D)	07.04.1968	Helmut Leuze	202	2. S 2000
Bergrennen Heilbronn (D)	21.04.1968	Helmut Leuze	131	1. S 2000
Bergrennen Eberbach (D)	28.04.1968	Helmut Leuze	124	1. S 2000
Bergrennen Riedenburg	05.05.1968	Helmut Leuze		1. S 2000
Wallberg-Rennen	11.05.1968	Helmut Leuze	145	2. Gesamt; 2. S 2000
1000 km Nürburgring (D)	19.05.1968	Helmut Leuze / Anton Fischhaber	86	ausgefallen, Motorschaden
Bergrennen Montseny (E)	02.06.1968	Helmut Leuze	65	4. S 2000
Alpenbergpreis Roßfeld, Berchtesgaden (D)	09.06.1968	Helmut Leuze	34	6. Gesamt, 5. S 2000
200 Meilen Norisring, Nürnberg (D)	30.06.1968	Helmut Leuze	33	1. S 2000 (Rahmenrennen)
Bergrennen Bolzano-Mendola (I)	07.07.1968	Helmut Leuze		3. S 2000
Bergrennen Trento Bondone (I)	14.07.1968	Helmut Leuze		ausgefallen, Kupplung
Bergrennen Cesana Sestriere (I)	21.07.1968	Helmut Leuze	532	4. Gesamt; 1. S 2000
Bergrennen Freiburg-Schauinsland (D)	28.07.1968	Helmut Leuze	143	4. Gesamt; 1. S 2000
Bergrennen Sierre Montana-Crans (CH)	25.08.1968	Helmut Leuze	230	5. Gesamt; 3. S 2000
Gaisberg-Rennen (A)	08.09.1968	Helmut Leuze	80	ausgefallen (von der Strecke abgekommen)
Bergrennen Mont Ventoux (F)	22.09.1968	Helmut Leuze		ausgefallen (Getriebe)
Flugplatzrennen Innsbruck (A)	13.10.1968	Helmut Leuze		3. S 2000
Bergrennen Taubensuhl (D)	20.07.1969	Gerhard Schüler	106	1. S 2000
Bergrennen Rheinland-Pfalz (D)	21.09.1969	Gerhard Schüler		1. S 2000
Flugplatzrennen Hohn-Rendsburg	05.10.1969	Günter Schwarz	813	2. SP 2000
Sauerland-Bergpreis (D)	12.10.1969	Gerhard Schüler	12	1. SP 2000
Hessenpreis, Hockenheim (D)	19.10.1969	Gerhard Schüler	22	5. S 2000
Rundstreckenrennen Aachen, Zolder (D)	26.10.1969	Günter Schwarz	251	4. S 2000
Flugplatzrennen Sembach (D)	16.11.1969	Gerhard Schüler		2. S 2000
Saisonfinale Hockenheim (D)	30.11.1969	Gerhard Schüler	22	1. LG 2
Krähberg-Rennen (D)	05.04.1970	Reinhold Jöst	230	nicht gestartet
Flugplatzrennen Mainz-Finthen (D)	21.06.1970	Albert Pfuhl	20	4. S 2000
Flugplatzrennen Diepholz (D)	19.07.1970	Albert Pfuhl		2. SP 2000
Preis von Baden-Württemberg, Hockenheim (D)	11.10.1970	Albert Pfuhl	56	nicht gestartet
Flugplatzrennen München-Neubiberg (D)	25.10.1970	Albert Pfuhl		9. SP 2000

Auf dem Schauinsland bei Freiburg reichte es im gleichen Jahr nur für den 6. Rang in der Klasse S 2000.

Europa-Bergmeisterschaftslauf von Ollon Villars in der Schweiz: 5. Platz für Helmut Leuze.

Das Flugplatzrennen von Innsbruck war 1967 eine heiß umkämpfte Angelegenheit. Helmut Leuze schaffte den 9. Rang im Gesamtklassement und den 3. Platz in der Kategorie S 2000.

Gerhard Schüler gewann 1969 das Bergrennen Taubensuhl in der Klasse der Sportwagen bis 2000 ccm (Farbbild). Beim Saisonfinale auf dem Hockenheimring fuhr er in der Klasse LG 2 ebenfalls auf den ersten Platz.

Porsche Carrera 6

zu verk., mit bekannt schnellem Motor (Mitter-Tuning), in sehr gutem Zustand, hauptsächl. auf Bergrennen gefahren, kompl. mit Zubehör: 4 neu bereiften Ersatzrädern, vielen Getrieberädern und Ersatzteilen, dazu Rennwagen-Transporter, spez. für Carrera 6, VW-Lastwagen, Bj. 66, 20 000 km, mit Spezialaufbau, beides auch getrennt zu verkaufen. Helmut Leuze, 7411 Traifelberg, Ernst-Glück-Str. 15, Telefon (0 71 29) 6 41.

Carrera 6, Unfall
Rahmen und Heck beschädigt, Motor geprüft bei Porsche, 203 PS, mit Zertifikat, 6700,– DM.
Telefon 06 81 – 3 47 76/39 72 92

Auch Harald Link annoncierte den inzwischen beschädigten 906 116. Seine Anzeige erschien 1971.

1968 bot Helmut Leuze seinen 906 116 in der Zeitschrift *Rallye Racing* zum Verkauf an.

906 117

	aktueller Besitzer: J.-C. Pichon (F, 2004)
Motor-Nr.: 906 119	
Getriebe-Nr.: 906 116	**Farbe**: Weiß
Ausgeliefert am: 14.03.1966	**Innenausstattung**:
Händler: Scania Vabis (S)	**Kennzeichen**:
1. Kunde: Sten Axelsson (S)	1966-1967; Unfall Kyalami 1967
2. Kunde: Clive van Buuren (ZA)	1968-1971; 1970 Umbau zum Spyder
3. Kunde: Donald van Staden (ZA)	
Auktion Nürburgring	1990
4. Kunde: Jean-Claude Pichon, St. Etienne (F)	2004

Dieses Fahrzeug ist das erste von dreien, die an skandinavische Kunden geliefert wurden. Der Schwede Sten Axelsson nahm mit seinem Carrera 6 an Wettbewerben in ganz Europa teil, u. a. zwei Mal am 1000-km-Rennen auf dem Nürburgring. Zum Jahreswechsel 1966/1967 wurde der Wagen von Weiß auf Rot umlackiert.
Am Ende der Saison 1967 verschiffte Axelsson seinen Rennwagen, um im warmen Süden am 9-Stunden-Rennen von Kyalami (Südafrika) teilzunehmen. Dabei hatte das Team Pon/Axelsson einen Unfall, und Sten entschied sich, sein Fahrzeug an Ort und Stelle zu verkaufen.
Genau ein Jahr später traten dann Clive van Buuren und Bruce van der Merwe erneut zum 9-Stunden-Rennen an. Aber auch ihnen war das Glück nicht hold, sie fielen nach einem Motorschaden aus. Im dritten Versuch gelang dann endlich ein 12. Rang, und im letzten aktiven Jahr noch einmal ein 17. Platz. 1970 war dem 906 das Dach abgeschnitten worden, eine Maßnahme, die viele Carrera 6 im Laufe ihrer Karriere über sich ergehen lassen mussten.
906 117 blieb danach noch etliche Jahre auf dem afrikanischen Kontinent. 1990 wurde er dann – originalgetreu restauriert – auf einer Auktion am Nürburgring angeboten und befindet sich heute in französischem Besitz.

Renneinsätze 906 117

Veranstaltung	Datum	Fahrer	Start-Nr.	Platzierung
Hastighetstävling, Knutstorp (S)	24.04.1966	Sten Axelsson	1	2. P 2000
Skarpnäcksloppet, Stockholm (S)	01.05.1966	Sten Axelsson	1	1. P 2000
Velodromloppet, Karlskoga (S)	08.05.1966	Sten Axelsson		1. P 2000
Stockholmsloppet, Skarpnäck (S)	22.05.1966	Sten Axelsson		1. SP 2000
1000-km-Rennen, Nürburgring (D)	05.06.1966	Sten Axelsson / Boo Johansson	62	2. SP 2000
Keimola Ring, Helsinki (FIN)	19.06.1966	Boo Johansson		3. SP 2000
Midnattsloppet, Skelleftea (S)	24.06.1966	Sten Axelsson		1. SP 2000
Norisring-Rennen, Nürnberg (D)	17.07.1966	Sten Axelsson	34	nicht bekannt
Rheinland-Pfalz-Preis, Nürburgring (D)	07.08.1966	Sten Axelsson	3	2. SP 2000
Großer Preis von Hockenheim (D)	14.08.1966	Sten Axelsson	24	ausgefallen (Getriebe)
Skarpnäcksloppet, Stockholm (S)	04.09.1966	Sten Axelsson	1	3. SP 2000
500 km von Zeltweg (A)	11.09.1966	Joakim Bonnier / Sten Axelsson	11	4. SP 2000
Dalsland Ring, Bengtsfors (S)	25.09.1966	Sten Axelsson	1	3. SP 2000
Gellerasen, Karlskoga (S)	16.10.1966	Sten Axelsson	1	2. SP 2000
Hastighetstävling, Knutstorp (S)	30.04.1967	Sten Axelsson	2	1. P 2000
Skarpnäcksloppet, Stockholm (S)	07.05.1967	Sten Axelsson	3	1. SP gesamt
Velodromloppet, Karlskoga (S)	21.05.1967	Sten Axelsson	2	1. P 2000
1000-km-Rennen, Nürburgring (D)	28.05.1967	Sten Axelsson / Ben Pon	76	ausgefallen (Radaufhängung)
Midnattsloppet, Flugplatz Skelleftea (S)	23.06.1967	Sten Axelsson		1. Gesamt
Dalsland Ring, Bengsfors (S)	02.07.1967	Sten Axelsson	13	2. SP gesamt
Großer Preis von Mugello (I)	23.07.1967	Sten Axelsson / Ben Pon	62	nicht gestartet
Västkustloppet, Falkenberg (S)	06.08.1967	Sten Axelsson	1	1. Gesamt
Kanonloppet, Karlskoga (S)	13.08.1967	Sten Axelsson		ausgefallen
500 km von Zeltweg (A)	20.08.1967	Sten Axelsson / Joakim Bonnier	11	nicht erschienen
Skarpnäcksloppet, Stockholm (S)	20.08.1967	Sten Axelsson		5. SP gesamt
Jydsk Grand Prix, Jyllandsring (DK)	27.08.1967	Sten Axelsson	20	1. Gesamt
Avus-Rennen, Berlin (D)	10.09.1967	Sten Axelsson	16	3. S 2000
9 Std. Kyalami (ZA)	04.11.1967	Ben Pon / Sten Axelsson	16	ausgefallen (Unfall)
9 Std. Kyalami (ZA)	09.11.1968	Clive van Buuren / Bruce van der Merwe		ausgefallen (Motor)
3 Std. Kapstadt, Killarney (ZA)	23.11.1968	Bruce van dern Merwe		9. Gesamt
3 Std. Lourenco Marques (MOC)	08.12.1968	Clive van Buuren / Bruce van der Merwe	6	5. Gesamt
3 Std. Pietermaritzburg (ZA)	26.12.1968	Clive van Buuren		5. Gesamt
500 km East London (ZA)	04.01.1969	Clive van Buuren / Bruce van der Merwe	10	3. Gesamt
6 Stunden von Pietermaritzburg (ZA)	05.04.1969	Clive van Buuren / Bruce van der Merwe		2. Gesamt
9 Std. Kyalami (ZA)	08.11.1969	Clive van Buuren / Bruce van der Merwe		7. Gesamt
3 Std. Kapstadt, Killarney (ZA)	22.11.1969	Clive van Buuren / Bruce van der Merwe		5. Gesamt
3 Std. Lourenco Marques (MOC)	05.12.1969	Clive van Buuren / Bruce van der Merwe	21	8. Gesamt
3 Std. Bulawayo (ZW)	13.12.1969	Clive van Buuren / Bruce van der Merwe		5. Gesamt
3 Std. Pietermaritzburg (ZA)	27.12.1969	Clive van Buuren / Bruce van der Merwe	21	11. Gesamt
9 Std. Kyalami (ZA)	07.11.1970	Clive van Buuren / Red Whitehouse		12. Gesamt [Spyder]
3 Std. Kapstadt, Killarney (ZA)	24.11.1970	Clive van Buuren / Red Whitehouse	8	5. Gesamt
3 Std. Lourenco Marques (MOC)	29.11.1970	Clive van Buuren / Red Whitehouse	8	3. Gesamt
3 Std. Bulawayo (ZW)	05.12.1970	Clive van Buuren / Red Whitehouse	8	8. Gesamt
3 Std. Pietermaritzburg (ZA)	27.12.1970	Clive van Buuren / Red Whitehouse	8	6. Gesamt
3 Std. Goldfields (ZA)	02.01.1971	Clive van Buuren / Red Whitehouse	8	4. Gesamt
9 Std. Kyalami (ZA)	06.11.1971	Red Whitehouse / John Truter	19	17. Gesamt
3 Std. Kapstadt, Killarney (ZA)	20.11.1971	Red Whitehouse		8. Gesamt

Vor dem Start zu den 1000 km vom Nürburgring 1966 wird noch die Getriebeübersetzung geändert. Sten Axelsson und Boo Johansson fahren dann auf den zweiten Platz in der Klasse S 2000.

Der Große Preis von Hockenheim 1966 endet für Sten Axelsson mit einem Ausfall wegen Getriebeschadens.

Joakim Bonnier / Sten Axelsson bei den 500 km von Zeltweg 1966.

Knutstorp 1967: Sten Axelsson wurde Erster in der Sportwagenklasse bis 2000 ccm.

Nach solchen Sprüngen fiel 906 117 bei den 1000 km vom Nürburgring 1967 aus: Aufhängungsschaden!

Clive van Buuren aus Sambia bei den Rennen zur Springbock-Serie 1970 in Südafrika. 906 117 ist jetzt als Spyder unterwegs.

2002 wurde 906 117 restauriert, heute fährt er auch wieder bei Historischen Rennen und Rallyes.

3-Stunden-Rennen von Bulawao in Simbabwe.

906 118

Motor-Nr.: 906 118
Getriebe-Nr.: 906 118
Ausgeliefert am: 21.03.1966
Händler: Sonauto, Paris (F)
1. Kunde: Franco Pilone (I)
Zollamt Breisach (D)
Zollamt Avignon
Freddy Canin, Arles (F)
2. Kunde: Jean-Marie Almeras, Montpellier (F)
3. Kunde: Gebr. Alméras, Montpellier (F)
4. Kunde: Pierre Berengier (F)
5. Kunde: Michael Laver (GB)
6. Kunde: Dieter Holgerbusch (USA)
7. Kunde: Martin Eyeears (USA)?
8. Kunde: Warwick Miller (AUS)
9. Kunde: Ian Henderson (AUS)

aktueller Besitzer: Henderson (AUS, 2004)

Farbe: Weiß
Innenausstattung:
Kennzeichen:
als Händler?
20.02.1969, dt. Zoll-Kennzeichen (428Z5679)
05.05.1969 mit dt. Zoll-Kennzeichen (s.o.)
13.08.1969 (Händler)
13.08.1969 (Unfallwagen)
1970-1972, Bergspyder

1980
1981-1996
1998

2003

Die frühe Geschichte dieses Carrera 6 ist weitgehend unbekannt. Laut Werksunterlagen wurde er über den französischen Importeur Sonauto verkauft. 1969 wurde der Wagen aus Italien nach Frankreich reimportiert. Sein neuer Besitzer Freddy Canin startete beim Bergrennen Ceyreste und erlitt gleich einen Unfall.
Dann traten die Brüder Almeras aus Montpellier auf den Plan und bauten aus dem Coupé mit Frontschaden einen Spyder. Beim ersten Einsatz 1970 jedoch hatten auch sie einen Unfall, aber danach gingen noch etliche erste Preis auf das Konto der beiden Porsche-Tuner. Nach einer längeren Ruhephase in Frankreich tauchte der Wagen 1980 in England bei Michael Laver auf. Ein Jahr später ging er in die USA und wurde dort von Dieter Holgerbusch liebevoll restauriert. 1997 kaufte der Australier Warwick Miller den Wagen und nahm 1999 und 2002 an der Tour Auto teil. Beim ersten Mal war er noch hellblau lackiert, beim zweiten Mal weiß mit einem Mittelstreifen in den französischen Nationalfarben.

Renneinsätze 906 118

Veranstaltung	Datum	Fahrer	Start-Nr.	Platzierung
GP della Republica, Vallelunga (I)	02.06.1968	Franco Pilone		2. S 2000
Bergrennen Rieti Terminello (I)	09.06.1968	Franco Pilone		1. Gesamt
Bergrennen Cesana Sestriere (I)	21.07.1968	Franco Pilone	526	5. Gesamt; 2. S 2000
Bergrennen Ceyreste (F)	23.03.1969	Freddy Canin	445	ausgefallen (Unfall)
Ronde Cévenole (F)	26./28.06.70	Jean-Marie Alméras / Jacques Alméras	3	von den Strecke abgekommen (Spyder)
Bergrennen Chamrousse (F)	26.07.1970	Jean-Marie Alméras		3. Platz
Bergrennen Col du Minier (F)	__.__.1970	Jean-Marie Alméras	98	4. Gesamt, 1. P 2000
Bergrennen Dobratsch (A)	30.04.1972	Jean-Marie Alméras		ausgefallen
Bergrennen Arboras (F)	30.04.1972	Jean-Marie Alméras		nicht bekannt
Bergrennen Mazamet (F)	01.05.1972	Jean-Marie Alméras		2. Platz
Bergrennen Col Bayard (F)	14.05.1972	Jean-Marie Alméras	146	1. Gesamt
Bergrennen Lodève (F)	28.05.1972	Jean-Marie Alméras		1. Platz
Bergrennen Mont Ventoux (F)	18.06.1972	Jean-Marie Alméras	10	9. Gesamt, 1. P 2000
Bergrennen Haut Cantal (F)	06.08.1972	Jean-Marie Alméras	10	4. Platz

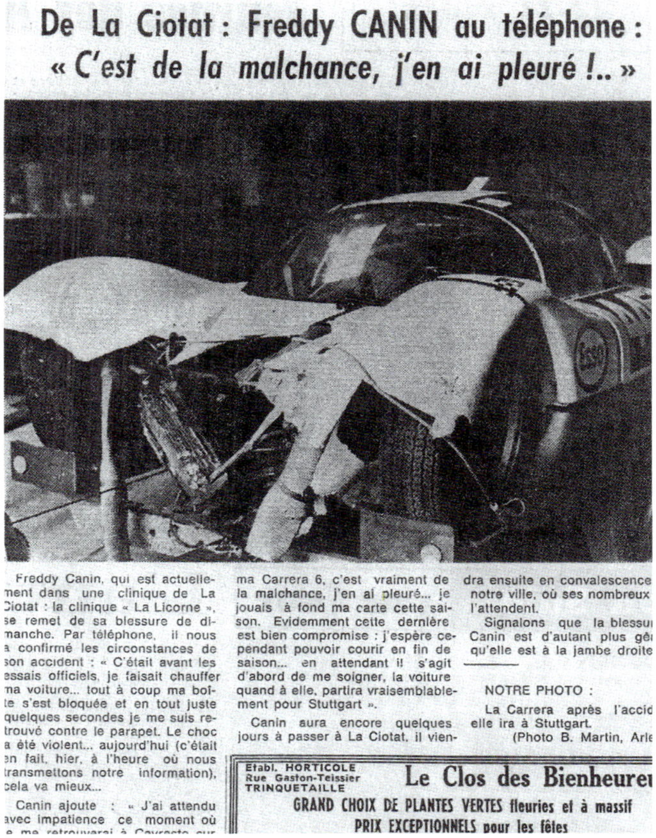

De La Ciotat : Freddy CANIN au téléphone : « C'est de la malchance, j'en ai pleuré !.. »

Freddy Canin, qui est actuellement dans une clinique de La Ciotat : la clinique « La Licorne », se remet de sa blessure de dimanche. Par téléphone, il nous a confirmé les circonstances de son accident : « C'était avant les essais officiels, je faisait chauffer ma voiture... tout à coup ma boîte s'est bloquée et en tout juste quelques secondes je me suis retrouvé contre le parapet. Le choc a été violent... aujourd'hui (c'était en fait, hier, à l'heure où nous transmettons notre information), cela va mieux...

Canin ajoute : « J'ai attendu avec impatience ce moment où

ma Carrera 6, c'est vraiment de la malchance, j'en ai pleuré... je jouais à fond ma carte cette saison. Evidemment cette dernière est bien compromise : j'espère cependant pouvoir courir en fin de saison... en attendant il s'agit d'abord de me soigner, la voiture quand à elle, partira vraisemblablement pour Stuttgart ».

Canin aura encore quelques jours à passer à La Ciotat, il viendra ensuite en convalescence notre ville, où ses nombreux l'attendent.

Signalons que la blessu Canin est d'autant plus gê qu'elle est à la jambe droite

NOTRE PHOTO :

La Carrera après l'accid elle ira à Stuttgart.

(Photo B. Martin, Arle

Die Gebrüder Alméras aus Montpellier bauten aus dem Unfallwagen einen Spyder, mit dem sie sehr erfolgreich an französischen Bergrennen teilnahmen.

In diesem Zustand kaufte Michael Laver (GB) den Spyder im Jahr 1980.

Nach einer liebevollen Restaurierung in den USA befindet sich 906 118 heute in Australien.

906 119

Motor-Nr.: 906 115
Getriebe-Nr.: 906 115
Ausgeliefert am: 21.03.1966
Händler: Schultz, Düsseldorf (D)
1. Kunde: Gerhard Koch, Neuß (D)
2. Kunde: Jürgen Neuhaus, Wuppertal (D)
3. Kunde: Karl von Wendt, Gevelinghausen (D)
4. Kunde: Anton Rottlender (D)
5. Kunde: Siegfried Rieger (D)
6. Kunde: Helmut Gall (D)
7. Kunde: Volker Brukoff, Long Beach, CA (USA)
8. Kunde: Everett Hinojos, Orange, CA (USA)
9. Kunde: Gilbert Rios, Manhattan Beach, CA (USA)
10. Kunde: Scott St. Peter, Pasadena, CA (USA)

aktueller Besitzer: Scott St. Peter (USA, 2006)

Farbe: Weiß
Innenausstattung:
Kennzeichen:
1966
1966-1967
1968
1969; Franz Pesch
1970
1970
1971
1971
Turbolader

Die Liste dieses Carrera 6 weist von 1966 bis 1970 75 Eintragungen auf! Dabei reicht die Palette von Flugplatzrennen über Bergrennen und Slalom (!) bis hin zu Weltmeisterschaftsläufen.
Erstbesitzer war Gerhard Koch, der deutsche Meister von 1962, der bis dahin einen 356A Carrera Speedster, zwei 356 B Carrera GTL und einen 904 Carrera GTS gefahren hatte. Gerhard Koch löste seinen ersten 906 durch einen zweiten (906 155) ab, kaufte später einen 910, kam als Werksfahrer zum Einsatz und beendete seine motorsportliche Laufbahn 1970 in einem 908 Spyder.
Der zweite Besitzer legte mit 906 119 den Grundstein für seine Karriere: Jürgen Neuhaus nahm zuerst an Bergrennen teil und fuhr auf Anhieb Gesamtsiege und Streckenrekorde ein. Als er mit dieser Bilanz 1967 zusammen mit Helmut Kelleners das 1000-km-Rennen auf dem Nürburgring in Angriff nehmen wollte, verweigerte ihm der Veranstalter wegen Unerfahrenheit mit einen so schnellen Sportwagen die Starterlaubnis. Aber mit seinem 911S durfte er fahren und gewann prompt die GT-Gesamtwertung! Auch Jürgen Neuhaus blieb dem Fabrikat Porsche viele Jahre treu. 1970 wurde er mit einem 917K der erste Sieger der neu geschaffenen Interserie.
Nach zwei Jahren Dauereinsatz wurde 906 119 von Grund auf überholt und nahm 1968 mit Karl von Wendt und Willi Kauhsen an fünf europäischen Läufen zur Marken-Weltmeisterschaft teil. Es folgten 1969 und 1970 noch zahlreiche weitere Rennen in Deutschland, bevor der Wagen von einem Deutschen mit nach Kalifornien genommen wurde. Dort erfuhr er zahlreiche Veränderungen wie Umbauten an der Karosserie bzw. den Einbau eines Turboladers.
Heute ist das Fahrzeug im Besitz von Scott St. Peter, einem Restaurationsspezialisten, der seine Firma bezeichnenderweise »Carrera 6« nennt.
Über einen längeren Zeitraum gab es ein zweites Fahrzeug mit der Fahrgestellnummer 906 119. Erst 2007 konnte die wahre Identität dieses Wagens festgestellt werden, siehe dazu 906 155.

Renneinsätze 906 119

Veranstaltung	Datum	Fahrer	Start-Nr.	Platzierung
1000 km Monza (I)	25.04.1966	Gerhard Koch / Udo Schütz	33	ausgefallen (Getriebe)
GP von Paris, Montlhéry (F)	15.05.1966	Gerhard Koch		4. S 2000
1000 km Nürburgring (D)	05.06.1966	Gerhard Koch / Herbert Linge	64	10. Gesamt; 3. S 2000
Avus-Rennen, Berlin (D)	26.06.1966	Gerhard Koch	43	2. S 2000
Circuito di Mugello (I)	17.07.1966	Gerhard Koch / Jochen Neerpasch	158	1. Gesamt
GP für Tourenwagen, Hockenheim (D)	24.07.1966	Gerhard Koch	11	ausgefallen (als Prototyp gestartet)
Rheinland-Pfalz-Preis, Nürburgring (D)	07.08.1966	Gerhard Koch	7	3. S 2000
GP von Hockenheim (D)	14.08.1966	Gerhard Koch	26	5. Gesamt; 2. S 2000
GP von Österreich, Zeltweg (A)	11.09.1966	Gerhard Koch	19	nicht erschienen
Rheinland-Pfalz-Bergpreis (D)	11.09.1966	Jürgen Neuhaus	141	1. Gesamt; 1. S >1600
Westfalen-Pokal-Rennen, Zolder (B)	18.09.1966	Jürgen Neuhaus	59	1. Gesamt; 1. S 2000; Streckenrekord
Sauerland-Bergpreis (D)	25.09.1966	Jürgen Neuhaus	19	1. S >1600
Bergrennen Kassel-Langenberge (D)	02.10.1966	Jürgen Neuhaus	114	1. Gesamt; 1. S 2000; Streckenrekord
Rhön-Bergpreis (D)	09.10.1966	Jürgen Neuhaus	129	1. Gesamt; 1. S 200; Streckenrekord
Klingenring-Bergpreis (D)	16.10.1966	Jürgen Neuhaus	85	1. Gesamt; 1. S 200; Streckenrekord
Hansa-Prüfung, Flugplatz Itzehoe (D)	23.10.1966	Jürgen Neuhaus	69	1. Gesamt; 1. S 2000
1. KCM-Autoslalom, Köln (D)	06.11.1966	Jürgen Neuhaus	170	5. Gesamt; 1. S 2000
Krähbergrennen (D)	02.04.1967	Jürgen Neuhaus	156	2. Gesamt; 1. S 2000
Taunus-Bergpreis (D)	09.04.1967	Jürgen Neuhaus	10	1. Gesamt; 1. S 2000
Bergrennen Bad Neuenahr (D)	16.04.1967	Jürgen Neuhaus	127	1. Gesamt; 1. S 2000 Streckenrekord
Bergrennen Eberbach (D)	23.04.1967	Jürgen Neuhaus	117	nicht gewertet
Flugplatzrennen Faßberg (D)	30.04.1967	Jürgen Neuhaus	164	1. Gesamt; 1. S 2000; Streckenrekord
Hansa-Pokal, Nürburgring Südschleife (D)	07.05.1967	Jürgen Neuhaus	1103	1. Gesamt; 1. S 2000
Spessart-Bergrennen (D)	15.05.1967	Jürgen Neuhaus	163	1. Gesamt; Streckenrekord
Bergrennen Wittlich (D)	21.05.1967	Jürgen Neuhaus	75	1. Gesamt; Streckenrekord
Alpenbergpreis Roßfeld, Berchtesgad.(D)	04.06.1967	Jürgen Neuhaus	35	8. Gesamt; 3. S 2000

Renneinsätze 906 119

Veranstaltung	Datum	Fahrer	Start-Nr.	Platzierung
Bergrennen Rotenburg an der Fulda (D)	11.06.1967	Jürgen Neuhaus		1. Gesamt; 1. S 2000
Flugplatzrennen Mainz-Finthen (D)	18.06.1967	Jürgen Neuhaus	8	ausgefallen (Tank leckgeschlagen)
Norisring-Rennen (D)	02.07.1967	Jürgen Neuhaus	12	7. Gesamt; 5. S 2000
Bergrennen Ellerberg (D)	23.07.1967	Jürgen Neuhaus	94	1. Gesamt; 1. S >1300; Streckenrekord
Bergrennen Freiburg-Schauinsland (D)	30.07.1967	Jürgen Neuhaus	134	8. Gesamt; 3. S 2000
Flugplatzrennen Wunstorf (D)	13.08.1967	Jürgen Neuhaus	13	5. Gesamt; Trainingsschnellster
Bergrennen Hunsrück (D)	20.08.1967	Jürgen Neuhaus	64	1. Gesamt; 1. Sportwg.; Streckenrekord
Klingenring-Bergpreis (D)	17.09.1967	Jürgen Neuhaus	104	1. Gesamt; 1. S 2000
Bergrennen Kassel-Langenberge (D)	24.09.1967	Jürgen Neuhaus	109	1. Gesamt; Streckenrekord
Sauerland-Bergpreis (D)	01.10.1967	Jürgen Neuhaus	40	1. Gesamt; Streckenrekord
Rhön-Bergpreis (D)	08.10.1967	Jürgen Neuhaus	164	1. Gesamt; Streckenrekord
Rhein-Ruhr-Pokal, Zolder (B)	22.10.1967	Jürgen Neuhaus	7	1. S 2000; Streckenrekord
2. KCM-Autoslalom Köln	29.10.1967	Jürgen Neuhaus	171	1. Gesamt
Flugplatzrennen Celle (D)	05.11.1967	Jürgen Neuhaus	821	1. S 2000
1000-km-Rennen Monza (I)	25.04.1968	Karl von Wendt / Willi Kauhsen	52	1. S 2000
Targa Florio (I)	05.05.1968	Karl von Wendt / Willi Kauhsen	128	1. S 2000
1000-km-Rennen Nürburgring (D)	19.05.1968	Karl von Wendt / Willi Kauhsen	80	2. S 2000
1000-km-Rennen Spa-Francorchamps (B)	26.05.1968	Karl von Wendt / Willi Kauhsen	51	ausgefallen (Motor, Radlager)
Alpen-Bergpreis Roßfeld, Berchtesgaden (D)	09.06.1968	Karl von Wendt	27	1. S 2000
Bergrennen Trento Bondone (I)	14.07.1968	Karl von Wendt		nicht gestartet (Geschäftstermin)
Bergrennen Cesana-Sestriere (I)	21.07.1968	Karl von Wendt	520	6. Gesamt; 3. S 2000
Bergrennen Freiburg-Schauinsland (D)	28.07.1968	Karl von Wendt	146	ausgefallen (Unfall)
Sauerland-Bergpreis (D)	06.10.1968	Willi Kauhsen	9	1. S 2000
Hansapokal Nürburgring (D)	29.06.1969	Franz Pesch	1601	1. SP 2000
Ellerberg-Rennen (D)	13.07.1969	Franz Pesch		2. SP 2000
Flugplatzrennen Diepholz (D)	20.07.1969	Franz Pesch	292	4. SP 2000
Flugplatzrennen Wunstorf (D)	17.08.1969	Franz Pesch	6	ausgefallen
Weser-Bergpreis, Höxter (D)	24.08.1969	Franz Pesch	3	nicht gestartet
Bergrennen Lorch (D)	31.08.1969	Franz Pesch	103	1. SP 2000
Bergrennen Kassel-Langenberge (D)	21.09.1969	Franz Pesch	158	2. SP 2000
Flugplatzrennen Niedermendig (D)	05.10.1969	Franz Pesch		2. SP 2000
Sauerland-Bergpreis (D)	12.10.1969	Franz Pesch	13	2. SP 2000
Edelstein-Bergrennen (D)	19.10.1969	Franz Pesch	175	ausgefallen
Rundstreckenrennen Rheydt, Zolder (B)	29.03.1970	Siegfried Rieger	68	2. S
Flugplatzrennen Kaufbeuren (D)	03.05.1970	Siegfried Rieger		2. S 2000
Bergrennen Spessart (D)	17.05.1970	Siegfried Rieger	184	2. S 2000
Flugplatzrennen Bremgarten (D)	31.05.1970	Siegfried Rieger	226	7. SP 2000
Bergrennen Teufelsrutsch (D)	07.06.1970	Siegfried Rieger	148	1. S 2000
Flugplatzrennen Neuhausen (D)	13.06.1970	Siegfried Rieger		2. S >1300
Flugplatzrennen Mainz-Finthen (D)	21.06.1970	Siegfried Rieger	18	ausgefallen (Kollision mit Kelleners/March, Heck beschädigt)
Bergrennen Schottenring (D)	28.06.1970	Siegfried Rieger	163	2. S 2000
Südwest-Pokal Hockenheim /	05.07.1970	Siegfried Rieger	29	1. Lauf: nicht gestartet, 2. Lauf: 16.

Renneinsätze 906 119

Veranstaltung	Datum	Fahrer	Start-Nr.	Platzierung
2-Liter-EM (D)				
Flugplatzrennen Niederstetten, Künzelsau (D)	26.07.1970	Siegfried Rieger	60	5. S 2000
Bergrennen Hunsrück (D)	09.08.1970	Siegfried Rieger	187	3. S 2000
Bergrennen Schwäbische Alb, Neuffen (D)	27.09.1970	Siegfried Rieger	310	nicht gestartet
Bergpreis Schwäbische Alb, Neuffen (D)	27.09.1970	Helmut Gall		2. S 2000
Bergrennen Heilbronn (D)	04.10.1970	Helmut Gall	166	1. S 2000
Preis von Baden-Württemberg, Hockenheim (D)	11.10.1970	Helmut Gall	57	4. S 2000
Rundstreckenrennen Aachen, Nürburgring (D)	18.10.1970	Helmut Gall	47	13. Gesamt

Gerhard Koch fiel beim Großen Preis von Hockenheim 1966 aus. 906 119 war in dieses Rennen als Prototyp gestartet.

Beim Alpenbergpreis Roßfeld 1967 fuhr Jürgen Neuhaus auf einen achten Platz in der Gesamt- und einen dritten Platz in der Sportwagenwertung der Klasse bis 2000 ccm.

Jürgen Neuhaus beim Rennen 1967 in Zolder …

… und im gleichen Jahr beim Bergrennen auf dem Schauinsland bei Freiburg.

Beim Flugplatzrennen in Wunstorf zeigte Neuhaus (13) 1967, dass er auch bei Regen schnell war. Im Training war er sogar Schnellster.

Start zum 1000-km-Rennen auf dem Nürburgring 1968. Karl von Wendt und Willi Kauhsen fuhren mit der Startnummer 80 auf den zweiten Platz bei den Sportwagen bis 2000 ccm.

Hansa-Pokalrennen auf der Südschleife des Nürburgrings 1969: Sieg in der Sportwagenklasse bis 2000 ccm für Franz Pesch.

Siegfried Rieger schaffte es beim Bergrennen Schottenring 1970 auf den 2. Platz in der Klasse Sportwagen bis 2000 ccm.

Nach 1971 erhielt der 906 119 eine neue Karosse und einen Turbomotor. In diesem Zustand wurde er »Turbo-Ufo« genannt.

2005 wurde 906 119 in den USA restauriert.

906 120

Motor-Nr.: 906 121
Getriebe-Nr.:
Ausgeliefert am: 23.03.1966
Händler: Mitsuwa (J)
1. Kunde: Shintaro Taki (J)
2. Kunde: Ralph Bellamy (J)
3. Kunde: Mike Sheehan (USA)
4. Kunde: Dick Barbour (USA)

aktueller Besitzer: D. Barbour (USA, 2005)

Farbe: Weiß
Innenausstattung:
Kennzeichen:

Dieser Carrera 6 ist das erfolgreichste der drei Fahrzeuge, die nach Japan geliefert wurden. Mit Shintaro Taki, dem Inhaber einer Kleiderfabrik und Teamchef von Taki Racing, gewann er 1966 bis 1967 fast jedes Rennen, bevor er durch einen 910 abgelöst wurde.
Bis 1970 blieb der Wagen noch im Taki-Team, wurde dann aber an den britischen Journalisten Peter Bellamy verkauft, der ihn mit minimalem Budget und fast gar keinen Ersatzteilen bis 1973 auf dem japanischen Eiland einsetzte.
Ursprünglich weiß lackiert, wechselte 906 120 noch im Taki-Team die Farbe in Richtung Rot und wurde zu guter Letzt unter der Obhut von Bellamy in British Racing Green umgespritzt. Irgendwann Ende der 60er Jahre wurde das Dach abgetrennt, der 906 trat fortan als Spyder an.
Heute sieht 906 120 wieder so gut oder sogar noch besser aus als in dem Zustand, in dem er 1966 das Werk verließ. Nach einer umfangreichen Restaurierung gehört er jetzt zur Sammlung des ehemaligen Rennfahrers Dick Barbour.

Renneinsätze 906 120

Veranstaltung	Datum	Fahrer	Start-Nr.	Platzierung
GP von Japan, Fuji (J)	03.05.1966	Shintaro Taki	6	ausgefallen (Unfall)
Suzuka (J)	17.07.1966	Shintaro Taki		1. Platz
Fuji (J)	24.07.1966	Shintaro Taki		ausgefallen
Fuji (J)	14.08.1966	Shintaro Taki		1. Platz
? (J)	25.09.1966	Shintaro Taki		2. Platz
GP von Macao (Hongkong)	20.11.1966	Shintaro Taki		3. Gesamt
GP von Japan, Fuji (J)	03.05.1967	Shintaro Taki	6	5. Platz
1000 km Fuji (J)	09.07.1967	Shintaro Taki		ausgefallen
Fuji (J)	06.08.1967	?		1. Platz
Fuji (J)	20.08.1967	?		1. Platz
Fuji (J)	10.09.1967	Shintaro Taki		1. Platz
1000 km Suzuka (J)	01.10.1967	Shintaro Taki		1. Platz
Fuji (J)	03.11.1967	Shintaro Taki		1. Platz
Suzuka (J)	12.11.1967	Shintaro Taki		1. Platz
300 km Suzuka (J)	15.01.1968	Masahiro Hasemi		1. Gesamt
Asia Challenge Cup, Fuji (J)	24.03.1968	Tadashi Sakai		1. Platz
GP von Japan, Fuji (J)	03.05.1968	H. Katahara	29	7. Gesamt
1000 km Fuji (J)	21.07.1968	Jiro Yoneyama / Mitsumasa Takano		29 Gesamt / (Ausfall)
Fuji (J)	11.08.1968	Jiro Yoneyama		1. Platz
Suzuka (J)	25.08.1968	Jiro Yoneyama		ausgefallen
1000 km von Suzuka (J)	23.09.1968	Jiro Yoneyama / Mitsumasa Takano		2. Gesamt
Suzuka (J)	09.03.1969	Mitsumaso Takano		1. Platz
Fuji (J)	20.04.1969	Mitsumaso Takano		3. Platz
Fuji (J)	11.05.1969	?		4. Platz
1000 km Suzuka (J)	01.06.1969	? / Mitsumaso Takano		1. Platz
300 km Fuji (J)	29.06.1969	?		3. Platz
1000 km Fuji (J)	27.07.1969	? / Mitsumaso Takano		ausgefallen
12 h Suzuka (J)	10.08.1969	? / Mitsumaso Takano		12. Platz
300 km Fuji (J)	31.08.1969	?		ausgefallen
Fuji (J)	21.09.1969	Mitsumaso Takano		1. Platz
Suzuka (J)	08.03.1970	?		3. Platz
300 km Fuji (J)	22.03.1970	?		ausgefallen
1000 km Suzuka (J)	24.05.1970	Peter Bellamy		ausgefallen
Suzuka (J)	28.06.1970	Peter Bellamy		nicht bekannt
Fuji (J)	09.08.1970	Peter Bellamy		3. Platz
? (J)	16.08.1970	Peter Bellamy		ausgefallen
200 Meilen Fuji (J)	06.09.1970	Peter Bellamy		nicht bekannt
Suzuka (J)	03.11.1970	Peter Bellamy		ausgefallen
? (J)	18.04.1971	Peter Bellamy		2. Platz
300 km Fuji (J)	25.04.1971	Peter Bellamy	12	12. Gesamt
300 Meilen Fuji (J)	06.06.1971	Peter Bellamy	12	5. Gesamt
? (J)	26.06.1971	Peter Bellamy		3. Platz
250 km Fuji (J)	10.10.1971	Peter Bellamy	11	18. Gesamt
Fuji (J)	03.11.1971	Peter Bellamy		ausgefallen
200 Meilen Fuji (J)	03.09.1972	Peter Bellamy	11	14. Gesamt
Suzuka (J)	17.09.1972	Peter Bellamy		ausgefallen

Renneinsätze 906 120

Veranstaltung	Datum	Fahrer	Start-Nr.	Platzierung
250 km Fuji (J)	10.10.1972	Peter Bellamy	11	ausgefallen
200 km Fuji (J)	23.11.1972	Peter Bellamy	11	nicht gestartet
300 km Fuji (J)	18.03.1973	Peter Bellamy	11	10. Gesamt
? (J)	01.04.1973	Peter Bellamy		ausgefallen
300 km Fuji (J)	03.06.1973	Peter Bellamy	11	nicht gestartet

Großer preis von Japan 1967: 5. Platz für Shintaro Taki.

A gauche: Sur l'instantané au dessus on voit le pilote Grand Prix Suisse, Joseph Siffert, qui, au volant d'une Cooper-Maserati, a obtenu, durant la première course Formule 1 de la saison, une 3ème place fulgurante mais qui en couronnement, par contre, arracha la première durant les 24 rudes heures à Daytona Beach avec son co-équipier Hans Herrmann (photo au bas en caméo) à bord du Porsche prototype de la classe 2 litres – les deux sont devenus 4ème au classement général derrière les trois Ferrari et devançant toutes les Ford. A la droite de Siffert se tient Rico Steinemann, le jeune éditeur-en-chef du magazine suisse «Power Slide», qui en compagnie de Dieter Spoerry, pilota une Carrera 6 suisse privée, a aussi couru à Daytona et obtenu la 5ème au classement général derrière Siffert/Herrmann de manière surprenante. En haut à droite nous voyons encore ce que cette équipe nécessite …

Beim Macao Grand Prix für Sportwagen und Prototypen – in dieser kleinen portugiesischen Kolonie in Ostasien wird jedes Jahr ein großes Rennen veranstaltet – beteiligte sich der Japaner Shintaro Taki mit seinem Carrera 6 und wurde im Gesamtklassement Dritter

In the Macao Grand Prix for sport cars and prototypes–this small Portuguese colony in the far east hosts a major race every year–the Japanese driver Shintaro Taki entered his Carrera 6 and finished third overall

Au Grand Prix de voitures sport à Macao – cette mini-colonie portugaise qui organise chaque année une course majeure – le japonais Shintaro Taki, a fini troisième au classement général à bord de sa Carrera 6

Im *Christophorus* erschien 1967 dieser Artikel über Shintaro Taki und seinen 906 120.

Start zum Großen Preis von Japan 1969.

1969 wurde 906 120 zunächst rot lackiert, …

… später wurde dann sogar sein Dach abgeschnitten.

Nach der Restaurierung durch Dick Barbour ist 906 120 heute schöner denn je. *(Fotos: Hal Thoms)*

906 121

Motor-Nr.: 906 123
Getriebe-Nr.: 906 122
Ausgeliefert am: 18.03.1966
Händler: PC Distribution Culver City, CA (USA)
1. Kunde: Otto Zipper, Beverly Hills, CA (USA)
2. Kunde: Doug Revson (USA) 1966
3. Kunde: Jacques Duval, St. Bruno, Quebec (CDN) 1967
4. Kunde: John Weinberger, La Grange, Illinois (USA) 1968
5. Kunde: Gregg Loomis, Atlanta, GA (USA) 1969
6. Kunde: Ed Morin, Massachusetts (USA) 1971-1973; Carling Black Label sponsored
7. Kunde: Weldon Scrogham, Waynesboro, VA (USA) 1976
8. Kunde: Paul de Friece, Atlanta, GA (USA) 1979
9. Kunde: Bobby Rahal, New Albany, OH (USA) 2000
10. Kunde: Dale Miller (USA) / Benoit Couturier (F) 2001
11. Kunde: Jean Guittard (F)

aktueller Besitzer: Jean Guittard (F, 2004)

Farbe: Weiß
Innenausstattung:
Kennzeichen:
Scooter Patrick
dreifarbig: Rot-Weiß-Blau

Dieser 906 war das dritte Fahrzeug im Stall von Otto Zipper's Precision Motor Cars (siehe auch 906 104 und 906 105). Es wurde Mitte des Jahres 1966 an Doug Revson verkauft, ein junges Talent aus der Inhaber-Familie des Revlon-Kosmetik-Konzerns. Sein Bruder Peter schaffte seinerzeit sogar den Aufstieg in die Formel 1. Doug Revson fuhr nicht nur USRRC-Rennen, sondern nahm mit dem vergleichsweise kleine Porsche auch an mehreren Läufen der neu geschaffenen CanAm-Serie teil.
Die Farbgebung in drei gleichen Teilen blau, weiß und rot längs über das Auto war außergewöhnlich und fiel entsprechend auf. Doug verkaufte den Wagen 1967 an den kanadischen Moderator Jacques Duval, der mit dem Auto zwar sehr gut zurechtkam, aber zu Hause in Kanada nur begrenzte Einsatzmöglichkeiten hatte. Doug Revson verunglückte noch in diesem Jahr tödlich bei einem Formel-3-Rennen in Dänemark. Ihm zu Ehren wurde von der Familie die Doug-Revson-Trophy ausgeschrieben, eine Sonderwertung für Sportwagen bis 2000 ccm.
Die Rennsportkarriere seines 906 ging noch bis 1973 weiter, John Weinberger und Gregg Loomis (er hatte später noch einen weiteren 906) setzten ihn vorrangig bei sogenannten SCCA Nationals ein.
Nach der Restaurierung war u. a. auch der Rennfahrer Bobby Rahal eine Zeit lang Eigentümer von 906 121. Sein Vater Mike hatte in seinen jungen Jahren ebenfalls mal einen Carrera 6 (906 113) besessen, mit dem der junge Bobby auch schon einige Runden gedreht hatte.
Heute hat 906 121 in Frankreich ein neues Zuhause gefunden und wird von seinem passionierten Besitzer bei Premium-Veranstaltungen wie Le Mans Classic oder der Tour Auto eingesetzt.

Scooter Patrick beim USRRC-Rennen 1966 in Riverside.

Doug Revson beim CanAm-Rennen in Bridgehampton 1966.

Renneinsätze 906 121

Veranstaltung	Datum	Fahrer	Start-Nr.	Platzierung
USRRC Riverside, CA (USA)	01.05.1966	Scooter Patrick	33	5. Gesamt, 1 S 2000
USRRC Laguna Seca, CA (USA)	08.05.1966	Scooter Patrick	33	ausgefallen (Kolben)
USRRC Bridgehampton, NY (USA)	22.05.1966	Scooter Patrick	33	4. Gesamt, 1 S 2000
Player's 200, Mosport Park, ON (CDN)	04.06.1966	Scooter Patrick	33	8. Gesamt, 2 S 2000
USRRC Watkins Glen, NY (USA)	26.06.1966	Scooter Patrick	33	nicht gestartet (Motor)
Mont Tremblant, St. Jovite, QC (CDN)	10.07.1966	Doug Revson	23	4. Gesamt
USRRC Kent, Washington (USA)	30.07.1966	Doug Revson	23	7. Gesamt, 2 S 2000
USRRC Mid-Ohio, OH (USA)	28.08.1966	Doug Revson		ausgefallen
500 Meilen Road America, Elkhart Lake, WI (USA)	04.09.1966	Doug Revson / Peter Revson	23	disqualifiziert
Can-Am St. Jovite, QC (CDN)	11.09.1966	Doug Revson	123	14. Gesamt, 1 S 2000
Can-Am Bridgehampton, NY (USA)	18.09.1966	Doug Revson	12	12. Gesamt
Can-Am Mosport Park, ON (CDN)	25.09.1966	Doug Revson	32	nicht qualifiziert
Can-Am Laguna Seca, CA (USA)	16.10.1966	Doug Revson	32	15. Gesamt, 2. S 2000
Can-Am Riverside, CA (USA)	30.10.1966	Doug Revson	32	14. Gesamt, 1. S 2000
Can-Am Las Vegas, NV (USA)	13.11.1966	Doug Revson	32	10. Gesamt, 1. S 2000
St. Jean Rennen, St. Jovite, QC (CDN)	11.06.1967	Jacques Duval	58	12. Gesamt
Mosport Park, ON (CDN)	__.06.1967	Jacques Duval		1. Platz
Trois-Rivieres, QC (CDN)	10.09.1967	Jacques Duval	58	1. Platz
Doug-Revson-Trophy, Mont Tremblant, QC (CDN)	17.09.1967	Jacques Duval	58	2. Gesamt
6 Stunden Mosport, ON (CDN)	15.10.1967	Jacques Duval / Jim Netterstrom		4. Gesamt
Doug-Revson-Trophy, Riverside, CA (USA)	29.10.1967	Jacques Duval	58	4. Gesamt
6 Std. Watkins Glen, NY (USA)	14.07.1968	Jean-Paul Ostiguy / Jacques Duval	58	Unfall (Ostiguy)
SCCA National Meadowdale, IL (USA)	19.05.1968	John Weinberger	1	1. Gesamt
SCCA National Road America, WI (USA)	16.06.1968	John Weinberger	1	nicht bekannt
SCCA National Grattan, MI (USA)	04.08.1968	John Weinberger	1	2. A-D/SR
SCCA National Blackhawk Farms, IL (USA)	25.08.1968	John Weinberger	1	1 B/SR
SCCA National Mid Ohio, OH (USA)	08.09.1968	John Weinberger	1	1. B/SR
SCCA International Indianapolis, IN (USA)	06.10.1968	John Weinberger	1	1. B/SR
Road Race of Champions, Riverside, CA (USA)	24.11.1968	John Weinberger	1	14. Gesamt, 6. B/SR
SCCA National Daytona, FL (USA)	03.08.1969	Gregg Loomis		nicht gestartet
Danville, VA (USA)	28.09.1969	Gregg Loomis	1	2. B/SR
SCCA Classics, Road Atlanta, GA (USA)	03.11.1973	Ed Morin		ausgefallen, B/SR

John Weinberger bei einem SCCA-National-Rennen 1968.

Jaques Duval bei der Doug-Revson-Trophy 1967.

Gregg Loomis bei SCCA-National-Rennen 1969.

1979 war 906 121 blau lackiert.

Bobby Rahal fuhr 906 121 mit dieser Farbgebung.

Zwischenzeitlich aufwendig restauriert, fährt 906 121 auch heute noch bei Historischen Rennen und Rallyes wie hier 2004 bei den Le Mans Classic.

906 122

Motor-Nr.: 906 125
Getriebe-Nr.: 906 117
Ausgeliefert am: 21.03.1966
Händler: Sonauto, Paris (F)
1. Kunde: Juan Fernandez (E)
2. Kunde: Ben Heiderich (E)
3. Kunde: Juan Kutz (E)
4. Kunde: Klaus Bohrer (E)

aktueller Besitzer: Klaus Bohrer (E, 2007)

Farbe: Weiß
Innenausstattung:
Kennzeichen:
1966-1967
1968-1969
1970-1998, 2 - M - 6125
1998

Dieser Carrera 6 ging als der spanische 906 in die Geschichte ein. Da Spanien Mitte der 60er Jahre keinen Porsche-Importeur hatte, wurde der Wagen über den französischen Porsche-Händler Auguste Veuillet bzw. dessen Firma Sonauto eingeführt. Sein erster Besitzer war Juan Fernandez Garcia. Wie so viele andere Carrera-6-Fahrer war auch er ein treuer Porsche-Kunde. 1964 und 1965 hatte er einen 904 Carrera GTS und fuhr 1972 bis 1974 drei Mal die 24 Stunden von Le Mans in einem 908/3. Bei nahezu allen Rennen in Spanien hieß der Sieger Juan Fernandez Garcia, nur beim Europa-Bergmeisterschaftslauf am Montseny reichte es angesichts der extrem starke Konkurrenz »nur« zu einem dritten Platz.

1968 übernahm Verne Ben Heiderich, der Importeur für Volkswagen, den Wagen und fügte der Rennsportchronik dieses 906 noch weitere Siege hinzu. Das gelang auch dem dritten Besitzer, Juan Kutz, in dessen Besitz der Wagen bis zu seinem Tod blieb. Schon Ben Heiderich hatte die Karosserie umlackieren lassen, in Rot mit einem gelbem Mittelstreifen. Und genau so fand ihn Klaus Bohrer, Präsident des Porsche Clubs Spanien, als er den Wagen 1998 bei den Erben abholte.

Es folgte eine grundlegende Restaurierung, die in Deutschland begann und in Belgien bei MECAUTO vollendet wurde. Heute strahlt er wieder in seiner Originalfarbe Weiß, so sehr, dass ihm das spanische Magazin Motor Clasico eine mehrseitige Reportage unter dem Titel »Der weiße Schwan« widmete.

Renneinsätze 906 122

Veranstaltung	Datum	Fahrer	Start-Nr.	Platzierung
Bergrennen San Feliu Codinas (E)	04.09.1966	Juan Fernandez Garcia		1. Gesamt
Bergrennen Puig Major (E)	25.09.1966	Juan Fernandez Garcia		1. Gesamt
Bergrennen La Massana (Andorra)	02.10.1966	Juan Fernandez Garcia		1. Gesamt
Trofeo Montjuich, Barcelona (E)	23.10.1966	Juan Fernandez Garcia	70	1. Gesamt
Bergrennen Rabassada (E)	30.10.1966	Juan Fernandez Garcia		1. Gesamt
Bergrennen Montseny (E)	21.05.1967	Juan Fernandez Garcia		6. Gesamt, 3. S 2000
Bergrennen San Feliu Codinas (E)	03.09.1967	Juan Fernandez Garcia		1. Gesamt
Stadtrennen Ciudad de Alcaniz (E)	10.09.1967	Juan Fernandez Garcia		1. Gesamt
Bergrennen Montseny (E)	29.10.1967	Juan Fernandez Garcia		1. Gesamt
Bergrennen Galapagar (E)	16.02.1968	Ben Heiderich		2. Gesamt
6 Stunden von Barcelona, Montjuich (E)	07.04.1968	Ben Heiderich / Juan Fernandez Garcia	11	4. Gesamt, 2. S 2000
Bergrennen Sotillo (E)	01.05.1968	Ben Heiderich		1. Gesamt
Rundstreckenrennen Jarama (E)	16.06.1968	Ben Heiderich		2. Gesamt
Bergrennen Canencia (E)	05.07.1968	Ben Heiderich		1. Gesamt
Bergrennen San Feliu Codinas (E)	01.09.1968	Ben Heiderich		1. Gesamt
La Coruna (E)	11.08.1968	Ben Heiderich		6. Gesamt
Stadtrennen Ciudad de Alcaniz (E)	08.09.1968	Ben Heiderich	29	1. Gesamt
1. Trofeo de Espana por Regiones, Jarama (E)	10.11.1968	Ben Heiderich		1. Grp. 4 und 6
Bergrennen Rabassada (E)	20.11.1968	Ben Heiderich		1. Gesamt
3 Stunden von Teneriffa (E)	__.01.1969	Ben Heiderich		1. Gesamt
Bergrennen Galapagar (E)	28.03.1969	Juan Kutz		3. Gesamt
Bergrennen Flor de Mayo (E)	26.04.1970	Juan Kutz		1. Gesamt
Bergrennen Urbasa (E)	21.06.1970	Juan Kutz		3. Gesamt, 1. S 2000
Bergrennen Galapagar (E)	12.03.1971	Juan Kutz		2. Gesamt
Bergrennen Montserrat (E)	28.03.1971	Juan Kutz		3. Gesamt
Bergrennen Flor de Mayo (E)	25.04.1971	Juan Kutz		1. Gesamt

Nachdem er grundlegend restauriert worden war, widmete die spanische Motor Clasico 906 122 eine Titelstory unter der Überschrift »Der weiße Schwan«.

Juan Fernandez bei den Bergrennen am Montjuich 1966 und am Montseny 1967.

1970 fuhr Juan Kutz, hier rechts neben seinem 906 122 stehend, auch Bergrennen in Spanien.

In diesem Zustand fand Klaus Bohrer den Wagen im Jahr 1998 beim Kauf vor, anschließend ließ er ihn restaurieren.

906 122°

Motor-Nr.:
Getriebe-Nr.:
Ausgeliefert am:
Händler:
Barrett Jackson Auction 1999

aktueller Besitzer: Joe Mundy (USA, 2002)
Rekonstruktion ?
Farbe:
Innenausstattung:
Kennzeichen:

Leider gibt es heute zwei Fahrzeuge, die die Fahrgestellnummer 906 122 haben. An der Authentizität des spanischen 906 gibt es jedoch keinen Zweifel, es kann also unterstellt werden, dass dieser zweite 906 122 eine Rekonstruktion ist. Er soll in Deutschland entstanden sein und befindet sich heute in den USA. Möglicherweise ist der Wagen mit einem Fahrzeug identisch, das zeitweise mit der Fahrgestellnummer 906 137 auf dem Markt war.

Dieser 906 122 ist eine Rekonstruktion, die in Deutschland gebaut wurde. Zwischenzeitlich hatte er auch die Nummer 906 137.

Bei der Porsche Rennsport Reunion III in Daytona 2007 hatte dieser Nachbau noch einen unförmigen Überrollbügel eingebaut.

906 123

Motor-Nr.: 906 128
Getriebe-Nr.: 906 120
Ausgeliefert am: 16.03.1966
Händler: Sonauto Paris (F)
1. Kunde: Jean Clément, Gap (F)
2. Kunde: Jean Rocher (F)
(= »Thiam«)
3. Kunde: Manfred Freisinger, Karlsruhe (D)
2006

aktueller Besitzer: M. Freisinger (D, 2006)

Farbe: Weiß
Innenausstattung:
Kennzeichen:

Dieses ist das Originalfahrzeug, nach dem sein damaliger Besitzer Jean Rocher in den 90er Jahren vergeblich gesucht und sich als Alternative dann 906 107 gekauft hat. Ursprünglich war dieser Carrera 6 von Jean Clément aus Gap bestellt worden. Da Gap in den französischen Seealpen liegt, ergab es sich nahezu automatisch, dass Clément damit Bergrennen fuhr. Das tat er auch so lange erfolgreich, bis er diesen Carrera 6 durch einen schnelleren (906 153) ersetzen konnte. 1967 wurde Clément Zweiter in der französischen Bergmeisterschaft.

Danach erwarb Jean Rocher den Wagen und startete unter dem Pseudonym »Thiam«.

Offensichtlich wurde der Wagen bis ca. 1972/73 im öffentlichen Straßenverkehr bewegt, denn noch heute klebt an der Windschutzscheibe eine entsprechende Steuerplakette.

Seit ca. Mitte der 70er Jahre steht 906 123 unangetastet in den Hallen des Karlsruher Kaufmannes Manfred Freisinger sen. Erst 2006 erwachte er aus dem Dornröschenschlaf und sieht unter der Regie von Manfred jun. als einer der originalsten 906 seiner behutsamen Restaurierung entgegen.

Renneinsätze 906 123

Veranstaltung	Datum	Fahrer	Start-Nr.	Platzierung
Bergrennen Cannes (F)	__.05.1966	Jean Clément		1. Gesamt
Bergrennen Mont Ventoux (F)	26.06.1966	Jean Clément	70	7. Gesamt; 2. S 2000
Bergrennen Beaujolais (F)	28.08.1966	Jean Clément		5. Gesamt; 2. S 2000
Bergrennen Urcy (F)	11.09.1966	Jean Clément		4. Gesamt; 3. S 2000
Bergrennen Limonest Mont Verdun (F)	18.09.1966	Jean Clément		6. Gesamt
Bergrennen Lodeve (F)	__.__.1966	Jean Clément		1. Gesamt

Renneinsätze 906 123

Veranstaltung	Datum	Fahrer	Start-Nr.	Platzierung
Bergrennen Col Bayard (F)	__.__.1966	Jean Clément		1. Gesamt
Bergrennen Ceyreste (F)	12.02.1967	Jean Clément		3. Gesamt
Bergrennen Ampus (F)	26.02.1967	Jean Clément		2. Gesamt; 1. S 2000
Bergrennen Col Bayard (F)	23.04.1967	Jean Clément		1. Gesamt
Bergrennen St. Antonin (F)	07.05.1967	Jean Clément		1. Gesamt
Bergrennen Cannes (F)	__.05.1967	Jean Clément		2. Gesamt
Bergrennen Lure (F)	04.06.1967	Jean Clément		1. Gesamt
Bergrennen Pin (F)	11.06.1967	Jean Clément		2. Gesamt
Bergrennen Mont Ventoux (F)	18.06.1967	Jean Clément	53	7. Gesamt; 3. S 2000
Bergrennen Minier (F)	25.06.1967	Jean Clément		4. Gesamt
Bergrennen Beaujolais (F)	20.08.1967	Jean Clément		2. Gesamt
Bergrennen Chamrousse (F)	27.08.1967	Jean Clément		5. Gesamt; 3. S 2000
Bergrennen La Fancille (F)	03.09.1967	Jean Clément		3. Gesamt
Bergrennen Urcy (F)	10.09.1967	Jean Clément		4. Gesamt
Bergrennen Les 48 Heures de la Montagne (F)	01.10.1967	Jean Clément		3. Gesamt
Bergrennen Col de Ferrier (F)	08.10.1967	Jean Clément		3. Gesamt
Bergrennen St. Beaume (F)	29.10.1967	Jean Clément		1. Gesamt
Bergrennen Col Bayard (F)	28.04.1968	Jean Rocher (»Thiam«)		8. Gesamt; 2 S 2000
Bergrennen Colombier (F)	12.05.1968	Jean Rocher (»Thiam«)	115	7. Gesamt; 2. S 2000
Bergrennen Urcy (F)	15.09.1968	Jean Rocher (»Thiam«)		2. S > 1600
Bergrennen St. Antonin (F)	20.10.1968	Jean Rocher (»Thiam«)		5. Gesamt; 1 S 2000
Bergrennen Sainte Baume (F)	__.__.1968	Jean Rocher (»Thiam«)		nicht bekannt

Der Anhänger war damals, wie hier für Jean Clément, für viele Kunden das geeignete Transportmittel.

Jean Clément lässt den 906 am Mont Ventoux 1966 in den Spitzkehren ganz schön fliegen.

906 123 ist einer der Porsche 906, die heute noch weitestgehend im Originalzustand erhalten sind. Heute wartet er auf eine behutsame Restaurierung.

906 124

	aktueller Besitzer: unbekannt (USA, 1996)
Motor-Nr.: 906 131	
Getriebe-Nr.: 906 128	**Farbe**: Weiß
Ausgeliefert am: 25.03.1966	**Innenausstattung**:
Händler: Hahn, Stuttgart (D)	**Kennzeichen**:
1. Kunde: Udo Schütz (Selters, D)	1966
2. Kunde: Hans-Dieter Dechent, Saarbrücken (D)	
3. Kunde: Reinhold Jöst, Oberabtsteinach (D)	
4. Kunde: Marcel Petitjean, Straßburg (F)	Unfall 1969
5. Kunde: Enrico Conti, St. Brieuc (F) 1971	
6. Kunde: unbekannt, Paris (F)	
7. Kunde: M. Menier, Nancy (F)	
8. Kunde: Guy Rousellet, Reims (F)	
9. Kunde: Rob de la Rive Box (CH)	1978 > (Florida, USA)
10. Kunde: Gerry Sutterfield, Lake Park, FL (USA)	10.1978; 910-Nase
11. Kunde: Jamie Mazzotta, Bella Vista, CA (USA)	04.1979
12. Kunde: Justin Garman (Maryland, USA)	1982

Am Lenkrad dieses Carrera 6 haben zwischen 1966 und 1968 mehrere deutsche Spitzenfahrer gesessen. Angefangen mit dem groß gewachsenen Udo Schütz, vormaliger 904-Carrera-GTS-Fahrer und genauso wie Gerhard Koch späterer Porsche-Werksfahrer, der bis Mitte 1967 einen Sieg nach dem anderen einfuhr.
Danach erwarb Hans-Dieter Dechent den Wagen. Er gilt als einer der Gründerväter des Martini Racing Teams. Er hatte wohl eine Vorliebe für die Farbe Silber, und so ließ er den 906 entsprechend umlackieren. Genauso machte er es später mit seinem 910 und den 917ern. Der dritte Besitzer, Reinhold Jöst, stand damals noch am Anfang seiner langen Karriere. Der 906 war sein erster richtig schneller Porsche-Rennwagen, dem dann 1971 ein 917K und danach jahrelang der legendäre 908/3 folgen sollte. Über Joest Racing, den wohl professionellsten und erfolgreichsten Sportwagen-Rennstall aller Zeiten, könnte man ein eigenes Buch schreiben. Mit dem Carrera 6 jedenfalls war Reinhold Jöst 1968 an fast jedem Wochenende unterwegs und sammelte Erfahrungen, die ihm später als Teamchef von hohem Nutzen waren.
1969 ging 906 124 an den jungen Straßburger Marcel Petitjean. Auch er war – wie Schütz – ein ehemaliger 904-Fahrer, wenn auch ein späterer. Er fuhr mit seiner Neuerwerbung ein Bergrennen nach dem anderen, bis er am Chamrousse von der Strecke abkam und das Vorderteil des Wagens heftig beschädigte. Er verkaufte den Unfallwagen, der Käufer oder ein späterer Besitzer richtete die zerstörte Nase unter Verwendung von 910-Teilen, und heute befindet sich das Fahrzeug in den USA (Baltimore).

Renneinsätze 906 124

Veranstaltung	Datum	Fahrer	Start-Nr.	Platzierung
Flugplatzrennen Trier (D)	01.05.1966	Udo Schütz	72	1. S 2000
Hansapokal Nürburgring (D)	08.05.1966	Udo Schütz	902	1. S 2000
1000 km Spa-Francorchamps (B)	22.05.1966	Udo Schütz / Gerhard Koch	54	ausgefallen
100 Meilen Hockenheim (D)	29.05.1966	Udo Schütz	101	1. S 2000
Flugplatzrennen Mainz-Finthen (D)	19.06.1966	Gerhard Mitter	11	1. S 2000
Avus-Rennen, Berlin (D)	26.06.1966	Udo Schütz	44	1. S 2000
Norisring-Rennen (D)	17.07.1966	Udo Schütz	18	1. S 2000; 2. Gesamt
GP für Tourenwagen, Hockenheim (D)	24.07.1966	Udo Schütz	1	1. S 2000
Rheinland-Pfalz-Preis, Nürburgring (D)	07.08.1966	Udo Schütz	4	1. S 2000
GP von Hockenheim (D)	14.08.1966	Udo Schütz	25	1. S 2000
GP von Österreich, Zeltweg (A)	11.09.1966	Udo Schütz / Herbert Linge	15	3. S 2000; 3. Gesamt
1000 km von Paris, Montlhéry (F)	16.10.1966	Udo Schütz / Hans Herrmann	45	ausgefallen
1000 km Monza (I)	25.04.1967	Udo Schütz / Jochen Neerpasch	43	1. S 2000; 8. Gesamt
1000 km Spa-Francorchamps (B)	01.05.1967	Udo Schütz / Jochen Neerpasch	53	nicht gestartet
1000 km Nürburgring (D)	28.05.1967	Hans Dieter Dechent / Robert F. Huhn	70	1. S 2000; 6. Gesamt
Flugplatzrennen Mainz-Finthen (D)	18.06.1967	Udo Schütz	9	1. S 2000
Avus-Rennen, Berlin (D)	25.06.1967	Hans Dieter Dechent	53	3. S 2000
Norisring-Rennen, Nürnberg (D)	02.07.1967	Udo Schütz	14	ausgefallen
Bergrennen Taubensuhl (D)	16.07.1967	Hans Dieter Dechent	119	3. S 2000
Flugplatzrennen Wunstorf (D)	13.08.1967	Hans Dieter Dechent	14	ausgefallen
500 km Zeltweg (A)	20.08.1967	Udo Schütz / Hans Herrmann	16	ausgefallen (Motor)
Avus-Rennen, Berlin (D)	10.09.1967	Hans Dieter Dechent	17	2. S 2000
Flugplatzrennen Wien-Aspern (A)	01.10.1967	Hans Dieter Dechent		2. S 2000
Flugplatzrennen Innsbruck (A)	08.10.1967	Hans Dieter Dechent	28	7. Gesamt, 4. S 2000
1000 km von Paris, Montlhéry (F)	15.10.1967	Hans Dieter Dechent / Rolf Stommelen	19	1. S 2000; 14. Gesamt
Bergrennen Zotzenbach (D)	24.03.1968	Reinhold Jöst	103	disqualifiziert (Fahren gegen Fahrtrichtung)
Bergrennen Krähberg (D)	07.04.1968	Reinhold Jöst	201	3. S 2000
Bergrennen Eberbach (D)	28.04.1968	Reinhold Jöst	123	2. S 2000
Flugplatzrennen Faßberg (D)	05.05.1968	Reinhold Jöst	172	nicht erschienen

Renneinsätze 906 124

Veranstaltung	Datum	Fahrer	Start-Nr.	Platzierung
Flugplatzrennen Dijon (F)	05.05.1968	Reinhold Jöst	4	3. S 2000
Bergrennen Bad Neuenahr (D)	12.05.1968	Reinhold Jöst	104	nicht bekannt
Alpenbergpreis Roßfeld, Berchtesgaden (D)	09.06.1968	Reinhold Jöst	28	6. Gesamt; 4. S 2000
Bergrennen Wasgau (D)	16.06.1968	Reinhold Jöst	96	1. Gesamt; 1. S 2000
Flugplatzrennen Mainz-Finthen (D)	23.06.1968	Reinhold Jöst	41	3. Gesamt; 1. S 2000
200 Meilen von Nürnberg, Norisring (D)	30.06.1968	Reinhold Jöst	46	nicht erschienen
Bergrennen Rotenburg an der Fulda (D)	30.06.1968	Reinhold Jöst	110	2. Gesamt; 2. S 2000
Bergrennen Taubensuhl (D)	14.07.1968	Reinhold Jöst	78	1. Gesamt
Solitude-Rennen, Hockenheim (D)	21.07.1968	Reinhold Jöst	33	4. S 2000 (Motorschaden)
Bergrennen Unterfranken (D)	18.08.1968	Reinhold Jöst		2. Gesamt; 1. S >1300
GP von Österreich, 500 km Zeltweg (A)	25.08.1968	Reinhold Jöst / Hans Dieter Dechent	14	11. Gesamt; 3. S 2000
Flugplatzrennen Ulm-Laupheim (D)	08.09.1968	Reinhold Jöst		nicht gestartet (techn. Probleme)
Preis der Nationen, Hockenheim (D)	15.09.1968	Reinhold Jöst	26	ausgefallen (Fahrwerk)
Eifel-Pokal-Rennen, Nürburgring (D)	22.09.1968	Reinhold Jöst		5. Gesamt; 3. S 2000
Flugplatzrennen Wien-Aspern (A)	06.10.1968	Reinhold Jöst		8. Gesamt; 2. S 2000
Flugplatzrennen Innsbruck (A)	13.10.1968	Reinhold Jöst		3. Gesamt; 2. S 2000
Bergrennen Ceyreste (F)	23.03.1969	Marcel Petitjean		4. Gesamt
Bergrennen Col Bayard (F)	01.05.1969	Marcel Petitjean		3. Gesamt
Bergrennen Sainte Baume (F)	11.05.1969	Marcel Petitjean		4. Gesamt
Bergrennen Abreschwiller (F)	18.05.1969	Marcel Petitjean		3. Gesamt
Bergrennen Wissembourg (F)	01.06.1969	Marcel Petitjean		3. Gesamt; 3. S 2000
Bergrennen Ballon d'Alsace (F)	08.06.1969	Marcel Petitjean		5. Gesamt
Bergrennen Arry (F)	15.06.1969	Marcel Petitjean	102	1. Gesamt; 1. S 2000
Bergrennen Pommeraye (F)	22.06.1969	Marcel Petitjean		1. Gesamt; 1. S 2000
Bergrennen Turckheim-Trois Epis (F)	29.06.1969	Marcel Petitjean		3. Gesamt; 3 SP 2000
Bergrennen Vuillafans-Échevannes (F)	06.07.1969	Marcel Petitjean		3. Gesamt
Bergrennen Tancarville (F)	13.07.1969	Marcel Petitjean		2. Gesamt
Bergrennen Chamrousse (F)	27.07.1969	Marcel Petitjean		Unfall (von der Strecke abgek.)
Bergrennen Montagne (F)	__.__.1970	Enrico Conti		9. Gesamt

Hansapokal-Rennen 1966 am Nürburgring. Udo Schütz siegte mit dem 906 124 in der Klasse Sportwagen bis 2000 ccm.

Gerhard Mitter in vollem Drift beim Flugplatzrennen Mainz-Finthen 1966.

Udo Schütz 1966 auf dem Nürburgring, mit Zusatzspiegel auf dem Dach.

Beim GP von Hockenheim gewann Udo Schütz die Sportwagenklasse bis 2000 ccm.

GP von Österreich in Zeltweg 1966: Udo Schütz und Herbert Linge fahren auf den 3. Platz in der Gesamtwertung.

Hans Dieter Dechent und Robert Huhn gewinnen 1967 bei den 1000 km auf dem Nürburgring in der Sportwagenklasse bis 2000 ccm.

Mit der Startnummer 14 fiel Udo Schütz beim Norisring-Rennen 1967 nach einem Dreher aus.

Hans Dieter Dechent 1967 beim Flugplatzrennen Innsbruck.

Erfolgreicher
Carrera 6
werksbetreut, günstig zu verkaufen.
Reinhold Jöst
D-6941 Ober-Absteinach
Hauptstraße 38, Telefon 06207/307

Mit dieser Anzeige im Powerslide bietet Reinhold Jöst 1968 seinen 906 zum Verkauf an.

Neuer Besitzer des 906 124 wurde daraufhin Marcel Petitjean, der mit dem Wagen hauptsächlich Bergrennen fuhr.

906 125

	aktueller Besitzer: Collier Coll. (USA, 2005)
Motor-Nr.: 906 134	
Getriebe-Nr.: 906 124	**Farbe**: Weiß
Ausgeliefert am: 04.04.1966	**Innenausstattung**:
Händler: Auto Oy, Helsinki (FIN)	**Kennzeichen**:
1. Kunde: AAW Racing (FIN)	1966-1970
2. Kunde: Fred Davies, Aspen, Colorado (USA)	1983
3. Kunde: Leonard Cummings (USA)	
4. Kunde: William T. Currie (USA)	
5. Kunde: Rittermark Porsche+Audi, Savannah, GA (USA)	
6. Kunde: Gerry Sutterfield, Lake Park, FL (USA)	01.1985
7. Kunde: Miles Collier Collection, Naples, Florida (USA)	01.1985

906 125 ist das zweite skandinavische Auto. Es war lange Zeit im Besitz des finnischen VW-Importeurs Antii Aarnio Wihuri. Dieser fuhr relativ selten damit. Er machte sich lieber als Unternehmer und Förderer junger guter Fahrer (wie z. B. Leo Kinnunen) einen Namen. Ende 1966 lieh er dem Schweden Picko Troberg sein Auto für die restlichen drei Läufe zur schwedischen Meisterschaft, die dieser dann auch tatsächlich noch für sich entscheiden konnte. Von 1967 bis 1969 war das Fahrzeug dreimal zum 1000-km-Rennen auf dem Nürburgring gemeldet und kam im dritten Versuch bis auf den 13. Gesamtrang.

Offenbar stand das Fahrzeug anschließend längere Zeit bei Porsche rum, bis es durch die Vermittlung wohlmeinender Herren Ende 1970 für insgesamt sechs Rennen dem deutschen Formel-V-Crack Helmut Bross überlassen wurde. Anfang der 80er Jahre trat auch dieser 906 die Reise über den großen Teich an und befindet sich seit 1993 in der berühmten Miles Collier Collection in Naples, Florida.

Renneinsätze 906 125

Veranstaltung	Datum	Fahrer	Start-Nr.	Platzierung
Keimola Ring, Helsinki (SF)	19.06.1966	Antii Aarnio-Wihuri		1. SP 2000
Skarpsnäcksloppet, Stockholm (S)	04.09.1966	Picko Troberg		1. SP 2000
Dalsland Ring, Bengtsfors (S)	25.09.1966	Picko Troberg	9	1. SP 2000
Gellerasen, Karlskoga (S)	16.10.1966	Picko Troberg	3	1. SP 2000
1000 km Rennen Nürburgring (D)	28.05.1967	Antti Aarnio-Wihuri / Picko Troberg	73	nicht erschienen
1000 km Rennen Nürburgring (D)	19.05.1968	Pauli Toivonen / Antti Aarnio-Wihuri	82	ausgefallen (Motorschaden)
Eifel-Pokal-Rennen, Nürburgring (D)	22.09.1968	Pauli Toivonen	57	nicht bekannt
1000 km Rennen Nürburgring (D)	01.06.1969	Sten Axelsson / Hans Laine	80	13. Gesamt, 2. S 2000
Keimola (SF)	24.08.1969	Hans Laine		3. SP 2000
Bergrennen Schwäbische Alb-Neuffen (D)	27.09.1970	Helmut Bross	313	nicht gestartet
Flugplatzrennen Mendig (D)	04.10.1970	Helmut Bross		5 SP 2000
Preis von Baden-Württbg., Hockenheim (D)	11.10.1970	Helmut Bross	58	12. Gesamt, 2. S 2000
Rundstreckenrennen Aachen, Nürburgring (D)	19.10.1970	Helmut Bross	50	11. Gesamt
Flugplatzrennen München-Neubiberg (D)	25.10.1970	Helmut Bross		10. SP 2000
Saisonfinale Hockenheim (D)	29.11.1970	Helmut Bross	25	4. Rennen SP

Gleich in seinem ersten Rennen schaffte 906 125 auf dem Keimola-Ring in Helsinki unter Aarnio-Wihuri den ersten Platz in der Sportwagenklasse bis 2000 ccm.

Beim 1000-km-Rennen auf dem Nürburgring 1968 fielen Pauli Toivonen und Antti Aarnio-Wihuri mit Motorschaden aus.

Mit der Startnummer 80 sind ein Jahr später Sten Axelsson und Hans Laine auf dem Nürburgring unterwegs. Sie schaffen einen 2. Platz in der Sportwagenklasse bis 2000 ccm.

Helmut Bross beim Saisonfinale auf dem Hockenheimring 1970.

Heute steht 906 125 bei Miles Collier in Naples, Florida, im Museum.

906 126 (126°)

Motor-Nr.: 906 129
Getriebe-Nr.: 906 127
Ausgeliefert am: 23.03.1966
Händler: AMAG (CH)
1. Kunde: Dr. Hans Kühnis, Basel (CH)
2. Kunde: Richard Broström (S)
3. Kunde: Andrade Villar (P)

aktueller Besitzer: Armin Zumtobel (A, 2005)

Farbe: Weiß
Innenausstattung:
Kennzeichen:
Unfall Spa 1966, Ersatzwagen 906 126° 1966-1967
1968
Unfall Angola, tödliche Verletzungen

Der Porsche Carrera 6 mit der Fahrgestellnummer 906 126 wurde über den Schweizer Porsche-Händler AMAG an den promovierten Chemiker Dr. Hans Kühnis aus Basel ausgeliefert. Kühnis (1926–2004) absolvierte 1960 mit seinem Porsche 356 Carrera GS einen Fahrerlehrgang, wurde 1961 Basler Meister und 1962 Europa-Bergmeister bei den GT-Fahrzeugen. 1973 beendete er seine motorsportliche Karriere, blieb dem Metier aber bis zu seinem Tod als Mitglied der Ecurie Basilisk treu.

Sein Debüt hatte der nagelneuen Porsche Carrera 6 bei der anspruchsvollen Targa Florio auf Sizilien. Zusammen mit seinem Landsmann Heini Walter belegte Kühnis unter äußerst widrigen Wetterverhältnisse den 15. Platz im Gesamtklassement und den 5. Platz in der Klasse der Sportwagen bis 2000 ccm. 14 Tage später wollte das Duo Kühnis/Walter den nächsten Wertungslauf zur Marken-Weltmeisterschaft in Angriff nehmen. Beim Training zum 1000-km-Rennen von Spa-Francorchamps rutschte Kühnis wegen einer großen Ölpfütze mit hoher Geschwindigkeit von der Strecke. Dabei wurde der Wagen so stark deformiert, dass an einen Start nicht mehr zu denken war. Nach Aussage von Kühnis im einem Telefoninterview am 15.11.2003 war der Wagen nur noch »Schrott«.

Knappe zwei Wochen nach dem Unfall nahm Kühnis schon wieder am 1000-km-Rennen auf dem Nürburgring teil. Sein Fahrzeug war aller Wahrscheinlichkeit ein Ersatz-Fahrzeug, das der Einfachheit halber einfach dieselbe Fahrgestellnummer erhalten hatte wie der Unfallwagen. Mit diesen Fahrzeug, das – wie sein Vorgänger – weiß lackiert war und einen roten Mittelstreifen und einen roten Heckspiegel trug, fuhr Kühnis bis November 1967.

Anfang 1968 wurde das Fahrzeug an den jungen Schweden Richard Broström, der einen Wohnsitz in der Schweiz hatte, verkauft. Broström ließ den Wagen in den schwedischen Farben Blau und Gelb umlackieren. Bis zum Ende des Jahres lassen sich 10 Rennen nachweisen, u. a. die Teilnahme am 1000-km-Rennen auf dem Nürburgring. Broström erwarb kurz danach einen Porsche 910 und wenig später auch noch einen 908 Spyder, den Carrera 6 verkaufte er an einen nicht bekannten schweizerischen Händler

Anfang 1969 trat in Portugal erstmals ein Porsche Carrera 6 in Erscheinung, dessen Fahrgestellnummer nicht sicher bekannt ist. Es spricht aber einiges dafür, dass dieses Fahrzeug, das dem Portugiesen Andrade Villar gehörte, das Ex-Kühnis-/Ex-Broström-Auto war. Am 21. Dezember nahm Villar am Großer Preis von Angola teil. Austragungsort war Luanda, die Hauptstadt der damaligen portugiesischen Kolonie. Das Rennen wurde auf einem Stadtkurs ausgetragen, Absperrungen, Leitplanken, Auslaufzonen u. ä. gab es nicht. Und so nahm das Unglück seinen Lauf: Villar kam kurz nach dem Start von der Strecke ab, geriet in die Zuschauer und verletzte mehrere vor ihnen tödlich. Villar selbst zog sich ebenfalls schwere Verletzungen zu, an deren Folgen er wenige Tage später verstarb. Der Unfallwagen hatte nur noch Schrottwert.

Erster erfolgreicher Einsatz des 906 126 bei der Targa Florio 1966 mit Hans Kühnis und Heini Walter.

Bei den 1000 km auf dem Nürburgring fiel der Wagen 1966 wegen Überhitzung aus.

Renneinsätze 906 126

Veranstaltung	Datum	Fahrer	Start-Nr.	Platzierung
Targa Florio (I)	08.05.1966	Dr. Hans Kühnis / Heini Walter	154	15. Gesamt; 5. S 2000
1000 km-Rennen Spa-Francorchamps (D)	22.05.1966	Dr. Hans Kühnis / Heini Walter	53	Trainingsunfall, nicht gestartet
1000 km Nürburgring (D)	05.06.1966	Dr. Hans Kühnis / Heini Walter	63	ausgefallen (Auspuff, Überhitzung)
Alpenbergpreis Roßfeld, Berchtesgaden (D)	12.06.1966	Dr. Hans Kühnis	16	nicht bekannt
Schweizer Rennen, Hockenheim (D)	19.06.1966	Dr. Hans Kühnis	13	1. S 2000
Bergrennen Türckheim-Trois Epis (F)	26.06.1966	Dr. Hans Kühnis	114	4. Gesamt, 2. S und P
Bergrennen Savies (CH)	24.07.1966	Dr. Hans Kühnis		1. S 2000
Bergrennen St. Ursannes-Les Rangiers (CH)	21.08.1966	Dr. Hans Kühnis		1. S 2000
Bergrennen Eigental (CH)	25.09.1966	Dr. Hans Kühnis	87	2. S 2000
Bergrennen Marchairuz (CH)	09.10.1966	Dr. Hans Kühnis	245	1. S 2000
Bergrennen Belleau (F)	23.10.1966	Dr. Hans Kühnis		2. Gesamt
Hockenheim (D)	08.04.1967	Dr. Hans Kühnis		1. S 2000
Slalom Payerne (CH)	23.04.1967	Dr. Hans Kühnis		1. S 2000
Slalom Wangen (CH)	06.05.1967	Dr. Hans Kühnis		1. S 2000
Flugplatzrennen Dijon (F)	15.05.1967	Dr. Hans Kühnis	46	4. S 2000
Bergrennen Bödele (A)	21.05.1967	Dr. Hans Kühnis		1. S 2000
Coppa Shell Autodromo di Monza (I)	28.05.1967	Dr. Hans Kühnis		2. S 2000
Schweizer Rennen, Hockenheim (D)	04.06.1967	Dr. Hans Kühnis	84	2. S 2000
Bergrennen Les Crans sur Sierre (CH)	25.06.1967	Dr. Hans Kühnis		1. Gesamt
Norisring-Rennen, Nürnberg (D)	02.07.1967	Dr. Hans Kühnis	18	nicht erschienen (?)
Bergpreis Freiburg-Schauinsland (D)	30.07.1967	Dr. Hans Kühnis	135	4. S 2000
Slalom Rapperswiler (CH)	06.08.1967	Dr. Hans Kühnis		1. S 2000
Bergrennen Sternenberg (CH)	12.08.1967	Dr. Hans Kühnis		1. Gesamt
Bergrennen St. Ursannes-Les Rangiers (CH)	20.08.1967	Dr. Hans Kühnis		1. S 2000
Bergrennen Ollon-Villars (CH)	27.08.1967	Dr. Hans Kühnis	162	4. S 2000
Bergrennen Mitholz-Kandersteg (CH)	09.09.1967	Dr. Hans Kühnis		Abbruch der Veranstaltung
Bergrennen Sewen Lac d'Alfeld (F)	24.09.1967	Dr. Hans Kühnis		2. Gesamt
Bergrennen Marchairuz (CH)	08.10.1967	Dr. Hans Kühnis		2. Gesamt
SAR-Abschlußrennen, Hockenheim (D)	Nov 67	Dr. Hans Kühnis		1. S 2000
1000 km Nürburgring (D)	19.05.1968	Richard Broström	105	nicht gestartet, li. Seitenfenster verloren
Eröffnungsrennen Anderstorp (S)	16.06.1968	Richard Broström		9. Gesamt, 3. S 2000
200 Meilen Norisring, Hoffnungslauf (D)	30.06.1968	Richard Broström	34	nicht bekannt
Vila Real (P)	07.07.1968	Richard Broström	66	nicht bekannt
Solituderennen, Hockenheim (D)	21.07.1968	Richard Broström	28	13. Gesamt, 2. S 2000
Großer Preis v. Schweden, Karlskoga (S)	11.08.1968	Richard Broström		7. Gesamt, 2. S 2000
Flugplatzrennen Wunstorf (D)	18.08.1968	Richard Broström	12	13. SP 2000
Ford Grand Prix, Jyllandsring (DK)	25.08.1968	Richard Broström		ausgefallen, Kollision mit Lotus 47
Guards Trophy Race, Brands Hatch (GB)	02.09.1968	Richard Broström	132	6. SP 2000
3 Stunden von Jarama (E)	09.09.1968	Richard Broström		2. SP 2000
Jarama (E)	27.04.1969	Andrade Villar	44	2. Gesamt
Jarama (E)	15.06.1969	Andrade Villar		
6 Std. Vila Real (P)	06.07.1969	Manuel Nogueira Pinto / Andrade Villar	16	7. Gesamt
GP von Angola, Luanda (ANG)	21.12.1969	Andrade Villar	16	Unfall (tödl. Verletzung)

Europa-Bergmeisterschaftslauf am Freiburger Schauinsland 1966. Platz 4 bei den Sportwagen bis 2000 ccm

2º Troféu Palanca Negra - 1969

Beim GP von Angola kam Andrade Villar 1969 von der Strecke ab. Bei dem Unfall wurden drei Zuschauer getötet, Villar erlag wenige Tage später seinen schweren Verletzungen.

Richard Broström bei den 1000 km auf dem Nürburgring 1968. Wegen des fehlenden Seitenfensters nahm er am eigentlichen Rennen aber nicht teil.

906 126°°

Motor-Nr.:	**aktueller Besitzer**: Oliver Mathei (D, 2005)
Getriebe-Nr.:	Rekonstruktion
Ausgeliefert am:	**Farbe**:
Händler:	**Innenausstattung**:
1. Kunde: Carlos Santos (P)	**Kennzeichen**:
2. Kunde: Bill Currie Restoration	
3. Kunde: Dick Barbour (USA)	
4. Kunde: Leonard Cummings (USA)	
5. Kunde: David Clark, London (GB)	2000
6. Kunde: Dr. Oliver Maierhofer, Düsseldorf (D)	2002
7. Kunde: Oliver Mathei, Hildesheim (D)	2004

Vermutlich kam das Wrack des Luanda-Unfallwagens (siehe 906 126°) in den Besitz von Villars Landsmann Carlos Santos. Santos besaß ebenfalls einen Carrera 6 (Fahrgestellnummer 906 130). Mit diesem Fahrzeug hatte er den GP von Angola gewonnen, das Rennen also, bei dem Villar verunglückt war.
Santos baute 1970 zwei Fahrzeuge auf, die den Namen Aurora-Porsche erhielten. Aurora war der Firmenname von Santos' Porsche-Betrieb. Eines dieser Fahrzeug war ein Coupé, das andere ein Spyder, dessen Karosserie der eines Chevron B19 nicht unähnlich war.
Portugiesischen Äußerungen zufolge war das Wrack von 906 126 die Basis für diesen Spyder, der bis mindestens 1975 von dem Portugiesen Giannone aktiv gefahren wurde.
In einem Internet-Forum berichtet dann ein Teilnehmer, dass er 1979 einen Chevron-ähnlichen Rennwagen mit der Fahrgestellnummer 906 126 bei Ted Rowbotham in Vancouver in Kanada gesehen habe. In Rowbotham's Garage standen offenbar noch andere Porsche-Rennwagen, die allesamt aus Portugal stammten.

Über Peter Price und Kent Morgan gelangte das in dem Magazin *Autoweek* annoncierte Fahrzeug in den Besitz von Bill Currie in New England, Kanada. Der Text in der Anzeige lautete: *Porsche 906, restored frame and running gear, all original and complete less body, $ 25.000 U.S.*
Currie restaurierte das Fahrzeug und machte wieder einen Carrera 6 daraus. 1982 verkaufte er das Projekt an den ehemaligen amerikanischen Rennfahrer Dick Barbour, der das Werk vollendete.
1999 kam das Fahrzeug zurück nach Europa. Neuer Besitzer wurde der Brite Irvine Laidlaw, der den Wagen zwei Jahre später über den Londoner Händler David Clark an den Deutschen Arzt Dr. Oliver Maierhofer aus Düsseldorf weiterverkaufte.
Maierhofer nahm u. a. 2002 an der Tour Auto und an der Erstauflage der Le Mans Classic teil. 2004 verkauft er den Wagen an Oliver Mathai aus Hildesheim. Der ehemalige Carrera-Cup-Fahrer bewegte den Wagen keineswegs im Schongang, sondern zeigte bei mehreren Veranstaltungen sein Können.

Der Aurora-Porsche-Spyder 1973 und 1975 im Einsatz.

906 126° mit der Startnummer 20 bei der Le Mans Classic 2002 und 2006 auf dem Nürburgring.

So präsentierte sich der Wagen im Jahr 2007. Oliver Mathei schonte ihn nicht bei seinen Einsätzen.

906 126°°°

Motor-Nr.:
Getriebe-Nr.:
Ausgeliefert am:
Händler:
1. Kunde: Sibylle Vogel, Tavarnelle, Florenz (I)
2. Kunde: Classic Motor S.r.L. (I)
3. Kunde: Dirk Sadlowski, Geseke (D)
4. Kunde: Armin Zumtobel (A)

aktueller Besitzer: Armin Zumtobel (A)
Neuaufbau auf Original-Chassis (?)
Farbe:
Innenausstattung:
Kennzeichen:
198?-1997
1997-1998
2001

Die Geschichte dieses Fahrzeugs ist noch nicht endgültig geklärt. Nach allem, was bisher bekannt ist, ist der Rahmen echt und keine Rekonstruktion. Ein an dieser Basis nachträglich eingeschweißter Überrollbügel zeugt von einem nicht näher datierten Umbau zum Spyder.
Im Januar 2002 übernahmen die beiden Deutschen Dirk Sadlowski und Toni Planken aus der Schweiz das Projekt »906 126°°«. Es bestand am Anfang aus dem Rahmen, einer neuen Karosserie und einer Menge Einzelteile. Im Laufe der kommenden zwei Jahre wurde daraus wieder ein fahrfähiges Automobil, das heute von dem österreichischen Arzt Dr. Armin Zumtobel bei entsprechenden Rennen äußerst beherzt bewegt wird.

Armin Zumtobel mit seinem 906 bei der Le Mans Classic 2004.

906 127

	aktueller Besitzer: Jean Goutal (USA, 2007)
Motor-Nr.: 906 132	
Getriebe-Nr.: 906 123	**Farbe**: Signalrot
Ausgeliefert am: 22.03.1966	**Innenausstattung**:
Händler: Werksverkauf	**Kennzeichen**:
1. Kunde: Sepp Greger, München (D)	
2. Kunde: Kurt Hild, München (D)	
3. Kunde: Manfred Pade, Düsseldorf (D)	Spyder
4. Kunde: Herbert Adamczyk (Hongkong)	1973
5. Kunde: Bob Garretson, Mountain View, CA (USA)	1978
6. Kunde: Michael Hagen, Tustin, CA (USA)	totally dissassembled without a body
7. Kunde: Gerry Sutterfield, Lake Park, FL (USA)	02.1986
8. Kunde: Jeffery Hayes, Wyomissing, PA (USA)	10.1986
9. Kunde: George Valerio, Sacramento, CA (USA)	
10. Kunde: Michael Lavers, (USA)	
11. Kunde: Jean Goutal, New York (USA)	

906 127 ist der Carrera 6, von dem die meisten Rennen , nämlich 82, bekannt sind. Allein 48 davon gehen auf das Konto des VW- und Porsche-Händlers Josef (»Sepp«) Greger aus der Nähe von München. Zweimal holte er sich den Titel des Europa-Bergmeisters mit diesem Auto, 1966 und 1968. Greger fuhr den siegreichen Wagen ganze drei Jahre lang und trieb parallel dazu noch verschiedene 911er den Berg hoch. 1969 verkaufte er den zuverlässigen Weggefährten an seinen Club-Kameraden Kurt Hild aus München. Dieser fuhr allerdings lieber Rundstrecken- als Bergrennen. Greger legte sich übrigens einen 910 zu, mit dem bis in die 80er Jahre hinein Rennen fuhr.

Nach Kurt Hild reihte sich der Mineralöl-Kaufmann Manfred Pade aus Düsseldorf in die Reihe der Besitzer ein. Beim Bergrennen Nürburgring 1971, das auf einem Teilstück der alten Südschleife ausgetragen wurde, hatte Pade einen Unfall, bei dem die Karosserie nachhaltig in Mitleidenschaft gezogen wurde. Da die Rennkarriere weiter fortgesetzt werden sollte, stand keine originalgetreue Restaurierung an, sondern ein Facelift in Form einer selbst designter Spyder-Karosse. So gerüstet erzielte er 1972 noch einige weitere Achtungserfolge.

Danach trennten sich die Wege, Pade kaufte den letztgebauten 906 und verkaufte 906 127 an den Deutschen Herb(ert) Adamcyk, der sich in Hongkong eine Existenz aufgebaut hatte.

1978 entdeckte der ehemalige Langstrecken-Weltmeister Bob Garretson den Wagen bei Adamcyk, kaufte ihn kurzentschlossen und nahm ihn mit in die USA. Nach mehreren Besitzerwechseln landete er schließlich bei Jean Goutal, der ihn bei Kevin Jeanette (Gunnar Racing) liebevoll restaurieren ließ und ihm dabei seine signalrot lackierte Originalform zurückgab.

Renneinsätze 906 127

Veranstaltung	Datum	Fahrer	Start-Nr.	Platzierung
Hansapokal, Nürburgring (D)	08.05.1966	Sepp Greger	905	2. S 2000
Bergrennen Eberbach (D)	15.05.1966	Sepp Greger	17	1. Gesamt
Alpenbergpreis Roßfeld, Berchtesgaden (D)	12.06.1966	Sepp Greger	15	1. S 2000
Rusel-Bergrennen (D)	19.06.1966	Sepp Greger		1. Gesamt
Bergrennen Mont Ventoux (F)	26.06.1966	Sepp Greger	71	1. S 2000
Bergrennen Trento Bondone (I)	10.07.1966	Sepp Greger		1. S 2000
Wasgau-Bergprüfung (D)	17.07.1966	Sepp Greger	136	1. Gesamt; 1. S 2000; Streckenrekord
Bergrennen Cesana-Sestriere (I)	24.07.1966	Sepp Greger		1. S 2000
Bergrennen Freiburg-Schauinsland (D)	31.07.1966	Sepp Greger	73	1. S 2000
Bergrennen Sierre Montana-Crans (CH)	28.08.1966	Sepp Greger	96	1. S 2000
Gaisberg-Bergrennen (A)	04.09.1966	Sepp Greger	73	1. S 2000
Sudelfeld-Bergrennen (D)	18.09.1966	Sepp Greger	110	1. Gesamt
Bergpreis Schwäbische Alb – Neuffen (D)	02.10.1966	Sepp Greger	335	1. Gesamt
Flugplatzrennen Innsbruck (A)	09.10.1966	Sepp Greger	95	ausgefallen: Dreher, Tank leckgeschlagen
Bergrennen Weerberg (A)	16.04.1967	Sepp Greger		1. Gesamt
Bergrennen Eberbach (D)	23.04.1967	Sepp Greger	114	1. S 2000
Frankenwald Bergrennen (D)	07.05.1967	Sepp Greger		nicht gewertet (Tagesbestzeit)
Bergrennen Montseny (E)	21.05.1967	Sepp Greger		5. Gesamt; 2. S 2000
Alpenbergpreis Roßfeld, Berchtesgaden (D)	04.06.1967	Sepp Greger	31	1. S 2000
Bergrennen Mont Ventoux (F)	18.06.1967	Sepp Greger	52	2. S 2000
Bergrennen Trento Bondone (I)	09.07.1967	Sepp Greger	58	2. S 2000
Bergrennen Cesana-Sestriere (I)	16.07.1967	Sepp Greger		1. S 2000
Bergpreis Freiburg-Schauinsland (D)	30.07.1967	Sepp Greger	139	1. S 2000
Ratisbona Bergrennen (D)	20.08.1967	Sepp Greger		1. Gesamt
Bergrennen Ollon-Vilars (CH)	27.08.1967	Sepp Greger	159	2. S 2000
Gaisberg-Rennen (A)	03.09.1967	Sepp Greger	16	2. S 2000
Bergrennen Happurg (D)	10.09.1967	Sepp Greger		1. Gesamt
Rheinland-Pfalz-Bergpreis (D)	17.09.1967	Sepp Greger	123	1. Gesamt

Renneinsätze 906 127

Veranstaltung	Datum	Fahrer	Start-Nr.	Platzierung
Bergpreis Schwäbische Alb – Neuffen (D)	24.09.1967	Sepp Greger	290	1. Gesamt
Flugplatzrennen Wien-Aspern (A)	01.10.1967	Sepp Greger		nicht bekannt
Wallberg-Rennen (D)	11.05.1968	Sepp Greger	146	1. Gesamt
Nibelungen-Bergpreis (D)	26.05.1968	Sepp Greger		1. S 2000
Bergrennen Montseny (E)	02.06.1968	Sepp Greger	63	2. S 2000
Alpenbergpreis Roßfeld, Berchtesgaden (D)	09.06.1968	Sepp Greger		nicht gewertet
Wasgau-Bergprüfung (D)	16.06.1968	Sepp Greger		2. S 2000
Bergprennen Rotenburg an der Fulda (D)	30.06.1968	Sepp Greger	112	1. Gesamt
Bergrennen Trento Bondone (I)	14.07.1968	Sepp Greger	56	1. S 2000
Bergrennen Cesana-Sestriere (I)	21.07.1968	Sepp Greger		nicht bekannt
Bergpreis Freiburg-Schauinsland (D)	28.07.1968	Sepp Greger	148	6. Gesamt; 3. S 2000 (Brandschaden im Training)
Bergrennen Sierre Montana-Crans (CH)	25.08.1968	Sepp Greger	232	7. Gesamt; 1. S 2000
Bergrennen Happurg	01.09.1968	Sepp Greger		1. S 2000
Gaisberg-Rennen (A)	08.09.1968	Sepp Greger	78	1. S 2000
Sudelfeld-Bergrennen	15.09.1968	Sepp Greger	151	1. S 2000
Bergrennen Mont Ventoux (F)	22.09.1968	Sepp Greger	61	1. S 2000
Bergrennen Frankenberg (D)	06.10.1968	Sepp Greger		1. S 2000
Flugplatzrennen Innsbruck (A)	13.10.1968	Sepp Greger		4. S 2000
Flugplatzrennen Kaufbeuren (D)	11.05.1969	Kurt Hild		ausgefallen
Flugplatzrennen Ulm-Laupheim (D)	06.07.1969	Kurt Hild	272	ausgefallen
Flugplatzrennen Diepholz (D)	20.07.1969	Kurt Hild	291	5. S 2000
Flugplatzrennen Wunstorf (D)	17.08.1969	Kurt Hild	7	6. S 2000
Flugplatzrennen Niedermendig (D)	05.10.1969	Kurt Hild		3. S 2000
Flugplatzrennen München-Neubiberg (D)	26.10.1969	Kurt Hild	223	5. S 2000
Flugplatzrennen Sembach (D)	16.11.1969	Kurt Hild		3. S 2000
Saisonfinale Hockenheim (D)	30.11.1969	Kurt Hild	21	3. LG 2
Flugplatzrennen Kaufbeuren (D)	03.05.1970	Kurt Hild		3. S 2000
Flugplatzrennen Faßberg (D)	10.05.1970	Kurt Hild	17	13. P 2000
Rhein-Ruhr-Pokalrennen Zolder (B)	17.05.1970	Kurt Hild	11	nicht gestartet
Flugplatzrennen Bremgarten (D)	31.05.1970	Kurt Hild	227	8 SP 2000
Flugplatzrennen Neuhausen (D)	13.06.1970	Kurt Hild		5. SP 2000
Flugplatzrennen Mainz-Finthen (D)	21.06.1970	Kurt Hild	16	2. P 2000
Flugplatzrennen Ulm-Laupheim (D)	19.07.1970	Kurt Hild	324	4. SP 2000
Flugplatzrennen Niederstetten (D)	26.07.1970	Kurt Hild	59	4. SP 2000
Flugplatzrennen Wunstorf (D)	16.08.1970	Kurt Hild	24	7. SP 2000
Flugplatzrennen Geilenkirchen (D)	27.09.1970	Kurt Hild	185	1. SP 2000
Bergrennen Teutoburger Wald (D)	25.04.1971	Manfred Pade		1. SP 2000
Bergrennen Gernsbach (D)	09.05.1971	Manfred Pade	150	2. SP 2000
Bergrennen Teufelsrutsch (D)	06.06.1971	Manfred Pade	172	1. SP 2000
Bergrennen Kyrburg (D)	17.06.1971	Manfred Pade		1. SP 2000
Bergrennen Risselberg (D)	04.07.1971	Manfred Pade		ausgefallen
Bergpreis der Oberpfalz (D)	18.07.1971	Manfred Pade		2. SP 2000
Bergrennen Osnabrück (D)	01.08.1971	Manfred Pade	238	4. SP 2000
Münsterland-Pokal-Rennen, Zandvoort (NL)	15.08.1971	Manfred Pade	238	1. SP 2000
Flugplatzrennen Geilenkirchen (D)	12.09.1971	Manfred Pade	257	1. SP 2000

Renneinsätze 906 127

Veranstaltung	Datum	Fahrer	Start-Nr.	Platzierung
Klingenring Bergpreis (D)	19.09.1971	Manfred Pade	101	2. SP 2000
Sauerland-Bergpreis (D)	10.10.1971	Manfred Pade	4	1. SP 2000
Bergrennen Nürburgring (D)	24.10.1971	Manfred Pade		ausgefallen; Umbau zum Spyder
Flugplatzrennen Mainz-Finthen (D)	18.06.1972	Manfred Pade	29	7. SP 2000
Bergrennen Osnabrück (D)	30.07.1972	Manfred Pade	213	3. S 2000
Flugplatzrennen Wunstorf (D)	13.08.1972	Manfred Pade	18	10. S 2000
500 km Nürburgring (D)	03.09.1972	Manfred Pade	32	nicht gestartet
Westfalen-Pokal, Zolder (B)	10.09.1972	Manfred Pade		nicht gestartet
Merziger Kreuzbergrennen (D)	24.09.1972	Manfred Pade		1. SP 2000
»60 Meilen« Zolder (B)	01.10.1972	Manfred Pade		nicht gestartet
GT- + Sportwagen-Rennen Macao (Hongkong)	16.11.1973	Jim Sweeney	18	ausgefallen (Dreher)
GP von Macao (Hongkong)	17.11.1973	Herbert Adamczyk	18	ausgefallen (Schaltgestänge)

Sepp Greger bei seinem ersten Rennen mit dem 906 127 zum Hansapokal 1966 auf dem Nürburgring.

Sepp Greger beim Bergrennen von Eberbach 1966. Sieg in der Gesamtwertung für den späteren Europa-Bergmeister.

Auch kleinere Ausrutscher wie hier beim Russelbergrennen können Sepp Greger auf seinem Weg zum Bergmeister-Titel 1966 nicht mehr aufhalten.

Europa-Bergmeisterschaftsläufe 1966 in Sierra Montana Crans und am Gaisberg. Sieger: Sepp Greger.

Auch 1967 gewann Greger mit dem 906 127 viele Bergrennen wie hier am Roßfeld und am Schauinsland.

So fand Bob Garretson 1978 den 906 127 in Hongkong, den Manfred Prade 1971 zum Spyder umgebaut hatte

Grundlegend restauriert präsentierte Jean Goutal 2007 seinen 906 127 in Daytona.

906 128

	aktueller Besitzer: Murray Wivell (CDN, 2005)
Motor-Nr.: 906 124	
Getriebe-Nr.: 906 125	**Farbe**: Weiß
Ausgeliefert am: 06.04.1966	**Innenausstattung**:
Händler: Werkswagen	**Kennzeichen**: S – XR 42
1. Kunde: Mefco Racing – Opposite Locke Club, Solihull (GB)	
2. Kunde: John Morris, Martin Hone	1968
3. Kunde: Porsche Salzburg (A) ?	
4. Kunde: Pete Smith, Hollywood, CA (USA)	
5. Kunde: Jim Levitt, CA (USA)	1971
6. Kunde: Fred Davies, Aspen, CO (USA)	1971 show car
7. Kunde: Terry Nickle, San Diego, CA (USA)	1981-1984
8. Kunde: Louis Bernat, Barrington, IL (USA)	1985-2002
9. Kunde: Murray Wivell Brantford, ON (CDN)	c/o Sympatico

Aus heutiger Sicht ist es nur schwer nachvollziehbar, dass das Porsche-Werk den Sieger-Wagen der Targa Florio nicht für das Museum behalten hat. Aber Ende 1966 war dieses Fahrzeug nach insgesamt 7 (!) Einsätzen nur ein gebrauchter alter Rennwagen. Außerdem konnte Porsche sowieso nicht alle Siegerautos behalten …
Wie Martin Hone sich erinnerte, kaufte er den Wagen 1968 durch die Vermittlung des Werksfahrers Jochen Neerpasch. Bezüglich der Vorgeschichte war er sich nicht sicher, konnte sich aber nicht vorstellen, dass sein Auto ein ehemals so erfolgreiches gewesen sein soll. War es aber. Unter dem Namen MEFCO Racing Team nahmen die Briten Martin Hone und John Morris 1968 an mehreren Rennen auf der Insel, aber auch am 1000-km-Rennen auf dem Nürburgring teil.

Die Konkurrenz mit ihren jüngeren und moderneren Fahrzeugen wurde immer stärker, und so trat 906 128 1969 die für alte Rennwagen schon selbstverständlich gewordenen Reise nach Amerika an.
Unter der Regie von Fred Davies erfolgte eine klinische Restaurierung, an deren Ende ein schokobraunes Show Car mit Ledersitzen und einem richtigen Armaturenbrett stand. Ein Frevel, wie der heutige Besitzer Murray Wivell fand. Er zerlegte das geschichtsträchtige Auto erneut, um es am Ende wieder so präsentieren zu können, wie es bei seinen größten Erfolgen aussah, nämlich weiß mit zwei roten Längsstreifen auf dem vorderen Deckel.

1000 km Monza 1966: Gerhard Mitter und Hans Herrmann gewinnen im Regen die Prototypenklasse bis 2000 ccm.

Gesamtsieg bei der Targa Florio 1966 mit Willy Mairesse und Herbert Müller.

Renneinsätze 906 128

Veranstaltung	Datum	Fahrer	Start-Nr.	Platzierung
1000 km Monza (I)	25.04.1966	Gerhard Mitter / Hans Herrmann	28	4. Gesamt; 1. P 2000
Targa Florio (I)	08.05.1966	Willy Mairesse / Herbert Müller	148	1. Gesamt; 1. S 2000
1000 km Nürburgring (D)	05.06.1966	Bob Bondurant / Paul Hawkins	17	4. Gesamt; 3. P 2000
Norisring-Rennen (D)	17.07.1966	Gerhard Mitter	15	1. Gesamt; 1. P 2000
Bergrennen Freiburg-Schauinsland (D)	31.07.1966	Hans Herrmann	76	ausgefallen (Felge gebrochen)
GP von Österreich, 500 km Zeltweg (A)	11.09.1966	Gerhard Mitter / Hans Herrmann	14	1. Gesamt; 1. S 2000
Flugplatzrennen Innsbruck (A)	09.10.1966	Gerhard Mitter	93	1. Gesamt; 1. P 2000
Flugplatzrennen Wien-Aspern (A)	16.10.1966	Jochen Rindt	76	2. Gesamt
6 Stunden von Brands Hatch (GB)	07.04.1968	Martin Hone / John Morris / John Hine	28	16. Gesamt, 3. S 2000
Guards Spring Cup, Oulton Park (GB)	12.04.1966	John Morris		11. Gesamt
Player's Trophy, Silverstone (GB)	27.04.1968	John Morris	20	9. Gesamt, 6. S 2000
1000 km Nürburgring (D)	19.05.1968	Chris Ashmore / John Morris / Martin Hone	84	16. Gesamt, 5. S 2000
Guards Trophy, Mallory Park (GB)	23.06.1968	John Morris		11. Gesamt, 4. S 2000
BARC Meeting, Castle Combe (GB)	13.07.1968	John Morris		3. Special GT
Martini International, Silverstone (GB)	27.07.1968	Martin Hone		ausgefallen
Crystal Palace (GB)	03.08.1968	John Morris / Martin Hone		nicht bekannt
Gold Cup, Oulton Park (GB)	17.08.1968	John Morris		14. Gesamt
BARC Cadwell Park (GB)	18.08.1968	John Morris		2. Special GT
Guards Trophy, Brands Hatch (GB)	02.09.1968	Eric Liddell		ausgefallen (Öldruck)

Sprungeinlagen bei den 1000 km auf dem Nürburgring 1966.

Norisring 1966 (siehe auch Bilder auf der nächsten Seite)

Gerhard Mitter gewinnt das Norisring-Rennen 1966. Die Werkswagen wurden noch auf dem Anhänger transportiert.

Start zu den 500 km von Zeltweg 1966. Gerhard Mitter und Hans Herrmann gewinnen mit dem 906 128.

906 128 vor und in Weiß mit roten Streifen bei seiner Restaurierung in den USA 2005.

906 129

aktueller Besitzer: Paul Howell (GB, 2006)

Motor-Nr.: 906 122
Getriebe-Nr.: 906 132
Ausgeliefert am: 19.04.1966
Händler: AFN Ltd., London (GB)

Farbe: Irischgrün
Innenausstattung:
Kennzeichen:

1. Kunde: Harrington Ltd.	
2. Kunde: Michael De Udy (GB)	2. Auto (»906 101«), QH 6185
3. Kunde: Bob Ridgard (GB)	1969
4. Kunde: Carl Armstrong, Toledo, OH (USA)	1970-1971
5. Kunde: Tom Richmond, Ann Arbor, MI (USA)	1972-1973
6. Kunde: Bruce Tuffli, St. Louis, MO (USA)	1973-1999
7. Kunde: Terry Hefty, Lafayette, CO (USA)	1999-2005
8. Kunde: Paul Howell (GB)	2006

Die Geschichte von 906 129 ist eng mit der von 906 101 verknüpft. Offiziell wurde das Fahrzeug an eine Firma mit dem Namen Harrison Ltd. verkauft, gehörte aber tatsächlich Michael de Udy, der ja auch als Fahrer für den AFN-Porsche vorgesehen war. Im Laufe der Saison sollte sich bestätigen, dass es eine gute Entscheidung war, zwei Autos zur Verfügung zu haben, denn de Udy hatte mehrere Unfälle zu verzeichnen.
Aus zolltechnischen Gründen taufte er 129 einfach in 101 um: Was bedeutet schon so ein kleines Blechschild im Vergleich zu den eingesparten Formalitäten? Und so fuhr er mit 129 immer dann, wenn

101 gerade wieder gerichtet wurde, und umgekehrt.
Während 906 101 von AFN verkauft wurde, behielt de Udy die 129, um damit an der britischen Sportwagen-Meisterschaft teilzunehmen. Parallel dazu legte er sich einen Lola-Chevrolet T70 Mk III zu. Da das Ganze unter dem Dach von »Grand Bahama Racing« lief, wurden beide Fahrzeuge in einem hellen Grünton lackiert. Auch 1968 gehörte der Wagen noch zum Team, wurde aber vermehrt vermietet.
In den Händen von Carl Armstrong erfuhr die Rennsport-Karriere von 906 129 ihre Fortsetzung in den USA. Irgendwann stand aber auch für ihn eine gründliche Restaurierung an. In glänzendem Rot und mit polierten Aluminiumfelgen sorgte der Wagen für große Aufmerksamkeit, war aber nicht wirklich authentisch.
Dafür sorgte dann Terry Hefty aus Colorado, der übrigens immer noch glaubte, er besäße 906 101. Dieses Mysterium wurde 2004/2005 endlich aufgeklärt.
Mit der richtigen Identität und der richtigen Farbe kam 906 129 im Jahr 2006 zurück nach England und wird vermutlich bei der einen oder anderen Gelegenheit auf seinen ebenfalls irischgrünen Bruder 906 101 treffen.

Brands Hatch 1968. Man sieht, dass 906 129 hier als Rechtslenker gefahren wurde.

Im gleichen Jahr jedoch auf dem Hockenheimring und auf dem Jyllandsring als Rechtslenker.

Brands Hatch 1967. Dieter Spoerry und Rico Steinemann schaffen mit dem gemieteten 906 einen 2. Platz in ihrer Klasse.

Renneinsätze 906 129

Veranstaltung	Datum	Fahrer	Start-Nr.	Platzierung
Tourist Trophy, Oulton Park (GB)	30.04.1966	Peter de Klerk		6. Gesamt
Targa Florio (I)	08.05.1966	Michael de Udy / Peter de Klerk	220	ausgefallen (Unfall)
24 Stunden von Le Mans (F)	18. / 19.06.66	Michael de Udy	60	Reserveliste
500 km von Zeltweg (A)	11.09.1966	Michael de Udy	18	ausgefallen (Unfall, Front beschädigt)
Dünen-Trophäe, Zandvoort (NL)	02.10.1966	Michael de Udy	6	2. Gesamt
9 Stunden von Kyalami (ZA)	05.11.1966	Michael de Udy / Peter de Klerk	10	ausgefallen (Unfall: Überschlag; neulackiert: hellgrün)
3 h Lourenco Marques (MOC)	17.12.1966	Michael de Udy / Peter de Klerk		3. Gesamt
3h Pietermaritzburg (ZA)	27.12.1966	Michael de Udy / Peter de Klerk	2	2. Gesamt
Kyalami (ZA)	02.01.1967	Michael de Udy		2. Gesamt
Killarney, Kapstadt (ZA)	07.01.1967	Michael de Udy	72	3. Gesamt
1000 km Spa-Francorchamps (B)	01.05.1967	Roy Pike / Colin Davis	50	ausgefallen (Zündung)
Martini Trophy, Silverstone (GB)	20.05.1967	Michael de Udy		5. Gesamt
1000 km Rennen, Nürburgring (D)	28.05.1967	Michael de Udy	72	nicht erschienen
Crystal Palace (GB)	29.05.1967	Michael de Udy		7. Gesamt; 4. S 2000
Flugplatzrennen Mainz-Finthen (D)	18.06.1967	Michael de Udy	12	nicht erschienen
12 Stunden von Reims (F)	25.06.1967	Roy Pike / John Raeburn	38	ausgefallen
British GP Meeting, Silverstone	15.07.1967	Mike de Udy		ausgefallen
Trofeo Frescobaldi, Mugello (I)	23.07.1967	David Piper / Michael de Udy	57	ausgefallen (Antriebswelle gebr.)
6 Stunden von Brands Hatch (GB)	30.07.1967	Dieter Spoerry / Rico Steinemann	71	13. Gesamt; 2. S 2000
500 km von Zeltweg (A)	20.08.1967	Michael de Udy	20	Unfall
Guards Trophy, Brands Hatch (GB)	28.08.1967	Michael de Udy	72	ausgefallen (Kollision mit Bradley)
750 MC Race Meeting, Silverstone (GB)	14.10.1967	Michael de Udy		1. Gesamt und später disqualifiziert (Protest)
6 Stunden von Brands Hatch (GB)	07.04.1968	Mario Cabral / Jacques Duval	22	19. Gesamt; 4. S 2000
Guards Spring Cup, Oulton Park (GB)	12.04.1968	Roy Pike		7. Gesamt, 3. S 2000
1000 km Monza (I)	25.04.1968	Robin Widdows / Brian Hart	51	nicht erschienen
1000 km Nürburgring (D)	19.05.1968	Brian Hart / Robin Widdows	89	nicht erschienen
1000 km von Spa-Francorchamps (B)	26.05.1968	Robin Widdows / Brian Hart	48	nicht erschienen
Martini International, Silverstone (GB)	27.07.1968	Hugh Dibley		15. Gesamt; 9. S 2000
Crystal Palace (GB)	03.08.1968	Michael de Udy		nicht bekannt
Birthday Cup, Croft (GB)	10.08.1968	Terry Hunter		8. Gesamt; 2. S 2000
Wills Trophy, Croft (GB)	13.08.1968	Mario Cabral		ausgefallen
Gold Cup, Oulton Park (GB)	17.08.1968	Terry Hunter		12. Gesamt; 8. S 2000
Ford Grand Prix, Jyllandsring (DK)	25.08.1968	Terry Hunter	27	2. Gesamt
Guards Trophy Race, Brands Hatch (GB)	02.09.1968	Terry Hunter	133	ausgefallen (Auspuff abgefallen)
Preis der Nationen, Hockenheim (D)	15.09.1968	Terry Hunter	17	ausgefallen
Eifel-Pokal-Rennen, Nürburgring (D)	22.09.1968	Terry Hunter		ausgefallen (Unfall)
24 Stunden von Le Mans (F)	29.09.1968	Hugh Dibley / Michael de Udy	65	nicht akzeptiert
Kodak Trophy, Thruxton (GB)	10.08.1969	Terry Hunter		8. Gesamt, 5. S 2000
Road Race of Champions, Road Atlanta (USA)	29.11.1970	Carl Armstrong	9	ausgefallen

MICHAEL de'UDY's PORSCHE CARRERA 6, AND THE EX-EPSTEIN/HAWKINS LOLA T70 MARK III

One of the fastest, privately owned 906's in the country. Many successes and lap records. Complete with spare engine, Lucas fuel injection, three sets magnesium wheels, large quantity spare parts and Trailer. This car is factory prepared and has recently been completely overhauled and resprayed white/gold.

The Lola T70 Mark III is unique—having never been shunted in its two years of racing. Raced by Paul Hawkins in 1967 at Spa, Surfers Paradise, South Africa, etc., gaining many first and second places. In 1968 was first at Oulton Park, and at Bulawayo came second in one race and first in another—this time in the hands of Mike de'Udy. Equipped with a Traco/Chevvy 5-litre engine and Hewland LG600 box, with spare wheels and many useful spare parts. Not raced at all during 1969.

GRAND BAHAMA RACING CAR CO LTD
c/o 84 Elmshurst Crescent, East Finchley
London, N.2
Tel: 01-883 8718 or 01-828 9489

Anzeige in der englischen Zeitschrift *Autosport* 1969.

906 129 in Road Atlanta 1970 ...

... und bei einer Porsche-Parade mit seinem Besitzer Bruce Tuffli.

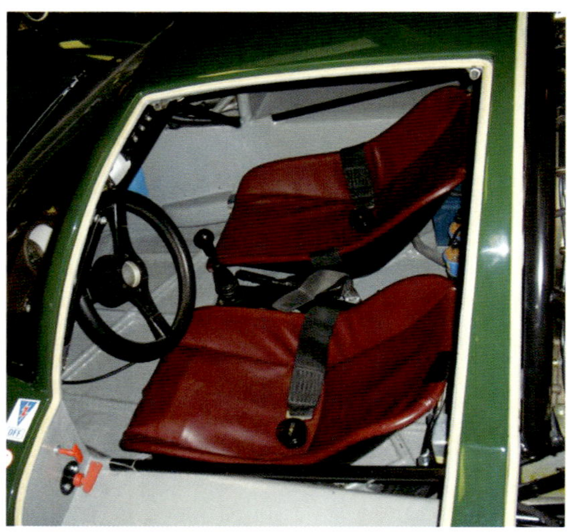

Jetzt, in England nach einer aufwendigen Restaurierung, steht 906 129 wieder fast wie neu da.

Silverstone return after 25 years

HOWELLS REVIVES DE UDY PORSCHE 906

Targa Florio veteran takes to track again at British Grand Prix

The Porsche 906 raced by Mike de Udy in 1966 returned to racing for the first time in more than 25 years when new owner Paul Howells raced it during the historic sports and GT races at the British Grand Prix at Silverstone in June.

De Udy raced the car and rented it out to others for three seasons, and it also competed in the Targa Florio and the Springbok Series in South Africa before being sold to the US at the end of 1969.

Jim Houlgrave

906 130

	aktueller Besitzer: Bill Stephens (GB, 2005)
Motor-Nr.: 906 130	
Getriebe-Nr.: 906 130	**Farbe**: Weiß
Ausgeliefert am: 30.03.1966	**Innenausstattung**:
Händler: Seida Spanien (E)	**Kennzeichen**:
1. Kunde: Fernando de Baviera (E)	Unfall, zerlegt, Motor in Aurora??
2. Kunde: Alex Soler-Roig (E)	
3. Kunde: Ben Heiderich (E)	
4. Kunde: Carlos Santos (P)	1969
5. Kunde: Ted Rowbotham, Vancouver (CDN)	
6. Kunde: Peter Price, Vancouver (CDN)	
7. Kunde: Ron Armour, Los Angeles, CA (USA)	1980; Restaurierung; Porsche-Parade 1980 in Portland, OR
8. Kunde: Sam Yagi (J)	1983
9. Kunde: Bill Stephens, Surrey (GB)	2003

Dieser 906 ist der zweite, der nach Spanien kam. Der erste Besitzer war der Aristokrat Fernando de Baviera (Prinz Ferdinand von Bayern), der ihn lokal einsetzte.
Sein zweiter Besitzer, Alex Soler-Roig, war da schon ambitionierter und nahm u. a. an mehreren Läufen zur Europa-Bergmeisterschaft teil. Gegen die Favoriten in der Sportwagenklasse, Sepp Greger und Rudi Lins, hatte er aber meist das Nachsehen. Dennoch war Soler-Roig kein langsamer Mann, er bestritt in seiner Karriere sechs Formel-1-Rennen und war später Werksfahrer bei Ford Köln.
Über Ben Heiderich (siehe auch 906 122) wurde der Wagen 1969 nach Portugal verkauft. Carlos Santos, der auch mit 906 126 in Verbindung gebracht wird, wurde nachweislich mit 130 mehrfacher portugiesischer Sportwagen-Meister.
1972, als Carlos Santos schon einen 907 fuhr, traten verschiedene Fahrer in Portugal mit einem sogenannten Aurora-Coupé an. Das war ein Fahrzeug, das definitiv auf einem Carrera 6 basierte, aber eine modifizierte Front- und Heckpartie hatte. Der Mittelteil war original und die Türen waren, wie beim 910, vorn angeschlagen. Ob das Aurora-Coupé tatsächlich mit 906 130 identisch ist, ist noch nicht mit letzter Sicherheit nachgewiesen, aber die Wahrscheinlichkeit wird als sehr hoch eingestuft.
1979 tauchte 906 130 im Originalzustand, aber mit modifiziertem Heck in Vancouver, Kanada, wieder auf. Ein Jahr später kam der Wagen in den Besitz von Ron Armour, der ihn restaurierte und bei einer Veranstaltung in Laguna Seca präsentierte. 1983 kam Sam Yagi nach Kalifornien, kaufte das Auto, nahm es mit nach Hause nach Japan und ließ es dort 20 Jahre lang stehen.
2003 interessierte sich Bill Stephens für den Wagen. Der Engländer holte ihn nach Europa zurück und begann gleich nach der Ankunft mit einer vollständigen Zerlegung. Der Originalzustand ist erstaunlich gut erhalten geblieben und soll soweit wie möglich konserviert werden. Derzeit befindet sich das Fahrzeug in den Räumen von Kevin Jeanette in Florida, USA.

Sieger Alex Soler-Roig beim Montserrat-Bergrennen 1967.

Renneinsätze 906 130

Veranstaltung	Datum	Fahrer	Start-Nr.	Platzierung
Trofeo Montjuich, Barcelona (E)	23.10.1966	Fernando de Baviera	64	4. Gesamt
II. Gran Premio Circuito Guadalope (E)	xx.xx.1966	Fernando de Baviera		1. Gesamt
Bergrennen Montserrat (E)	xx.03.1967	Alex Soler-Roig		1. Gesamt
Bergrennen Roßfeld (D)	04.06.1967	Alex Soler-Roig	33	6. Gesamt, 2. S 2000
Bergrennen Mont Ventoux (F)	18.06.1967	Alex Soler-Roig	56	6. Gesamt, 5. S 2000
Bergrennen Trento Bondone (I)	09.07.1967	Alex Soler-Roig	62	9. Gesamt, 4. S 2000
Bergrennen Cesana-Sestriere (I)	16.07.1967	Alex Soler-Roig		8. Gesamt, 3. S 2000
Jarama (E)	23.07.1967	Alex Soler-Roig		1. Gesamt
Bergrennen Freiburg-Schauinsland (D)	30.07.1967	Alex Soler-Roig	137	10. Gesamt, 5. S 2000
Bergrennen Ollon-Villars (CH)	27.08.1967	Alex Soler-Roig	164	8. Gesamt, 3. S 2000
Bergrennen Gaisberg (A)	03.09.1967	Alex Soler-Roig	18	3. S 2000
Bergrennen El Farell (E)	17.09.1967	Alex Soler-Roig		1. Gesamt
Bergrennen Rabassada (E)	15.10.1967	Alex Soler-Roig		1. Gesamt
Bergrennen Pont de Vilumara (E)	26.11.1967	Alex Soler-Roig		1. Gesamt
Bergrennen A la Cruz (E)	xx.12.1967	Alex Soler-Roig		1. Gesamt
Bergrennen A Santa Fee (E)	xx.12.1967	Alex Soler-Roig		2. Gesamt
Granja de Marques, 3 Std. von Lissabon (P)	13.07.1969	Carlos Santos	161	1. Gesamt
Montes Claros, Lissabon (P)	xx.xx.1969	Carlos Santos	40	1. Gesamt
Vila do Conde (P)	31.08.1969	Carlos Santos	14	1. Gesamt
Bergrennen Da Pena (P)	06.09.1969	Carlos Santos	34	1. Gesamt
Luanda, Fortaleza (Angola)	21.12.1969	Carlos Santos	11	1. Gesamt
Bergrennen Da Pena (P)	xx.xx.1970	Carlos Santos		1. Gesamt
9. Circuito de Montes Claros, Lissabon (P)	23.08.1970	Carlos Santos	56	2. Gesamt
Bergrennen De Monsanto (P)	xx.xx.1970	Carlos Santos	68	1. Gesamt
500 km Vila Real (P)	05.07.1970	Carlos Santos	20	ausgefallen (Motor)
Montes Claros, Lissabon (P)	23.08.1970	Carlos Santos	56	2. Gesamt
Vila do Conde (P)	30.08.1970	Carlos Santos	72	1.
Bergrennen De Monsanto (P)	xx.xx.1971	Carlos Santos	43	1.
Vila Real (P)	04.07.1971	Carlos Santos	4	4.
Montes Claros Lissabon (P)	18.07.1971	Carlos Santos	80	3. Gesamt
Bergrennen Covilha (P)	xx.xx.1971	Carlos Santos		1.
Bergrennen Da Graca (P)	xx.xx.1971	Carlos Santos		1.
Vila do Conde (P)	xx.xx.1971	Carlos Santos	148	1.
Estoril (P)	17.06.1972	Carlos Santos	80	3. [Aurora Coupé]
Vila Real (P)	09.07.1972	Manuel Nogueira Pinto	10 (?)	nicht gestartet (Feuer) [Aurora Coupé]
Vila do Conde (P)	20.08.1972	Artur Passanha	12_	nicht gestartet (Motor) [Aurora Coupé]
Estoril (P)	xx.09.1972	Miguel de Lacerda	38	ausgefallen [Aurora Coupé]
500 km Interlagos (BR)	03.09.1972	Artur Passanha	14	16. Gesamt [Aurora Coupé]
Mocamedes (Angola)	xx.xx.1973	Carlos Santos	11	4. Gesamt [Aurora Coupé]
Vila Real (P)	01.07.1973	Miguel de Lacerda	31	10. Gesamt [Aurora Coupé]
Estoril (P)	08.07.1973	Miguel de Lacerda	46	nicht gestartet [Aurora Coupé]
Vila do Conde (P)	xx.08.1973	Miguel de Lacerda		ausgefallen [Aurora Coupé]
Bergrennen Colvilha (P)	xx.xx.1973	Carlos Santos	47	[Aurora Coupé]

Europa-Bergmeisterschaftslauf am Roßfeld 1967. Alex Soler-Roig wird 2. in der Klasse Sportwagen bis 2000 ccm.

Carlos Santos beim Rundstreckenrennen Vila Real in Portugal 1970 und 1971.

1972 in Estoril fuhr Miguel de Lacerda mit dem Aurora-Coupé.

In diesem Zustand kam 906 130 aus Japan wieder zurück nach Europa, ...

... und wartet zur Zeit bei Kevin Jeanette in Florida auf seine Restaurierung.

906 131

	aktueller Besitzer: F. Veitch (USA, 1978)
Motor-Nr.: 906 136	
Getriebe-Nr.: 906 131	**Farbe**: Signalrot
Ausgeliefert am: 30.03.1966	**Innenausstattung**:
Händler: AMAG (CH)	**Kennzeichen**:
1. Kunde: Scuderia Filipinetti (CH)	Dieter Spoerry
2. Kunde: Tony Dean (GB)	
3. Kunde: John P. Spero (GB)	
4. Kunde: John E. Anderson (USA)	
5. Kunde: Alan Johnson Racing, San Diego, CA (USA)	1976
6. Kunde: George M. Byrne (USA)	1977
7. Kunde: Frederick & Sally Veitch, Colorado Springs, CO (USA)	1978

Dieser Wagen wurde pünktlich zur Targa Florio an den Rennstall von Georges Filipinetti in der Schweiz geliefert. Leider war dem Team Dieter Spoerry / André Bungener kein großer Erfolg beschieden, sie fielen frühzeitig mit einem Kupplungsschaden aus.

Es folgten weitere Einsätze im benachbarten Österreich und in der Schweiz, bei denen immer der junge Dieter Spoerry am Steuer saß. Spoerry tat sich 1967 mit dem Journalisten Rico Steinemann zusammen und fuhr mit ihm eine ganze Saison in einem ehemaligen Werkswagen, in 906 153. Spoerrys ehemaligen 906 erwarb 1967 der Engländer Anthony (»Tony«) Dean und nahm damit zwei Jahre lang an diversen Rennen im Vereinigten Königreich teil. Ende 1967 beteiligte er sich auch an allen Läufe zur Springbock-Serie, die im warmen Südafrika ausgetragen wurde, als es in Europa schon richtig kalt war. 1968 wechselte Dean übrigens mehrfach zwischen dem Carrera 6 und einem Ferrari Dino 206S hin und her. 1970 erlangte er große Popularität, als er nämlich mit seinem kleinen Porsche 908 Spyder beim CanAm-Rennen in Road Atlanta einen Gesamtsieg verbuchen konnte.

1969 und 1970 fuhr John Spero mit 906 131 zahlreiche Club-Rennen in England, unternahm aber auch eine längere Reise nach Portugal und nach Italien. Danach hieß es auch für 906 131 Aufbruch in Richtung USA, wo er zunächst bei kleineren Veranstaltungen zeigen konnte, was noch in ihm steckte. Ein Umbau zum Spyder blieb ihm offenbar erspart, und heute zeigt er sich wieder im originalen Signalrot.

Renneinsätze 906 131

Veranstaltung	Datum	Fahrer	Start-Nr.	Platzierung
Targa Florio (I)	08.05.1966	Dieter Spoerry / André Bungener	152	ausgefallen (Kupplung)
Bergrennen Aldrans	29.05.1966	Dieter Spoerry		7. Gesamt, 1. S 2000
Schweizer Rennen, Hockenheim (D)	19.06.1966	Dieter Spoerry	14	nicht bekannt
Bergrennen Tauplitzalm (A)	15.08.1966	Dieter Spoerry		2. Gesamt, 2. S 2000
Bergrennen St. Ursannes – Les Rangiers (CH)	21.08.1966	Dieter Spoerry		7. Gesamt; 2. S 2000
Bergrennen Sierre Montana-Crans (CH)	28.06.1966	Dieter Spoerry	90	6. Gesamt; 3. S 2000
Bergrennen Mitholz-Kandersteg (CH)	04.09.1966	Dieter Spoerry	90	2. S 2000
Bergrennen Steinbock Gargellen (A)	18.09.1966	Dieter Spoerry		3. Gesamt
Flugplatzrennen Tulln-Langenlebarn (A)	02.10.1966	Dieter Spoerry		3. Gesamt
Flugplatzrennen Innsbruck (A)	09.10.1966	Dieter Spoerry	97	7. Gesamt; 2. S 2000
24 Stunden von Daytona, FL (USA)	04./05.02.67	Tony Dean / Trevor Taylor	58	nicht gestartet (Motorschaden)
Autosport Trophy, Snetterton (GB)	23.03.1967	Tony Dean	71	ausgefallen (Motor überdreht)
Autosport Trophy, Silverstone (GB)	27.03.1967	Tony Dean		4. Gesamt; 1. S 2000
Daily Express Trophy, Silverstone (GB)	29.04.1967	Tony Dean		ausgefallen (Dreher)
Martini Trophy, Silverstone (GB)	20.05.1967	Tony Dean	18	6. Gesamt; 2. S 2000
Norbury Trophy, Crystal Palace (GB)	29.05.1967	Tony Dean		6. Gesamt; 2. S 2000
British GP Meeting, Silverstone (GB)	15.07.1967	Tony Dean	18	7. Gesamt
6 Std. Brands Hatch (GB)	30.07.1967	Tony Dean / Ben Pon	72	8. Gesamt; 1. S 2000
Wills Trophy, Silverstone (GB)	31.07.1967	Tony Dean		3. S 2000
Sevenoaks Meeting, Brands Hatch (GB)	06.08.1967	Tony Dean	121	1. S 2000
BARC Meeting, Crystal Palace (GB)	06.08.1967	Tony Dean		2. GT 2000
Wills Trophy, Croft (GB)	13.08.1967	Tony Dean	52	ausgefallen
Guards Trophy, Brands Hatch (GB)	28.08.1967	Tony Dean	71	4. Gesamt; 1. S 2000
Holts Trophy, Oulton Park (GB)	16.09.1967	Tony Dean	76	4. Gesamt; 1. S 2000
9 Std. Kyalami (ZA)	04.11.1967	Tony Dean / Basil van Royen	15	4. Gesamt; 2. Indexwertung
3 Std. Killarney, Kapstadt (ZA)	18.11.1967	Tony Dean / Basil van Royen	10	ausgefallen (Vibrationen)
Bulowayo (Rhodesien)	03.12.1967	Tony Dean		2. Gesamt
3 Std. Lourenco Marques (ZA)	16.12.1967	Tony Dean / Basil van Royen		6. Gesamt
3 Std. Pietermaritzburg (ZA)	26.12.1967	Tony Dean		ausgefallen (Rahmenbruch, Bremse)
Kapstadt (ZA)	06.01.1968	Tony Dean		3. Gesamt
Guards Spring Trophy, Oulton Park (GB)	12.04.1968	Peter Gethin		ausgefallen (Schaltung)
Players Trophy, Silverstone (GB)	27.04.1968	Tony Dean	18	5. Gesamt; 1. S 2000
Tourist Trophy, Oulton Park (GB)	03.06.1968	Mike Beckwith		ausgefallen (Rahmenbruch, 17. Ges.)
Guards Trophy, Mallory Park (GB)	23.06.1968	Tony Dean		6. Gesamt; 1. S 2000
Cadwell Park (GB)	07.07.1968	Tony Dean		[illegible]. Gesamt
Martini International, Silverstone (GB)	27.07.1968	Roy Pike		7. Gesamt; 2. S 2000
Birthday Cup, Croft (GB)	10.08.1968	Tony Dean		ausgefallen (Unfall)
Gold Cup, Oulton Park (GB)	17.08.1968	Tony Dean		ausgefallen (Aufhängung)
9 Std. von Kyalami (ZA)	09.11.1968	Peter Gethin / Peter Gough		20. Gesamt
3 Std. von Cape Town, Killarney (ZA)	23.11.1968	Peter Gethin / Peter Gough	11	11. Gesamt
Guards Trophy, Brands Hatch (GB)	02.09.1968	Tony Dean	131	4. Gesamt; 2. S 2000
Daily Express Trophy, Silverstone (GB)	30.03.1969	John Spero	63	ausgefallen (Elektrik)
Embassy Trophy, Thruxton (GB)	07.04.1969	John Spero		ausgefallen
Flugplatzrennen Faßberg (D)	11.05.1969	John Spero		13. S 2000
Martini Trophy 300, Silverstone (GB)	17.05.1969	John Spero		15. Gesamt

Renneinsätze 906 131

Veranstaltung	Datum	Fahrer	Start-Nr.	Platzierung
Tourist Trophy, Oulton Park (GB)	26.05.1969	John Spero		ausgefallen
6 Std. Vila Real (P)	06.07.1969	John Spero / Mike Beutler		ausgefallen (Getriebe, Zündung)
Gran Premio Mugello (I)	20.07.1969	John Spero		ausgefallen (v. d. Str. abgekommen)
Silverstone (GB)	18.10.1969	John Spero		4. Gesamt; 1. S 2000; 2. Special GT
Daily Express Trophy, Silverstone (GB)	25.04.1970	John Spero		20. Gesamt
Thruxton (GB)	24.05.1970	John Spero		7. Gesamt; 4. S 2000
Martini Trophy, Silverstone (GB)	06.06.1970	John Spero		12. Gesamt

Flugplatzrennen Innsbruck 1966: Dieter Spoerry wird 7. in der Gesamtwertung.

Mit Ben Pon belegt Tony Dean bei den 6 Stunden von Brands Hatch 1967 den ersten Platz bei den Sportwagen bis 2000 ccm.

906 131 vor seiner Restaurierung 1977.

Martini Trophy in Silverstone 1967: Tony Dean wird 2. in der Sportwagenklasse bis 2000 ccm.

906 132

Motor-Nr.: 906 133
Getriebe-Nr.: 906 133
Ausgeliefert am: 04.04.1966
Händler: POAC Teanack, NJ (USA)
1. Kunde: Herb Wetanson, Woodmere, NY (USA)
2. Kunde: Jean Paul Ostiguy (CDN)
3. Kunde: Rainer Brezinka (CDN)
4. Kunde: über Roman Pechmann > Ecuador (Ernesto Novoa?)
5. Kunde: Giacomo Rossi (I)
6. Kunde: Mario Linke (D)
7. Kunde: Hans Peter Richrath (D)
8. Kunde: Peter Iversen (DK)

aktueller Besitzer: Peter Iversen (DK, 2008)

Farbe: Weiß
Innenausstattung:
Kennzeichen:
Später Silber, Umbau zum Spyder
Spyder -> Coupé? Dunkelblau/Gelb?

Fiat Generalimporteur in Venzuela

1998-2008, Unfall Mallorca 1999
2008

Der Amerikaner Herb Wet(an)son, Inhaber einer Imbisskette, erlaubte sich 1966 den Luxus, zwei 906er sein Eigen zu nennen, 906 132 und 906 144. Den einen verkaufte er als nahezu neuwertigen Gebrauchtwagen nach England, und den anderen, 906 132, setzte er bei Rennen an der Ostküste ein. In einer Anzeige im Magazin *Road & Track* pries er die Vorteile seines Wagens wie folgt an: 75 Pfund leichter, kleinere Stirnfläche und 400 U/min mehr Motordrehzahl auf der Geraden. Ursächlich dafür war ursprünglich ein Vergaserbrand, der das Dach in Mitleidenschaft gezogen hatte. Herb schnitt es kurzerhand ab und machte einen hübschen Spyder draus.
Nach einer Zwischenstation bei dem Frankokanadier Jean-Paul Ostiguy landete der Wagen 1969 wieder als Coupé bei dem Deutsch-Kanadier Rainer Brezinka. Dieser nahm je zwei Mal das 24-Stunden-Rennen von Daytona und das 6-Stunden-Rennen von Watkins Glen in Angriff. Ein Klassensieg 1969 in Watkins Glen war für den vier Jahre alten Rennwagen ein beachtlicher Erfolg. Nach 1970 führen die Spuren von 906 132 nach Ecuador, wo er 1990 in einem erbärmlichen Zustand geborgen wurde. Kaputte Rahmenrohre waren zwischenzeitlich durch irgendwelche eckigen ersetzt worden.
Unter der Regie von Wolfgang Schüssler entstand für den deutschen Kaufmann Hans Peter Richrath in der zweiten Hälfte der 90er Jahre ein einsatzfähiges Auto, das seinen zweiten Frühling bei zahlreichen historischen Veranstaltungen erlebte. 2008 trennte sich Richrath von dem Fahrzeug und verkaufte es dem dänischen Porsche-Liebhaber und Restaurator Peter Iversen.

Herb Wetansonbeim CanAm-Lauf in Bridgehampton 1966, 906 132 hier schon als Spyder.

Renneinsätze 906 132

Veranstaltung	Datum	Fahrer	Start-Nr.	Platzierung
USSRC Bridgehampton, New York (USA)	22.05.1966	Herb Wetanson	15	5. Gesamt, 2 S 2000
Player's 200, Mosport Park, ON (CDN)	04.06.1966	Herb Wetanson	45	nicht gestartet
GP von Watkins Glen, NY (USA)	26.06.1966	Herb Wetanson	15	7. Gesamt; 2. S 2000
CAN-AM Bridgehampton, NY (USA)	18.09.1966	Herb Wetanson	15	17. Gesamt
USSRC Bridgehampton, NY (USA)	21.05.1967	Bruce Jennings	15	6. Gesamt, 1. S 2000
St. Jovite Grand Prix, Mont Tremblant, QC (CDN)	17.09.1967	Jean-Paul Ostiguy	247	4. Gesamt
Player's 200, Mosport Park, ON (CDN)	23.09.1967	Jean-Paul Ostiguy	247	nicht bekannt
ACAM 6 Std. St. Jovite, QC (CDN)	__.10.1967	Jean-Paul Ostiguy / Jacques Duval		1. Gesamt
USRRC St. Jovite, Mont Tremblant, QC (CDN)	02.06.1968	Jean-Paul Ostiguy		17. Gesamt
6 Stunden von Mont Tremblant, QC (CDN)	20.10.1968	Jacques Duval / Jean-Paul Ostiguy		1. Gesamt
24 Stunden von Daytona, FL (USA)	01.02.-02.02.1969	Rudi Bartling / Fritz Hochreuter / Rainer Brezinka	62	20. Gesamt; 3. S 2000 (Getriebeprobleme)
Great Lake Trophy, Harewood Acres, ON (CDN)	11.05.69	Horst Petermann		2. Gesamt
6 Stunden Watkins Glen, NY (USA)	12.07.1969	Horst Petermann / Max Beimler / Rainer Brezinka	39	10. Gesamt; 1. S 2000
Sundown GP, Mosport Park, ON (CDN)	23.08.1969	Rainer Brezinka / Horst Peterman		1. Gesamt
24 Stunden von Daytona, FL (USA)	31.01.-01.02.1970	Rainer Brezinka / Horst Petermann / Rudi Bartling	39	ausgefallen
6 Stunden Watkins Glen, NY (USA)	11.07.1970	Rainer Brezinka / Horst Petermann / Rudi Bartling	39	15. Gesamt; 3 S 2000
Sundown GP, Mosport Park, ON (CDN)	21.08.1971	Bert Kühne / Horst Petermann		4. Gesamt

1969 präsentiert sich der Wagen bei den 24 Stunden von Daytona wieder mit Dach und belegt den 20. Platz im Gesamtklassement.

Ein Jahr später, 1970, ist 906 132 (hier bei den 24 Stunden von Daytona) wieder ganz in Weiß lackiert.

Als 906 132 im Jahr 1990 in Ecuador gefunden wurde, sah er nicht mehr ganz so gut aus ...

... aber heute ist er wieder sehr schön restauriert und fährt wie hier bei der Le Mans Classic 2004 mit.

906 133

	aktueller Besitzer: Cyril Rocher (CH, 2007)
Motor-Nr.: 906 135	
Getriebe-Nr.: 906 134	**Farbe**: Weiß
Ausgeliefert am: 06.04.1966	**Innenausstattung**:
Händler: POAC Teanack, NJ (USA)	**Kennzeichen**:
1. Kunde: Motor Cars GTS, FL (USA)	
2. Kunde: Schröder Imports, Miami, FL (USA)	Charlie Kolb
3. Kunde: Fred Baker (USA)	Charlie Kolb
4. Kunde: Alain De Cadenet / Geoffrey Edmonds (GB)	1968
5. Kunde: Ken Sheppard (GB)	Senfgelb, 09.1968
6. Kunde: Nicholas Gold, Warfield (GB)	1969
7. Kunde: Filipe Nogueira (P)	1969-1970
8. Kunde: Américo Nunes (P)	1971-1972
9. Kunde: Herculano Areias (Angola)	1973
10. Kunde: Phil Bagley (USA)	1985 in Südamerika gefunden
11. Kunde: Tom Shelton (USA)	
Kevin Jeanette: Restaurierung	
12. Kunde: Ed Mettleman, Pelham Manor, NY (USA)	2000
13. Kunde: F. M. Delavigne (I)???	
14. Kunde: Benoit Couturier (F)	2002
15. Kunde: Claude Ruiz-Picasso (F)	
16. Kunde: Cyril Rocher (CH)	

906 133 ist ein amerikanisches Ostküsten-Auto. Es wurde über Motor Car GTS an Schröder Import in Miami, Florida, geliefert. Fahrer des Teams war die Sportwagen-Legende Charlie Kolb.
1967 ging 906 133 in den Besitz von Freddie Baker, des Erben von Tonka Toys, über. Wahrscheinlich kam das Fahrzeug kaum zum Einsatz, denn Baker kaufte mit 906 157 einen weiteren, jüngeren Carrera 6.
1968 dann setzte der Engländer Jeffrey Edmonds den Rennwagen in Europa ein. Nach Edmonds übernahm sein Landsmann Nicholas Gold das Fahrzeug. Gold war sehr reiselustig, seine Wege führten ihn u. a. nach Deutschland, Frankreich, Spanien und Portugal.
Beim 6-Stunden-Rennen von Vila Real hatte sein Beifahrer, der Portugiese Filipe Nogueira, einen Unfall und entschloss sich, den Wagen zu kaufen. Gold investierte seinen Erlös in die Reparatur eines verunfallten 910 und fuhr damit weiter. Nogueira seinerseits setzte den 906 ebenfalls wieder instand und verkaufte ihn an seinen Landsmann Américo Nunes. So blieb der mittlerweile gelb und grün lackierte Rennwagen in Portugal bis 1972 aktiv, bevor er 1973 im afrikanischen Angola bei Herculano Areias eine neue Heimat fand. Danach verlor sich die Spur, bis das Fahrzeug 1985 wiedergefunden wurde.
Über Phil Bagley kam 906 133 zurück nach Florida und wurde bei Kevin Jeanette in West Palm Beach restauriert. Da zu diesem Zeitpunkt über die Vergangenheit nicht so viel bekannt war, wurde der Wagen in einem hellen Rot lackiert.
2002 kaufte der Franzose Benoit Couturier dem aktuellen Besitzer, Ed Mettelmann, den Wagen ab und brachte ihn nach Europa zurück. Benoit recherchierte nach Kräften und stellte fest, dass das Fahrzeug 1966 in einem Kastanienrot-Metallic mit zwei weißen Längsstreifen lackiert war. In diesen Original-Farben nahm er dann in den Händen von Claude Ruiz-Picasso an motorsportlichen Veranstaltungen teil und gehört heute dem Schweizer Cyril Rocher.

Anmerkung:

Im Jahr 2000 wurde über die Website von »race-cars.com« ein 1966 Porsche Carrera Replica 906/133 angeboten.

Renneinsätze 906 133

Veranstaltung	Datum	Fahrer	Start-Nr.	Platzierung
SCCA National Fernandia Beach, FL (USA)	17.04.1966	Charlie Kolb		1. EM
SCCA National Savannah, GA (USA)	15.05.1966	Charlie Kolb		1. EM
GP von Watkins Glen, NY (USA)	26.06.1966	Charlie Kolb		ausgefallen (Kupplung)
SCCA National Courtland, AL (USA)	03.07.1966	Charlie Kolb	17	1. ABC/P
Mont Tremblant, St. Jovite, QC (USA)	10.07.1966	Charlie Kolb	111	6. Gesamt, 2. S 2000
SCCA National Watkins Glen, NY (USA)	21.08.1966	Charlie Kolb	1	1. EM
SCCA National Moroso, FL (USA)	__.__.1966	Charlie Kolb		1. EM
SCCA National Ponta Verda Beach, FL (USA)	__.__.1966	Charlie Kolb		ausgefallen (Motor)
Governor's Trophy & Nassau TT, Bahamas (GB)	09.12.1966	Charlie Kolb	24	ausgefallen
24 Std. von Daytona, FL (USA)	04./05.02.67	Fred Baker / Lee Cutler	62	nicht erschienen
6 Std. Brands Hatch (GB)	07.04.1968	Jeff Edmonds / Chris Ashmore	23	ausgefallen (Kipphebel)
Guards Spring Cup, Oulton Park (GB)	12.04.1968	Chris Ashmore	87 (?)	6. Gesamt; 2. S 2000
1000 km Spa (B)	26.05.1968	Jeff Edmonds / Chris Ashmore	50	ausgefallen (Zündung)
Tourist Trophy, Oulton Park (GB)	03.06.1968	Jeff Edmonds	16	6. Gesamt; 2. S 2000
BARC Meeting, Castle Combe (GB)	13.07.1968	Chris Ashmore		4. Special GT
Martini Internatinal 300, Silverstone (GB)	27.07.1968	Chris Ashmore		12. Gesamt
Crystal Palace (GB)	03.08.1968	Jeff Edmomds / Chris Ashmore		nicht erschienen
Birthday Cup, Croft (GB)	10.08.1968	Chris Ashmore		7. Gesamt
Guards Trophy, Brands Hatch (GB)	02.09.1968	Tony Dean	131	4. Gesamt; 2. S 2000
Daily Express Trophy, Silverstone (GB)	30.03.1969	Nicholas Gold	27	ausgefallen (Zündung)
Guards Trophy, Snetterton (GB)	04.04.1969	Nicholas Gold	74	5. Gesamt
Embassy Trophy, Thruxton (GB)	07.04.1969	Nicholas Gold		11. Gesamt
500 Meilen Brands Hatch (GB)	13.04.1969	Nicholas Gold / Juan Fernandez	23	ausgefallen (Motorschaden)
Critérium de Vitesse, Dijon (F)	04.05.1969	Nicholas Gold		8. Gesamt
Flugplatzrennen Faßberg (D)	11.05.1969	Nicholas Gold		8. SP 2000
Martini Trophy 300, Silverstone (GB)	17.05.1969	Nicholas Gold		ausgefallen (Elektrik)
1000 km Nürburgring (D)	01.06.1969	Nicholas Gold / Gordon Spice	81	zurückgezogen
Bergrennen Pin (F)	08.06.1969	Nicholas Gold		9. Gesamt
Jarama (E)	15.06.1969	Nicholas Gold		5. Gesamt
6 Std. Vila Real (P)	06.07.1969	Nicholas Gold / Filipe Nogueira		ausgefallen (Unfall N.)
Vila do Conde (P)	31.08.1969	Filipe Nogueira	10	ausgefallen
500 km Vila Real	05.07.1970	Filipe Nogueira	8	ausgefallen
Vila Real	04.07.1971	Américo Nunes	3	11. Gesamt
Rampa da Pena (P)	__.04.1972	Américo Nunes		nicht bekannt
Estoril (P)	17.06.1972	Américo Nunes	76	4. Gesamt
Vila Real (P)	09.07.1972	Américo Nunes	6	9. Gesamt
Vila do Conde (P)	20.08.1972	Américo Nunes	122	3. Gesamt
Estoril (P)	__.09.1972	Américo Nunes	45	nicht bekannt
Sports Estoril (P)	11.11.1972	Américo Nunes	32	6. Gesamt
Mocamedes (Angola)	__.__.1973	Américo Nunes	7	2. Gesamt
500 km Benguela (Angola)	__.__.1973	Herculano Areias		nicht bekannt

Charlie Kolb bei der Goernor's Trophy
in Nassau 1966.

Jeff Edmonds und Chris Ashmore bei den 6 Stunden von Brands Hatch 1968. Ausfall durch Kipphebelschaden.

1000 km Nürburgring 1969. Nick Gold und Gordon Spice fuhren nur im Training.

Guards Trophy in Snetterton 1969, 5. Gesamtplatz für Nick Gold.

Américo Nunes bei Rennen in Portugal 1972.

Estoril 1972 mit Américo Nunes.

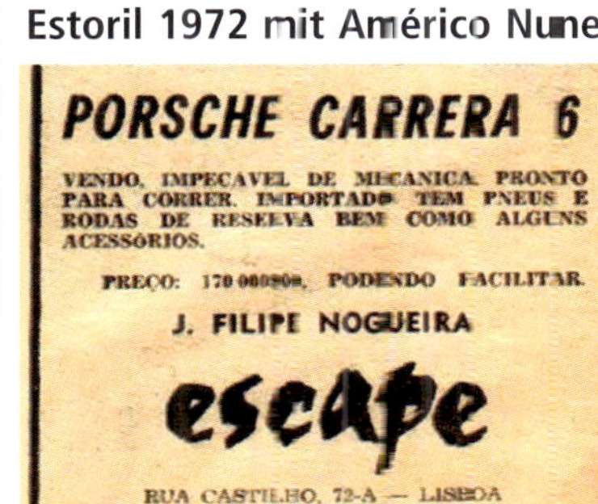

PORSCHE CARRERA 6

VENDO, IMPECAVEL DE MECANICA, PRONTO PARA CORRER. IMPORTADO. TEM PNEUS E RODAS DE RESERVA BEM COMO ALGUNS ACESSÓRIOS.

PREÇO: 170.000$00, PODENDO FACILITAR.

J. FILIPE NOGUEIRA

escape

RUA CASTILHO, 72-A — LISBOA

Verkaufsanzeige 1970 von Filipe Nogueira.

Américo Nunes bei Rennen in Angola 1973.

Ed Mettlemann im Jahr 2000 beim Historischen GP von Montherey in den USA.

Bei der Restaurierung im Jahr 2003 erhielt 906 133 wieder seine Originallackierung. So war er dann auch 2004 in Essen zu sehen.

906 134

Motor-Nr.: 906 137
Getriebe-Nr.: 906 135
Ausgeliefert am: 23.03.1966
Händler: Pons (NL)
1. Kunde: Ben Pon (NL)
Bruce Canepa restauration
2. Kunde: Blackhawk Collection (Danville, CA, USA)
3. Kunde: Pablo Gonzales (USA) 2007

aktueller Besitzer: Blackhawk Museum (USA, 2007)

Farbe: Orange
Innenausstattung:
Kennzeichen:
Unfall
Laguna Seca 1992

Bei diesem 906 gibt es ein ganz großes Problem. Zusammen mit 906 146 gehörte dieses Fahrzeug zum Dutch National Racing Team, und es war ebenfalls in der holländischen Nationalfarbe orange lackiert. Beide Autos glichen sich wie ein Ei dem anderen. Dadurch kann man nicht mit absoluter Sicherheit nachvollziehen, welches Fahrzeug bei welcher Veranstaltung mit welchem Fahrer eingesetzt wurde. Ein winziges Unterscheidungsmerkmal war die Position des BP-Aufklebers hinter dem vorderen Radlauf. Aufgrund dieses Details und der Überlegung, dass Fahrer gern mit »ihrem« Auto und nicht mit dem des Teamkollegen fuhren, haben wir trotz aller Unwägbarkeiten eine Zuordnung versucht.
Hinter dem Dutch Racing Team stand Ben Pon, der Juniorchef des holländischen VW- und Porsche-Importeurs, der schon früher mit einem Abarth Carrera und einem 904 Carrera GTS für Furore gesorgt hatte. Fahrerisch wurde das Team durch die Brüder David und Gijs van Lennep verstärkt, letzterer sollte fünf Jahre später das 24-Stunden-Rennen von Le Mans mit einem 917K gewinnen und zu Carrera-RSR-Zeiten als Werksfahrer bei Porsche arbeiten.
Die orangefarbenen Rennwagen sorgten insbesondere im benachbarten Deutschland für spannende Duelle mit den Konkurrenten.
Für 906 134 sollte der belgische Ardennenkurs Spa-Francorchamps ebenso wie für 112 und 126 zur Schicksalstrecke werden. Beim Training zum 1000-km-Rennen kam Pon von der Strecke ab und verwandelte den Wagen in einen Schrotthaufen. Danach griff 134 nie wieder ins Renngeschehen ein.
Reste des Wracks oder was man dafür hielt wurden rund 25 Jahre später in den USA bei Bruce Canepa restauriert. Heute steht 906 134 im Look eines 67er-Werkswagens (und nicht mehr orange) im Blackhawk Museum in Kalifornien.

Das gesamte Racing Team Holland stellte sich zu Beginn der Saison 1966 dem Fotografen.

Norisring 1966 (siehe auch Bilder auf der nächsten Seite).

Renneinsätze 906 134

Veranstaltung	Datum	Fahrer	Start-Nr.	Platzierung
NAV Rennen Zandvoort (NL)	24.04.1966	Gijs van Lennep	158	2. S 2000
1000 km Monza (I)	25.04.1966	David van Lennep / Gijs van Lennep	34	nicht erschienen
Flugplatzrennen Trier (D)	01.05.1966	Gijs van Lennep	77	2. SP 2000
GP von Paris, Montlhéry (F)	15.05.1966	Gijs van Lennep	42	2.
1000 km Spa-Francorchamps (B)	22.05.1966	Gijs van Lennep / David van Lennep	55	15. Gesamt, 1. S 2000
1000 km Nürburgring (D)	05.06.1966	Gijs van Lennep / David van Lennep	60	7. Gesamt, 1. S 2000
Flugplatzrennen Mainz-Finthen (D)	19.06.1966	Gijs van Lennep	12	3. SP 2000
Avus-Rennen, Berlin (D)	26.06.1966	Gijs van Lennep	42	ausgefallen
Norisring-Rennen (D)	17.07.1966	Gijs van Lennep	20	3. Gesamt
Rheinland-Pfalz-Preis, Nürburgring (D)	07.08.1966	Gijs van Lennep	2	ausgefallen (Motor)
GP von Hockenheim (D)	14.08.1966	Ben Pon	21	nicht erschienen
GP von Österreich, Zeltweg (A)	11.09.1966	Gijs van Lennep	17	6. Gesamt
Dünen-Trophäe, Zandvoort (NL)	02.10.1966	Gijs van Lennep	8	3. Gesamt, 3. S 2000
Flugplatzrennen Innsbruck (A)	09.10.1966	Ben Pon		3. Gesamt, 1. S 2000
Flugplatzrennen Wien-Aspern (A)	16.10.1966	Gijs van Lennep	74	1. Gesamt
9 Std. von Kyalami (ZA)	05.11.1966	Ben Pon / Gijs van Lennep	11	nicht gestartet (Motor)
3 Std. von Kapstadt (ZA)	19.11.1966	Ben Pon / Gijs van Lennep		3. Gesamt
1000 km von Spa-Francorchamps (B)	01.05.1967	Ben Pon / Gijs van Lennep	54	nicht gestartet (Unfall)

Auf dem Norisring trat das Racing Team Holland 1966 mit seinen beiden orange 906 an, 906 134 hatte die Startnummer 20.

Flugplatzrennen Trier 1966.

Spa-Francorchamps: 1967 gab es nach dem Klassensieg des Vorjahres einen schweren Unfall, bei dem der Fahrer glimpflich davonkam.

906 134 nach der Restaurierung (siehe auch Bilder auf der nächsten Seite).

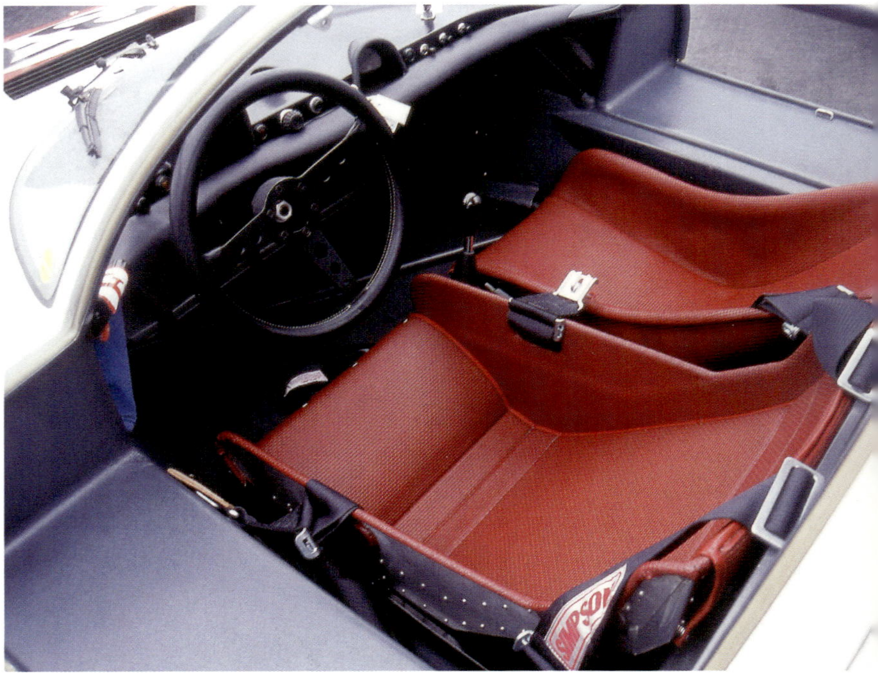

Nach der Restaurierung durch Bruce Canepa zeigte sich 906 134 bei den Historischen Rennen in Monterey 1992.

906 135

	aktueller Besitzer: unbekannt (2005)
Motor-Nr.: 906 141	
Getriebe-Nr.: 906 136	**Farbe**: Signalrot
Ausgeliefert am: 09.04.1966	**Innenausstattung**:
Händler: AMAG (CH)	**Kennzeichen**:
1. Kunde: André Wicky (CH)	
2. Kunde: Jeremy Delmar-Morgan (GB)	Motor 906 128
3. Kunde: unbekannt	
4. Kunde: Richard Hyland, Pine Bush, New York (USA)	
5. Kunde: E. Kenneth Williams Jr., Short Hills, NJ (USA)	1975
6. Kunde: Paul De Friece, Atlanta, GA (USA)	1978
7. Kunde: Mary Flanders (USA)	1981-1985
8. Kunde: Dick Barbour, San Diego, CA (USA)	
9. Kunde: Roy S. Walzer, CT (USA)	1988
10. Kunde: Mark Sherman, NY (USA)	1989
Patrick Racing restoration	
11. Kunde: Scott Gauthier, Phoenix, AZ (USA)	1998-2001
Bonhams Auktion Monte Carlo 2005: verkauft	

906 135 ist ein weiteres Fahrzeug, das vergleichsweise häufig bewegt wurde. Erstbesitzer war der Schweizer André Wicky, der in Lausanne eine Autowerkstatt betrieb. Wicky fuhr viel in seinem Heimatland, einem Staat, in dem nur noch Bergrennen ausgetragen werden durften und Rundstreckenrennen verboten waren. Aber auch Starts im benachbarten Ausland standen auf seinem Programm. 1967 vermietete er den Wagen einmal an den Portugiesen Mario Cabral und zweimal an den Franzosen Régis Fraissinet.
1968 erwarb er einen 910 und verkaufte den 906 an den Engländer Jeremy Delmar-Morgan. Dieser meinte es ernst und plante zusammen mit Mike Walton die Teilnahme an vier Läufen zur Marken-Weltmeisterschaft. Viel Glück war dem Team aber nicht beschieden, denn bis auf einen 19. Platz beim 1000-km-Rennen auf dem Nürburgring war die Punkte-Ausbeute gleich Null. Offenbar ein wenig frustriert bot er im Oktober 1968 seinen Rennwagen in der Zeitschrift *Autosport* an.

Wie es einer Vielzahl der 906er nicht vergönnt war, in Europa zu bleiben, trat auch 906 135 die Reise nach Amerika an. Nach einer vollständigen Überholung des Wagens in der Werkstatt von Paul Burns geht Paul De Friece aus Atlanta 1978 als einer der Ersten mit einem 906 bei einem Historischen Rennen an den Start, eben mit 135. Ihm folgt 1981 Mary Flanders, die bis 1985 Rennen mit 906 135 fährt, oft zusammen mit ihrem Ehemann Scott, der ebenfalls einen 906 fuhr.
Nach einer Reise kreuz und quer durch die USA kommt 906 135 im Jahr 1998 in den Besitz von Scott Gauthier aus Phoenix, Arizona. Scott lässt den Wagen bei Patrick Racing restaurieren, entscheidet sich aber unglücklicherweise für die Farbe Silbergrau-Metallic. Die hat nun überhaupt nichts mit 906 135 zu tun, dennoch kommt der Wagen 2005 so auf den Markt, wird auch in Europa angeboten und hat offensichtlich einen neuen Besitzer gefunden.

Renneinsätze 906 135

Veranstaltung	Datum	Fahrer	Start-Nr.	Platzierung
1000 km Monza (I)	25.04.1966	André Wicky / André Knörr	31	12. Gesamt; 5. P 2000
Bergrennen Minier (F)	15.05.1966	André Wicky		5. Gesamt; 4. S 2000
Rundrennen Monza (I)	22.05.1966	André Wicky		ausgefallen
Bergrennen Pin (F)	12.06.1966	André Wicky		2. Gesamt
Schweizer Rennen, Hockenheim (D)	19.06.1966	André Wicky	15	nicht bekannt
Bergrennen Mont Ventoux (F)	26.06.1966	André Wicky		8. Gesamt; 3. S 2000

Renneinsätze 906 135

Veranstaltung	Datum	Fahrer	Start-Nr.	Platzierung
Circuito di Mugello (I)	17.07.1966	André Wicky	170	nicht gestartet
Bergrennen Savies (CH)	24.07.1966	André Wicky		3. Gesamt; 2. S 2000
Rheinland-Pfalz-Preis, Nürburgring (D)	07.08.1966	André Wicky	6	5. S 2000
Großer Preis von Hockenheim (D)	14.08.1966	André Wicky	28	6. Gesamt; 3. S 2000
Bergrennen St. Ursannes – Les Rangiers (CH)	21.08.1966	André Wicky		9. Gesamt; 3. S 2000
Bergrennen Sierre Montana-Crans (CH)	28.08.1966	André Wicky	91	7. Gesamt; 4. S 2000
Bergrennen Mitholz-Kandersteg (CH)	04.09.1966	André Wicky		3. Gesamt
Bergrennen La Faucille (F)	04.09.1966	André Wicky		4. Gesamt
Bergrennen Urcy (F)	11.09.1966	André Wicky		3. Gesamt; 2. S 2000
Bergrennen Limonest Mont Verdun (F)	18.09.1966	André Wicky		2. Gesamt; 1. S 2000
Bergrennen Mont Hoix (CH)	25.09.1966	André Wicky		1. Gesamt; 1. S 2000
Coupe du Salon, Montlhéry (F)	09.10.1966	André Wicky		nicht bekannt
1000 km von Paris, Montlhéry (F)	16.10.1966	André Wicky / Jean Pierre Hanrioud	43	2. Gesamt; 1. S 2000
Trofeo Montjuich, Barcelona (E)	23.10.1966	André Wicky	67	2. Gesamt
Bergrennen Ceyreste (F)	26.02.1967	Régis Fraissinet		2. Gesamt
1000 km Monza (I)	25.04.1967	André Wicky		nicht erschienen
Bergrennen Colombier (F)	30.04.1967	André Wicky		2. Gesamt
Bergrennen St.Antonin (F)	07.05.1967	Régis Fraissinet		2. Gesamt
Targa Florio (I)	14.05.1967	André Wicky		nicht erschienen
Flugplatzrennen Dijon (F)	15.05.1967	André Wicky		1. S 2000
Coupe de Paris, Montlhéry (F)	28.05.1967	André Wicky		2. Gesamt
Bergrennen Colombier (F)	__.05.1967	André Wicky		2. Gesamt
12 Stunden Reims (F)	25.06.1967	André Wicky / Edgar Berney	37	5. Gesamt; 3. S 2000
Norisring-Rennen (D)	02.07.1967	André Wicky	16	6. Gesamt; 4. S 2000
Jarama (E)	23.07.1967	André Wicky		2. Gesamt
Nogaro (F)	13.08.1967	Régis Fraissinet		1. Gesamt
Bergrennen Mont Dore (F)	15.08.1967	Régis Fraissinet		5. S 2000
Montes Claros (P)	__.__.1967	Mario Cabral	6	nicht bekannt
6 Stunden Brands Hatch (GB)	07.04.1968	Jeremy Delmar-Morgan / Mike Walton	29	ausgefallen (Antriebswelle)
1000 km Monza (I)	25.04.1968	Jeremy Delmar-Morgan / Mike Walton	57 17	nicht erschienen
Player's Trophy, Silverstone (GB)	27.04.1968	Jeremy Delmar-Morgan		10. Gesamt
Dünen-Trophy, Zandvoort (NL)	12.05.1968	Jeremy Delmar-Morgan		6. Gesamt; 2. S 2000
1000 km Nürburgring (D)	19.05.1968	Jeremy Delmar-Morgan / Mike Walton	90	19. Gesamt; 6. S 2000
1000 km Spa-Francorchamps (B)	26.05.1968	Jeremy Delmar-Morgan / Mike Walton	49	ausgefallen (Zündung)
Tourist Trophy, Oulton Park (GB)	03.06.1968	Jeremy Delmar-Morgan	19	7. Gesamt; 3. S 2000
Guards Trophy, Mallory Park (GB)	23.06.1968	Jeremy Delmar-Morgan		15. Gesamt
Crystal Palace (GB)	03.08.1968	Jeremy Delmar-Morgan		nicht erschienen
Martini Trophy, Silverstone (GB)	17.05.1969	Jeremy Delmar-Morgan		ausgefallen
500 km Nürburgring (D)	07.09.1969	Mike Walton		nicht erschienen

Erstes Rennen, erster Erfolg 1966 bei den 1000 km von Monza.

Beim Europa-Bergmeisterschaftslauf 1966 am Mt. Ventoux wurde André Wicky 8. Gesamt.

Großer Preis von Hockenheim 1966.

1000 km von Paris: 2. Gesamt und 1. Sportwagen bis 2000 ccm wurden André Wicky und J. P. Hanrioud.

Norisring 1967: André Wicky fährt auf den 6. Platz Gesamt. In der Rennszene kämpft er gegen einen 910.

Jeremy Delmar-Morgan 1968 in Brands Hatch.

Jeremy Delmar-Morgan bei den 1000 km auf dem Nürburgring 1968.

1988 war 906 135 noch blau lackiert.

Dann aber wurde er restauriert …

... und in Silber-Metallic umlackiert. In diesem Zustand befindet sich der Wagen noch heute.

906 136

Motor-Nr.: 906 138
Getriebe-Nr.: 906 138
Ausgeliefert am: 05.04.1966
Händler: PC Pacific, Burlington, CA (USA)
1. Kunde: Don Wester, Monterey, CA (USA)
2. Kunde: Lew Florence, Portland, OR (USA)
3. Kunde: Bob Kirby, Los Angeles, CA (USA)
4. Kunde: Vasek Polak (USA)
5. Kunde: Harald Kirberg, Mill Valley, CA (USA)
6. Kunde: John Penner (Hesperia, CA, USA) 1979
Gary Emory Motorsports restoration
7. Kunde: Dann Boeschen, St. Helena, CA (USA)

aktueller Besitzer: Dann Boeschen (USA, 2007)

Farbe: Weiß
Innenausstattung:
Kennzeichen:
1966-1967
1967-1968
1969; Unfall
Milt Minter, Santa Susanna; 1970-1971
1971-1979; Umbau KK1 (1974) und KK2

seit 2002

906 136 ist ein amerikanisches Westküstenauto, bis heute. Ursprünglich von den Herren Don Wester, Lew Florence und Bob Kirby gefahren, ging der Wagen nach einem Unfall an Vasek Polak. Polak setzte das Fahrzeug offenbar wieder instand, denn sein Fahrer Milt Minter gewann 1970 mit dem offenen 906 die nationale SCCA-Meisterschaft. Milt wurde später sehr populär, nicht zuletzt aufgrund seiner Ritte auf dem 1000 PS starken 917/10.
Polak verkaufte den Wagen an den deutschstämmigen Harald Kirberg. Nach einem unverschuldeten Unfall 1973 in Laguna Seca baute Kirberg das Fahrzeug neu auf und spendierte ihm eine völlig neue Karosserie. Durch eine seitliche Beplankung kaschierte er den Rohrrahmen so geschickt, dass das Ganze wie ein Monocoque aussah.

Die Karosserie ähnelte ein wenig einem McLaren M8F. Unter dem Namen KK1 bzw. KK2 wurde dieser 906 bis 1978 im Motorsport eingesetzt, insgesamt 13 Jahre!
Nach einer längeren Ruhephase nahm sich 2001 Dan Boeschen das Monster vor. Bei Rod Emory ließ er den historischen Rennwagen wieder in den vermeintlichen Originalzustand zurückversetzten und präsentiert ihn seither wieder da, wo er hingehört: auf der Rennstrecke.
Für die Lackierung wählte er ein dezentes Rot in Verbindung mit einigen wenigen silbernen Akzenten. Dieses Kleid steht dem 906 so gut, dass es das eher nüchtern wirkende originale Weiß völlig vergessen lässt.

Renneinsätze 906 136

Veranstaltung	Datum	Fahrer	Start-Nr.	Platzierung
SCCA National Stockton, CA (USA)	05.06.1966	Don Wester	60	1. E/SR
USRRC Kent, WA (USA)	30.07.1966	Don Wester	60	6. Gesamt, 1 S 2000
SCCA National Vacaville, CA (USA)	10.09.1966	Don Wester	60	1. E/SR
Kent, WA (USA)	09.10.1966	Don Wester		4. Gesamt, 1. S 2000
Laguna Seca, CA (USA)	16.10.1966	Don Wester	60	1. E/SR
US Champions, Riverside, CA (USA)	27.11.1966	Don Wester	611	3. Gesamt, 1. E/SR
Pacific Race, Westwood, WA (USA)	23.09.1967	Lew Florence		2. Platz
SCCA National Portland, OR (USA)	28.04.1968	Lew Florence	4	nicht bekannt
SCCA National Pacific Raceway, WA (USA)	19.05.1968	Lew Florence	4	nicht bekannt
Rose Cup, Portland, OR (USA)	09.06.1968	Lew Florence	4	nicht bekannt
SCCA National Cotati, CA (USA)	23.06.1968	Lew Florence		2. Gesamt
USRRC Kent, WA (USA)	30.06.1968	Lew Florence		5. Gesamt, 1. S 2000
SCCA National, Pacific Raceway, WA (USA)	25.08.1968	Lew Florence		3. B/SR
Road Race of Champions, Riverside, CA (USA)	24.11.1968	Lew Florence	4	7. Gesamt, 2. B/SR
Holtville, CA (USA)	13.04.1969	Robert Kirby		4. Platz
SCCA National Stardust, Las Vegas, CA (USA)	__.__.1969	Robert Kirby	4	Unfall
SCCA National Bonneville, UT (USA)	07.09.1970	Milt Minter		1 AB/SR
SCCA Regionals, Orange County, CA (USA)	14.09.1970	Milt Minter	21	1. Platz B/SR
SCCA National Ontario, CA (USA)	20.09.1970	John Morton		1. AB/SR
SCCA National Phoenix, AZ (USA)	27.09.1970	Milt Minter		1. AB/SR
Road Race of Champions, Road Atlanta, GA (USA)	29.11.1970	Milt Minter	11	1. Platz B/SR
SCCA National Holtville, CA (USA)	31.01.1971	Milt Minter		1. A/SR
SCCA National Laguna Seca, CA (USA)	20.06.1971	Harald Kirberg	91	nicht bekannt
SCCA National Vacaville, CA (USA)	29.08.1971	Harald Kirberg		2. B/SR
SCCA National Willow Springs, CA (USA)	__.__.1971	Harald Kirberg		nicht bekannt
SCCA National Riverside, CA (USA)	__.__.1971	Harald Kirberg		nicht bekannt
SCCA Regional Laguna Seca, CA (USA)	17.10.1971	Harald Kirberg	91	nicht bekannt
Road Race of Champions, Road Atlanta, GA (USA)	28.11.1971	Harald Kirberg		nicht gestartet, B/SR
SCCA National Willow Springs, CA (USA)	15.04.1973	Harald Kirberg	91	1. AB/SR
SCCA National Laguna Seca, CA (USA)	__.06.1973	Harald Kirberg		Unfall
SCCA National Laguna Seca, CA (USA)	__.06.1974	Harald Kirberg	91	nicht bekannt
ARRC Atlanta, GA (USA)	__.__.1974	Harald Kirberg	81	nicht bekannt, B/SR
CAN-AM Laguna Seca, CA (USA)	26.06.1977	Harald Kirberg	94	7. Gesamt [KK2]
CAN-AM Mid-Ohio, OH (USA)	07.08.1977	Harald Kirberg	94	14. Gesamt [KK2]
CAN-AM Sears Point, CA (USA)	25.09.1977	Harald Kirberg	94	nicht gestartet [KK2]
CAN-AM Riverside, CA (USA)	16.10.1977	Harald Kirberg	94	20. Gesamt [KK2]
CAN-AM Laguna Seca, CA (USA)	08.10.1978	Harald Kirberg		16. Gesamt [KK2]

Don Wester bei einem SCCA-Rennen in Kalifornien 1967.

Lew Florence mit dem 906 136 bei einem Rennen in Nord-Kalifornien 1968.

Milt Minter mit dem Wagen von Vasek Polak 1970 und in der Zeitschrift Porsche Panorama.

Harald Kirberg in Road Atlanta 1974.

Extrem-Umbau von Harald Kirberg in den KK1.

Harald Kirberg, in his $30,000 Porsche Special, warmed up for this weekend's amateur sports car races at Laguna Seca.

Verkaufsanzeige im San Francisco Chronicle 1974 des jetzt noch weiter modifizierten 906 136, der jetzt KK2 genannt wird.

Nach einer aufwendigen Restaurierung ist 906 136 heute wieder fast wie neu und schöner denn je.

906 137

Motor-Nr.: 906 143
Getriebe-Nr.: 906 139
Ausgeliefert am: 04.04.1966
Händler: Werkswagen
1. Kunde: Porsche Salzburg
2. Kunde: Dr. Charles Steiner, Haganeau (F) — simple Berg Spyder body
3. Kunde: Gerry Sutterfield, Lake Park, FL (USA) — 08.1979
4. Kunde: Richard (»Dick«) Daniels, Anaheim, CA (USA) — 01.1980-1983
5. Kunde: Reg Howell (USA) — 1984-1986
Jeff Keiner restoration — ca. 1990
6. Kunde: Prescott Kelly, Weston, CT (USA) — 1998
Brooks Auction Nürburgring — 1999
Barrett Jackson auction — 2000
c/o Auto Salon Singen — 2002

aktueller Besitzer: (J, 2005))

Farbe: Weiß
Innenausstattung:
Kennzeichen:

906 137 war zunächst ein Werkswagen, der 1966 in Spa, in Zeltweg und am Ende der Saison bei den Flugplatzrennen in Innsbruck und Wien zum Einsatz kam. Was danach mit dem Fahrzeug geschah, ist zur Zeit noch nicht eindeutig geklärt.
Ende der 70er Jahre bot der Franzose Dr. Charles Steiner den Wagen zum Verkauf. Zu diesem Zeitpunkt war aus dem ehemals weißen Coupe ein gelber Spyder geworden, und die Gemischaufbereitung wurde nicht mehr durch Vergaser, sondern durch eine Einspritzanlage geregelt.
Ein späterer Besitzer aus Paris verkaufte ihn dann schließlich über Gerry Sutterfield nach Amerika, wo er zurückgerüstet und als echter Carrera restauriert wird. Nach jüngsten Informationen hat der Wagen bei einem japanischen Sammler ein neues Zuhause gefunden.

Renneinsätze 906 137

Veranstaltung	Datum	Fahrer	Start-Nr.	Platzierung
1000 km Spa-Francorchamps (B)	22.05.1966	Hans Herrmann / Dieter Glemser	11	Unfall (Rad verloren)
500 km Zeltweg (A)	11.09.1966	Jo Siffert	12	2. Gesamt, 2. S 2000
Flugplatzrennen Innsbruck (A)	09.10.1966	Jochen Rindt	94	2. Gesamt, 2. S 2000
Flugplatzrennen Wien-Aspern (A)	16.10.1966	Gerhard Mitter	75	3. Gesamt

1000 km Spa 1966 (siehe auch Bilder auf der nächsten Seite)

1000 km Spa 1966: Einsatz als Porsche-Werkswagen mit Hans Herrmann und Dieter Glemser, leider nach Unfall ausgeschieden.

Jochen Rindt belegt mit dem Werkswagen beim Flugplatzrennen in Innsbruck den 2. Platz in der Gesamtwertung.

Gerry Sutterfield kaufte den 906 im Jahr 1979 und brachte ihn nach Stuttgart, wo ihn Autor Jürgen Barth bei der Verladung für den Transport in die USA besichtigt.

Reg Howell setzte den wieder vollständig restaurierten 906 137 bei den Historischen Rennen von Montherey 1984 ein.

906 138

	aktueller Besitzer: E. Magnone (I, 1990)
Motor-Nr.: 906 139	
Getriebe-Nr.: 906 137	**Farbe**: Weiß
Ausgeliefert am: 06.04.1966	**Innenausstattung**:
Händler: PC Southeast, Jacksonville, FL (USA)	**Kennzeichen**:
1. Kunde: William B. Bowman (USA)	
2. Kunde: Pitty Block (PE)	
3. Kunde: Eduardo Magnone (I)	1990

906 138 wurde ursprünglich an den Amerikaner William (»Bill«) B. Bowman mit Wohnsitz in Florida verkauft. Von ihm sind leider nur sehr wenige Rennaktivitäten bekannt.

Anfang 1967 verkaufte er den Wagen nach Südamerika, genauer gesagt an den Peruaner Pitty Block. Im Laufe der kommenden Jahre setzte ihn Block häufig und erfolgreich ein.

Danach verlor sich die Spur, bis das Fahrzeug 1990 ziemlich heruntergekommen in Südamerika gefunden wurde. Von Peru aus trat es die weite Reise nach Italien an und wartet dort auf die Vollendung seiner Restaurierung.

Anmerkung:

1981 gelangte ein Fahrzeug mit der Fahrgestellnummer 906 138 in die USA, wurde dort bei Rennen für historische Fahrzeuge sehr engagiert bewegt und anschließend bei Kevin Jeannette (Gunnar Racing) restauriert. Im Zuge der Restaurierung stellte sich jedoch heraus, das 906 138 nicht die wahre Identität war (siehe auch 906 162).

Bill Bowman bei der Governor's Trophy 1966 in Nassau auf den Bahamas.

Renneinsätze 906 138

Veranstaltung	Datum	Fahrer	Start-Nr.	Platzierung
GP von Watkins Glen, NY, (USA) USRRC	26.06.1966	Bill Bowman	87	nicht gestartet (Unfall)
USRRC Mid Ohio, OH (USA)	28.08.1966	Bill Bowman	87	10. Gesamt; 5. S 2000
Dave Whiteman Trophy, Daytona, FL (USA)	04.09.1966	Bill Bowman		2. Platz
Governor's Trophy & Nassau TT, Bahamas (GB)	02.12.1966	Bill Bowman	87	8. Gesamt
Porsche Classic Nassau, Bahamas (GB)	03.12.1966	Bill Bowman	87	3. Gesamt
Nassau Trophy, Bahamas (GB)	04.12.1966	Bill Bowman	87	12. Gesamt
SCCA National Palm Beach, FL (USA)	13.02.1967	Bill Bowman		2 EM
Herradu (PE)	16.04.1967	Pitty Block	5	1. Gesamt
6 Std. von Peru, Campo de Marte (PE)	09.07.1967	Pitty Block	1	ausgefallen
6 Std. von Bogota (CO)	22.08.1967	Pitty Block		nicht bekannt
6 Std. von Quito (EC)	15.10.1967	Pitty Block		nicht bekannt
6 Std. von Caracas (VE)	10.12.1967	Pitty Block		nicht bekannt

Nassau Trophy 1966: Bill Bowman wird 12. Gesamt.

Der Peruaner Pitty Block fuhr 1967 einige Rennen in seinem Land. Sein deutscher Mechaniker Lothar Ranft baute ihm Heckklappen, wie sie im Werk ausprobiert worden waren.

In diesem Zustand wurde 906 138 im Jahr 1990 in Südamerika gefunden.

906 139

	aktueller Besitzer: R. Lane (USA, 2007)
Motor-Nr.: 906 140	
Getriebe-Nr.: 906 141	**Farbe**: Weiß
Ausgeliefert am: 06.04.1966	**Innenausstattung**:
Händler: Sonauto, Paris (F)	**Kennzeichen**:
1. Kunde: Claude Bourillot (Dijon, F)	1966-1967
2. Kunde: Claude Larrieu (F)	1969
3. Kunde: »Gama«, Paris (F)	
4. Kunde: Gérard Rubio, Idron (F)	1972: Spyder
5. Kunde: Rauol Bensousan, Pau (F)	1978: Umbau Coupé
6. Kunde: unbekannt, Paris (F)	
7. Kunde: Marco Marinello (CH)	
8. Kunde: Chuck Stoddard (USA)	2005
9. Kunde: Richard Lane, NC (USA)	

Claude Bourillot war Apotheker und Herrenfahrer. In den 50er Jahren fuhr er Maseratis und Ferraris, und später war er eine Zeit lang Präsident des französischen Automobilsportverbandes. Große Popularität brachte ihm die Eheschließung mit der Schauspielerin Michèle Mercier, der Darstellerin der »Angélique«.
Die Targa Florio 1966 war sein letztes großes Rennen, den Carrera 6 fuhr er aber noch weiter bis 1967 bei nationalen Veranstaltungen in Frankreich.

1969 kommt 906 139 in den Besitz von Claude Larrieu. Der fährt zunächst Bergrennen, nimmt aber auch an Rundstreckenrennen einschließlich der Tour de France Automobile teil.
1972 kauft Gérard Rubio den Wagen und baut ihn radikal zu einem Spyder um, ohne auch nur ein einziges Originalteil zu verwenden. Raoul Bensoussan rüstet den entfremdeten 906 sechs Jahre später wieder zurück, und heute gehört 906 139 zur Sammlung von Chuck Stoddard im US-Bundesstaat Ohio.

Claude Larrieu bei der Tour de France 1969, hier auf der Sonderprüfung am Mt Ventoux.

Claude Larrieu 1970 mit seinem umgebauten Spyder. Bei den 500 km von Villa Real in Portugal belegte er mit dem Wagen einen 6. Platz.

Renneinsätze 906 139

Veranstaltung	Datum	Fahrer	Start-Nr.	Platzierung
Targa Florio (I)	08.05.1966	Claude Bourillot / Umberto Maglioli	150	5. Gesamt
Bergrennen Urcy (F)	11.09.1966	Claude Bourillot	116	1. S 2000
Flugplatzrennen Dijon (F)	15.05.1966	Claude Bourillot	49	3. S 2000
Bergrennen Coursac (F)	22.06.1969	Claude Larrieu		2. Gesamt
Bergrennen Arte La Pierre (F)	29.06.1969	Claude Larrieu		1. Gesamt
Bergrennen Bachelelrie (F)	06.07.1969	Claude Larrieu		1. Gesamt
Bergrennen Montauban (F)	13.07.1969	Claude Larrieu		1. Gesamt
Bergrennen Nogaro (F)	14.07.1969	Claude Larrieu	45	1. Gesamt
Bergrennen Roquefort-Tournemire (F)	20.07.1969	Claude Larrieu		1. Gesamt
Bergrennen Mirabel (F)	xx.07.1969	Claude Larrieu		1. Gesamt
Criterium des Landes, Dax (F)	03.08.1969	Claude Larrieu		2. SP 2000
Bergrennen Arette (F)	15.08.1969	Claude Larrieu	111	1. Gesamt
Nogaro (F)	17.08.1969	Claude Larrieu		4. Gesamt
Tour de France (F)	18.-26.09.69	Claude Larrieu / Jean Vignes	178	ausgefallen
12 Std. von Barcelona (E)	05.10.1969	Claude Larrieu / Niki Bosch	40	nicht gewertet
GP von Casablanca (MA)	19.10.1969	Claude Larrieu		2. Gesamt; 1. S 2000
Jarama (E)	08.03.1970	Claude Larrieu		6. Gesamt
Albi (F)	22.03.1970	Claude Larrieu		2. Platz
Bergrennen Aquitaine (F)	05.04.1970	Claude Larrieu		2. Gesamt
Trofeo Primavera, Jarama (E)	03.05.1970	Claude Larrieu		5. Gesamt
Trofeo par Regiones, Jarama (E)	31.05.1970	Claude Larrieu		5. Gesamt
Col d'Aubisque (F)	07.06.1970	Claude Larrieu		2. Gesamt
Vila Real 500 km (P)	05.07.1970	Claude Larrieu		6. Gesamt
Bergrennen Mirabel, Montaban (F)	12.07.1970	Claude Larrieu		2. Gesamt; 1. S 2000
Bergrennen Eymoutiers (F)	19.07.1970	Claude Larrieu	72	1. Gesamt
Bergrennen Troumouze, Armagnac (F)	02.08.1970	Claude Larrieu		1. Gesamt
Bergrennen Saint Ignace (F)	10.11.1973	Gérard Rubio		1. S 2000

1972 wurde 906 139 von Gérard Rubio bei nationalen französischen Rennen mit geänderter Spyder-Form eingesetzt.

Seit 2005 steht der 906 139 bei Chuck Stoddard in den USA wieder in seiner ursprünglichen Form.

906 139°

Motor-Nr.:
Getriebe-Nr.:
Ausgeliefert am:
Händler:

aktueller Besitzer:

Farbe:
Innenausstattung:
Kennzeichen:

2007 wurde in den USA von einem Herrn Mitler ein Fahrzeug mit der Fahrgestellnummer 906 139 angeboten. Dieses weist jedoch so viele Unterschiede zu einem echten Carrera 6 auf, dass man davon ausgehen muss, dass es sich hier um eine Rekonstruktion handelt.

Bei 906 139° dürfte es sich wohl kaum um einen echten Carrera 6 handeln.

906 140

Motor-Nr.: 906 126
Getriebe-Nr.: 906 140
Ausgeliefert am: 12.04.1966
Händler: PC Northwest, Beaverton, OR (USA)
1. Kunde: Earle Chiles (USA)
2. Kunde: Monte Shelton, Portland, OR (USA)
3. Kunde: Robert Harmon, Marin, CA (USA)
4. Kunde: Chuck Stoddard (USA)
5. Kunde: Bob White, Urbana, IL (USA)
6. Kunde: Jeff Hayes, PA (USA)
7. Kunde: Nick Soprano (USA)
8. Kunde: Fabrizio Violati (I)
9. Kunde: Alfredo Spinetti (I)

aktueller Besitzer: A. Spinetti (I, 2005)

Farbe: Weiß
Innenausstattung:
Kennzeichen:
Mike Fisher (USA) 1966-1967
1967-1968
1971-1973

1986
1987
1988

Dieser 906 wurde an Karl Chiles Meyer im Nordwesten der USA verkauft. Chiles fuhr selbst keine Rennen, sondern überließ dies seinem Fahrer Mike Fisher. Nach nur einer Saison wurde das Fahrzeug an Monte Shelton, einen Autohändler aus Portland, Oregon, verkauft. 1967 bis 1969 fuhr Monte überall in den USA und Kanada, ihm war dabei kein Weg zu lang. Im März 1970 dann offerierte er den blauen Wagen im Magazin *Panorama* des Porsche Club of America in einer ganzseitigen Anzeige zu einem Preis von $ 8995!
Danach erfolgten weitere Besitzerwechsel in den USA, bis der Wagen 1988 an den italienischen Sammler Fabrizio Violati verkauft wurde. 2003 dann wurde der 906 vom Autohaus Spinetti zum Kauf angeboten. Offenbar fand sich bis heute kein Käufer, denn der Wagen steht noch immer in Italien.

Renneinsätze 906 140

Veranstaltung	Datum	Fahrer	Start-Nr.	Platzierung
Rose Cup, Portland, OR (USA)	__.06.1966	Gary Wright	356	ausgefallen (Motor)
USRRC Kent, WA (USA)	30.07.1966	Mike Fisher	2	8. Gesamt
500 Meilen Road America, Elkhart Lake, WI (USA)	04.09.1966	Mike Fisher / Pete Lovely		7. Gesamt, 3. S 2000
Kent, WA (USA)	09.10.1966	Mike Fisher		10. Gesamt
Portland, OR (USA)	__.__.1967	Mike Fisher		Unfall
Westwood Pacific, Kent, WA (USA)	23.09.1967	Monte Shelton		1. Platz
Ken Miles Memorial, Laguna Seca, CA (USA)	14.10.1967	Monte Shelton	57	10. Gesamt
Pennzoil »100«, Riverside, CA (USA)	28.10.1967	Monte Shelton	57	3. Gesamt
Westwood, WA (USA)	03.06.1968	Monte Shelton		3. Klasse A-C
Rose Cup, Portland, OR (USA)	09.06.1978	Monte Shelton	57	1. Platz
SCCA National Cotati, CA, USA	23.06.1968	Monte Shelton		1. Gesamt
USRRC Pacific Raceway, Kent, WA (USA)	30.06.1968	Monte Shelton		6. Gesamt
SCCA National Portland, OR (USA)	08.09.1968	Monte Shelton		3. Klasse A-C, 1. Platz Klasse
Pepsi Pro, Westwood, WA (USA)	__.09.1968	Monte Shelton	57	1. Platz (Regen)
CanAm Laguna Seca, CA (USA)	13.10.1968	Monte Shelton	57	19. Gesamt
Road Race of Champions, Riverside, CA (USA)	24.11.1968	Monte Shelton	85	ausgefallen

Anzeige in Porsche Panorama von 1970.

Monte Shelton fuhr mit 906 140 ausschließlich nationale Rennen in den USA wie hier 1967 in Riverside.

Fast noch im Originalzustand befindet sich 906 140 heute in Italien.

906 141

Motor-Nr.: 906 142
Getriebe-Nr.: 906 142
Ausgeliefert am: 07.04.1966
Händler: Werkswagen

aktueller Besitzer: unbekannt

Farbe: Weiß
Innenausstattung:
Kennzeichen: S – XR 46

906 141 ist einer der Werkswagen, der mit einem Sechszylinder-Vergasermotor an der Targa Florio und mit einem Sechszylinder-Einspritzmotor am 1000-km-Rennen auf dem Nürburgring teilgenommen hat. Anschließend wurde ein 2-Liter-Achtzylinder-Triebwerk eingebaut, und damit belegte Hans Herrmann beim Berg-Europa-Meisterschaftslauf am Mont Ventoux den zweiten Platz im Gesamtklassement. Danach diente dieses Fahrzeug als Versuchsträger. So wurden z. B. aerodynamische Hilfsmittel wie von innen verstellbare Heckklappen an ihm ausprobiert. Leider sind keine Photos erhalten geblieben, sondern nur ein paar Skizzen. Gemäß Werksaufzeichnungen blieb der Wagen bis mindestens 1969 im Werksbesitz, was danach geschah, ist nicht bekannt.
Bei Gunnar Racing in den USA wurde von 2002 bis 2004 ein 906 restauriert, dessen Herkunft nicht ausreichend sicher geklärt ist. Gerüchte, wonach es sich dabei um 906 141 handelt, haben sich bislang aber nicht bestätigt.

Renneinsätze 906 141

Veranstaltung	Datum	Fahrer	Start-Nr.	Platzierung
Targa Florio (I)	08.05.1966	Vincenzo Arena / Antonio Pucci	144	3. Gesamt
1000 km Nürburgring (D)	05.06.1966	Udo Schütz / Günther Klass	16	ausgefallen (Antriebswelle)
Bergrennen Mont Ventoux (F)	26.06.1966	Hans Herrmann	34	2. Gesamt

Targa Florio 1966: Im Training gab es für 906 141 noch einen kleinen Ausrutscher, im Rennen aber belegten Arena/Pucci den 3. Gesamtrang mit einem Sechszylinder-Vergasermotor.

1000 km Nürburgring 1966 (siehe auch Bilder auf der nächsten Seite).

Bei den 1000 km vom Nürburgring 1966 fielen für Schütz/Klass mit einem Achswellenschaden aus.

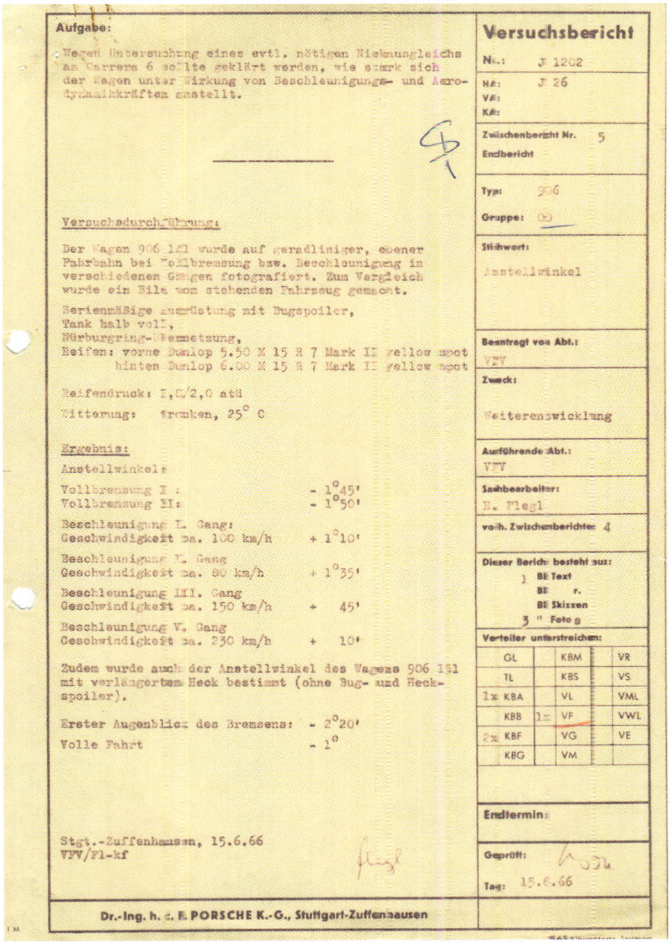

Aufgabe:

Wegen Untersuchung eines evtl. nötigen Nickausgleichs am Carrera 6 sollte geklärt werden, wie stark sich der Wagen unter Wirkung von Beschleunigungs- und Aerodynamikkräften anstellt.

Versuchsdurchführung:

Der Wagen 906 141 wurde auf geradliniger, ebener Fahrbahn bei Vollbremsung bzw. Beschleunigung in verschiedenen Gängen fotografiert. Zum Vergleich wurde ein Bild vom stehenden Fahrzeug gemacht.

Serienmäßige Ausrüstung mit Bugspoiler,
Tank halb voll,
Nürburgring-Übersetzung,
Reifen: vorne Dunlop 5.50 M 15 R 7 Mark II yellow spot
hinten Dunlop 6.00 M 15 R 7 Mark II yellow spot

Reifendruck: 1,8/2,0 atü

Witterung: trocken, 25° C

Ergebnis:

Anstellwinkel:

Vollbremsung I:	- 1°45'
Vollbremsung II:	- 1°50'
Beschleunigung I. Gang: Geschwindigkeit ca. 100 km/h	+ 1°10'
Beschleunigung I. Gang Geschwindigkeit ca. 80 km/h	+ 1°35'
Beschleunigung III. Gang Geschwindigkeit ca. 150 km/h	+ 45'
Beschleunigung V. Gang Geschwindigkeit ca. 230 km/h	+ 10'

Zudem wurde auch der Anstellwinkel des Wagens 906 151 mit verlängertem Heck bestimmt (ohne Bug- und Heckspoiler).

Erster Augenblick des Bremsens:	- 2°20'
Volle Fahrt	- 1°

Stgt.-Zuffenhausen, 15.6.66
VFV/Fl-kf

Dr.-Ing. h. c. F. PORSCHE K.-G., Stuttgart-Zuffenhausen

Versuchsbericht

Nr.: J 1202
HA: J 26
VA:
KA:
Zwischenbericht Nr. 5
Endbericht
Typ: 906
Gruppe: 0
Stichwort: Anstellwinkel
Beantragt von Abt.: VFV
Zweck: Weiterentwicklung
Ausführende Abt.: VFV
Sachbearbeiter: H. Flegl
vorh. Zwischenberichte: 4
Dieser Bericht besteht aus:
1 Bl. Text
Bl. r.
Bl. Skizzen
3 " Fotos
Verteiler unterstreichen:

	GL		KBM		VR
	TL		KBS		VS
1x	KBA		VL		VML
	KBB	1x	VF		VWL
2x	KBF		VG		VE
	KBG		VM		

Endtermin:
Geprüft:
Tag: 15.6.66

Nach seinem letzten Rennen am Mont Ventoux wurde 906 141 bis ins Jahr 1969 hinein nur noch für Versuche eingesetzt.

906 142

Motor-Nr.: 906 145
Getriebe-Nr.: 906 144
Ausgeliefert am: 07.04.1966
Händler: Werkswagen
1. Kunde: Gebrüder Daolio (I, ERI)
2. Kunde: BMS Scuderia Italia (I)

aktueller Besitzer: (I, 2007)

Farbe: Weiß
Innenausstattung:
Kennzeichen: S – XR 47
1969-1972, Spyder

Dieser Carrera 6 hat eine ähnliche Geschichte wie 906 141: Teilnahme an der Targa Florio und am 1000-km-Rennen auf dem Nürburgring sowie an einem Lauf zur Europa-Bergmeisterschaft mit Hans Herrmann am Lenkrad.
Danach folgte eine längere Pause, in der der Wagen möglicherweise irgendwo abgestellt wurde. 1969 taucht er dann in Eritrea, einer italienischen Kolonie in Afrika, auf. Im Besitz der Gebrüder Daolio bestreitet er dort bis 1972 verschiedene kleinere Rennen, bleibt aber bis auf einen Umbau zum Spyder relativ original.
Zur Zeit wird er in Italien bei BMS Scuderia Italia, einem renommierten Rennstall, der in der aktuellen FIA-GT-Serie ganz vorn mitfährt, restauriert und wieder zum Coupé zurückgerüstet.

Renneinsätze 906 142

Veranstaltung	Datum	Fahrer	Start-Nr.	Platzierung
Targa Florio (I)	08.05.1966	Günther Klass / Colin Davis	224	ausgefallen
1000 km Nürburgring (D)	05.06.1966	Jochen Rindt / Nino Vaccarella	5	ausgefallen (Kupplung, Unfall)
Bergrennen Berchtesgaden (D)	12.06.1966	Hans Herrmann	3	3. Gesamt
Massaua (ERI)	28.12.1969	Alberto Falletta		nicht bekannt

Targa Florio 1966 (siehe auch Bilder auf der nächsten Seite).

Bei der Targa Florio 1966 fuhren Günther Klass / Colin Davis mit einem Achtzylinder-2,2-Liter-Motor, fielen aber mit einem Schaden am Fahrgestell aus.

Jochen Rindt und Nino Vaccarella ging es mit dem gleichen Wagen bei den 1000 km auf dem Nürburgring nicht besser: Ausfall durch Kupplungsschaden.

Beim Roßfeldbergrennen 1966 belegt Hans Herrmann mit 906 142 den 3. Platz Gesamt. Auch er war mit einem Achtzylinder unterwegs, aber nur mit 2 Litern Hubraum. Im Fahrerlager steht er neben einem weiteren Werkswagen, dem 906 010 mit Lotus-Radaufhängungen. Den fuhr Gerhard Mitter, der das Rennen auch gewann.

In diesem Zustand kam 906 142 im Jahr 2002 nach Italien.

Immer noch in Italien, wird 906 142 bei BMS, dem erfolgreichen GT-Rennteam der FIA-GT-Meisterschaft, restauriert. Die Bilder entstanden Anfang 2008.

906 143

Motor-Nr.: 906 143
Getriebe-Nr.: 906 143
Ausgeliefert am: 07.04.1966
Händler: Werkswagen
1. Kunde: Hans Tschiemer (CH)
2. Kunde: Heini Walter (CH)
3. Kunde: Fritz Neuser, Nürnberg (D)
4. Kunde: Bob Wollek, Straßburg (F)
5. Kunde: Jean-Daniel Jakubowski (F) ?
6. Kunde: Jacques Oanna, Marseille (F)

aktueller Besitzer: Jaques Oanna (F, 2007)

Farbe: Weiß
Innenausstattung:
Kennzeichen: S – XR 48
1967-1968

Umbau zum Spyder, rot

Nach einer Karriere als Werkswagen (Ausfall bei der Targa Florio und Klassensieg in Le Mans 1966) kam 906 143 Anfang 1967 in den Besitz von Hans Tschiemer.
Als einer der typischen Privatfahrer seiner Zeit fuhr er mit beachtlichem Erfolg zu Hause in der Schweiz, aber auch im benachbarten Ausland. 1968 stand sogar das 1000-km-Rennen am Nürburgring auf dem Programm. Einer Trainingsunfall vereitelte die Teilnahme, und Tschiemer gab den Wagen weiter an den Nürnberger Autohändler Fritz Neuser. Dieser griff vereinzelt selbst ins Lenkrad, überließ es aber auch Alex(ander) Janda und – mit großem Erfolg – dem mehrfachen Berg-Europameister Anton (»Toni«) Fischhaber. 1970 wurde das Fahrzeug optimiert: Dach ab, Heckpartie à la 917K und ein 2 2-Liter-Motor. In diesem Trimm erreichte das Team Fischhaber/Schmid mit dem mittlerweile fünf Jahre alten Rennwagen einen hervorragenden 12. Platz in der Gesamtwertung beim 1000-km-Rennen auf dem Nürburgring.
Am Ende der Saison wurde der Wagen nach Frankreich verkauft, wo er sich auch heute noch befindet und seiner Restaurierung entgegensieht.

Renneinsätze 906 143

Veranstaltung	Datum	Fahrer	Start-Nr.	Platzierung
Targa Florio (I)	08.05.1966	Gerhard Mitter / Joakim Bonnier	218	Unfall
24 Stunden von Le Mans (F)	19.06.1966	Günter Klass / Rolf Stommelen	58	1. S 2000; 7. Gesamt
Magny Cours (F)	01.05.1967	Hans Tschiemer	97	2. Platz; Rundenrekord
Flugplatzrennen Innsbruck (A)	14.05.1967	Hans Tschiemer	32	4. Gesamt; 1. S 2000
Bergrennen Bödele (A)	21.05.1967	Hans Tschiemer		nicht bekannt
Coppa Shell, Monza (I)	28.05.1967	Hans Tschiemer	81	1. S 2000
Bergrennen Autun (F)	04.06.1967	Hans Tschiemer		nicht bekannt
Flugplatzrennen Mainz-Finthen (D)	18.06.1967	Hans Tschiemer	6	2. S 2000
Norisring-Rennen (D)	02.07.1967	Hans Tschiemer	21	10. Gesamt; 8. S 2000
Magny Cours (F)	16.07.1967	Hans Tschiemer		ausgefallen
Bergrennen St.Ursannes – Les Rangiers (CH)	20.08.1967	Hans Tschiemer	85	6. Gesamt
Bergrennen Mitholz-Kandersteg (CH)	09.09.1967	Hans Tschiemer		Abbruch der Veranstaltung
Bergrennen Gargellen (A)	17.09.1967	Hans Tschiemer	94	4. Gesamt
Flugplatzrennen Wien-Aspern (A)	01.10.1967	Hans Tschiemer		nicht bekannt (Kollision mit Rudi Lins)
Flugplatzrennen Innsbruck (A)	08.10.1967	Hans Tschiemer	24	10. Gesamt
Bergrennen Wörgl-Wildschönau (A)	22.10.1967	Hans Tschiemer		5. Gesamt
1000 km Monza (I)	25.04.1968	Hans Tschiemer / Jürg Dubler	56	nicht erschienen
1000 km Nürburgring (D)	19.05.1968	Hans Tschiemer / (Jürg Dubler)	81	Trainingsunfall: Heini Walter
Flugplatzrennen Mainz-Finthen (D)	23.06.1968	Hans Tschiemer	42	nicht erschienen
Slalom Nürnberg (D)	13.10.1968	Alexander Janda		1. S 2000
Bergpreis Ulm (D)	20.10.1968	Alexander Janda		1. S 2000
Bergpreis Schottenring (D)	27.10.1968	Alexander Janda	5	2. Gesamt; 2. S 2000
Taunus-Bergprüfung (D)	30.03.1969	Alexander Janda		3. Gesamt; 2. S 2000
Krähbergrennen (D)	13.04.1969	Anton Fischhaber	261	2. S 2000
Bergrennen Weerberg (A)	20.04.1969	Alexander Janda		7. Gesamt
Frankenwald-Bergrennen, Erlangen (D)	04.05.1969	Anton Fischhaber	111	nicht bekannt
Spessart-Bergrennen (D)	25.05.1969	Anton Fischhaber	157	2. S 2000
Jura-Bergrennen, Neumarkt (D)	01.06.1969	Anton Fischhaber		1. S 2000
1000 km Nürburgring (D)	01.06.1969	Anton Fischhaber / Fritz Neuser	72	nicht gestartet
Flugplatzrennen Schwenningen (D)	08.06.1969	Fritz Neuser		1. S 2000
Bergrennen Rotenburg a. d. Fulda (D)	15.06.1969	Alexander Janda	155	3. S 2000
200 Meilen von Nürnberg, Norisring (D)	29.06.1969	Anton Fischhaber	50	nicht qualifiziert
Flugplatzrennen Ulm-Laupheim (D)	06.07.1969	Anton Fischhaber	273	nicht gestartet
Bergpreis der Oberpfalz (D)	06.07.1969	Alexander Janda		3. S 2000
Ellerberg-Rennen, Bamberg (D)	13.07.1969	Anton Fischhaber		1. S 2000
Altmühltal-Bergrennen, Eichstätt (D)	10.08.1969	Anton Fischhaber	124	1. S 2000
Bergrennen Unterfranken, Eichenbühl (D)	17.08.1969	Fritz Neuser	199	ausgefallen
Ratisbona-Bergrennen (D)	24.08.1969	Anton Fischhaber	85	1. S 2000
Bergrennen Happurg (D)	31.08.1969	Anton Fischhaber	85	1. Gesamt; Streckenrekord
Gaisberg-Rennen (A)	07.09.1969	Anton Fischhaber		6. Gesamt; 4. S 2000
Bergrennen Alzenau	14.09.1969	Bepp Mayer	116	1. S 2000
Frankenberg-Rennen, Ansbach (D)	05.10.1969	Fritz Neuser		1. S 2000
Slalom Nürnberg (D)	12.10.1969	Fritz Neuser		1. S 2000
Nibelungen-Bergrennen, Obernzell (D)	17.05.1970	Anton Fischhaber		1. P > 16000

Renneinsätze 906 143

Veranstaltung	Datum	Fahrer	Start-Nr.	Platzierung
1000 km-Rennen, Nürburgring (D)	31.05.1970	Anton Fischhaber / Dieter Schmid	10	12. Gesamt; 8. P 3000
Flugplatzrennen Neuhausen (D)	13.06.1970	Anton Fischhaber		2. P > 1300
Bergrennen Rotenburg a. d. Fulda (D)	21.06.1970	Anton Fischhaber	247	1. P > 2000
Bergpreis Schottenring (D)	28.06.1970	Anton Fischhaber	174	1. P > 2000
Ellerberg-Rennen, Bamberg (D)	19.07.1970	Anton Fischhaber	160	1. Gesamt; Streckenrekord
Bergpreis Freiburg-Schauinsland (D)	26.07.1970	Anton Fischhaber	130	7. Gesamt
Altmühltal-Bergrennen, Obermässing (D)	09.08.1970	Anton Fischhaber		2. Gesamt; 1. P > 1600
Bergpreis Happurg (D)	06.09.1970	Anton Fischhaber		1. P > 1600
Bergpreis Schwäbische Alb-Neuffen (D)	27.09.1970	Anton Fischhaber	314	nicht gestartet
Auerbergrennen (D)	04.10.1970	Anton Fischhaber		1. P > 1600
Bergrennen Abreschviller (F)	14.05.1972	Jean-Daniel Jakubowski		2. Grp. 5 und 7
Bergrennen Saint-Germain-sur-Ille (F)	21.05.1972	Jean-Daniel Jakubowski		4. Grp. 5 und 7
Bergrennen Montaigu (F)	22.05.1972	Jean-Daniel Jakubowski		4. Grp. 5 und 7

Targa Florio 1966 mit Gerhard Mitter / Jo Bonnier. Unfall nach rund 600 km, leider ausgefallen.

Bei den 24 Stunden von Le Mans belegen Günther Klass und Rolf Stommelen 1966 der ersten Platz in der Sportwagenklasse bis 2000 ccm und den siebten Gesamtrang.

Vor dem 1000-km-Rennen auf dem Nürburgring 1968 hatte Heini Walter einen Trainingsunfall, sodass 906 143 nicht zum Rennen antrat.

Beim Norisring-Rennen 1967 belegte Hans Tschiemer den 10. Platz Gesamt.

Hans Tschiemer (links) beim Bergrennen 1967 in Österreich und Toni Fischhaber zwei Jahre später in Deutschland.

Auch bei den 1000 km auf dem Nürburgring 1970 war 906 143 dabei, jetzt zum Spyder umgebaut.

906 143 vor und während der Restaurierung in Frankreich im Jahre 2004.

906 144

Motor-Nr.: 906 144
Getriebe-Nr.: 906 147
Ausgeliefert am: 19.04.1966
Händler: POAC Teanack, NJ (USA)
1. Kunde: Marey Racing Inc., Buffalo, NY (USA)
2. Kunde: Herb Wetanson, New York (USA)
3. Kunde: William Bradley (GB)
4. Kunde: Richard Shardlow, Sheffield (GB)
5. Kunde: Michael Coombe, Rugby (GB)
6. Kunde: Brian Classic (GB)
7. Kunde: Martin Hone (GB)
8. Kunde: Julian Majzub (GB)

aktueller Besitzer: Julian Mazjub (GB, 2008)

Farbe: Weiß
Innenausstattung:
Kennzeichen:
Bob Davidson

1967-1968
1969
1970
1972
1974-1982
1982-2008

Nach nur vier kurzen Rennen in den USA fand 906 144 mit William (»Bill«) Bradley 1967 einen neuen Besitzer in England. Der ehemalige Triumph-Werksfahrer hatte großen Erfolg mit dem Wagen, er gewann die britische Sportwagen-Meisterschaft und nahm bis 1968 an mehreren internationalen Langstreckenrennen auf dem Festland teil. Bradley, der seine Karriere mit einem bzw. mehreren 910ern und einer Lola-Vertretung in Deutschland fortsetzte, war mit seinem damaligen Partner Paddy O'Grady äußerst innovativ. So baut er z. B. bereits Ende 1967 den Wagen vom Links- zum Rechtslenker um.

In den Händen verschiedener britischer Privatfahrer wechselt 906 144 zwar mehrfach die Farbe, bleibt aber bei Club-Veranstaltungen bis in Jahr 1982 aktiv!
Seitdem bereichert er die Sammlung der in der zweiten Generation in England lebenden Familie Majzub. Julian hat ihn wieder so hergerichtet, wie er zu seinen Glanzzeiten als britischer Meister ausgesehen hat: Weiß mit einem hellblauen Mittelstreifen, der von zwei weiteren, schmalen Streifen seitlich begrenzt wird.

Renneinsätze 906 144

Veranstaltung	Datum	Fahrer	Start-Nr.	Platzierung
Martini Trophy, Silverstone (GB)	20.05.1967	Bill Bradley		ausgefallen (Elektrik)
1000 km-Rennen, Nürburgring (D)	28.05.1967	Bill Bradley	71	nicht erschienen
Norbury Trophy, Crystal Palace (GB)	29.05.1967	Bill Bradley		1. S 2000
12 Stunden von Reims (F)	25.06.1967	Bill Bradley / Vic Elford	36	3. S 2000
Vila Real (P)	09.07.1967	Bill Bradley	16	nicht bekannt
British GP Meeting, Silverstone (GB)	15.07.1967	Bill Bradley	19	2. S 2000
6 Stunden Brands Hatch (GB)	30.07.1967	Bill Bradley / Michael Costin	73	3. S 2000
Wills Trophy, Silverstone (GB)	31.07.1967	Bill Bradley		4. S 2000
Wills Trophy, Croft (GB)	13.08.1967	Bill Bradley	53	ausgefallen
GP von Österreich, Zeltweg (A)	20.08.1967	Bill Bradley / Richard Attwood	17	1. S 2000
Guards Trophy, Brands Hatch (GB)	28.08.1967	Bill Bradley	73	ausgefallen
Holts Trophy, Crystal Palace (GB)	09.09.1967	Bill Bradley	75	2. S 2000
Gold Cup, Oulton Park (GB)	16.09.1967	Bill Bradley	75	nicht bekannt
Phoenix Park, Dublin (IRL)	17.09.1967	Bill Bradley	75	ausgefallen
1000 km von Paris, Montlhéry (F)	15.10.1967	Bill Bradley / Vic Elford	22	ausgefallen (Motor)
BOAC 500, Brands Hatch (GB)	07.04.1968	Bill Bradley / Eric Liddell	21	2. S 2000
Guards Spring Cup, Oulton Park (GB)	12.04.1968	Bill Bradley	83	1. S 2000
Player's Trophy, Silverstone (GB)	27.04.1968	Bill Bradley	19	3. S 2000
1000 km Nürburgring (D)	19.05.1968	Bill Bradley / Chris Lambert	93	4. S 2000
1000 km Spa-Francorchamps (B)	26.05.1968	Bill Bradley / Chris Lambert	30	1. S 2000
Tourist Trophy, Oulton Park (GB)	03.06.1968	Bill Bradley	18	1. S 2000
Guards Trophy, Mallory Park (GB)	23.06.1968	Bill Bradley		2. S 2000
Martini International, Silverstone (GB)	27.07.1968	Bill Bradley	39	1. S 2000
Gold Cup, Oulton Park (GB)	17.08.1968	Bill Bradley	34	3. S 2000
Guards Trophy Race, Brands Hatch (GB)	02.09.1968	Bill Bradley	130	13. Gesamt, 4. S 2000
Phoenix Park, Dublin (IRL)	15.09.1968	Bill Bradley	12	1. S 2000
Eifelpokalrennen, Nürburgring (D)	22.09.1968	Bill Bradley	63	5. S 2000
1000 km von Paris, Montlhéry (F)	13.10.1968	Bill Bradley / Tony Dean	21	ausgefallen (Lenksäule)
Oulton Park (GB)	03.05.1969	Richard Shardlow		2. P 2000
Flugplatzrennen Faßberg (D)	11.05.1969	Richard Shardlow		ausgefallen (Motor)
Tourist Trophy, Oulton Park (GB)	26.05.1969	Richard Shardlow	20	3. S 2000
MRC Meeting, Oulton Park (GB)	08.06.1969	Richard Shardlow		1. S 2000
Mallory Park (GB)	29.06.1969	Richard Shardlow	64	4. Gesamt
Wills Trophy, Croft (GB)	13.07.1969	Richard Shardlow		5. S 2000
Mallory Park (GB)	10.08.1969	Richard Shardlow		2. P 2000

Renneinsätze 906 144

Gold Cup, Oulton Park (GB)	16.08.1969	Richard Shardlow		7. Gesamt
Lombank Trophy Race, Brands Hatch (GB)	01.09.1969	Richard Shardlow	155	13. Gesamt; 6 S 2000
British Road Service Trophy, Crystal Palace (GB)	13.09.1969	Richard Shardlow		5. Gesamt
6 Stunden von Jarama (E)	26.10.1969	Richard Shardlow / Peter Crossley		10. Gesamt
Oulton Park (GB)	24.05.1970	Richard Shardlow	53	2. Gesamt
Martini Trophy, Silverstone (GB)	06.06.1970	Michael Coombe	34	14. Gesamt
500 km Vila Real (P)	05.07.1970	Michael Coombe / John Chatham	30	nicht bekannt
500 km Mugello (I)	19.07.1970	Michael Coombe / Piers Forrester	59	ausgefallen (Kupplung)
Flugplatzrennen Wunstorf (D)	16.08.1970	Michael Coombe	40	11. SP 2000
Jyllandsringen (DK)	23.08.1970	Rasmussen	nicht bekannt	
RAC Brands Hatch (GB)	31.08.1970	Michael Coombe		16. Gesamt
500 km Nürburgring (D)	06.09.1970	Michael Coombe	36	nicht gestartet (Motor)
Trophee des Ardennes, Spa-Francorchamps (B)	20.09.1970	Michael Coombe	44	11. Gesamt; 4. S 2000
Interserie Hockenheim (D)	11.10.1970	Michael Coombe	79	26. Gesamt; 8. S 2000 (Elektrik)
Rundstreckenrennen Aachen, Nürburgring (D)	18.10.1970	Michael Coombe	46	14. Gesamt; 5. S 2000
6 Stunden von Madrid, Jarama (E)	01.11.1970	Michael Coombe / William Tuckett	26	7. Gesamt; 4. S 2000
GP von Casablanca (MA)	08.11.1970	Michael Coombe		5. Gesamt
6 Std. Jarama (E)	14.11.1970	William Tuckett / Michael Coombe	26	7. Gesamt; 4. SP 2000
Eight Clubs Meeting, Silverstone (GB)	18.05.1974	Martin Hone	116	6. Gesamt
Oulton Park (GB)	__.__.74	Martin Hone	98	nicht bekannt
Castle Coombe (GB)	__.__.74	Martin Hone	82	nicht bekannt

PORSCHE Carrera 6, 2 available. Ready for Sebring or Daytona. Normal-bodied coupe, 4 hours on car, as new. Only practiced, never entered in a National or USRRC. One of last built. Herb Wetson, 74 Burton Ave., Woodmere, N.Y. (516) FR 4-9567.

1967 bot Herb Wetanson seinen 906 144 in Anzeigen als Mietobjekt an.

12 Stunden von Reims 1967: Bill Bradley und Vic Elford schaffen einen 3. Platz bei den Sportwagen bis 2000 ccm.

GP von Zeltweg 1967. Bill Bradley / Richard Attwood siegen bei den Sportwagen bis 2000 ccm.

Guards Trophy Brands Hatch 1967, Bill Bradley im Fight mit 906 101.

1000 km Nürburgring 1968. Bill Bradley und Chris Lampert belegen den 4. Platz bei den Sportwagen bis 2000 ccm. 906 144, jetzt umgebaut auf Rechtslenker, hier im Schwalbenschwanz.

Bei den 1000 km in Spa 1968 gewinnen Bradley/Lampert die Klasse der Sportwagen bis 2000 ccm.

Michael Coombe wird in der Gesamtwertung 14. bei der Martini Trophy in Silverstone. 906 144 ist jetzt hellblau lackiert.

500 km Vil Real 1970. Michael Coombe/John Chatham passieren gerade den Lola T 210 von Alain Cadenet, der in Flammen aufgegangen ist.

Michael Coombe in Spa 1970 bei der Trophee des Ardennes. 4. Platz bei den Sportwagen bis 2000 ccm.

1974 fährt Martin Hone 906 144 bei einem Club Meeting in Silverstone.

Der von Bill Bradley vorgenommene Umbau des Wagens zu einem Rechtslenker.

906 144, wie Julian Majzub ihn wieder hergerichtet hat.

906 145

Motor-Nr.: 906 147
Getriebe-Nr.: 906 146
Ausgeliefert am: 21.04.1966
Händler: Mitsuwa, Tokio (J)
1. Kunde: T. Udera (J) 1966
2. Kunde: Tetsu (= Masahiro?) Ikuzawa (J) 1967
3. Kunde: Noritake Takahara (J)
4. Kunde: Matsuda Collection
5. Kunde: Symbolic Motors, La Jolla, CA (USA) 2000
6. Kunde: unbekannt, Washington (USA)
7. Kunde: Frank Gallogly (USA)

aktueller Besitzer: F. Gallogly (USA, 2005)

Farbe: Weiß
Innenausstattung:
Kennzeichen:

Hinter der Geschichte von 906 145 stehen einige Fragezeichen. Möglicherweise wurde der Wagen zunächst nur beim Großen Preis von Japan 1967 mit dem aufstrebenden Talent Tesu Ikuzawa am Steuer gefahren und danach für mehrere Jahre weggestellt.
Erst 1971 erwachte er aus seinem Dornröschenschlaf und kam unter Noritake Takahara zurück auf die Rennstrecke. Der letzte offizielle Auftritt war dann beim 1000-km-Rennen von Fuji 1977. Danach wurde 906 145 lange Jahre in der weltberühmten Matsuda Collection ausgestellt, bevor er kurz nach der Jahrtausendwende nach Nordamerika kam.

Renneinsätze 906 145

Veranstaltung	Datum	Fahrer	Start-Nr.	Platzierung
GP von Japan, Fuji (J)	03.05.1967	Masahiro Ikuzawa	8	1. Gesamt
Fuji (J)	31.01.1971	Noritake Takahara		1.
Suzuka (J)	07.03.1971	Noritake Takahara		7.
Fuji (J)	21.03.1971	Noritake Takahara		3.
500 km ? (J)	04.04.1971	Noritake Takahara		3.
? (J)	18.04.1971	Noritake Takahara		1.
300 km Fuji (J)	25.04.1971	Noritake Takahara	14	3. Gesamt
1000 km Suzuka (J)	16.05.1971	Noritake Takahara		3.
300 km Fuji (J)	06.06.1971	Noritake Takahara	14	6. Gesamt
? (J)	27.06.1971	Noritake Takahara		1.
1000 km Fuji (J)	25.07.1971	Noritake Takahara		ausgefallen
500 km Fuji (J)	15.08.1971	Hajime Watanabe	96	11. Gesamt
200 Meilen Fuji (J)	05.09.1971	Hajime Watanabe	96	ausgefallen
250 km Fuji (J)	10.10.1971	Hajime Watanabe	96	ausgefallen
300 km Fuji (J)	20.03.1972	Kunio Murada	21	ausgefallen
1000 km Fuji (J)	03.05.1977	? / Noritake Takahara		4. Gesamt

PORSCHE

906 (Carrera6)

■ボルシェ・カレラ6について

ボルシェ・カレラ6は，904カレラＧＴＳについて，917にまで繋がるレーシング・ディベロップメントのベースとなるモデルである．

デビュウは，1966年で，グループ4・スポーツ・カー・レースのホモロゲートを得るため，一気に50台が製作された．

906のプロジェクトは，新たに開発のチーフとなったフェルディナント・ピエヒを中心として進行され，904ＧＴＳで良い結果を生んだ部分（例えばサスペンション）を活かしながらも，全体的には，大胆に新機構をとり入れ904よりも一段と飛躍したクルマとなった．

ボディは，ＦＲＰ製で，ガル・ウイング式のドアを持ち，空力的な考案をさらに推し進めた結果，ノーズが極端に低く，フェンダが盛り上がり，背面はエンジン・カウルを含めて，なだらかな流れを形づくって立ち切りのカット・オフ・テールにつづく流麗なスタイリングとなった．

このボディを支えるフレームは，再びチューブラー・スペース・フレームとなり，そのミドに生産型の911用901型エンジンを大幅にチューンした901／20型エンジンが搭載された．

901／20型エンジンは，水平対向６気筒ＳＯＨＣで，排気量は，ノーマルと同じ1991ccながら，通常のチューン・アップ・メニューの他（これには，ウェーバー46IDAカーブレータ採用，圧縮比10.3

ーストラリアへ売却されたという．従って，現在日本には，１台のみが現存している．

■展示車について

前述のように，展示車は，第４回日本グランプリ優勝車である．グランプリ後は，高原敬武選手の手で約20戦のレースに出場し，その後一時消息を断ったが，77年再び高原選手の手に戻り，富士1000kmレースに出場，総合４位に入賞してしまう，という離れ技をやってのけた．これが最後のレースとなったが，約10年後でも，上位入賞するほどのポテンシャルを持っていた訳である．その後，Ｋ氏の手を経て，ボルシェ・ミュージアムに保存されている．

■SPECIFICATIONS

Type : 906(Carerra 6)
Year : 1966
Chassis Number : 906145
Engine Number : indistinct
Engine Type : 901／20 Flat6／1991cc
Max. Power : 210PS／8000r.p.m
Max. Torque : 20.0kg-m／6000r.p.m
Body Color : White

■ On Carrera 6

Carrera 6 made its debut in 1966. 50 units were produced to homologate Group 4 Sports Car Race.

Its body was made by FRP and had gull wing type doors. On the result of considering aerodynamics, it has a very low nose, swelled fenders, smooth-flow line and a cut-off tail at rear.

The frame supporting this body was a tublar space frame and 901/20 type engine, the tuned 901 type engine for 911, was mounted at mid.

901/20 type engine was flat-4 SOHC and its capacity was 1991 cc. Cutting down the weight or the change of material used in the engine to improve durability were made. The weight of engine itself was 160 kg, 54 kg lighter than a normal version. It could produce 210 PS/8000 r.p.m., 21 kg-m/6000 r.p.m. and marked the maximum speed of more than 280 km/h.

Suspension was almost the same as 904. Suspension of 906 both at front and rear was double

20

21

Ein Bericht über 906 145 im Matsuda Museum in Japan.

906 145 beim Großen Preis von Japan 1967.
1. Platz für Masahiro Ikuzawa.

Masahiro Ikuzawa beim GP von Japan in Fuji 1967.

Lange Zeit stand 906 145 im Matsuda Museum in Japan, heute befindet er sich in den USA.

906 146

Motor-Nr.: 906 146
Getriebe-Nr.: 906 149
Ausgeliefert am: 20.04.1966
Händler: Pons (NL)
1. Kunde: Racing Team Holland
2. Kunde: Toine Hezemans (NL)
3. Kunde: Arie Ruska (NL)
4. Kunde: Albert Westermann (NL)
5. Kunde: Dirk Sadlowski, Geseke (D)
6. Kunde: Dr. Welcker (D)

aktueller Besitzer: Dr. Welcker (D, 2008)

Farbe: Orange
Innenausstattung:
Kennzeichen:

Die Geschichte von 906 146 ist eng mit der von 906 134 verknüpft. Beide waren Schwesterautos im Dutch National Racing Team und demzufolge orangerot lackiert. Nach einem Totalverlust von 906 134 beim Training zum 1000-km-Rennen von Spa-Francorchamps 1967 erlitt 906 146 im Rennen ebenfalls einen Unfallschaden, war aber noch reparabel. Am Lenkrad hatte der österreichische Formel-V-Star Günther Huber gesessen, der glücklicherweise nur geringe Blessuren davontrug.

1968 wurde der wiederaufgebaute Wagen an Antoine (»Toine«) Hezemans verkauft, der für das S.R.T. (Stichting Racing Team) startete und den Wagen dazu neu lackierte, in Weiß mit einem Mittelstreifen in den holländischen Nationalfarben (Blau, Weiß und Rot). Anschließend ging das Fahrzeug in den Besitz des nächsten Niederländers, Arie Ruska, über, verschwand dann für einige Jahre in einer holländischen Sammlung und wurde 2002 nach Deutschland verkauft.

906 146 beim Norisring-Rennen 1966.

Renneinsätze 906 146

Veranstaltung	Datum	Fahrer	Start-Nr.	Platzierung
Zandvoort NAV-Rennen, NL	24.04.1966	Wim Loos	157	1 S 2000
AvD Flugplatzrennen Trier (D)	01.05.1966	David van Lennep	78	3 SP 2000
GP von Paris, Montlhéry (F)	15.05.1966	David van Lennep	43	2 S 2000
1000 km Spa-Francorchamps (B)	22.05.1966	Wim Loos / Gijs van Lennep	56	nicht erschienen
Flugplatzrennen Mainz-Finthen (D)	19.06.1966	Ben Pon	14	2 SP 2000
Avus-Rennen, Berlin (D)	26.06.1966	Ben Pon	41	3 S 2000
Norisring-Rennen, Nürnberg (D)	17.07.1966	Ben Pon	19	4. Gesamt
AvD Rheinland-Pfalz-Preis, Nürburgring (D)	07.08.1966	Ben Pon	1	ausgefallen (Motorschaden)
GP von Hockenheim (D)	14.08.1966	Gijs van Lennep	22	ausgefallen (Kupplung)
500 km Zeltweg, GP von Österreich (A)	11.09.1966	Ben Pon	16	ausgefallen (Kupplung)
Dünen-Trophäe, Zandvoort (NL)	02.10.1966	Ben Pon	7	1. Gesamt, 1. S 2000
Autosport Trophy, Snetterton (GB)	23.03.1967	Ben Pon	75	4. Gesamt
Autosport Trophy, Silverstone (GB)	27.03.1967	Ben Pon	19	2. S 2000
Coupes Belgiques, Zolder (B)	23.04.1967	Ben Pon		1. Gesamt
1000 km Spa-Francorchamps (B)	01.05.1967	Ben Pon / Gijs van Lennep	51	Unfall im Training
1000 km Nürburgring (D)	19.05.1968	Gijs van Lennep / Frans Lubin	83	nicht erschienen
Alpenbergpreis Roßfeld (D)	09.06.1968	Antoine Hezemans	29	5. Gesamt, 3. S 2000
Flugplatzrennen Mainz-Finthen (D)	23.06.1968	Antoine Hezemans	37	nicht erschienen
200 Meilen von Nürnberg, Norisring (D)	30.06.1968	Antoine Hezemans	48	8. Gesamt, 1. S 2000
Flugplatzrennen Wunstorf (D)	18.08.1968	Antoine Hezemans	16	2. S 2000
Flugplatzrennen Wien-Aspern (A)	06.10.1968	Antoine Hezemans	25	6. Gesamt, 1. S 2000
Flugplatzrennen Innsbruck (A)	13.10.1968	Antoine Hezemans		2. Gesamt, 1. SP 2000
500 km Nürburgring (D)	07.09.1969	Antoine Hezemans	59	nicht erschienen
Zandvoort (NL)	28.09.1969	Antoine Hezemans		5. Gesamt, 2. SP 2000
Zandvoort (NL)	05.07.1970	Arie Ruska		nicht bekannt

In Spa erlitt Günter Huber 1967 mit dem 906 146 einen schweren Unfall.

Das Racing Team Holland mit 906 134 und 906 146 (im Hintergrund) beim Rennen 1966 in Trier.

906 146 in Hockenheim 1966 ...

... und im gleichen Jahr in Mainz-Finthen.

Toine Hezemans mit dem Stichting Racing Team.

906 146 in seinem heutigen Zustand.

906 147

Motor-Nr.: 906149
Getriebe-Nr.: 905 145
Ausgeliefert am: 21.04.1966
Händler: PC Import Northbrook, IL, USA
1. Kunde: E. Lee und Mike Hall, Deerfield, IL (USA)
2. Kunde: Kim G. Linville, Monterey, CA (USA)
3. Kunde: Rosso Bianco Museum, Aschaffenburg (D)
Bonham's Carmel Auktion
4. Kunde: Tom Mittler, Mishawaka, IN (USA)

aktueller Besitzer: Tom Mittler (USA, 2007)

Farbe: Weiß
Innenausstattung:
Kennzeichen:
1966-1970
1979-1984
vor 1992-2006
2006, verkauft für € 575.000
2007

Dieser Carrera 6 wurde 1966 an den Amerikaner E. Lee Hall ausgeliefert, der damit – manchmal auch zusammen mit seinem Sohn Mike Hall – bis 1970 Rennen fuhr. Dieser Herr Hall war übrigens im nordöstlichen Bundesstaat Illinois zu Hause und hat nichts mit dem Konstrukteur und Fahrer der Chaparral-Rennwagen, dem Texaner Jim Hall, zu tun.

Nach fünf Jahren in einer Hand war 906 147 irgendwann »nur« noch ein alter Rennwagen und ging durch mehrere Hände.

Seit zirka 1992 gehörte er dem deutscher Sammler Peter Kaus, der den Wagen über viele Jahre hinweg in seinem Museum »Rosso Bianco« in Aschaffenburg ausstellte.

Nach der Auflösung der Sammlung wurde der Wagen auf der Bonham-Auktion in Carmel, CA USA, versteigert und gehörte heute dem Porsche-Afficionado Tom Mittler aus Mishawaka im amerikanischen Bundesstaat Indiana. Indiana grenzt unmittelbar an Illinois, sodass man fast sagen kann, dass 906 147 in seine Heimat zurückgefunden hat.

Renneinsätze 906 147

Veranstaltung	Datum	Fahrer	Start-Nr.	Platzierung
USRCC Bridgehampton, NY (USA)	22.05.1966	Mike Hall	69	14. Gesamt
SCCA National, Elkhart Lake, WI (USA)	18.06.1966	Lee Hall	69	nicht bekannt
USRRC Mid-Ohio, OH (USA)	28.08.1966	Mike Hall	69	ausgefallen
500 Meilen Road America, Elkhart Lake, WI (USA)	04.09.1966	Lee Hall / Mike Hall		8. Gesamt
SCCA National Road America, WI (USA)	__.06.1967	Lee Hall		3. EM
Road America 500, Elkhart Lake, WI (USA)	30.07.1967	Lee Hall / Mike Hall	69	7. Gesamt, 3. SP 2000
USRRC Mid-Ohio, Lexington, OH (USA)	20.08.1967	Mike Hall	69	11. Gesamt
Doug-Revson-Trophy, Mid-Ohio, Lexington (USA)	20.08.1967	Mike Hall		4. Gesamt
Doug Revson Trophy, Road America, WI (USA)	02.09.1967	Mike Hall		ausgefallen
SCCA National Road America, WI (USA)	16.06.1968	Lee Hall	69	12. AB/SR
USRRC Manfield, OH (USA)	18.08.1968	Mike Hall		10. Gesamt, 1. S 2000

Mike Hall beim USRCC-Rennen Bridgehampton 1966 in den USA.

Noch im Jahr 2005 stand 906 147 so im Museum Rosso Bianco in Aschaffenburg.

906 148

Motor-Nr.: 906 150
Getriebe-Nr.: 906 148
Ausgeliefert am: 21.04.1966
Händler: PC Import Northbrook, IL (USA)
1. Kunde: Ralph Trieschman, Highland Park, IL (USA)
2. Kunde: Ike Uihlein (USA)
3. Kunde: Dr. Merv Rosen, Waukegan, IL (USA)
4. Kunde: Alan Johnson, CA (USA)
5. Kunde: Chip Dyson / George Valerio, Sacramento, CA (USA)
6. Kunde: George P. Valerio, Sacramento, CA (USA)
7. Kunde: Clint De Witt, Sacramento, CA (USA)
8. Kunde: Paul Chandler, Walnut Creek, CA (USA)
9. Kunde: Chuck Weber, Los Gatos, CA (USA)
10. Kunde: Wade Carter (USA)
11. Kunde: Wade Carter jr. (USA)

aktueller Besitzer: Wade Carter (USA, 2008)

Farbe: Weiß
Innenausstattung:
Kennzeichen:
1966-1967
04.1967, Mak Kronn
1968-1972

1974

1976 [906 GT]
1977, John L. Maloney (USA)
1985-1986
1998-2001 (†)
2001-2008

Dieser Carrera 6 kann auf eine relativ lange Karriere im Motorsport zurückblicken. Im Debut-Jahr 1966 saß der Nord-Amerikaner Ralph Trieschmann am Steuer. Er verkaufte den Wagen an den Erben der Schlitz-Brauerei, Ike Uihlein, der selbst nicht fuhr oder nicht fahren durfte, sondern das Lenkrad Mak Kronn überließ. Sowohl Trieschmann als auch Kronn fuhren überwiegend in ihrer Heimat, in Wisconsin, in Ohio und in New York.
1968 kaufte der Ohrenarzt Dr. Merv Rosen aus Waukegan, Illinois, den Wagen und nahm damit bis 1972 vier Mal am 12-Stunden-Rennen von Sebring teil. Beim 6-Stunden-Rennen von Watkins Glen 1971 wurde er mit dem betagten Rennwagen respektabler Elfter im Gesamtklassement und Sieger seiner Klasse.
Spätestens Anfang der Siebziger landete das Fahrzeug an der Westküste und durchlief dort mehrere Stationen, von Club-Rennen bis hin zur Straßenzulassung im Concours-Zustand.
Heute nimmt er in den Händen von Wade Carter Junior in strahlendem Gelb lackiert wieder aktiv und erfolgreich an Veranstaltungen für historische Fahrzeuge teil.

GP von Watkins Glen 1966. Ralph Trieschmann gewinnt die Sportwagenklasse.

Renneinsätze 906 148

Veranstaltung	Datum	Fahrer	Start-Nr.	Platzierung
USRRC Bridgehampton, NY (USA)	22.05.1966	Ralph Trieschmann		12. Gesamt
Road America, Elkhart Lake, WI (USA)	18.06.1966	Ralph Trieschmann	56	2. C-F Mod.; 1. E Mod.
Road America, Elkhart Lake, WI (USA)	20.06.1966	Ralph Trieschmann	56	2. Gesamt; 1. S 2000
GP von Watkins Glen, NY (USA)	26.06.1966	Ralph Trieschmann	56	6. Gesamt; 1 S 2000
SCCA Mid Ohio, OH (USA)	17.07.1966	Ralph Trieschmann	56	2. Gesamt
USRRC Mid Ohio, OH (USA)	28.08.1966	Ralph Trieschmann		13. Gesamt; 7. S 2000
Road America, Elkhart Lake, WI (USA)	04.09.1966	Ralph Trieschmann / Chuck Dietrich	56	6. Gesamt; 2. S 2000
Tourist Trophy, Nassau, Bahamas (GB)	02.12.1966	Ralph Trieschmann	56	5. Gesamt
Porsche Classic, Nassau, Bahamas (GB)	03.12.1966	Ralph Trieschmann	56	2. Gesamt
Nassau Trophy, Bahamas (GB)	04.12.1966	Ralph Trieschmann	56	10. Gesamt
SCCA National Road America, WI (USA)	__.06.1967	Mak Kronn		nicht bekannt
Road America 500, Elkhart Lake, WI (USA)	30.07.1967	Mak Kronn / Chuck Dietrich		5. Gesamt, 2. SP 2000
USRRC Mid-Ohio, Lexington, OH (USA)	20.08.1967	Mak Kronn	77	13. Gesamt
Doug-Revson-Trophy, Lexington, OH (USA)	20.08.1967	Mak Kronn	77	3. Gesamt
Doug-Revson-Trophy, Road America, WI (USA)	02.09.1967	Mak Kronn		2. Gesamt
Doug-Revson-Trophy, Mont Tremblant, QC (CDN)	17.09.1967	Mak Kronn	77	3. Gesamt
Doug-Revson-Trophy, Laguna Seca, CA (USA)	14.10.1967	Mak Kronn	77	6. Gesamt
Doug-Revson-Trophy, Riverside, CA (USA)	29.10.1967	Mak Kronn		nicht gestartet
USRRC Mid Ohio, OH (USA)	18.08.1968	Merv Rosen		ausgefallen
12 Stunden von Sebring, FL (USA)	22.03.1969	Merv Rosen / Dave Morrell	49	37. Gesamt
SCCA National Road America, WI (USA)	15.06.1969	Merv Rosen	70	2. B/SR
6 Stunden Watkins Glen, NY (USA)	12.07.1969	Merv Rosen / Steve Behr	70	nicht gestartet
ARRC Daytona, FL (USA)	30.11.1969	Merv Rosen	77	11. Gesamt, 5. B/SR
12 Stunden von Sebring, FL (USA)	21.03.1970	Merv Rosen / Steve Behr	51	30. Gesamt, nicht gewertet (zu wenige Rd.)
6 Stunden Watkins Glen, NY (USA)	11.07.1970	Merv Rosen / Dick Jacobs	52	11. Gesamt, 1. S 2000
SCCA National Mid-Ohio, OH (USA)	13.09.1970	Merv Rosen		3. Gesamt, 2. B/SR
ARRC Road Atlanta, GA (USA)	29.11.1970	Merv Rosen	74	nicht gestartet
12 Stunden von Sebring, FL (USA)	20.03.1971	Merv Rosen / Dick Jacobs / l Russ Tyndal	74	25. Gesamt, nicht gewertet (zu wenige Rd.)
12 Stunden von Sebring, FL (USA)	25.03.1972	Merv Rosen / Jerry Schaub	74	21. Gesamt

Nassau Speedweeks 1966 mit Ralph Trieschmann.

12 Stunden Sebring 1969 mit Merv Rosen und Dave Morell, 37. Platz Gesamt.

12 Stunden Sebring 1971. Leider keine Wertung, da zu wenige Runden gefahren wurden.

for sale

-- 1966 906/148. This car is completely original and unmodified. It is street legal and licensed in Calif. -- being sold to help finance a 917. The asking price is firm at $12,500 and we would appreciate serious inquiries only, by phone (after 5 p.m. Cal. time) or mail to: Chip Dyson or George Valerio, 2664 6th Ave., Sacramento, Cal. 95818. (916) 455-1014.

□ **1966 906 Coupe** #906-148. Concours, street licensed (CA lic "906 GT"). Airport gears & rare, twin-plug 2 liter eng make this the ultimate Porsche for slalom, street & show. Spare (Sebring) gears/R & P, wheels, tires. Beautiful silver Emeron paint. Blow the doors off a Turbo for $21,500. Clint deWitt, 610 Laurel Dr., Sacramento, CA 95825. 916/488-1072 (eve).

Verkaufsanzeigen für 906 148: »for sale« erschien 1974 in der Zeitschrift *356 Registry*, die andere 1976 im *Porsche Panorama*.

906 148 war unter seinem damaligen Besitzer Chuck Weber 1985 noch blau lackiert.

Zu den Montherey Historics 1999 erschien 906 148 mit seinem neuen Besitzer Wade Carter dann in Gelb.

906 149

Motor-Nr.: 906 148
Getriebe-Nr.: 906 150
Ausgeliefert am: 21.04.1966
Händler: Mitsuwa, Tokio (J)
1. Kunde: Tetsu Ikuzawa (J)
2. Kunde: Tadashi Sakai (J)

aktueller Besitzer: zerstört (?)

Farbe: Weiß
Innenausstattung:
Kennzeichen:

Unfall 1967

Die Geschichte von 906 149 ist ebenso kurz wie schmerzhaft. Beim Großen Preis von Japan kam Tadashi Sakai im Jahr 1967 von der Strecke ab und verwandelte den nagelneuen Rennwagen in ein Wrack: Totalschaden.

Renneinsätze 906 149

Veranstaltung	Datum	Fahrer	Start-Nr.	Platzierung
GP von Japan, Fuji (J)	03.05.1967	Tadashi Sakai	7	Unfall, Totalschaden

Das erste und einzige Rennen von 906 149 war der GP von Japan 1967 in Fuji. Es endete mit einem Totalschaden.

906 150

Motor-Nr.: 906 152
Getriebe-Nr.: 906 151
Ausgeliefert am: 20.04.1966
Händler: Werksverkauf
1. Kunde: Ignazio Capuano (I) 1966

aktueller Besitzer: unbekannt

Farbe: Weiß
Innenausstattung:
Kennzeichen:

Erstbesitzer von 906 150 war der sizilianische Bankier Ignazio Capuano. Als erstes Rennen bot sich für ihn das Heimat-Rennen vor der eigenen Haustüre, die Targa Florio, geradezu an. Diese war 1966 allerdigs wettermäßig nicht gerade begünstigt, und vor diesem Hintergrund war ein 8. Platz im Gesamtklassement ein großartiger Erfolg.
Es folgten 1966 noch einige Bergrennen, allesamt ebenfalls in Italien. Der weitere Verbleib des Fahrzeugs ist nicht bekannt.

Ignazio Capuano und Ferdinando Latteri fuhren bei der Targa Florio 1966 auf den 8. Platz im Gesamtklassement und auf den 4. Platz bei den Sportwagen bis 2000 ccm. Von 906 150 ist darüber hinaus lediglich bekannt, dass er im gleichen Jahr noch einige Bergrennen in Italien fuhr, der Rest seiner Geschichte liegt im Dunkeln.

Renneinsätze 906 150

Veranstaltung	Datum	Fahrer	Start-Nr.	Platzierung
Targa Florio (I)	08.05.1966	Ignazio Capuano / Ferdinando Latteri	156	8. Gesamt; 4. S 2000
Bergrennen Monte Bonfato (I)	09.06.1966	Ignazio Capuano		1. Gesamt; 1. S 2000
Bergrennen Monte Pellegrino (I)	12.06.1966	Ignazio Capuano		1. Gesamt; 1. S 2000
Coppa della Sila, Enna (I)	19.06.1966	Ignazio Capuano	374	1. Gesamt; 1. S 2000
Bergrennen Trento Bondone (I)	10.07.1966	Ignazio Capuano		5. Gesamt; 2. S 2000
Bergrennen Cesana-Sestriere (I)	24.07.1966	Ignazio Capuano		7. Gesamt; 2. S 2000
Bergrennen Trieste-Opicina (I)	31.07.1966	Ignazio Capuano	468	nicht erschienen
Bergrennen Coppa Città di Monopoli (I)	02.08.1966	Ignazio Capuano		1. Gesamt
Bergrennen Abb. S. Salvator - Monte Amiata (I)	07.08.1966	Ignazio Capuano		1. Gesamt; 1. S 2000
Trofeo Bettoja, Vallelunga (I)	04.09.66	Ignazio Capuano		2. Gesamt; 1. S 2000
Bergrennen Casoni EP, Appiedati (I)	04.09.1966	Ignazio Capuano		2. S 2000
Bergrennen Coppa Nissena (I)	25.09.1966	Ignazio Capuano		1. Gesamt

906 151

Motor-Nr.: 906 151
Getriebe-Nr.:
Ausgeliefert am: 10.06.1966
Händler: Werkswagen LH
1. Kunde: Charles Voegele, Winthertur (CH)

aktueller Besitzer: zerstört

Farbe: Rot-Weiß
Innenausstattung:
Kennzeichen: S – XR 762
Unfall Daytona 1967

Dies ist der erste von insgesamt drei 906ern in der Langheckversion, die speziell für das 24-Stunden-Rennen von Le Mans 1966 gebaut wurden. Er belegte mit den Fahrern Hans Herrmann und Herbert Linge den 5. Platz im Gesamtklassement und den 2. Rang in seiner Klasse. Es folgte ein weiterer Einsatz aller drei Langhecks beim Großen Preis von Hockenheim, bei dem Günther Klass am Steuer von 906 151 saß und Zweiter wurde.
Danach wurde 906 151 an den Schweizer Unternehmer Charles Voegele (siehe auch 906 102) verkauft, der zusammen mit Walter Habegger das Eröffnungsrennen der Langstreckersaison 1967, die 24 Stunden von Daytona, in Angriff nehmen wollte.
Während der Nachtphase kam es zu einer Kollision mit einem Ferrari 275 GTB, das Fahrzeug wurde unkontrollierbar, krachte in die Begrenzungsmauer und fing Feuer. Der Schaden war so immens, dass der Wagen nach einer Inspektion im Porsche-Werk nachweislich verschrottet wurde.

Renneinsätze 906 151

Veranstaltung	Datum	Fahrer	Start-Nr.	Platzierung
24 Stunden von Le Mans (F)	18./19.06.66	Hans Herrmann / Herbert Linge	31	5. Gesamt; 2 P 2000
GP von Hockenheim (D)	14.08.1966	Günther Klass	2	2. Gesamt; 2 P 2000
24 Stunden von Daytona (USA)	05.02.1967	Charles Voegele / Walter Habegger	56	ausgefallen (Unfall, Feuer)

24 Stunden von Le Mans 1966. Der Langheck-906 151 belegt mit den Fahrern Hans Herrmann und Herbert Linge den 5. Platz im Gesamtklassement und den 2. in der Prototypenklasse bis 2000 ccm.

Noch bei der Abnahme in Le Mans 1966 wurden die verkleideten Räder gezeigt, die aber im Rennen nicht zum Einsatz gekommen waren.

Beim GP von Hockenheim wurde Günther Klass 1966 mit 906 151 2. Gesamt. Die drei eingesetzten Werkswagen lieferten sich einen harten Kampf, teilweise auch neben der Strecke.

Bei den 24 Stunden von Daytona fuhren Charles Vögele und Walter Habegger mit 906 151. In der Nacht erlitt Vögele mit seinem Wagen einen Unfall, kam aber zum Glück mit leichten Verletzungen davon. Das Unglücksfahrzeug wurde anschließend nach Stuttgart transportiert und dort nachweislich verschrottet.

BURNED PORSCHE RACER — A fireman stands by the burned and smashed Porsche racer from which Charles Vogele, of Rapperswil, Switzerland, escaped with facial cuts Saturday night after brushing another racer and then hitting a wall during the night hours of the 24-hour Daytona Continental. The racer Vogele brushed on a turn was driven by Carlos Sales of Mexico.

906 152

Motor-Nr.: 906 152
Getriebe-Nr.:
Ausgeliefert am: 10.06.1966
Händler: Werkswagen LH
1. Kunde: König Hussein von Jordanien
2. Kunde: Porsche Werksmuseum

aktueller Besitzer: Werksmuseum (D, 2005)

Farbe: Weiß
Innenausstattung:
Kennzeichen: S – XR 760

Das zweite der drei Langheckfahrzeuge hat eine verhältnismäßig kurze Rennsport-Vergangenheit. Es lassen sich lediglich zwei Einsätze 1966, nämlich Le Mans (6. Platz) und Hockenheim (1. Platz mit Gerhard Mitter) nachweisen, danach verschwand der Wagen erst einmal in einer Abstellkammer. Es folgte ein längerer Aufenthalt in Jordanien, als König Hussein diesen 906 und einen 904 in seine Sammlung aufnahm.
Ein paar Jahre später wurden beide Fahrzeuge gegen einen nagelneuen 930 eingetauscht. Seitdem gehört 906 152 zum Fundus des Porsche-Werksmuseums.

Renneinsätze 906 152

Veranstaltung	Datum	Fahrer	Start-Nr.	Platzierung
24 Stunden von Le Mans (F)	18./19.06.1966	Udo Schütz / Peter de Klerk	32	6. Gesamt, 3. P 2000
GP von Hockenheim (D)	14.08.1966	Gerhard Mitter	1	1. Gesamt, 1. P 2000

24 Stunden von Le Mans 1966 mit Udo Schütz und Peter de Klerk, die mit dem 906 Langheck auf den 6. Platz in der Gesamtwertung fahren. Platz 3 in der Prototypenklasse.

Den GP von Hockenheim 1966 gewinnt Gerhard Mitter und entscheidet damit auch das interne Duell der drei Werks-Langheck-Fahrzeuge für sich. Auf dem Beifahrersitz hatte er sich eine Trinkflasche eingebaut.

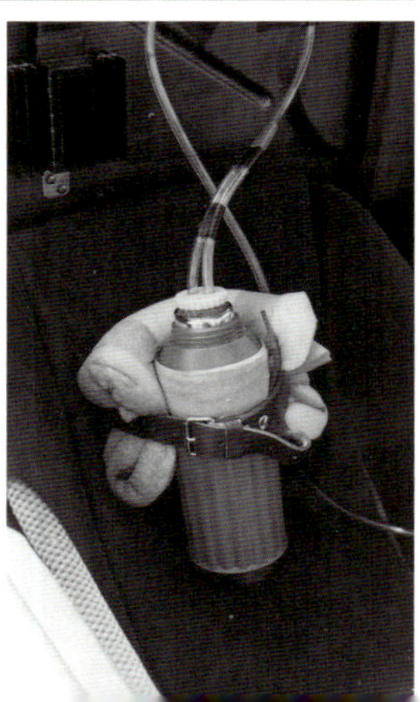

المعروف عن الملك حسين انه يهتم إلى حد بعيد بالسباقات والسيارات ، وانه يملك مجموعة ضخمة من السيارات السبور النادرة . من جملة هذه السيارة ، سيارتي بورش ، الأولى ٩٠٤ جي تي اس والثانية ٩٠٦ كاريرا ، وكلاهما للسباقات

وقد قرر الملك مؤخرا ، اعادة هاتين السيارتين الى شركة البورش في المانيا لكي تحتفظ بهما كذكرى . وبالمقابل اهدت الشركة الملك سيارة بورش كاريرا ١٩٧٥ جديدة

ومنذ عدة اسابيع هبطت طائرة عسكرية تابعة للطيران الملكي الأردني في مطار شتوتغارت ، وافرغت حمولتها القيمة وحملت معها البورش كاريرا الجديدة .

مبروك .

Im Zuge eines Tauschgeschäfts kommt 906 152 wieder nach Stuttgart. König Hussein ließ den Wagen mit einem Militärflugzeug transportieren.

906 153

Motor-Nr.: 906 153
Getriebe-Nr.:
Ausgeliefert am: 10.06.1966
Händler: Werkswagen LH
1. Kunde: Squadra Tartaruga (CH) — 1967, Spoerry/Steinemann, ZH 791
2. Kunde: Jean Clément, Gap (F) — 14.10.1968, 126 BX 05
3. Kunde: ? (F, Dep. Savoie) — 12.06.1972, 552 KM 73
4. Kunde: ? (F, Dep. Pyrénées Orient.) — 906 JV 66
5. Kunde: ? (F, Dep. Aude) — 16.08.1975, 2363 MA 11
6. Kunde: Henri Mayeur (F) — »strange protoype«
7. Kunde: Monsieur Reverchon, Nähe Dijon (F) — 16.08.1976, kleiner 917, 13-Zoll-BBS-Felgen, 7435 RG 83
8. Kunde: Pierre Berengier, Saint Tropez (F) — 1981-1989
9. Kunde: Kerry Morse (USA) — 1989
10. Kunde: Barrie Angliss (CDN)
11. Kunde: Frank Gallogly (USA) — 1989
12. Kunde: Dr. Julio Palmez (Tuscon, Arizona, USA)

aktueller Besitzer: J. Palmez (USA, 2005)

Farbe: Weiß
Innenausstattung:
Kennzeichen: S – XR 761

Während die beiden Langheck-Schwesterautos eine eher kurze Karriere hatten, ist die von 906 153 umso länger. Sie begann 1966 in Le Mans mit dem Gewinn der Index-Wertung und einem hervorragenden 4. Platz in der Gesamtwertung. Nach einem 3. Platz beim GP von Hockenheim (Hans Herrmann) folgte das überaus aktive Rennjahr 1967.
Unter der Bewerbung der Squadra Tartaruga nehmen die beiden Schweizer Rico Steinemann und Dieter Spoerry acht internationale Langstreckenrennen in Angriff. Da der 906 mit einem Einspritzmotor, einer langen Nase und manchmal (nicht immer!) mit einem Langheck ausgerüstet war, musste er in der Klasse der Prototypen fahren und hatte dort immer ein Rudel von Werks-910ern gegen sich. Dennoch schlugen sich die beiden Eidgenossen äußerst achtbar. Darüber hinaus bestritten sie jeweils solo noch weitere acht europäische Rennen.
1968 wurde der bewährte Langstreckenrenner an den Franzosen Jean Clément verkauft. Jean ersetzte mit dieser Neuerwerbung seinen ersten Carrera 6 und fuhr mit ihm – wie mit 906 123 – ausschließlich Bergrennen. Ende des Jahres hatte er am St. Antonin einen Unfall und beendete wegen der starken Unfallschäden die aktive Laufbahn des Wagens. Clément selbst setzte seine Karriere anschließend mit einem Ex-Werks-Bergspyder vom Typ 910 fort.
Nach mehreren Besitzerwechseln erfolgte in den 90er Jahren in den USA eine überaus penible Restaurierung, und heute ist 906 153 Teil der äußerst exklusiven Sammlung des amerikanischen Röntgenarztes Dr. Julio Palmez.

Renneinsätze 906 153

Veranstaltung	Datum	Fahrer	Start-Nr.	Platzierung
24 Stunden von Le Mans (F)	18. / 19.06.66	Jo Siffert / Colin Davis	30	4. Gesamt; 1. P 2000, Index-Sieger
GP von Hockenheim (D)	14.08.1966	Hans Herrmann	3	3. Gesamt; 3. P 2000
24 Stunden von Daytona (USA)	05.02.1967	Dieter Spoerry / Rico Steinemann	55	5. Gesamt; 2. P 2000
12 Stunden von Sebring (USA)	01.04.1967	Dieter Spoerry / Rico Steinemann	40	6. Gesamt; 3. P 2000
1000 km Monza (I)	25.04.1967	Dieter Spoerry / Rico Steinemann	22	7. Gesamt; 3. P 2000
1000 km von Spa-Francorchamps (B)	01.05.1967	Dieter Spoerry / Rico Steinemann	23	ausgefallen (Zündung)
Flugplatzrennen Innsbruck (A)	14.05.1967	Rico Steinemann	115	1. Gesamt
1000 km Nürburgring (D)	28.05.1967	Dieter Spoerry / Rico Steinemann	25	ausgefallen (Antrieb)
Schweizer Rennen, Hockenheim (D)	04.06.1967	Rico Steinemann	83	3. Gesamt; 1. P 2000

Renneinsätze 906 153

Veranstaltung	Datum	Fahrer	Start-Nr.	Platzierung
12 Stunden von Reims (F)	25.06.1967	Dieter Spoerry / Rico Steinemann	27	4. Gesamt; 1. P 2000
200 Meilen von Nürnberg, Norisring (D)	02.07.1967	Rico Steinemann	15	ausgefallen (Bremse)
Coppa Citta di Enna (I)	06.08.1967	Dieter Spoerry	62	2. Gesamt; 1. P 2000
GP von Österreich, 500 km Zeltweg (A)	20.08.1967	Dieter Spoerry / Rico Steinemann	19	6. Gesamt; 2. S 2000
GP der Tschechoslowakei, Brünn (CZ)	03.09.1967	Dieter Spoerry / Rico Steinemann	75	1. Gesamt
Avus-Rennen, Berlin (D)	10.09.1967	Rico Steinemann	2	2. Gesamt; 1. P 2000
Preis der Nationen, Hockenheim (D)	01.10.1967	Rico Steinemann	251	3. Gesamt; 2. P 2000
Flugplatzrennen Innsbruck (A)	08.10.1967	Dieter Spoerry	21	8. Gesamt; 3. P 2000
Bergrennen Kerenzerberg (CH)	15.10.1967	Dieter Spoerry		1. Gesamt
Bergrennen Ceyreste	24.03.1968	Jean Clement		4. Gesamt
Bergrennen Col Bayard (F)	28.04.1968	Jean Clément		3. Gesamt
Bergrennen Cannes (F)	05.05.1968	Jean Clément		5. Gesamt; 2 S 2000
Bergrennen Faron (F)	07.07.1968	Jean Clément		1. Gesamt
Bergrennen Chamrousse (F)	28.07.1968	Jean Clément		5. Gesamt
Bergrennen Lodeve (F)	10.08.1968	Jean Clément		1. Gesamt
Bergrennen Coudon (F)	__.__.1968	Jean Clément		1. Gesamt
Bergrennen St. Antonin (F)	20.10.1968	Jean Clément		Unfall im Training

24 Stunden von Le Mans 1966 (siehe auch Bilder auf der nächsten Seite).

24 Stunden von Le Mans 1966. Jo Siffert und Colin Davis gewinnen die Prototypenklasse bis 2000 ccm, werden 4. in der Gesamtwertung und sichern sich so den 1. Platz in der Index-Wertung. Schön zu sehen trotz schlechter Bildqualität sind die kleinen, nachträglich angebrachten Spoiler am Heck.

. die drei Werks-Langhecks liefern sich ein hartes Duell. Hans Herrmann wird mit 906 153 Dritter.

24 Stunden von Daytona und 12 Stunden von Sebring 1967: Spoerry/Steinemann fahren 906 153, der jetzt in den Schweizer Farben Rot und Weiß lackiert ist.

1000 km Monza 1967: Spoerry/Steinemann belegen den 7. Platz Gesamt.

1000 km Nürburgring 1967: Ausfall durch Achswellenschaden.

12 Stunden von Reims 1967:
1. Platz in der Prototypenklasse bis 2000 ccm für Spoerry/Steinemann.

Nach der kompletten Restaurierung präsentiert sich 906 153 beim Historischen Rennen von Montlhéry 1990 wie neu. Sehr schön zu sehen auf der nächsten Seite: der vom Reglement geforderte Kofferraum, eine hinter der Hinterachse montierte Plastikwanne.

906 153 nach der Restaurierung (siehe auch Bilder auf der vorigen Seite).

906 154

Motor-Nr.: 906 154	**aktueller Besitzer**: zerstört
Getriebe-Nr.:	**Farbe**: Weiß und Rot
Ausgeliefert am: 31.05.1966	**Innenausstattung**:
Händler: Werkswagen	**Kennzeichen**: S – ZL 689
1. Kunde: Erich Bitter, Schwelm (D)	1967
2. Kunde: Helmut Marko / Gerold Pankl (A)	1968
3. Kunde: Franz Convalexius, Wörgl (A)	1969
4. Kunde: Roland Faude, Tuttlingen (D)	1970
5. Kunde: Jürgen-Peter Kraus (D)	1971-1972
6. Kunde: Günther Baum, Schwenningen (D)	Unfall 1972 in Hockenheim

906 154 ist ein Werkswagen, der erst Mitte des Jahres 1966 fertiggestellt wurde. Bei der Premiere am Nürburgring hatte er einen Unfall, wurde aber repariert und trat ein Jahr später beim 24-Stunden-Rennen in Le Mans mit Vic Elford und Ben Pon an. Am Ende kamen ein siebter Gesamtrang und der Sieg in der Sportwagen-Wertung heraus.

1968 erwarb der Deutsche Erich Bitter den Wagen und bestritt mit ihm in nur fünf Monaten 12 Rennen. Bitter wurde wenig später als Hersteller des Bitter CD, eines eleganten Sport-Coupés mit Opel-Technik, bekannt.

Nächster Besitzer von 906 154 wurde der aufstrebende Österreicher Dr. Helmut Marko, der später Formel-1-Fahrer bei BRM wurde und vorher noch die 24 Stunden von Le Mans mit einem 917K gewann.

Nach einer eher passiven Phase kam der Wagen 1970 nach Deutschland und bestritt dort zahlreiche Berg- und Flugplatzrennen. Ende des Jahres 1972 fing das Fahrzeug bei privaten Testfahrten auf dem Hockenheimring Feuer und brannte ab. Ursache war vermutlich die Verwendung von Niederquerschnittsreifen, durch die der Wagen zu tief kam und deshalb mehrfach aufsetzte.

Renneinsätze 906 154

Veranstaltung	Datum	Fahrer	Start-Nr.	Platzierung
1000 km-Rennen Nürburgring (D)	05.06.1966	Hans Herrmann / Dieter Glemser	15	ausgefallen (von der Strecke abgekommen)
24 Stunden von Le Mans (F)	11.-12.06.67	Vic Elford / Ben Pon	37	7. Gesamt; 1. S 2000
Bergrennen Taunus (D)	31.03.1968	Erich Bitter	45	2. S 2000
Bergrennen Krähberg (D)	07.04.1968	Erich Bitter	200	nicht gewertet
Bergrennen Teutoburger Wald (D)	28.04.1968	Erich Bitter		1. Gesamt
Flugplatzrennen Faßberg (D)	05.05.1968	Erich Bitter	171	1. Gesamt; 1. S >1600
Dünen-Trophäe Zandvoort (NL)	12.05.1968	Erich Bitter		1. S 2000; 4. Gesamt
1000 km Nürburgring (D)	19.05.1968	Erich Bitter / Reinhold Jöst	87	1. S 2000; 11. Gesamt
Alpen-Bergpreis Roßfeld, Berchtesgaden (D)	09.06.1968	Erich Bitter	31	11. Gesamt; 7. S 2000
Eröffnungsrennen Anderstorp (S)	16.06.1968	Erich Bitter		1. S 2000; 6. Gesamt
Flugplatzrennen Mainz-Finthen (D)	23.06.1968	Erich Bitter	38	2. S 2000
200 Meilen Norisring, Nürnberg (D)	30.06.1968	Erich Bitter	35	2. S 2000; 9. Gesamt
Solitude-Rennen, Hockenheim (D)	21.07.1968	Erich Bitter		
Großer Preis von Mugello (I)	28.07.1968	Erich Bitter / Pauli / Toivonen	62	1. S 2000; 4. Gesamt
Flugplatzrennen Wunstorf (D)	18.08.1968	Dr. Helmut Marko	26	3. S 2000
500 km Zeltweg (A)	25.08.1968	Dr. Helmut Marko / Gerold Pankl	16	1. S 2000; 9. Gesamt
Preis der Nationen, Hockenheim (D)	15.09.1968	Gerold Pankl	24	nicht gewertet
Eifelpokal-Rennen, Nürburgring (D)	22.09.1968	Dr. Helmut Marko	58	1. S 2000; 3. Gesamt
Flugplatzrennen Wien-Aspern (A)	06.10.1968	Dr. Helmut Marko		ausgefallen (gebrochene Lenkradspeiche)
Flugplatzrennen Innsbruck (A)	13.10.1968	Dr. Helmut Marko		ausgefallen
Bergrennen Aldrans (A)	__.10.1968	Dr. Helmut Marko		2. Gesamt
Bergrennen Alpl (A)	11.05.1969	Bernd Brodner		3. Gesamt
Bergrennen Triest-Opicina (I)	25.05.1969	Bernd Brodner	412	3. Gesamt; 3 S 2000
Eröffnungsrennen Zeltweg (A)	27.07.1969	Bernd Brodner		6. Gesamt
Bergrennen Tauplitzalm (A)	03.08.1969	Bernd Brodner		4. Gesamt
1000 km Zeltweg (A)	10.08.1969	Bernd Brodner / Peter Peter	18	nicht gestartet (Unfall)
Bergrennen Wörgl-Wildschönau (A)	28.09.1969	Franz Convalexius		8. Gesamt
Bergrennen Walding (A)	26.10.1969	Franz Convalexius		6. Gesamt
Flugplatzrennen München-Neubiberg (D)	26.10.1969	Franz Convalexius		7. SP 2000
Bergrennen Behamberg (A)	31.05.1970	Franz Convalexius		3. Gesamt
Flugplatzrennen Neuhausen (D)	13.06.1970	Roland Faude		3. S >1300
Flugplatzrennen Ulm-Laupheim (D)	19.07.1970	Roland Faude	322	3. S 2000
Flugplatzrennen Niederstetten (D)	26.07.1970	Roland Faude	10	2. S 2000
Flugplatzrennen Geilenkirchen (D)	27.09.1970	Roland Faude	186	2. SP >1300
Flugplatzrennen Mendig (D)	04.10.1970	Roland Faude		6. SP >1600
Flugplatzrennen München-Neubiberg (D)	25.10.1970	Roland Faude		6. SP 2000
Bergrennen Gernsbach (D)	09.05.1971	Jürgen Peter Kraus	149	1. SP >1300
Bergrennen Freiburg-Schauinsland (D)	15.05.1971	Jürgen Peter Kraus		1. SP gesamt
Flugplatzrennen Neuhausen (D)	30.05.1971	Jürgen Peter Kraus	35	nicht bekannt
Bergrennen Neumarkt (D)	13.06.1971	Jürgen Peter Kraus	150	1. SP 2000
Bergrennen Eggberg (D)	20.06.1971	Jürgen Peter Kraus		2. SP >1600
Bergrennen Ottenhöfen (D)	27.06.1971	Jürgen Peter Kraus		1. SP >1600
Bergrennen Taubensuhl (D)	18.07.1971	Jürgen Peter Kraus	101	1. SP 2000
Bergrennen Ellerberg (D)	25.07.1971	Jürgen Peter Kraus		2. SP >1600

Renneinsätze 906 154

Veranstaltung	Datum	Fahrer	Start-Nr.	Platzierung
Bergrennen Ruselberg (D)	15.08.1971	Jürgen Peter Kraus	143	3. SP >1300
Bergrennen Ratisbona (D)	22.08.1971	Jürgen Peter Kraus		2. S 2000
Bergrennen Dünsberg (D)	29.08.1971	Jürgen Peter Kraus	181	1. SP 2000
Bergrennen Schwäbische Alb-Neuffen (D)	19.09.1971	Jürgen Peter Kraus	343	2. SP 2000
Bergrennen Ansbach (D)	26.09.1971	Jürgen Peter Kraus		1. SP gesamt
Bergrennen Landshut	03.10.1971	Jürgen Peter Kraus		2. P >1300
Bergrennen Steibis (D)	10.10.1971	Jürgen Peter Kraus		2. S 2000
Bergrennen Dünsberg (D)	09.04.1972	Jürgen Peter Kraus	176	ausgefallen
Bergrennen Heilbronn (D)	30.04.1972	Jürgen Peter Kraus	158	1. P 2000
Bergrennen Jura (D)	18.06.1972	Jürgen Peter Kraus		2. SP 2000
Bergrennen Waldsee (D)	08.10.1972	Günther Baum		2. P >1600
Bergrennen Taunus (D)	15.10.1972	Günther Baum	1	1. SP >1600

1000 km Nürburgring 1966 (siehe auch Bilder auf der nächsten Seite).

1000 km Nürburgring 1966 mit Hans Herrmann und Dieter Glemser, nach Unfall leider ausgeschieden.

24 Stunden von Le Mans 1967 mit Vic Elford und Ben Pon, die die Sportwagenklasse bis 2000 ccm gewinnen und einen siebten Gesamtplatz belegen.

Erich Bitter wird beim Taunus-Bergrennen 1968 Zweiter bei den Sportwagen bis 2000 ccm.

Erich Bitter und Reinhold Jöst gewinnen die Sportwagenklasse bis 2000 ccm bei den 1000 km auf dem Nürburgring 1968 und belegen den 11. Platz in der Gesamtwertung.

Sieger der Sportwagen bis 2000 ccm bei den 500 km von Zeltweg 1968: Dr. Helmut Marko und Gerold Pankl.

Eifelpokalrennen am Nürburgring 1968. Helmut Marko siegt bei den Sportwagen bis 2000 ccm und schafft den 3. Platz im Gesamtklassement.

Probefahrt mit Beifahrer Anfang 1968, am Steuer wahrscheinlich Erich Bitter.

PORSCHE CARRERA 6
optisch und technisch wie neu, total überholt, mit allem Zubehör, um 25 000,– DM abzugeben.
Franc Convalexius, A-6300 Wörgl/Tir., Speckbacherstraße 19, Österreich.

Zwei Verkaufsanzeigen, die im *Rallye Racing* 1970 und 1972 erschienen sind.

Porsche 906
optisch und technisch Spitze, Motor werksüberholt Sept. 71, 223 PS, protestsicherer 2-Liter Gruppe 6, 1971 drei Berg-Gesamtsiege, sieben Klassensiege, optimal vorbereitet für 72, wegen Anschaffung eines größeren für 28 000,– DM zu verkaufen.
Jürgen-Peter Kraus, 773 Villingen, Goldenbühlstr. 7, Tel. 0 77 21 / 5 40 44 zwischen 9 und 18 Uhr

906 155

Motor-Nr.: 906 022
Getriebe-Nr.:
Ausgeliefert am: 10.06.1966
Händler: Werkswagen

aktueller Besitzer: Bob Kurtz (USA, 2007)

Farbe: Weiß
Innenausstattung:
Kennzeichen: S – XR 763

1. Kunde: Gerhard Koch, Neuss (D)	
2. Kunde: Pierre Marx, Longuyon (F)	1968-1970, 1969 als Spyder
3. Kunde: Yves Elles (F)	1971
4. Kunde: Klaus Lorenz, Endorf (D)	1973
5. Kunde: Karl Adolf Kneip, Völklingen (D)	1975-1976
6. Kunde: Gerry Sutterfield, Lake Park, FL (USA)	02.1977
7. Kunde: Joseph E. Pendergast, Tampa, FL (USA)	03.1977-04.1978
8. Kunde: Burton Norris, Jupiter, FL (USA)	04.1978
9. Kunde: Gerry Sutterfield, Lake Park, FL (USA)	02.1977
10. Kunde: Ron Armour, Anaheim, CA (USA)	04.1978
11. Kunde: ?, Del Mar, CA (USA)	
12. Kunde: Robert Hendrikson, CT (USA)	1985
13. Kunde: Mike Taradash (USA)	
14. Kunde: Ben Morillo, CA (USA)	
15. Kunde: Dr. Julio Palmez, San Antonio, TX (USA)	1990
16. Kunde: Christie's, Monaco	06.05.1991
17. Kunde: Bradley Hook, Hawaii (USA)	
18. Kunde: Gunnar Racing, Palm Beach, FL (USA)	2007
19. Kunde: Bob Kurtz, Connecticut (USA)	2007

Seine Jungfernfahrt erlebte dieser Carrera 6 1966 beim 24-Stunden-Rennen von Le Mans. Als Werkswagen wurde er von den Porsche-Kunden Peter Gregg und Sten Axelsson, beide Besitzer von eigenen 906, gefahren.
Danach ging das Fahrzeug in den Besitz des deutschen Spediteurs Gerhard Koch über, der wenige Wochen vorher seinen »Serien«-906 (906 119) an Jürgen Neuhaus verkauft hatte. Koch fuhr die gesamte Saison 1967 mit diesem Carrera 6, kam aber auch mehrfach als Werksfahrer im 910 zum Einsatz.
In der Saison 1968 wurde der Wagen von dem Franzosen Pierre Marx, einem Apotheker aus Longuyon, vorwiegend bei Bergrennen gefahren. 1969 schnitt Marx kurzerhand das Dach ab, lackierte den Wagen rot und fuhr weiterhin Bergrennen im Norden Frankreichs und im benachbarten Ausland.
Der nächste Besitzer, Yves Elles, nahm 1971 weitere Modifikationen an der Karosserie vor. Möglicherweise wurde bereits beim Verkauf an Pierre Marx das Schild mit der Fahrgestellnummer 906 119 auf dem Rahmen befestigt. Das ist die Nummer von Gerhard Kochs erstem Carrera 6. Fakt ist, dass auf dem Heck von Yves Elles' Spyder in großen Ziffern die Nummer 906 119 aufgeklebt war.
1973 kam das Fahrzeug zurück nach Deutschland und wurde erst von Klaus Lorenz und später von Fritz-Adolf Kneip aus Saarbrücken bewegt. Der letzte bekannte Einsatz datiert aus dem Jahr 1976, also elf Jahre nach dem ersten Start – eine lange Karriere!
1977 wurde der Wagen als 906 119 nach Amerika an Gerry Sutterfield verkauft. Dort ging er durch mehrere Hände und wurde irgendwann wieder als Coupé mit Flügeltüren restauriert. Sein neuer Besitzer, Bradley Hook aus Hawaii, der die vermeintlichen Vorbesitzer in Deutschland persönlich aufgesucht hatte, wurde eines Tages mit der Tatsache konfrontiert, dass in Kalifornien ein weiteres Fahrzeug mit der Nummer 906 119 existierte. Wie sich herausstellte, war dieser Wagen tatsächlich das erste Koch-Auto und Hooks Carrera 6 in Wirklichkeit 906 155, also das zweite Koch-Auto.

Renneinsätze 906 155

Veranstaltung	Datum	Fahrer	Start-Nr.	Platzierung
24 Stunden von Le Mans (F)	18. / 19.06.66	Peter Gregg / Sten Axelsson	33	ausgefallen (Motor)
1000 km von Paris, Montlhéry (F)	16.10.1966	Gerhard Koch / Jochen Neerpasch	39	ausgefallen (Kollision)
Autosport Trophy, Snetterton (GB)	23.03.1967	Gerhard Koch		ausgefallen (Kollision)
Autosport Trophy, Silverstone (GB)	27.03.1967	Gerhard Koch		nicht bekannt
1000 km Monza (I)	25.04.1967	Gerhard Koch / Rolf Stommelen	44	ausgefallen (Motor)
Flugplatzrennen Mainz-Finthen (D)	18.06.1967	Gerhard Koch	1[illegible]	nicht gestartet
Avus-Rennen, Berlin (D)	25.06.1967	Gerhard Koch	54	1. Gesamt
Norisring-Rennen (D)	02.07.1967	Gerhard Koch	17	3. Gesamt; 1. S 2000
Autoslalom Neuß (D)	09.07.1967	Gerhard Koch		2. Gesamt; 1. S 2000
Flugplatzrennen Wunstorf (D)	13.08.1967	Gerhard Koch	1[illegible]	ausgefallen
500 km von Zeltweg (A)	20.08.1967	Gerhard Koch / Gerhard Mitter	15	ausgefallen (Motor)
Avus-Rennen, Berlin	10.09.1967	Gerhard Koch	15	1. Gesamt
1000 km von Paris, Montlhéry (F)	15.10.1967	Gerhard Koch / Jochen Neerpasch	20	ausgefallen (Motor)
Flugplatzrennen Dijon (F)	05.05.1968	Pierre Marx	5	nicht bekannt
Bergrennen Wissembourg (F)	19.05.1968	Pierre Marx	141	8. Gesamt; 5. S / P 2000
Bergrennen Abreschwiller (F)	07.07.1968	Pierre Marx		5. Gesamt; 2. S 2000
Bergrennen Andeleys (F)	__.07.1969	Pierre Marx		nicht bekannt
Bergrennen Urcy (F)	15.09.1968	Pierre Marx		4. S > 1600
Bergrennen Lorentzweiler (LUX)	07.04.1969	Pierre Marx	97	3. Gesamt
Bergrennen Arry (F)	15.06.1969	Pierre Marx	99	9. Gesamt
Bergrennen Sissons (F)	06.07.1969	Pierre Marx		5. Gesamt
Bergrennen Andeleys (F)	20.07.1969	Pierre Marx		4. P > 1300
Bergrennen Bomerée (F)	03.08.1969	Pierre Marx		1. Gesamt
Bergrennen Tonnerre (F)	10.08.1969	Pierre Marx		2. SP 2000
Bergrennen Dudelange (LUX)	15.08.1969	Pierre Marx	87	3. Gesamt
Bergrennen Poissons, Langres (F)	23.08.1969	Hugues Hazard		3. Gesamt, 2. SP
Bergrennen St. Maurice – le Ballon (F)	__.09.1969	Pierre Marx		5. Gesamt
Bergrennen Belleau (F)	28.09.1969	Pierre Marx		9. Gesamt; 6. S / P
Bergrennen Lorentzweiler (LUX)	30.03.1970	Pierre Marx	79	nicht bekannt
Bergrennen La Pommeray (F)	21.06.1970	Pierre Marx		2. Gesamt
Bergrennen Wiltz (LUX)	28.03.1971	Yves Elles	85	nicht bekannt
Bergrennen Lorentzweiler (LUX)	12.04.1971	Yves Elles	96	nicht bekannt
Rheingold-Bergrennen, Oberwesel-Langscheid (D)	01.07.1973	Klaus Lorenz		ausgefallen
Flugplatzrennen Mainz-Finthen (D)	15.06.1975	Karl-Adolf Kneip	55	ausgefallen
Bergrennen Rotenburg / Fulda (D)	29.06.1975	Karl-Adolf Kneip	150	nicht bekannt
Flugplatzrennen Kassel-Calden (D)	17.08.1975	Karl-Adolf Kneip	47	nicht gestartet
Preis von Baden-Württemberg, Hockenheim (D)	28.09.1975	Karl-Adolf Kneip	63	nicht erschienen
Flugplatzrennen Kassel-Calden (D)	09.05.1976	Karl-Adolf Kneip		nicht gewertet
Flugplatzrennen Mainz-Finthen (D)	23.05.1976	Karl-Adolf Kneip	19	5. Platz Grp. 6 - 2000
Prijs van Limbourg, Zolder (B)	13.06.1976	Karl-Adolf Kneip	63	14. Platz im Gesamtkl.
Preis der Stadt Karlsruhe, Hockenheim (D)	03.07.1976	Karl-Adolf Kneip	22	nicht bekannt
Interserie Hockenheim (D)	29.08.1976	Karl-Adolf Kneip	15	10. Platz Division 1
Rundstreckenrennen Ulm (D)	12.09.1976	Karl-Adolf Kneip		7. Platz Grp. 6 > 1600
Interserie Nürburgring (D)	10.10.1976	Karl-Adolf Kneip	11	4. Platz Division 1
Flugplatzrennen Mainz-Finthen (D)	24.10.1976	Karl-Adolf Kneip	15	nicht bekannt
Interserie Hockenheim (D)	31.10.1976	Karl-Adolf Kneip	11	8. Platz Divison 1

24 Stunden von Le Mans 1966: Peter Gregg / Sten Axelsson fallen wenige Minuten vor Schluss mit Kipphebelschaden aus.

1000 km Monza 1967: Gerhard Mitter / Rolf Stommelen fallen mit Motorschaden aus.

Avus-Rennen 1967: In der Mitte steht 906 155, der spätere Gesamtsieger.

Beim Norisring-Rennen 1967 wird Gerhard Koch mit dem 906 mit Einspritzmotor Sieger bei den Sportwagen bis 2000 ccm und Dritter Gesamt.

Gerhard Koch im Kampf mit einem Porsche 910 beim Flugplatzrennen Wunstorf 1967.

1000 km von Paris 1967: Koch/Neerpasch fallen mit Motorschaden aus.

Porsche Carrera 6

in sehr gut. rennfert. Zust., mit allem erdenkl. Zubeh., vielen Ersatzteilen, 8 Übersetz., 12 kompl. Räder u. Felgen, Motor generalüberholt, Wagen ist unfallfrei, Opel Blitz Rennwagentransporter mit Kofferaufbau muß mit übernommen werden, gegen Höchstgebot. Gerhard Koch, 404 Neuß, Postfach 334. Tel. Sa. Nr. 4 40 81. 33 587

Verkaufsanzeige für den 906 155 von Gerhard Koch in der *auto motor und sport* von 1967.

Von Pierre Marx zum Spyder umgebauter 906 155 beim Bergrennen von Arry 1969.

1971 war 906 155 im Besitz von Yves Elles, der die Spyder-Karosserie weiter modifizierte.

Karl-Adolf Kneipp 1975 beim Flugplatzrennen Mainz-Finthen.

Restauriert und wieder in den Originalzustand versetzt brachte Bradly Hook 906 155 im Jahr 2004 nach Daytona. Hier ist der Besitzer im Gespräch mit Carl Thompson, dem langjährigen Crew-Chief von Vasek Polak.

Brad Hook beim Historischen Grand Prix von Laguna Seca 2003.

906 156

Motor-Nr.: 906 156	**aktueller Besitzer**: Robert Jung (D, 2007)
Getriebe-Nr.:	**Farbe**: Weiß
Ausgeliefert am: 01.06.1967	**Innenausstattung**:
Händler: Werkswagen	**Kennzeichen**: S – ZL 690
1. Kunde: Rainer Ising, Remscheid (D)	1967-1968
2. Kunde: Barney Barnes (D)	1969-1976
3. Kunde: Bill Bradley (GB)	1979
4. Kunde: Schröder & Weise, Hannover (D)	
Alois Ruf Restaurierung	
5. Kunde: Robert Jung, Aichach (D)	1998

Obwohl bereits 1966 fertiggestellt, wurde dieser Carrera 6 zum ersten Mal erst 1967 beim 24-Stunden-Rennen von Le Mans eingesetzt. Als Werkswagen wurde er den Kunden Gerhard Koch und Christian Poirot anvertraut und belegte dort den zweiten Platz in seiner Klasse. Ein zweiter Werkseinsatz erfolgte beim Großen Preis von Mugello. Die Fahrerpaarung Gerhard Koch und Dieter Glemser kam aber nicht weit. Ein Schaden an der Antriebswelle erstickte alle Ambitionen.
1968 erwarb der Privatfahrer Rainer Ising aus Remscheid das Fahrzeug und fuhr damit überwiegend in Deutschland, aber auch in Italien (Mugello) und Schweden (Anderstorp).
Der nächste Besitzer war Barney Barnes, ein Amerikaner und Major der Air Force, der in Deutschland stationiert war. Er fuhr den Wagen bis 1972. Über Bill Bradley und das Haus Schroeder & Weise wurde der Wagen 1998 an Robert Jung verkauft, der ihn bei Alois Ruf in Pfaffenhofen restaurieren ließ. Dieses Fahrzeug war nie in einen schweren Unfall verwickelt. Es dürfte heute einer besterhaltenen Carrera 6 sein.

Renneinsätze 906 156

Veranstaltung	Datum	Fahrer	Start-Nr.	Platzierung
24 Stunden von Le Mans (F)	10. / 11.06.67	Gerhard Koch / Christian Poirot	66	8. Gesamt; 2. S 2000
GP von Mugello (I)	23.07.1967	Gerhard Koch / Dieter Glemser	56	ausgefallen (Antriebswelle)
Taunus-Bergprüfung (D)	31.03.1968	Rainer Ising	47	2. Gesamt; 1. S 2000
Krähberg-Rennen (D)	07.04.1968	Rainer Ising	204	2. Gesamt; 1. S 2000
Bergrennen Heilbronn (D)	21.04.1968	Rainer Ising		2. S >1600
Bergrennen Eberbach (D)	28.04.1968	Rainer Ising	127	3. S 2000
Flugplatzrennen Faßberg (D)	05.05.1968	Rainer Ising	170	ausgefallen
1000 km Nürburgring (D)	19.05.1968	Rainer Ising / Karl Kalkuhl	96	ausgefallen
Flugplatzrennen Mainz-Finthen (D)	23.06.1968	Rainer Ising	44	nicht gestartet
Bergrennen Trento Bondone (I)	14.07.1968	Rainer Ising		3. S 2000
GP von Mugello (I)	28.07.1968	Rainer Ising / Günter Werlich	53	nicht bekannt
500 km von Imola	15.09.1968	Rainer Ising / Günter Werlich		6. Gesamt
Sauerland-Bergpreis	06.10.1968	Rainer Ising	11	2. S 2000
Flugplatzrennen Hohn-Rendsburg (D)	13.10.1968	Rainer Ising		2. SP >1300
Bergpreis Schottenring (D)	27.10.1968	Rainer Ising	6	1 S 2000
Saisonfinale Hockenheim (D)	01.12.1968	Rainer Ising		2. LG 2
Bergpreis Bad Neuenahr (D)	20.04.1969	Rainer Ising		3. S 2000
1000 km Nürburgring (D)	01.06.1969	Rainer Ising / Günter Werlich	71	9. Gesamt; 2. S 2000
Bergrennen Schottenring (D)	29.06.1969	Rainer Ising	300	2. S 2000
Bergpreis der Oberpfalz (D)	06.07.1969	Rainer Ising		2. S 2000

Renneinsätze 906 156

Veranstaltung	Datum	Fahrer	Start-Nr.	Platzierung
Grand Premio del Mugello (I)	20.07.1969	Rainer Ising / Günter Werlich		T-car
Anderstorp (S)	14.09.1969	Rainer Ising		nicht bekannt
Flugplatzrennen Niedermendig (D)	05.10.1969	Barney Barnes		1. SP Gesamt
Hessenpreis Hockenheim (D)	19.10.1969	Barney Barnes	18	ausgefallen
Rundstreckenrennen Aachen, Zolder (B)	26.10.1969	Barney Barnes	255	ausgefallen
Flugplatzrennen Sembach (D)	16.11.1969	Barney Barnes		2. P >1300
Saisonfinale Hockenheim (D)	30.11.1969	Barney Barnes	20	5. LG 2
Flugplatzrennen Faßberg (D)	10.05.1970	Barney Barnes	18	nicht gestartet
Bergrennen Eggberg, Säckingen (D)	10.05.1970	Barney Barnes	131	ausgefallen
Bergrennen Teufelsrutsch (D)	07.06.1970	Barney Barnes		2 S 2000
Bergrennen Potzberg, Kaiserslautern (D)	14.06.1970	Barney Barnes	79	nicht bekannt
Flugplatzrennen Mainz-Finthen (D)	21.06.1970	Barney Barnes	17	ausgefallen
Flugplatzrennen Sembach (D)	26.07.1970	Barney Barnes	230	2. S Gesamt
Bergrennen Hunsrück (D)	09.08.1970	Barney Barnes	186	2. S Gesamt
Bergrennen Windhausen (D)	16.08.1970	Barney Barnes		1. S Gesamt
Trophee des Ardennes, 500 km Spa (B)	20.09.1970	Barney Barnes		ausgefallen (Öldruck)
Flugplatzrennen Mendig (D)	04.10.1970	Barney Barnes		ausgefallen
Preis von Baden-Württemberg, Hockenheim (D)	11.10.1970	Barney Barnes	60	24. Gesamt; 7. S 2000
300 km Nürburgring (D)	12.04.1971	Barney Barnes	23	6. SP 2000
3 Stunden Le Mans (F)	18.04.1971	Barney Barnes / Peter Wiechert	86	3. Gesamt; 1. S 2000
Flugplatzrennen Sembach (D)	25.04.1971	Barney Barnes	392	nicht bekannt
Flugplatzrennen Faßberg (D)	10.05.1970	Barney Barnes	18	nicht gestartet
Flugplatzrennen Neuhausen (D)	30.05.1971	Barney Barnes	27	nicht bekannt
Flugplatzrennen Mainz-Finthen (D)	20.06.1971	Barney Barnes	24	ausgefallen
Norisring-Rennen	11.07.1971	Barney Barnes	66	12. Gesamt
Bergrennen Potzberg (D)	25.07.1971	Barney Barnes	83	1. S >1600
Flugplatzrennen Kassel-Calden (D)	22.08.1971	Barney Barnes	26	4. SP 2000
Flugplatzrennen Mendig (D)	29.08.1971	Barney Barnes	23	4. SP 2000
Flugplatzrennen Geilenkirchen (D)	12.09.1971	Barney Barnes	255	2. SP >1300
Preis von Baden-Württemberg, Hockenheim (D)	03.10.1971	Barney Barnes	66	21. Gesamt
Flugplatzrennen Mainz-Finthen (D)	10.09.1972	Barney Barnes	15	ausgefallen

24 Stunden von Le Mans 1967. Gerhard Koch / Christian Poirot werden 8. Gesamt und 2. der Sportwagenklasse bis 2000 ccm.

Rainer Ising bei der Taunus-Bergprüfung 1968.

Bei den 1000 km auf dem Nürburgring 1968 fielen Ising/Kalkül aus.

1969 wird Rainer Ising mit Günter Werlich bei den 1000 km auf dem Nürburgring 9. in der Gesamtwertung und 2. der Sportwagen bis 2000 ccm.

Barney Barnes beim Aachener Rundstreckenrennen in Zolder 1969.

Flugplatzrennen Mainz-Finthen 1971, Barney Barnes fiel aus.

Flugplatzrennen Mendig 1971, Barney Barnes wird 4. bei den Sportwagen bis 2 Liter.

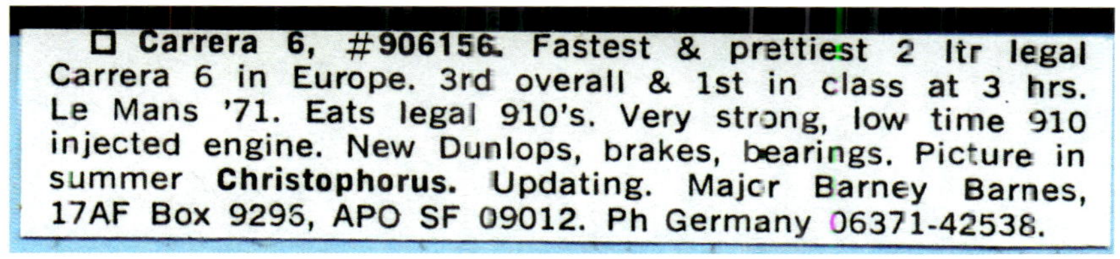

□ Carrera 6, #906156. Fastest & prettiest 2 ltr legal Carrera 6 in Europe. 3rd overall & 1st in class at 3 hrs. Le Mans '71. Eats legal 910's. Very strong, low time 910 injected engine. New Dunlops, brakes, bearings. Picture in summer **Christophorus.** Updating. Major Barney Barnes, 17AF Box 9296, APO SF 09012. Ph Germany 06371-42538.

Verkaufsanzeige von Barney Barnes im *Porsche Panorama* 1972.

1981 wurde 906 156 bei der Firma Bradley in Stuttgart restauriert. Heute wird er bei Historischen Rennen eingesetzt.

906 157

Motor-Nr.: 906 157 (E)
Getriebe-Nr.: 906 001
Ausgeliefert am: 23.12.1966
Händler: Werkswagen
1. Kunde: Fred Baker, Miami, FL (USA)
2. Kunde: Dick Smothers, Hollywood, CA (USA)
3. Kunde: Gregg Loomis, GA (USA)
4. Kunde: Robert C. Barker, Atlanta, GA (USA)
5. Kunde: Wesley Don Bennett, Miami, FL (USA)
6. Kunde: Kent Morgan, Arcadia, CA (USA)
7. Kunde: Warren Eads, Novato, CA (USA)
8. Kunde: Yasuhiko Hashimoto (J)
9. Kunde: Marco Marinello (CH)
10. Kunde: Carlo Perego (F)

aktueller Besitzer: Carlo Perego (F, 2007)

Farbe: Weiß
Innenausstattung:
Kennzeichen:
1967-1969
1969
1970-1973, Umbau zum Spyder
1973
1976 restoring from spyder form, Motor 906 158
1979
1984
1998
2007
2007

Dieser Carrera 6 ist ein rein amerikanisches Auto. Als 67er-Modell hatte er einen 2-Liter-Motor mit mechanischer Bosch-Benzineinspritzung sowie eine lange Nase, so wie die Langheckversionen. Er kam als Werkswagen nach Daytona, fiel aber mit einem technischen Defekt aus. Der lokale Erstbesitzer Fred Baker aus Kalifornien fuhr danach ganze zwei Jahre damit Rennen, kreuz und quer durch die USA, von der Westküste bis an die Ostküste, von Kalifornien bis nach Kanada. Danach erwarb der Comedian Dick Smothers das Fahrzeug und heuerte den Vorbesitzer gleich als Beifahrer für die Langstreckenrennen in Daytona und in Sebring an.
Nach Dick Smothers kaufte Gregg Loomis den Wagen. Für ihn war es der zweite Carrera 6 (nach 906 121). Danach gab es noch ver-

schiedene andere Besitzer, von denen einer, nämlich Robert Baker, das Coupé zu einem Spyder umbauen ließ. Die Originalteile blieben erstaunlicherweise immer beim Fahrzeug, sodass sich ein Rückbau ohne große Klimmzüge realisieren ließ.

1998 griff der in den Vereinigten Staaten lebende Japaner Yasuhiko Hashimoto zu und gab bei ausgewählten Veranstaltungen wieder Gas wie in alten Zeiten. 2007 wurde der Wagen nach Europa geholt und steht heute in Frankreich.

Renneinsätze 906 157

Veranstaltung	Datum	Fahrer	Start-Nr.	Platzierung
24 Stunden Daytona, FL (USA)	4./5.02.1967	Udo Schütz / Gijs van Lennep / Rolf Stommelen	53	ausgefallen (Motorschaden nach Überdrehen)
SCCA National West Palm Beach, FL (USA)	19.03.1967	Fred Baker		4. Gesamt; 3. SP 2000
12 Stunden von Sebring, FL (USA)	01.04.1967	Fred Baker / LeeCutler / Charlie Kolb	44	ausgefallen (Ventilfeder)
USRRC Las Vegas, NV (USA)	23.04.1967	Charlie Kolb	22	6. Gesamt, 1. S2000
USRRC Riverside, CA (USA)	30.04.1967	Fred Baker	22	12. Gesamt; 2. SP 2000
USRRC Laguna Seca, CA (USA)	07.05.1967	Fred Baker	22	12. Gesamt; 1. SP 2000
SCCA National, Cumberland, MD (USA)	14.05.1967	Fred Baker		2. Gesamt, 1. E/SR
USRRC Bridgehampton, NY (USA)	21.05.1967	Fred Baker	22	8. Gesamt, 2 S 2000
SCCA National Courtland, AL (USA)	28.05.1967	Fred Baker		1. Platz
USRRC Watkins Glen, NY (USA)	25.06.1967	Fred Baker	22	10. Gesamt; 2. SP 2000
USRRC Pacific Raceway, Kent, WA (USA)	16.07.1967	Fred Baker	22	12. OA; 2. SP 2000
Doug-Revson-Trophy, Mid-Ohio, OH (USA)	20.08.1967	Fred Baker		9. Gesamt
Doug-Revson-Trophy, Road America, WI (USA)	02.09.1967	Fred Baker	22	1. Gesamt
Doug-Revson-Trophy, Mont Tremblant, QC (CDN)	17.09.1967	Fred Baker		7. Gesamt
Doug-Revson-Trophy, Laguna Seca, CA (USA)	14.10.1967	Fred Baker	22	7. Gesamt
Doug-Revson-Trophy, Riverside, CA (USA)	29.10.1967	Fred Baker	22	10. Gesamt
Road Race of Champions, Daytona, FL (USA)	26.11.1967	Fred Baker		7. Gesamt
12 Stunden Sebring, FL (USA)	23.03.1968	Fred Baker	87	nicht erschienen
SCCA National Road America, WI (USA)	15.09.1968	Fred Baker		4. Gesamt, 1. B/SR
12 Stunden Sebring, FL (USA)	22.03.1969	Fred Baker / Dick Smothers	45	8. Gesamt; 2. P 2000
6 Stunden Watkins Glen, NY (USA)	12.07.1969	Fred Baker / Dick Smothers / Lou Sellyei	12	6. Gesamt; 1. P 2000
24 Stunden Daytona, FL (USA)	31.1./1.2.70	Gregg Loomis / Bert Everett / J. Peter Harrison	40	9. Gesamt; 1. P 2000
SCCA National, Danville, VR (USA)	26.04.1970	Gregg Loomis	40	9. Gesamt; 3. B/SR
SCCA National Summit Point, WV (USA)	__.__.1971	Gregg Loomis	40	6. Platz
ARRC Road Atlanta, GA (USA)	03.11.1973	Robert Barker		6. B/SR

Fred Baker mit dem Ex-Werkswagen mit Einspritzung, schön zu sehen ist hier bei dem Rennen 1967 in Bridgehampton die auch bei den Langhecks verwendete lange Nase.

USRRC Watkins Glen 1967: Fred Baker wird 10. Gesamt und 2. in der Klasse.

12 Stunden von Sebring 1969, Fred Baker / Dick Smothers belegen den 8. Platz Gesamt.

24 Stunden Daytona 1970. Gregg Loomis / Bert Everett / J. Peter Harrison werden gerade vom Gulf 917 mit Brian Redman / Jo Siffert überholt.

Gregg Loomis mit dem 906 157 (siehe auch Bilder auf der nächsten Seite).

Gregg Loomis mit dem 906 157 und seinem immer noch originalen Werkseinspritzmotor bei den SCCA Nationals in Danville 1970.

Der 906 157 wurde in 1973 auf Spyder umgebaut und fuhr mit Rob Barker Rennen in Kalifornien.

Bei der Porsche Parade 1976 mit dem damaligen Besitzer Don Bennett und wieder in Original-Coupé-Form.

Montherey Historics 1998 mit seinem Besitzer Yasuhiko Hashimoto.

906 158

Motor-Nr.: 906 158 (E)
Getriebe-Nr.: 906 005
Ausgeliefert am: 04.01.1967
Händler: Werkswagen
1. Kunde: Edward Hugus, Pittsburgh, PA (USA)
2. Kunde: Armando Capriles, Caracas (VE)

aktueller Besitzer: zerstört (?)

Farbe: Gelb/Weiß
Innenausstattung:
Kennzeichen:
1967
1967-1969, Unfall Sebring 68

Dieser Wagen wurde wegen seiner außergewöhnlichen Lackierung in der Landessprache seines zweiten Besitzers nur »El Tigre« genannt. Beim 12-Stunden-Rennen von Sebring 1968 kollidierte der Wagen auf der Start- und Zielgeraden mit einem Konkurrenten und krachte in die Begrenzungsmauer. Capriles/Atencion hatten auf die Bremse getreten, um ein Boxensignal besser lesen zu können. Das hatte die dahinterfahrende Chevrolet Corvette nicht rechtzeitig gesehen, und schon war der Auffahrunfall passiert. Front- und Heckpartie des 906E waren schwer beschädigt, der Wagen wurde zur Reparatur ins Werk geschickt. Dort wurde er instandgesetzt, erhielt aber nicht wieder die originale lange, sondern eine kurze Nase. Und statt des gestreiften Tigerkleides gab es eine Neulackierung in Weiß und Grün.
1969 klappte es in Sebring dann besser, der Wagen wurde nach 12 Stunden 11. im Gesamtklassement und Dritter in seiner Klasse.
Der weitere Verbleib des Fahrzeugs ist nicht bekannt.

Renneinsätze 906 158

Veranstaltung	Datum	Fahrer	Start-Nr.	Platzierung
24 Std. Daytona, FL (USA)	04./05.02.1967	nicht bekannt		Unfall im Training
12 Std. Sebring, FL (USA)	01.04.1967	John Cannon / Ed Hugus	42	ausgefallen (Motorschaden)
6 Stunden von Lima, Campo de Marte (PE)	09.07.1967	Armando Capriles / Alfredo Atencion	4	1. Gesamt
6 Stunden von Bogota (CO)	22.08.1967	Armando Capriles / Alfredo Atencion	85	1. Gesamt
6 Stunden von Quito (EC)	15.10.1967	Armando Capriles / Alfredo Atencion	5	1. Gesamt
6 Stunden von Caracas (YV)	10.12.1967	Armando Capriles / Alfredo Atencion		1. Gesamt
12 Std. Sebring, FL (USA)	23.03.1968	Armando Capriles / Alfredo Atencion	55	ausgefallen
12 Std. Sebring, FL (USA)	22.03.1969	Armando Capriles / Alfredo Atencion	46	11. Gesamt, 3. P 2000

12 Stunden Sebring 1967: Ed Hugus / John Cannon konnten das Rennen nicht beenden, ein Motorschaden stoppte ihre Fahrt.

Armando Capriles / Alfredo Atencio hatten bei den 12 Stunden von Sebring 1968 wenig Glück. Ein Unfall auf der Start- und Zielgeraden beendete das Rennen.

In der Kundenreparatur in Zuffenhausen wurde der Wagen nach dem Unfall wieder gerichtet, man sieht ihn hier im Hintergrund.

12 Stunden von Sebring 1969: Armando Capriles / Alfredo Atencio belegen den 11. Platz im Gesamtklassement und den 3. Platz bei den Prototypen bis 2 Liter.

906 159

Motor-Nr.: 906 159
Getriebe-Nr.: 906 011
Ausgeliefert am: 16.01.1967
Händler: Werkswagen
1. Kunde: Otto Zipper (USA)
2. Kunde: Vasek Polak (USA)
3. Kunde: Gustav Mason O'Keiff, Houston, TX (USA)
4. Kunde: Warren Eads, Novato, CA (USA)
Robert Hatchman restoration
5. Kunde: Gerald Barnes, Anaheim Hills, CA (USA)

aktueller Besitzer: Gerald Barnes (USA, 2006)

Farbe: Weiß
Innenausstattung:
Kennzeichen:
Scooter Patrick, Don Wester

1970
1988

Dieser 906 kam als Back-up-Wagen nach Florida, für den Fall, dass einer der neuen Werks-910er Probleme bekommen sollte. Das war nicht der Fall, und 906 159 belegte in der 1967er-Wasserschlacht von Sebring den 4. Platz in der Klasse und einen beachtlichen 7. Rang im Gesamtklassement.
Danach bekam ihn der Rennstall von Otto Zipper in Beverly Hill, Kalifornien. Im Gegensatz zu seinen hellen Vorjahres-906ern (906 104, 906 105 und 906 121) ließ Zipper den Wagen in Dunkelblau

mit drei dezenten silbernen Mittelstreifen lackieren. Bis Mitte der Saison 1968 blieben seine Fahrer Scooter Patrick und Don Wester sehr erfolgreich. Danach wurde der 906 durch einen 910 abgelöst. Scooter Patrick gewann übrigens 1967 den Meistertitel in der U2-Klasse der USSRC-Meisterschaft ex-aequo mit Joe Buzzetta. Buzzetta war der Favorit von der Ostküste, Patrick der von der Westküste.

Da dem Zipper-Team der Weg zum Meisterschaftsendlauf in Elkhart Lake, Wisconsin, zu weit war, bot Buzzetta seinem Rivalen an, sich mit ihm sein Auto zu teilen, was dieser dankbar annahm.
Nach einer Restaurierung bei Robert Hatchman gehörte der Wagen lange Zeit Warren Eads, dem Inhaber der Firma Spyder Sports. Heute ist er bei Gerold Barnes in Anaheim, Kalifornien, zu Hause.

Renneinsätze 906 159

Veranstaltung	Datum	Fahrer	Start-Nr.	Platzierung
12 Std. von Sebring, FL (USA)	01.04.1967	Joe Buzzetta / Peter Gregg	38	7. Gesamt, 4. P 2000
USRRC Las Vegas, NV (USA)	23.04.1967	Scooter Patrick	33	ausgefallen (Lenkung)
USRRC Riverside, CA (USA)	30.04.1967	Scooter Patrick	33	10. Gesamt, 1 SP 2000
USRRC Laguna Seca, CA (USA)	07.05.1967	Scooter Patrick	33	ausgefallen (Bremse)
SCCA Regional Santa Barbara, CA (USA)	27.05.1967	Scooter Patrick	33	1 S 2000
USRRC Pacific Raceway, Kent, WA (USA)	16.07.1967	Scooter Patrick	33	8. Gesamt, 1. SP 2000
SCCA National Cal Club Region, CA (USA)	06.08.1967	Scooter Patrick	33	1. Gesamt
Doug-Revson-Trophy, Laguna Seca, CA (USA)	14.10.1967	Scooter Patrick	33	1. Gesamt
Doug-Revson-Trophy, Riverside, CA (USA)	29.10.1967	Scooter Patrick	33	1. Gesamt
Stardust Int. Raceway, Las Vegas, NV (USA)	12.11.1967	Scooter Patrick	33	1. Gesamt
Willow Springs, CA (USA)	__.02.1968	Scooter Patrick	33	1. Platz
Willow Springs, CA (USA)	10.03.1968	Don Wester	60	1. Gesamt, 2. B/SR
USRRC Riverside, CA (USA)	28.04.1968	Scooter Patrick	33	11. Gesamt
SCCA National Riverside, CA (USA)	04.08.1968	Don Pike	33	3. Gesamt, 1 S 2000
SCCA National Phoenix, AZ (USA)	13.10.1968	Don Pike		1 AB/SR
ARRC Riverside, CA (USA)	24.11.1968	Don Pike	88	8. Gesamt, 3. B/SR
ARRC Road Atlanta, GA (USA)	28.11.1971	Mason O'Keiff		ausgefallen

Sebring 1967 (siehe auch Bilder auf der nächsten Seite).

12 Stunden von Sebring 1967: Jo Buzzetta / Peter Gregg werden 7. Gesamt und 4. bei den Prototypen bis 2000 ccm. Wie so oft bei den 12-Stunden-Rennen gibt es sintflutartigen Regen.

Porsche Parade in den USA im Jahre 2001.

Auch heute steht der 906 159 fast wie neu da. Und wird immer noch eingesetzt bei Historischen Rennen wie in Laguna Seca und bei verschiedenen Porsche-Paraden in den USA.

906 160

Motor-Nr.: 906 160 (E)
Getriebe-Nr.: 906 012
Ausgeliefert am: 25.01.1967
Händler: Werkswagen

1. Kunde: Joe Buzzetta (USA) 1967	
2. Kunde: Werner Frank, Chicago, IL (USA)	12.1967
3. Kunde: Ronald Justice, Royal Oak, MI (USA)	1969
4. Kunde: Gene Dodd, Indianapolis, IN (USA)	06.1971
5. Kunde: Fred Orth, Cincinnati, OH (USA)	
6. Kunde: J. Dana Boardman, Melbourne, FL (USA)	1975
7. Kunde: Henry Payne III , Charlestone, WV (USA)	06.1976

aktueller Besitzer: Henry Payne (USA, 2006)

Farbe: Weiß
Innenausstattung:
Kennzeichen:

Als Werkswagen war 906 160 kein Glück beschieden. In Daytona 1967 fiel er nach einem Motorschaden aus, und in Sebring lief ihm ein Hund (!) vor die Nase. Doch danach lief es besser: Joe Buzzetta bekam den Wagen als Ersatz für das Vorjahresmodell (906 103). Joe nahm erneut die amerikanische Straßenmeisterschaft (USRRC) in Angriff und gewann ex aequo mit Scooter Patrick die Wertung der »kleinen« Sportwagenklasse (siehe auch 906 159).

Anschließend ging das Fahrzeug in den Besitz von Werner Frank über, der bis Ende 1968 damit Rennen fuhr. Auch Ron Justice nahm 1969 noch an Wettbewerben teil, aber danach lief die aktive Laufbahn mehr oder weniger aus.
1976 erwarb dann der Industrielle Henry Payne III den Wagen und besitzt ihn – über 30 Jahre später – noch immer.

Renneinsätze 906 160

Veranstaltung	Datum	Fahrer	Start-Nr.	Platzierung
12 Stunden von Sebring, FL (USA)	01.04.1967	Udo Schütz / Rolf Stommelen / Gijs van Lennep	39	ausgefallen (Kollision mit einem Hund)
USRRC Watkins Glen, NY (USA)	25.06.1967	Joe Buzzetta	7	8. Gesamt; 1. S 2000
Road America 500, Elkhart Lake, WI (USA)	30.07.1967	Joe Buzzetta / Scooter Patrick	7	4. Gesamt, 1. SP 2000
USRRC Mid Ohio, OH (USA)	20.08.1967	Joe Buzzetta		9. Gesamt; 1. S 2000
Road America, Elkhart Lake, WI (USA)	02.09.1967	Joe Buzzetta		ausgefallen
Doug Revson Trophy, Mont Tremblant, QC (CDN)	17.09.1967	Joe Buzzetta	14	17. Gesamt
Doug Revson Trophy, Laguna Seca, CA (USA)	14.10.1967	Joe Buzzetta	7	3. Gesamt; 3. S 2000
Pennzoil »100«, Riverside, CA (USA)	29.10.1967	Joe Buzzetta	7	2. Gesamt
12 Stunden von Sebring, FL (USA)	23.03.1968	Werner Frank / Ralph Trieschmann	88	nicht erschienen
USRRC Mexico City (MEX)	31.03.1968	Werner Frank		12. Gesamt
USRRC Bridgehampton, NY (USA)	19.05.1968	Werner Frank	66	5. Gesamt
USRRC Mont Tremblant, QC (CDN)	02.06.1968	Werner Frank	88	15. Gesamt
SCCA National Road America, WI (USA)	16.06.1968	Werner Frank		5. Gesamt, 2. B/SR
USRRC Watkins Glen, NY (USA)	13.07.1968	Werner Frank	88	5. Gesamt
6 Stunden von Watkins Glen, NY (USA)	14.07.1968	Werner Frank / Ralph Trieschmann	88	4. Gesamt, 1. SP 2000
Road America 500, Elkhart Lake, WI (USA)	28.07.1968	Werner Frank / Ralph Trieschmann		ausgefallen
SCCA National, Danville, VA (USA)	28.09.1969	Ronald Justice	06	nicht bekannt
Road Race of Champions, Daytona, FL (USA)	30.11.1969	Ronald Justice	66	8. Gesamt, 3. B/SR

24 Stunden von Daytona 1967, leider Ausfall des Werkswagens mit Motorschaden.

12 Stunden von Sebring 1967, auch hier hatte der Werkswagen mit Udo Schütz / Rolf Stommelen / Gijs van Lennep wenig Glück. Im Rennen gab es eine Kollision mit einem Hund.

Porsche-Poster nach Sebring 1967.

SCCA National in Danville Virginia 1969 mit Roland Justice.

1976 kaufte Henry Payne III den 906 160 und restaurierte ihn.

Bei der Rennsport Reunion 2001 zeigte sich der 906 160 wieder in Orange.

906 161

Motor-Nr.: 906 161
Getriebe-Nr.: 906 041
Ausgeliefert am: 09.06.1967
Händler: Werkswagen
1. Kunde: Guido Nicolai (I)
2. Kunde: Vittorio Mascari (I)

aktueller Besitzer: Vittorio Mascari (I, 2007)

Farbe: Weiß
Innenausstattung:
Kennzeichen:
= »Nicor«, 1968
= »Mascaleros«, 1971-2007

Eigentlich ist dies der letzte vom Werk hergestellte Carrera 6, wäre da nicht noch die Idee mit dem Weltrekord gewesen (siehe 906 162). Dennoch hat dieses Fahrzeug eine einzigartige Geschichte. Er ist der 906, der sich am längsten von allen in einer Hand befindet. Nach dem Werkseinsatz beim Langstreckenrennen in Mugello 1967 und einigen wenigen Zwischenstationen in Italien kam der Wagen 1971 zu Vittorio Mascari. Unter dem Pseudonym »Mascaleros« fuhr er bis ca. 1975 Rennen damit. Eigentlich wollte er sich 1972 davon trennen, aber niemand war an dem Objekt interessiert. Nach einer längeren Ruhepause ist 906 161 wieder aktiv, auf der Straße und manchmal auch auf der Rennstrecke, gefahren – immer noch – von Vittorio Mascari.

Renneinsätze 906 161

Veranstaltung	Datum	Fahrer	Start-Nr.	Platzierung
Trofeo Frescobaldi, Mugello (I)	23.07.1967	Leo Cella / Giampiero Biscaldi	63	5. Gesamt; 1. S 2000
1000 km Monza (I)	25.04.1968	Guido Nicolai / Piero Conte	53	nicht erschienen
Bergrennen Castione Baratti-Neviano Arduini (I)	12.05.1968	Guido Nicolai		1. S 2000
Bergrennen Coppa Città di Volterra (I)	23.05.1968	Guido Nicolai		2. S 2000
Gran Premio della Republica, Vallelunga (I)	02.06.1968	Guido Nicolai		3. S 2000
Bergrennen Rieti-Terminillo (I)	09.06.1968	Guido Nicolai		2. S 2000
Bergrennen Camucia-Cortona (I)	16.06.1968	Guido Nicolai	442	1. Gesamt
Gran Premio del Mugello (I)	28.07.1968	Guido Nicolai / Rafaello Rosati	59	nicht bekannt
500 km Imola (I)	15.09.1968	Guido Nicolai		8. Gesamt
Bergrennen Coppa del Chianti Classico (I)	28.09.1968	Guido Nicolai		nicht bekannt
500 km Mugello (I)	19.07.1970	Alessandro Fabroni / Raffaello Rosati	66	nicht bekannt
Coppa Citta di Enna (I)	15.08.1970	Alessandro Fabroni / Raffaello Rosati		nicht qualifiziert
1000 km Monza (I)	25.04.1971	Vittorio Mascari / Federico Capasso	34	nicht qualifiziert
Bergrennen Pieve S. Stefano-Passo dello Spino (I)	02.05.1971	Vittorio Mascari		2. SP 2000
Bergrennen Trieste Opicina (I)	23.05.1971	Vittorio Mascari	308	nicht bekannt
Bergrennen Castione Baratti (I)	24.05.1971	Vittorio Mascari		4. Grp. 5
Bergrennen Coppa della Collina (I)	30.05.1971	Vittori Mascari	36	8. Gesamt 2. S 2000
Gran Premio della Republica, Vallelunga (I)	02.06.1971	Vittorio Mascari	18	4. Gesamt 2. SP 2000
Bergrennen Coppa Sila, Cosenza (I)	06.06.1971	Vittorio Mascari	712	1. S 2000
Bergrennen Salsomaggiore-S.Antonio (I)	20.06.1971	Vittorio Mascari		2. S 2000
Bergrennen Trento Bondone (I)	04.07.1971	Vittorio Mascari	58	nicht bekannt
Bergrennen Pedavena-Croce d'Aune (I)	11.07.1971	Vittorio Mascari		3. S 2000
Coppa di AC Bologna, Imola, Euro 2000 (I)	25.07.1971	Vittorio Mascari	58	10. Gesamt
Bergrennen Rieti-Terminillo (I)	08.08.1971	Vittorio Mascari		1. S 2000
Bergrennen Svolte de Popoli (I)	15.08.1971	Vittorio Mascari		3. S 2000
Bergrennen San Giustino-Bocca Trabaria (I)	22.08.1971	Vittorio Mascari		1. S > 2000
Bergrennen Gubbio-Madonna della Cima (I)	29.08.1971	Vittorio Mascari		2. S 2000
500 km Imola (I), Interserie	12.09.1971	Vittorio Mascari	45	ausgefallen
Coppa Ignazio Giunti, Vallelunga (I)	31.10.1971	Vittorio Mascari		nicht gestartet
1000 km Monza (I)	25.04.1972	Vittorio Mascari / Eugenio Tinghi	36	nicht qualifiziert
Coppa Shell, Imola (I)	01.05.1972	Vittorio Mascari		nicht gestartet
Bergrennen Bolzano-Mendola (I)	25.06.1972	Vittorio Mascari	552	nicht bekannt
Bergrennen Bruno Carotti Rieti-Terminillo (I)	06.08.1972	Vittorio Mascari		1 S > 2000 (2700 ccm)
Bergrennen S.Giustino-Bocca Trabaria (I)	20.08.1972	Vittorio Mascari		8. Gesamt; 1. S 3000
Bergrennen Gubbio-Madonna della Cima (I)	27.08.1972	Vittorio Mascari		1. S 3000
500 km von Imola (I)	17.09.1972	Vittorio Mascari		16. Gesamt

Renneinsätze 906 161

Bergrennen Coppa Tiber, Passo dello Spino (I)	01.10.1972	Vittorio Mascari		1. S 3000
Bergrennen Passo dello Spino (I)	13.05.1973	Vittorio Mascari		3. S 2000
Bergrennen Coppa della Castellana (I)	20.05.1973	Vittorio Mascari		3. S 2000
Bergrennen Vittorio Veneto-Cansiglio (I)	27.05.1973	Vittorio Mascari	192	6. Gesamt; 4. SP 2000
Bergrennen Sarnano-Sassotetto (I)	17.06.1973	Vittorio Mascari		4. G5 3000
Bergrennen Cronoscalata di Montevergine (I)	22.07.1973	Vittorio Mascari		5. S 2000
Bergrennen Rieti-Terminillo (I)	05.08.1973	Vittorio Mascari		5. S 2000
150 Runden Mugello (I)	23.03.1975	Vittorio Mascari / Mario Facca	19	nicht erschienen
Bergrennen Sarnano-Sassotetto (I)	29.06.1975	Vittorio Mascari	305	3. G5 3000
Bergrennen Trento-Bondone (I)	06.07.1975	Vittorio Mascari		4. G5 3000
Bergrennen S.Giustino-Bocca Trabaria (I)	13.07.1975	Vittorio Mascari		2. G5 3000
Bergrennen Coppa Alta, Garfagnana (I)	20.07.1975	Vittorio Mascari		2. G5 3000
Bergrennen Coppa Paolina Teodori, Ascoli Piceno (I)	27.07.1975	Vittorio Mascari		3. G5 3000
Bergrennen Rieti-Terminillo (I)	03.08.1975	Vittorio Mascari		24. Gesamt; 4. G5 3000

Bei den 1000 km von Mugello 1967 startete der Werkswagen mit Leo Cella / Gianpiero Biscaldi, belegte den 5. Platz im Gesamten und wurde Sieger der Sportwagen bis 2000 ccm.

500 km Mugello auf dem 66 km langen Straßenkurs von Mugello 1970.

Coppa di AC Bologna Imola 1971 mit Vittorio Mascari, 10. Platz Gesamt.

1000 km Monza 1972 mit Vittorio Mascari / Eugenio Tinghi, die sich jedoch nicht qualifizieren konnten.

● **PORSCHE CARRERA 6** ex « Mascaleros ». Telefonare ore ufficio: FIRENZE 055/41.47.00.

1972 wurde der 906 161 im *Autosprint* zum Verkauf angeboten.

Bergwertung in Italien

Urlauber, die sich am **16. und 17. Juni** in der Region Piacenza südlich des Po aufhalten, können sich eine spannende Bergprüfung für klassische Renn- und Sportwagen anschauen. Das Ganze nennt sich „Vernasca Silver Flag Historic Hillclimb Parade“ und ist eine Einladungsveranstaltung mit Start in dem Städtchen Castell'Arquato. Rund 80 Klassiker bis Baujahr 1973 nehmen dabei dreimal die neun Kilometer lange Strecke unter die Räder (Samstag 14.30 Uhr, Sonntag 10.40 und 14.30 Uhr). Technische Abnahme der Fahrzeuge ist am Samstag ab 9 Uhr.
Info: Fax 0039-(0)523-984148

OLDTIMER MARKT 6/2001

Notiz aus der Zeitschrift *Markt* 2001.

Aufmacher zu einem mehrseitigen Artikel, in dem 906 161 in restauriertem Zustand wie auf dem Foto oben abgedruck war. Erschienen im Februar 2007 in der italienischen *Automobilisimo*.

Una Carrera folgorante

Bella, tecnicamente sofisticata e velocissima, la Porsche Carrera 6 ha portato a Zuffenhausen il primo titolo iridato Sport nel 1966, ma ha anche rappresentato per molti anni a seguire l'asso nella manica dei migliori piloti privati in Europa e negli Stati Uniti. Ecco la sua storia, i suoi segreti e i suoi numeri

ELVIO DEGANELLO - FOTO DI ANDREA PISAPIA E ACTUALFOTO

Gli anni 60 hanno rappresentato un periodo semplicemente entusiasmante per gli appassionati di automobilismo da corsa. A parte di ogni domenica una data da ricordare non c'era solo una Formula 1 ancora vergine di quei monopoli di competitività che in futuro l'avrebbero troppo spesso trasformata in una sorta di super-trofeo monomarca (con McLaren, Williams, Ferrari e Renault a farla da padrone a cicli alterni), ma ci si mettevano pure una Formula 2 che metteva in pista 25 vetture alla volta sulle quali gli assi della F1 dovevano difendersi da giovani emergenti che guidavano con il coltello tra i denti, le gare in salita di cui tutta l'Italia pullulava un weekend sì e uno anche e le prove del Challenge Europeo Turismo. Ma, soprattutto, un Campionato Mondiale Marche che vedeva opporsi a tutto campo i più importanti costruttori di vetture da corsa con l'aggiunta, a partire dal 1964, del colosso americano Ford.

In particolare, una delle sfide che maggiormente teneva gli appassionati col fiato sospeso era quella tra Porsche e Ferrari. Non per la supremazia assoluta, un obbiettivo per il quale Maranello armava grossi calibri come le P2, le P3 e le P4 contro la dinastia delle

ALLA TARGA FLORIO DEL 1966
Porsche Carrera 6 oggi (nella foto piccola, l'esemplare numero di telaio 161 appartenente al gentleman driver toscano Vittorio Mascari, noto all'anagrafe delle corse come "Mascaleros", che Automobilismo d'Epoca ringrazia per la collaborazione prestata) e ieri, nella foto grande, con Ferdinando Latteri e Ignazio Capuano alla Targa Florio dell'8 maggio 1966

906 162

Motor-Nr.: ? (E)
Getriebe-Nr.: 906 154
Ausgeliefert am: 18.10.1967
Händler: Werkswagen
1. Kunde: Dr. Hans Kühnis, Basel (CH)
2. Kunde: Max Müller, Zürich (CH)
3. Kunde: Paul Juchem (D)
4. Kunde: Manfred Pade, Düsseldorf (D)
5. Kunde: Pitty Block (PE) ?
6. Kunde: Scott Flanders (USA)
7. Kunde: Thomas Stegman, Cincinnati, OH (USA)

aktueller Besitzer: Thomas Stegman (USA, 2007)

Farbe: Weiß
Innenausstattung:
Kennzeichen:
1968-1969
1970-1971
1972
1973-1974

1981-2001 mit s/n 906.138
2002-2007

Der letzte je gebaute Carrera 6 hatte eine besondere Bestimmung. Er war nur deshalb gebaut worden, um einige Geschwindigkeitsweltrekorde in der Klasse bis 2000 ccm zu brechen. Hinter diesem Vorhaben stand insbesondere der schweizerische Journalist Rico Steinemann, der nur wenig später den Porsche-Rennleiter Huschke von Hanstein ablösen sollte.
Das Vorhaben ließ sich aber nur zum Teil realisieren, denn für die buckelige Hochgeschwindigkeitspiste von Monza erwies sich der 906 als nicht ausreichend haltbar. Nach 2000 km mit einer Durchschnittsgeschwindigkeit von 216,99 km/h musste der 24-Stunden-Rekordversuch abgebrochen werden. Aber der Versuch durfte innerhalb von 24 Stunden neu in Angriff genommen werden, und das gelang dann mit einem schnellstens herbeigeschafften 911R.
Den verwaisten Rekordwagen erwarb der Schweizer Dr. Hans Kühnis, der seinen ersten Carrera 6 (906 126) inzwischen verkauft hatte. Sein erstes Auto war weiß und hatte einen roten Mittelstreifen, bei seinem zweiten entschied er sich für das Gegenteil: Rot mit einem weißen Mittelstreifen. Nach insgesamt 4 (2 mal 2) aktiven Jahren mit dem Typ Carrera 6 kaufte sich Kühnis 1970 einen der damals noch ganz jungen Sauber-Sportwagen.
906 162 ging in den Besitz des Eidgenossen Max Müller über, der weitere drei Jahre Rennen damit fuhr. Zur Erhöhung der Wettbewerbsfähigkeit verwendete er deutlich breitere Reifen und Felgen und modifizierte die Karosserie entsprechend.
Danach setzte der Deutsche Manfred Pade die aktive Laufbahn von 906 162 bis 1974 fort, derselbe Herr Pade übrigens, der zuvor 906 127 besessen hatte. Pade verkaufte den Wagen weiter nach Spanien. Vor dort aus gelangte das Fahrzeug wahrscheinlich über Portugal nach Südamerika, und von dort aus 1981 mit einer anderen Fahrgestellnummer (906 138) in die USA. Der neue Besitzer hieß Scott Flanders, und der setzte den Wagen zusammen mit seiner Frau, die ebenfalls einen Carrera 6 (906 135) hatte, bei Rennen für historische Fahrzeuge ein.
2001 erwarb Tom Stegman den Wagen und ließ ihn bei Kevin Jeanette restaurieren. Dort war sehr schnell klar, dass 906 138 nicht 906 138 war, sondern ein ehemaliger Werkswagen. Über die wahre Identität wurde lange spekuliert ,aber nunmehr ist es völlig klar, dass dies der letztgebaute Carrera 6, nämlich 906 162 ist.

Renneinsätze 906 162

Veranstaltung	Datum	Fahrer	Start-Nr.	Platzierung
Weltrekordfahrten Monza (I)	29.10.1967	Rico Steinemann / Dieter Spoerry / Joseph Siffert / Charles Vögele	ohne	1000 km: 225,63 km/h; 2000 km: 216,99 km/h
SAR-Rundrennen Hockenheim (D)	15.04.1968	Dr. Hans Kühnis		1. S 2000
Flugplatzrennen Dijon (F)	05.05.1968	Dr. Hans Kühnis	9	nicht bekannt
Slalom Payerne (CH)	12.05.1968	Dr. Hans Kühnis	121	1. Gesamt
Bergrennen Wissembourg (F)	19.05.1968	Dr. Hans Kühnis	145	1. Gesamt
Slalom Wangen (CH)	25.05.1968	Dr. Hans Kühnis		1. Gesamt
Hockenheim (D)	09.06.1968	Dr. Hans Kühnis	93	2. SP 2000
Solitude-Rennen, Hockenheim (D)	21.07.1968	Dr. Hans Kühnis	27	ausgefallen

Renneinsätze 906 162

Veranstaltung	Datum	Fahrer	Start-Nr.	Platzierung
Bergpreis Freiburg-Schauinsland (D)	28.07.1968	Dr. Hans Kühnis	145	5. Gesamt; 2. S 2000
Hockenheim (D)	11.08.1968	Dr. Hans Kühnis	18	3. Gesamt
Bergrennen St. Ursannes-Les Rangiers (CH)	18.08.1968	Dr. Hans Kühnis		1. S 2000
Bergrennen Sierre Montana-Crans (CH)	25.08.1968	Dr. Hans Kühnis	231	8. Gesamt; 2. S 2000
Bergrennen Mitholz-Kandersteg (CH)	08.09.1968	Dr. Hans Kühnis		5. Gesamt; 3. S 2000
Bergrennen Bourscheid (LUX)	15.09.1968	Dr. Hans Kühnis		1. Gesamt
Bergrennen Eigental (CH)	22.09.1968	Dr. Hans Kühnis		2. S 2000
Bergrennen Marchairuz (CH)	06.10.1968	Dr. Hans Kühnis		2. S 2000
Bergrennen Hautes Vosges (F)	13.10.1968	Dr. Hans Kühnis		1. Gesamt
SAR-Bergrennen Vaduz-Triesenberg (FL)	20.10.1968	Dr. Hans Kühnis		2. S 2000
Slalom Payerne (CH)	11.05.1969	Dr. Hans Kühnis		2. S 2000
Slalom Wangen (CH)	31.05.1969	Dr. Hans Kühnis		2. S 2000
Bergrennen Wissembourg (F)	01.06.1969	Dr. Hans Kühnis		2. S 2000
Bergrennen Ballon d'Alsace (F)	08.06.1969	Dr. Hans Kühnis		2. Gesamt
Bergrennen Turckheim-Trois-Epis (F)	29.06.1969	Dr. Hans Kühnis	159	2. Gesamt; 2. S 2000
Flugplatzrennen Ulm-Laupheim (D)	06.07.1969	Dr. Hans Kühnis	267	5. SP 2000
Bergrennen Freiburg-Schauinsland (D)	27.07.1969	Dr. Hans Kühnis	180	6. S 2000
Bergrennen St. Ursannes-Les Rangiers (CH)	24.08.1969	Dr. Hans Kühnis		2. S 2000
Bergrennen Ollon-Villars (CH)	31.08.1969	Dr. Hans Kühnis		5. Gesamt; 4. S 2000
Bergrennen Mitholz-Kandersteg (CH)	14.09.1969	Dr. Hans Kühnis		1. S 2000
Bergrennen Oberhallau (CH)	20.09.1969	Dr. Hans Kühnis		2. Gesamt
SAR-Rennen, Hockenheim (D)	05.04.1970	Max Müller	47	1. Platz
Bergrennen Ligniers (CH)	07.04.1970	Max Müller	50	nicht bekannt
Slalom Frutigen (CH)	11.04.1970	Max Müller	129	1. Platz
Slalom Payern (CH)	18.04.1970	Max Müller	159	3. Sportwagen
ACS-Rennen, Hockenheim (D)	24.04.1970	Max Müller	133	2. Platz
ACS Rennen, Hockenheim (D)	24.05.1970	Max Müller	203	2. Platz S 2000
SAR-Flugplatzrennen Bremgarten (D)	31.05.1970	Max Müller	225	ausgefallen
Flugplatzrennen Ulm-Laupheim (D)	19.07.1970	Max Müller	327	2. Platz SP 2000
Flugplatzrennen Niederstetten (D)	26.07.1970	Max Müller	39	nicht bekannt
Hockenheim (D)	15.08.1970	Max Müller	216	1. Platz
Bergrennen Marchairuz (CH)	06.09.1970	Max Müller	257	3. Platz
Salzburgring (A)	13.09.1970	Max Müller	91	1. Platz
Monza (I)	20.09.1970	Max Müller	51	3. Platz
Bergrennen Kerenzerberg (CH)	27.09.1970	Max Müller	23	2. Platz S > 1600
Bergrennen Vaduz-Triesenberg (FL)	04.10.1970	Max Müller	51	3. Platz
3 Stunden-Rennen Hockenheim (D)	25.10.1970	Max Müller	23	nicht bekannt
Hockenheim (D)	21.03.1971	Max Müller	28	3. Platz
Flugplatzrennen Sembach (D)	25.04.1971	Max Müller	48	3 SP 2000
Slalom Frutigen (CH)	08.05.1971	Max Müller	18	2. Platz
Salzburgring (A)	23.05.1971	Max Müller	31	ausgefallen
Flugplatzrennen Neuhausen (D)	30.05.1971	Max Müller	31	nicht bekannt
Slalom Wangen (CH)	05.06.1971	Max Müller	7	2. Platz S > 1300
Bergrennen Eggberg (D)	20.06.1971	Max Müller	17	3. Platz
Bergrennen ? (F)	04.07.1971	Max Müller	242	1. Platz
Hockenheim (D)	18.07.1971	Max Müller	59	2. Platz S 2000

Renneinsätze 906 162

Veranstaltung	Datum	Fahrer	Start-Nr.	Platzierung
Salzburgring (A)	01.08.1971	Max Müller	134	1. Platz
Flugplatzrennen Niederstetten (D)	15.08.1971	Max Müller	179	4. SP 2000
Bergrennen St.Ursannes-Les Rangiers (CH)	22.08.1971	Max Müller	77	5. Platz SP 2000
Flugplatzrennen Ulm (D)	05.09.1971	Max Müller	71	2. Platz
Bergrennen Gurnigel (CH)	12.09.1971	Max Müller	272	4. Platz
Bergrennen St.Peterzell-Hemberg (CH)	03.10.1971	Max Müller	53	4. Platz SP 2000
Bergrennen Marchairuz (CH)	10.10.1971	Max Müller	272	4. Platz SP 2000
Bergrennen Vaduz-Triesenberg (FL)	17.10.1971	Max Müller	39	2. Platz
3-Stunden-Rennen Hockenheim (D)	24.10.1971	Max Müller / ... Maraggia	48	2. Gesamt
Bergrennen Teufelsrutsch (D)	11.06.1972	Paul Juchem		3. S 2000
Flugplatzrennen Mainz-Finthen (D)	18.06.1972	Paul Juchem	30	nicht bekannt
Bergrennen Teutoburger Wald (D)	29.04.1973	Manfred Pade	237	2. S 2000
Bergrennen Edelstein (D)	21.06.1973	Manfred Pade		2. SP 2000
Bergrennen Nürburgring (D)	01.07.1973	Manfred Pade		1. SP 2000
Bergrennen Aachen, Nürburgring (D)	14.07.1973	Manfred Pade		2. SP >1300
500 km-Rennen, Nürburgring (D)	02.09.1973	Manfred Pade	41	nicht gewertet
Bergrennen Klingenring (D)	16.09.1973	Manfred Pade	130	1. SP >1300
Bergrennen Sauerland (D)	07.10.1973	Manfred Pade	11	ausgefallen
Flugplatzrennen Mainz-Finthen (D)	02.06.1974	Manfred Pade	24	nicht bekannt
Bergrennen Rheingold (D)	09.06.1974	Manfred Pade		1. S 2000
Bergrennen Wittlich, Nürburgring (D)	22.06.1974	Manfred Pade		1. S 2000
Bergrennen Herford, Nürburgring (D)	23.06.1974	Manfred Pade		1. S 2000
Bergrennen Barbarossa, Nürburgring (D)	31.08.1974	Manfred Pade		1. S 2000
Klingenring-Bergpreis, Solingen (D)	22.09.1974	Manfred Pade		2. S 2000
Sauerland-Bergpreis (D)	06.10.1974	Manfred Pade	6	nicht bekannt

Storia

si sarebbe rivelata molto più lenta della 906; i risultati, infatti, erano stati i seguenti: con un peso di 823 kg, una potenza massima di 210 cavalli a 8000 giri e un rapporto al ponte di 23/28, percorrere 20.000 km entro 96 ore avrebbe richiesto una velocità media di almeno 208,33 km/h senza effettuare alcuna sosta; inoltre, nel calcolo non venivano considerati il peso del pilota, dei pezzi di ricambio a bordo e del consumo di carburante. Tenuto conto anche di queste variabili, sarebbe stata necessaria una velocità media di almeno 215 km/h, e ciò appariva impossibile. Ma a Monza non ne erano convinti: Jo Siffert, in particolare, aveva già guidato il prototipo della 911 R ed era rimasto entusiasta. C'era, come se non bastasse, un ulteriore problema: si sarebbe dovuto portare a Monza grandi quantità di pezzi di ricambio ma non sarebbe stato possibile procurarsi in tempo i documenti necessari per attraversare due frontiere, a meno che l'auto per il record non fosse stata seguita dall'altra vettura sorella che, riempita d'ogni sorta di pezzo di ricambio, fungesse da "magazzino itinerante". Falk, a tal proposito, suggerì che Heinz Baüerli, capo meccanico Porsche, e Albert Jünginger avrebbero potuto guidare la vettura di assistenza mentre lui stesso e Paul Hensler la 911 per il record. Helmut Bott decise di tentare l'impresa, confortato dalle rassicurazioni dei tecnici sulla perfetta messa a punto del motore montato sull'auto approntata per l'impresa. Che, per altro, furono smentite una volta installato nel corpo vettura. L'ingegnere motorista Paul Hensler, infatti, aveva fatto effettuare un unico test al banco della durata di 100 ore. L'unità era stata, quindi, smontata per verificare le condizioni di ogni componente e immediatamente rimontata ma senza effettuare alcun test di verifica. Considerato l'elevato stress meccanico cui sarebbe stato sottoposto il cambio nel caso di una percorrenza così lunga e, soprattutto, alla massima velocità, si decise di modificare gli ingranaggi della quarta marcia così da ottenere due quinte: alternandosi alla guida, ogni pilota avrebbe utilizzato una sola delle due marce; in tal modo, ogni quinta avrebbe percorso 10.000 km. Sette ore dopo che quella straordinaria "tempesta di cervelli" aveva elaborato il piano, Baüerli e Jünginger lasciarono la fabbrica diretti in Italia: appena arrivati avrebbero dovuto immediatamente "scaricare il ma-

In alto, sulla 911R i segni delle avverse condizioni del tempo; sotto: la 906 utilizzata per il primo tentativo di record

Von den Weltrekord-Fahrten sind nur wenige Fotos vorhanden, denn der 906 162 fiel sehr schnell wegen Rahmenbruchs aus, hervorgerufen durch den schlechten Zustand der Monza-Steilwand. So mussten die Porsche-Techniker alle Rekorde auf einem 911 R fahren.

Julius Weber (siehe nächste Seite oben).

Julius Weber, der zuständige Motoren-Ingenieur von Porsche, bei den Weltrekordversuchen in Monza.

Auch bei Slaloms wurde der 906 162 von Dr. Kühnis eingesetzt, wie hier in Payerne (CH).

Dr. Hans Kühnis in Hockenheim 1968, Sieger der Sportwagen bis 2000 ccm.

Zum Flugplatzrennen Laupheim 1970 wurde der 906 162 auf dem Anhänger transportiert, ganz so, wie das zu dieser Zeit üblich war.

Max Müller am Start eines Schweizer Rennens in Monza 1970.

Flugplatzrennen Sembach und Neuhausen 1971 mit Max Müller.

Max Müller am Eggberg 1971.

500-km-Rennen Nürburgring, Manfred Prade wurde nicht gewertet.

Auch beim Sauerlandbergpreis 1973 fiel Manfred Prade mit seinem stark verbreiterten 906 162 aus.

Zu verkaufen

Porsche Carrera 906

in schönstem, rennbereiten Zustand. Motor 225 PS, Motor- und Fahrgestell-Nr. 906162.
Bereifung und Carrosserie auf hinten 15" vorn auf 9" verbreitert. Belüftete Scheibenbremsen vorn und hinten.
Fr. 35 000.–.

Tel.: 8.00–18.00 h 01 97 94 33
ab 20.00 h 01 62 42 51

906 Porsche Carrera Gr. 5 gegen Höchstgebot von Privat zu verkaufen. Tel.: Düsseldorf 02 11 / 28 51 57, nach 19.00 Uhr

Verkaufsanzeigen von 1971 in *Powerslide* und 1974 in *Rallye Racing*.

906 162 auf dem Anhänger in Hockenheim und beim Start eines Bergrennens 1974.

Nach einer Restaurierung in den USA steht der 906 162 wieder wie neu da, hier bei der Porsche Rennsport Reunion 2004 in Daytona.

906 Publikationen

Motor 901/20 im Sonderdruck

Der Hochleistungsmotor im Porsche 906 war der damaligen motor-Rundschau einen immerhin achtseitigen Sonderdruck wert, den wir hier wiedergeben.

motor Rundschau

SONDERDRUCK

aus Motor-Rundschau, Frankfurt/Main, Heft 1 + 2/1967

Der Hochleistungsmotor des Porsche 901/20 (Carrera-6)

Carrera-6 im Einsatz.

Ulrich Schwab

Der Hochleistungsmotor des Porsche 901/20 (Carrera-6)

Im Bericht über den luftgekühlten Sechszylindermotor des Porsche 911 (MR 7 und 8/1965 wiesen wir darauf hin, daß seine Grundkonstruktion beträchtliche Reserven zur Leistungssteigerung bergen mußte. Natürlich dienen sie weniger dem privaten Kunden als dem Werk selbst, und zwar ebenso für den neuen „911 S" wie für den Sporteinsatz des Motors in Spezialfahrwerken. Inzwischen hatten die PS-Zauberer in Zuffenhausen eine der „schärfsten" Ausführungen dieses Triebwerks für diesen Zweck präpariert und an erfolgreiche (und zahlungskräftige) Kunden im Fahrgestell des Carrera-6 geliefert, der auf den Rennpisten der Welt zu vielfachen Erfolgen kam: den Motor mit der Werksbezeichnung 901/20, den wir hiermit vorstellen.

Es handelt sich um jenen Motor, der in den eigenwillig karossierten „Carrera-6" eingebaut ist. Der Carrera-6 wurde als Sportwagen (Gruppe 4) gemäß den Bestimmungen des internationalen Automobil-Sportgesetzes, Anhang „J", am 1. 5. 1966 homologiert. Welchen Spielraum das Reglement dem Ziel, aus dem 911-Motor einen wettbewerbsfähigen Carrera-6-Motor zu machen, ließ, enthüllten jene Paragraphen des Anhang „J", die Triebwerk und Getriebe der Sportwagen betreffen: Es gibt hier zwar keine Einschränkungen hinsichtlich der technischen Mittel, die der Leistungssteigerung dienen, doch dafür eine obligatorische Identität aller 50 zur Homologation notwendigen Wagen. Dies gilt

Gesamtansicht des 901/20-Motors von der Seite. Man beachte die Doppelzündanlage mit den Sicherungen gegen abspringende Kerzenstecker und die Weber-Vergaser-Batterie. Besonders deutlich erkennt man hier die „Verblechung" aus Kunststoff.

im einzelnen für: „Motor: Zylinderkopf, Anzahl der Zylinder, Bohrung, Hub, Anzahl und Anordnung der Kurbelwellenlager, Art der Kugellager und aller sich drehenden Teile, Anzahl, Lage und Steuersystem der Nockenwellen. Anzahl und Steuersysteme der Ventile. Anzahl und Anordnung der Einspritz- und Auspuffdüsen. Freigestellt: Zündung einschl. Zündkerzen, Kraftstoff- und Luftzufuhr Auspuffanlage."

Der entsprechende Passus über die Kraftübertragung lautet folgendermaßen: „Kraftübertragung: Es ist nur ein Getriebe mit einer Gangzahl zugelassen (also nicht wahlweise ein 5- oder 6-Gang-Getriebe). Außerdem kann ein automatisches Getriebe mit der ihm zugeordneten Übersetzung verwendet werden. Es sind für alle Gänge des Schaltgetriebes und den Achsantrieb die Übersetzungen freigestellt."

Die wichtigsten Voraussetzungen für eine wirkungsvolle Frisur des Sechszylinders, die Neuanfertigung der Einzelteile (Titanpleuel etc.) bleiben nahezu auf die Möglichkeiten des Werkes selbst beschränkt.

Der Motor des Carrera-6 unterscheidet sich vom 911/911 S-Triebwerk doch um einiges mehr, als man auf den ersten Blick annehmen möchte. Zunächst scheint es so, daß lediglich eine Reihe von Teilen nachgearbeitet und der Motor „abgemagert" wurde, doch täuscht schon die gleiche Form des

Kurbelgehäuses: Das Gehäuse des 901/20-Motors ist aus Gewichtsgründen aus Elektron gefertigt, das des 911/911 S aus einer Aluminiumlegierung. Ähnlich verhält es sich mit den Zylindern, Teilen des Kurbel- und Ventiltriebs usw.. Eine Übersicht über die drei käuflich zu erwerbenden Sechszylinder-Versionen in Zahlen finden Sie in unserer Tabelle.

Zu der vom Werk angegebenen Nennleistung des 901/20-Motors (210 DIN PS bei 8000 U/min) ist hinzuzufügen, daß alle seither ausgelieferten Motoren tatsächlich 220 bis 225 PS hatten und somit die Garantieleistung nicht unbeträchtlich überschritten. Wer sich mit Hochleistungsmotoren etwas auskennt, weiß, daß es ohnehin fast unmöglich ist, nicht nur eine kleine Serie derartiger Motoren, sondern sogar nur zwei in Leistung und Drehzahlcharakteristik gleiche herzustellen. Porsche hat die Nennleistung so angegeben, daß sie auf alle Fälle von jedem 901/20-Motor erreicht werden kann.

Im Aufbau unterscheidet sich der Wettbewerbsmotor natürlich nicht von seinen beiden zivilen Kollegen. Es handelt sich also auch hier um einen gebläsegekühlten Sechszylinder-Boxermotor mit je einer obenliegenden Nockenwelle pro Zylinderreihe. Die beiden Nockenwellen werden mit zwei endlosen Duplexketten, über hydraulisch gedämpfte Spannritzel und gummibelegte Gleitschienen ge-[illegible]t, angetrieben. Die Einlaßseite sieht je Zylinderreihe einen Weber-Dreifach-Fallstromvergaser vom Typ 46 IDA 3 C-3C 1 mit 42 mm Lufttrichterdurchmesser und offenen Ansaugtrichtern, die Auslaßseite ein offenes Auspuffsystem vor – selbstredend ohne Wärmetauscher, mit seinen zur Heizung gehörenden Zu- und Ableitungen, und ohne Schalldämpfer. Die beiden letztgenannten Punkte skizzieren bereits die äußerlich sichtbaren Unterschiede zwischen dem Carrera 6-Motor und den beiden 911-Motoren genauso wie die nur beim 901/20 eingesetzte Doppelzündung in Verbindung mit dem Marelli-Doppelzündverteiler mit Vierfachunterbrecher.

Das Kurbelgehäuse weicht von dem der 911-Motoren dadurch ab, daß es nicht aus einer Aluminiumlegierung, sondern aus Elektron besteht. Es beherbergt die achtfach gelagerte Kurbelwelle, die Zwischenwelle zum Antrieb der Nockenwellen und die beiden Ölpumpen des Ölkreislaufes. Jede Hubscheiben-Hubzapfeneinheit eines Zylinders wird

Frontansicht von der Gebläseseite. Auf diesem Bild erkennt man sehr schön den Gesamtaufbau des Triebwerks. Links neben dem Gebläserad der Marelli-Verteiler für die Doppelzündanlage.

durch zwei mit den benachbarten Einheiten gemeinsame Hauptlager aufgefangen. Auf unserem Foto erkennt man außer der Anlage der Lagerböcke, der Bolzen und Paßhülsen die beiden eingebauten Ölpumpen sehr deutlich. Hier gibt es keine Differenz zwischen den Typen, der Förderdruck von 6 atü reicht offenbar auch für den Rennmotor aus. Die größere der beiden Pumpen saugt das sich im Kurbelgehäuse sammelnde Öl ab und fördert es zum Öltank, die kleinere holt das Öl von dort zurück und drückt es über ein Leitungssystem in die Lagerstellen des Motors. Das von der Rückförderpumpe abgesaugte Öl gelangt auf seinem Kreislauf zum Filter und von dort zu einem Thermostaten. Je nach Öltemperatur wird es von da entweder durch den Ölkühler oder direkt in den hinter dem rechten Vorderrad liegenden Öltank geschickt. Es handelt sich hier um eine Trockensumpfschmierung, deren wesentlicher Vorteil ein fast beliebig groß anzulegendes Ölreservoir im separaten Öltank ist. Beim Carrera 6 sind dies 14 Liter – also genügend Reserve für hohen Verbrauch im Renneinsatz und eine gewisse Garantie für eine brauchbare Öltemperatur bei diesem thermisch hochbelasteten Motor. Das Werk schreibt als Öl für den 901/20-Motor BP R 40 mit Detergent und Antischaum vor und weist ausdrücklich darauf hin, daß Versuche mit anderen Rennölen schlechtere Resultate hinsichtlich der Schmierfähigkeit und der Schaumbildung erbracht haben. Der BP-Renndienst führt eigens für die Carrera 6-Fahrer das nach genauen Vorschriften gemischte Öl mit; es ist nur dort, oder bei Porsche selbst, erhältlich.

Der 901/20-Motor arbeitet mit der gleichen einteiligen, im Gesenk geschmiedeten Kurbelwelle

Auf dem Diagramm sind die Leistungskurven des Porsche-911- und des Carrera-6-Motors aufgetragen. Man sieht, daß der schnellere Motor auch „unten" einiges zu bieten hat.

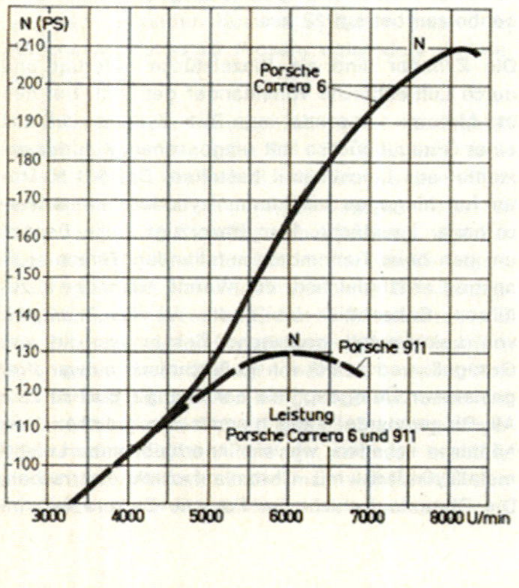

Vergleich der käuflichen Porsche-Sechszylinder

Bauart:	Viertakt-Ottomotor mit je drei sich gegenüberliegenden Zylindern.		
Kühlung:	Luftkühlung – Zwangskühlung durch Gebläse.		
Zylinderzahl:	6	6	6
Bohrung:	80	80	80
Hub:	66	66	66
Hubraum:	1991 ccm	1991 ccm	1991 ccm
Verdichtung:	9 : 1	9,8 : 1	10,3 : 1
Motorleistung (DIN):	130 PS	160 PS	210 PS
Nenndrehzahl:	6100 U/min	6600 U/min	8000 U/min
max. Drehzahl:	**7000 U/min**	**7200 U/min**	**8200 U/min**
max. Drehmoment:	17,8 mkp	18,2 mkp	20 mkp
bei Motordrehzahl:	4200 U/min	5200 U/min	6000 U/min
Literleistung:	65 PS/L	80 PS/L	105,3 PS/L
Ventilsteuerung:	je eine obenliegende Nockenwelle pro Zylinderreihe, durch Kette angetrieben.		

Das Kurbelgehäuse des 901/20-Motors gleicht dem des 911 wie ein Ei dem andern, doch ist es, da aus Elektron gegossen, viel leichter. Man beachte die acht Lagerböcke der Kurbelwelle und die zwei Ölpumpen, wobei die größere den Ölrücklauf besorgt.

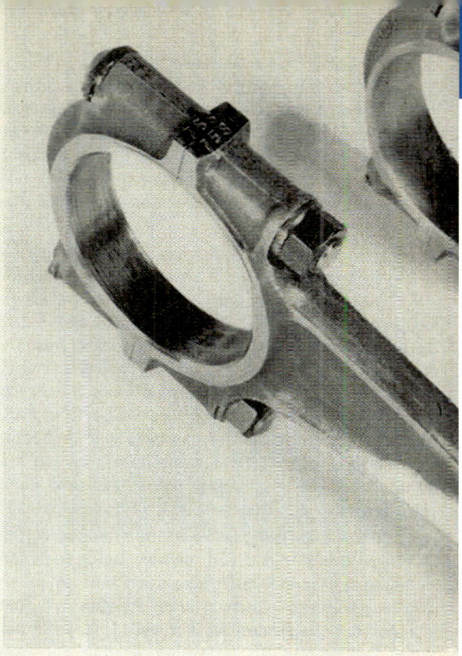

Äußerlich unterscheidet sich das Titan-Pleuel (vorn) vom geschmiedeten Stahlpleuel kaum. Es hat am Auge eine Verstärkungsrippe und ist dort hochglanzpol'

Die einteilige, im Gesenk geschmiedete Kurbelwelle mit den auffallend schmalen Hubscheiben und den im Durchmesser sehr großen Lagerzapfen ist die gleiche, wie sie auch beim 911/911 S verwendet wird.

wie die beiden 911-Motoren. Die Großserienwelle ist also ohne Nacharbeit für den Renneinsatz geeignet. Sie läuft in 8 Gleitlagern von 28 mm Breite, die gleiche Breite, die auch die Pleuellager haben, und hat einen einheitlichen Hauptlager- und Hubzapfendurchmesser von 57 mm. Die Welle trägt auf der Steuerseite das schrägverzahnte Antriebsrad der Ventilsteuerung und die Schnecke für den Verteilerantrieb, auf der Kupplungsseite die mit ihr sechsfach verschraubte Schwungscheibe, die für den Renneinsatz wesentlich erleichtert wurde. Ihr Gewicht beträgt gegenüber den ursprünglichen 6 kg nur noch ca. 3,5 kg.

Bei den Pleueln finden wir den nächsten, entscheidenden Schritt im Tuning zum Rennmotor, der sich kaum von privater Seite machen läßt. Im Gegensatz zu den geschmiedeten Stahlpleueln des 911 handelt es sich bei denen des 901/20 um Titanpleuel. Sie zeigen zwar auch das bekannte Doppel-T-Profil und die gleiche Art der Teilung im Fuß, doch weicht ihre Form am Pleuelauge insofern ab, als dort zusätzlich eine Verstärkungsrippe vorgesehen ist. Hier wird nur die Zone um das Bolzenauge poliert, in welchem die übliche Bronzebüchse, die in diesem Falle 22 mm Innendurchmesser hat, steckt. Die Pleuellänge von 130 mm ist natürlich unverändert geblieben, doch hat sich das Gewicht erheblich verringert: wiegt das 911-Pleuel 550 g ohne Schrauben, so kommt das Titanpleuel auf nur 400 g (ebenfalls ohne Schrauben).

Doch die Erleichterung des gesamten Kurbeltriebes erfaßt noch einen weiteren Punkt, den wir in unserem damaligen Bericht schon anschnitten. Die gegossenen Mahle-Autothermik-Kolben des 911, die mit Zubehör (Ringen, Bolzen und Sicherungen) 515 g pro Stück wiegen, werden beim 901/20 durch geschmiedete Leichtmetallkolben des gleichen Herstellers ersetzt. Es sind Slipper-Kolben, die komplett auf 465 g pro Stück kommen. Sie sind mit je zwei Kompressionsringen und einem Ölabstreifer bestückt. Die stark nach oben gewölbten, halbkugeligen Kolbenböden sind mit tiefen Ventiltaschen versehen. Der Durchmesser der innen zur Erleichterung konisch geschliffenen Kolbenbolzen beträgt 22 mm.

Die Zylinder sind als Einzelstücke gefertigt und durch Luftleitbleche voneinander getrennt. Bei den 911-Motoren verwendet man Biral-Zylinder, die aus einer Graugußbüchse mit umgossenem Kühlrippenmantel aus Leichtmetall bestehen. Der 901/20-Motor hat hingegen Leichtmetallzylinder mit hartverchromter Lauffläche. Man bevorzugt diese Bauart, um den beim Rennmotor anfallenden Temperaturanstieg auszugleichen, die Wärme schneller abzuführen. Bekanntlich ist ja die Wärmeleitfähigkeit von Leichtmetall bedeutend besser als die von Grauguß, und selbst ein gußtechnisch einwandfrei gestalteter Übergang von der Graugußbüchse zum Alu-Rippenmantel kann niemals die gleichen Verhältnisse schaffen, wie sie innerhalb eines Leichtmetallzylinders mit Chromlaufschicht herrschen. Die Chromlaufschicht der Porsche Carrera 6-Zylin-

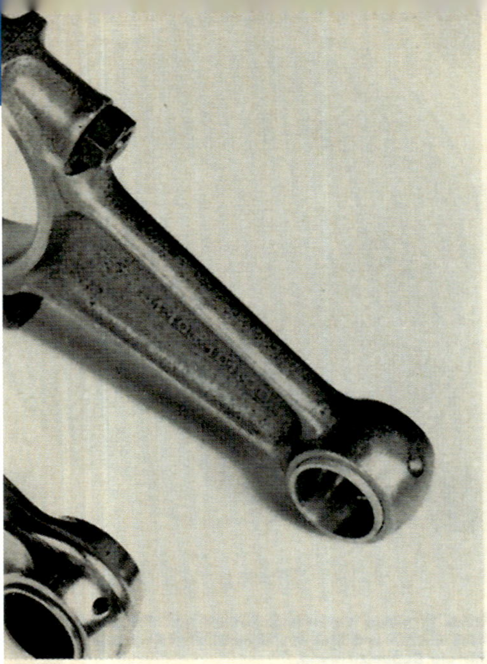

Im Carrera-6-Motor finden diese geschmiedeten Slipper-Kolben von Mahle Verwendung. Der stark nach oben gewölbte Kolbenboden und die tiefen Ventiltaschen sind besonders auffällig.

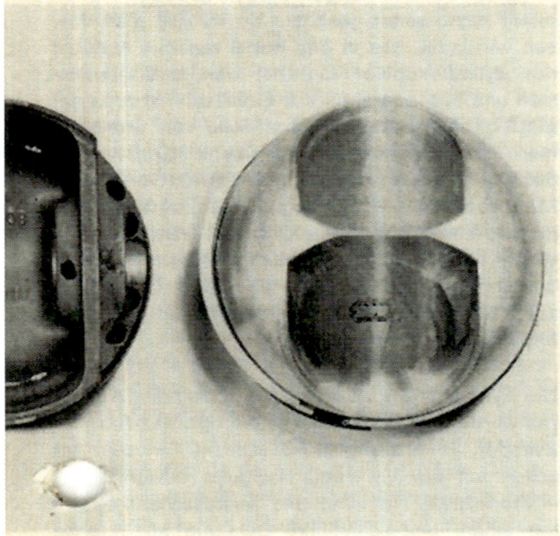

der ist randriert, d. h. mit winzig kleinen Vertiefungen in regelmäßigen Abständen versehen, in denen sich geringe Ölspuren zur besseren Schmierung der gleitenden Kolbenringflächen halten. Ihr Gewicht liegt etwa 25 Prozent unter dem der Serien-Zylinder.

Die Zylinderköpfe bestehen aus einer warmfesten Aluminiumlegierung (wie 911 S). Hier tritt nicht nur intensive Nacharbeit, sondern ausgeprägte Handarbeit deutlich in Erscheinung, die über die Aufweitung und Oberflächenbehandlung der Kanäle, der Umgestaltung der in die Kanäle ragenden Partien der Ventilführungen, der Einschrumpfung im Durchmesser größerer Ventilsitzringe und dem Einsetzen im Teller größerer Ventile insofern hinausgeht, als auch noch jeweils ein zweiter Kerzensitz für die Doppelzündung mit brauchbarer Zugänglichkeit von außen in den Gußrohling eingeführt werden mußte. Allerdings, und das bestätigt wieder gute Planung, hatte man wohl schon von vornherein diese Möglichkeit offen gelassen.

Beim 901/20-Motor finden Leichtmetallzylinder mit hartverchromter Lauffläche und im Bild deutlich sichtbarer Randrierung Verwendung. Die Biral-Zylinder der 911/911 S-Motoren haben dagegen Graugußlaufbüchsen mit umgossenem Leichtmetall-Rippenmantel.

Die Schwungscheibe wurde bis an die Grenze des möglichen abgemagert und wiegt nur wenig mehr als die Hälfte vom Urzustand. Bei der Mitnehmerscheibe fällt auf, daß die Beläge direkt aufgeklebt sind und kein federndes Zwischenelement haben.

So sehen die drei Zylinderköpfe einer Zylinderreihe im Verband, durch das Steuergehäuse zusammengefaßt, aus. Rückstandsbildung und Färbung verraten, daß der Motor unter optimalen Bedingungen gelaufen ist. Man vergleiche die Ventile mit unserem entsprechenden Foto aus der 911-Geschichte.

Der Zylinderkopf von der Einlaßseite. Gut sichtbar, wie wenig „Fleisch" hier bei den Einlaßkanälen nach der Bearbeitung noch übrig bleibt.

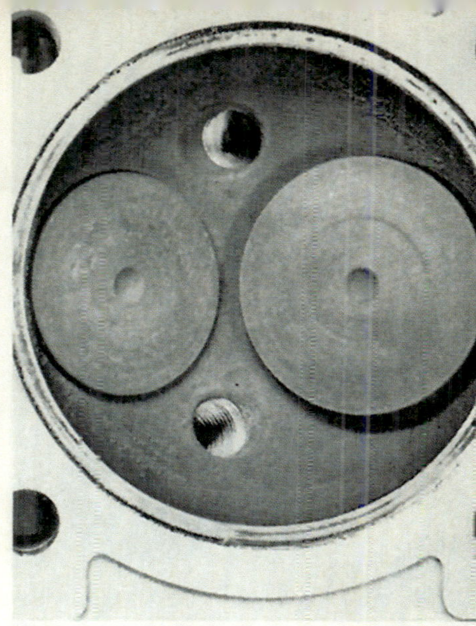

Blick in einen Verbrennungsraum des 901/20-Motors: 45er Einlaß- und 39er Auslaßventil, zwei Kerzengewinde für die Doppelzündung.

Die Zylinderköpfe haben kugelförmige Brennräume mit je einem Einlaß- und Auslaßventil und zwei schräg einmündende, sich gegenüberliegende 12 mm Kerzensitze. Die Ventile hängen im Winkel von 59° V-förmig im Kopf und haben eine Schaftstärke von je 9 mm, den 911-Ventilen entsprechend. Beide Ventile – beim 911 nur das Auslaßventil – sind natriumgekühlt. Die Ventildurchmesser betragen 45 mm für den Einlaß (39 mm beim 911) und 39 mm für den Auslaß (35 mm beim 911). Man sieht, daß die Maße recht eindrucksvoll gewachsen sind. Jedes Ventil wird durch zwei Schraubenfedern geschlossen, die auf die Einlaßventile mit einer Endkraft von 90 kg, auf die Auslaßventile mit 84 kg wirken. Ebenso eindrucksvoll sind die Veränderungen der Ein- und Auslaßkanäle, die von je 32 mm ∅ am Flansch auf je 38 mm an der gleichen Stelle für Einlaß und Auslaß aufgearbeitet wurden. Daß diese Erweiterungen die ganzen Kanäle betreffen, zu den Ventilsitzen hin auf deren Maß verlaufend, versteht sich am Rande. Die relativ kurzen Ventilführungen werden auch beim Rennmotor nicht weiter gestutzt. Sie werden statt dessen verrundet, das in den Kanal ragende Material des Zylinderkopfes möglichst weit zurückgenommen und besonders auf der Einlaßseite strömungsgünstig bearbeitet. Die Oberfläche von Brennräumen und Kanälen wird zwar überall geglättet, jedoch nicht poliert. Man ist inzwischen vom Polieren dieser Stellen ganz abgegangen, nachdem erst in jüngerer Vergangenheit erneut nachgewiesen wurde, daß in absolut glatten Kanälen Verwirbelungen auftreten, die den effektiven Querschnitt zum Teil erheblich stärker verkleinern als bei leicht rauher Oberfläche.

Blick in das Steuergehäuse, in dem die 6 Kipphebel auf kurzen Wellen gelagert sind. Die Kipphebel des 901/20-Motors unterscheiden sich von denen des 911 vor allem dadurch, daß sie keine Einstellschrauben haben. Das Ventilspiel wird über Einstellkappen auf dem Ventilschaft eingestellt, die es in verschiedener Stärke gibt.

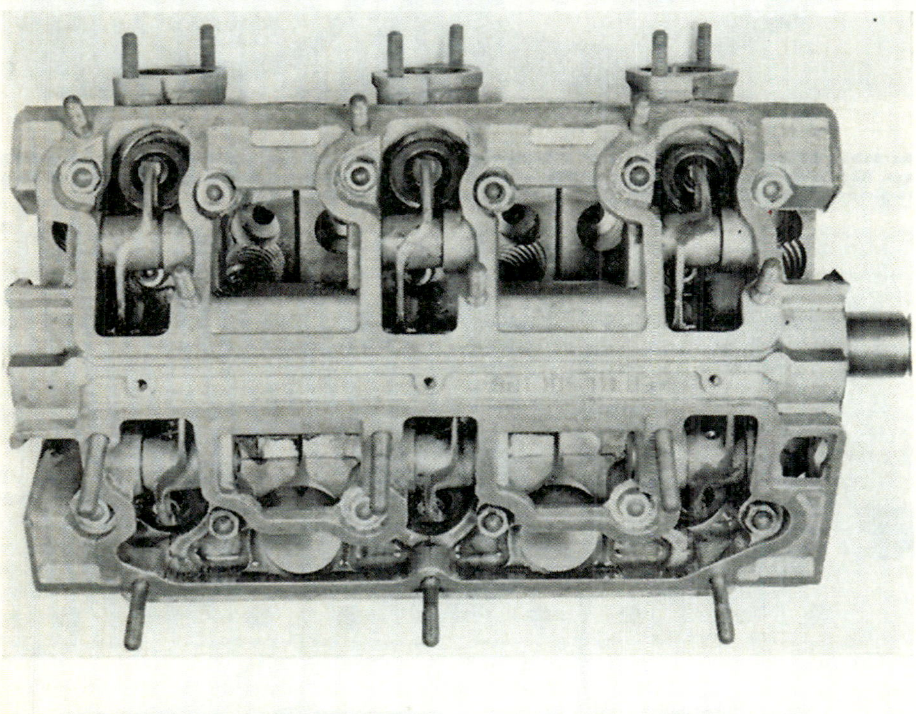

Die Zylinderköpfe der Porsche Sechszylindermotoren werden als Einzelstücke gefertigt, wie auch die Zylinder. In unserer 911-Geschichte wiesen wir schon auf die Vor- und Nachteile dieser [illegible] – thermische Trennung und Austauschbarkeit auf der einen, ungleichmäßige Dehnung im Verband mit den Zylindern auf der anderen Seite – hin, doch im Falle des Rennmotors ist diese Lösung wohl die gegebene, denn die Austauschmöglichkeit einer einzelnen Einheit spart nicht nur sehr viel Geld (man denke an die ganzen Kanalerweiterungen in mühsamer Kleinarbeit!), sondern im entscheidenden Moment auch sehr viel Zeit. Jeder Zylinderkopf ist mit vier Stehbolzen gegen den Zylinder und das Kurbelgehäuse verschraubt.

Die Leichtmetall-Steuergehäuse sind einteilige Gußstücke – für jede der zwei Zylinderreihen eines – und entsprechen denen des 911/911 S. Jedes beherbergt die dreifach gelagerte Nockenwelle der entsprechenden Motorseite. Die Nockenwellen bestehen, wie die der 911-Typen, aus weichnitriertem Hartguß – das ist aber auch alles, was sie mit diesen gemein haben. Sie ergeben bei Betriebsventilspiel (0,1 mm für Ein- und Auslaß) folgende Steuerzeiten:

Eö 104° v OT; Es 104° n UT; Aö 100° v UT; As 80° n OT.

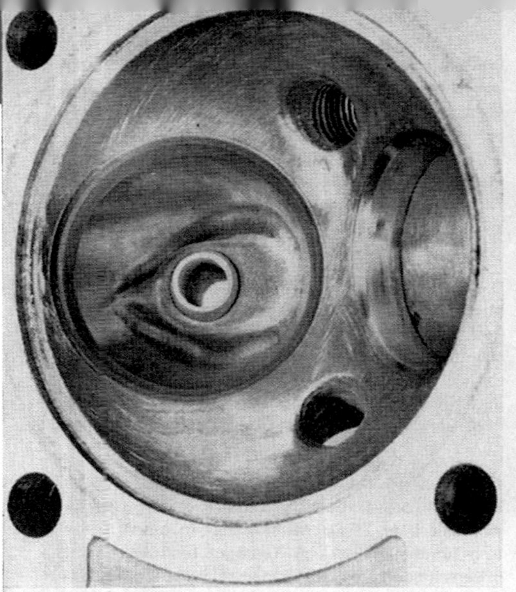

So sieht ein bearbeiteter Zylinderkopf des Carrera-6 aus. Die Oberflächen sind geglättet, jedoch nicht poliert, die Kanäle von 32 auf 38 mm aufgeweitet und die Ventilführungen und das sie umgebende Zylinderkopfmaterial den Strömungsverhältnissen bestmöglich angepaßt.

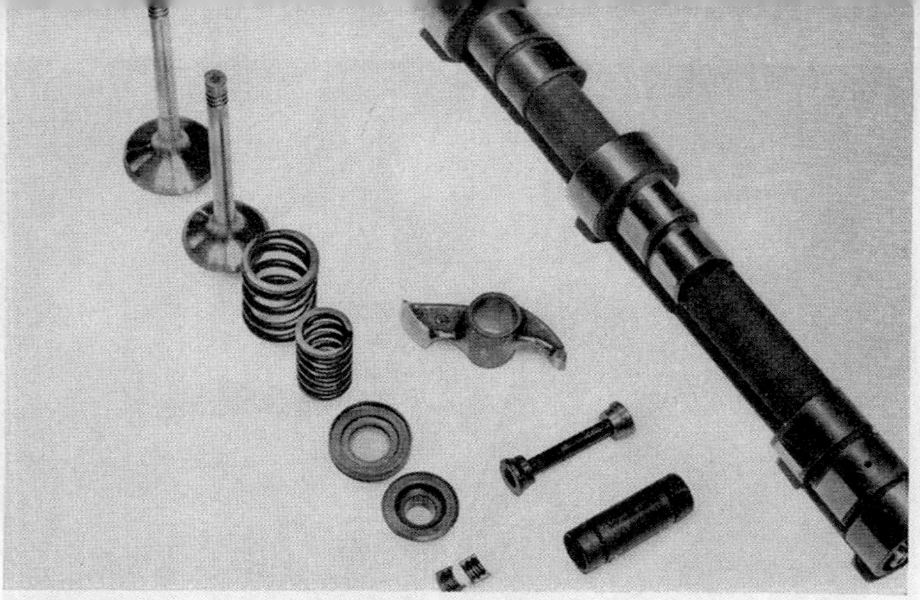

Nockenwelle, Ventile, Kipphebel und Zubehör.

Die Spreizung beträgt 190° Kurbelwellenwinkel. Die Einlaßnocken haben einen Hub von 12,1, die Auslaßnocken von 10,5 mm.

Die auf kurzen Wellen im Steuergehäuse gelagerten Kipphebel des 901/20 Motors weichen stark von denen des 911/911 S ab, wenngleich auch die Art der Lagerung, das Übersetzungsverhältnis und die Hartverchromung des Gleitschuhes beibehalten wurde. Um die hin- und hergehenden Massen auch hier auf das mögliche Minimum zu reduzieren, wurden neue Kipphebel (aus Einsatzstahl) gefertigt, deren entscheidendes Merkmal die fehlenden Einstellschrauben sind. Die Einstellschrauben sitzen ja zumeist am äußeren Ende des längeren Hebelarms und sind ein steter Grund zum Ärger. Beim Carrera 6 wird das Ventilspiel durch Kappen eingestellt, die auf den Ventilschäften sitzen. Diese Kappen werden mit je 2/100stel mm unterschiedlicher Stärke vom Werk geliefert. Die Gewichtsersparnis ist erstaunlich. Während die Kipphebel des 911 mit den üblichen Einstellschrauben etwa 125 g pro Stück wiegen, kommen die des 901/20 nur auf die Hälfte ihres Gewichtes, nämlich auf 60 g!

Die Art des Nockenwellenantriebs ist bekannt, sie entspricht genau der der anderen Porsche-Sechszylindermotoren. Die „Verblechung" des Triebwerks, beim 901/20 vollständig aus glasfaserverstärktem Polyester, unterscheidet sich natürlich von der des 911 schon dadurch sehr wesentlich, weil im Carrera 6 völlig andere Einbauverhältnisse herrschen. Es entfallen auch jene Teile der Blechverkleidung, die bei den 911-Typen den Motorraum nach unten abschließen. Der 901/20-Motor wird im Carrera-6-Fahrgestell als Mittelmotor eingebaut und sitzt, in Fahrtrichtung gesehen, mit dem Getriebe verflanscht vor der Hinterachse.

Wir sprachen von den vielseitig angewandten Gewichtserleichterungen einzelner Motorteile, die allerdings in vielen Fällen nicht nur wegen eines günstigeren Einbaugewichtes durchgeführt wurden, sondern auch der Verminderung der Massenkräfte innerhalb des Triebwerks dienen sollten. Was hier geleistet wurde, zeigt der Vergleich des kompletten Einbaugewichtes der Motoren vom 901/20 und dem 911.

Die beiden Gewichtsangaben beziehen sich auf die fertig montierten Motoren mit Vergaseranlage, Zündanlage, Kupplung, Verblechung etc., jedoch ohne Getriebe:

901/20 130 kg
911 = 184 kg

An den so gewonnenen 54 kg haben natürlich Wärmetauscher- und Schalldämpferanlage großen Anteil.

Von den Nebenaggregaten weichen in erster Linie Vergaser- und Zündsystem von der Serie ab.

Die Vergaseranlage besteht aus zwei Weber-Dreifach-Fallstromvergaser vom Typ 46 IDA 3 C-3 C 1, die auf den auf 38 mm erweiterten Ansaugrohren sitzen. Die Durchmesser der Lufttrichter betragen 42 mm.

Der Carrera-6-Motor ist als Mittelmotor mit dem Getriebe verflanscht und vor der Hinterachse liegend eingebaut. Durch die Boxer-Bauweise ragen die langen Ansaugtrichter nicht zu weit nach oben über die Konturen des Motors hinaus.

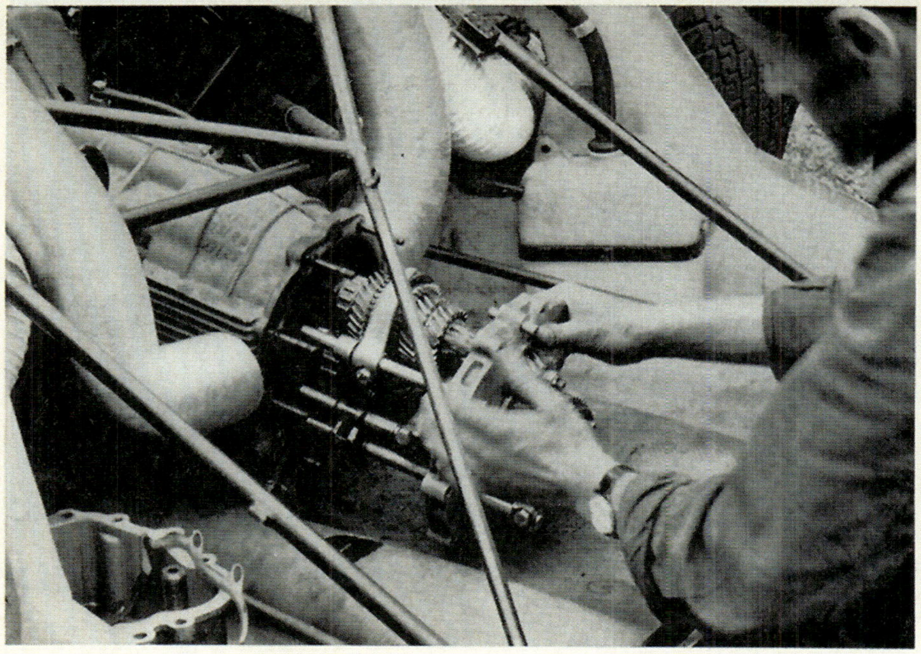

Hier werden die Getriebeübersetzungen an einem Carrera-6-Motor gewechselt. Dazu bleibt das Getriebe eingebaut, lediglich Abschlußdeckel und Zwischenflansch des Gehäuses werden entfernt.

(Fotos U. Schwab, 1 Foto Anscheidt)

Die Batteriezündung arbeitet mit einer Spannung von 12 Volt. Dazu kommt eine 490 Watt Drehstrom-Lichtmaschine, eine Marelli-Batterie, zwei Marelli-Zündspulen mit durch Relais gesteuertem Vorwiderstand und ein Marelli-Doppelzündverteiler mit Vierfachunterbrecher. Der Zündzeitpunkt liegt 28° v OT, gemessen bei 8000 U/min, die Zündfolge lautet: 1-6-2-4-3-5.

Die Kupplung entspricht der des 911, doch ist die Mitnehmerscheibe nur gegen Torsionsschwingungen abgefedert, nicht jedoch die beiden Belagscheiben in Druckrichtung gegen die Grundplatte, mit der sie statt dessen fest verklebt sind. Sie hat eine Reibbelagfläche von ca. 198 cm² und wird über Seilzug betätigt.

Das vollsynchronisierte Fünfgang-Schaltgetriebe wird über drei Gabeln geschaltet. Es sitzt gemeinsam mit dem ZF-Sperrdifferential in einem Elektron-Tunnelgehäuse. Im Testblatt sind insgesamt 6 verschiedene gestufte Radsätze homologiert, deren einzelne Paare untereinander austauschbar sind und mit den drei Hinterachsübersetzungen eine reichliche Auswahl bilden. Die drei Hinterachsübersetzungen lauten:

7 : 31 = 1 : 4,428

6 : 29 = 1 : 4,833

6 : 32 = 1 : 5,333

Getriebeschaubild für den Porsche Carrera, das auch für den 911 und 911 S gilt. Zugrunde gelegt wurde dabei eine Reifengröße 165 HR 15 sowie eine Hinterachsenübersetzung von 1 : 4,428.

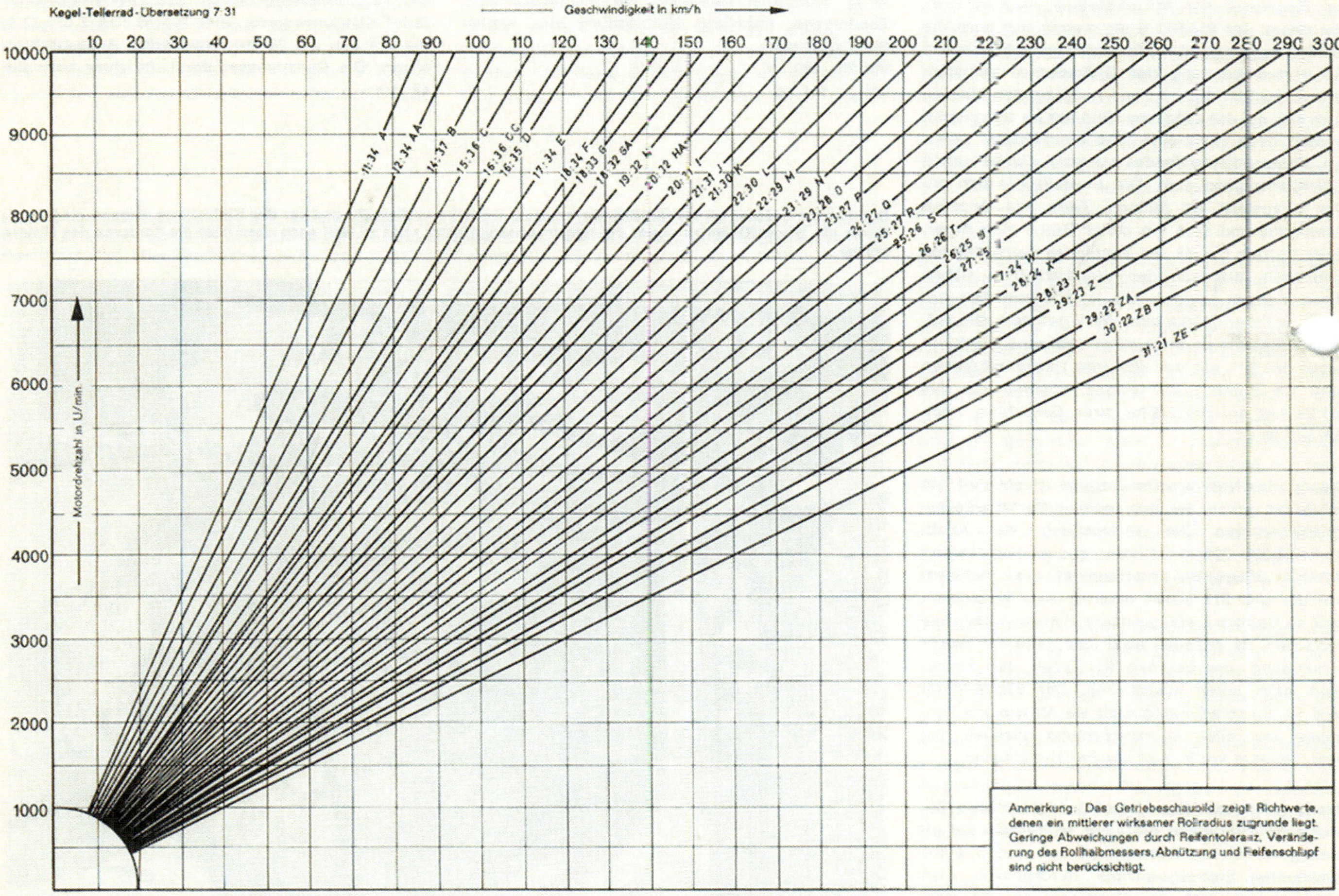

Änderungen vorbehalten

906-Nachbauten

Nachdem es ziemlich einfach ist, einen Stahlrohrrahmen zusammenzuschweißen, und es auch kein Problem gab, einen Porsche-911-Motor mitsamt Getriebe zu finden, entstanden im Laufe der Zeit einige Nachbauten des Porsche Typs 906. Hier nur einige Beispiele:

FS154250 906 Réplica, copie conforme, parfaite www.mecanicimport.com Tél: 00.32.11.69.58.44.

vds carrera 6 répliqua / mot. 2 l double allumage révisé. Prototype qui mérite une bonne préparation pour faire la saison vhc 2004. Prix 60000€ à déb. Tél. 00 35 20 21 22 90 35

Dass es sich hier jeweils um eine Replica handelt, ist gleich aus den Anzeigen aus dem Jahr 2004 ersichtlich.

In Argentinien entstehen diese Nachbauten eines 906.

Dieser Nachbau entstand in der Pfalz in den 80er Jahren.

In der Schweiz wurde dieser 906-Pisteur-Nachbau gesichtet.

Bildnachweis und Dank

Adamczyk, Herbert (HK); Albinet, Patrick (F); Baltrusch, Klaus (D); Berengier, Pierre (F); Boeschen, Dann (USA); Bock-Pfeiffer, Petra (D); Bohrer, Klaus (E); Borella, Mauro (I); Bradley, Bill (GB); Broström, Richard (CDN); Burkhardt, Thomas (D); Buzzetta, Joe (USA); Compan, Abel (D); Couturier, Benoit (F); Dätwyler, Peter (CH); Davies, Paul (GB); Dorschel, Christoph (D); Duval , Jaques (CDN); Faude, Roland (D); Fellner, Gerald (D); Fraissinet, Régis (F); Freisinger, Manfred (D); Garretson, Bob (USA); Geerts, Wilfried (B); Gent, Mike (USA); Gilbert, Carlos (P); Greger, Sepp (D); Grilo, Ricardo (P); Götz, Rolf (D); Goutal, Jean (F); Hageman, Per (S); Handermann, Klaus (D); Henderson, Ian (AUS); Hook, Bradley (USA); Howell, Paul (GB); Hunger, Anton (D); Hüni, Lukas (CH); Jeanette, Kevin (USA); Jung, Georg Robert (D); Kauhsen, Willi (D); Kneip, Karl-Adolf (D); Klinkel, Udo (D); Kobayashi, Tom (USA); Koch, Gerhard (D); Krejci, Martin (CZ); Kraus, Jürgen-Peter (USA); Kürschner, Alex (D); Kühnis, Hans (CH); Kurzrock, Detlef (D); Leinenweber, Fritz (D); Link, Harald (D); Lins, Rudi (A); Majzub, Julian (GB); Marinello, Marco (CH); Mascari, Vittorio (I); Mathei, Oliver (D); Montowski, Lutz (D); Morse, Kerry (USA); Neuhaus, Jürgen (D); Oestland, Frans (B); Öttli, Dr. H. (CH); Pade, Manfred (D); Pantis, Jerry (CDN); Parr, Klaus (D); Payne, Henry (USA); Perrin, Jim (USA); Peter, Peter (A); Petitjean, Marcel (F); Planken, Toni (D); Pfundner, Martin (A); Reynaud, Thierry (F); Rideau, Philippe (F); Rubio, Gérard (F); Sadlowski, Dirk (D); Sevecotte, Maurice van (B); Shelton, Monte (USA); Stevens, Bill (GB); Straub, Nikolaus (D); Sutterfield, Gerry (USA); Teissedre, Jean Mark (F); Thierack, Wolfgang (D); Torner, Jens (D); Voegele, Peter (CH); Weigel, Bernhard (D); Weinberger, John (USA); Weise, Hans-Joachim (D); Tschiemer, Hans (CH); Zumtobel, Armin (A).